UG NX 12.0 中文版机械设计从入门到精通

三维书屋工作室

胡仁喜　刘昌丽　等编著

机 械 工 业 出 版 社

本书围绕一个最常见的机械部件——减速器讲述了 UG NX 12.0 的各种功能。全书共 16 章，第 1~5 章主要介绍 UG NX 12.0 基础功能与建模方法。第 6~12 章主要介绍减速器上各个零件的绘制方法。第 13 章主要介绍减速器各零部件的装配关系。第 14 章主要介绍在 UG 环境下生成工程图的方法以及工程图的编辑。第 15 章主要介绍有限元分析。第 16 章主要介绍运动仿真的创建以及运动分析。

本书随书配赠多媒体光盘，包含全书实例操作过程录屏 AVI 文件和实例源文件，读者可以通过多媒体光盘直观地学习本书内容。

全书主题明确，解说详细，紧密结合工程实际，实用性强，可以作为计算机辅助机械设计的教学课本和自学指导用书。

图书在版编目（CIP）数据

UG NX 12.0 中文版机械设计从入门到精通/胡仁喜等编著. —4 版. —北京：机械工业出版社，2018.9

ISBN 978-7-111-60569-0

Ⅰ. ①U… Ⅱ. ①胡… Ⅲ. ①机械设计－计算机辅助设计－应用软件 Ⅳ. ①TH122

中国版本图书馆 CIP 数据核字(2018)第 169378 号

机械工业出版社（北京市百万庄大街 22 号 邮政编码 100037）
责任编辑：曲彩云 责任印制：孙 炜
北京中兴印刷有限公司印刷
2018 年 9 月第 4 版第 1 次印刷
184mm×260mm • 27 印张 • 655 千字
0001—3000 册
标准书号：ISBN 978-7-111-60569-0
定价：89.00 元

前 言

Unigraphics（简称为 UG）是美国 EDS 公司出品的集 CAD/CAM/CAE 于一体的软件系统。它的功能覆盖了从概念设计到产品生产的整个过程，并且广泛运用在汽车、航天、模具加工及设计和医疗器材等行业。它提供了强大的实体建模技术，高效能的曲面建构能力，能够完成最复杂的造型设计. 除此之外，装配功能、2D 出图功能、模具加工功能及与 PDM 之间的紧密结合，使得 UG 在工业界成为一套高级的 CAD/CAM 系统。尤其 UG 软件 PC 版本的推出，为 UG 在我国的普及起到了良好的推动作用。

UG NX 12.0 是 NX 系列的新版本，它在原版本的基础上进行了多处的改进。例如，在特征和自由建模方面提供了更加广阔的功能，使得用户可以更快、更高效、更高质量地设计产品。其对制图方面也做了重要的改进，使得制图更加直观、快速和精确，并且更加贴近工业标准。UG 具有以下优势：

◆ 可以为机械设计、模具设计以及电器设计单位提供一套完整的设计、分析和制造方案。

◆ 是一个完全的参数化软件，为零部件的系列化建模、装配和分析提供强大的基础支持。

◆ 可以管理 CAD 数据以及整个产品开发周期中所有相关数据，实现逆向工程（Reverse Design）和并行工程（Concurrent Engineer）等先进设计方法。

◆ 可以完成包括自由曲面在内的复杂模型的创建，同时在图形显示方面运用了区域化管理方式，节约系统资源。

◆ 具有强大的装配功能，并在装配模块中运用了引用集的设计思想，为节省计算机资源提出了行之有效的解决方案，可以极大地提高设计效率。

本书从内容的策划到实例的讲解完全是由专业人士根据他们多年的工作经验以及自身的心得进行编写的。本书将理论与实践相结合，所有的实例都围绕减速器设计展开，具有很强的针对性。读者在学习本书之后，可以很快地学以致用，提高自己的机械设计能力。

本书分为 16 章，第 1~5 章主要介绍 UG NX12.0 基础功能与建模方法；第 6~12 章主要介绍减速器上各个零件的绘制方法；第 13 章主要介绍减速器器各零部件的装配关系；第 14 章主要介绍在 UG 环境下生成工程图的方法以及工程图的编辑；第 15 章主要介绍有限元分析；第 16 章主要介绍运动仿真的创建以及运动分析。

为了配合学校师生利用本书进行教学的需要，随书配赠了电子资料包，内容包含了全书实例操作过程 AVI 文件和实例源文件，可以帮助读者更加形象直观地学习本书。读者可以登录百度网盘地址：https://pan.baidu.com/s/1eTzIkwy 下载，密码：a183（或者百度网盘地址：https://pan.baidu.com/s/1nwCvhMx 密码：x3l7）（读者如果没有百度网盘，需要先注册一个才能下载）。

本书由三维书屋工作室策划，胡仁喜和刘昌丽主要编写。康士廷、王敏、王玮、孟培、王艳池、闫聪聪、王培合、王义发、王玉秋、杨雪静、卢园、孙立明、甘勤涛、李兵、路纯红、阳平华、李亚莉、张俊生、李鹏、周冰、董伟、李瑞、王渊峰等参加了部分编写工作。

由于编者水平有限，书中不足之处在所难免，望广大读者批评指正，编者将不胜感激。有任何问题可以登录网站 www.sjzswsw.com 或联系 win760520@126.com，也欢迎加入三维书屋图书学习交流群(QQ：334596627)交流探讨。

编　者

目　录

第1章

UG NX 12.0 入门

Unigraphics（简称UG）功能覆盖了从概念设计到产品生产的整个过程，并且广泛运用在汽车、航天、模具加工及设计和医疗器材产业等方面。它提供了强大的实体建模技术，提供了高效能的曲面建构能力，能够完成最复杂的造形设计，除此之外，装配功能、2D出图功能、模具加工功能及与PDM之间的紧密结合，使得UG在工业界成为一套无可匹敌的高级CAD/CAM系统。

UG NX 12.0是NX系列的最新版本，它在原版本的基础上进行了多处的改进。例如，在特征和自由建模方面提供了更加广阔的功能，使得用户可以更快、更高效、更高质量地设计产品。对制图方面也做了重要的改进，使得制图更加直观、快速和精确，并且更加贴近工业标准。

本章主要介绍UG NX12.0的一般操作和基本功能。

重点与难点

- UG NX 12.0用户界面
- 视图布局、工作图层设置
- 选择对象的方法、对象操作
- 坐标系操作
- UG NX 12.0参数预设置
- 信息查询

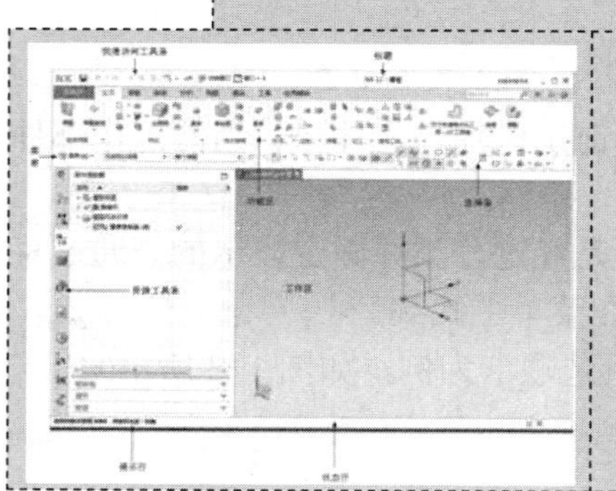

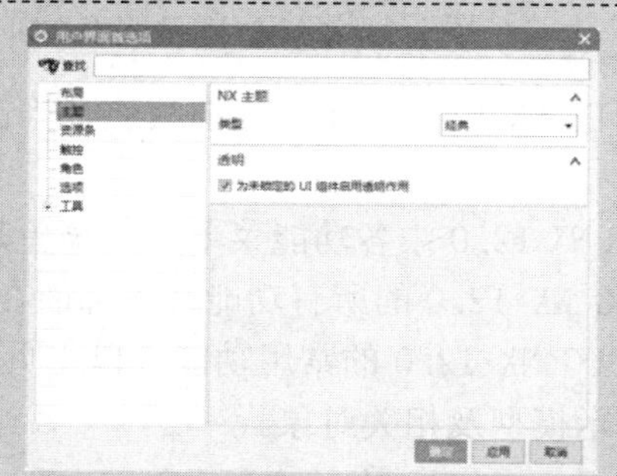

1.1 UG NX 12.0 用户界面

UG NX 12.0 在界面上倾向于 Windows 风格，功能强大，设计友好。在创建一个部件文件后，进入 UG NX 12.0 的主界面，如图 1-1 所示。

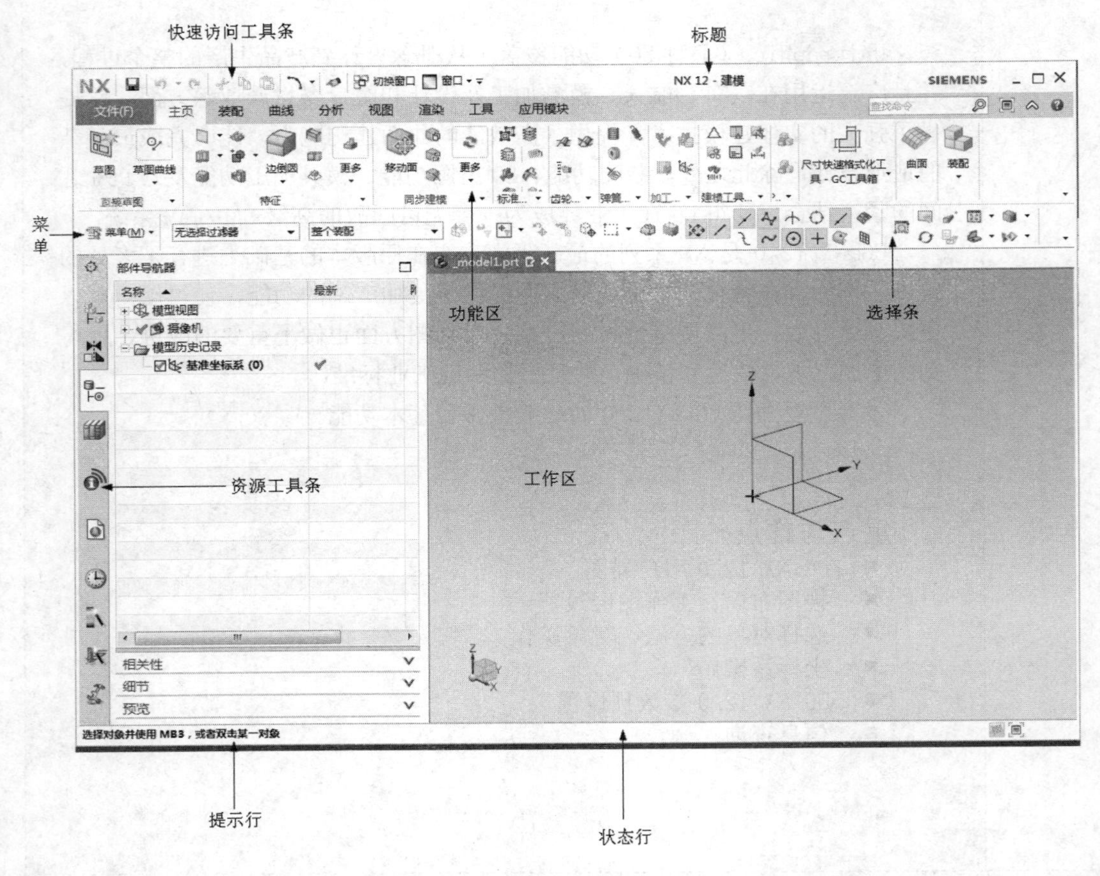

图 1-1 UG NX 12.0 的主界面

1）标题栏：用于显示 UG NX 12.0 版本、当前模块、当前工作部件文件名、当前工作部件文件的修改状态等信息。

2）菜单：用于显示 UG NX 12.0 中各功能菜单，主菜单是经过分类并固定显示的。通过菜单可激发各层级联菜单，UG NX 12.0 的所有功能几乎都能在菜单上找到。

3）功能区：用于显示 UG NX 12.0 的常用功能（以主页选项卡为例，如图 1-2 所示）。

4）绘图窗口：用于显示模型及相关对象。

5）提示行：用于显示下一操作步骤。

6）状态栏：用于显示当前操作步骤的状态，或当前操作的结果。

7）部件导航器：用于显示建模的先后顺序和父子关系，可以直接在相应的条目上单击鼠标右键，快速地进行各种操作。

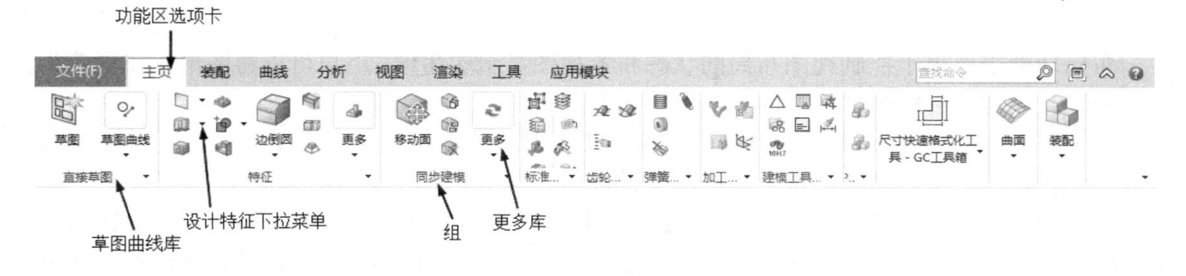

图 1-2 功能区

注：UG NX 12.0 在界面上进行了优化，可以根据自己的习惯选择相应的布局，相应的主题。单击【菜单】→【首选项】→【用户界面】命令进行设置，弹出“用户界面首选项”对话框，如图 1-3 所示。

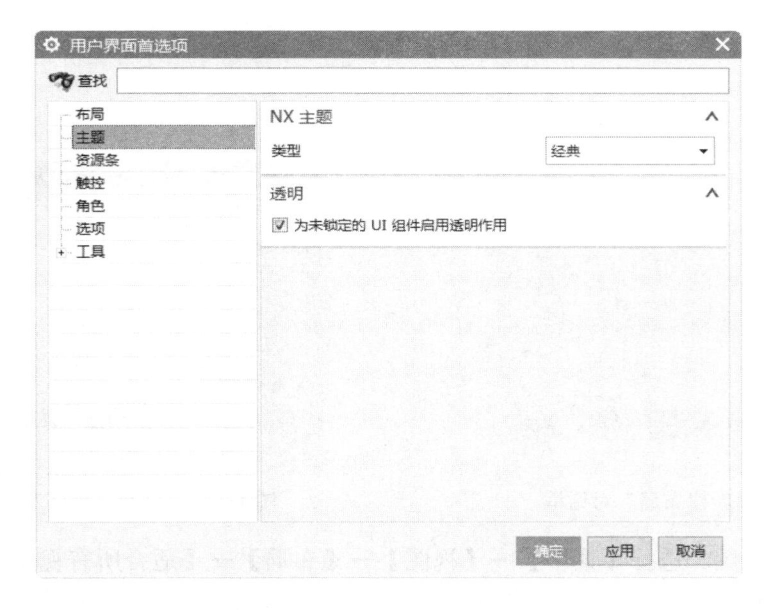

图 1-3 “用户界面首选项”对话框

1.2 视图布局设置

视图布局的主要作用是在图形区内显示多个视角的视图，使用户更加方便地观察和操作模型。用户可以定义系统默认的视图，也可以生成自定义的视图布局。

同一布局中，只有一个视图是工作视图，其他视图都是非工作视图。在进行视图操作时，默认都是针对工作视图的，用户可以随时改变工作视图。

📖1.2.1　布局功能

布局功能主要用于控制视图布局的状态和各视图显示的角度。用户可以将图形工作区分为多个视图，以方便进行组件细节的编辑和实体观察。

1）新建视图布局。选择【菜单】→【视图】→【布局】→【新建】命令，弹出如图1-4所示的“新建布局”对话框，该对话框用于设置布局的形式和各视图的视角。

2）打开视图布局。选择【菜单】→【视图】→【布局】→【打开】命令，弹出如图1-5所示的“打开布局”对话框，该对话框用于选择要打开的某个布局，系统会按该布局的方式来显示图形。

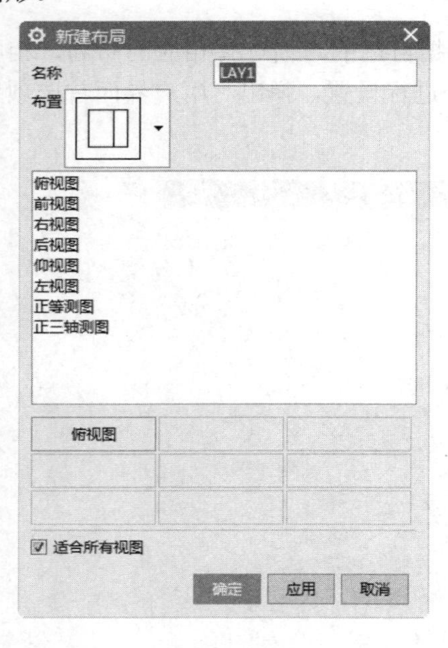

图1-4　“新建布局”对话框

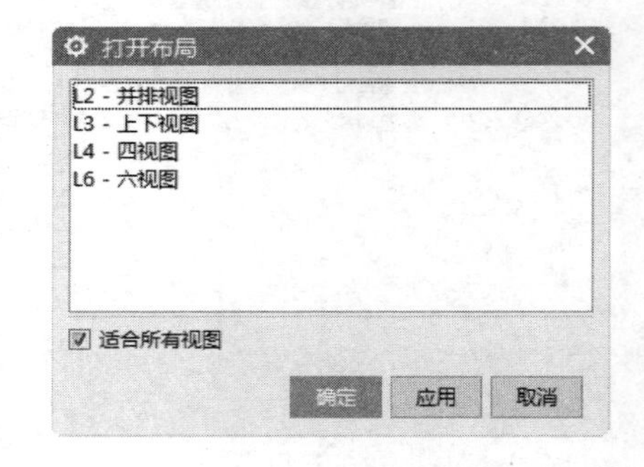

图1-5　“打开布局”对话框

3）适合所有视图。选择【菜单】→【视图】→【布局】→【适合所有视图】命令，系统就会自动地调整当前视图布局中所有视图的中心和比例，使实体模型最大程度地吻合在每个视图边界内，只有在定义了视图布局后，该命令才被激活。

4）更新显示布局。选择【菜单】→【视图】→【布局】→【更新显示】命令，系统就会自动进行更新操作。当对实体进行修改以后，可以使用更新操作，使每一幅视图实时显示。

5）重新生成布局。选择【菜单】→【视图】→【布局】→【重新生成】命令，系统就会重新生成视图布局中的每个视图。

6）替换视图。选择【菜单】→【视图】→【布局】→【替换视图】命令或单击【视图】选项卡，选择【操作】组→【更多】库→【替换视图】图标，弹出如图1-6所示的“视图替换为”对话框，该对话框用于替换布局中的某个视图。

7）删除布局。选择【菜单】→【视图】→【布局】→【删除】命令，当存在用户删除的布局时，弹出如图1-7所示的“删除布局”对话框，从列表框中选择要删除的视图布局后，系统就会删除该视图布局。

8）保存布局。选择【菜单】→【视图】→【布局】→【保存】命令，系统则用当前的视图布局名称保存修改后的布局。

选择【菜单】→【视图】→【布局】→【另存为】命令，弹出如图 1-8 所示的“另存布局”对话框，在列表框中选择要更换名称进行保存的布局，在“名称”文本框中输入一个新的布局名称，系统会用新的名称保存修改过的布局。

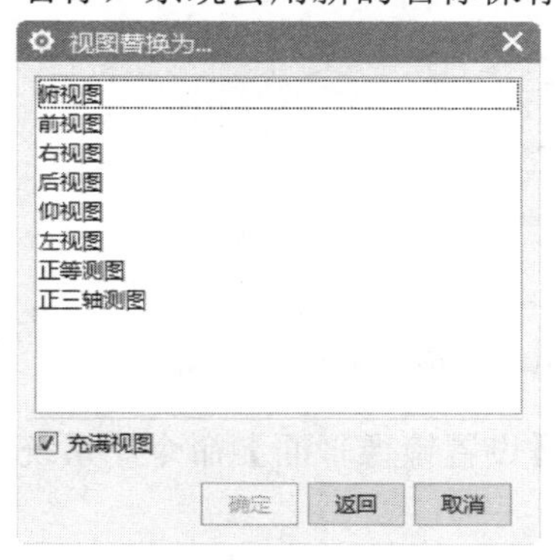

图 1-6　“视图替换为”对话框

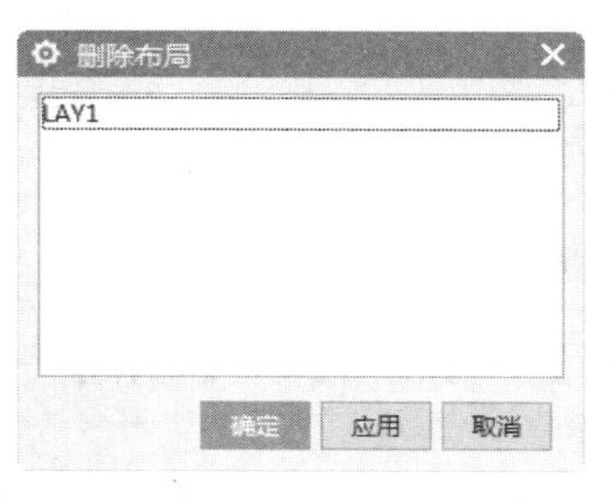

图 1-7　“删除布局”对话框

图 1-8　“另存布局”对话框

1.2.2　布局操作

布局操作主要用于在指定视图中改变显示模型的显示尺寸和显示方位。

1）适合窗口。选择【菜单】→【视图】→【操作】→【适合窗口】命令或单击【视图】选项卡，选择【方位】组中的【适合窗口】图标，系统自动将模型中所有对象尽可能最大地全部显示在视图窗口的中心，不改变模型原来的显示方位。

2）缩放。选择【菜单】→【视图】→【操作】→【缩放】命令，弹出如图 1-9 所示的“缩放视图”对话框。系统会按照用户指定的数值，缩放整个模型，不改变模型原来的显示方位。

3）显示非比例缩放。选择【菜单】→【视图】→【操作】→【显示非比例缩放】命令，系统会要求用户使用鼠标拖曳一个矩形，然后按照矩形的比例，缩放实际的图形。

4）旋转。选择【菜单】→【视图】→【操作】→【旋转】命令，弹出如图 1-10 所示的“旋转视图”对话框，该对话框用于将模型沿指定的轴线旋转指定的角度，或绕工作坐标系原点自由旋转模型，使模型的显示方位发生变化，不改变模型的显示大小。

5）原点。选择【菜单】→【视图】→【操作】→【原点】命令，弹出如图 1-11 所示的“点”对话框，该对话框用于指定视图的显示中心，视图将立即重新定位到指定的中心。

6）导航选项。选择【菜单】→【视图】→【操作】→【导航选项】命令，弹出如图 1-12 所示的“导航选项”对话框，同时光标自动变为标识，可以直接使用光标移动产生轨迹或单击“重新定义”按钮，选择已经存在的曲线或者边缘来定义轨迹，模型会自动沿着定义的轨迹运动。

7）镜像显示。选择【菜单】→【视图】→【操作】→【镜像显示】命令，系统会根据用

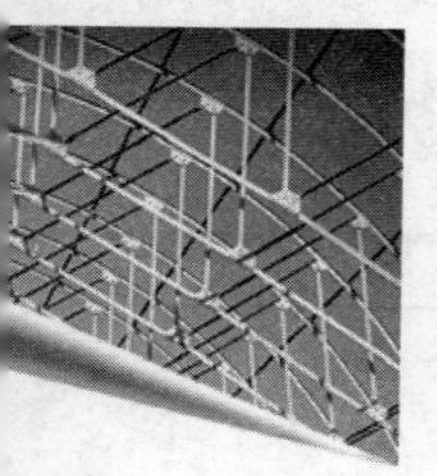

户已经设置好的镜像平面，生成镜像显示，默认状态下为当前 WCS 的 XZ 平面。

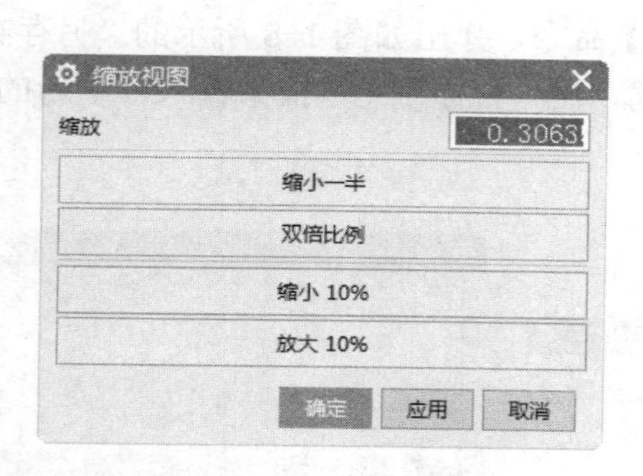

图 1-9　“缩放视图”对话框

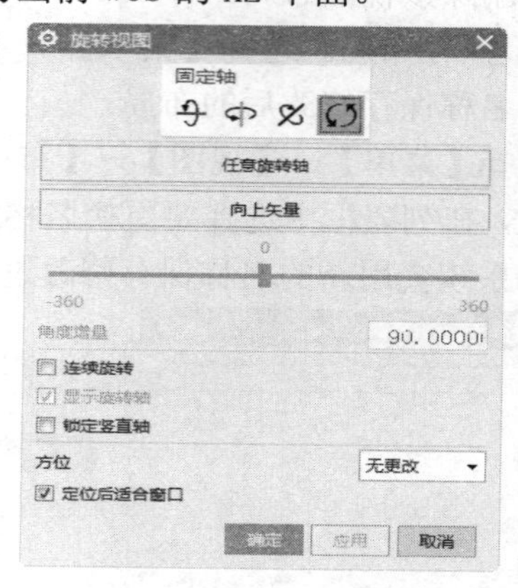

图 1-10　“旋转视图”对话框

8）设置镜像平面。选择【菜单】→【视图】→【操作】→【设置镜像平面】命令，系统会出现动态坐标系方便用户进行设置。

9）截面。选择【菜单】→【视图】→【截面】→【新建截面】命令，弹出如图 1-13 所示的“视图剖切”对话框，该对话框用于设置一个或多个平面来截取当前对象，详细观察截面特征。

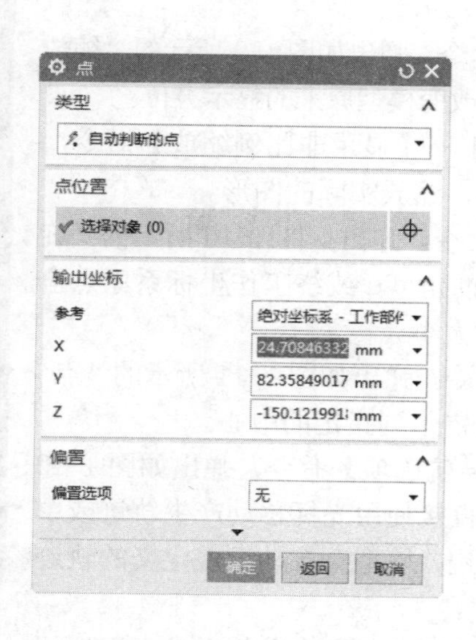

图 1-11　“点”对话框

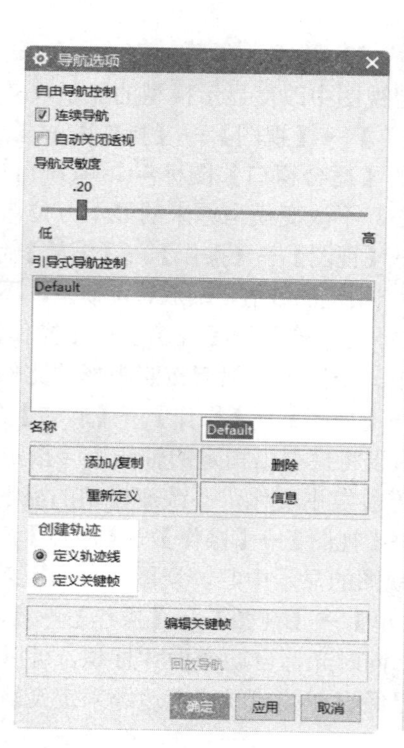

图 1-12　“导航选项”对话框

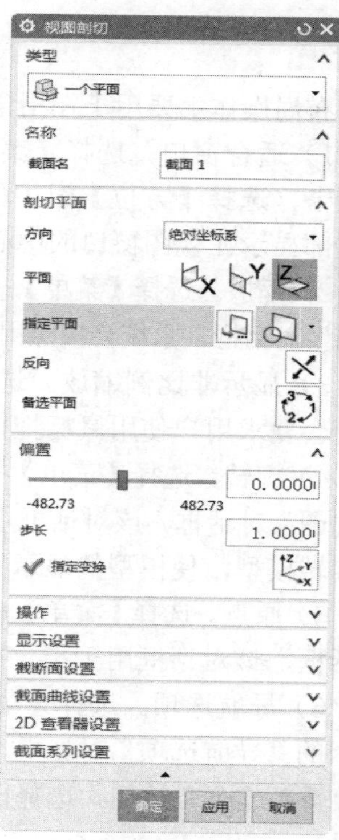

图 1-13　“视图剖切”对话框

如果退出截面命令，模型保留截面状态，若想在退出以后，恢复正常状态，可以选择【菜单】→【视图】→【操作】→【剪切截面】命令。

10）恢复。选择【菜单】→【视图】→【操作】→【恢复】命令，用于恢复视图为原来的视图显示状态。

11）重新生成工作视图。选择【菜单】→【视图】→【操作】→【重新生成工作视图】命令，用于移除临时显示的对象并更新任何已修改的几何体的显示。

1.3 工作图层设置

图层是用于在空间使用不同的层次来放置几何体的一种设置。图层相当于传统设计者使用的透明图纸。用多张透明图纸来表示设计模型，每个图层上存放模型中的部分对象，所有图层叠加起来就构成了模型的所有对象。

在一个组件的所有图层中，只有一个图层是当前工作图层，所有工作只能在工作图层上进行。而其他图层则可对它们的可见性、可选择性等进行设置来辅助工作。如果要在某图层中创建对象，则应在创建前使其成为当前工作层。

为了便于各图层的管理，图层用图层号来表示和区分，图层号不能改变。每一模型文件中最多可包含 256 个图层，分别用 1～256 表示。

引入图层使得模型中对各种对象的管理更加有效和更加方便。

1.3.1 图层的设置

可根据实际需要和习惯设置用户自己的图层标准，通常可根据对象类型来设置图层和图层的类别，见表 1-1。

表 1-1　图层设置

图层号	对象	类别名
1～20	实体	SOLID
21～40	草图	SKETCHES
41～60	曲线	CURVES
61～80	参考对象	DATUMS
81～100	片体	SHEETS
101～120	工程图对象	DRAF
121～140	装配组件	COMPONENTS

选择【菜单】→【格式】→【图层设置】命令或单击【视图】选项卡，选择【可见性】组中的【图层设置】图标，弹出如图 1-14 所示的“图层设置”对话框。

1）工作层：将指定的一个图层设置为工作图层。

2）按范围/类别选择图层：用于输入范围或图层种类的名称以便进行筛选操作。

3）类别过滤器：用于控制图层类列表框中显示图层类条目，可使用通配符*，表示接受所有的图层种类。

1.3.2 图层类别

为更有效地对图层进行管理，可将多个图层构成一组，每一组称为一个图层类。图层类用名称来区分，必要时还可附加一些描述信息。通过图层类，可同时对多个图层进行可见性或可选性的改变。同一图层可属于多个图层类。

选择【菜单】→【格式】→【图层类别】命令或单击【视图】选项卡，选择【可见性】组→【更多】库→【图层】库中的【图层类别】图标，弹出如图 1-15 所示的“图层类别”对话框。

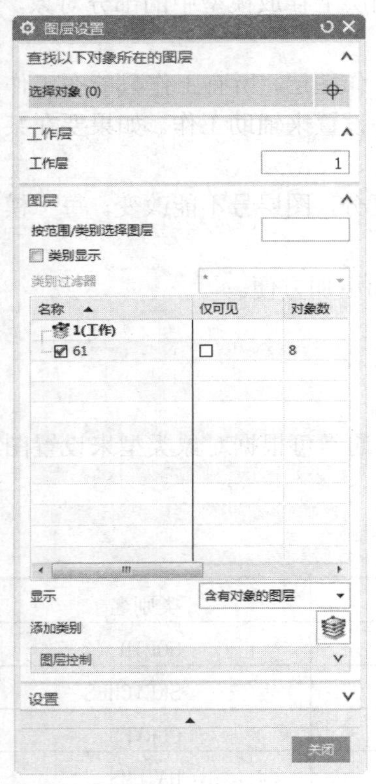

图 1-14 “图层设置”对话框

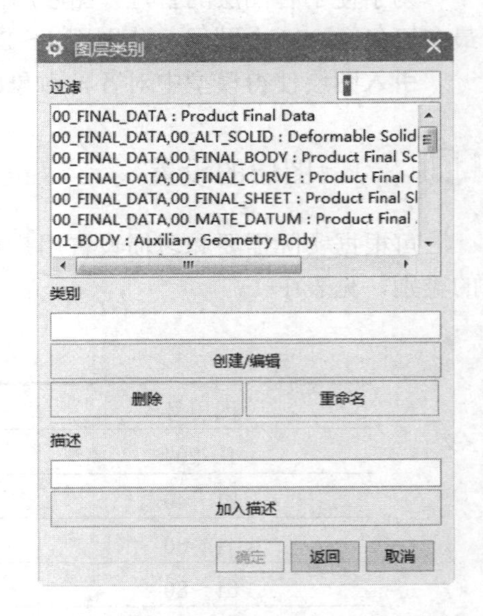

图 1-15 “图层类别”对话框

1）过滤：用于控制图层类别列表框中显示的图层类条目，可使用通配符。

2）图层类别表框：用于显示满足过滤条件的所有图层类条目。

3）类别：用于在“类别”下面的文本框中输入要建立的图层类名。

4）创建/编辑：用于建立新的图层类并设置该图层类所包含的图层，或编辑选定图层类所包含的图层。

5）删除：用于删除选定的一个图层类。

6）重命名：用于改变选定的一个图层类的名称。

7）描述：用于显示选定的图层类的描述信息，或输入新建图层类的描述信息。

8）加入描述：新建图层类时，若在“描述”下面的文本框中输入了该图层类的描述信息，需单击该按钮才能使描述信息有效。

1.3.3　图层的其他操作

1）在视图中可见：用于在多视图布局显示情况下，单独控制指定视图中各图层的属性，而不受图层属性的全局设置的影响。

选择【菜单】→【格式】→【视图中可见图层】命令，弹出如图 1-16 所示的“视图中可见图层”视图选择对话框。在该对话框中选中“Trimetric”，单击“确定”按钮，弹出如图 1-17 所示的“视图中可见图层”对话框。

图 1-16　“视图中可见图层”视图选择对话框

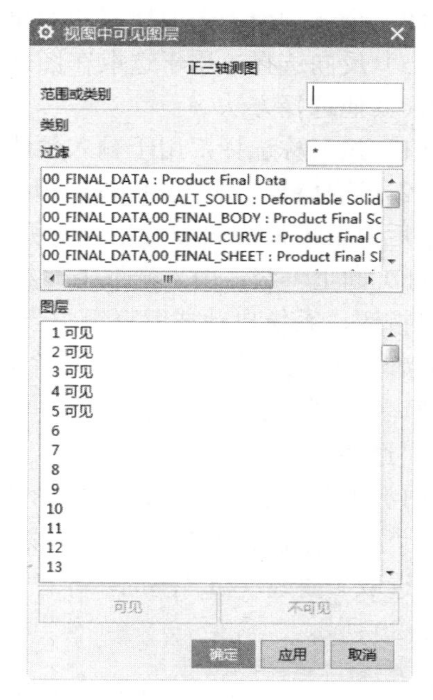

图 1-17　“视图中可见图层”对话框

2）移动至图层：用于将选定的对象从其原图层移动到指定的图层中，原图层中不再包含这些对象。

选择【菜单】→【格式】→【移动至图层】或单击【视图】选项卡，选择【可见性】组中的【移动至图层】图标，用于“移动至图层”操作。

3）复制至图层：用于将选定的对象从其原图层复制一个备份到指定的图层，原图层中和目标图层中都包含这些对象。

选择【菜单】→【格式】→【复制至图层】或单击【视图】选项卡，选择【可见性】组→【更多】库→【图层】库中的【复制至图层】图标，用于“复制至图层”操作。

1.4 选择对象的方法

选择对象是使用最普遍的操作，在很多操作特别是对对象编辑操作中都需要选择对象。

1.4.1 “类选择”对话框

“类选择”对话框是选择对象的一种通用功能，可选择各种各样的对象，一次可选择一个或多个对象，提供了多种选择方法及对象类型过滤方法，非常方便，“类选择”对话框如图 1-17 所示。

1. 对象

（1）选择对象：用于选取对象。

（2）全选：用于选取所有的对象。

（3）反向选择：用于选取在图形工作区中未被用户选中的对象

2. 其他选择方法

（1）按名称选择：用于输入预选取对象的名称，可使用通配符“？”或“*”。

（2）选择链：用于选择首尾相接的多个对象。选择方法是首先单击对象链中的第一个对象，然后再单击最后一个对象，使所选对象呈高亮度显示，最后确定，结束选择对象的操作。

（3）向上一级：用于选取上一级的对象。当选取了含有群组的对象时，该按钮才被激活，单击该按钮，系统自动选取群组中当前对象的上一级对象。

温馨提示：此对话框相当于一个辅助工具，伴随着一些选择则命令存在，从而操作更加方便快捷，如对象显示命令等。

3. 过滤器

（1）类型过滤器：在如图 1-18 所示对话框中，单击“类型过滤器”按钮，弹出如图 1-19 所示的“按类型选择”对话框，在该对话框中，可设置在对象选择中需要包括或排除的对象类型。当选取“曲线”和“基准”等对象类型时，单击“细节过滤”按钮，还可以做进一步限制，如图 1-20 所示。

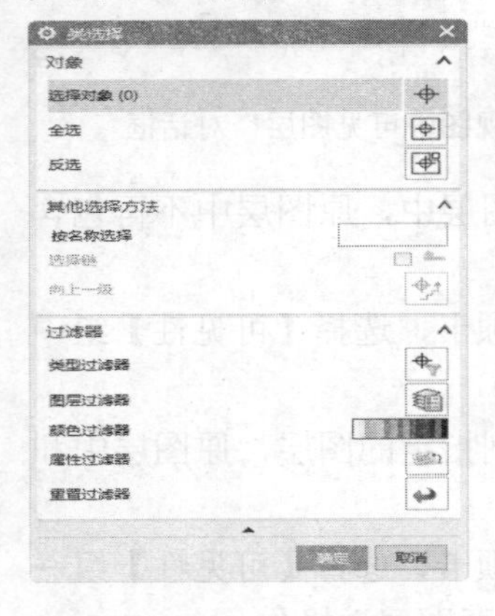

图 1-18 “类选择”对话框

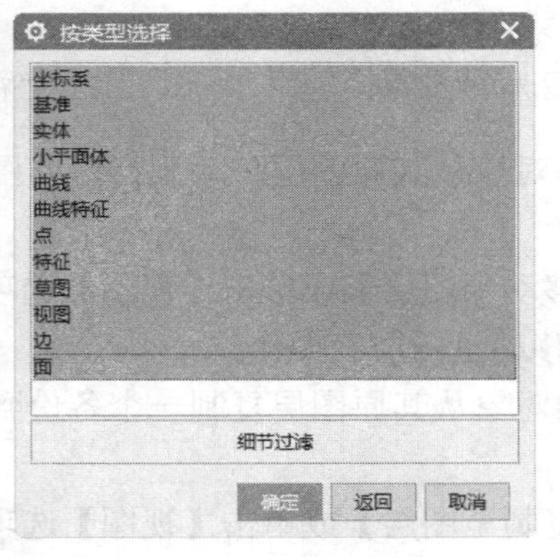

图 1-19 “按类型选择”对话框

图 1-20 “曲线过滤器”对话框

（2）图层过滤器：单击“图层过滤器”按钮，弹出如图 1-21 所示的“按图层选择”对话框，在该对话框中可以设置选择对象时需包括或排除的对象的所在层。

（3）颜色过滤器：单击“颜色过滤器”按钮，弹出如图 1-22 所示的“颜色”对话框，在该对话框中通过指定的颜色来限制选择对象的范围。

（4）属性过滤器：单击“属性过滤器”按钮，弹出如图 1-23 所示的“按属性选择”对话框，在该对话框中，可按对象线型、线宽或其他自定义属性过滤。

（5）重置过滤器：单击“重置过滤器”按钮，用于恢复成默认的过滤方式。

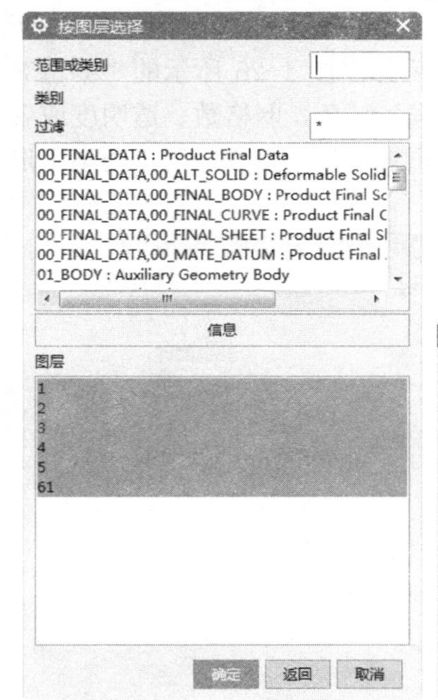

图 1-21　“按图层选择”对话框

图 1-22　“颜色”对话框

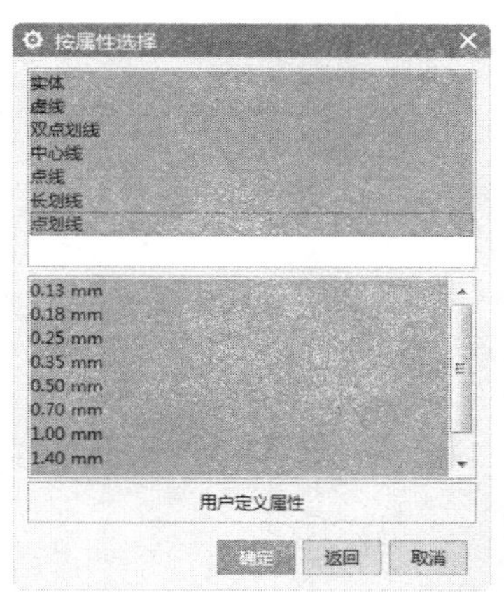

图 1-23　“按属性选择”对话框

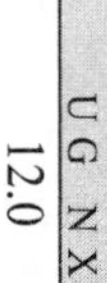

1.4.2　上边框条

在功能区域的最右边单击鼠标右键，在弹出的快捷菜单中选中“上边框条”，使其前面出现对钩。得到如图 1-24 所示的“上边框条”，可利用选择上边框条中的各个命令来实现对象的选择。

图 1-24　上边框条

1.4.3　部件导航器

在图形区右边的“资源条”中单击，弹出如图 1-25 所示的“部件导航器”对话框。在该对话框中，可选择要选择的对象。

1.5 对象操作

1.5.1 改变对象的显示方式

选择【菜单】→【编辑】→【对象显示】命令或是按下组合键 Ctrl+J，弹出如图 1-18 所示“类选择”对话框，选择要编辑的对象，单击“确定”按钮后弹出图 1-26 所示的“编辑对象显示”对话框，通过该对话框选项，可编辑所选择对象的图层、颜色、网格数、透明度或者着色状态等参数，完成后单击“确定”按钮即可完成编辑并退出对话框，按“应用”则不用退出对话框，接着进行其他操作。

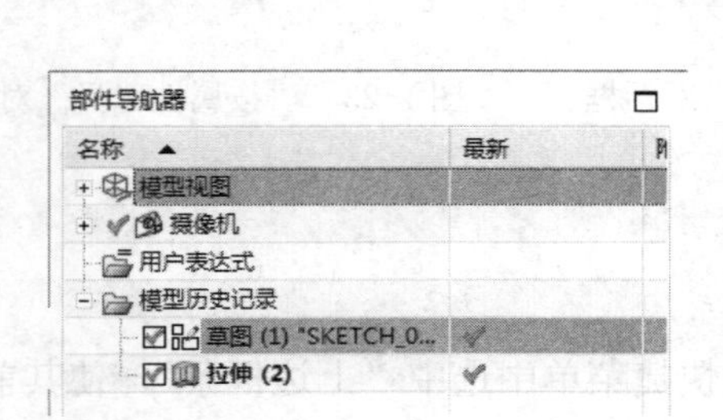

图 1-25 “部件导航器”对话框

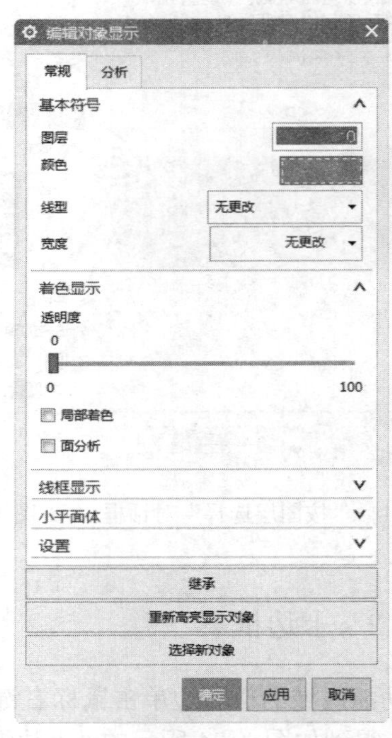

图 1-26 “编辑对象显示”对话框

在“编辑对象显示”对话框，其相关命令说明如下：

1）图层：用于指定选择对象放置的层。系统规定的层为 1～256 层。

2）颜色：用于改变所选对象的颜色，可以调出如图 1-22 所示“颜色”对话框。

3）线型：用于修改所选对象的线型（不包括文本）。

4）宽度：用于修改所选对象的线宽。

5） 继承：弹出对话框要求选择需要从哪个对象上继承设置，并应用到之后的所选对象上。

6）重新高亮显示对象：重新高亮显示所选对象。

1.5.2 隐藏对象

当工作区域内图形太多，以至于不便于操作时，需要将暂时不需要的对象隐藏，如模型中的草图、基准面、曲线、尺寸、坐标、平面等，执行【菜单】→【编辑】→【显示和隐藏】菜单下的子菜单提供了隐藏和取消隐藏功能命令。其部分功能说明如下：

1）隐藏：该命令也可以通过按下组合键 Ctrl+B 实现，提供了类选择对话框，可以通过类型选择需要隐藏的对象或是直接选取。

2）反转显示与隐藏：该命令用于反转当前所有对象的显示或隐藏状态，即显示的全部对象将会隐藏，而隐藏的将会全部显示。

3）显示：该命令将所选的隐藏对象重新显示出来，单击该命令后将会弹出一类型选择对话框，此时工作区中将显示所有已经隐藏的对象，用户可以在其中选择需要重新显示的对象。

4）显示所有此类型对象：该命令将重新显示某类型的所有隐藏对象，并提供了 5 种过滤方式，如图 1-27 所示“类型”“图层”“其他”“重置”和“颜色” 5 个按钮或选项来确定对象类别。

5）全部显示：该命令也可以通过按下组合键 Shift+Ctrl+U 实现，将重新显示所有在可选层上的隐藏对象。

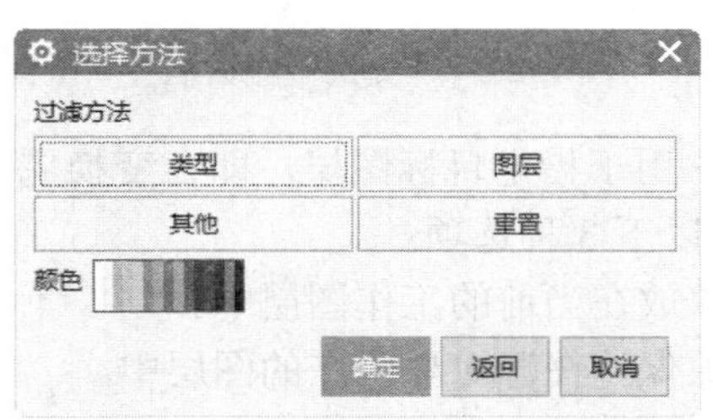

图 1-27 “选择方法”对话框

1.5.3 对象变换

选择【菜单】→【编辑】→【变换】命令，弹出如图 1-28 对象“变换”对话框，选择对象后单击“确定”按钮弹出图 1-29 所示的“变换”对话框，可被变化的对象包括直线、曲线、面、实体等。该对话框在操作变化对象时经常用到。在执行“变换”命令的最后操作时，都会弹出如图 1-30 所示的对话框。

先对图 1-30 所示“变换”公共参数对话框中部分功能作一介绍，该对话框用于选择新的变换对象、改变变换方法、指定变换后对象的存放图层等功能。

（1）重新选择对象：用于重新选择对象，通过类选择器对话框来选择新的变换对象，而保持原变换方法不变。

（2）变换类型 - 比例：用于修改变换方法。即在不重新选择变换对象的情况下，修改变换方法，当前选择的变换方法以简写的形式显示在“-”符号后面。

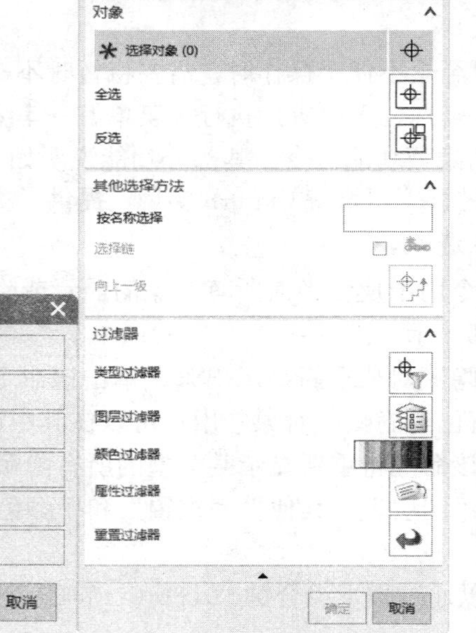

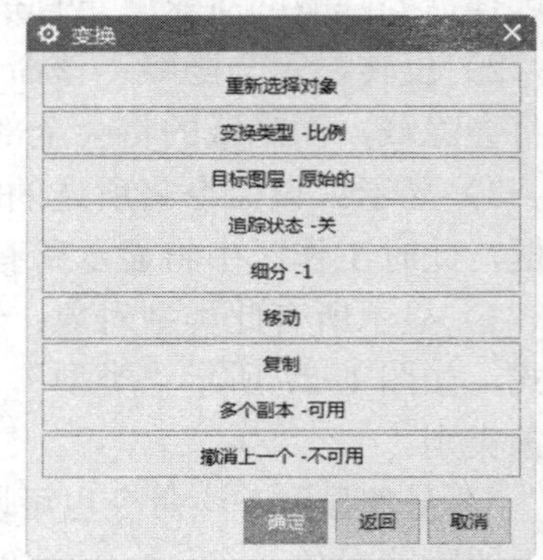

图 1-28 “变换”对话框　　图 1-29 “变换”对话框　　图 1-30 “变换”公共参数对话框

（3）目标图层 - 原始的：用于指定目标图层。即在变换完成后，指定新建立的对象所在的图层。单击该选项后，会有以下 3 种选项：

1）工作的：变换后的对象放在当前的工作图层中。

2）原先的：变换后的对象保持在源对象所在的图层中。

3）指定：变换后的对象被移动到指定的图层中。

（4）追踪状态 - 关：是一个开关选项，用于设置跟踪变换过程。当其设置为“开” 时，则在源对象与变换后的对象之间画连接线。该选项可以和“平移”“旋转”“比例”“镜像”或“重定位”等变换方法一起使用，以建立一个封闭的形状。

需要注意的是，该选项对于源对象类型为实体、片体或边界的对象变换操作时不可用。跟踪曲线独立于图层设置，总是建立在当前的工作图层中。

（5）细分 - 1：用于等分变换距离。即把变换距离（或角度）分割成几个相等的部分，实际变换距离（或角度）是其等分值。指定的值称为“等分因子”。

该选项可用于“平移”“比例”“旋转”等变换操作。例如，“平移”变换时，实际变换的距离是指原指定距离除以“等分因子”的商。

（6）移动：用于移动对象。即变换后，将源对象从其原来的位置移动到由变换参数所指定的新位置。如果所选取的对象和其他对象间有父子依存关系（即依赖于其他父对象而建立），则只有选取了全部的父对象一起进行变换后，才能用【移动】命令选项。

（7）复制：用于复制对象。即变换后，将源对象从其原来的位置复制到由变换参数所指定的新位置。对于依赖其他父对象而建立的对象，复制后的新对象中数据关联信息将会丢失（即它不再依赖于任何对象而独立存在）。

（8）多个副本 - 可用：用于复制多个对象。按指定的变换参数和复制个数在新位置复制多个源对象。相当于一次执行了多个【复制】命令操作。

（9）撤销上一个 - 不可用：用于撤销最近变换。即撤销最近一次的变换操作，但源对象依旧处于选中状态。

以下再对图 1-28 所示“变换”对话框中部分功能作一介绍。

（1）比例：用于将选取的对象，相对于指定参考点成比例的缩放尺寸。选取的对象在参考点处不移动。选中该选项后，在系统弹出的点构造器选择一参考点后，系统会弹出对话框，提供了两种选择：

- 比例：用于设置均匀缩放。
- 非均匀比例： 选中该选项后，在弹出的对话框中设置 XC、YC、ZC 方向上的缩放比例。

注意

片体进行非均匀比例缩放前，应先缩放其定义曲线。

（2）通过一直线镜像：用于将选取的对象，相对于指定的参考直线作镜像。即在参考线的相反侧建立源对象的一个镜像。

选中该选项后，系统会弹出如图 1-31 所示的对话框，提供了三种选择：

- 两点：用于指定两点，两点的连线即为参考线。
- 现有的直线：选择一条已有的直线（或实体边缘线）作为参考线。
- 点和矢量：用点构造器指定一点，其后在矢量构造器中指定一个矢量，通过指定点的矢量即作为参考直线。

（3）矩形阵列：用于将选取的对象，从指定的阵列原点开始，沿坐标系 XC 和 YC 方向（或指定的方位）建立一个等间距的矩形阵列。系统先将源对象从指定的参考点移动或复制到目标点（阵列原点）然后沿 XC、YC 方向建立阵列。

选中该选项后，系统会弹出如图 1-32 所示的对话框，其中：

- DXC：表示 XC 方向间距。
- DYC：表示 YC 方向间距。

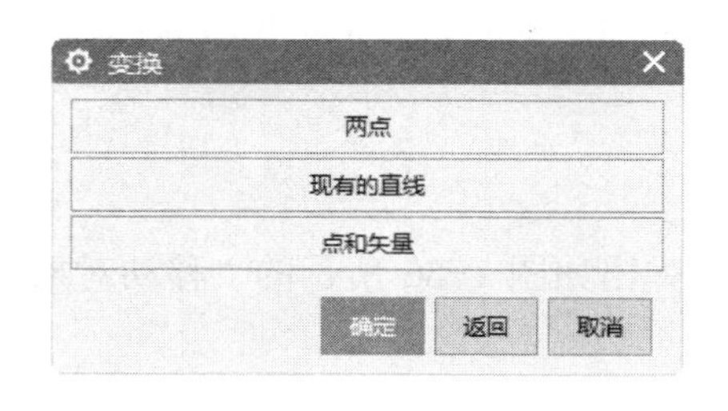

图 1-31　“通过一直线镜像”选项

图 1-32　“矩形阵列”对话框

（4）圆形阵列：用于将选取的对象，从指定的阵列原点开始，绕目标点（阵列中心）建立一个等角间距的环形阵列。

选中该选项后，系统会弹出如图 1-33 所示的对话框，其中：

- 半径：用于设置环形阵列的半径值，该值也等于目标对象上的参考点到目标点之间的距离。
- 起始角：定位环形阵列的起始角（于 XC 正向平行为零）。

（5）通过一平面镜像：用于将选取的对象，相对于指定参考平面作镜像。即在参考平面的相反侧建立源对象的一个镜像。选中该选项后，系统会弹出如图 1-34 所示的对话框，用于选择或创建一参考平面，之后选取源对象完成镜像操作。

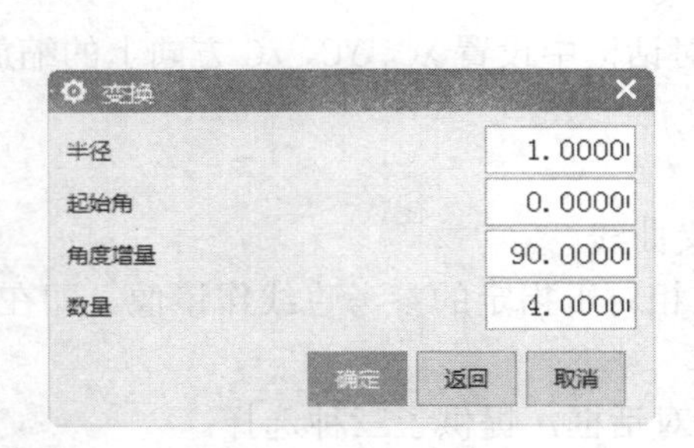

图 1-33 “圆形阵列”选项

图 1-34 “平面” 对话框

（6）点拟合：用于将选取的对象，从指定的参考点集缩放、重定位或修剪到目标点集上。选中该选项后，系统会弹出如图 1-35 所示对话框，其中：

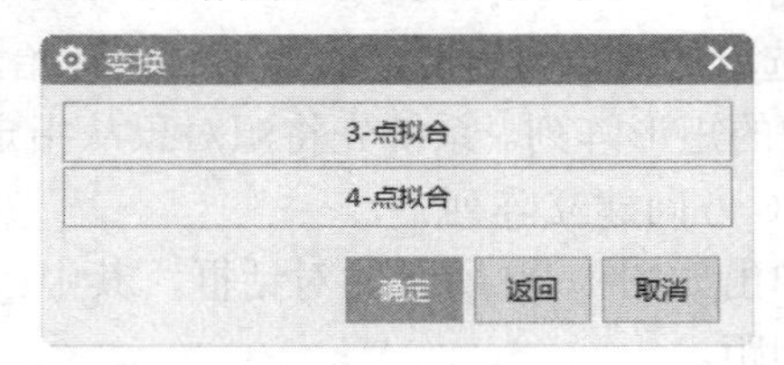

图 1-35 “点拟合”选项

- 3-点拟合：允许用户通过 3 个参考点和 3 个目标点来缩放和重定位对象。
- 4-点拟合：允许用户通过 4 个参考点和 4 个目标点来缩放和重定位对象。

1.5.4 移动对象

选择【菜单】→【编辑】→【移动对象】命令，弹出如图 1-36 所示的“移动对象“对话框。

（1）运动：

1）距离：是指将选择对象由原来的位置移动到新的位置。

2）点到点：用户可以选择参考点和目标点，则这两个点之间的距离和由参考点指向目标点的方向将决定对象的平移方向和距离。

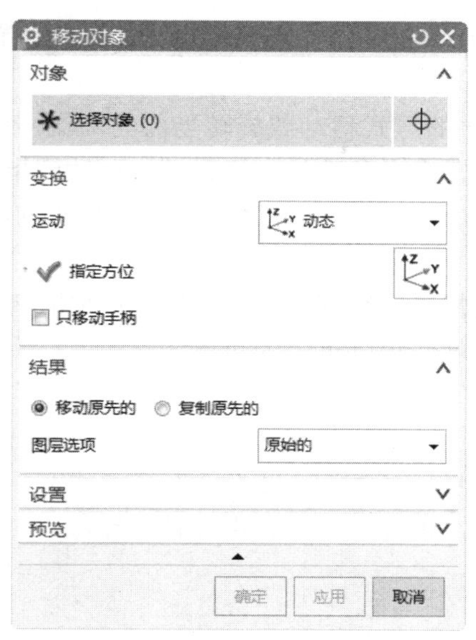

图 1-36　“移动对象”对话框

3）根据三点旋转：提供三个位于同一个平面内且垂直于矢量轴的参考点，让对象围绕旋转中心，按照这三个点同旋转中心连线形成的角度逆时针旋转。

4）将轴与矢量对齐：将对象绕参考点从一个轴向另外一个轴旋转一定的角度。选择起始轴，然后确定终止轴，这两个轴决定了旋转角度的方向。此时用户可以清楚地看到两个矢量的箭头，而且这两个箭头首先出现在选择轴上，当单击“确定”按钮以后，该箭头就平移到参考点。

5）动态：用于将选取的对象，相对于参考坐标系中的位置和方位移动（或复制）到目标坐标系中，使建立的新对象的位置和方位相对于目标坐标系保持不变。

（2）移动原先的：用于移动对象。即变换后，将源对象从其原来的位置移动到由变换参数所指定的新位置。

（3）复制原先的：用于复制对象：即变换后，将源对象从其原来的位置复制到由变换参数所指定的新位置。对于依赖其他父对象而建立的对象，复制后的新对象中数据关联信息将会丢失，即它不再依赖于任何对象而独立存在。

（4）非关联副本数：用于复制多个对象。按指定的变换参数和复制个数在新位置复制多个源对象。

1.6 坐标系操作

1.6.1　坐标系的变换

选择【菜单】→【格式】→【WCS】命令，即弹出如图 1-37 所示子菜单命令，用于对坐标系进行变换以产生新的坐标。

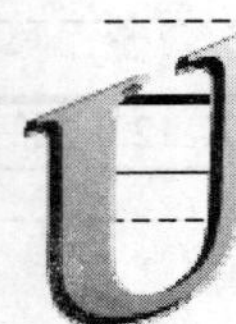

（1）原点：通过定义当前 WCS 的原点来移动坐标系的位置。但该命令仅仅移动坐标系的位置，而不会改变坐标轴的方向。

（2）动态：能通过步进的方式移动或旋转当前的 WCS，用户可以在绘图工作区中移动坐标系到指定位置，也可以设置步进参数使坐标系逐步移动到指定的距离参数。

（3）旋转：将会弹出如图 1-38 所示的对话框，通过当前的 WCS 绕其某一坐标轴旋转一定角度，来定义一个新的 WCS。

用户通过对话框可以选择坐标系绕哪个轴旋转，同时指定从一个轴转向另一个轴，在角度文本框中输入需要旋转的角度。角度可以为负值。

注意

可以直接双击坐标系使坐标系激活，处于动态移动状态，用光标拖动原点处的方块，可以在沿 X、Y、Z 方向任意移动，也可以绕任意坐标轴旋转。

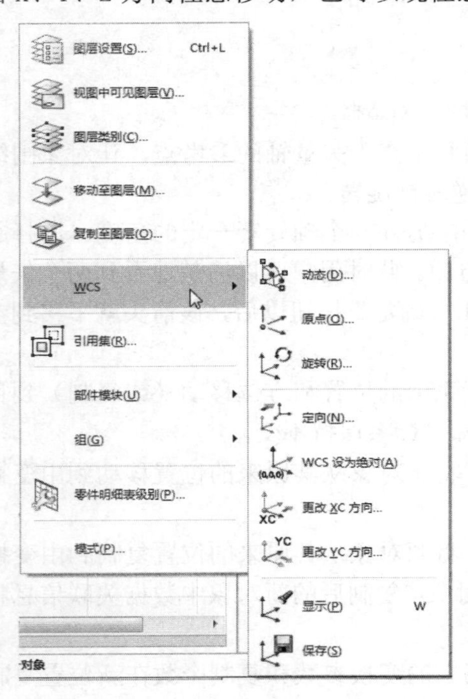

图 1-37　坐标系统操作子菜单

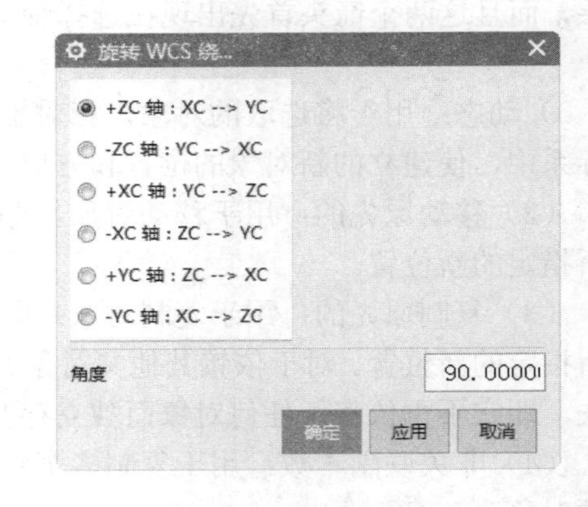

图 1-38　“旋转 WCS 绕”对话框

1.6.2　坐标系的定义

选择【菜单】→【格式】→【WCS】→【定向】命令，该命令用于定义一个新的坐标系，如图 1-39 所示，其中：

1）自动判断：该方式通过选择的对象或输入 X、Y、Z 坐标轴方向的偏置值来定义一个坐标系。

图 1-39　“坐标系”对话框

2）原点、X 点、Y 点：该方式利用点创建功能先后指定 3 个点来定义一个坐标系。这 3 点分别是原点、X 轴上的点和 Y 轴上的点，第一点为原点，第一点和第二点的方向为 X 轴的正向，第一与第三点的方向为 Y 轴方向，再由 X 到 Y 按右手定则来定 Z 轴正向。

3） X 轴，Y 轴：该方式利用矢量创建的功能选择或定义两个矢量来创建坐标系.

4） X 轴、Y 轴、原点：该方式先利用点创建功能指定一个点为原点，而后利用矢量创建功能创建两矢量坐标，从而定义坐标系。

5） Z 轴、X 点：该方式先利用矢量创建功能选择或定义一个矢量，再利用点创建功能指定一个点，来定义一个坐标系。其中，X 轴正向为沿点和定义矢量的垂线指向定义点的方向，Y 轴则由 Z、X 依据右手定则导出。

6）对象的坐标系：该方式由选择的平面曲线、平面或实体的坐标系来定义一个新的坐标系，XOY 平面为选择对象所在的平面。

7）点、垂直于曲线：该方式利用所选曲线的切线和一个指定点的方法创建一个坐标系。曲线的切线方向即为 Z 轴矢量，X 轴方向为沿点到切线的垂线指向点的方向，Y 轴正向由自 Z 轴至 X 轴矢量按右手定则来确定，切点即为原点。

8）平面和矢量：该方式通过先后选择一个平面和一矢量来定义一个坐标系。其中 X 轴为平面的法矢，Y 轴为指定矢量在平面上的投影，原点为指定矢量与平面的交点。

9）三平面：该方式通过先后选择三个平面来定义一个坐标系。三个平面的交点为原点，第一个平面的法向为 X 轴，Y、Z 以此类推。

10）偏置坐标系：该方式通过输入 X、Y、Z 坐标轴方向相对于选择坐标系的偏距来定义一个新的坐标系。

11）当前视图的坐标系：该方式用当前视图定义一个新的坐标系。XOY 平面为当前视图所在平面。

注意

用户如果不太熟悉上述操作，可以直接选择“自动判断”模式，系统会依据当前情况做出创建坐标系的判断。

1.6.3 坐标系的保存和显示

选择【菜单】→【格式】→【WCS】→【显示】命令后，系统会显示或隐藏以前的工作坐标按钮。

选择【菜单】→【格式】→【WCS】→【保存】命令后，系统会保存当前设置的工作坐标系，以便在以后的工作中调用。

1.7 UG NX 12.0 参数预设置

1.7.1 草图预设置

选择【菜单】→【首选项】→【草图】命令，弹出如图 1-40 所示的“草图首选项”对话框。该对话框包括“草图设置”“会话设置”和“部件设置”三个选项卡。

1．草图设置

在“草图首选项”对话框中选中“草图设置”选项卡，显示相应的参数设置内容，如图 1-40 所示。

（1）尺寸标签：用于设置尺寸的文本内容，其下拉列表框中包含：

1）表达式：用于设置用尺寸表达式作为尺寸文本内容。

2）名称：用于设置用尺寸表达式的名称作为尺寸文本内容。

3）值：用于设置用尺寸表达式的值作为尺寸文本内容。

（2）屏幕上固定文本高度：用于设置固定尺寸文本的高度。

2．会话设置

在“草图首选项”对话框中选中“会话设置”选项卡，显示设置参数，如图 1-41 所示。

（1）对齐角：用于设置捕捉角度，它用来控制不采取捕捉方式绘制直线时是否自动为水平或垂直直线。如果所画直线与草图工作平面 XC 轴或 YC 轴的夹角小于或等于该参数值，则所画直线会自动为水平或垂直直线。

（2）显示自由度箭头：该复选框用于控制自由箭头的显示状态。勾选该复选框，则草图中未约束的自由度会用箭头显示出来。

（3）更改视图方向：该复选框用于控制草图退出激活状态时，工作视图是否回到原来的方向。

（4）保持图层状态：该复选框用于控制工作层状态。当草图激活后，它所在的工作层自动称为当前工作层。勾选该复选框，当草图退出激活状态时，草图工作层会回到激活前的工作层。

3．部件设置

在“草图首选项”对话框中选中“部件设置”选项卡，显示相应的参数设置内容，如图 1-42 所示。该对话框用于设置“曲线”“尺寸”等草图对象的颜色。

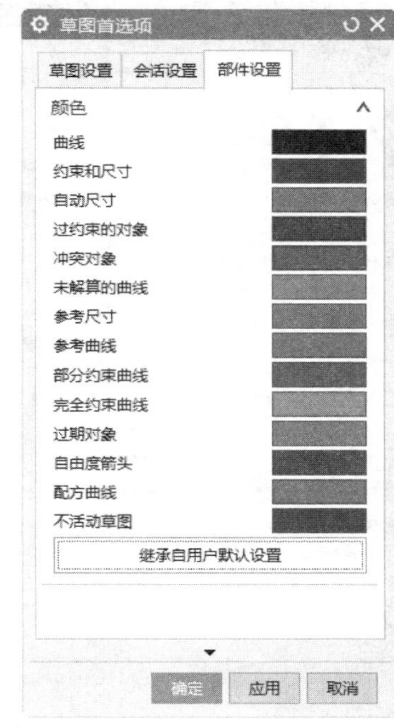

图 1-40　“草图首选项”对话框　图 1-41　“会话设置”选项卡　图 1-42　“部件设置”选项卡

1.7.2　制图预设置

制图首选项的设置是对包括尺寸参数、文字参数、单位和视图参数等制图注释参数的预设置。选择【菜单】→【首选项】→【制图】命令，系统弹出如图 1-43 所示“制图首选项”对话框。该对话框中包含了 11 个选项卡，用户选取相应的选项卡，对话框中就会出现相应的选项。下面介绍常用的几种参数的设置方法。

1. 尺寸

设置尺寸相关的参数时，根据标注尺寸的需要，用户可以利用对话框中上部的尺寸和直线/箭头工具条进行设置。在尺寸设置中主要有以下几个设置选项：

（1）尺寸线：根据标注的尺寸的需要，勾选箭头之间是否有线，或者修剪尺寸线。

（2）方向和位置：在方位下拉列表中可以选择 5 种文本的放置位置，如图 1-44 所示。

（3）公差：可以设置最高 6 位的精度和 11 种类型的公差，图 1-45 显示了可以设置的 11 种类型的公差的形式。

（4）倒斜角：系统提供了 4 种类型的倒斜角样式，可以设置分割线样式和间隔，也可以设置指引线的格式。

2. 公共

（1）“直线/箭头”选项卡：如图 1-46 所示。

图 1-43 “制图首选项”对话框

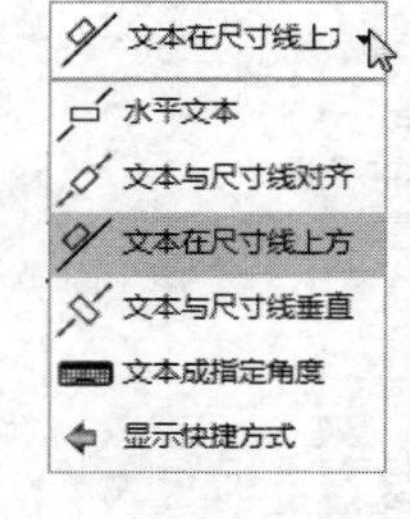

图 1-44 尺寸值的放置位置

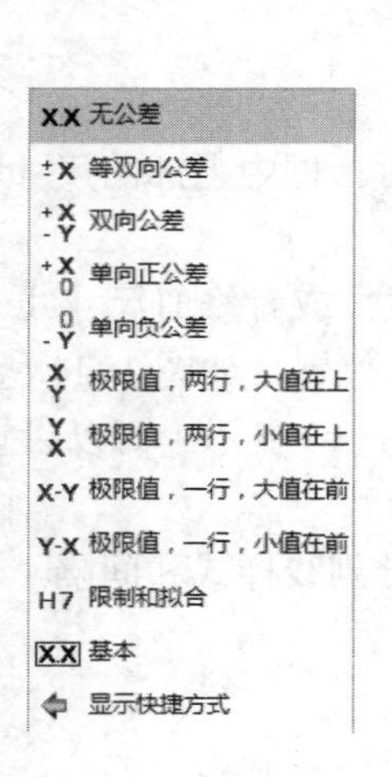

图 1-45 11 种公差形式

图 1-46 “直线/箭头”选项卡

1）箭头：用于设置剖视图中的截面线箭头的参数，可以改变箭头的大小和箭头的长度以及箭头的角度。

2）箭头线：用于设置截面的延长线的参数。用户可以修改剖面延长线长度以及图形框之间的距离。

直线和箭头相关参数的设置可以设置尺寸线箭头的类型和箭头的形状参数，同时还可以设置尺寸线、延长线和箭头的显示颜色、线型和线宽。在设置参数时，用户根据要设置的尺寸和箭头的形式，在对话框中选择箭头的类型，并且输入箭头的参数值。如果需要，还可以在下部的选项中改变尺寸线和箭头的颜色。

（2）文字：设置文字相关的参数时，先选择文字对齐位置和文字对正方式，再选择要设置的文本颜色和宽度，最后在“高度”“NX 字体间隙因子”“文本宽高比”和“行间距因子”等文本框中输入设置参数，这时用户可在预览窗口中看到文字的显示效果。

（3）符号：符号参数选项可以设置符号的颜色、线型和线宽等参数。

3．注释

设置各种标注的颜色、线型和线宽。

剖面线/区域填充：用于设置各种填充线/剖面线样式和类型，并且可以设置角度和线型。在此选项卡中设置了区域内应该填充的图形以及比例和角度等，如图 1-47 所示。

4．表

用于设置二维工程图表格的格式、文字标注等参数。

（1）零件明细表：用于指定生成明细表时默认的符号、标号顺序、排列顺序和更新控制等。

（2）单元格：用来控制表格中每个单元格的格式、内容和边界线设置等。

图 1-47　“剖面线/区域填充”选项卡

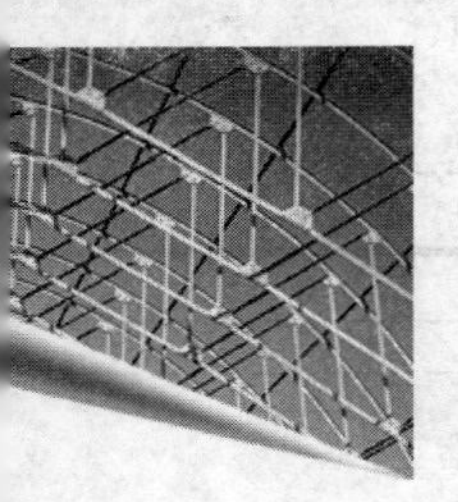

1.7.3　装配预设置

选择【菜单】→【首选项】→【装配】命令，弹出如图 1-48 所示的“装配首选项”对话框。下面介绍该对话框中主要选项的用法。

1）选择组件成员：用于设置是否首先选择组件。勾选该复选框，则在选择属于某个子装配的组件时，首先选择的是子装配中的组件，而不是子装配。

2）描述性部件名样式：用于设置部件名称的显示方式。

1.7.4　建模预设置

选择【菜单】→【首选项】→【建模】命令，弹出如图 1-49 所示的“建模首选项”对话框。下面介绍该对话框中主要选项卡的用法。

（1）选中“常规”选项卡，显示相应的参数设置内容，如图 1-49 所示。

1）体类型：用于控制在利用曲线创建三维特征时，是生成实体还是片体。

2）密度：用于设置实体的密度，该密度值只对以后创建的实体起作用。其下方的密度单位下拉列表用于设置密度的默认单位。

装配首选项
工作部件
显示为整个部件
自动更改时警告
生成缺失的部件族成员
检查较新的模板部件版本
显示更新报告
拖放时警告
选择组件成员
真实形状过滤
展开时更新结构
删除时发出警告
描述性部件名样式
文件名
属性
装配定位
接受容错曲线
部件间复制
移动组件拖动手柄位置
包容块中心
组件原点
确定　返回　取消

图 1-48　“装配首选项”对话框

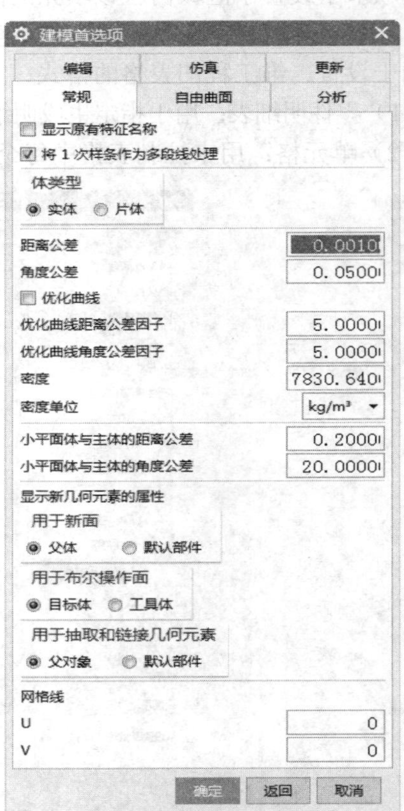

图 1-49　“建模首选项”对话框

3）网格线：用于设置实体或片体表面在 U 和 V 方向上栅格线的数目。如果其下方 U 向计数和 V 向计数的参数值大于 0，则创建表面时，表面上就会显示网格曲线。网格曲线只是一个显示特征，其显示数目并不影响实际表面的精度。

（2）选中“自由曲面”选项卡，显示相应的参数设置内容如图 1-50 所示。

1）曲线拟合方法：用于选择生成曲线时的拟合方式，包括“三次”“五次”和“高阶”三种拟合方式。

2）构造结果：用于选择构造自由曲面的结果，包括“平面”和“B 曲面”两种方式。

（3）选中“分析”选项卡，显示相应的参数设置内容，如图 1-51 所示。

（4）编辑。

1）双击操作（特征）：用于双击操作时的状态，包括可回滚编辑和编辑参数两种方式。

2）双击操作（草图）：用于双击操作时的状态，包括可回滚编辑和编辑两种方式。

3）编辑草图操作：用于草图编辑，包括直接编辑和任务环境两种方式。

图 1-50　“自由曲面”选项卡

图 1-51　“分析”选项卡

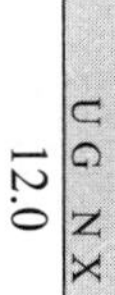

1.8 信息查询

1.8.1　对象信息

选择【菜单】→【信息】→【对象】命令，系统会列出所有对象的信息。用户也可查询指

定对象的信息，如点、直线、样条等。

1）点。当获取点时，系统除了列出一些共同信息之外，还会列出点的坐标值。

2）直线。当获取直线时，系统除了列出一些共同信息之外，还会列出直线的长度、角度、起点坐标、终点坐标等信息。

3）艺术样条。当获取艺术样条时，系统除列出一些共同信息之外，还会列出艺术样条的属主部件、属主图层、特征状态、特征类型等信息，如图 1-52 所示，获取信息完后，对工作区的图像可按 F5 键或【刷新】命令来刷新屏幕。

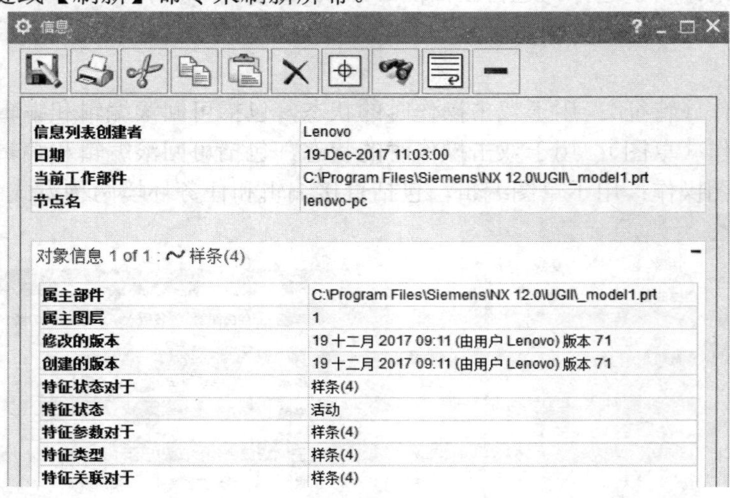

图 1-52　“信息”对话框

1.8.2　点信息

选择【菜单】→【信息】→【点】命令，弹出如图 1-53 所示的“点”对话框，用于列出指定点的信息。

图 1-53　“点”对话框

1.8.3　表达式信息

选择【菜单】→【信息】→【表达式】命令之后弹出如图 1-54 所示的“表达式”子菜单。其相关功能如下：

1）全部列出：表示在信息窗口中列出当前工作部件中的所有表达式信息。

2）列出装配中的所有表达式：表示在信息窗口中列出当前显示装配件部件的每一组件中的表达式信息。

3）列出会话中的全部：表示在信息窗口中列出当前操作中的每一部件的表达式信息。

4）按草图列出表达式：表示在信息窗口中列出选择草图中的所有表达式信息。

5）列出装配约束：表示如果当前部件为装配件，则在信息窗口中列出其匹配的约束条件信息。

6）按引用全部列出：表示在信息窗口中列出当前工作部件中包括特征、草图、匹配约束条件、用户定义的表达式信息等。

7）列出所有测量：表示在信息窗口中列出工作部件中所有几何表达式及相关信息，如特征名和表达式引用情况等。

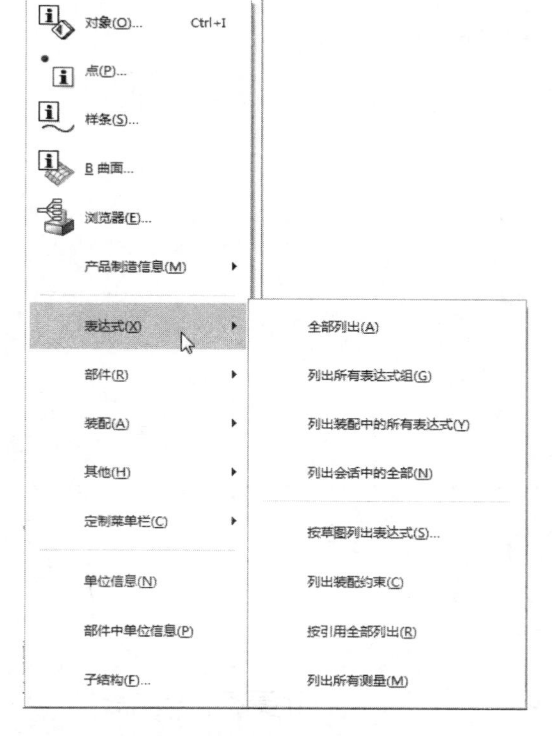

图 1-54　“表达式”子菜单

第2章

曲线

曲线是 UG 建模的基础，利用 UG 的曲线功能可以建立点、直线、圆弧、圆锥曲线和样条曲线等。

本章主要将介绍建模模块中建立曲线、编辑曲线以及曲线操作的方法。

重点与难点

- 曲线
- 曲线操作
- 曲线编辑

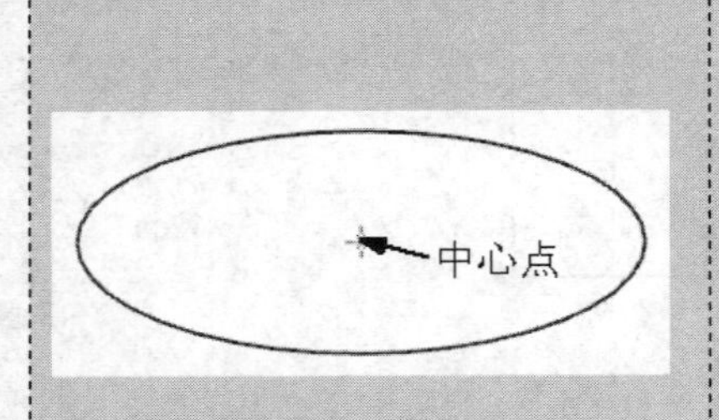

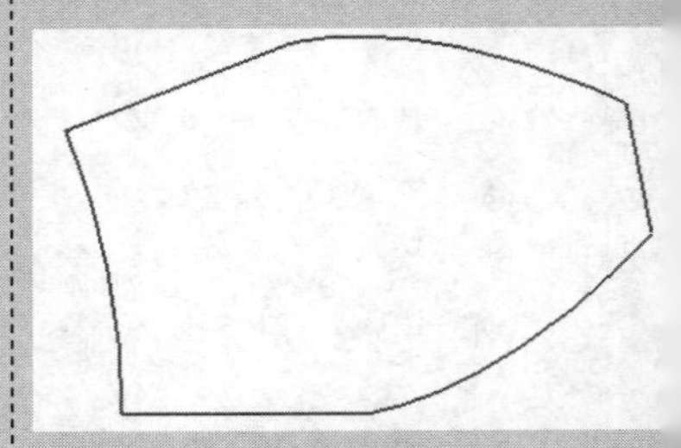

2.1 曲线种类

2.1.1　点

选择【菜单】→【插入】→【基准/点】→【点】命令，或单击【曲线】选项卡，选择【曲线】组→【点】图标＋，弹出如图 2-1 所示的“点”对话框。

1）类型：利用“类型”下拉列表框中的点的捕捉方法捕捉一个点。

2）输出坐标：直接输入坐标值来确定点。

在如图 2-1 所示的对话框中的 XC、YC 和 ZC 文本框中输入坐标值来确定点。还可以根据参考下拉菜单决定采用“绝对坐标系-工作部件”方式还是“绝对坐标系-显示部件”方式来指定点的位置。

当用户选中 WCS 单选按钮时，在文本框中输入的坐标值是相对于工作坐标系的，这个坐标系是系统提供的一种坐标功能，可以任意移动和旋转，而点的位置和当前的工作坐标相关。当用户选中“绝对坐标系-工作部件”或者“绝对坐标系-显示部件”时，坐标文本框的标识变为“X、Y、Z”，此时输入的坐标值为绝对坐标值，它是相对于绝对坐标系的，这个坐标系是系统默认的坐标系，其原点与轴的方向永远保持不变。

3）设置：设置点之间是否关联。

2.1.2　点集

选择【菜单】→【插入】→【基准/点】→【点集】命令，或单击【曲线】选项卡，选择【曲线】组→【点集】图标⁺⁺₊，弹出如图 2-2 所示的“点集”对话框。

（1）曲线点：用于在曲线上创建点集。

曲线点产生方法：该下拉列表用于选择曲线上点的创建方法，包括：

- 等弧长：用于在点集的起始点和结束点之间按点间等弧长来创建指定数目的点集。
- 等参数：用于以曲线曲率的大小来确定点集的位置，曲率越大，产生点的距离越大，反之则越小。
- 几何级数：选择“几何级数”，则在该对话框中会多出一个比率文本框。在设置完其他参数数值后，还需要指定一个比率值，用来确定点集中彼此相邻的后两点之间的距离与前两点距离的倍数。
- 弦公差：根据所给出弦公差的大小来确定点集的位置。弦公差值越小，产生的点数越多，反之则越少。
- 增量弧长：用于输入各点之间的路径长度。弧长距离必须小于等于所选择曲线的长度，并且大于 0。当选择曲线时，会显示其圆弧总长度；然后可以输入弧长（两点之间所需的路径长度）。总的点数和部分弧长（剩余的路径长度值）将基于输入的弧长和选中曲线的圆弧总长度来计算。

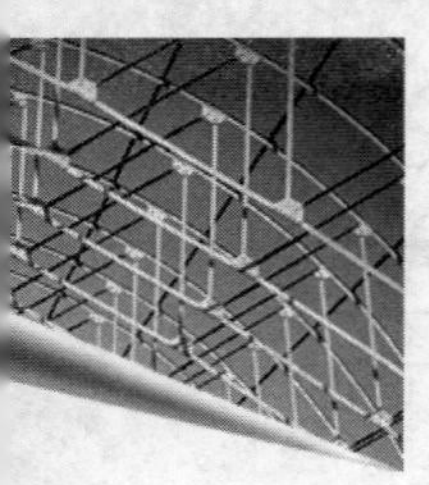

- 投影点：用于利用一个或多个放置点向选定的曲线作垂直投影，在曲线上生成点集。
- 曲线百分比：用于通过曲线上的百分比位置来确定一个点。

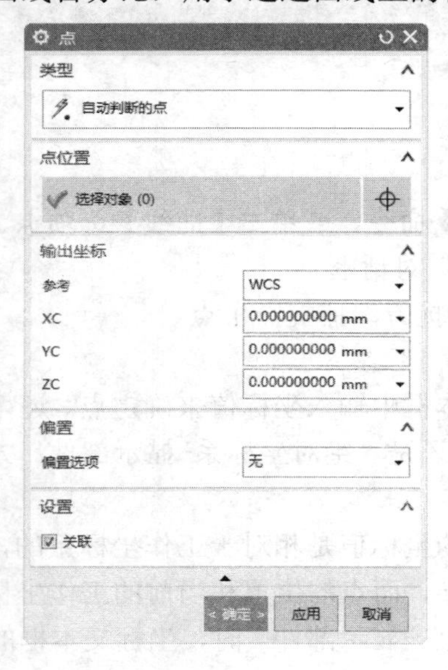

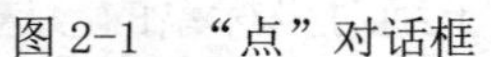
图 2-1　“点”对话框

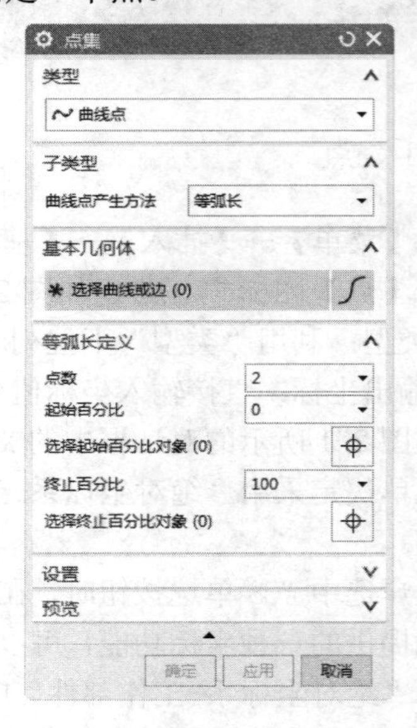

图 2-2　“点集”对话框

（2）样条点：用于利用绘制样条曲线时的定义点来创建点集。选择该类型，系统提示选取曲线，然后根据这条样条曲线的定义点来创建点集。

样条点类型：在该下拉列表中选择样条上点的创建类型，包括：

- 定义点：利用绘制样条曲线时的定义点来创建点集。
- 结点：利用样条曲线时的节点来创建点集。
- 极点：利用绘制样条曲线时的极点来创建点集。

（3）面的点：用产生曲面上的点集。单击该类型，对话框如图 2-3 所示。

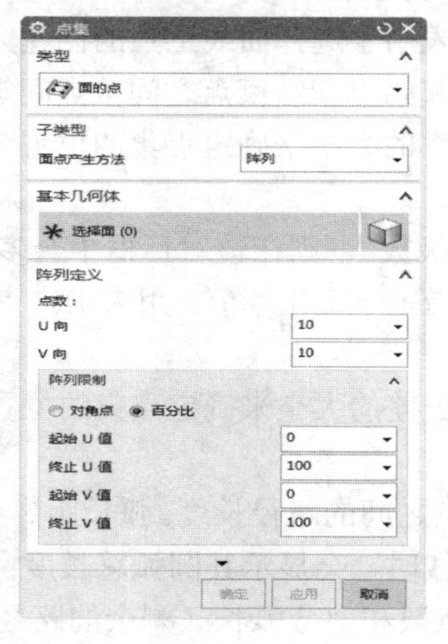

图 2-3　“点集”对话框

1）阵列：用于设置曲面上点集的点数，即点集分布在曲面的U和V方向上，在U和V文本框中分别输入用户所需点数。

2）阵列限制：用于设置点集的边界。

- 对角点：用于以对角点方式来限制点集的分别范围。选中该单选按钮时，系统会提示用户在绘图区中选取一点，完成后再选取另一点，这样就以这两点为对角点设置了点集的边界。
- 百分比：用于以曲面参数百分比的形式来限制点集的分布范围。选中该单选按钮时，用户在如图2-3所示对话框中的起始U值、终止U值、起始V值和终止V值文本框中分别输入相应数值来设置的点集相对于选定曲面U、V方向的分布范围。

2.1.3　直线和圆弧

绘制直线的方式主要有三种：一是选择【菜单】→【插入】→【曲线】→【直线】命令；二是选择【菜单】→【插入】→【曲线】→【直线和圆弧】命令，选择用户所需的选项；三是选择【菜单】→【插入】→【曲线】→【基本曲线（原有）】命令。同样，圆弧的绘制也存在着类似的三种方式。本节介绍第一种方式。

1. 直线

选择【菜单】→【插入】→【曲线】→【直线】命令或单击【曲线】选项卡，选择【曲线】组→【直线】图标，打开如图2-4所示的“直线”对话框。

（1）开始：用于设置直线的起点形式。

（2）结束：用于设置直线的终点形式和方向。

（3）支持平面：用于设置直线平面的形式，包括“自动平面”“锁定平面”和“选择平面”三种方式。

（4）限制：用于设置直线的点的起始位置和结束位置，有“值”“在点上”和“直至选定对象”三种限制方式。

（5）关联：勾选该复选框，可设置直线之间是否关联。

2. 圆弧

选择【菜单】→【插入】→【曲线】→【圆弧/圆】命令或单击【曲线】选项卡，选择【曲线】组→【圆弧/圆】图标，打开如图2-5所示的“圆弧/圆”对话框。

圆弧/圆的绘制类型包括“三点画圆弧”和“从中心开始的圆弧/圆”两种类型。

其他参数含义和“直线”对话框对应部分相同。

2.1.4　基本曲线

选择【菜单】→【插入】→【曲线】→【基本曲线（原有)】命令，或单击【曲线】选项卡，选择 【基本曲线（原有)】图标，弹出如图2-6所示的“基本曲线”对话框和如图2-7所示“跟踪条”对话框。

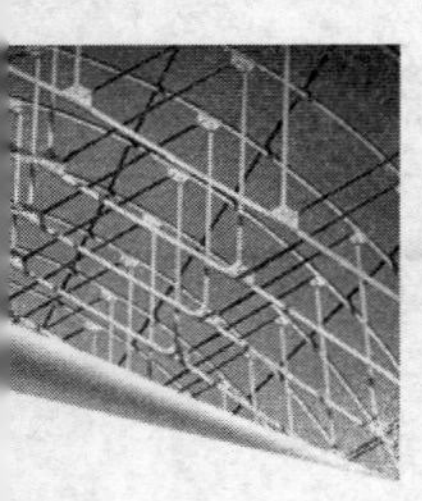

图 2-4 “直线”对话框

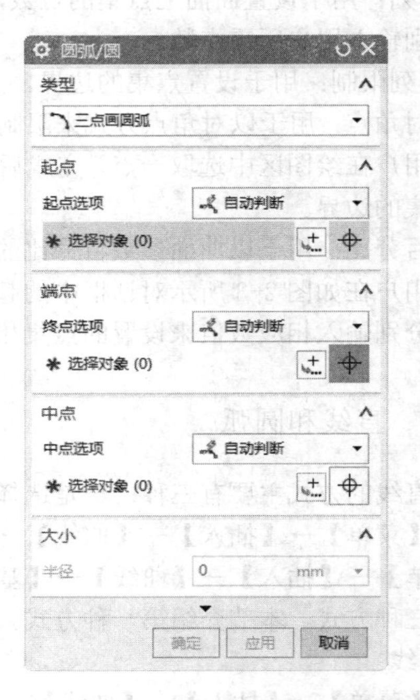

图 2-5 “圆弧/圆”对话框

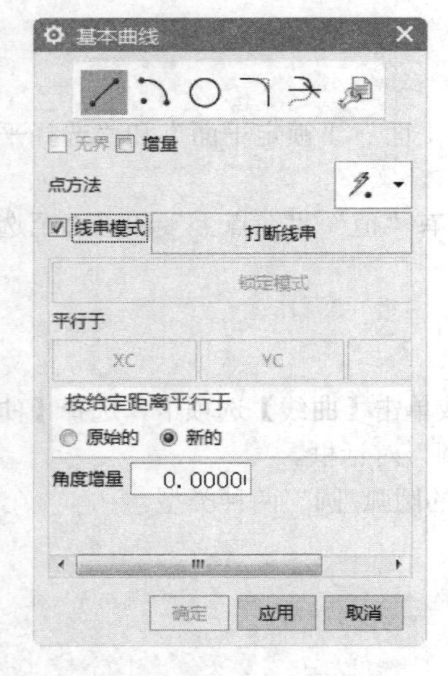

图 2-6 “基本曲线”对话框

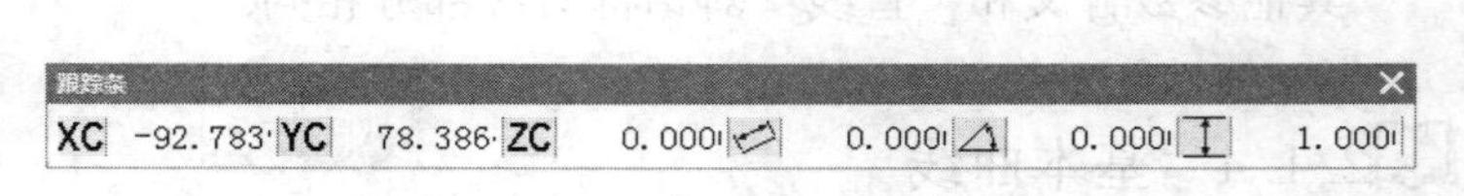

图 2-7 “跟踪条”对话框

1. 直线

（1）无界：勾选该复选框，绘制一条无界直线，去掉“线串模式”勾选，该选项被激活。

（2）增量：用于以增量形式绘制直线，给定起点后，可以直接在图形工作区指定结束点，也可以在“跟踪条”对话框中输入结束点相对于起点的增量。

（3）点方法：通过下拉列表框设置点的选择方式。

（4）线串模式：勾选该复选框，绘制连续曲线，直到单击“打断线串”按钮为止。

（5）锁定模式：在画一条与图形工作区中的已有直线相关的直线时，由于涉及对其他几何对象的操作，锁定模式记住开始选择对象的关系，随后可以选择其他直线。

（6）平行于：用来绘制平行于“XC”轴、“YC”轴和“ZC”轴的平行线。

（7）按给定距离平行：用来绘制多条平行线。其包括：

- 原始的：表示生成的平行线始终是相对于用户选定曲线，通常只能生成一条平行线。
- 新的：表示生成的平行线始终是相对于在它前一步生成的平行线，通常用来生成多条等距离的平行线。

2. 圆弧

单击图标，得到如图2-8所示的“基本曲线”对话框和如图2-9所示的“跟踪条”对话框。

（1）整圆：勾选该复选框，用于绘制一个整圆。

（2）备选解：在画弧过程中确定大圆弧或小圆弧。

（3）创建方法：通过“起点，终点，圆弧上的点”和“中心点，起点，终点”两种方法创建圆弧。

其他参数含义和如图2-6所示对话框中的含义相同。

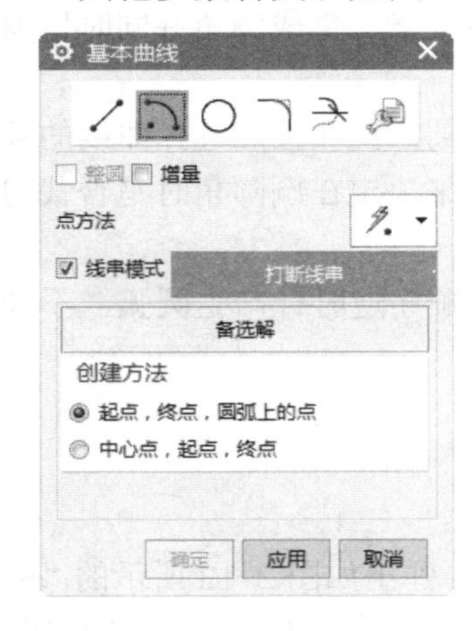

图2-8　“基本曲线”对话框

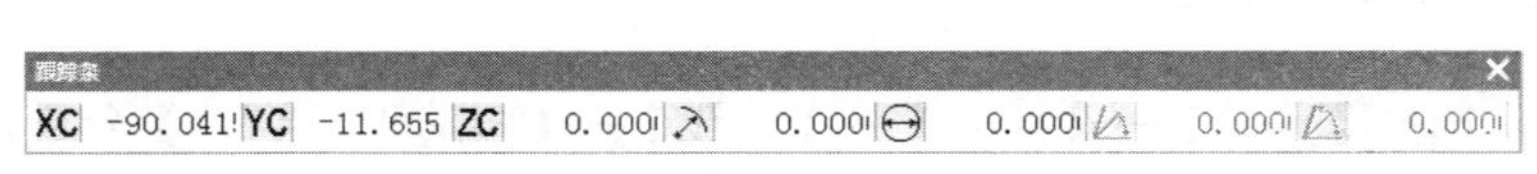

图2-9　“跟踪条”对话框

3. 圆

单击图标，得到如图2-10所示的“基本曲线”对话框和“跟踪条”对话框。

（1）绘制圆的方法：先指定圆心，然后指定半径或直径来绘制圆。

（2）多个位置：当在图形工作区绘制了一个圆后，勾选该复选框，在图形工作区输入圆心后生成与已绘制圆同样大小的圆。

4. 圆角

在如图2-10所示的对话框中单击图标，弹出如图2-11所示的“曲线倒圆”对话框。曲线倒圆方法有：

图 2-10 “基本曲线”对话框

图 2-11 “曲线倒圆”对话框

（1）简单圆角：只能用于对直线的倒圆，其创建步骤如下：

- 在如图 2-11 所示的对话框中的“半径”数值输入栏输入用户所需的数值，或单击“继承”按钮，在图形工作区选择已存在圆弧，则倒圆的半径和所选圆弧的半径相同。
- 鼠标左键单击两条直线的倒角处，鼠标单击点决定倒角的位置，生成倒角并同时修剪直线。

（2）2 曲线圆角：不仅可以对直线倒圆，也可以对曲线倒圆，圆弧按照选择曲线的顺序逆时针产生圆弧，在生成圆弧时，用户也可以选择“裁剪选项”来决定在倒圆角时是否裁剪曲线。

（3）3 曲线圆角：同曲线圆角一样，圆弧按照选择曲线的顺序逆时针产生圆弧，不同的是不需用户输入倒圆半径，系统自动计算半径值。

2.1.5 多边形

选择【菜单】→【插入】→【曲线】→【多边形(原有)】命令，弹出如图 2-12 所示的“多边形”对话框。在该对话框中的“边数”文本框中输入用于所需的数值后，单击“确定”按钮，弹出如图 2-13 所示的“多边形”生成方式对话框。

图 2-12 “多边形”对话框

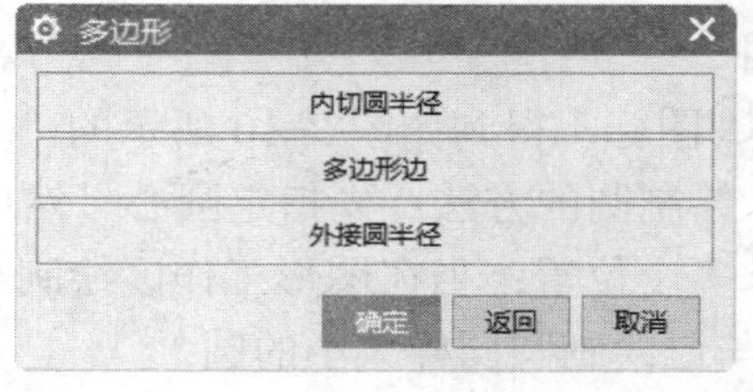

图 2-13 “多边形”生成方式对话框

1）内切圆半径。在如图 2-13 所示的对话框中单击“内切圆半径”按钮，弹出如图 2-14 所示的“多边形”形状输入参数对话框，在该对话框中输入用户指定的多边形内接圆半径和方位角来确定正多边形的形状，单击“确定”按钮，弹出“点”对话框，指定一点作为正多边形的中心位置，单击“确定”按钮，创建多边形。

2）多边形边。在如图 2-13 所示的对话框中单击“多边形边”按钮，弹出如图 2-15 所示的“多边形”输入参数对话框，在该对话框中输入用户指定的多边形边(侧)和方位角来确定正多边形的形状，单击“确定”按钮，弹出“点”对话框，指定一点作为正多边形的中心位置，单击“确定”按钮，创建多边形。

图 2-14　“多边形”形状输入参数对话框

图 2-15　“多边形”输入参数对话框

3）外接圆半径。在如图 2-13 所示的对话框中单击“外接圆半径”按钮，弹出如图 2-16 所示的“外接圆半径”输入参数对话框，在该对话框中输入用户指定的外切圆半径和方位角来确定正多边形的形状，单击“确定”按钮，弹出“点”对话框，指定一点作为正多边形的中心位置，单击“确定”按钮，创建多边形。

图 2-16　“外接圆半径”输入参数对话框

2.1.6　艺术样条

选择【菜单】→【插入】→【曲线】→【艺术样条】命令，即可弹出如图 2-17 所示对话框。

UG 中生成的所有样条都是非均匀有理 B 样条。系统提供了两种生成 B 样条的方式，以下作一介绍：

1．类型

系统提供了“通过点”和“根据极点”两种方法来创建艺术样条曲线。

（1）根据极点：该选项中所给定的数据点称为曲线的极点或控制点。样条曲线靠近它的各个极点，但通常不通过任何极点（端点除外）。使用极点可以对曲线的总体形状和特征进行更好的控制。该选项还有助于避免曲线中多余的波动（曲率反向），如图 2-17 所示。

（2）通过点：该选项生成的样条将通过一组数据点，如图 2-18。

2．点/极点位置

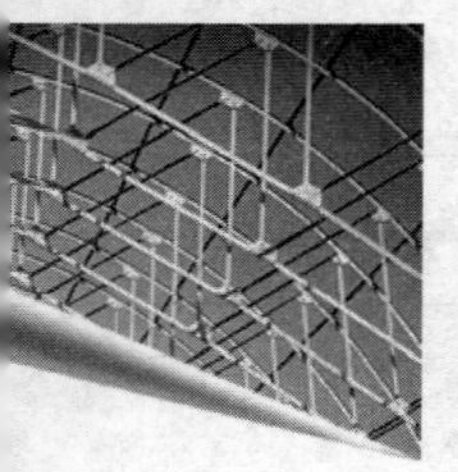

定义样条点或极点位置。

图 2-17 “艺术样条”对话框

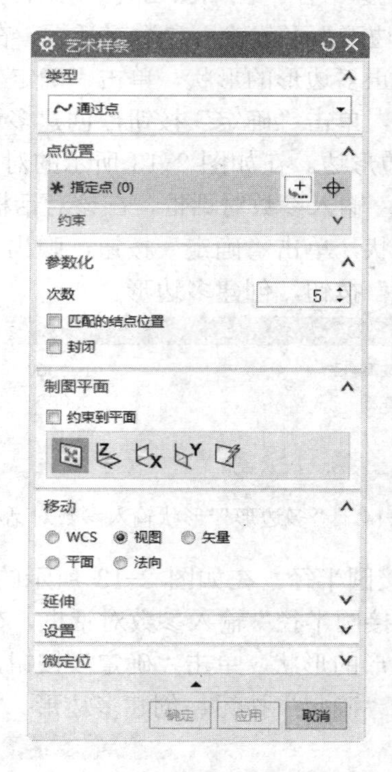

图 2-18 “通过点”对话框

3. 参数化

该项可调节曲线类型和次数以改变样条。

（1）单段：样条可以生成为“单段”，每段限制为 25 个点。“单段”样条为 Bezier 曲线；

（2）封闭：通常样条是非闭合的，它们开始于一点，而结束于另一点。通过选择“封闭曲线”选项可以生成开始和结束于同一点的封闭样条。该选项仅可用于多段样条。当生成封闭样条时，不必将第一个点指定为最后一个点，样条会自动封闭。

（3）次数：这是一个代表定义曲线的多项式次数的数学概念。次数通常比样条线段中的点数小 1。因此，样条的点数不得少于次数。UG 样条的次数必须介于 1 和 24 之间。但是建议用户在生成样条时使用三次曲线（次数为 3)。

4. 制图平面

该项可以选择和创建艺术样条所在平面，可以绘制指定平面的艺术样条。

5. 移动

在指定的方向上或沿指定的平面移动样条点和极点。

（1）WCS：在工作坐标系的指定 X、Y 或 Z 方向上或沿 WCS 的一个主平面移动点或极点。

（2）视图：相对于视图平面移动极点或点。

（3）矢量：用于定义所选极点或多段线的移动方向。

（4）平面：选择一个基准平面、基准 CSYS 或使用指定平面来定义一个平面，以在其中移动选定的极点或多段线。

（5）法向：沿曲线的法向移动点或极点。

6．延伸

（1）对称：勾选此复选框，在所选样条的指定开始和结束位置上展开对称延伸。

（2）起点/终点：

1）无：不创建延伸。

2）按值：用于指定延伸的值。

3）按点：用于定义延伸的延展位置。

7．设置

（1）自动判断的类型：

1）等参数：将约束限制为曲面的U和V向。

2）截面：允许约束同任何方向对齐。

3）法向：根据曲线或曲面的正常法向自动判断约束。

4）垂直于曲线或边：从点附着对象的父级自动判断G1、G2或G3约束。

（2）固定相切方位：勾选此复选框，与邻近点相对的约束点的移动就不会影响方位，并且方向保留为静态。

2.1.7　螺旋

选择【菜单】→【插入】→【曲线】→【螺旋】命令或单击【曲线】选项卡，选择【曲线】组→【曲线】库→【螺旋】图标，弹出如图2-19所示的“螺旋”对话框。

（1）类型。包括沿矢量和沿脊线两种。

（2）方位。用于设置螺旋线指定方向的偏转角度。

（3）大小。用于设置螺旋线旋转半径的方式及大小。

1）规律类型：螺旋曲线每圈半径或直径按照指定的规律变化。

2）值：螺旋曲线每圈半径或直径按照规律类型变化。

（4）螺距。用于设置螺旋线每圈之间的导程。

（5）长度。按照圈数或起始/终止限制来指定螺旋线长度。

（6）旋转方向。用于指定绕螺旋轴旋转的方向，分为“左手”和“右手”两种。

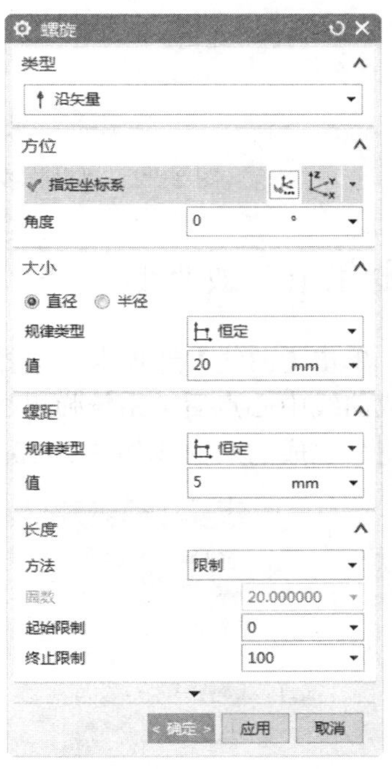

图2-19　“螺旋”对话框

2.1.8　椭圆

选择【菜单】→【插入】→【曲线】→【椭圆(原有)】命令，或单击【曲线】选项卡，选择【椭圆（原有)】”图标，弹出“点”对话框，选择椭圆中心点后弹出“椭圆”对话框，如图 2-20 所示。输入参数后，单击“确定”按钮，生成的椭圆如图 2-21 所示。

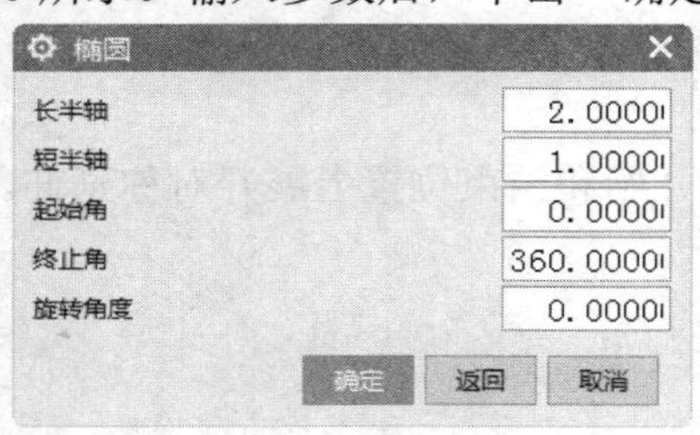

图 2-20 “椭圆”对话框

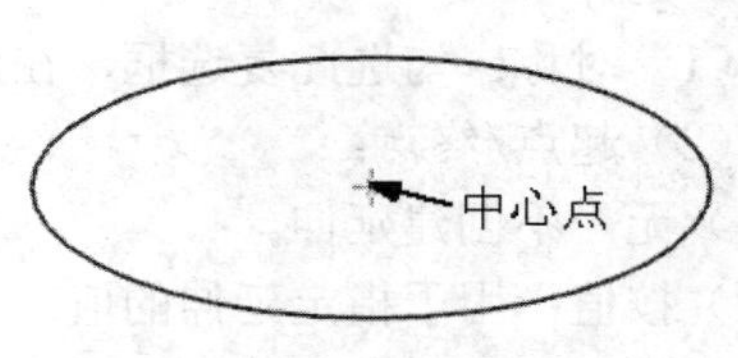

图 2-21 椭圆

2.1.9 抛物线

单击【曲线】选项卡，选择【更多】库 →【抛物线】图标，系统首先弹出“点”对话框，选择抛物线中心点后。系统弹出“抛物线”对话框，如图 2-22 所示。输入参数后，单击“确定”按钮，生成的抛物线如图 2-23 所示。

图 2-22 “抛物线”对话框

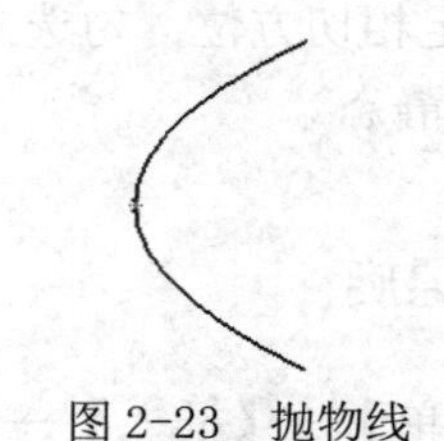

图 2-23 抛物线

2.1.10 双曲线

单击【曲线】选项卡，选择【更多】库→【双曲线】图标，系统弹出“点”对话框，选择双曲线中心点后。系统弹出“双曲线”对话框，如图 2-24 所示。输入参数后，单击“确定”按钮，生成的双曲线如图 2-25 所示。

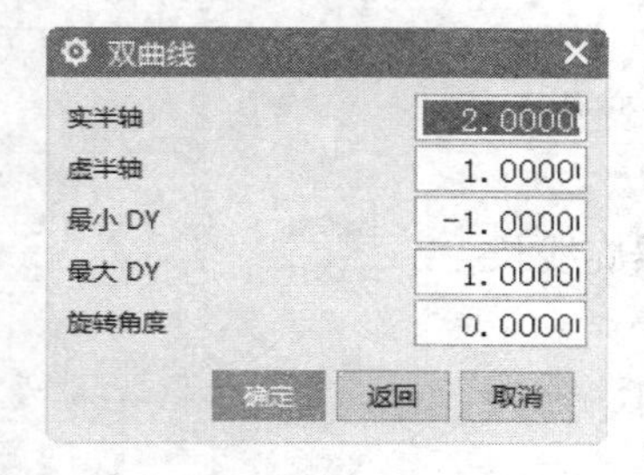

图 2-24 “双曲线”对话框

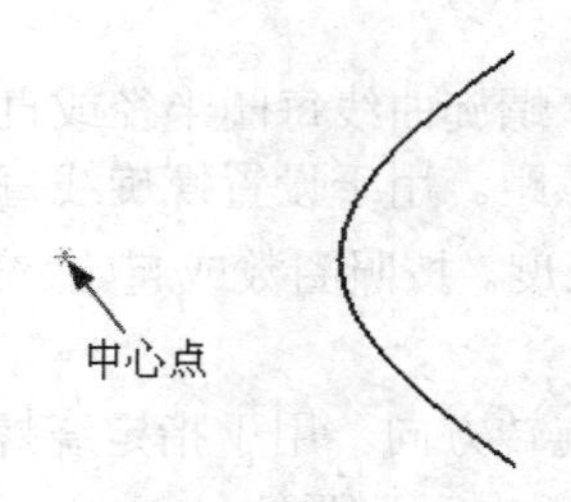

图 2-25 双曲线

2.1.11 规律曲线

选择【菜单】→【插入】→【曲线】→【规律曲线】命令或单击【曲线】选项卡，选择【曲线】组→【曲线】库中的【规律曲线】图标，弹出如图 2-26 所示的“规律曲线”对话框。

1）恒定。定义某分量是常值，曲线在三维坐标系中表示为二维曲线，单击该按钮，弹出如图 2-27 所示的对话框。

图 2-26　“规律曲线”对话框　　　　图 2-27　规律类型为“恒定”的对话框

2）线性。定义曲线某分量的变化按线性变化，单击该按钮，弹出如图 2-28 所示的对话框，在该对话框中指定起点和终点，曲线某分量就在起点和终点之间按线性规律变化。

图 2-28　规律类型为“线性”的对话框

3）三次。定义曲线某分量按三次多项式变化。

4）沿着脊线的线性。利用两个点或多个点沿脊线线性变化，当选择脊线后，指定若干个点，每个点可以对应一个数值。

5）沿着脊线的三次。利用两个点或多个点沿脊线三次多项式变化，当选择脊线后，指定若干个点，每个点可以对应一个数值。

6）根据方程。利用表达式或表达式变量定义曲线某分量，在使用该选项前，应先在工具表达式中定义表达式或表达式变量。

7）根据规律曲线。选择一条已存在的光滑曲线定义规律函数。在选择了这条曲线后，系统还需用户选择一条直线作为基线，为规律函数定义一个矢量方向，如果用户未指定基线，则系统会默认选择绝对坐标系的 X 轴作为规律曲线的矢量方向。

2.1.12 文本

选择【菜单】→【插入】→【曲线】→【文本】命令或单击【曲线】选项卡，选择【曲线】组→【文本】图标A，打开如图 2-29 所示的“文本”对话框。该对话框用于给指定几何体创建文本，给圆弧创建如图 2-30 所示的文本。

图 2-29 “文本”对话框

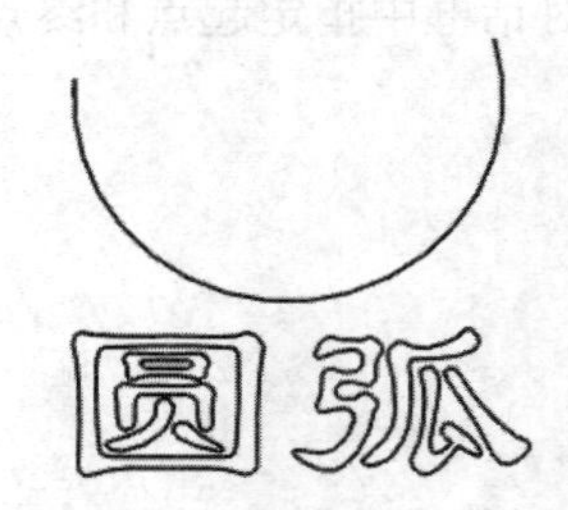

图 2-30 给圆弧创建文本

2.2 曲线操作

2.2.1 相交曲线

相交曲线是利用两个曲面相交生成交线。选择【菜单】→【插入】→【派生曲线】→【相交】命令或单击【曲线】选项卡，选择【派生曲线】组 →【相交曲线】图标，弹出如图 2-31 所示的“相交曲线”对话框。该对话框用于创建两组对象的交线，各组对象可以为一个或者多个曲面（若为多个曲面必须属于同一实体）和参考面或片体或实体。

图 2-31　“相交曲线”对话框

1）第一组。用于确定欲产生交线的第一组对象。

2）指定平面。用于设定第一组或第二组对象的选择范围为平面或参考面或基准面。

3）保持选定。用于设置在单击“应用”按钮后，是否自动重复选择第一组或第二组对象的操作。

4）第二组。用于确定欲产生交线的第二组对象。

5）高级曲线拟合。曲线拟合的阶次，可以选择“三次”“五次”或者“高级”，一般推荐使用三次。

6）距离公差。该选项用于设置距离公差，其默认值是在建模预设置对话框中设置的。

7）关联。能够指定相交曲线是否关联。当对源对象进行更改时，关联的相交曲线会自动更新。该选项默认设置为“打开”。

2.2.2　截面曲线

选择【菜单】→【插入】→【派生曲线】→【截面】命令或单击【曲线】选项卡，选择【派生的曲线】组→【截面曲线】图标，弹出如图 2-32 所示的“截面曲线”对话框。该对话框用于设定的截面与选定的表面或平面等对象相交，生成相交的几何对象。一个平面与曲线相交会建立一个点；一个平面与一表面或一平面相交会建立一截面曲线。

（1）选定的平面。在视图区选择已有平面作为截面。

（2）平行平面。用于设置一组等间距的平行平面作为截面。选择该选项，得到如图 2-33 所示的截面对话框。

1）起点：表示起始平行平面和基准平面的间距。

2）步进：表示平行平面的间距。

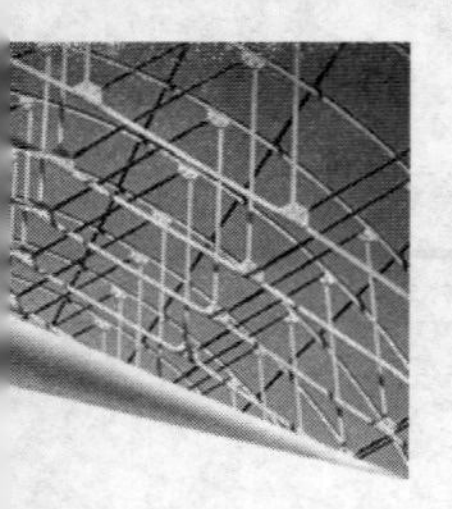

图 2-32 “截面曲线”对话框

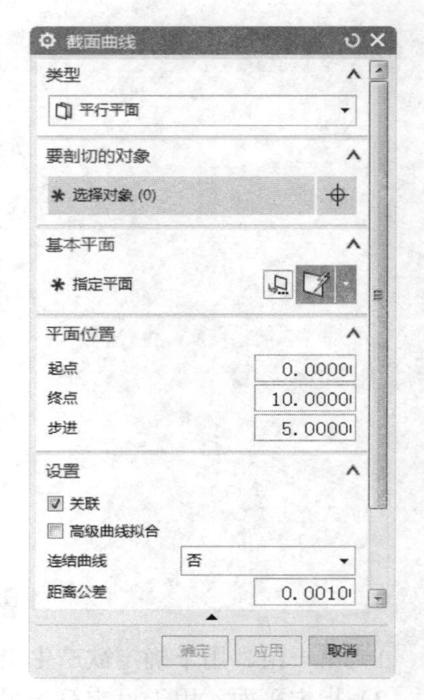

图 2-33 平行平面方式

3）终点：表示终止平行平面和基准平面的间距。

（3）径向平面。用于设定一组等角度扇形展开的放射面作为截面。选择该选项后得到如图 2-34 所示的对话框。

（4）垂直于曲线的平面。用于设定一个或一组与选定曲线垂直的平面作为截面，选择该选项后，“截面曲线”对话框中选项的变化如图 2-35 所示。

2.2.3 抽取曲线

选择【菜单】→【插入】→【派生曲线】→【抽取（原有）】命令或单击【曲线】选项卡，选择【抽取曲线（原有）】图标，弹出如图 2-36 所示的“抽取曲线”对话框。该对话框用于基于一个或多个选项对象的边缘和表面生成曲线，抽取的曲线与原对象无相关性。

1）边曲线。用于抽取表面或实体的边缘，单击该按钮，弹出如图 2-37 所示的“单边曲线”对话框，系统提示用户选择边缘，单击“确定”按钮，抽取所选边缘。

2）轮廓曲线。用于从轮廓被设置为不可见的视图中抽取曲线，如抽取球的轮廓线。

3）完全在工作视图中。用于对视图中的所有边缘抽取曲线，此时产生的曲线将与工作视图的设置有关。

4）阴影轮廓。用于对选定对象的不可见轮廓线产生抽取曲线。

5）精确轮廓。使用可产生精确效果的 3D 曲线算法在工作视图中创建显示体轮廓的曲线。

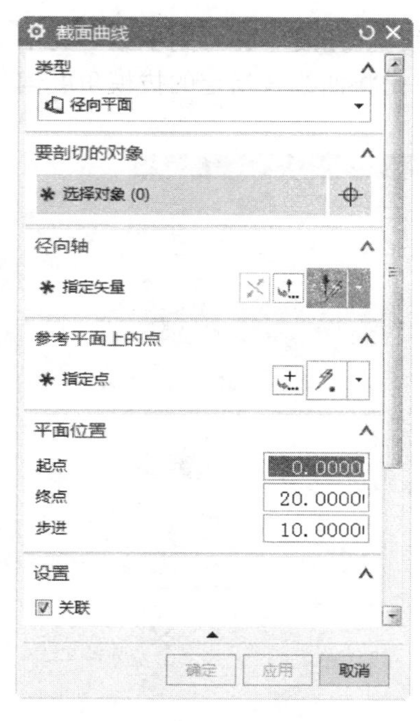

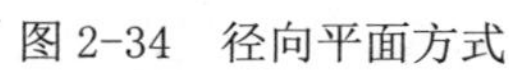
图2-34　径向平面方式

图2-35　垂直于曲线的平面方式

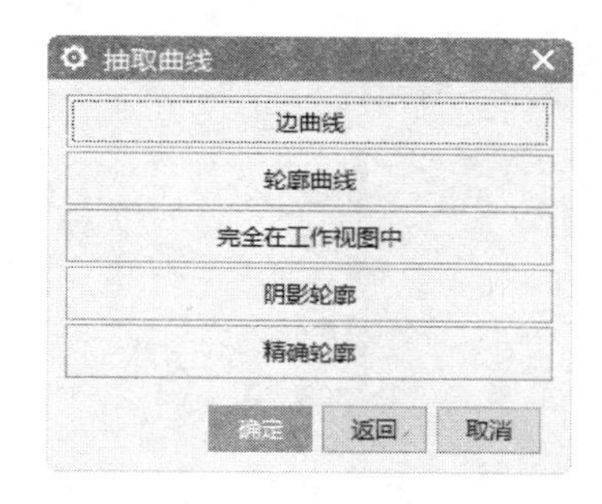

图2-36　“抽取曲线”对话框

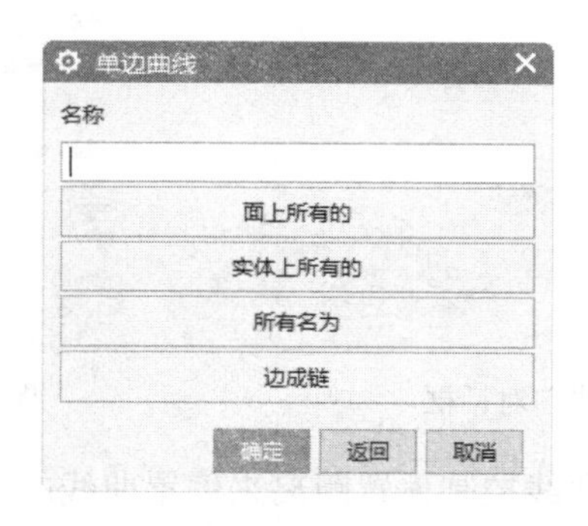

图2-37　“单边曲线”对话框

2.2.4　偏置曲线

偏置曲线用于对已存在的曲线以一定的偏置方式得到新的曲线。新得到的曲线与原曲线是相关的。即当原曲线发生改变时，新的曲线也会随之改变。

选择【菜单】→【插入】→【派生曲线】→【偏置】命令或单击【曲线】选项卡，选择→【派生曲线】组→【偏置曲线】图标，弹出如图2-38所示的“偏置曲线”对话框。

其中的“类型”下拉列表框用于设置曲线的偏置方式，其下拉列表框包括：

1）距离。依据给定的偏置距离来偏置曲线。选择该方式后，对话框如图2-38所示，在“距离”和“副本数”文本框中输入偏置距离和产生偏置曲线的数量，并设定好其他参数后即可。

2）拔模。选择该方式后，对话框如图 2-39 所示，在“高度”“角度”和“副本数”文本框中分别输入用户所需的数值，再设置其他参数即可。基本思想是将曲线按指定的拔模角度偏置到与曲线所在平面相距拔模高的平面上。

图 2-38 “偏置曲线”对话框

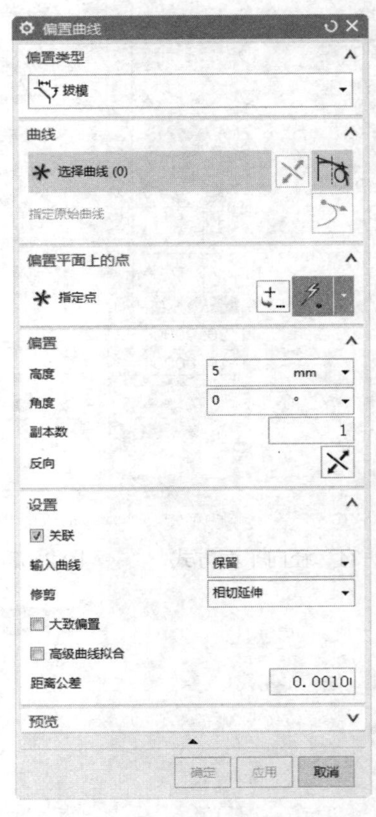

图 2-39 “拔模”类型

3）规律控制类型。按规律曲线控制偏置距离来偏置曲线的。选择该方式后，弹出如图 2-40 所示的“偏置曲线”对话框，从中选择相应的偏置距离的规律控制方式后，逐步响应系统提示即可。

4）3D 轴向类型。按照三维空间内指定的矢量方向和偏置距离来偏置曲线。用户按照生成矢量的方法制定需要的矢量方向，然后输入需要偏置的距离就可生成相应的偏置曲线，如图 2-41 所示。

2.2.5 连结

连结操作用于将所选的多条曲线连接成一条样条曲线。

选择【菜单】→【插入】→【派生曲线】→【连结(即将失效)】命令，弹出“连结曲线”选择对话框，要求用户选取要进行连结的曲线组，单击“确定”按钮，弹出如图 2-42 所示的“连结曲线”对话框。该对话框用于设置合并操作后曲线的类型。当所选曲线组上出现*号，表示样条曲线生成成功。

图 2-40　“偏置曲线”类型

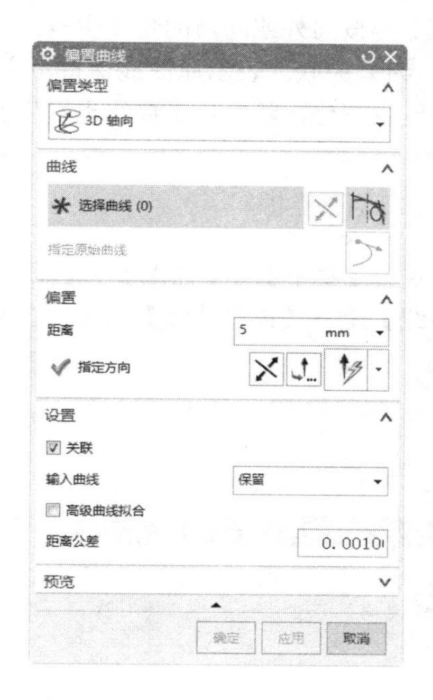

图 2-41　“3D 轴向”类型

2.2.6　投影

选择【菜单】→【插入】→【派生曲线】→【投影】命令或单击【曲线】选项卡，选择【派生曲线】组 →【投影曲线】图标，弹出如图 2-43 所示的“投影曲线”对话框。该对话框用于将曲线或点沿某一方向投影到现有曲面、平面或参考平面上。如果投影曲线与面上的孔或面上的边缘相交，则投影曲线会被面上的孔或边缘所裁剪。

（1）要投影的曲线或点。用于确定要投影的曲线和点。

（2）指定平面。用于确定投影所在的表面或平面。

（3）方向。用于指定如何定义将对象投影到片体、面和平面上时所使用的方向。其下拉列表框包括：

1）沿面的法向：该选项用于沿着面和平面的法向投影对象。

2）朝向点：该选项可向一个指定点投影对象。对于投影的点，可以在选中点与投影点之间的直线上获得交点：

3）朝向直线：该选项可沿垂直于一指定直线或基准轴的矢量投影对象。对于投影的点，可以在通过选中点垂直于与指定直线的直线上获得交点。

4）沿矢量：该选项可沿指定矢量（该矢量是通过矢量构造器定义的）投影选中对象。可以在该矢量指示的单个方向上投影曲线，或者在两个方向上（指示的方向和它的反方向）投影。

5）与矢量成角度：该选项可将选中曲线按与指定矢量成指定角度的方向投影，该矢量是使用矢量构造器定义的。根据选择的角度值（向内的角度为负值），该投影可以相对于曲线的近似形心按向外或向内的角度生成。对于点的投影，该选项不可用。

（4）关联。表示原曲线保持不变，在投影面上生成与原曲线相关联的投影曲线，只要原曲线发生变化，随之投影曲线也发生变化。

2.2.7　镜像

选择【菜单】→【插入】→【派生曲线】→【镜像】命令或单击【曲线】选项卡，选择【派生曲线】组→【镜像曲线】图标，弹出如图 2-44 所示的“镜像曲线”对话框。

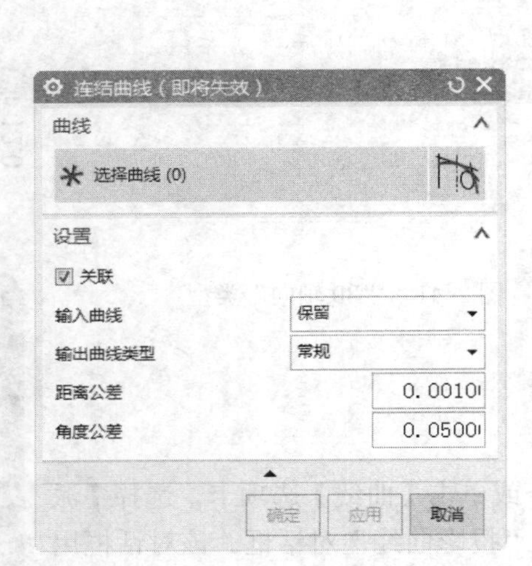

图 2-42　“连结曲线”对话框

图 2-43　“投影曲线”对话框

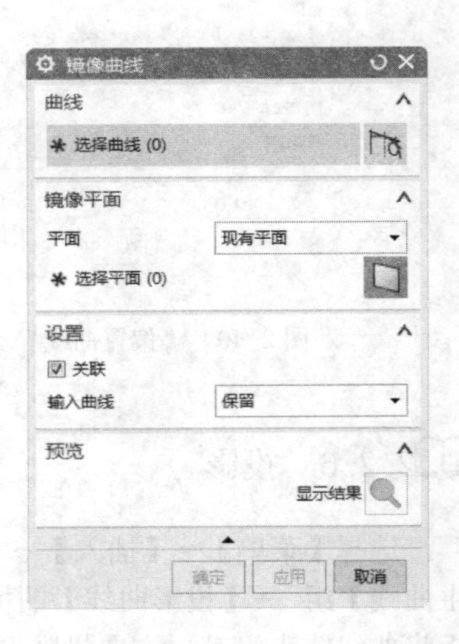

图 2-44　“镜像曲线”对话框

1）曲线：用于确定要镜像的曲线。

2）镜像平面：用于确定镜像的面和基准平面。

2.2.8　桥接

选择【菜单】→【插入】→【派生曲线】→【桥接】命令或单击【曲线】选项卡，选择【派生曲线】组 →【桥接曲线】图标，弹出如图 2-45 所示的“桥接曲线”对话框。该对话框用于将两条不同位置的曲线桥接。

（1）起始对象。用于确定桥接操作的第一个对象。

（2）终止对象。用于确定桥接操作的第二个对象。

（3）连续性。

1）连续性：

- 相切：表示桥接曲线与第一条曲线、第二条曲线在连接点处相切连续，且为三阶样条曲线。
- 曲率：表示桥接曲线与第一条曲线、第二条曲线在连接点处曲率连续，且为五阶或七阶样条曲线。

2）位置：选择位置，再填入百分比，或移动滑尺上的滑块，确定点在曲线的百分比位置。

3）方向：基于几何体定义曲线方向。

（4）约束面。用于限制桥接曲线所在面。

（5）半径约束。用于限制桥接曲线的半径的类型和大小。

（6）形状控制。

1）相切幅值：通过改变桥接曲线与第一条曲线和第二条曲线连接点的切矢量值，来控制桥接曲线的形状。切矢量值的改变是通过“开始”和“结束”滑尺，或直接在“第一曲线”和“第二曲线”文本框中输入切矢量来实现的

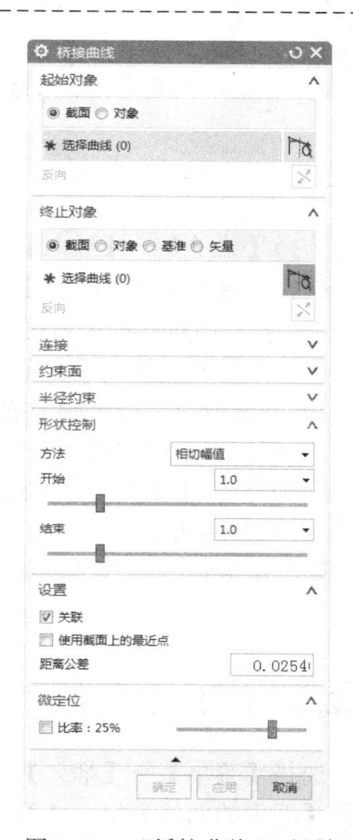

图 2-45　“桥接曲线”对话框

2）深度和歪斜度：

深度：是指桥接曲线峰值点的深度，即影响桥接曲线形状的曲率的百分比，其值可拖动下面的滑尺或直接在“深度”文本框中输入百分比实现。

- 歪斜度：是指桥接曲线峰值点的倾斜度，即设定沿桥接曲线从第一条曲线向第二条曲线度量时峰值点位置的百分比。

3）模板曲线：用于选择控制桥接曲线形状的参考样条曲线，是桥接曲线继承选定参考曲线的形状。

2.2.9　简化

选择【菜单】→【插入】→【派生曲线】→【简化】命令或单击【曲线】选项卡，选择【更多】库→【简化曲线】图标，弹出如图2-46所示的“简化曲线”对话框。该对话框用于以一条最合适的逼近曲线来简化一组选择的曲线，它将这组曲线简化为圆弧或直线的组合，即将高次方曲线降成二次或一次方曲线。

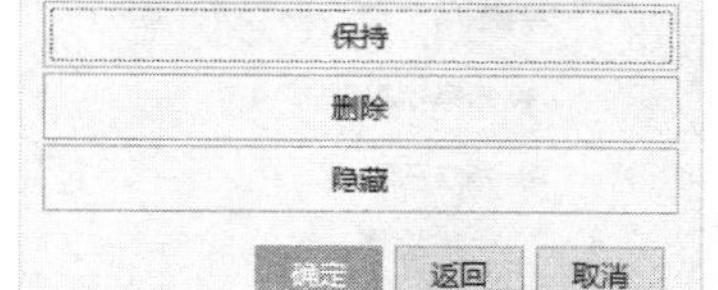
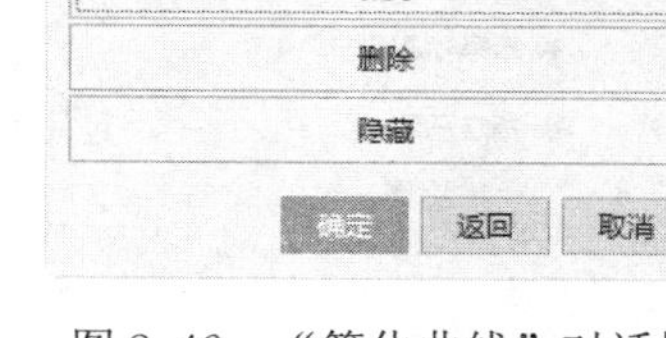

图 2-46　“简化曲线”对话框

1）保持。在生成直线和圆弧之后保留原有曲线。在选中曲线的上面生成曲线。

2）删除。简化之后删除选中曲线。删除选中曲线之后，不能再恢复（如果选择“撤销”，可以恢复原有曲线但不再被简化）。

3）隐藏。生成简化曲线之后，将选中的原有曲线从屏幕上移除，但并未被删除。

2.2.10 缠绕/展开

选择【菜单】→【插入】→【派生曲线】→【缠绕/展开曲线】命令或单击【曲线】选项卡，选择【派生曲线】组→【缠绕/展开曲线】图标，弹出如图 2-47 所示的“缠绕/展开曲线”对话框。该对话框用于将选定曲线由一平面缠绕在一锥面或柱面上生成一缠绕曲线或将选定曲线由一锥面或柱面展开至一平面生成一条展开曲线。

1）曲线或点。用于确定欲缠绕或展开的曲线。

2）面。用于确定被缠绕对象的圆锥或圆柱的实体表面。

3）平面。用于确定产生缠绕的与被缠绕表面相切的平面。

4）切割线角度。用于确定实体在缠绕面上旋转时的起始角度（以缠绕面与被缠绕面的切线为基准来度量），它直接影响到缠绕或展开曲线的形状。该文本框中的角度之在 0º～360º 之间。

2.2.11 组合投影

选择【菜单】→【插入】→【派生的曲线】→【组合投影】命令或单击【曲线】选项卡，选择【派生的曲线】组→【组合投影】图标，弹出如图 2-48 所示的“组合投影”对话框。该对话框用于将两条选定的曲线沿各自的投影方向投影生成一条新的曲线。需要注意的是，所选两条曲线的投影必须是相交的。下面介绍该对话框中主要参数的用法。

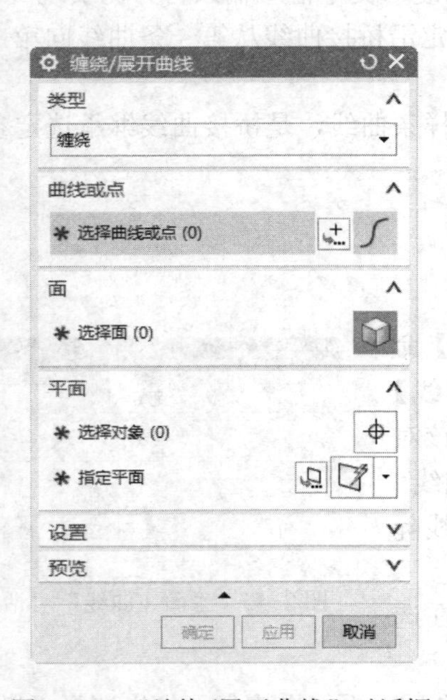

图 2-47 “缠绕/展开曲线”对话框

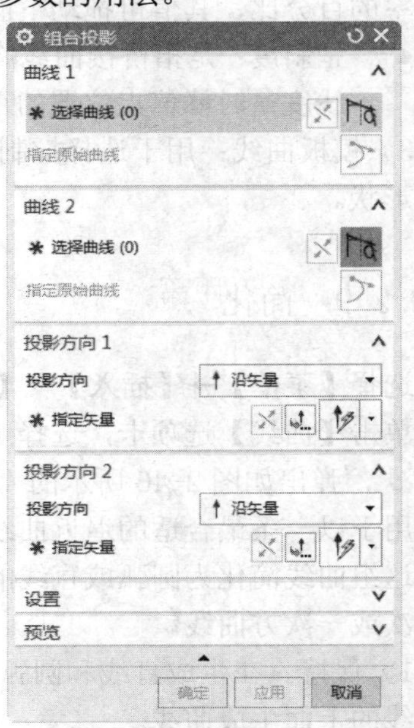

图 2-48 “组合投影”对话框

1）曲线 1。用于确定欲投影的第一条曲线。
2）曲线 2。用于确定欲投影的第二条曲线。
3）投影方向 1。用于确定第一条曲线投影的矢量方向。
4）投影方向 2。用于确定第二条曲线投影的矢量方向。

2.3　曲线编辑

2.3.1　编辑曲线参数

选择【菜单】→【编辑】→【曲线】→【参数】命令或单击【曲线】选项卡，选择【更多】库→【编辑曲线参数】图标，弹出如图 2-49 所示的“编辑曲线参数”对话框。

在如图 2-49 所示对话框中，设置完相关的选项后，随后出现的系统提示随着选择编辑的对象类型不同而变化。下面介绍编辑曲线分别是直线、圆弧或圆和样条曲线时的操作步骤。

1）编辑直线。当编辑曲线是直线时，可以编辑直线的端点位置和直线参数（长度和角度）。

2）编辑圆弧或圆。当编辑曲线是圆弧或圆时，可以修改圆弧或圆的参数。

3）编辑样条曲线。当选择的编辑曲线是样条曲线时，弹出如图 2-50 所示的“艺术样条”对话框。该对话框用于修改样条曲线的参数。

2.3.2　修剪曲线

选择【菜单】→【编辑】→【曲线】→【修剪】命令或单击【曲线】选项卡，选择【编辑曲线】组→【修剪曲线】图标，弹出如图 2-51 所示的“修剪曲线”对话框。

（1）要修剪的曲线。用于选择一条或多条欲裁剪的曲线。

（2）边界对象。用于选择裁剪操作的第一边界对象。

（3）方向。该下拉列表框用于设置边界对象与要裁剪曲线的交点的判断方式。包括：

1）最短的 3D 距离：选择该选项，表示系统按边界对象与要裁剪的曲线之间的三维最短距离判断两者的交点。

2）沿方向：选择该选项，表示系统按当前方向上边界对象与要裁剪的曲线之间的最短距离判断两者的交点。

2.3.3　分割曲线

选择【菜单】→【编辑】→【曲线】→【分割】命令或单击【曲线】选项卡，选择【更多】库→【分割曲线】图标，弹出如图 2-52 所示的“分割曲线”对话框。该对话框用于将指定曲线按指定要求分割成多个曲线段，每一段为一独立的曲线对象。

1）等分段。用于将曲线按指定的参数等分成指定的段数。

2）按边界对象。用于以指定的边界对象将曲线分割成多段，曲线在指定的边界对象处断

口。边界对象可以是点、曲线、平面或实体表面。

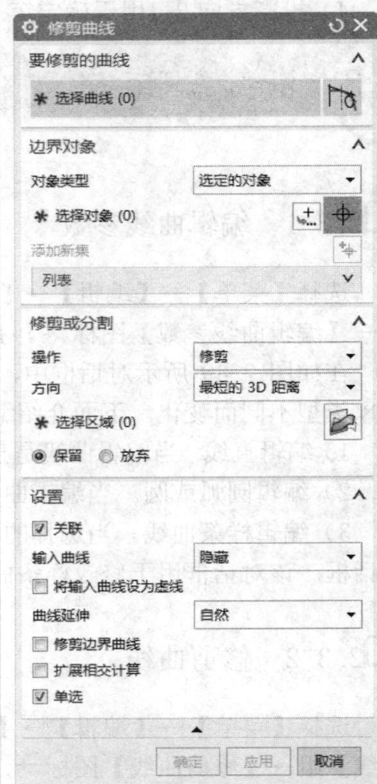

图 2-49 “编辑曲线参数”对话框　　图 2-50 “艺术样条”对话框　　图 2-51 “修剪曲线”对话框

3）弧长段数。用于按照指定每段曲线的长度进行分段。

4）在结点处。用于在指定节点处对样条进行分割，分割后将删除样条曲线的参数。

5）在拐角上。该选项用于在样条曲线的拐角处（斜率方向突变处）对样条进行分割。单击该按钮，选择要分割的样条曲线，系统会在样条曲线的拐角处分割曲线。

图 2-52 “分割曲线”对话框

2.3.4 拉长曲线

选择【菜单】→【编辑】→【曲线】→【拉长（即将失效）】命令，弹出如图 2-53 所示的“拉长曲线”对话框，该对话框用于移动或拉伸几何对象，如果选择的是对象的端点，其功能是拉伸该对象，选取的是对象端点以外的位置，其功能是移动对象。

1）增量方式。XC 增量、YC 增量和 ZC 增量文本框用于输入对象分别沿 XC、YC 和 ZC 坐标轴方向移动或拉伸的位移。

2）点到点。单击该按钮，弹出“点”对话框，该对话框用于定义一个参考点和一个目标点，则系统以该参考点至目标点的方向和距离来移动或拉伸对象。

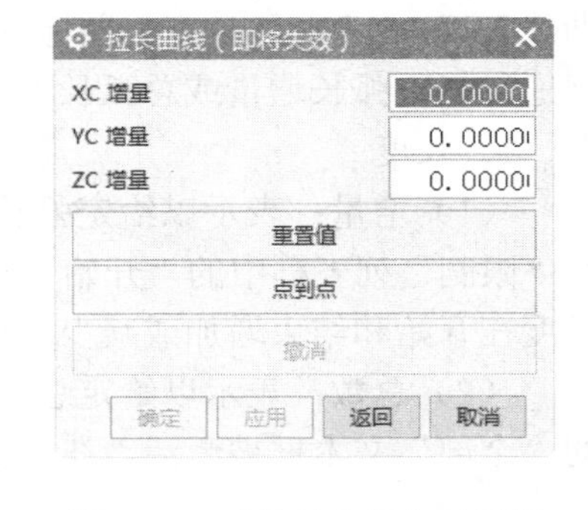

图 2-53　“拉长曲线”对话框

2.3.5　编辑圆角

选择【菜单】→【编辑】→【曲线】→【圆角（原有）】命令，弹出如图 2-54 所示的“编辑圆角”对话框。

（1）自动修剪。系统自动根据圆角来修剪其两条连接曲线。单击该按钮，系统提示依次选择存在圆角的第一条连接曲线、圆角和第二条连接曲线，接着弹出如图 2-55 所示的“编辑圆角”参数输入对话框。在该对话框中各参数的含义如下：

1）半径：用于设定圆角的新半径值。

2）默认半径：用于设置“半径”文本框中的默认半径。

3）新的中心：勾选该复选框，可以通过设定新的一点改变圆角的大致圆心位置。去掉勾选，仍以当前圆心位置来对圆角进行编辑。

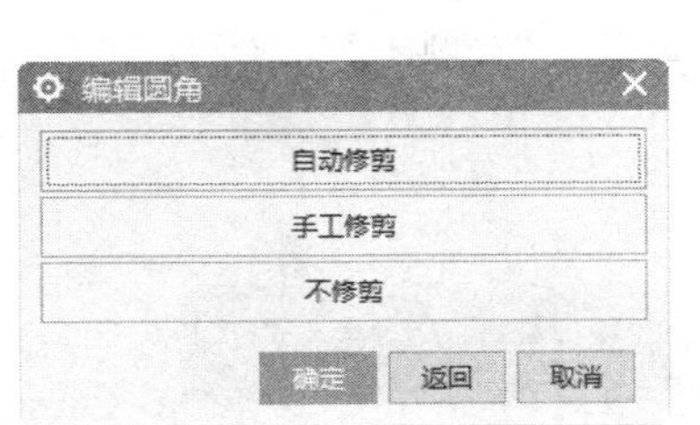

图 2-54　“编辑圆角”对话框

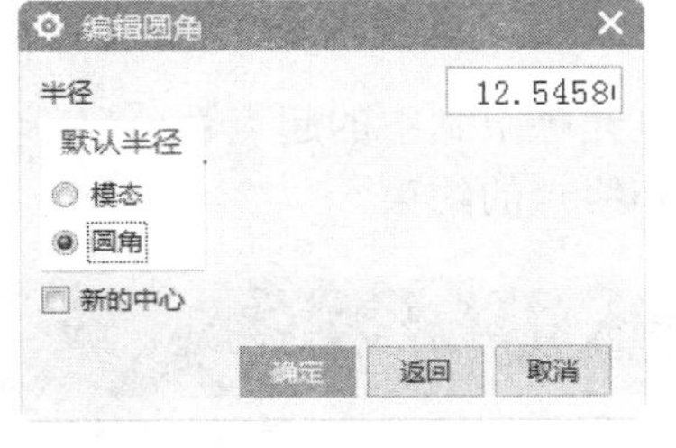

图 2-55　“编辑圆角”参数输入对话框

图 2-56　“曲线长度”对话框

（2）手工修剪。用于在用户的干预下修剪圆角的两条曲线。

（3）不修剪。不修剪圆角的两条连接曲线。

2.3.6　曲线长度

选择【菜单】→【编辑】→【曲线】→【长度】命令或单击【曲线】选项卡，选择【编辑曲线】组 →【曲线长度】图标，弹出如图 2-56 所示的“曲线长度”对话框。该对话框用于通过指定弧长增量或总弧长方式来改变曲线的长度。

1. 长度

（1）增量：表示以给定弧长增加量或减少量来编辑选定的曲线的长度。选择该选项时，在“限制”列表框中的“开始”和“结束”文本框被激活，在这两个文本框中可分别输入曲线长度在开始和结束增加或减少的长度值。

（2）总数：表示以给定总长来编辑选定曲线的长度。选择该选项，在“限制”列表框中的“全部”文本框被激活，在该文本框中可输入曲线的总长度。

2. 侧

（1）起点和终点：选择该选项，表示从选定曲线的起始点及终点开始延伸。

（2）对称：选择该选项，表示从选定曲线的起始点及终点延伸一样的长度值。

2.3.7 光顺样条

选择【菜单】→【编辑】→【曲线】→【光顺样条】命令或单击【曲线】选项卡，选择【编辑曲线】组→【编辑曲线】库中的【光顺样条】图标，弹出如图 2-57 所示的“光顺样条”对话框。该对话框用于光顺样条曲线的曲率，使得样条曲线更加光顺。

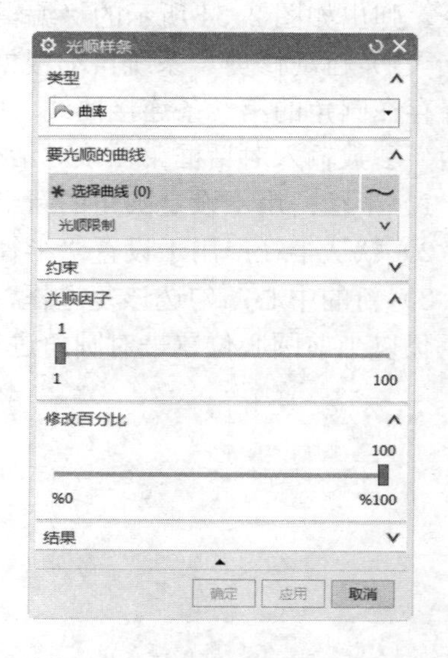

图 2-57 “光顺样条”对话框

1. 类型

（1）曲率：通过最小曲率值的大小来光顺样条曲线。

（2）曲率变化：通过最小化整曲线的曲率变化来光顺样条曲线。

2. 要光顺的曲线

选择要光顺的曲线。可以通过光顺限制中的起点百分比和终点百分比来控制曲线起点和终点的约束。

2.4 综合实例——齿形轮廓线

制作思路

首先创建曲线参数表达式，然后根据表达式创建曲线，最后通过修剪曲线完成轮廓线的创建，如图 2-58 所示。

01 新建文件。选择【菜单】→【文件】→【新建】命令，或者单击【主页】选项卡，选择【标准】组中的【新建】图标，打开“新建”对话框，在模板中选择“模型”，在名称中输入“chilunzhou”，单击“确定”按钮，进入 UG 建模环境。

02 建立参数表达式。选择【菜单】→【工具】→【表达式】命令，打开“表达式”对话框，如图 2-59 所示，在名称和公式项分别输入 m，3，单击“应用”按钮；同上依次输入 z，9；pi，3.1415926。

注：如果无法接受编辑，把“长度”改为“无单位”即可。

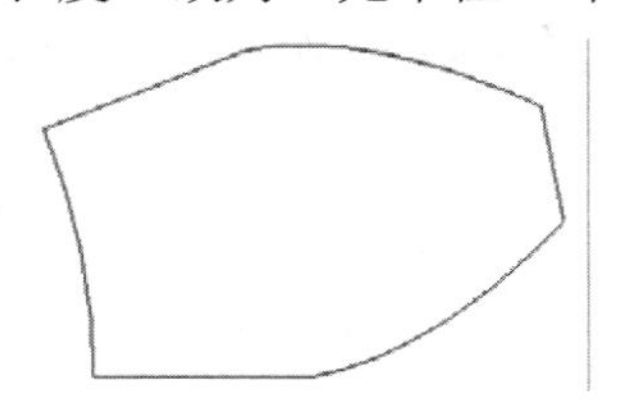

图 2-58　齿形轮廓线

da，$(z+2)*m$；db，$m*z*\cos(alpha)$；

df，$(z-2.5)*m$；alpha，20；t，0；qita，90*t；

s，$pi*db*t/4$；xt，db*cos(qita)/2+s*sin(qita)；

yt，db*sin(qita)/2-s*cos(qita)；zt，0；

上述表达式中：m 表示齿轮的模数；z 表示齿轮齿数，t 是系统内部变量，在 0 和 1 之间自动变化；da 齿轮齿顶圆直径；db 齿轮基圆直径；df 齿轮齿根圆直径；alpha 齿轮压力角。

03 创建渐开线曲线。

❶选择【菜单】→【插入】→【曲线】→【规律曲线】命令，或单击【曲线】选项卡，选择【曲线】组→【规律曲线】图标，打开如图 2-60 所示“规律曲线”对话框。

❷XYZ 规律类型均选择“根据方程”，单击<确定>按钮，生成渐开线曲线如图 2-61 所示。

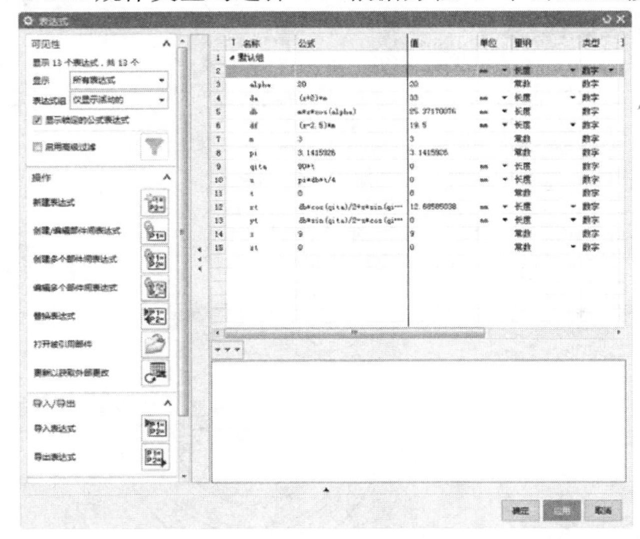

图 2-59　“表达式”对话框

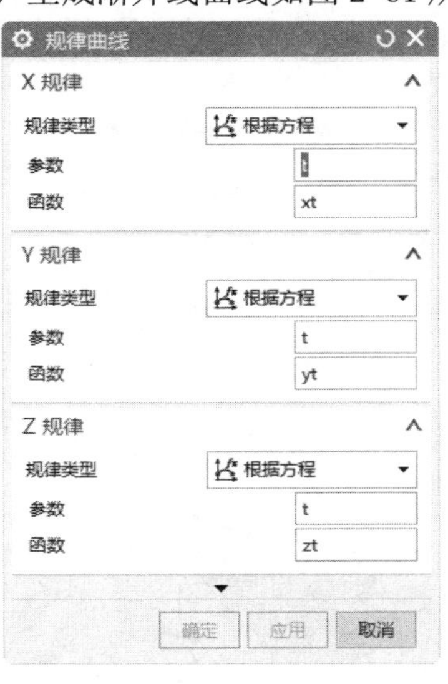

图 2-60　“规律曲线”对话框

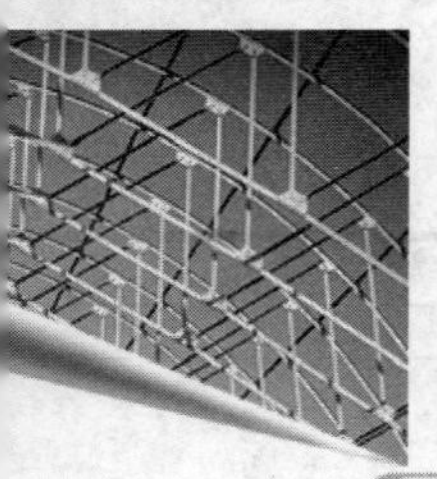

04 创建齿顶圆、齿根圆、分度圆和基圆曲线。

❶选择【菜单】→【插入】→【曲线】→【基本曲线(原有)】命令，或单击【曲线】选项卡，选择【基本曲线（原有)】图标 ，打开“基本曲线”对话框，如图 2-62 所示。

❷在“基本曲线”对话框中单击○图标，在“点方法”下拉列表中选择“点构造器”选项，弹出“点”对话框。

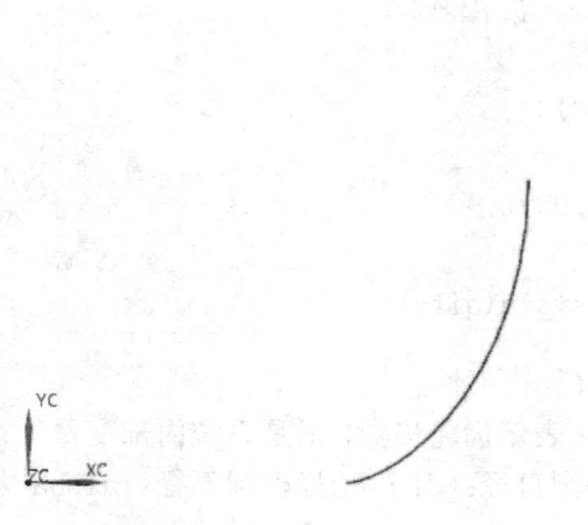

图 2-61　渐开线

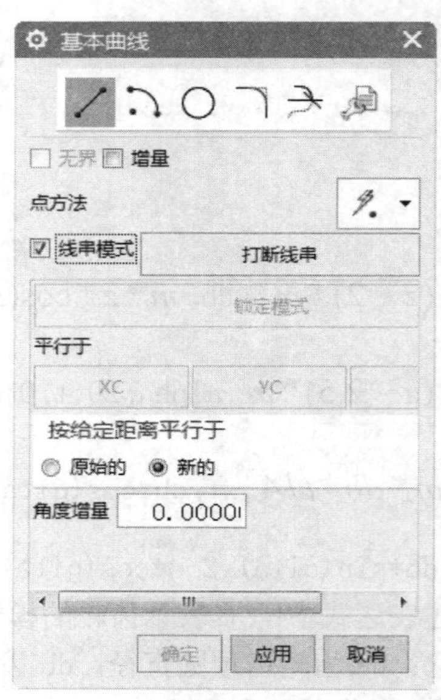

图 2-62　“基本曲线”对话框

❸打开“点”对话框，如图 2-63 所示。在对话框中输入圆心坐标为（0，0，0)，分别绘制半径为 16.5、9.75、13.5 和 12.7 的 4 个圆弧曲线，如图 2-64 所示。

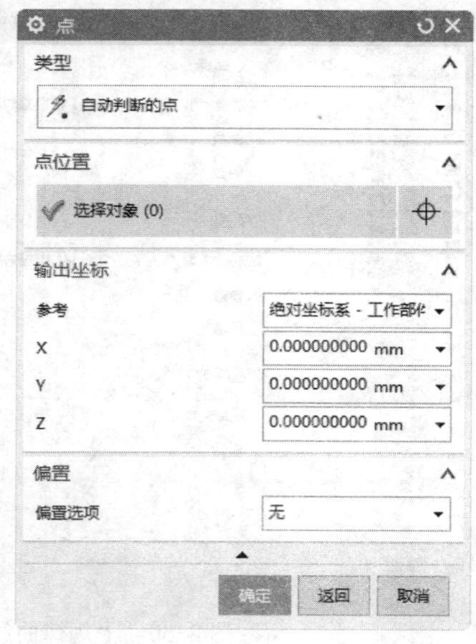

图 2-63　“点”对话框

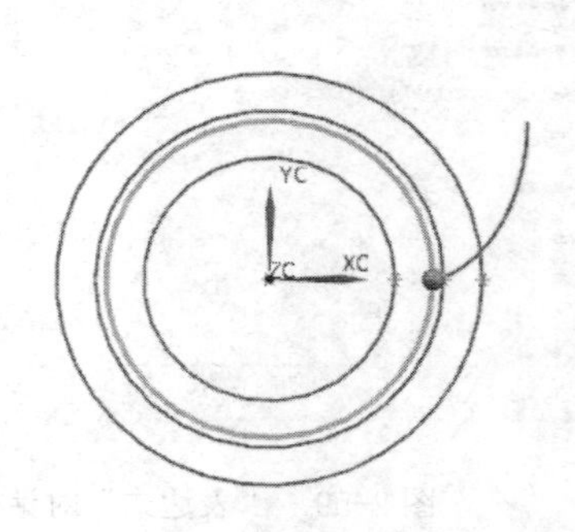

图 2-64　绘制圆

05 创建直线。

❶选择【菜单】→【插入】→【曲线】→【基本曲线(原有)】命令，或单击【曲线】选项卡，选择【基本曲线】图标，打开“基本曲线”对话框。

❷单击对话框中“直线”，在点方法下拉菜单中分别选择“象限点”和“交点”，依次选择图2-65所示齿根圆和交点，完成直线1的创建，单击“取消”按钮，关闭对话框，生成曲线模型如图2-65所示。

06 修剪曲线。

❶选择【菜单】→【编辑】→【曲线】→【修剪】命令，或单击【曲线】选项卡，选择【编辑曲线】组 →【修剪曲线】图标，打开“修剪曲线”对话框。

❷在“修剪曲线”对话框中设置各选项。

❸选择渐开线为要修剪的曲线，选择齿根圆为边界对象，生成曲线如图2-66所示。

07 同步骤 05 ，分别以渐开线与分度圆交点和坐标原点为起点和终点创建直线 2，如图2-67所示。

08 旋转复制曲线。

❶选择【菜单】→【编辑】→【移动对象】命令，打开“移动对象”对话框。如图 2-67所示。

图2-65　曲线　　　图2-66　修剪曲线

图2-67　“移动对象”对话框

❷在屏幕中选择直线2，在“运动”下拉列表中选择“角度”选项。

❸在“指定矢量”下拉列表中单击“ZC轴”按钮，轴点为原点。

❹在“角度”文本框中输入 10，在“结果”选项卡中点选“复制原先的”单选钮，设置“非关联副本数”为1。

❺单击“确定”按钮，生成如图 2-68 所示曲线。

09 镜像曲线。

❶选择【菜单】→【编辑】→【变换】命令，打开“变换”对话框，如图 2-69 所示。

❷在屏幕中选择直线 1 和渐开线，单击“确定”按钮，进入“变换”对话框，单击“通过一直线镜像”按钮，如图 2-70 所示。

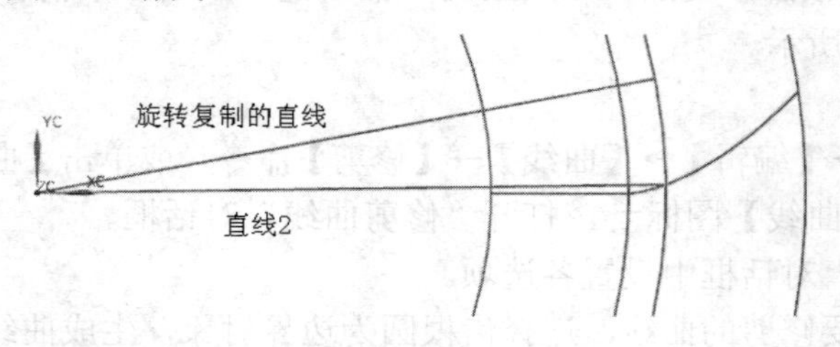

图 2-68 曲线

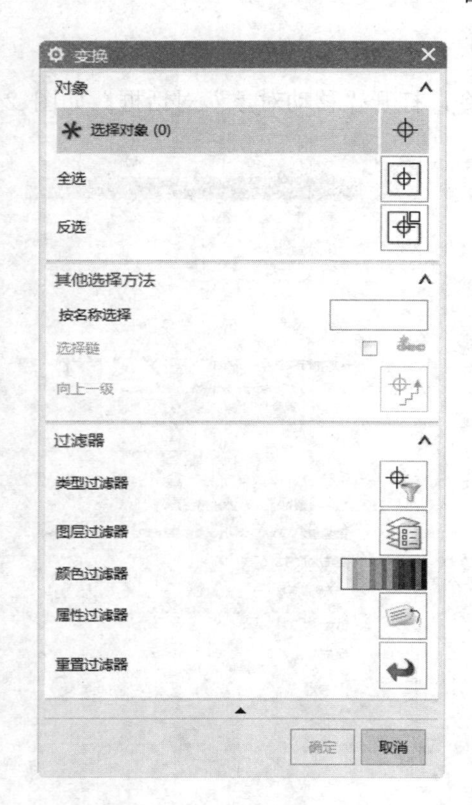

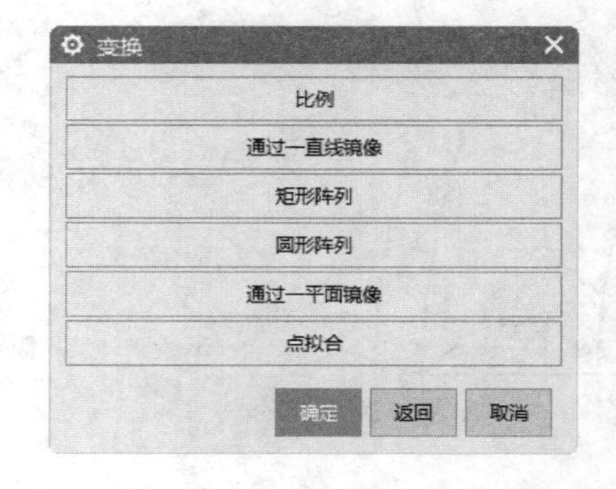

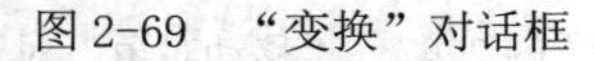

图 2-69 “变换”对话框

图 2-70 “变换”类型对话框

❸打开“变换”直线创建方式对话框如图 2-71 所示，单击“现有的直线”按钮，根据系统提示选择复制的直线。

❹打开“变换”结果对话框，如图 2-72 所示。单击“复制”按钮，完成镜像操作。生成曲线如图 2-73 所示。

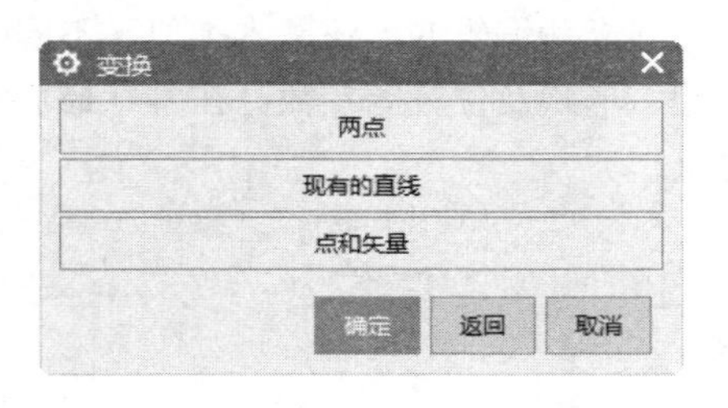

图 2-71　“变换”直线创建方式对话框

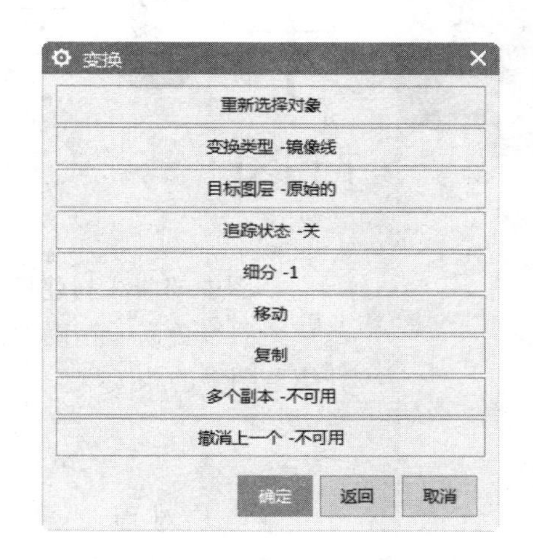

图 2-72　“变换”结果对话框

10 同步骤 **07**，删除并修剪曲线，生成如图 2-74 所示齿形轮廓曲线。

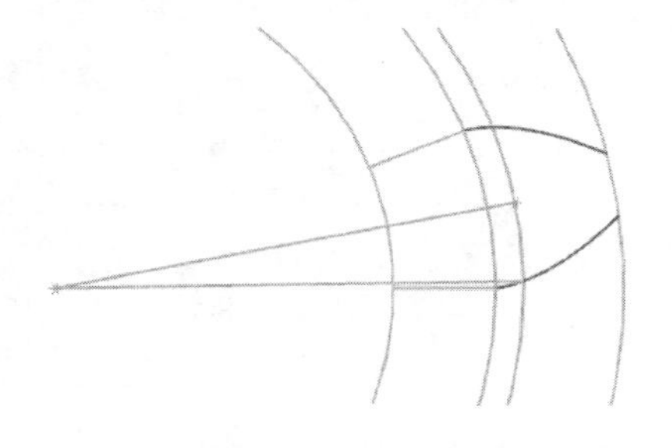

图 2-73　曲线

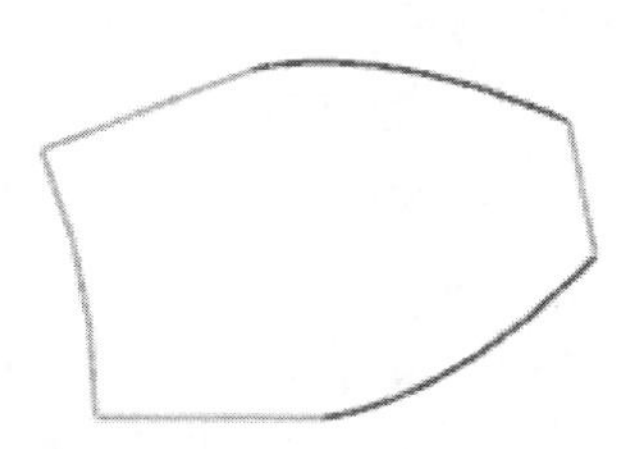

图 2-74　曲线

第3章

草图

草图中的曲线与建模模块中的曲线建立和编辑的方法基本类似，不同的是草图曲线更易于精确地控制曲线尺寸、形状及位置等参数。在本章最后将介绍草图中的相关操作方法及相关功能。

重点与难点

- 创建草图
- 草图曲线
- 草图定位
- 草图约束

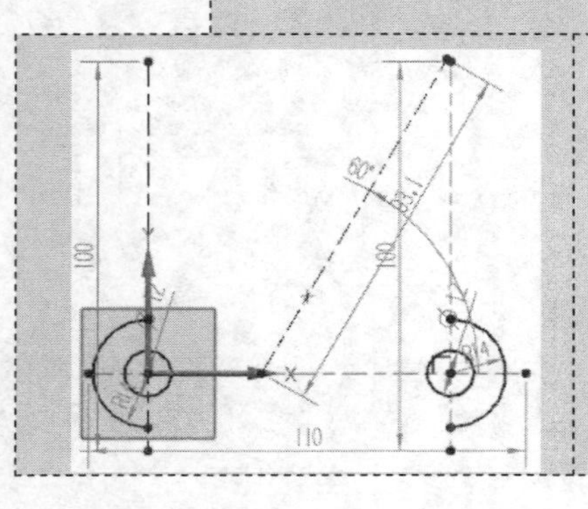

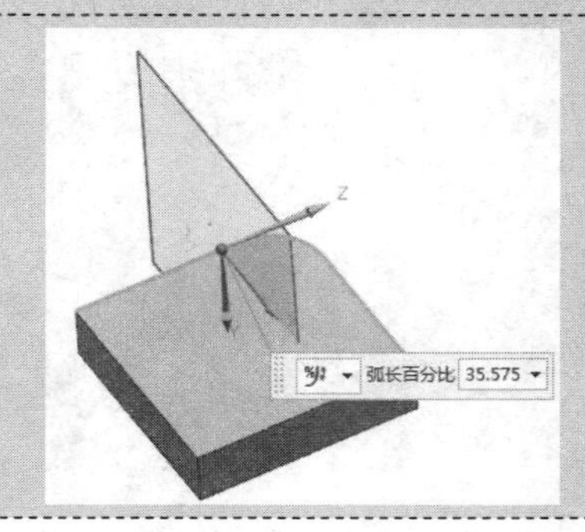

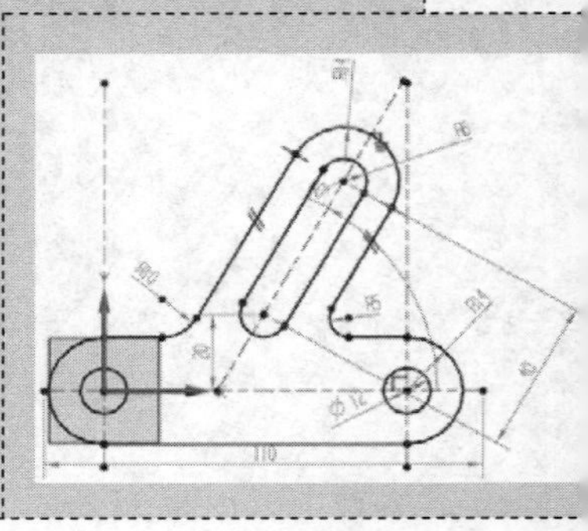

3.1 创建草图

选择【菜单】→【插入】→【在任务环境中绘制草图】命令，或者单击“曲线”选项卡中的【在任务环境中绘制草图】图标，单击“确定”按钮进入UG NX 12.0草图绘制界面，如图3-1所示。

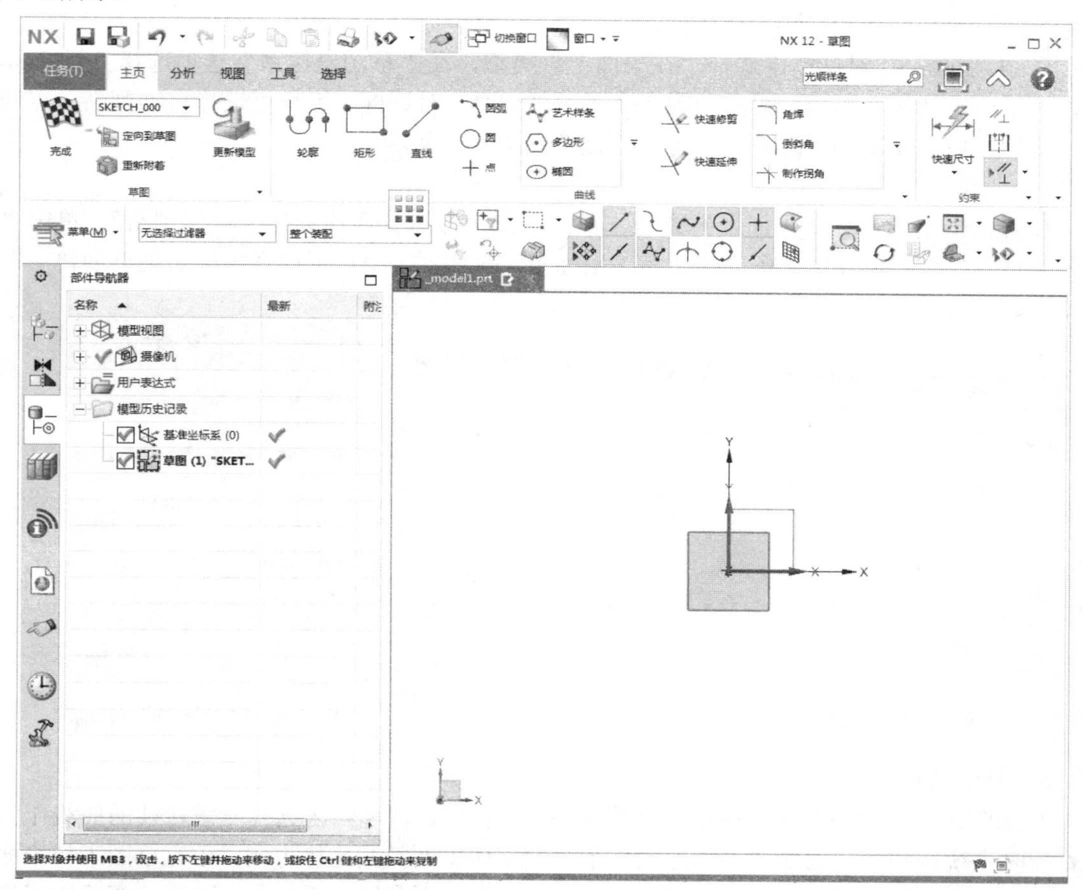

图3-1　UG NX 12.0草图绘制界面

单击“在任务环境中绘制草图”图标，系统会自动出现“创建草图”对话框，提示用户选择一个安放草图的平面，如图3-2所示。

1．在平面上

（1）草图平面：在对话框中选择“在平面上”类型，在平面选项选择“现有的平面”。再在视图区选择一个平面作为草图工作平面，同时系统在所选表面显示坐标轴方向。然后单击对话框中的“确定”按钮。选择的平面作为草图工作平面。

（2）XC-YC平面：在对话框中选择“在平面上”类型，在平面选项选择“现有的平面”。再在如图3-1所示的草图界面中单击X-Y坐标，然后单击对话框中的确定按钮。即可选择绝对

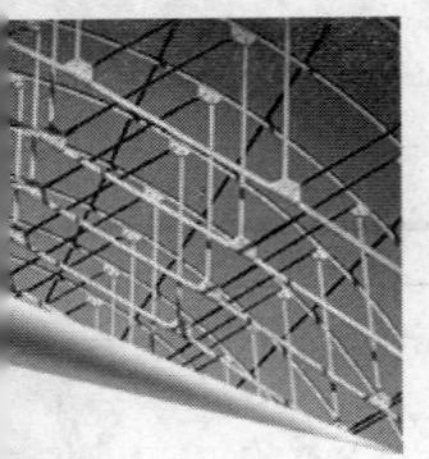
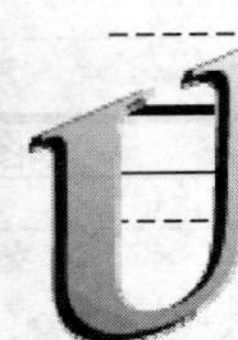

坐标上的 X-Y 平面作为草图工作平面。

（3）YC-ZC 平面：在对话框中选择“在平面上”类型，在平面选项选择“现有的平面”。再在如图 3-1 所示的草图界面中单击 Y-Z 坐标，然后单击对话框中的确定按钮。即可选择绝对坐标上的 Y-Z 平面作为草图工作平面。

（4）ZC-XC 平面：在对话框中选择“在平面上”类型，在平面选项选择“现有的平面”。再在如图 3-1 所示的草图界面中单击 Z-X 坐标，然后单击对话框中的确定按钮。即可选择绝对坐标上的 Z-X 平面作为草图工作平面。

（5）平面：在对话框中选择“在平面上”类型，在“草图坐标系”选项选择“新平面”。单击“平面对话框”按钮，弹出如图 3-3 所示“平面”对话框。用户可选择自动判断、点和方向、距离、成一角度和固定基准等方式创建草图工作平面。

2. 基准坐标系

在对话框中选择“在平面上”类型，在“草图坐标系”选项选择“自动判断”。单击“坐标系对话框”按钮，弹出如图 3-4 所示“坐标系”对话框。用户可选择坐标系类型创建草图工作平面。

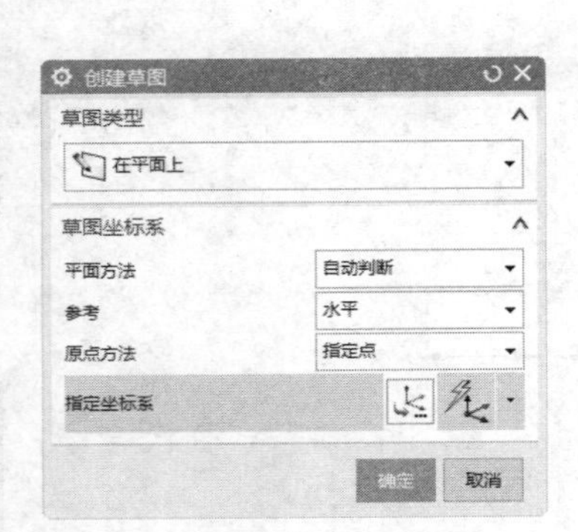

图 3-2 “创建草图”对话框

图 3-3 “平面”对话框

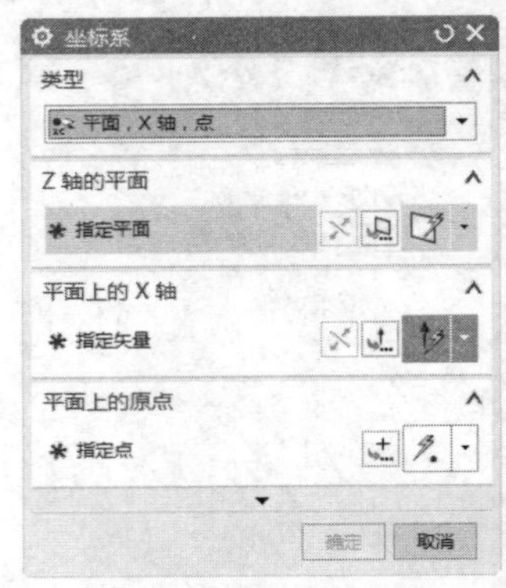

图 3-4 “坐标系”对话框

3. 基于路径

在如图 3-5 所示的对话框中选择“基于路径”类型，在视图区选择一条连续的曲线作为刀轨，同时系统在和所选曲线的刀轨方向显示草图工作平面及其坐标方向，还有草图工作平面和刀轨相交点在曲线上的弧长文本对话框，在该文本对话框中输入弧长值，可以改变草图工作平面的位置，如图 3-6 所示。

3.2 草图曲线

3.2.1 简单草图曲线

（1）轮廓：绘制单一或者连续的直线和圆弧。选择【菜单】→【插入】→【曲线】→【轮廓】命令，或者单击【主页】选项卡，选择【曲线】组中的【轮廓】图标，弹出如图 3-7

所示的“轮廓”绘图对话框。

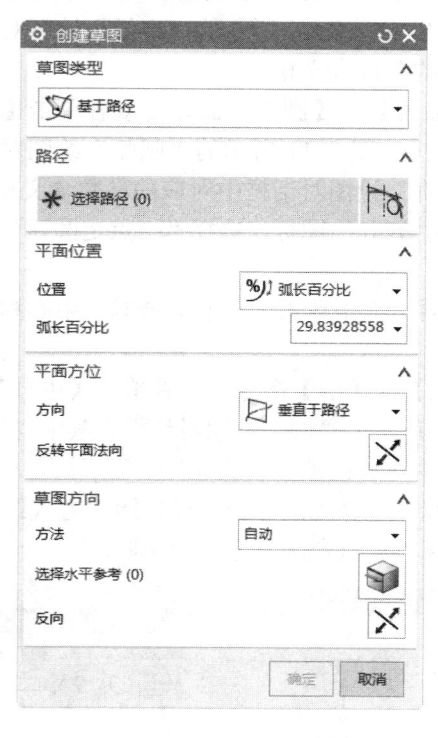

图 3-5　“创建草图”对话框

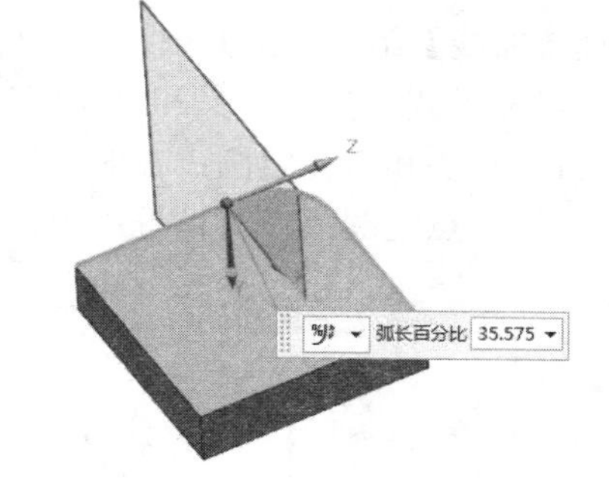

图 3-6　选择刀轨

1）直线：在如图 3-7 所示对话框中单击 图标，在视图区选择两点绘制直线。

2）圆弧：在如图 3-7 所示对话框中单击 图标，在视图区选择一点，输入半径，然后再在视图区选择另一点，或者根据相应约束和扫描角度绘制圆弧。

3）坐标模式：在如图 3-7 所示对话框中单击 XY 图标，在视图区显示如图 3-8 所示“XC”和“YC”数值输入文本框，在文本框中输入所需数值，确定绘制点。

4）参数模式：在如图 3-7 所示对话框中单击 图标，在视图区显示如图 3-9 所示“长度”和“角度”或者“半径”数值输入文本框，在文本框中输入所需数值，拖动鼠标，在所要放置位置单击，绘制直线或者弧。和坐标模式的区别是：在数值输入文本框中输入数值后，坐标模式是确定的，而参数模式是浮动的。

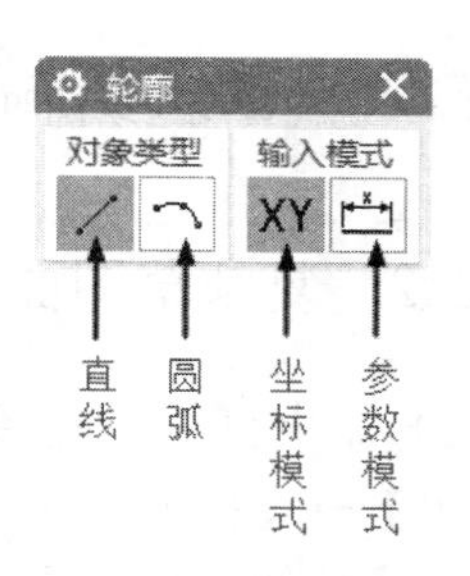

图 3-7　“轮廓”绘图对话框

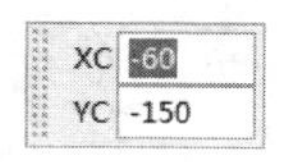

图 3-8　“坐标模式”数值输入文本框

选择直线绘制

半径 40.9056

选择弧绘制

图 3-9　“参数模式”数值输入文本框

（2）直线：选择【菜单】→【插入】→【曲线】→【直线】命令，或者单击【主页】选项卡，选择【曲线】组中的【直线】图标⟋，弹出如图 3-10 所示的“直线”绘图对话框，其各个参数含义和“配置文件”绘图对话框中对应的参数含义相同。

（3）圆弧：选择【菜单】→【插入】→【曲线】→【圆弧】命令，或者单击【主页】选项卡，选择【曲线】组中的【圆弧】图标⌒，弹出如图 3-11 所示的“圆弧”绘图对话框，其中“坐标模式”和“参数模式”参数含义和“轮廓”绘图对话框中对应的参数含义相同。

1）三点定圆弧：在如图 3-11 所示的对话框中单击⌒图标，选择“三点定圆弧”方式绘制圆弧。

2）中心和端点定圆弧：在如图 3-11 所示的对话框中单击⌒图标，选择“中心和端点定圆弧”方式绘制圆弧。

（4）圆：选择【菜单】→【插入】→【曲线】→【圆】命令，或者单击【主页】选项卡，选择【曲线】组→【圆】图标○，弹出如图 3-12 所示的“圆”绘图对话框，其中“坐标模式”和“参数模式”参数含义和“轮廓”绘图对话框中对应的参数含义相同。

1）圆心和直径定圆：在对话框中单击⊙图标，选择“圆心和直径定圆”方式绘制圆。

2）三点定圆：在对话框中单击○图标，选择“三点定圆”方式绘制圆。

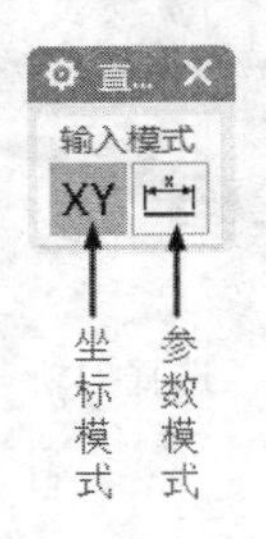

图 3-10 “直线”绘图对话框

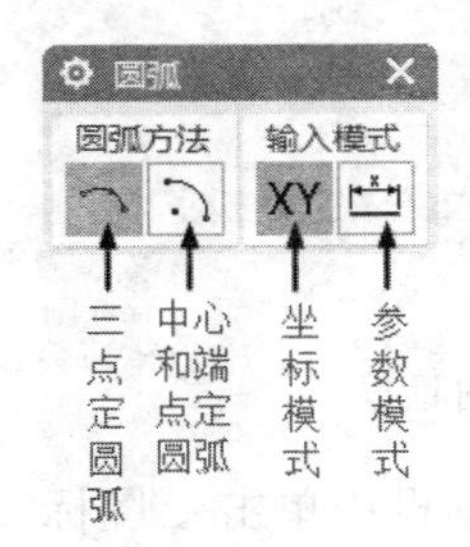

图 3-11 “圆弧”绘图对话框

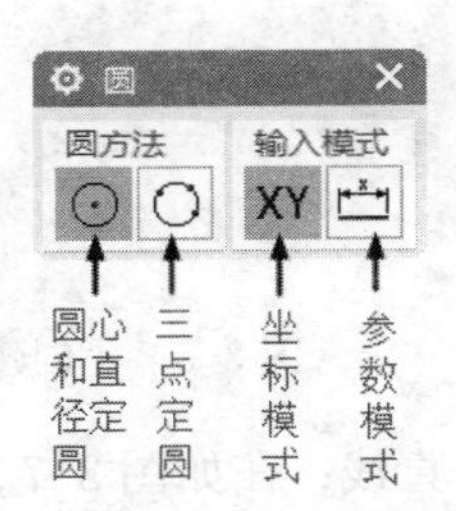

图 3-12 “圆”绘图对话框

3.2.2 复杂草图曲线

（1）派生直线：选择一条或几条直线后，系统自动生成其平行线或中线或角平分线。选择【菜单】→【插入】→【来自曲线集的曲线】→【派生直线】命令，或者单击【主页】选项卡，选择【曲线】组→【曲线】库中的【派生直线】图标⊿，选择“派生的线条”方式绘制直线。“派生的线条”方式绘制草图示意图如图 3-13 所示。

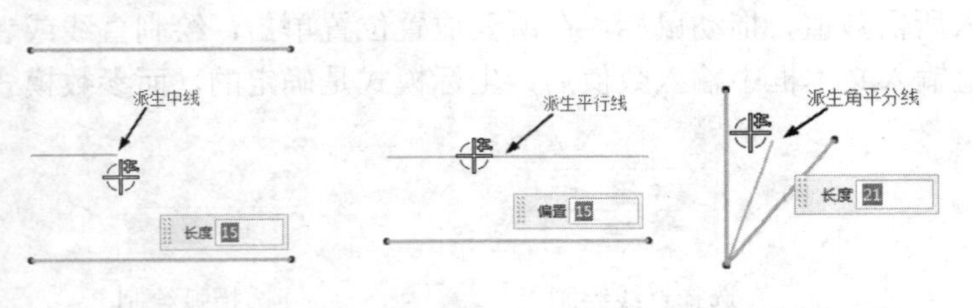

图 3-13 “派生的线条”方式绘制草图

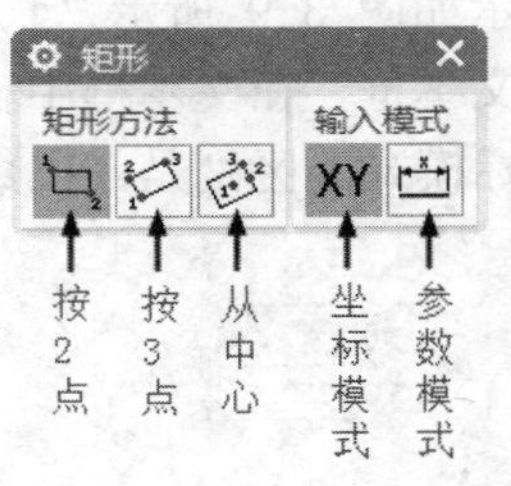

图 3-14 “矩形”对话框

（2）矩形：选择【菜单】→【插入】→【曲线】→【矩形】命令，或者单击【主页】选项卡，选择【曲线】组中的【矩形】图标，弹出创建“矩形”对话框，其中“坐标模式”和“参数模式”参数含义和“轮廓”绘图对话框中对应的参数含义相同。

1）按2点：在如图3-14所示的对话框中，单击图标，选择“按2点”绘制矩形。

2）按3点：在如图3-14所示的对话框中，单击图标，选择“按3点”绘制矩形。

3）从中心：在如图3-14所示的对话框中，单击图标，选择“从中心”绘制矩形。

（3）拟合曲线：用最小二乘拟合生成样条曲线。选择【菜单】→【插入】→【曲线】→【拟合曲线】命令，或单击【主页】选项卡，选择【曲线】组→【曲线】库中的【拟合曲线】图标，弹出如图3-15所示的“拟合曲线”对话框。该对话框包括“类型”“目标”“点约束”“投影”“参数化”等部分。

参数化：在如图3-15所示的对话框中的“参数化”方法列表框中提供了三种创建拟合样条曲线方法：

1）次数和段数：用于根据拟合样条曲线阶次和段数生成拟合样条曲线。如图3-15所示的对话框中选择“参数化”方法列表框中的次数和段数，则“次数”“段数”数值输入文本框和“均匀段”复选框被激活。在文本框中输入用户所需的数值，若要均匀分段，则勾选“均匀段”复选框，创建拟合样条曲线。

2）次数和公差：用于根据拟合样条曲线次数和公差生成拟合样条曲线。在如图3-15所示的对话框中选择“参数化”方法列表框中的±.xx 次数和公差，则“次数”“公差”数值输入文本框被激活，在文本框中输入用户所需的数值，创建拟合样条曲线。

3）模板曲线：根据模板样条曲线，生成曲线次数及结点顺序均与模板曲线相同的拟合样条曲线。在如图3-15所示“参数化”方法列表框中的模板曲线图标，“保持模板曲线为选定”复选框被激活，勾选该复选框表示保留所选择的模板曲线，否则移除。

（4）艺术样条：用于在工作窗口定义样条曲线的各定义点来生成样条曲线。选择【菜单】→【插入】→【曲线】→【艺术样条】命令，或者单击【主页】选项卡，选择【曲线】组→【曲线】库中的【艺术样条】图标，弹出如图3-16所示的“艺术样条”对话框。

在如图3-16所示的“类型”列表框中包括“通过点”和“根据极点”两种方法创建艺术样条曲线。还可采用“根据极点”方法对已创建的样条曲线各个定义点进行编辑。

（5）椭圆：选择【菜单】→【插入】→【曲线】→【椭圆】命令，或者单击【主页】选项卡，选择【曲线】组→【曲线】库中的【椭圆】图标，定义椭圆的中心，单击“确定”按钮，弹出如图3-17所示的“椭圆”对话框。在该对话框中输入各项参数值，单击“确定”按钮，创建椭圆。

3.2.3　编辑草图曲线

（1）快速修剪。修剪一条或者多条曲线。选择【菜单】→【编辑】→【曲线】→【快速修剪】命令，或者单击【主页】选项卡，选择【曲线】组中的【快速修剪】图标，弹出如图3-18所示的“快速修剪”对话框，按照对话框的提示裁剪不需要的曲线。

（2）快速延伸。延伸指定的对象与曲线边界相交。选择【菜单】→【编辑】→【曲线】

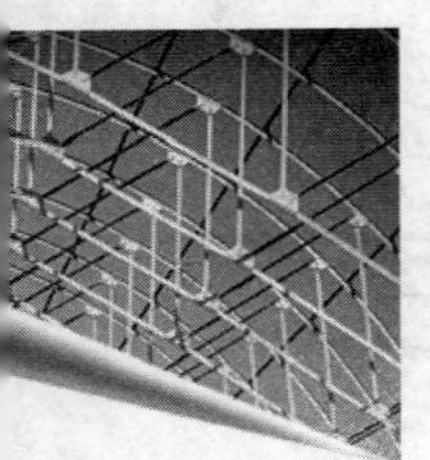

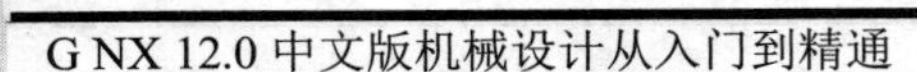

→【快速延伸】命令，或者单击【主页】选项卡，选择【曲线】组中的【快速延伸】图标，弹出如图 3-19 所示的“快速延伸”对话框，按照对话框的提示延伸指定的线素与边界相交。

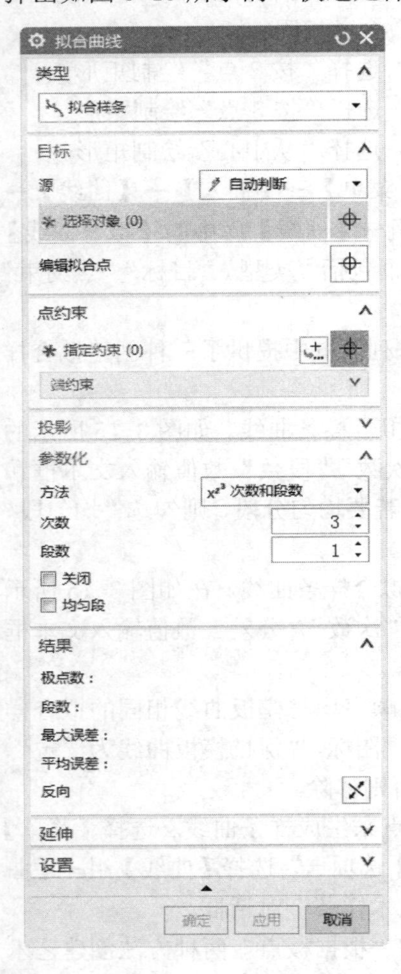

图 3-15 “拟合曲线”对话框

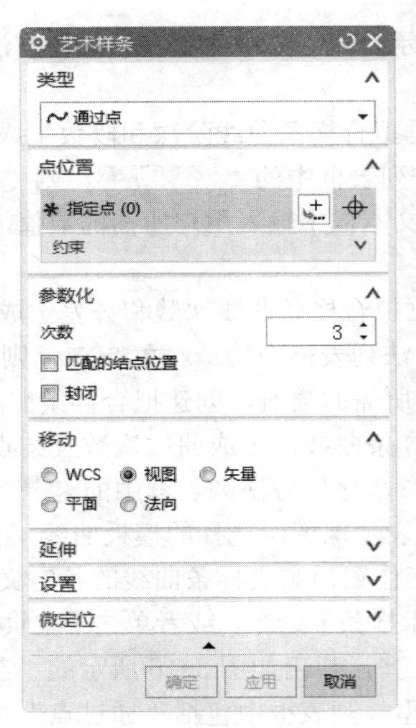

图 3-16 “艺术样条”对话框

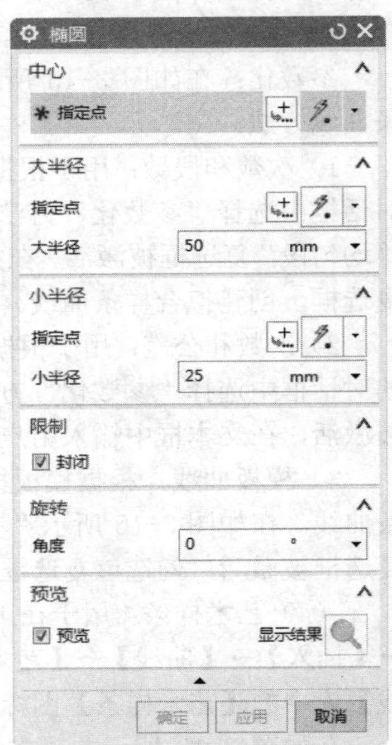

图 3-17 “椭圆”对话框

（3）制作拐角。延伸或修剪两条曲线以制作拐角。选择【菜单】→【编辑】→【曲线】→【制作拐角】命令，或者单击【主页】选项卡，选择【曲线】组→【编辑曲线】库中的【制作拐角】图标，弹出如图 3-20 所示的“制作拐角”对话框，按照对话框的提示选择两条曲线制作拐角。

（4）圆角。在两条曲线之间进行倒角，并且可以动态改变圆角半径。选择【菜单】→【插入】→【曲线】→【圆角】命令，或者单击【主页】选项卡，选择【曲线】组→【编辑曲线】库中的【角焊】图标，弹出“半径”数值输入文本框，同时系统弹出如图 3-21 所示的创建“圆角”对话框。

1）修剪：在如图 3-21 所示的对话框中单击图标，选择“修剪”功能，表示对原线素进行裁剪或延伸；弹起该图标，表示对原线素不裁剪也不延伸。选择“修剪”创建圆角示意图如

图 3-22 所示。

图 3-18　“快速修剪”对话框　　图 3-19　“快速延伸”对话框　　图 3-20　“制作拐角”对话框

2）取消修剪：在如图 3-21 所示的对话框中单击图标，选择“取消修剪”功能，表示对原线素不裁剪也不延伸。

3）删除第三条曲线：在如图 3-21 所示的对话框中单击图标，表示在选择两条曲线和圆角半径后，存在第三条曲线和该圆角相切，系统在创建圆角的同时，自动删除和该圆角相切的第三条曲线。

4）创建备选圆角：在如图 3-21 所示的对话框中单击图标，表示在选择两条曲线后，圆角与两曲线形成环形。

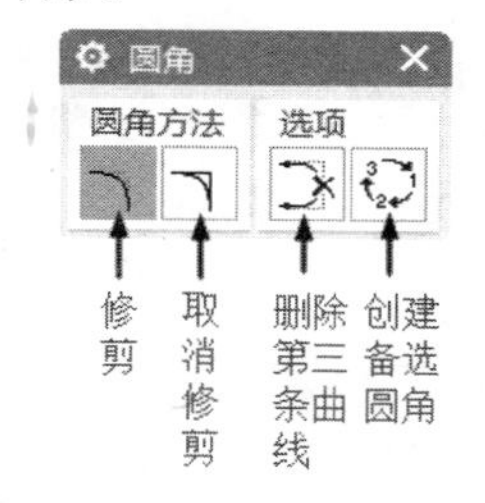

图 3-21　创建“圆角”对话框

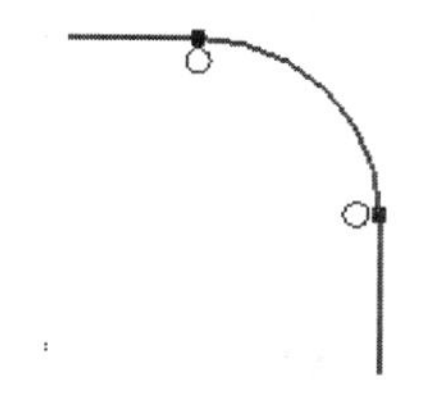

图 3-22　“修剪”方式创建圆角示意图

（5）镜像操作。镜像草图操作是将草图几何对象以一条直线为对称中心，将所选取的对象以这样的直线为轴进行镜像，复制成新的草图对象。镜像的对象与原对象形成一个整体，并且保持相关性。

单击【主页】选项卡，选择【曲线】组→【曲线】库中的【镜像曲线】图标，弹出如图 3-23 所示的“镜像曲线”对话框。

用户在进行镜像草图对象操作时，首先在对话框中选择镜像中心线按钮，并在绘制工作区中选择一条镜像中心线。并在绘图区中选择要镜像的几何对象，单击“确定”按钮，镜像草图如图 3-24 所示。

（6）偏置曲线。单击【主页】选项卡，选择【曲线】组→【偏置曲线】图标，系统弹出如图 3-25 所示“偏置曲线”对话框。在“距离”文本框中输入偏置距离，选择图中的曲线，然后单击“应用”按钮，即可完成偏置。

偏置曲线可以相关的在草图中进行偏置，并建立一偏置约束，修改原几何对象，抽取的曲线与偏置曲线都被更新，如图 3-26 所示。

图 3-23 “镜像曲线”对话框

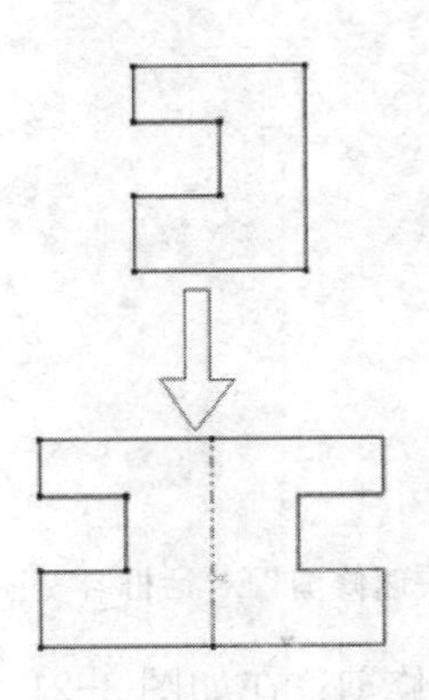

图 3-24 镜像草图

（7）投影。投影到草图功能能够将抽取的对象按垂直于草图工作平面的方向投影到草图中，使之成为草图对象。单击【主页】选项卡，选择【曲线】组→【投影曲线】图标，弹出“投影曲线”对话框，如图 3-27 所示。

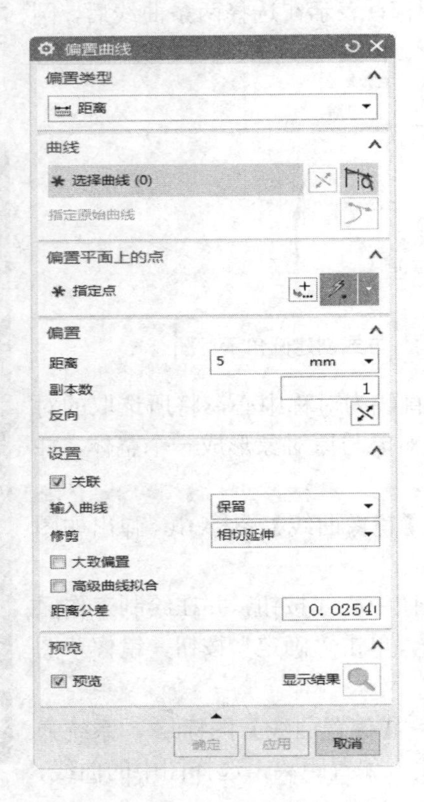

图 3-25 “偏置曲线”对话框

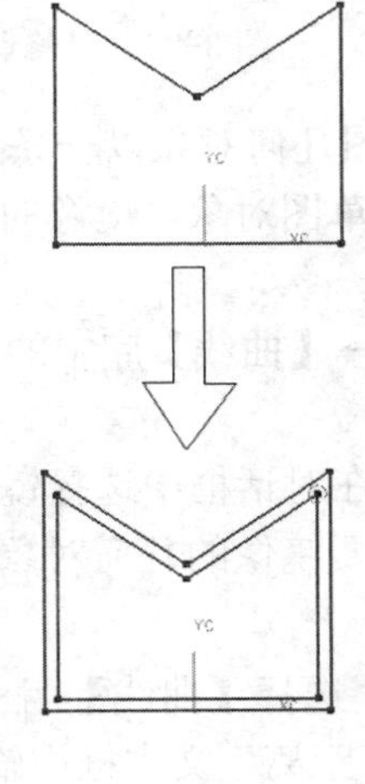

图 3-26 偏置曲线图

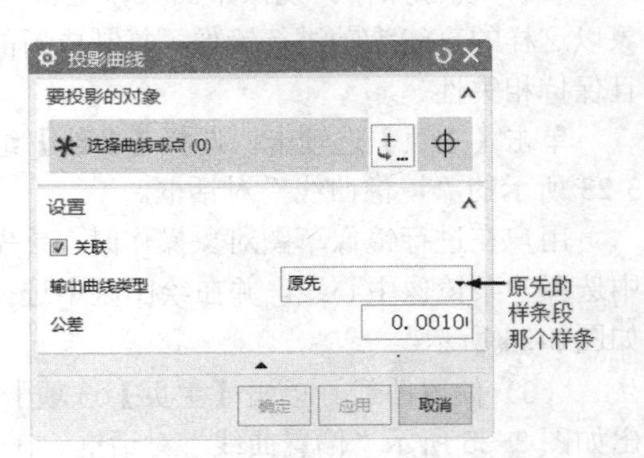

图 3-27 “投影曲线”对话框

1）关联：勾选此复选框，则将使原来的曲线和投影到草图的曲线相关联。

2）输出曲线类型

原先：加入草图的曲线和原来的曲线完全保持一致。

样条段：原曲线作为独立的样条段加入草图。

单个样条：原曲线被作为单个样条加入草图。

3）公差：该选项决定抽取的多段曲线投影到草图工作平面后是否彼此邻接。如果它们之间的距离小于设置的公差值，则将邻接。

投影曲线是通过选择草图外部的对象建立投影的曲线或是线串，对于投影有效的对象包括曲线、边缘、表面和其他草图。这些从相关曲线投影的线串之间都可以维持对于原来几何体的相关性。

在进行该功能操作时应该注意以下几个方面：

1）草图不能同时包含定位尺寸和投影对象。因此，在投影操作之前不能对草图进行定位操作，如果已经将草图进行了定位操作，必须将其删除。同样对于已定位的草图不能再进行投影操作。

2）投影对象必须比草图早创建。如果要在草图生成以后建立的实体或是片体进行投影操作，可用模型导航器工具调整特征生成的顺序。

3）采用关联的方式进行操作时，仍采用原来的关联性。如果原对象被修改，则投影曲线也会被更新。但是如果原对象进行了抑制操作，在草图平面中的投影曲线仍是可见的。

4）如果选择实体或是片体上的表面作为投影对象，那么实际投影的是该表面的边。如果该表面的边的拓扑关系发生了改变，增加或是减少了边数，则投影后的曲线串也会做相应的改变。

5）约束草图时，投影的曲线上串内能作为草图的约束的参考对象，但是仅有“点在曲线串上”这一约束方法对于投影的曲线串能起到约束作用。

3.3 草图定位

草图工作平面选定后，草图对话框被激活。系统按照先后顺序给用户的草图取名为SKETCH_000、SKETCH_001、SKETCH_002…。名称显示在“草图名”的文本框中，单击该文本框右侧的按钮，弹出“草图名”下拉列表框，在该下拉列表框中选择所需草图名称，激活所选草图。当草图绘制完成以后，可以单击【草图】组中的【完成】图标，退出草图环境，回到基本建模环境。

3.4 草图约束

草图约束是用于限制草图的形状和大小，包括限制大小的尺寸约束和限制形状的几何约束。

3.4.1 尺寸约束

选择【菜单】→【插入】→【尺寸】→【快速】命令或者单击【主页】选项卡，选择【约束】组→【尺寸下拉菜单】中的【快速尺寸】图标，选择测量方法，如图 3-28 所示的"快速尺寸"对话框，也可以单击【主页】选项卡，选择【约束】组→【尺寸下拉菜单】中的其他尺寸约束，选择不同的测量方法，如图 3-29 所示。

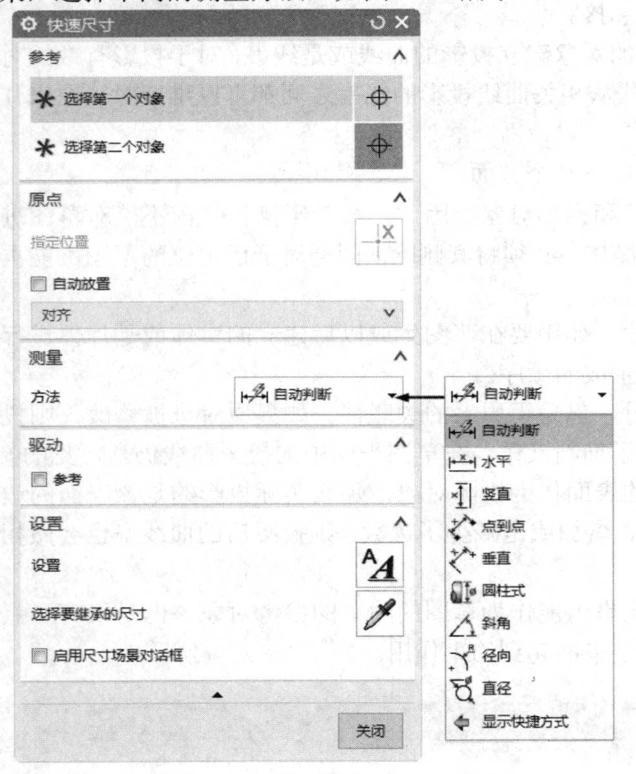

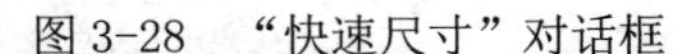

图 3-28 "快速尺寸"对话框

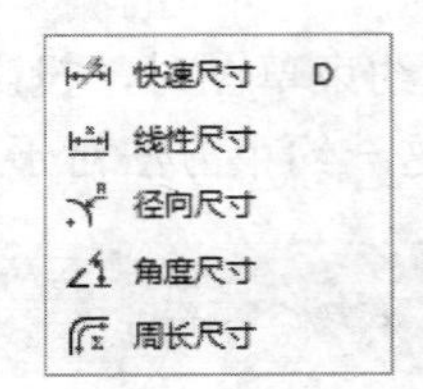

图 3-29 尺寸下拉菜单

（1）快速尺寸。可用单个命令和一组基本选择项从一组常规、好用的尺寸类型快速创建不同的尺寸。以下为快速尺寸对话框中的各种测量方法：

1）自动判断：选择该方式时，系统根据所选草图对象的类型和光标与所选对象的相对位置，采用相应的标注方法。

2）水平：选择该方式时，系统对所选对象进行水平方向（平行于草图工作平面的 XC 轴）的尺寸约束。标注该类尺寸时，在绘图工作区中选取同一对象或不同对象的两个控制点，则用两点的连线在水平方向的投影长度标注尺寸。如果旋转工作坐标，则尺寸标注的方向也将会改变。

3）竖直：选择该方式时，系统对所选对象进行垂直方向（平行于草图工作平面的 YC 轴）的尺寸约束。标注该类尺寸时，在绘图工作区中选取同一对象或不同对象的两个控制点，则用两点的连线在垂直方向的投影长度标注尺寸。如果旋转工作坐标，则尺寸标注的方向也将会改变。

4）点到点：选择该方式时，系统对所选对象进行平行于对象的尺寸约束。标注该类尺寸时，在绘图工作区中选取同一对象或不同对象的两个控制点，则用两点的连线的长度标注尺寸，尺寸线将平行于所选两点的连线方向。

5）垂直：选择该方式时，系统对所选的点到直线的距离进行尺寸约束。标注该类尺寸时，先在绘图工作区中选取一直线，再选取一点，则系统用点到直线的垂直距离长度标注尺寸，尺寸线垂直于所选取的直线。

6）斜角：选择该方式时，系统对所选的两条直线进行角度尺寸约束。标注该类尺寸时，在绘图工作区中一般在远离直线交点的位置选择两直线，则系统会标注这两直线之间的夹角，如果选取直线时光标比较靠近两直线的交点，则标注的该角度是对顶角。须是在草图模式中创建的。

7）直径：选择该方式时，系统对所选的圆弧对象进行直径尺寸约束。标注该类尺寸时，先在绘图工作区中选取一圆弧曲线，则系统直接标注圆的直径尺寸。在标注尺寸时所选取的圆弧或圆，必须是在草图模式中创建的。

8）径向：选择该方式时，系统对所选的圆弧对象进行半径尺寸约束。标注该类尺寸时，先在绘图工作区中选取一圆弧曲线，则系统直接标注圆弧的半径尺寸。在标注尺寸时所选取的圆弧或圆，必须是在草图模式中创建的。

（2）周长尺寸：选择该方式时，系统对所选的多个对象进行周长的尺寸约束，标注该类尺寸时，用户可在绘图工作区中选取一段或多段曲线，则系统会标注这些曲线的周长。这种方式不会在绘图区显示。

其他尺寸约束的测量方法都包含在快速尺寸中，所以使用快速尺寸更加简便、快捷。

3.4.2　几何约束

用于建立草图对象的几何特征，或者建立两个或多个对象之间的关系。

（1）几何约束：单击【主页】选项卡，选择【约束】组→【几何约束】图标，弹出如图 3-30 所示的“几何约束”对话框，系统提示选择要创建的约束。然后选取两个或者多个要约束的对象。

（2）自动约束：单击【主页】选项卡，选择【约束】组→【更多】库中的【自动约束】图标，弹出如图 3-31 所示的“自动约束”对话框，用于可以通过选取约束对两个或两个以上对象进行几何约束操作。用户可以在该对话框中设置距离和公差，以控制显示自动约束的符号的范围，单击“全部设置”按钮一次性选择全部约束，单击“全部清除”按钮一次性清除全部设置。若勾选“施加远程约束”复选框，则所选约束在绘图区和在其他草图文件中所绘草图有约束时，系统会显示约束符号。

（3）显示草图约束：单击【主页】选项卡，选择【约束】组→【显示草图约束】图标，系统显示草图的约束，否则不显示最先创建的约束。单击图标，则不显示草图约束。

（4）转换至/自参考对象：用于将草图曲线或尺寸转换为参考对象，或将参考对象转换为草图对象。单击【主页】选项卡，选择【约束】组→【约束工具下拉菜单】中的【转换至/

自参考对象】图标弹出如图 3-32 所示的“转换至/自参考对象”对话框。

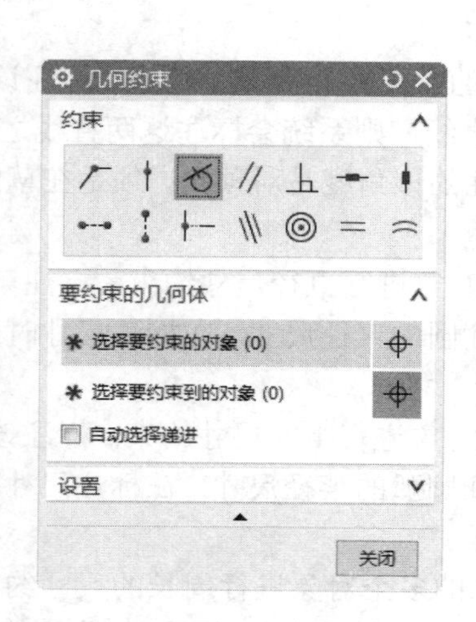

图 3-30　“几何约束”对话框

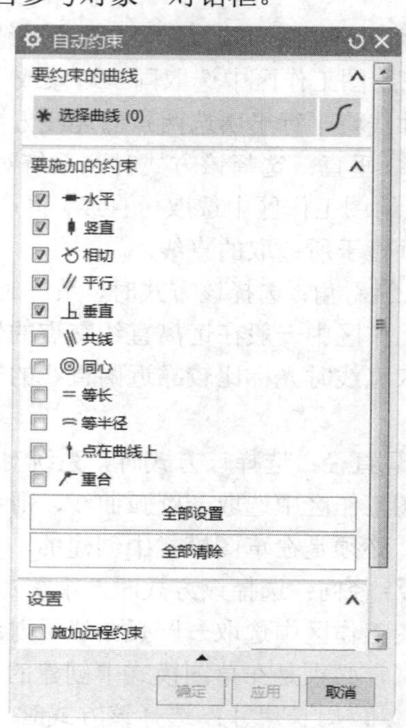

图 3-31　“自动约束”对话框

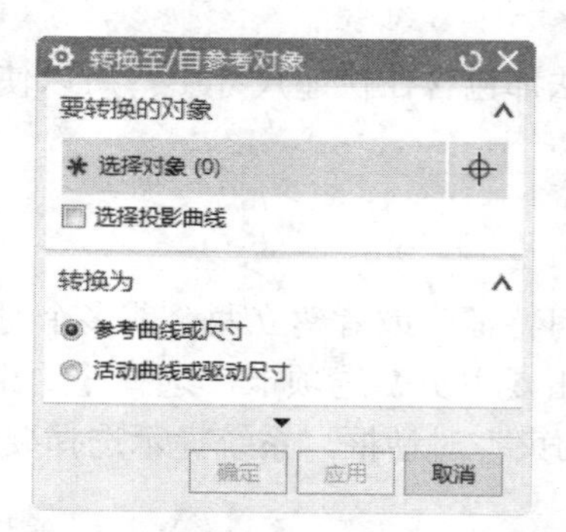

图 3-32　“转换至/自参考对象”对话框

1）参考曲线或尺寸：选择该单选按钮时，系统将所选对象由草图对象或尺寸转换为参考对象。

2）活动曲线或驱动尺寸：选择该单选按钮时，系统将当前所选的参考对象激活，转换为草图对象或尺寸。

（5）备选解：当对草图进行约束操作时，同一约束条件可能存在多种解决方法，采用“备选解”操作可从一种解法转为另一种解法。例如，圆弧和直线相切就有两种方式。

（6）自动判断约束和尺寸：用于预先设置约束类型，系统会根据对象间的关系，自动添加相应的约束到草图对象上。单击【主页】选项卡，选择【约束】组→【约束工具下拉菜单】

中的【自动判断约束和尺寸】图标，弹出如图 3-33 所示的“自动判断约束和尺寸”对话框。

（7）动画演示尺寸：用于使草图中制定的尺寸在规定的范围内变化，同时观察其他相应的几何约束变化的情形以此来判断草图设计的合理性，及时发现错误。在进行“动画模拟尺寸”操作之前，必须先在草图对象上进行尺寸标注和进行必要的约束。

单击【主页】选项卡，选择【约束】组→【约束工具下拉菜单】中的【动画演示尺寸】图标，弹出如图 3-34 所示的“动画演示尺寸”对话框。系统提示用户在绘图区或在尺寸表达式列表框中选择一个尺寸，然后在对话框中设置该尺寸的变化范围和每一个循环显示的步长。单击“确定”后，系统会自动在绘图区动画显示与此尺寸约束相关的几何对象。

1）尺寸表达式列表框：用于显示在草图中已标注的全部尺寸表达式。

2）下限：用于设置尺寸在动画显示时变化范围的下限。

3）上限：用于设置尺寸在动画显示时变化范围的上限。

4）步数/循环：用于设置每次循环时动态显示的步长值。输入的数值越大，则动态显示的速度越慢，但运动较为连贯。

5）显示尺寸：用于设置在动画显示过程中，是否显示已标注的尺寸。如果勾选该复选框，在草图动画显示时，所有尺寸都会显示在窗口中，且其数值保持不变。

图 3-33　“自动判断约束和尺寸”对话框

图 3-34　“动画演示尺寸”对话框

3.5 综合实例——拨叉草图

制作思路

本例绘制的拨叉草图如图 3-35 所示。首先绘制构造线构建大概轮廓，然后对其进行修剪和倒圆角操作，最后标注图形尺寸，完成草图的绘制。

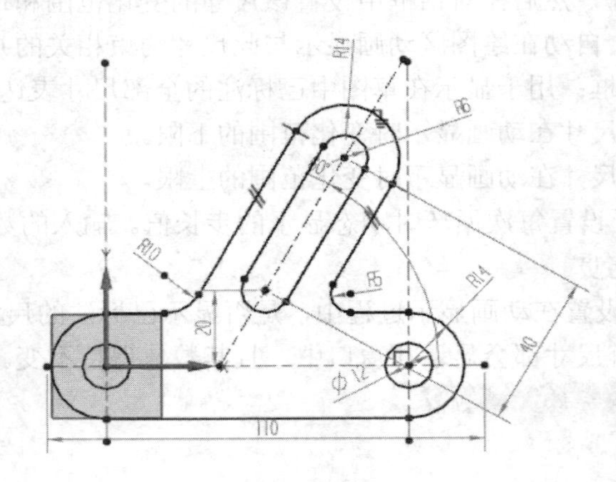

图 3-35　拨叉草图

01 新建文件。选择【菜单】→【文件】→【新建】命令，或单击【主页】选项卡，选择【标准】组中的【新建】图标，弹出“新建”对话框。如图 3-36 所示，在“模板”列表框中选择“模型”选项，在“名称”文本框中输入“bochacaotu”，单击“确定”按钮，进入主界面。

02 创建草图。

❶选择【菜单】→【首选项】→【草图】命令，弹出如图 3-37 所示的“草图首选项”对话框。根据需要进行设置，单击“确定”按钮，完成草图预设。

❷选择【菜单】→【插入】→【在任务环境中绘制草图】命令，或单击【曲线】选项卡中的【在任务环境中绘制草图】图标，进入 UG NX 12.0 草图绘制界面。选择 XC-YC 平面作为草图绘制平面。

❸选择【菜单】→【插入】→【曲线】→【直线】命令，或单击【主页】选项卡，选择【曲线】组中的【直线】图标，弹出“直线”绘图对话框，如图 3-38 所示。单击“坐标模式”按钮XY，绘制直线，在“XC”和“YC”文本框中分别输入-15 和 0。在“长度”和“角度”文本框中分别输入 110 和 0，绘制的直线如图 3-39 所示。

同理，按照“XC”“YC”“长度”和“角度”文本框的输入顺序，分别绘制 0、80、100、270 和 76、80、100、270 的两条直线。

❹选择【菜单】→【插入】→【基准/点】→【点】命令，弹出“草图点”对话框，如图 3-40 所示，单击“点对话框”按钮，打开“点”对话框，在对话框中输入点坐标为（40，20，0），完成点的创建。

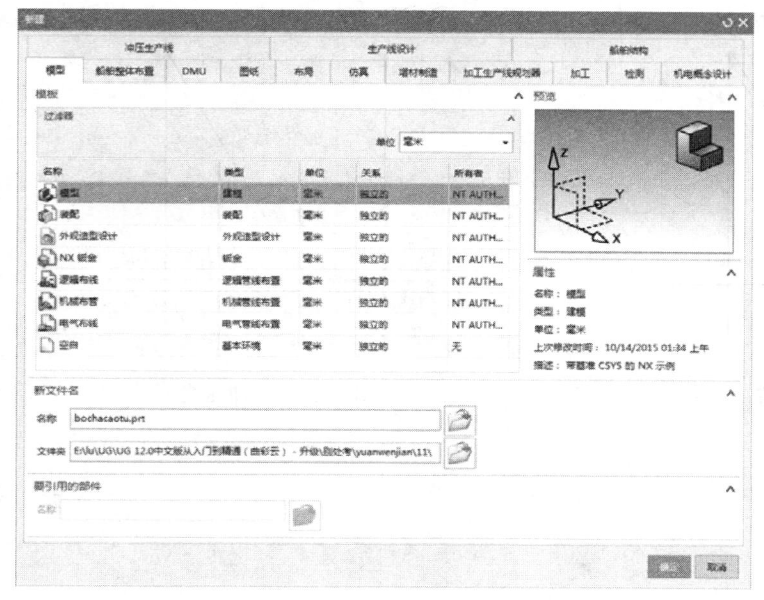

图 3-36　“新建”对话框

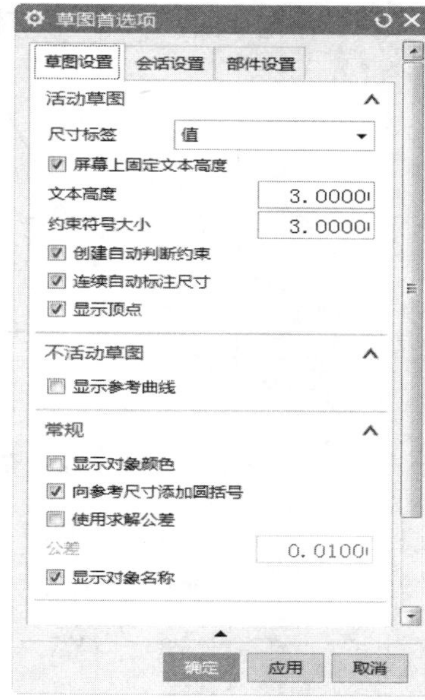

图 3-37　“草图首选项”对话框

图 3-38　“直线”绘图对话框

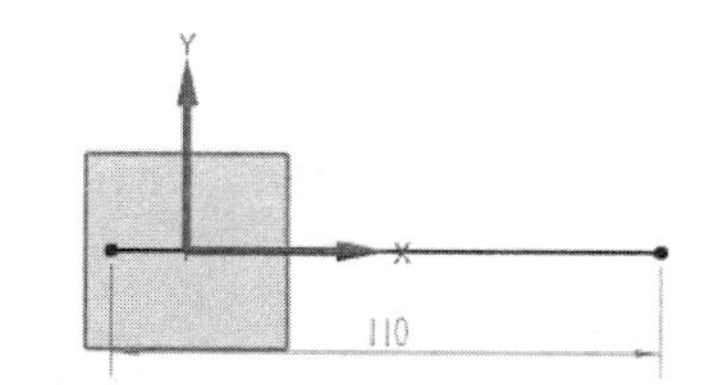

图 3-39　绘制直线

图 3-40　“草图点”对话框

❺选择【菜单】→【插入】→【曲线】→【直线】命令，弹出“直线”绘图对话框。绘制通过基准点且与水平直线成60°角长度为70的直线，如图3-41所示。

03 延伸曲线。单击【主页】选项卡，选择【曲线】组中的【快速延伸】图标，将60°角度线延伸到水平线，如图3-42所示。

04 编辑对象特征。

❶依次选择所有草图对象，把光标放在其中一个草图对象上，右键单击，弹出如图3-43所示的快捷菜单，单击“编辑显示”命令，弹出如图3-44所示的“编辑对象显示”对话框。

❷在对话框的“线型”下拉列表中选择“中心线”选项，在“宽度”下拉列表中选择“0.13mm”选项，单击“确定”按钮，则所选草图对象发生变化，如图3-45所示。

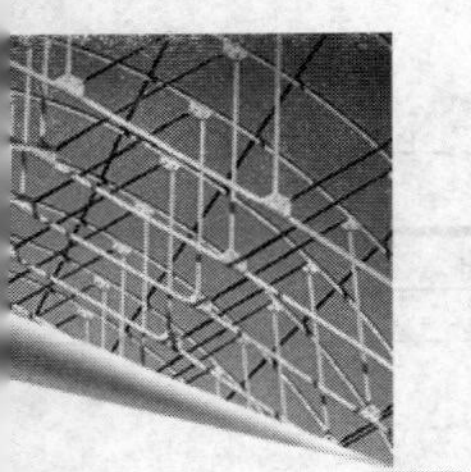

05 补充草图。

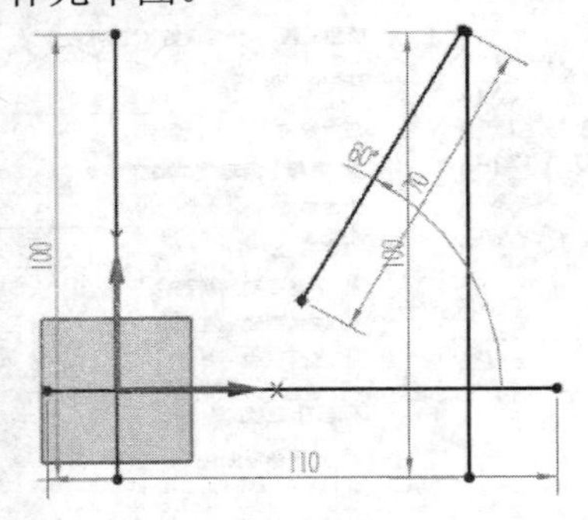

图 3-41 绘制 60° 角直线

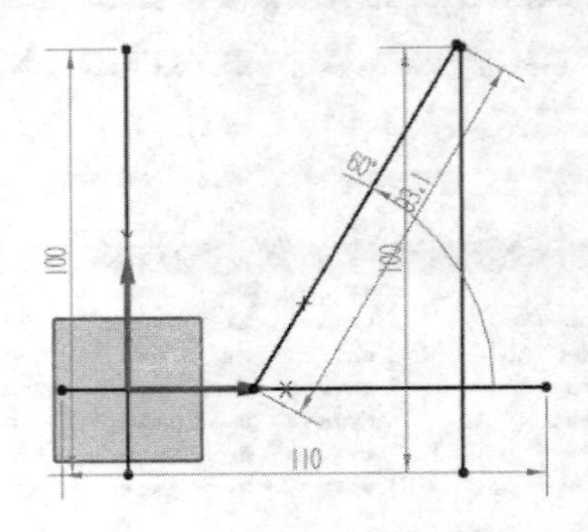

图 3-42 延伸曲线

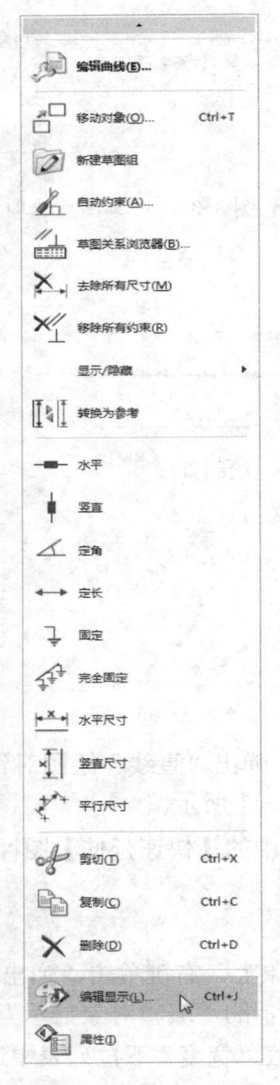

图 3-43 快捷菜单

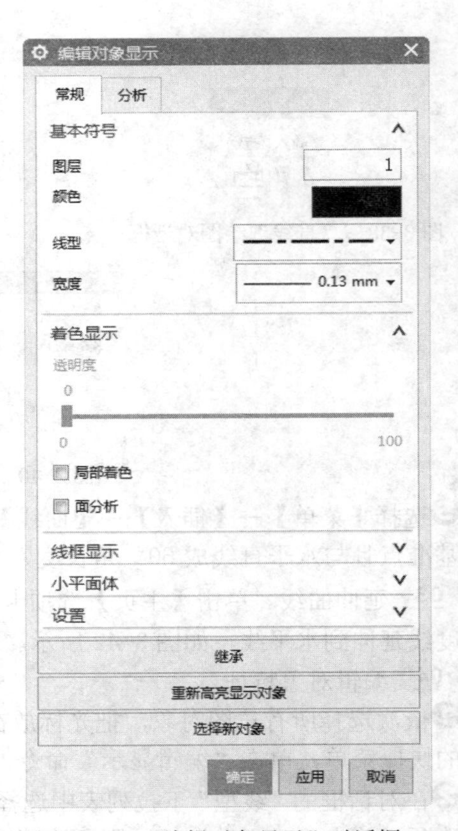

图 3-44 “编辑对象显示”对话框

❶选择【菜单】→【插入】→【曲线】→【圆】命令，或单击【主页】选项卡，选择【曲线】组中的【圆】图标○，弹出“圆”绘图对话框。单击“圆心和直径定圆”按钮⊙，以确定圆心和直径的方式绘制圆。单击“上边框条”中的“相交”按钮，分别捕捉两竖直直线和水平直线的交点为圆心，绘制直径为12的圆，如图3-46所示。

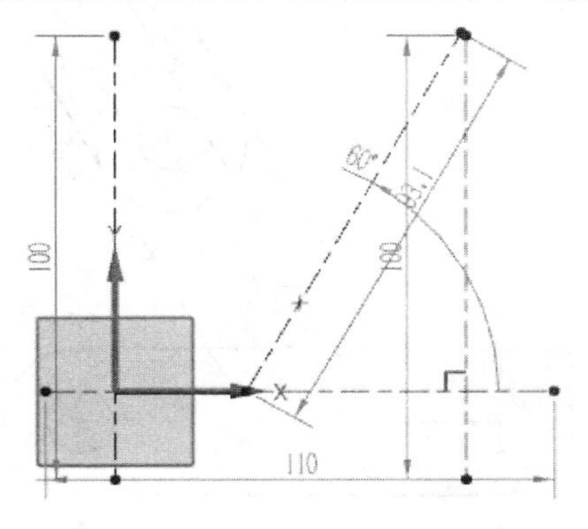

图3-45　更改直线线型

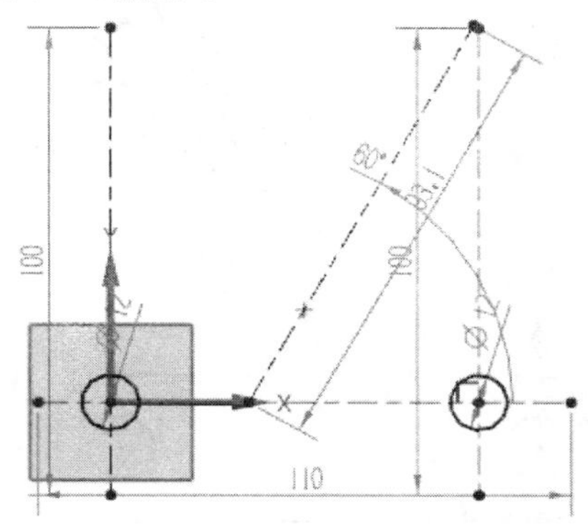

图3-46　绘制圆

❷选择【菜单】→【插入】→【曲线】→【圆弧】命令，弹出“圆弧”绘图对话框。单击“中心和端点决定的圆弧”按钮，绘制两圆弧，其圆心为步骤❶中所绘圆的圆心，半径均为14，扫掠角度均为180°，如图3-47所示。

❸选择【菜单】→【插入】→【来自曲线集的曲线】→【派生直线】命令，将斜中心线分别向左、右偏移6，并将其转化为实线，结果如图3-48所示。

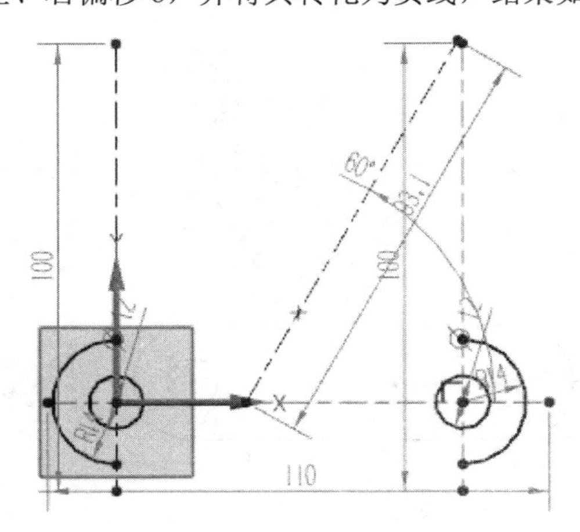

图3-47　绘制圆弧

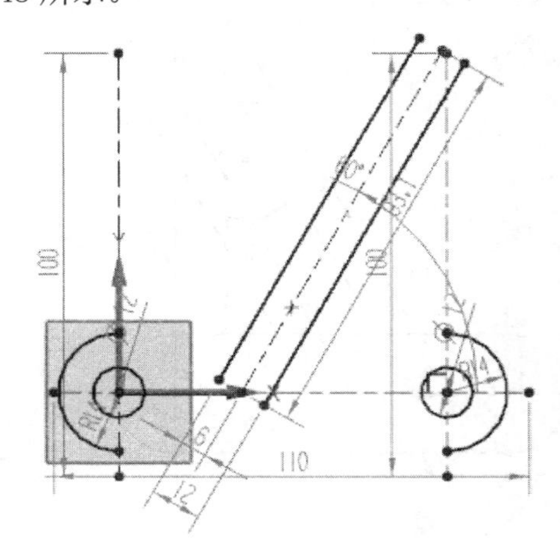

图3-48　绘制派生直线

❹选择【菜单】→【插入】→【曲线】→【圆】命令，或单击【主页】选项卡，选择【曲线】组中的【圆】图标○，弹出“圆”绘图对话框，以步骤2中创建的基准点为圆心绘制直径为12的圆，然后在适当的位置绘制直径为12和28的同心圆。

❺选择【菜单】→【插入】→【曲线】→【直线】命令，弹出“直线”绘图对话框，对直径为28的圆绘制两条切线，如图3-49所示。

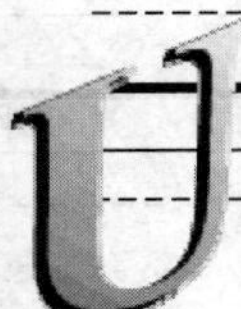

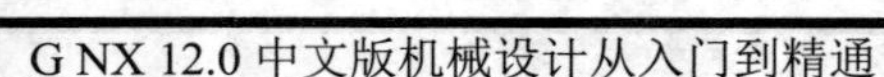

06 编辑草图。

❶选择【菜单】→【插入】→【几何约束】命令，或单击【主页】选项卡，选择【约束】组中的【几何约束】图标，对草图创建所需约束，如图 3-50 所示。

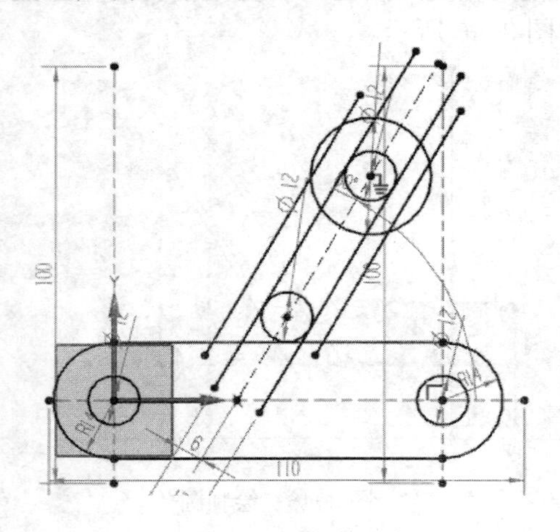

图 3-49　绘制切线

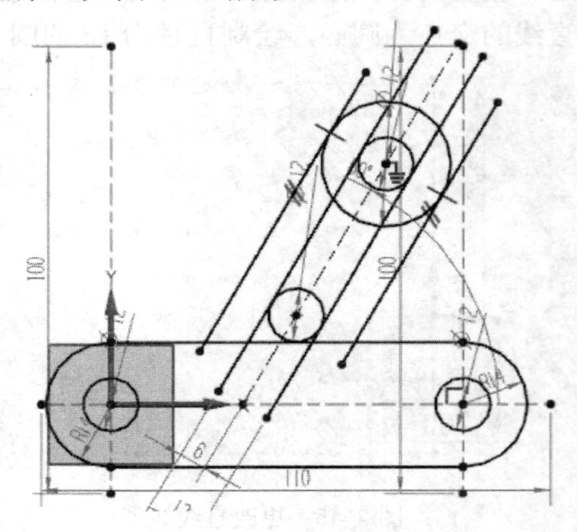

图 3-50　创建约束

❷单击【主页】选项卡，选择【约束】组中的【快速尺寸】图标，对两小圆之间的距离进行尺寸修改，使其两圆之间的距离为 40，如图 3-51 所示。

❸选择【菜单】→【编辑】→【曲线】→【快速修剪】命令，或单击【主页】选项卡，选择【曲线】组中的【快速修剪】图标，修剪不需要的曲线。修剪后如图 3-52 所示。

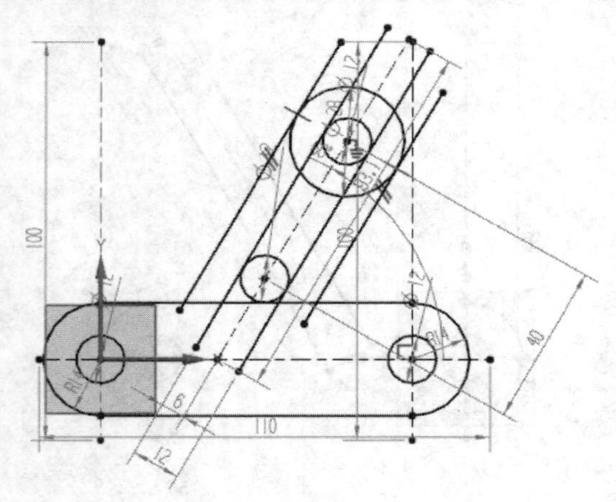

图 3-51　倒圆角

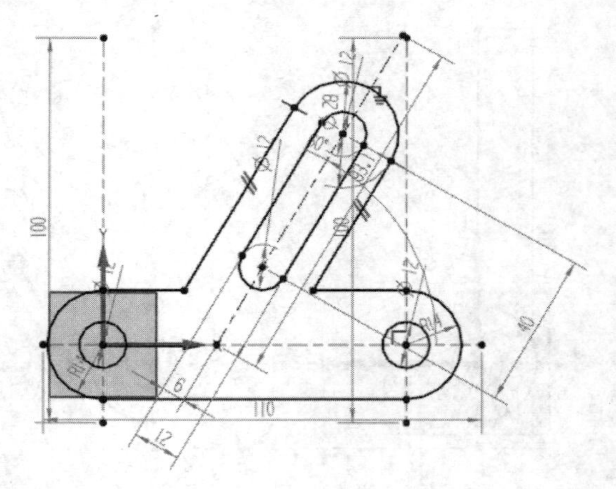

图 3-52　修剪草图

❹选择【菜单】→【插入】→【曲线】→【圆角】命令，对左边的斜直线和水平直线进行倒圆角，圆角半径为 10；再对右边的斜直线和水平直线进行倒圆角，圆角半径为 5，结果如图 3-53 所示。

❺单击【主页】选项卡，选择【约束】组中的【快速尺寸】图标，对图中未标注的尺寸进行标注，去掉重复的标注，并把所有的标注转化为参考，如图 3-54 所示。

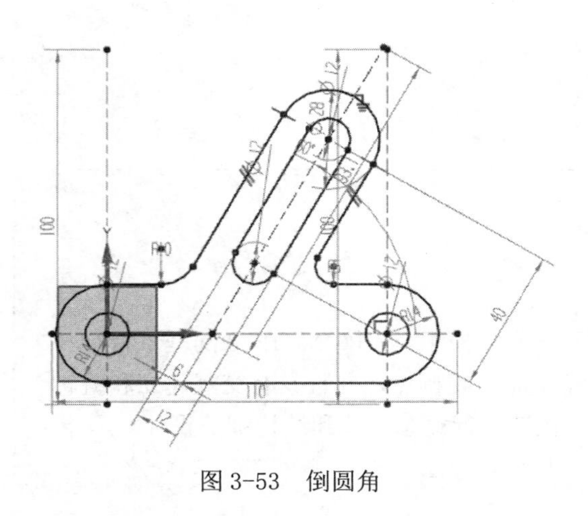

图 3-53　倒圆角

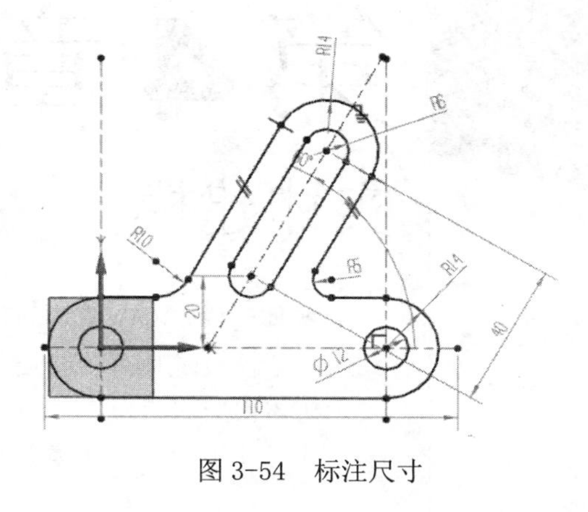

图 3-54　标注尺寸

第4章

实体建模

实体建模是CAD模块的基础和核心建模工具，UG NX 12.0的基于特征和约束的建模技术具有功能强大、操作简便的特点，并且具有交互建立和编辑复杂实体模型的能力，有助于用户快速进行概念设计和结构细节设计。

本章主要介绍实体模型的建立与编辑方法。

重点与难点

- 基准建模
- 设计特征
- 特征操作
- 特征编辑

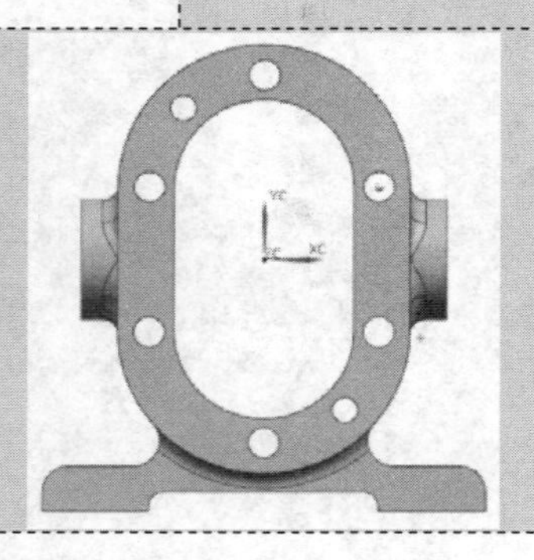

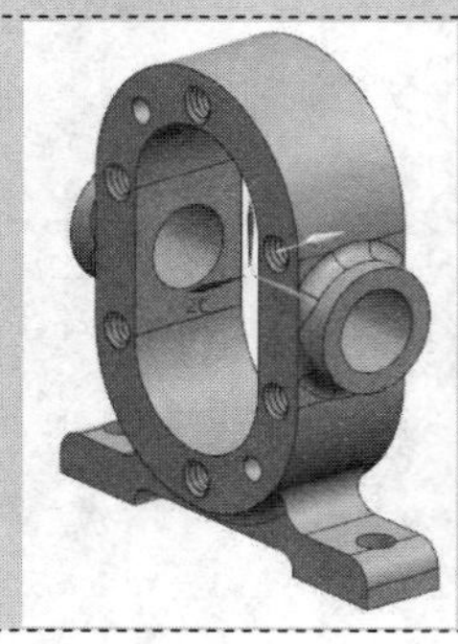

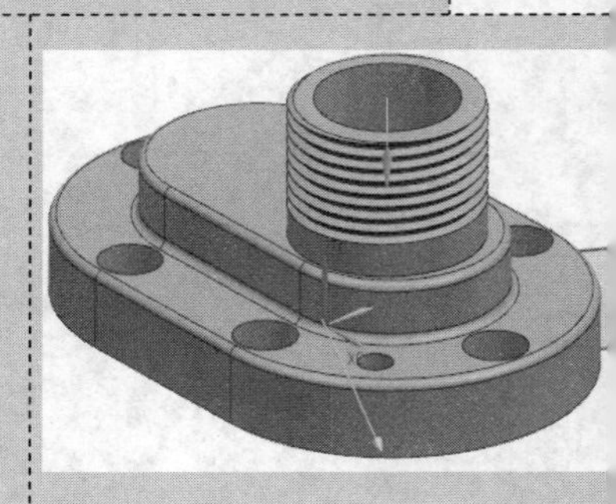

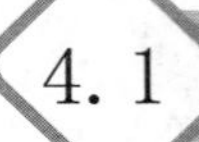

4.1 基准建模

在 UG NX 12.0 的建模中，经常需要建立基准平面、基准轴和基准坐标系。UG NX 12.0 提供了基准建模工具，通过选择【菜单】→【插入】→【基准/点】命令来实现。

4.1.1 基准平面

选择【菜单】→【插入】→【基准/点】→【基准平面】命令或单击【主页】选项卡，选择【特征】组→【基准/点下拉菜单】中的【基准平面】图标，弹出如图 4-1 所示的“基准平面”对话框。

基准平面的创建方法：

1）自动判断：系统根据所选对象创建基准平面。

2）点和方向：通过选择一个参考点和一个参考矢量来创建基准平面。

3）曲线上：通过已存在的曲线，创建在该曲线某点处和该曲线垂直的基准平面。

4）按某一距离：通过和已存在的参考平面或基准面进行偏置得到新的基准平面。

5）成一角度：通过与一个平面或基准面成指定角度来创建基本平面。

6）二等分：在两个相互平行的平面或基准平面的对称中心处创建基准平面。

7）曲线和点：通过选择曲线和点来创建基准平面。

8）两直线：通过选择两条直线，若两条直线在同一平面内，则以这两条直线所在平面为基准平面；若两条直线不在同一平面内，则基准平面通过一条直线且和另一条直线平行。

9）相切：通过和一曲面相切且通过该曲面上点或线或平面来创建基准平面。

10）通过对象：以对象平面为基准平面。

此外，系统还提供了 YC-ZC 平面、 XC-ZC 平面、 XC-YC 平面和系数 4 种方法。也就是说可选择 YC-ZC 平面、XC-ZC 平面、XC-YC 平面为基准平面，也可以单击图标，用户定义自己的基准平面。

4.1.2 基准轴

选择【菜单】→【插入】→【基准/点】→【基准轴】命令或单击【主页】选项卡，选择【特征】组→【基准/点下拉菜单】中的【基准轴】图标，弹出如图 4-2 所示的“基准轴”对话框。对话框中主要参数的用法：

1）点和方向：通过选择一个点和方向矢量创建基准轴。

2）两点：通过选择两个点来创建基准轴。

3）曲线上矢量：通过选择曲线和该曲线上的点创建基准轴。

4）曲线/面轴：通过选择曲面和曲面上的轴创建基准轴。

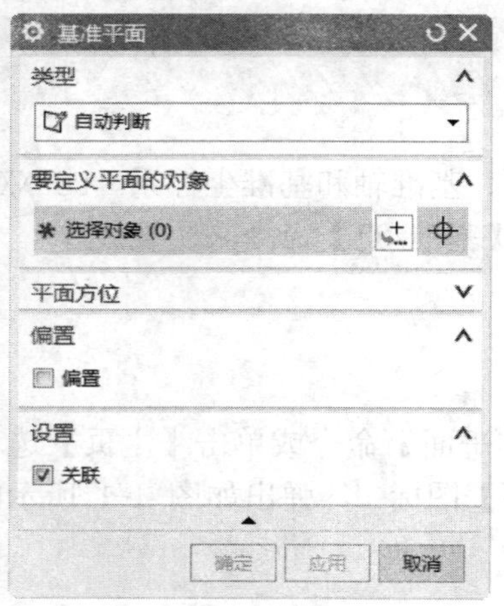

图 4-1 “基准平面”对话框

图 4-2 “基准轴”对话框

4.1.3 基准坐标系

选择【菜单】→【插入】→【基准/点】→【基准坐标系】命令或单击【主页】选项卡，选择【特征】组→【基准/点下拉菜单】中的【基准坐标系】图标，弹出如图 4-3 所示的“基准坐标系”对话框，该对话框用于创建基准坐标系，和坐标系不同的是，基准坐标系一次建立 3 个基准面 XY、YZ 和 ZX 面和 3 个基准轴 X、Y 和 Z 轴。

图 4-3 “基准”对话框

1）自动判断：通过选择的对象或输入沿 X、Y 和 Z 坐标轴方向的偏置值来定义一个坐标系。

2）原点，X 点，Y 点：利用点创建功能先后指定 3 个点来定义一个坐标系。这 3 点应分别是原点、X 轴上的点和 Y 轴上的点。定义的第一点为原点，第一点指向第二点的方向为 X 轴的正向，从第二点至第三点按右手定则来确定 Z 轴正向。

3）三平面：通过先后选择 3 个平面来定义一个坐标系。3 个平面的交点为坐标系的原点，第一个面的法向为 X 轴，第一个面与第二个面的交线方向为 Z 轴。

4）X 轴，Y 轴，原点：先利用点创建功能指定一个点作为坐标系原点，再利用矢量创建功能先后选择或定义两个矢量，这样就创建基准坐标系。坐标系 X 轴的正向平应与第一矢量的方向，XOY 平面平行于第一矢量及第二矢量所在的平面，Z 轴正向从第一矢量在 XOY 平面上的投影矢量至第二矢量在 XOY 平面上的投影矢量按右手定则确定。

5）绝对坐标系：该方法在绝对坐标系的（0，0，0）点处定义一个新的坐标系。

6）当前视图的坐标系：用当前视图定义一个新的坐标系。XOY 平面为当前视图的所在平面。

7）偏置坐标系 ：通过输入沿 X、Y 和 Z 坐标轴方向相对于选择坐标系的偏距来定义一个新的坐标系。

4.2 设计特征

设计特征是实体建模的基础，通过相关操作可以建立各种基本简单实体，扫描成形特征和其他类型的特征等。

4.2.1 长方体

选择【菜单】→【插入】→【设计特征】→【长方体】命令，或单击【主页】选项卡，选择【特征】组→【设计特征下拉菜单】→【长方体】图标，弹出如图 4-4 所示的“长方体”对话框。该对话框用于通过定义角点位置和尺寸来创建长方体。

图 4-4　“长方体”对话框

（1）原点和边长：通过设定长方体的原点和 3 条边长来建立长方体。其步骤如下：

1）选择一点。

2）设置长方体的尺寸参数。

3）指定所需的布尔操作类型。

4）单击“确定”或者“应用”按钮，创建长方体特征。

（2）两点和高度：通过定义两个点作为长方体底面对角线的顶点，并且设定长方体的高度来建立长方体，其步骤如下：

1）定义两个点作为长方体底面对角线的顶点。

2）设定长方体 ZC 方向的高度（只能为正值）。

3）指定所需的布尔操作类型。

4）单击“确定”或者“应用”按钮，创建长方体特征。

（3）两个对角点：通过定义两个点作为长方体对角线的顶点建立长方体，其步骤如下：

1）定义两个点作为长方体的对角线的顶点。

2）指定所需的布尔操作类型。

3）单击“确定”或者“应用”按钮，创建长方体特征。

图 4-5　“圆柱”对话框

4.2.2 圆柱

选择【菜单】→【插入】→【设计特征】→【圆柱】命令，或单击【主页】选项卡，选择

【特征】组→【设计特征下拉菜单】→【圆柱】图标，弹出如图 4-5 所示的“圆柱”对话框。该对话框用于通过定义轴位置和尺寸来创建圆柱体。

（1）轴，直径和高度：用于指定圆柱体的直径和高度创建圆柱特征。其创建步骤如下：

1）创建圆柱轴线方向。

2）设置圆柱尺寸参数。

3）创建一个点作为圆柱底面的圆心。

4）指定所需的布尔操作类型，创建圆柱特征。

（2）圆弧和高度：用于指定一条圆弧作为底面圆，再指定高度创建圆柱特征，其创建步骤如下：

1）设置圆柱高度。

2）选择一条圆弧作为底面圆。

3）确定是否创建圆柱。

4）若创建圆柱特征，指定所需的布尔操作类型。

4.2.3 圆锥

选择【菜单】→【插入】→【设计特征】→【圆锥】命令，或单击【主页】选项卡，选择【特征】组→【设计特征下拉菜单】→【圆锥】图标，弹出如图 4-6 所示的“圆锥”对话框。该对话框用于通过定义轴位置和尺寸来创建锥体。

图 4-6 “圆锥”对话框

（1）直径和高度：用于指定圆锥的顶部直径、底部直径和高度，创建圆锥，其创建步骤如下：

1）指定圆锥的轴向矢量。

2）指定圆锥底圆中心点。

3）设定圆锥的底部直径、顶部直径和高度。

4）指定所需的布尔操作类型。

5）单击“确定”或者“应用”按钮，创建圆锥特征。

（2）直径和半角：用于指定圆锥的顶部直径、底部直径和锥顶半角，创建圆锥，其创建步骤如下：

1）指定圆锥的轴向矢量。

2）指定圆锥底圆中心点。

3）设定圆锥的底部直径、顶部直径和半角。

4）指定所需的布尔操作类型。

5）单击“确定”或者“应用”按钮，创建圆锥特征。

（3）底部直径，高度和半角：用于指定圆锥的底部直径、高度和锥顶半角，创建圆锥，其创建步骤如下：

1）指定圆锥的轴向矢量。

2）指定圆锥底圆中心点。

3）设定圆锥的底部直径、圆锥高度和圆锥半角。

4）指定所需的布尔操作类型。

5）单击“确定”或者“应用”按钮，创建圆锥特征。

（4）顶部直径，高度和半角：用于指定圆锥的顶部直径、高度和锥顶半角，创建圆锥。

（5）两个共轴的圆弧：用于指定两个共轴的圆弧分别作为圆锥的顶圆弧和底圆弧，创建圆锥。

4.2.4　球

选择【菜单】→【插入】→【设计特征】→【球】命令，或单击【主页】选项卡，选择【特征】组→【设计特征下拉菜单】→【球】图标，弹出如图 4-7 所示的“球”对话框。该对话框用于通过定义中心位置和尺寸来创建球体。

图 4-7　“球”对话框

（1）中心点和直径：用于指定直径和中心位置，创建球特征，其创建步骤如下：

1）在如图 4-7 所示的对话框中选择“中心点和直径”类型。

2）设定球的直径。

3）设定球心位置。

4）指定所需的布尔操作类型。

5）单击“确定”或者“应用”按钮，创建球特征。

（2）圆弧：用于指定一条圆弧，该圆弧的半径和圆心分别作为所创建球体的半径和球心，创建球特征，其创建步骤如下：

1）在如图 4-7 所示的对话框中选择“圆弧”类型。

2）选择的圆弧不需要是完整的圆弧。

3）如果创建的球不是第一个实体，系统将弹出布尔操作，在该对话框中设定布尔操作的方式。

4）指定所需的布尔操作类型

5）系统以所选圆弧的中心作为球的球心，以所选圆弧的直径作为球的直径建立球。

4.2.5　拉伸

拉伸特征是将截面轮廓草图通过拉伸生成实体或片体。其草绘截面可以是封闭的也可以是开口的，可以由一个或者多个封闭环组成，封闭环之间不能自交，但封闭环之间可以嵌套，如果存在嵌套的封闭环，在生成添加材料的拉伸特征时，系统自动认为里面的封闭环类似于孔特征。

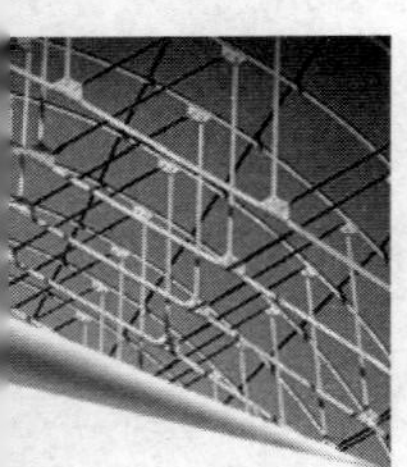

选择【菜单】→【插入】→【设计特征】→【拉伸】命令，或者单击【主页】选项卡，选择【特征】组→【设计特征下拉菜单】中的【拉伸】图标，弹出如图 4-8 所示的“拉伸”对话框，选择用于定义拉伸特征截面曲线。

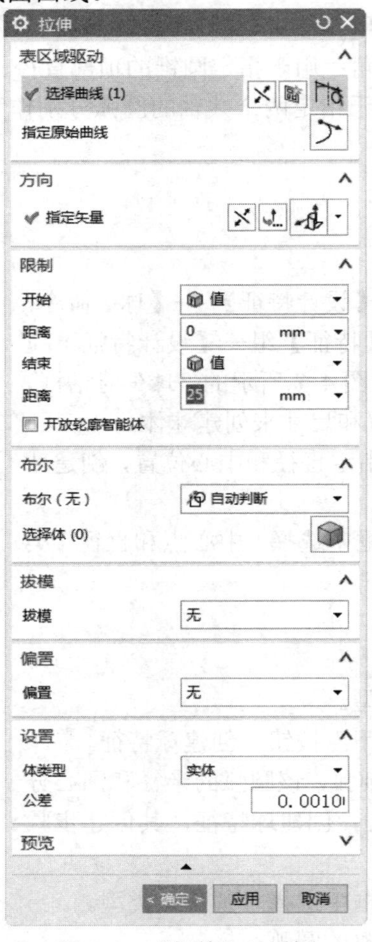

图 4-8 “拉伸”对话框

（1）表区域驱动：

1）曲线：用来指定使用已有草图来创建拉伸特征，在如图 4-8 所示对话框中默认选择图标。

2）绘制截面：在如图 4-8 所示对话框中单击按钮，可以在工作平面上绘制草图来创建拉伸特征。

（2）方向：

1）指定矢量：用于设置所选对象的拉伸方向。在该列表栏中选择所需的拉伸方向或者单击对话框中的图标，弹出如图 4-9 所示的 “矢量”对话框，在该对话框中选择所需拉伸方向。

2）反向：在如图 4-8 所示对话框中单击图标，使拉伸方向反向。

（3）限制：

1）开始：用于限制拉伸的起始位置。

2）结束：用于限制拉伸的终止位置。

4．布尔：在如图 4-8 所示对话框中单击布尔下拉列表栏选择布尔操作命令。

（5）偏置：

1）单侧：指在截面曲线一侧生成拉伸特征，此时只有“结束”文本框被激活。

2）两侧：指在截面曲线两侧生成拉伸特征，以结束值和起始值之差为实体的厚度。

3）对称：指在截面曲线的两侧生成拉伸特征，其中每一侧的拉伸长度为总长度的一半。

（6）预览：选中该复选框后用于预览绘图工作区的临时实体的生成状态，以便于用户及时修改和调整。

图 4-9　“矢量”对话框

4.2.6　旋转

旋转特征是由特征截面曲线绕旋转中心线旋转而成的一类特征，它适合于构造旋转体零件特征。

选择【菜单】→【插入】→【设计特征】→【旋转】命令，或者单击【主页】选项卡，选择【特征】组→【设计特征下拉菜单】中的【旋转】图标，弹出如图 4-10 所示的“旋转”对话框，选择用于定义拉伸特征截面曲线。

（1）表区域驱动：

1）曲线：用来指定使用已有草图来创建旋转特征，在如图 4-10 所示对话框中默认选择图标。

2）绘制截面：在如图 4-10 所示对话框中，单击按钮，可以在工作平面上绘制草图来创建旋转特征。

（2）轴：

1）指定矢量：用于设置所选对象的旋转方向。在如图 4-10 所示对话框中单击图标右边的按钮，弹出 “指定矢量”下拉列表栏。在该列表栏中选择所需的旋转方向或者单击图标，弹出如图 4-9 所示的“矢量”对话框，在该对话框中选择所需旋转方向。

2）反向：在如图 4-10 所示对话框中单击图标，使旋转轴方向反向。

3）指定点：在如图 4-10 所示的“指定点”下拉列表栏中，图标被激活，用于选择要进行“旋转”操作的基准点。单击该按钮，可通过“捕捉”直接在视图区中进行选择。

（3）限制：

1）开始：在设置以“值”或“直至选定”方式进行旋转操作时，用于限制旋转的起始角度。

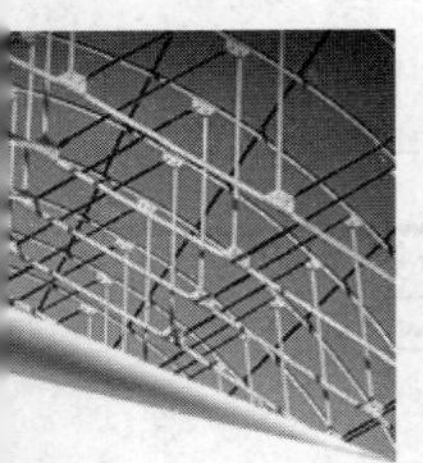
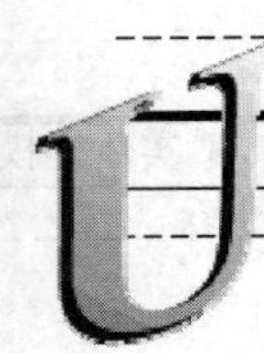

2）结束：在设置以“值”或“直至选定”方式进行旋转操作时，用于限制旋转的终止角度。

（4）布尔：在如图 4-10 所示对话框中“布尔”下拉列表栏中选择布尔操作命令。

（5）偏置：

1）无：直接以截面曲线生成旋转特征。

2）两侧：指在截面曲线两侧生成旋转特征，以结束值和起始值之差为实体的厚度。

4.2.7　沿引导线扫掠

沿引导线扫掠特征是指由截面曲线沿引导线扫描而成的一类特征。

选择【菜单】→【插入】→【扫掠】→【沿引导线扫掠】命令，或者单击【主页】选项卡，选择【曲面】组→【更多】库→【曲面】库中的【沿引导线扫掠】图标，弹出如图 4-11 所示的“沿引导线扫掠”对话框。

图 4-10　“旋转”对话框

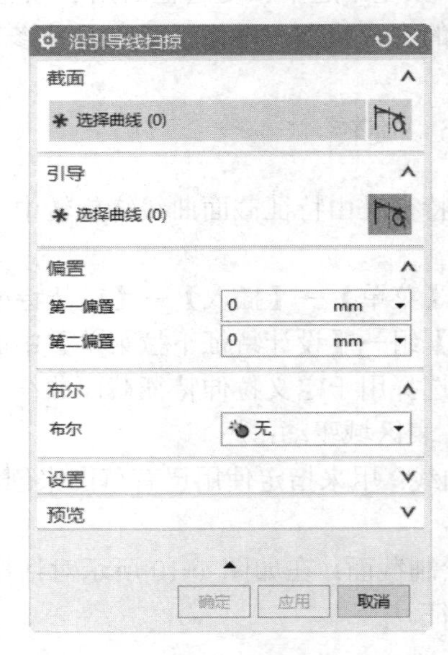

图 4-11　“沿引导线扫掠”对话框

1）截面：用于定义扫掠截面。

2）引导：用于定义引导线。

3）偏置：用于设置扫掠的偏置参数。

4.2.8　管

管道特征是指把引导线作为旋转中心线旋转而成的一类特征。需要注意的是引导线串必须光滑，相切和连续。

选择【菜单】→【插入】→【扫掠】→【管】命令，或者单击【主页】选项卡，选择【曲面】组→【更多】库→【曲面】库中的【管】图标，弹出如图 4-12 所示的“管”对话框。用户在视图区选择引导线，在该对话框中设置完参数，单击“确定”按钮，创建管道特征。

（1）外径：用于设置管道的外径，其值必须大于 0。

（2）内径：用于设置管道的内径，其值必须大于或等于 0，且小于外直径。

（3）输出：用于设置管道面的类型，选定的类型不能在编辑中被修改。

1）多段：用于设置管道表面为多段面的复合面。

2）单段：用于设置管道表面有一段或两段表面。

图 4-12　“管”对话框

4.2.9　孔

选择【菜单】→【插入】→【设计特征】→【孔】命令，或者单击【主页】选项卡，选择【特征】组中的【孔】图标，弹出如图 4-13 所示的“孔”对话框。该对话框用于对实体添加孔。

（1）常规孔：创建常规孔。选择此类型对话框如图 4-13 所示。

1）位置：指定孔的位置。可以直接选取已存在的点或通过单击“绘制截面”按钮，在草图中创建点。

2）方向：指定孔的方向，包括“垂直于面”和“沿矢量”两种。

3）形状和尺寸：确定孔的外形和尺寸。在“成形”下拉列表中选择孔的外形，包括简单、沉头、埋头和锥形 4 种类型。根据选择的外形，在尺寸中输入孔的尺寸。

（2）钻形孔：选择此类型对话框如图 4-14 所示。

1）形状和尺寸：确定孔的外形和尺寸。在“大小”下拉列表中选择孔的尺寸。在“等尺寸配对”下拉列表中设置配合的类型，包括 Exact 和 Custom 两种类型。

2）起始倒斜角：用于设置起始端是否倒斜角，在“等尺寸配对”类型列表中如选择 Custom，且勾选☑ 启用则需设置“偏置”和“角度”两个参数。

3）终止倒斜角：用于设置终止端是否倒斜角。

（3）螺钉间隙孔：选择此类型对话框如图 4-15 所示。

形状和尺寸：确定孔的外形和尺寸。在“螺钉类型”下拉列表中选择螺纹形状，系统仅提供了 General Screw Clearance 一种；在“螺丝规格”下拉列表中选择螺纹尺寸，系统提供了从 M1.6～M100 不同尺寸的螺纹尺寸；在“等尺寸配对”下拉列表中选择配合，系统提供了 Close(H12)、Normal(H13)、Loose(H14)和 Custom 四种类型。根据选择的外形，在尺寸中输入孔的尺寸。

（4）螺纹孔。创建螺纹孔。选择该类型对话框如图 4-16 所示。

1）螺纹尺寸：确定螺纹尺寸。在“大小”下拉列表中选择尺寸型号，系统提供了 M1.0～

M200 不同尺寸的螺纹尺寸；在“径向进刀”下拉列表中选择啮合半径，系统提供了 0.75、Custom 和 0.5 三种；在“螺纹深度”文本框中输入尺寸；在“旋向”选项中选择螺纹是左旋或是右旋。

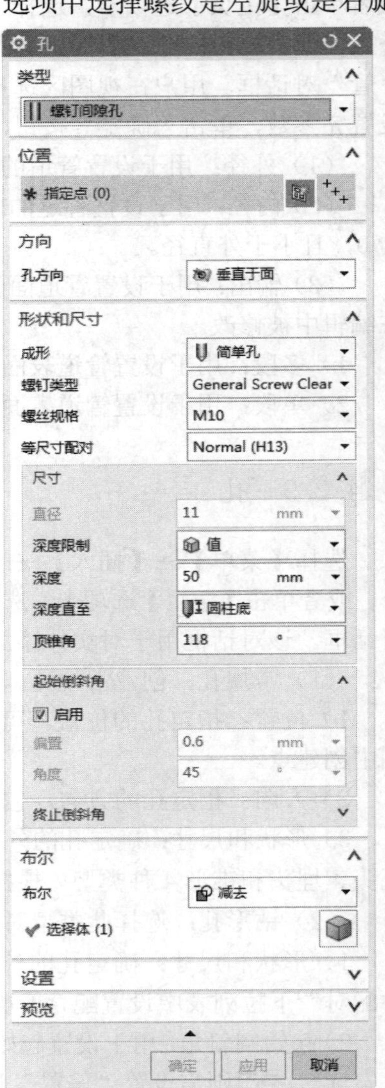

图 4-13 “孔”对话框　　图 4-14 “钻形孔”类型对话框　　图 4-15 “螺钉间隙孔”类型对话框

2）尺寸：根据螺纹尺寸，在“深度”和“顶锥角”文本框中输入尺寸。

（5）孔系列：创建系列孔。选择该类型对话框如图 4-17 所示。包括起始、中间和端点三种规格，其选项和前三种类型相同，在这儿就不一一详述了。

孔的创建步骤：

1）选择孔的类型。

2）选择放置面。

3）进入草图绘制界面，确定孔位置点。

4）返回到建模环境，在“孔”对话框中设置孔的参数，单击“确定”或者“应用”按钮，完成孔的位置。

4. 2. 10　凸台

选择【菜单】→【插入】→【设计特征】→【凸台（原有）】命令，弹出如图 4-18 所示的“支管”对话框。该对话框用于在已存在的实体表面上创建圆柱形或圆锥形凸台。

图 4-16　“螺纹孔”类型对话框　图 4-17　“孔系列”类型对话框

图 4-18　“支管”对话框

（1）选择步骤：放置面是指从实体上开始创建凸台的平面形表面或者基准平面。

（2）过滤：通过限制可用的对象类型帮助选择需要的对象。这些选项是：任意、面和基准平面。

（3）凸台的形状参数：

1）直径：圆台在放置面上的直径。

2）高度：圆台沿轴线的高度。

3）锥角：锥度角。若指定为 0 值，则为锥形凸台。正的角度值为向上收缩（即在放置面上的直径最大），负的角度值为向上扩大（即在放置面上的直径最小）。

（4）反侧：若选择的放置面为基准平面，可按此按钮改变圆台的凸起方向。

凸台的创建步骤如下：

1）选择放置面。

2）设置凸台的形状参数，单击“确定”或者“应用”按钮。

3）定位凸台在放置面的位置或者直接单击“确定”按钮，创建凸台。

4.2.11　腔

选择【菜单】→【插入】→【设计特征】→【腔（原有）】命令，弹出如图 4-19 所示的“腔”类型选择对话框。该对话框用于从实体移除材料或用沿矢量对截面进行投影生成的面来修改片体。

（1）圆柱形：在视图区选择完放置面之后，弹出如图 4-20 所示的“圆柱腔”对话框。

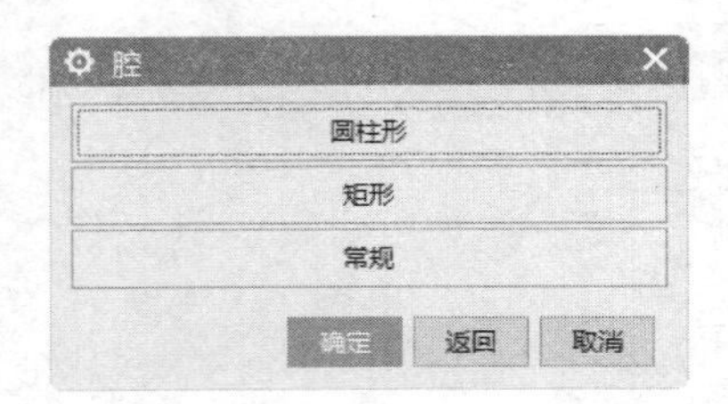

图 4-19　“腔”类型选择对话框

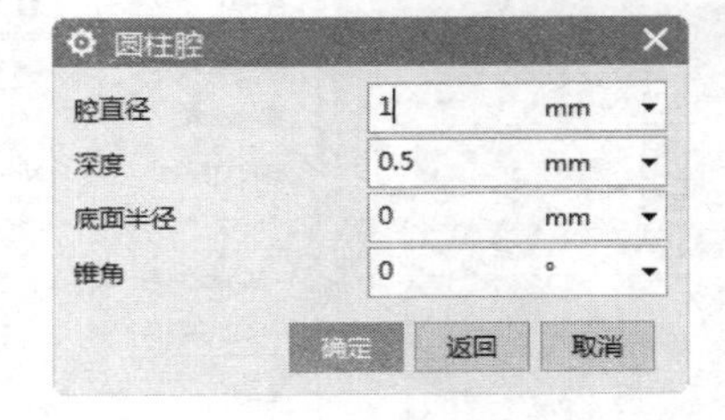

图 4-20　“圆柱腔”对话框

1）腔直径：用于设置圆柱形腔的直径。

2）深度：用于设置圆柱形腔的深度。

3）底面半径：用于设置圆柱形腔底面的圆弧半径，它必须大于或等于 0，并且小于深度。

4）锥角：用于设置圆柱形腔的倾斜角度，它必须大于或等于 0。

圆柱形腔体的创建步骤如下：

1）选择放置面。

2）设置腔体的形状参数。

3）定位腔体的位置。

4）单击“确定”按钮，创建圆柱形腔体。

（2）矩形：在视图区选择完放置面和水平参考对象后，弹出如图 4-21 所示的“矩形腔”对话框。

1）长度：用于设置矩形腔体的长度。

2）宽度：用于设置矩形腔体的宽度。

3）深度：用于设置矩形腔体的深度。

4）角半径：用于设置矩形腔深度方向直边处的拐角半径，其值必须大于或等于0。

5）底面半径：用于设置矩形腔底面周边的圆弧半径，其值必须大于或等于0，且小于拐角半径。

6）锥角：用于设置矩形腔的倾斜角度，其值必须大于或等于0。

矩形腔体的创建步骤如下：

1）选择放置面。

2）设置腔体的形状参数。

3）定位腔体的位置。

4）单击“确定”按钮，创建矩形腔体。

（3）常规：单击“常规”按钮，弹出如图4-22所示的“常规腔”对话框。

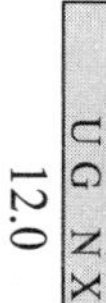

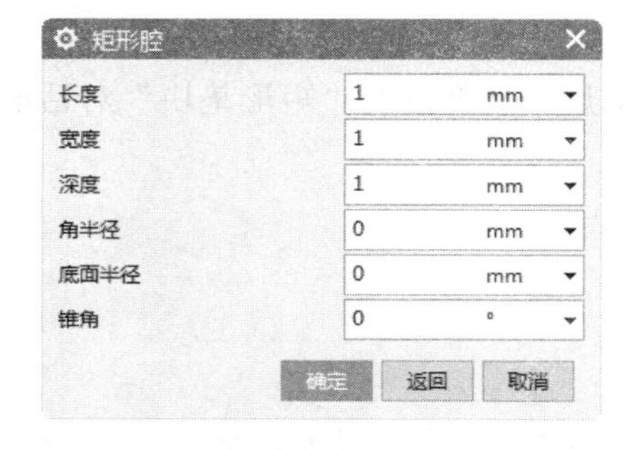

图4-21 “矩形腔”对话框

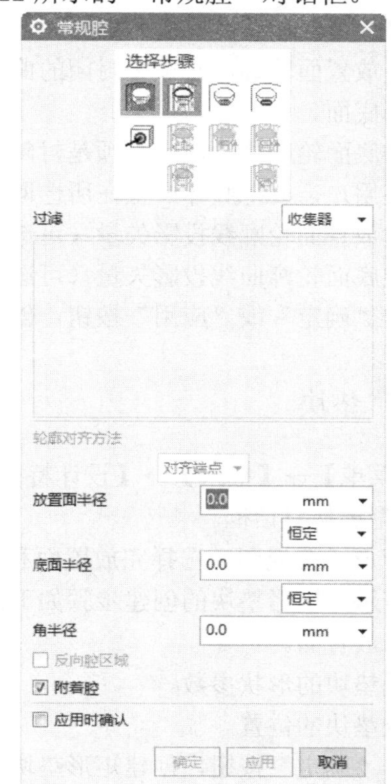

图4-22 “常规腔”对话框

1）放置面：用于放置常规腔体顶面的实体表面。

2）放置面轮廓：用于定义常规腔体在放置面上的顶面轮廓。

3）底面：用于定义常规腔体的底面，可通过偏置或转换或在实体中选择底面来定义。

4）底面轮廓曲线：用于定义通用腔体的底面轮廓线，可以从实体中选取曲线或边来定义，也可通过转换放置面轮廓线进行定义。

5）目标体：用于使常规腔体产生在所选取的实体上。

6）放置面轮廓线投影矢量：用于指定放置面轮廓线投影方向。

7）底面轮廓曲线投影矢量：用于指定底面轮廓曲线的投影方向。

8）轮廓对齐方法：用于指定放置面轮廓线和底面轮廓曲线的对齐方式，只有在放置面轮廓线与底面轮廓曲线都是单独选择的曲线时才被激活。

9）放置面半径：用于指定常规腔体的顶面与侧面间的圆角半径。

10）底面半径：用于指定常规腔体的底面与侧面间的圆角半径。

11）角半径：用于指定常规腔体侧边的拐角半径。

12）附着腔：勾选“附着腔”复选框，若目标体是片体，侧创建的常规腔体为片体，并与目标片体缝合成一体；若目标体是实体，则创建的常规腔体为实体，并从实体中删除常规腔体。去除勾选，则创建的常规腔体为一个独立的实体。

常规腔体的创建步骤如下：

1）选择放置面。

2）选择放置面轮廓，必须是封闭的曲线。

3）选择底面。

4）选择底面轮廓曲线，也必须是封闭曲线。

5）如果用户需要把腔体产生在所选取的实体上，选择目标体（可选）。

6）指定放置面轮廓线投影矢量（可选）。

7）指定底面轮廓曲线投影矢量（可选）。

8）单击“确定”或“应用”按钮，创建腔体。

4.2.12　垫块

选择【菜单】→【插入】→【设计特征】→【垫块（原有）】命令，弹出如图4-23所示的“垫块”类型选择对话框。

（1）矩形：在视图区选择完放置面和水平参考对象后，会弹出的“矩形垫块”对话框，如图4-24所示。矩形垫块的创建步骤如下：

1）选择放置面。

2）设置垫块的形状参数。

3）定位垫块的位置。

4）单击“确定”按钮，创建矩形垫块。

（2）常规：该选项各功能与“腔体”的“常规”选项类似，此处从略，如图4-25所示。常规垫块的创建步骤如下：

1）选择放置面。

2）选择放置面轮廓，必须是封闭的曲线。

3）选择底面。

4）选择底面轮廓曲线，也必须是封闭曲线。

5）如果用户需要把垫块产生在所选取的实体上，选择目标体（可选）。

6）指定放置面轮廓线投影矢量（可选）。

7）指定底面轮廓曲线投影矢量（可选）。

8）单击“确定”或“应用”按钮，创建垫块。

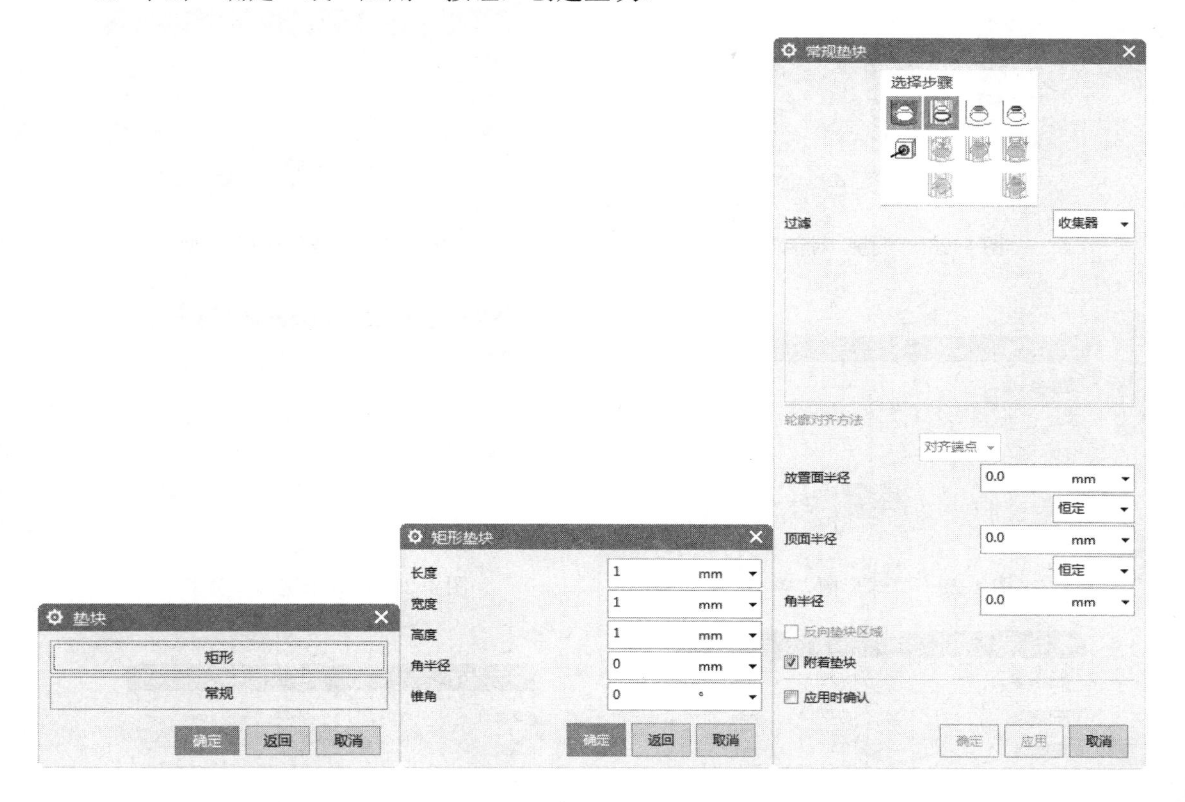

图 4-23　“垫块”类型选择对话框　图 4-24　“矩形垫块”对话框　图 4-25　“常规垫块”对话框

4.2.13　键槽

选择【菜单】→【插入】→【设计特征】→【键槽（原有）】命令，弹出如图 4-26 所示的“槽”对话框。该对话框用于以直槽形状添加一条通道，使其通过实体或在实体内部。

（1）键槽的类型：

1）矩形槽：沿着底边生成有尖锐边缘的槽，如图 4-27 所示。

2）球形端槽：生成一个有完整半径底面和拐角的槽，如图 4-28 所示。

3）U 形槽：生成 U 形的槽。这种槽留下圆的转角和底面半径，如图 4-29 所示。

4）T 形槽：截面形状为 T 形，如图 4-30 所示。

5）燕尾槽：截面形状为燕尾形，如图 4-31 所示。

（2）通槽：用于决定是否创建通的键槽。若勾选该复选框，则创建通过槽，需要选择通过面。键槽的创建步骤如下：

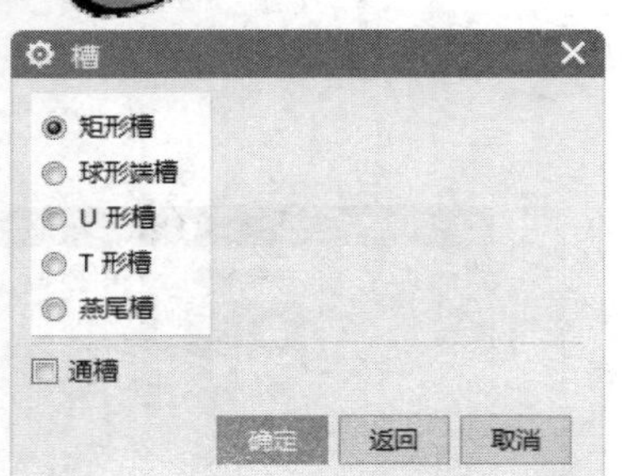

图 4-26 “槽”对话框

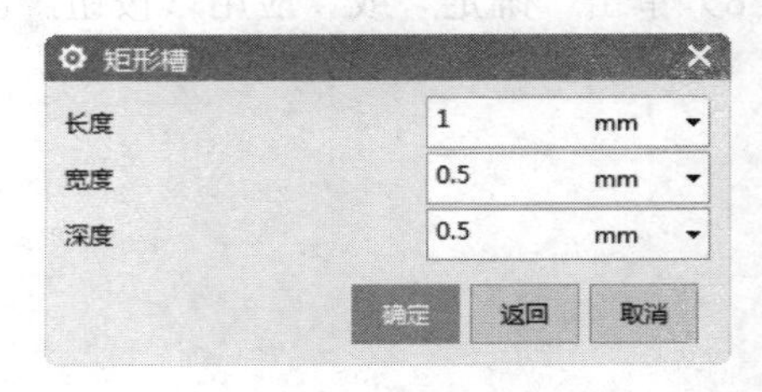

图 4-27 “矩形槽”类型

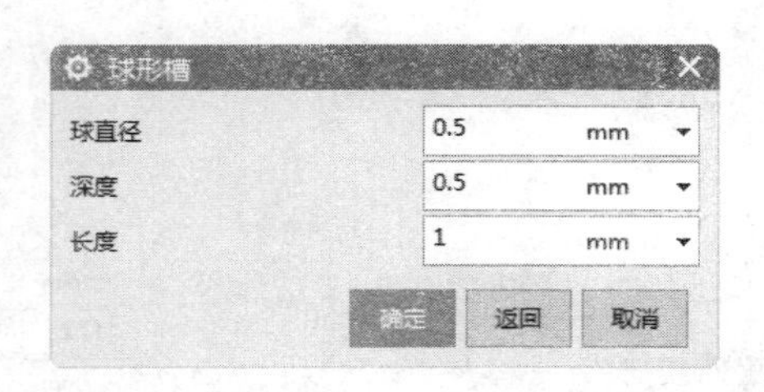

图 4-28 “球形槽”类型

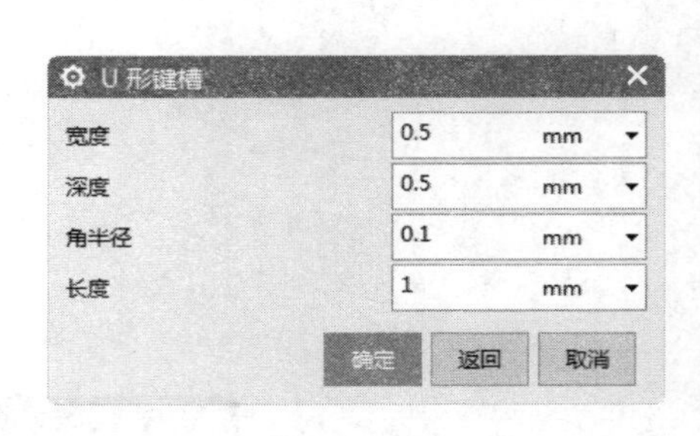

图 4-29 “U 形键槽”类型

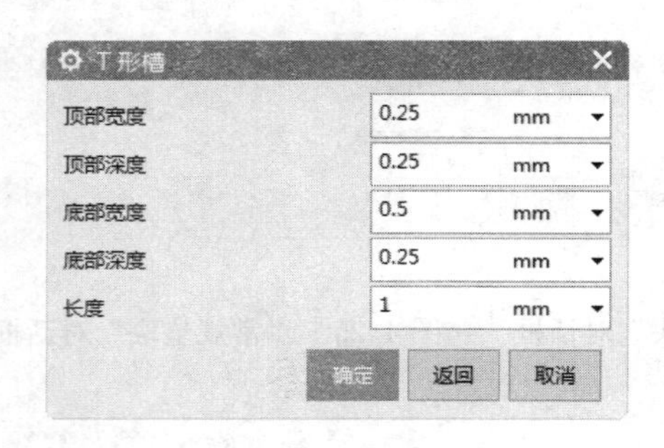

图 4-30 “T 型槽”类型

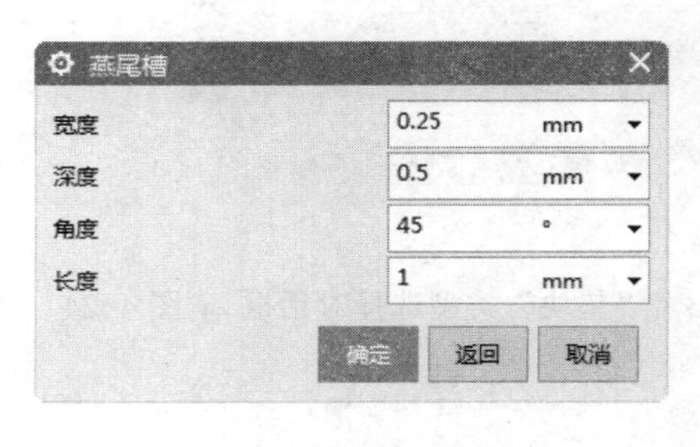

图 4-31 “燕尾槽”类型

1）选择键槽的类型。
2）选择放置面。
3）选择键槽的放置方向，也就是水平参考方向。
4）设置键槽的形状参数。
5）定位键槽的位置。
6）单击“确定”按钮，创建键槽。

4.2.14 槽

选择【菜单】→【插入】→【设计特征】→“槽”命令，或单击【主页】选项卡，选择【特征】组→【设计特征下拉菜单】→【槽】图标，弹出如图 4-32 所示的“槽”对话框。该对话框用于将一个外部或内部槽添加到实体的圆柱形或锥形面。

（1）矩形。截面形状为矩形，如图 4-33 所示。

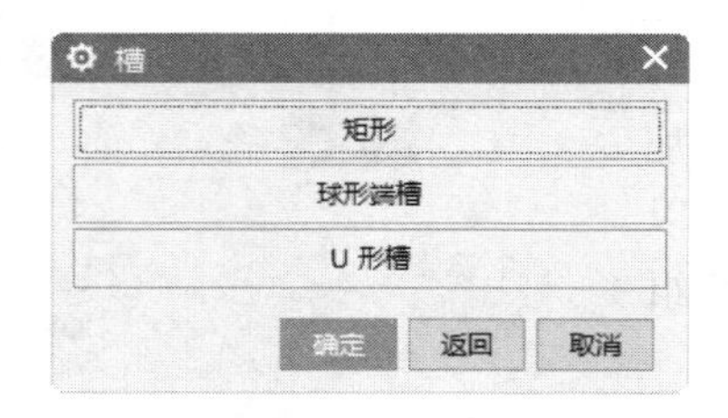

图 4-32　“槽”对话框

图 4-33　“矩形槽”类型

（2）球形端槽。截面形状为半圆形，如图 4-34 所示。

（3）U 形槽。截面形状为 U 形，如图 4-35 所示。

槽的创建步骤如下：

1）选择槽的类型。

2）选择圆柱面或圆锥面为放置面。

3）设置槽的形状参数。

4）定位槽的位置。

5）单击“确定”按钮，创建槽。

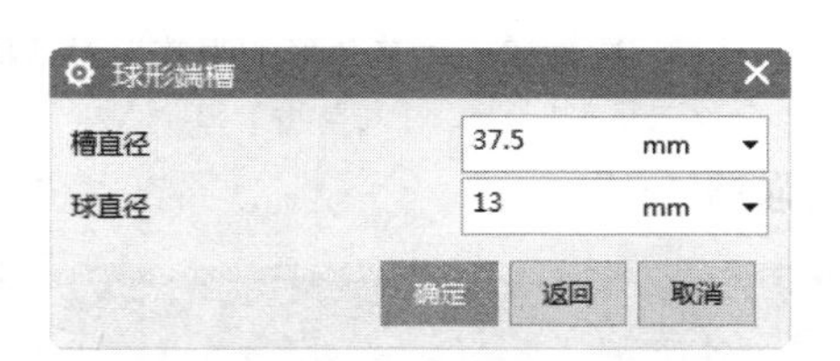

图 4-34　“球形端槽”类型

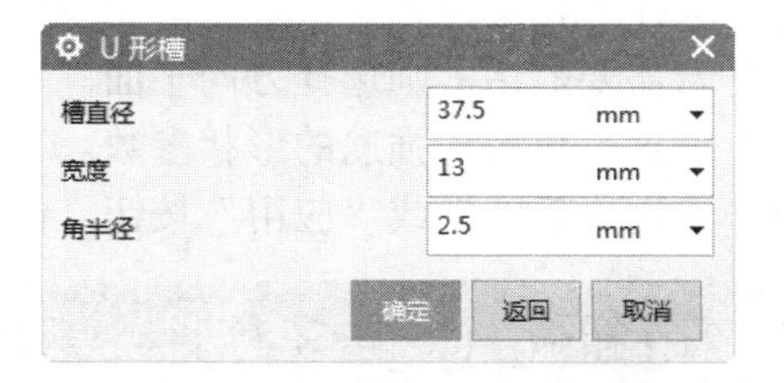

图 4-35　“U 形槽”类型

4.2.15　三角形加强筋

选择【菜单】→【插入】→【设计特征】→【三角形加强筋（原有）】命令，弹出如图 4-36 所示的“三角形加强筋”对话框。该对话框用于沿着两个相交面的交线创建一个三角形加强筋特征。

（1）第一组：单击该图标，在视图区选择三角形加强筋的第一组放置面。

（2）第二组：单击该图标，在视图区选择三角形加强筋的第二组放置面。

（3）位置曲线：在第二组放置面的选择超过两个曲面时，该按钮被激活，用于选择两组面多条交线中的一条交线作为三角形加强筋的位置曲线。

（4）位置平面：单击该图标，用于指定与工作坐标系或绝对坐标系相关的平行平面或在视图区指定一个已存在的平面位置来定位三角形加强筋。

（5）方位平面：单击该图标，用于指定三角形加强筋的倾斜方向的平面，如图 4-36 所示。方向平面可以是已存在平面或基准平面，默认的方向平面是已选两组平面的法向平面。

（6）修剪选项：用于设置三角加强筋的裁剪方式。

（7）方法：用于设置三角加强筋的定位方法，包括：

1）沿曲线：用于通过两组面交线的位置来定位。可通过指定“弧长”或“%弧长”值来定位。

2）位置：选择该选项，对话框如图 4-37 所示，此时可单击图标来选择定位方式。

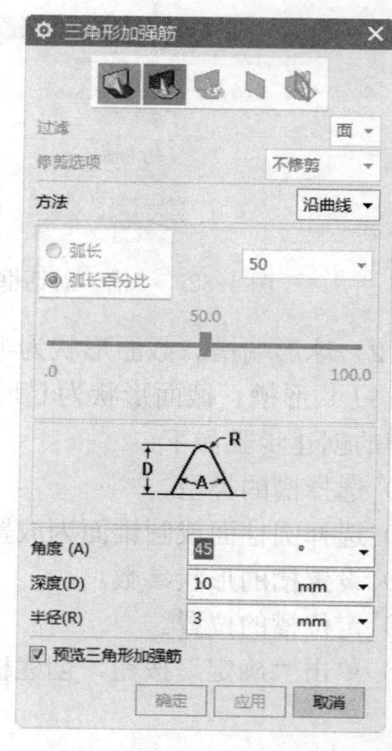

图 4-36　“三角形加强筋”对话框

三角形加强筋的创建步骤如下：

1）选择第一组放置面。

2）选择第二组放置面。

3）若需要的话，则选择位置曲线。

4）选择一种定位方法，确定三角形加强筋的位置。

5）若需要的话，则选择方向平面。

6）设置三角形加强筋的形状参数。

7）单击“确定”或“应用”按钮，创建三角加强筋。

4.3　特征操作

4.3.1　拔模

选择【菜单】→【插入】→【细节特征】→【拔模】命令，或者单击【主页】选项卡，选择【特征】组中的【拔模】图标，弹出如图 4-38 所示的“拔模”对话框。该对话框用于相对指定的矢量方向，从指定的参考点开始施加一个斜度到指定的表面或实体边缘线上。拔模的类型包括：

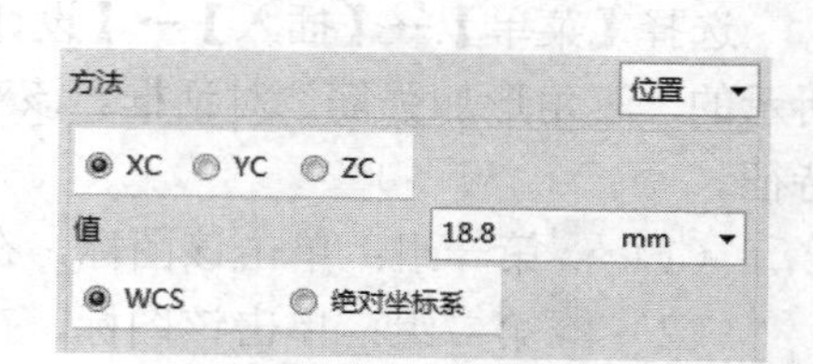

图 4-37　位置选项

（1）面：选择从平面类型，如图 4-38 所示。用于从参考平面开始，与脱模方向成拔模角度，对指定的实体表面进行拔模。

（2）边：选择从边类型，如图 4-39 所示，该对话框用于从实体边开始，与脱模方向成拔模角度，对指定的实体表面进行拔模。

图 4-38　“拔模”对话框

图 4-39　“边”类型

（3）与面相切：选择与多个面相切类型，“拔模”对话框如图 4-40 所示，该对话框用于与脱模方向成拔模角度对实体进行拔模，并使拔模面相切于指定的实体表面。

（4）分型边：选择至分型边类型，“拔模”对话框如图 4-41 所示，用于从参考面开始，与脱模方向成拔模角度，沿指定的分割边对实体进行拔模。

图 4-40　“与面相切”类型

图 4-41　“分型边”类型

拔模的创建步骤如下：

1）指定拔模的类型。

2）指定脱模方向。

3）选择固定面，对于“边”选择参考边，对于“与面相切”没有这步。

4）选择要拔模的面，对于“分型边”类型，选择分型边。

5）设置要拔模的角度。

6）单击“确定”或“应用”按钮，创建拔模角。

4.3.2　边倒圆

选择【菜单】→【插入】→【细节特征】→【边倒圆】命令，或者单击【主页】选项卡，选择【特征】组中的【边倒圆】图标，弹出如图 4-42 所示的“边倒圆”对话框。该对话框用于在实体沿边缘去除材料或添加材料，使实体上的尖锐边缘变成圆滑表面（圆角面）。可以沿一条边或多条边同时进行倒圆操作。沿边的长度方向，倒圆半径可以不变也可以是变化的。

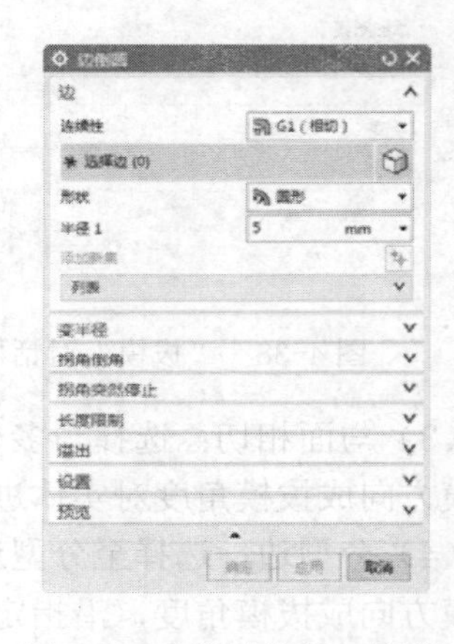

图 4-42　“边倒圆”对话框

（1）边：用于选择要倒圆角的边。设置固定半径的倒角，既可以多条边一起倒角，也可以手动拖动倒角，改变半径大小。

（2）变半径：用于在一条边上定义不同的点，然后在各点的位置设置不同的倒角半径。

（3）拐角倒角：用于在规定的边缘上从一个规定的点回退的距离，产生一个回退的倒角效果。

（4）拐角突然停止：用来指定一个点，然后倒角从该点回退一个百分比，回退的区域将保持原状。

（5）溢出：

1）跨光顺边滚边：用于设置在溢出区域是否是光滑的。若勾选该复选框，系统将产生与其他邻接面相切的倒角面。

2）沿边滚动：用于设置在溢出区域是否存在陡边。若勾选该复选框，系统将以邻接面的边创建到圆角。

3）修剪圆角：勾选该复选框，允许倒角在相交的特殊区域生成，并移动不符合几何要求的陡边。

建议用户在倒圆角操作时，将三个溢出方式全部选中。当溢出发生时，系统总会自动地选择溢出方式，使结果最好。

倒圆角的创建步骤如下：

1）选择倒圆边。

2）指定倒圆半径。

3）设置其他相应的选项。

4）单击“确定”或“应用”按钮，创建边倒圆。

4.3.3 倒斜角

选择【菜单】→【插入】→【细节特征】→【倒斜角】命令，或者单击【主页】选项卡，选择【特征】组中的【倒斜角】图标，弹出如图4-43所示的“倒斜角”对话框。该对话框用于在已存在的实体上沿指定的边缘做倒角操作。

（1）选择边：选择要倒角的边。

（2）横截面：

1）对称：用于与倒角边邻接的两个面采用同一个偏置方式来创建简单的倒角。选择该方式，“距离”文本框被激活，在该文本框中输入倒角边要偏置的值，单击“确定”，即可创建倒角。

图4-43 “倒斜角”对话框

2）非对称：用于与倒角边邻接的两个面分别采用不同偏置值来创建倒角。选择该方式，“距离1”和“距离2”文本框被激活，在这两个文本框中输入用户所需的距离值，单击“确定”按钮，即可创建“非对称”倒角。

3）偏置和角度：用于由一个偏置值和一个角度来创建倒角。选择该方式，“距离”和“角度”文本框被激活，在这两个文本框中输入用户所需的距离值和角度，单击“确定”按钮，创建倒角。

倒斜角的创建步骤如下：

1）选择倒角边缘。

2）指定倒角类型。

3）设置倒角形状参数。

4）设置其他相应的参数。

5）单击“确定”或“应用”按钮，创建倒斜角。

4.3.4 螺纹

选择【菜单】→【插入】→【设计特征】→【螺纹】命令，或者单击【主页】选项卡，选择【特征】组→【更多】库→【螺纹刀】图标，弹出如图4-44所示的“螺纹切削”对话框。

1. 螺纹类型

（1）符号：用于创建符号螺纹。符号螺纹用虚线表示，并不显示螺纹实体。这样做的好处是在工程图阶段可以生成国家标准的符号螺纹。同时节省内存，加快运算速度。推荐用户采用符号螺纹的方法。

（2）详细：用于创建详细螺纹。详细螺纹是把所有螺纹的细节特征都表现出来。该操作很消耗硬件内存和速度，所以一般情况下不建议使用。选中该单选按钮，“螺纹切削”对话框变为如图4-45所示。

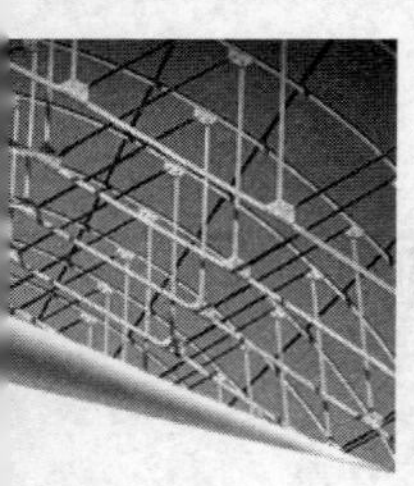

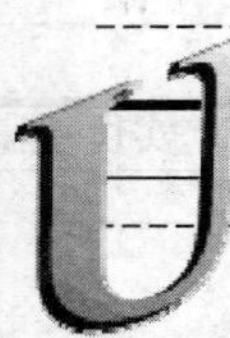

图 4-44 “螺纹切削”对话框

图 4-45 “详细”类型

产生螺纹时，如果选择的圆柱面为外表面，则产生外螺纹；如果选择的圆柱面为内表面，则产生内螺纹。

2．其他选项

（1）大径：用于设置螺纹大径，其默认值是根据选择的圆柱面直径和内外螺纹的形式，通过查螺纹参数表获得。对于符号螺纹，当不勾选“手工输入”复选框是，主直径的值不能修改。对于详细螺纹，外螺纹的主直径的值不能修改。

（2）小径：螺纹的最小直径。对于符号螺纹，提供默认值的是查找表。对于外螺纹，这个直径必须小于圆柱面的直径。仅当选择手工输入选项时才能在此字段中为符号螺纹输入值。

（3）螺距：用于设置螺距，其默认值根据选择的圆柱面通过查螺纹参数表获得。对于符号螺纹，当不勾选“手工输入”复选框时，螺距的值不能修改。

（4）角度：用于设置螺纹牙型角，默认值为螺纹的标准角度为60º。对于符号螺纹，当没有勾选“手工输入”复选框时，角度的值不能修改。

（5）标注：用于标记螺纹，其默认值根据选择的圆柱面通过查螺纹参数表获得。

（6）螺纹钻尺寸：用于设置外螺纹轴的尺寸或内螺纹的钻孔尺寸，也就是螺纹的名义尺寸，其默认值根据选择的圆柱面通过查螺纹参数表获得。

（7）方法：该下拉列表框用于指定螺纹的加工方法。其中包含切削、滚螺纹、接地和铣螺纹 4 个选项。

（8）成形：用于指定螺纹的标准。该下拉列表框提供了 12 种标准。

（9）螺纹头数：用于设置螺纹的头数，即创建单头螺纹还是多头螺纹。

（10）锥孔：用于设置螺纹是否为拔模螺纹。

（11）完整螺纹：用于指定是否在整个圆柱上创建螺纹。不勾选该复选框，在系统按“长度”种的数值创建螺纹，当圆柱长度改变时，螺纹会自动更新。

（12）长度：用于设置螺纹的长度，其默认值根据选择的圆柱面通过查螺纹参数表获得。螺纹长度是沿平行轴线方向，从起始面进行测量的。

（13）手工输入：用于设置是从手工输入螺纹的基本参数还是从“螺纹”列表框中选取螺纹。

（14）从表中选择：用于从“螺纹切削”列表框中选取螺纹参数。单击该按钮，弹出如图4-46所示的“螺纹切削”参数列表框。在该列表框中可以选择需要的螺纹类型。

图4-46　“螺纹”参数列表框

（15）旋转：用于设置螺纹的旋转方向，包括“右旋”和“左旋”两种方式。

（16）选择起始：用于指定一个实体平面或基准平面作为创建螺纹的起始位置。默认情况下系统把圆柱面的端面作为螺纹起始位置。单击该按钮，弹出“螺纹切削”对话框，系统提示用户选项起始面。选择了实体表面或基准平面作为螺纹的起始位置后，会弹出一个对话框，用于设置起始面是否需要延伸，并可反转螺纹的生成方向。该对话框中的“螺纹轴反向”选项用于使当前的螺纹轴向矢量反向。“起始条件”选项用于设置是否进行螺纹的延伸。其中包含了两个选项：选中“延伸通过起点”选项，创建螺纹时，起始面将得到延伸；选中“不延伸”选项，创建螺纹时，起始面将不会被延伸。

螺纹的创建步骤如下：

1）指定螺纹类型。

2）设置螺纹的形状参数。

3）需要的话，选择起始面。

4）设置螺纹的相应的其他选项。

5）单击“确定”或“应用”按钮，创建螺纹。

4.3.5　抽壳

选择【菜单】→【插入】→【偏置/缩放】→【抽壳】命令，或者单击【主页】选项卡，选择【特征】组中的【抽壳】图标，弹出如图4-47所示的“抽壳”对话框。

（1）对所有面抽壳：在视图区选择要进行抽空操作的实体，如图4-48所示。

（2）移除面，然后抽壳：用于选择要抽壳的实体表面。所选的表面在抽壳后会形成一个缺口。

抽壳的创建步骤如下：

1）选择要抽壳的实体。

2）选择要抽壳的表面。

3）设置其他相应的参数。

4）单击“确定”或“应用”按钮，创建抽壳特征。

图 4-47　“移除面，然后抽壳”类型

图 4-48　“对所有面抽壳”类型

4.3.6　阵列特征

选择【菜单】→【插入】→【关联复制】→【阵列特征】命令，或者单击【主页】选项卡，选择【特征】组→【阵列特征】图标，弹出如图 4-49 所示的“阵列特征”对话框。

（1）线性阵列：用于以矩阵阵列的形式来复制所选的实体特征，该阵列方式使阵列后的特征成矩形排列。在如图 4-49 所示的对话框中选择要阵列的特征，单击“确定”按钮，完成线性阵列。

1）方向 1：用于设置阵列第一方向的参数。

指定矢量：用于设置第一方向的矢量方向。

间距：用于指定间距方式。包括数量和节距、数量和跨距、节距和间隔以及列表四种。

2）方向 2：用于设置阵列第二方向的参数。

其他参数同上。

线性阵列的创建步骤如下：

1）选择线性阵列类型。

2）选择一个或多个要阵列的特征。

3）设置线形阵列参数。

4）预览阵列的创建结果，单击“确定”或“是”按钮，创建线形阵列。

（2）圆形阵列：用于以圆形阵列的形式来复制所选的实体特征，该阵列方式使阵列后的成员成圆周排列。选择“圆形”布局，在如图 4-50 所示的“阵列特征”对话框输入参数完成圆形阵列。

1）数量：用于输入阵列中成员特征的总数目。

图 4-49　“阵列特征”对话框

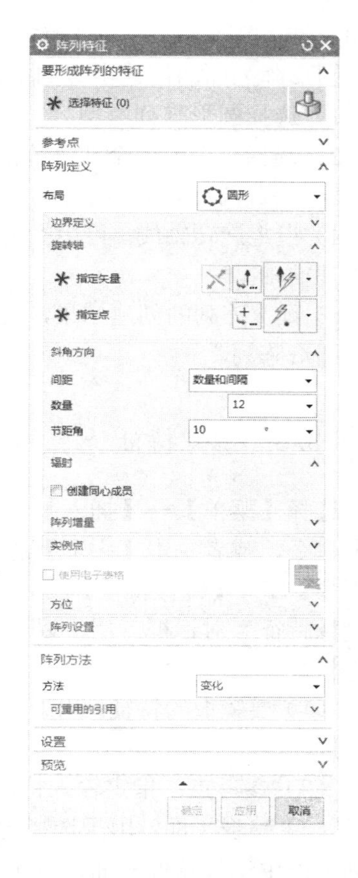

图 4-50　“阵列特征”参数输入对话框

2）节距角：用于输入相邻两成员特征之间的环绕间隔角度。

圆形阵列的创建步骤如下：

1）选择圆形阵列类型。

2）选择一个或多个要阵列的特征。

3）设置圆形阵列参数。

4）指定旋转轴线，可用“矢量”对话框指定旋转轴或利用基准轴。

5）预览阵列的创建结果，单击“确定”或“是”按钮，创建圆形阵列。

4.3.7　阵列面

选择【菜单】→【插入】→【同步建模】→【重用】→【阵列面】命令，或者单击【主页】选项卡，选择【同步建模】组→【更多】库→【重用】库中的【阵列面】图标，弹出如图 4-51 所示的“阵列面”对话框。

主要用于一些非参数化实体。可以在找不到相对应特征的情况下，直接阵列其表面。单击该图标弹出如图 4-51 所示的“阵列面”对话框。其用法与“阵列特征”基本相同，不再详细介绍。

圆形阵列面的创建步骤如下：

1）选择圆形阵列类型。

2）选择一个或多个要阵列的面。

3）设置圆形阵列参数。

4）指定旋转轴线，可用“矢量”对话框指定旋转轴或利用基准轴。

5）预览阵列的创建结果，单击“确定”或“是”按钮，创建圆形阵列。

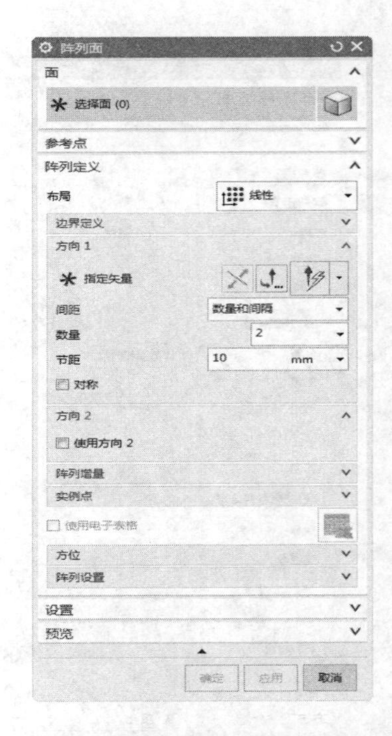

图 4-51 “阵列面”对话框

4.3.8 镜像特征

选择【菜单】→【插入】→【关联复制】→【镜像特征】命令，或者单击【主页】选项卡，选择【特征】组→【更多】库→【镜像特征】图标，弹出如图 4-52 所示的“镜像特征”对话框。用于以基准平面来镜像所选实体中某些特征。

（1）要镜像的特征：用于选择镜像的特征，直接在视图区选择。

（2）参考点：指定输入特征中用于定义镜像位置。

（3）镜像平面：用于选择镜像平面，可在“平面”下拉列表框中选择镜像平面，也可以通过选择现有平面按钮直接在视图中选取镜像平面。

镜像特征的创建步骤如下：

1）从视图区直接选取镜像特征。

2）选择参考点

3）选择镜像平面。

4）单击“确定”或“应用”按钮，创建镜像特征。

图 4-52 “镜像特征”对话框

4.3.9 拆分

选择【菜单】→【插入】→【修剪】→【拆分体】命令，或者单击【主页】选项卡，选择【特征】组→【更多】库→【修剪】库中的【拆分体】图标，系统弹出如图 4-53 所示的“拆分体”对话框。

拆分体的创建步骤如下：

1）选择要拆分的实体。

2）选择或定义拆分面或几何体。

图 4-53 “拆分体”对话框

3）单击“确定”按钮完成拆分操作。

4.4 特征编辑

4.4.1　参数编辑

选择【菜单】→【编辑】→【特征】→【编辑参数】命令，或者单击【主页】选项卡，选择【编辑特征】组中的【编辑特征参数】图标，弹出如图 4-54 所示的“编辑参数”对话框。该对话框用于选择要边界的特征（若功能区无编辑特征组，可在功能区最右边的功能区选项中勾选）。

可以通过三种方式编辑特征参数：可以在视图区双击要编辑参数的特征；也可以在该对话框的特征列表框中选择要编辑参数的特征名称，或者在部件导航器上右键单击相应的特征后选择“编辑参数”。随选择特征的不同，弹出的“编辑参数”对话框形式也有所不同。

根据编辑各特征对话框的相似性，现将编辑特征参数情况介绍如下：

（1）编辑一般实体特征参数：一般实体特征是指基本特征、成形特征与用户自定义特征等，选择要编辑的特征，弹出创建所选特征时对应的参数对话框，修改需要改变的参数值即可。

（2）编辑阵列特征参数：当所选特征为放置特征时，“编辑参数”对话框如图 4-55 所示。

1）特征对话框：用于编辑阵列特征中目标特征的相关参数。单击该按钮，弹出创建目标特征时的参数对话框，用户可以修改目标特征的特征参数值。修改参数后，阵列特征中的目标特征和所有成员均会按指定的参数进行修改。

2）重新附着：用于重新指定所选特征附着平面。可以把建立在一个平面上的特征重新附着到新的特征上去。已经具有定位尺寸的特征，需要重新指定新平面上的参考方向和参考边。

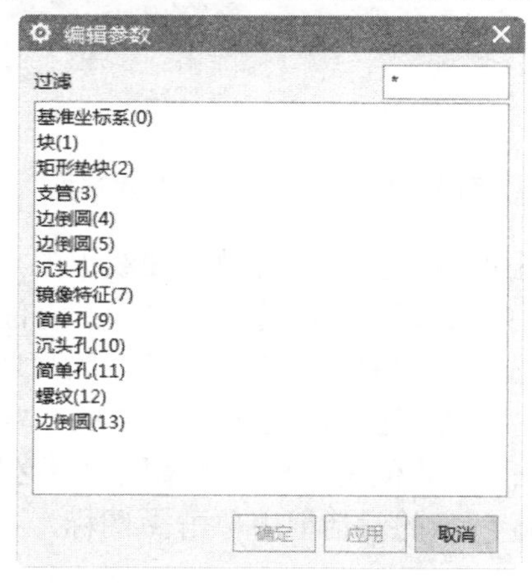

图 4-54　“编辑参数”对话框

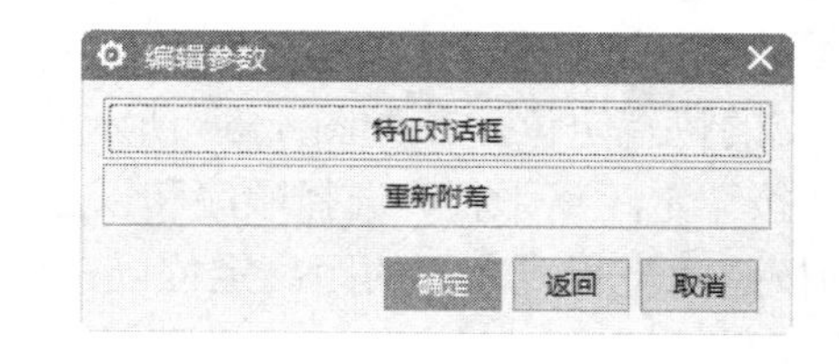

图 4-55　“编辑参数”对话框

（3）编辑其他特征参数：这种编辑特征参数中的特征包括拔模、抽壳、倒角、边倒圆等特征。其编辑参数对话框就是创建对应特征时的对话框，只是有些选项和按钮是灰显的。其编

辑方法与创建时的方法相同。

4.4.2 编辑定位

选择“菜单(M)”→“编辑(E)”→“特征(F)”→“编辑位置(O)...”，打开“编辑位置”特征选择列表框，选择要编辑定位的特征，单击确定按钮，弹出“编辑位置”对话框，选择“添加尺寸”选项弹出如图 4-56 所示的“定位”对话框。该对话框包括 9 种定位方法：

（1）水平：系统自动以当前草图平面的 X 方向作为水平方向。在如图 4-56 所示的对话框中单击图标，弹出如图 4-57 所示的“水平”对话框，选择一个已经存在的目标实体，然后选择要定位的草图曲线，完成以后弹出如图 4-58 所示的“创建表达式”对话框。在数值输入栏输入所需数值即可。

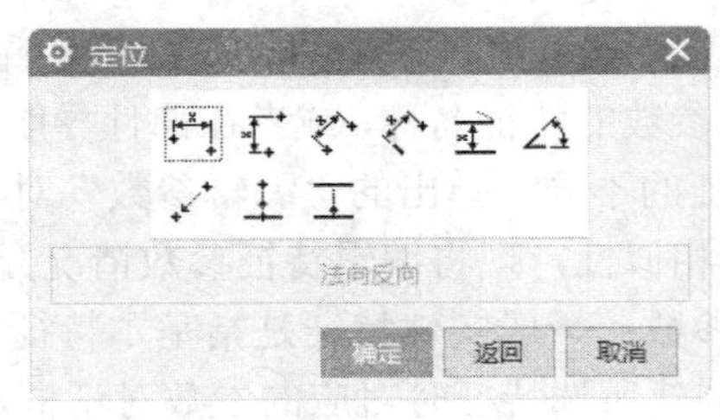

图 4-56 “定位”对话框

（2）竖直：系统自动以当前草图平面的 Y 方向作为竖直方向。整个设置过程和“水平的”定位一样，在如图 4-56 所示的对话框中单击图标，选择“竖直”定位。

图 4-57 “水平”对话框

图 4-58 “编辑表达式”对话框

（3）平行：系统自动提示用户先选择目标实体上的点，然后选择草图曲线上的点，以两点之间的距离进行定位。在如图 4-56 所示的对话框中单击图标，选择“平行”定位。

（4）垂直：系统提示用户选择目标边缘，然后选择草图曲线，系统自动按照与选择的目标边缘正交的位置定位。在如图 4-56 所示的对话框中单击图标，选择“垂直的”定位。

（5）按一定距离平行。选择顺序和以上定位方法一样，但是目标边和草图边缘必须平行。系统自动按照两平行线之间的距离定位。在如图 4-56 所示的对话框中单击图标，选择“按一定的距离平行”定位。

（6）成角度：选择顺序和以上定位方法一样，适用于目标边和草图曲线成一定角度的情形。系统自动按照两平行线之间的距离定位。但是需要注意的是：在选择时要注意端点的选择，靠近线条的不同端点表示的角度是不一致的。在如图 4-56 所示的对话框中单击图标，选择

"角度"定位。

（7）点落在点上：在目标边和草图曲线上分别指定一点，使两点重合（即两点之间距离为 0）进行定位。选择顺序和以上定位方法一样，但不弹出"创建表达式"对话框。在如图 4-56 所示的对话框中单击图标，选择"点到点"定位。

（8）点落在线上：在草图曲线上指定一点，使该点位于目标边上来进行定位，也就是点到目标边的距离为零来定位。选择顺序和以上定位方法一样，但不弹出"创建表达式"对话框。在如图 4-56 所示的对话框中单击图标，选择"点到线"定位。

（9）线落在线上：在目标体和草图曲线上分别指定一条直边，使其两边重合进行定位。选择顺序和以上定位方法一样，但不弹出"创建表达式"对话框。在如图 4-56 所示的对话框中单击图标，选择"直线到直线"定位。

4.4.3　移动特征

选择【菜单】→【编辑】→【特征】→【移动】命令或单击【主页】选项卡，选择【编辑特征】组中的【移动特征】图标，弹出"移动特征"特征列表框，选中要移动的特征后，单击"确定"按钮，弹出如图 4-59 所示的"移动特征"对话框。

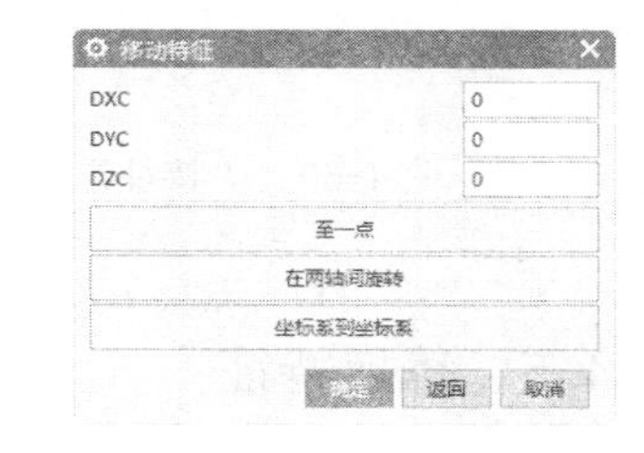

图 4-59　"移动特征"对话框

（1）DXC、DYC 和 DZC 文本框：用于在文本框中输入分别在 X、Y 和 Z 方向上需要增加的数值。

（2）至一点：用户可以把对象移动到一点。单击该按钮，弹出"点"对话框，系统提示用户先后指定两点，系统用两点确定一个矢量，把对象沿着这个矢量移动一个距离，而这个距离就是指定的两点间的距离。

（3）在两轴间旋转：单击该按钮，弹出"点"对话框，系统提示用户选择一个参考点，接着弹出"矢量"对话框，系统提示用户指定两个参考轴。

（4）坐标系到坐标系：用户可以把对象从一个坐标系移动到另一个坐标系。

4.4.4　特征重新排列

选择【菜单】→【编辑】→【特征】→【重排序】命令或单击【主页】选项卡，选择【编辑特征】组中的【特征重排序】图标，弹出如图 4-60 所示的"特征重排序"对话框。

在列表框中选择要重新排序的特征，或者在视图区直接选取特征，选取后相关特征撤消在"重定位特征"列表框中，选择排序方法"之前"或"之后"，然后在"重定位特征"列表框中选择定位特征，单击"确定"或"应用"按钮，完成重排序。

在部件导航器中，右键单击要重排序的特征，弹出如图 4-61 所示的快捷菜单，选择"重排在前"或"重排在后"命令，然后在弹出的对话框重选择定位特征可以进行重排序。

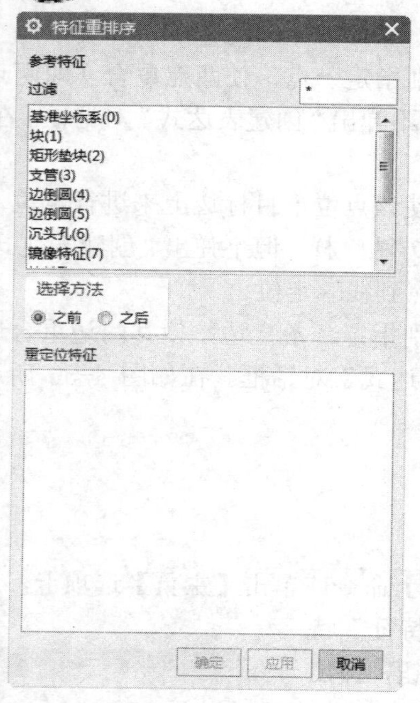

图 4-60 “特征重排序”对话框

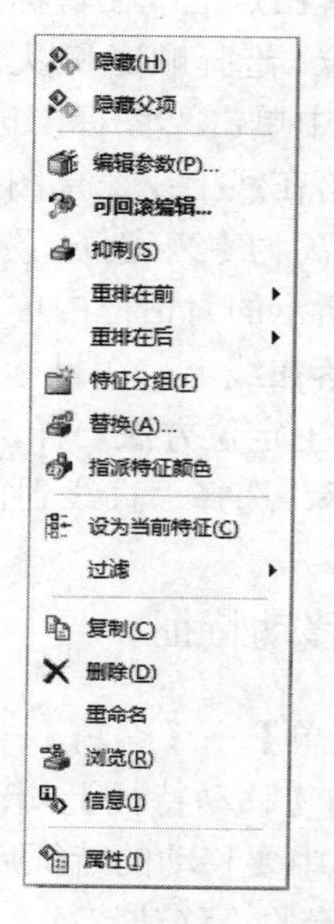

图 4-61 快捷菜单

4.4.5 替换特征

选择【菜单】→【编辑】→【特征】→【替换】命令或单击【主页】选项卡，选择【编辑特征】组中的【替换特征】图标，弹出如图 4-62 所示的“替换特征”对话框，该对话框用于更好实体与基准的特征，并提供用户快速找到要编辑的步骤来提高模型创建的效率。

图 4-62 “替换特征”对话框

（1）要替换的特征：用于选项要替换的特征，可以是相同实体上的一组特征、基准轴或基准平面特征。

（2）替换特征：可以是同一零件中不同物体实体上的一组特征，如果要替换的特征为基准轴，则替换特征也需为基准轴；要替换的特征为基准平面，则替换特征也需为基准平面。

（3）映射：选择替换后新的父子关系。

4.4.6　抑制/取消抑制特征

选择【菜单】→【编辑】→【特征】→【抑制】命令或单击【主页】选项卡，选择【编辑特征】组中的【抑制特征】图标，弹出如图4-63所示“抑制特征”对话框。该对话框用于将一个或多个特征从视图区和实体中临时删除。被抑制的特征并没有从特征数据库中删除，可以通过【取消抑制】命令重新显示。

选择【菜单】→【编辑】→【特征】→【取消抑制】命令或单击【主页】选项卡，选择【编辑特征】组中的【取消抑制特征】图标，弹出如图4-64所示的【取消抑制特征】对话框。该对话框用于使已抑制的特征重新显示。

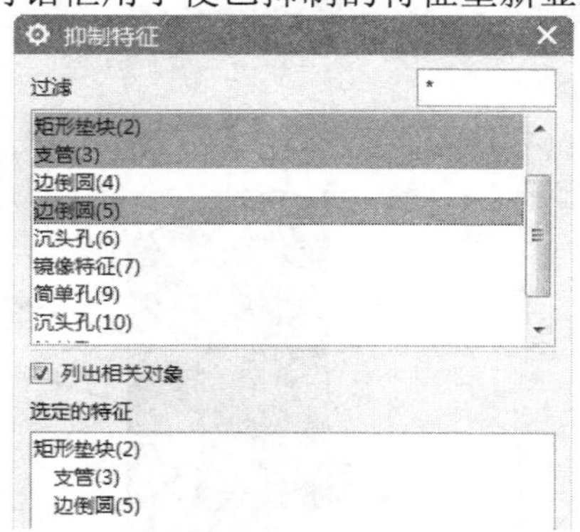

图4-63　“抑制特征”对话框

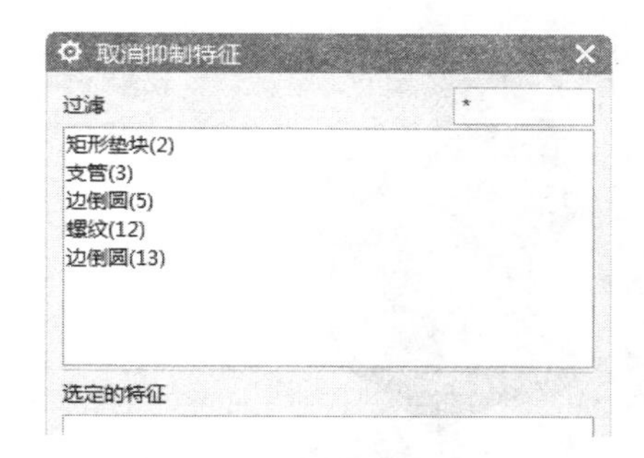

图4-64　“取消抑制特征”对话框

4.5　综合实例

4.5.1　机座

制作思路

本例主体由长方体构成，然后在机座主体的不同方位进行孔，腔体操作，重点介绍了基准平面和基准轴的使用，最后生成如图4-65所示模型。

01 新建文件。选择【菜单】→【文件】→【新建】命令，或单击【主页】选项卡，选择【标准】组中的【新建】图标，打开“文件新建”对话框，在“模板”列表框中选择“模

型”，输入“jizuo”，单击“确定”按钮，进入UG主界面。

02 创建长方体。

❶选择【菜单】→【插入】→【设计特征】→【长方体】命令，或单击【主页】选项卡，选择【特征】组→【设计特征下拉菜单】中的【长方体】图标，打开“长方体”对话框如图4-66所示。

❷在对话框的“长度”“宽度”“高度”数值栏中分别输入56、24、84.76。

❸单击“指定点”栏中的“点对话框”按钮，打开“点”对话框，根据系统提示输入坐标值（-28，-12，-42.38）确定长方体生成原点，单击“确定”按钮，完成长方体1的创建。

❹同上步骤在点（-42.5，-8，-50）处，创建长，宽，高分别为85、16、9的长方体2。布尔合并上述两实体。生成模型如图4-67所示。

图4-65　机座模型

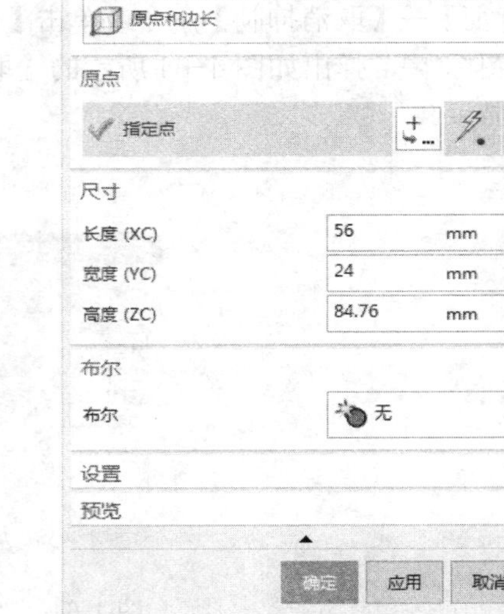

图4-66　“长方体”对话框

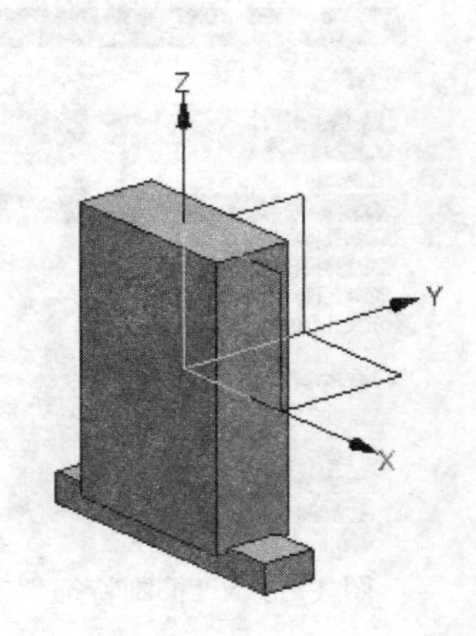

图4-67　长方体

03 边倒圆。

❶选择【菜单】→【插入】→【细节特征】→【边倒圆】命令或单击【主页】选项卡，选择【特征】组中的【边倒圆】图标，打开如图4-68所示的“边倒圆”对话框。

❷为长方体上、下端面的两短边倒圆，倒圆半径28，结果如图4-69所示。

04 创建基准平面。

❶选择【菜单】→【插入】→【基准/点】→【基准平面】命令或单击【主页】选项卡，选择【特征】组→【基准/点下拉菜单】中的【基准平面】图标，打开“基准平面”对话框如图4-70所示。

❷选择“XC-YC平面”类型，单击“应用”按钮，完成基准面1的创建。

❸分别选择“XC-ZC平面”类型，单击“应用”按钮，完成基准平面2的创建。

图 4-68　“边倒圆”对话框

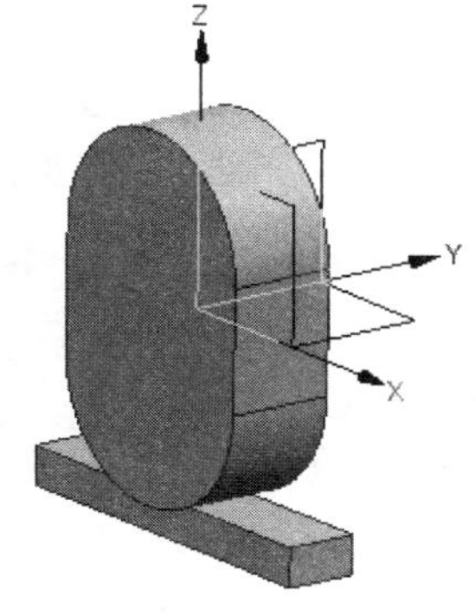

图 4-69　倒圆角

图 4-70　“基准平面”对话框

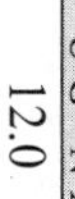

❹选择“YC-ZC 平面”类型，单击“确定”按钮，完成基准平面 3 的创建，如图 4-71 所示。

05 创建凸台。

❶选择【菜单】→【插入】→【设计特征】→【凸台（原有）】命令，打开“支管”对话框，如图 4-72 所示。

❷在“支管”对话框的“直径”“高度”和“锥角”数值栏中分别输入 24、7、0

❸在视图区中选择长方体 1 的侧面为放置面，单击“确定”按钮。

❹打开“定位”对话框，单击垂直的定位图标，分别选择基准平面 1，输入距离参数 0，单击“应用”按钮，选择基准平面 2，输入距离参数 0，单击“确定”按钮，完成凸台 1 的创建。

❺按上述步骤，在长方体另一侧面创建凸台 2。生成模型如图 4-73 所示。

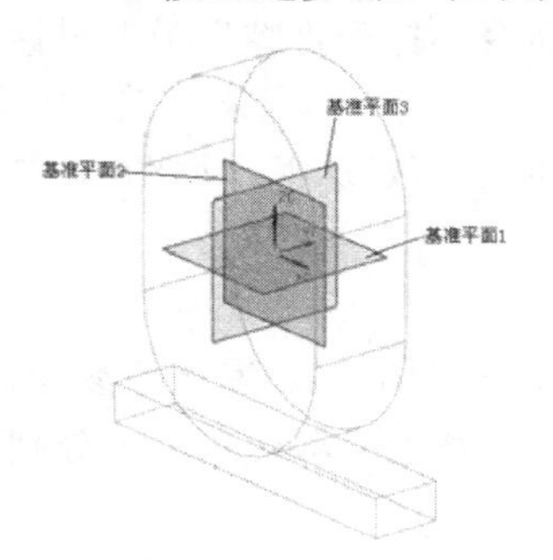

图 4-71　创建基准平面

图 4-72　“支管”对话框

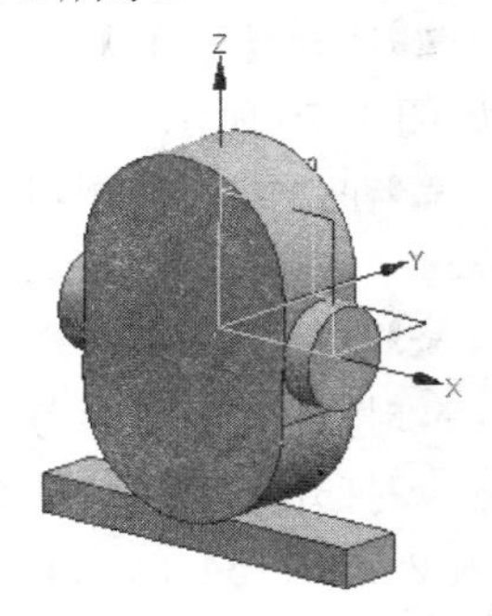

图 4-73　创建凸台

06 创建圆孔。

❶选择【菜单】→【插入】→【设计特征】→【孔】命令或单击【主页】选项卡，选择【特征】组中的【孔】图标，打开“孔”对话框如图 4-74 所示。

❷在成形选项中选择“简单孔”，在直径、深度和顶锥角参数项分别输入 16、70、0。

❸捕捉凸台外表面圆弧圆心为孔位置，单击“确定”按钮，在凸台中心完成圆孔 1 的创建。

❹同上步骤在长方体 1 的前表面创建两个参数相同的简单孔，直径、深度和顶锥角是 34.5、24、0，圆心分别位于长方体上下倒圆的圆弧中心。生成模型如图 4-75 所示。

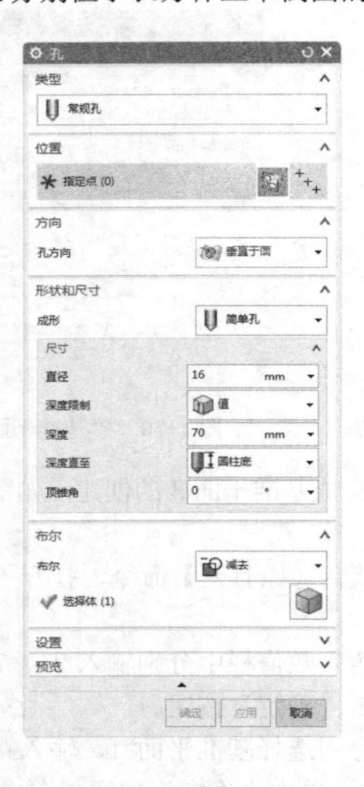

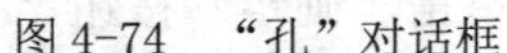

图 4-74 “孔”对话框

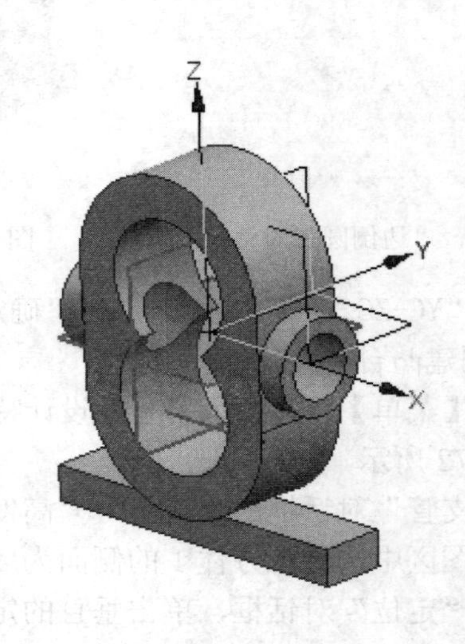

图 4-75 创建圆孔

07 创建腔体 1。

❶选择【菜单】→【插入】→【设计特征】→【腔（原有）】命令，打开“腔”类型对话框如图 4-76 所示。

❷在“腔”类型对话框中单击“矩形”按钮，打开“矩形腔”放置面对话框，如图 4-77 所示。

❸在视图区中选择长方体前表面为腔体放置面。

❹打开“水平参考”对话框，如图 4-78 所示。按系统提示选择基准面 YC-ZC 为水平参考。

❺打开“矩形腔”参数对话框如图 4-79 所示，在对话框中长度、宽度、深度选项中分别输入 28.76、34.5、24，其他输入 0，单击“确定”按钮。

❻打开“定位”对话框如图 4-80 所示，选择“垂直”定位方式，按系统提示选择步骤 **04** 创建的基准平面 1 为目标边，选择腔体 XC 向中心线为工具边，打开“创建表达式”对话框，

输入 0，单击“应用”按钮。

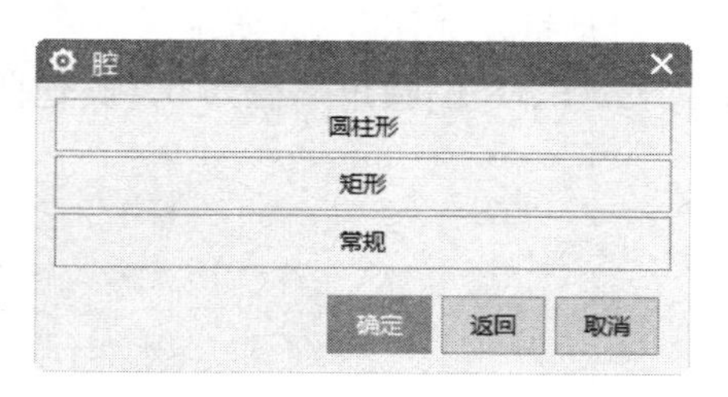

图 4-76　“腔”对话框

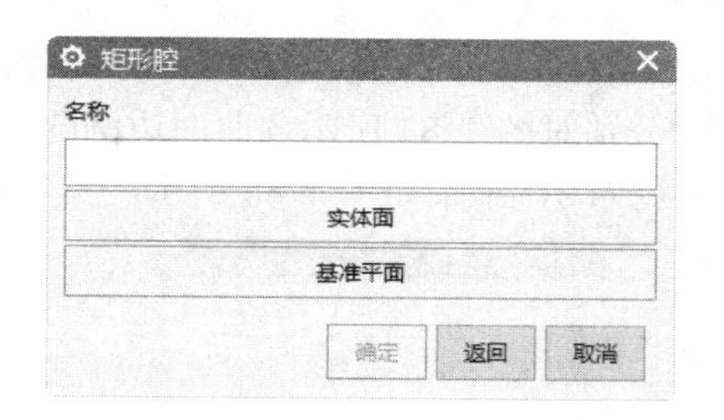

图 4-77　“矩形腔”放置面对话框

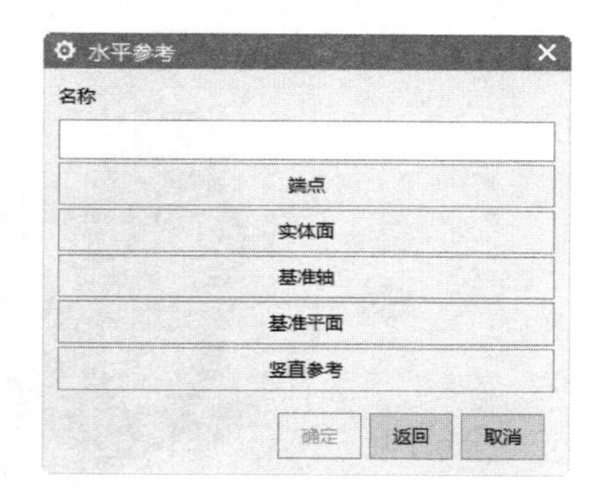

图 4-78　“水平参考”对话框

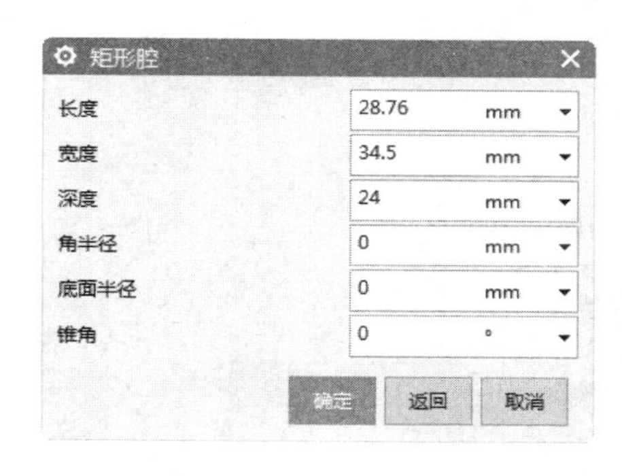

图 4-79　“矩形腔”参数对话框

7 选择基准平面 3 为目标边，腔体 ZC 向中心线为工具边，在打开的“创建表达式”对话框中输入 0，单击“确定”按钮，完成定位并完成腔体 1 的创建，如图 4-81 所示。

08 创建腔体 2。同上步骤在长方体 2 的下表面创建腔体 2，水平参考边为长方体 2 与 XC 轴同向的直段边，长度、宽度、深度分别为 44、16、4，定位方式为垂直的定位，目标边分别为基准平面 2 和基准平面 3，工具边分别为腔体相应中心线，其距离都为 0。最后生成模型如图 4-82 所示。

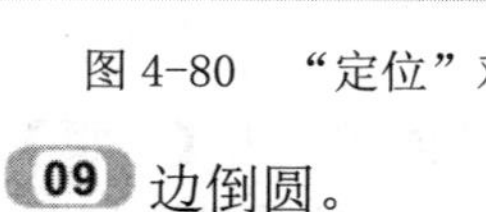

图 4-80　“定位”对话框

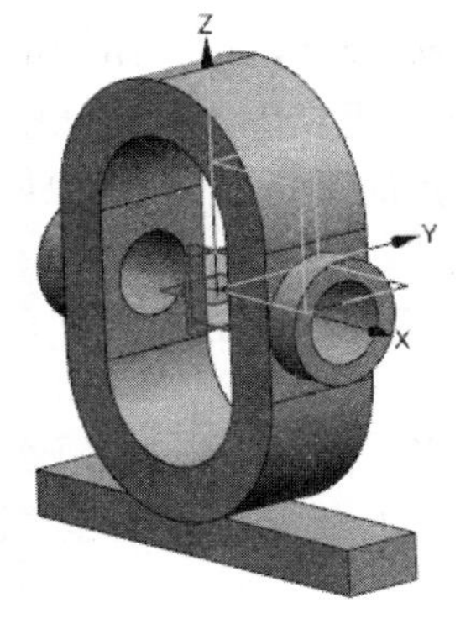

图 4-81　创建腔体 1

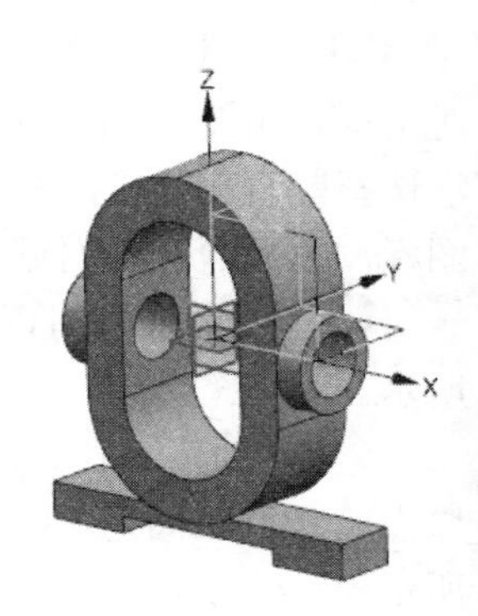

图 4-82　创建腔体 2

09 边倒圆。

❶选择【菜单】→【插入】→【细节特征】→【边倒圆】命令或单击【主页】选项卡，选择【特征】组中的【边倒圆】图标，弹出“边倒圆”对话框，如图 4-83 所示。

❷分别对图 4-84 所示各曲面边倒圆角。曲面边 1、3、6、8 倒圆角半径为 5，其他曲线倒圆角半径为 3，结果如图 4-85 所示。

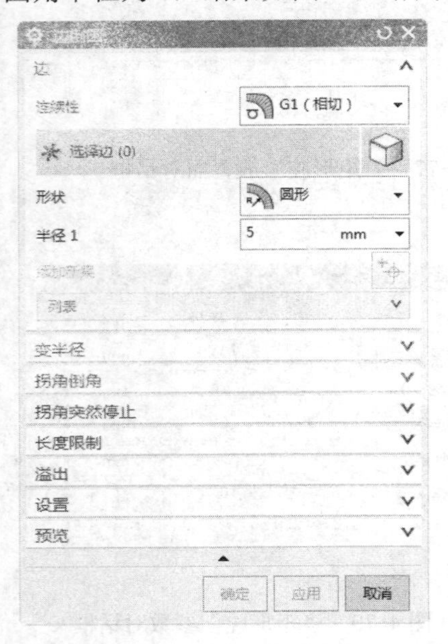

图 4-83 “边倒圆”对话框

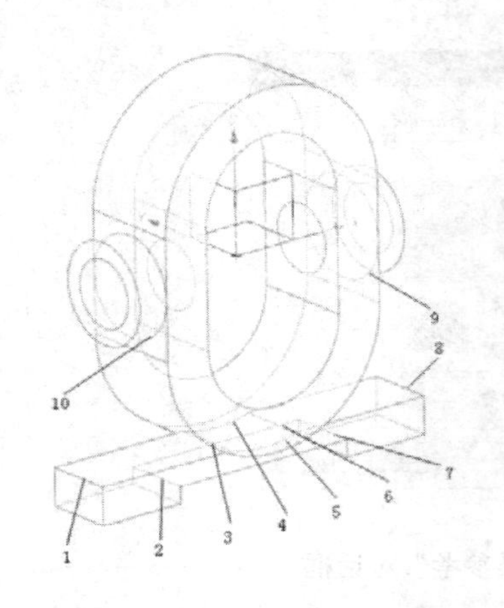

图 4-84 边倒圆示意图

图 4-85 模型

10 创建圆孔。

❶单击【主页】选项卡，选择【特征】组中的【孔】图标，弹出“孔”对话框，如图 4-86 所示。

❷在对话框中选择“简单孔”，放置面为长方体 2 上表面，弹出“草图点”对话框，在两端各随意绘制一点，单击“关闭”按钮。

❸单击【主页】选项卡，选择【约束】组中的【快速尺寸】图标，弹出“快速尺寸”对话框，如图 4-87 所示。在该对话框的测量方法中选择水平，与原点的距离为 35，测量方法选择竖直，圆孔中心与原点的距离为 0，结果如图 4-88 所示。单击【主页】选项卡中的图标，返回“孔”对话框。

❹在对话框中的直径、深度和顶锥角分别为 7、9、0，单击“确定”按钮，结果如图 4-89 所示。

11 创建圆孔。同上步骤在长方体前表面上绘制截面，圆孔中心与的水平距离为 22，与原点的竖直距离为 14.38，如图 4-90 所示，创建直径，深度和尖角为 6、24、0，生成如图 4-91 所示模型。

12 创建圆形阵列特征。

❶选择【菜单】→【插入】→【关联复制】→【阵列特征】命令，或者单击【主页】选项卡，选择【特征】组→【阵列特征】图标，打开“阵列特征”对话框，参数设置如图 4-92

所示。

图 4-86　“孔”对话框

图 4-87　“快速尺寸”对话框

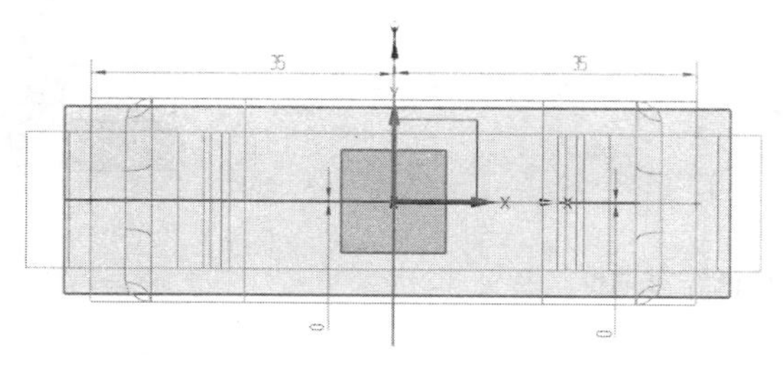

图 4-88　创建点

❷单击“确定”按钮，结果如图 4-93 所示。

13 创建镜像特征。

❶选择【菜单】→【插入】→【关联复制】→【镜像特征】命令，或者单击【主页】选项卡，选择【特征】组→【更多】库→【关联复制】库中的【镜像特征】图标，打开“镜像特征”对话框，如图 4-94 所示。

❷选择步骤 **10** 和 **11** 所创建的孔特征为镜像特征。

❸平面选择现有平面，选择基准面 1 作为镜像平面，单击“确定”按钮，完成镜像特征的创建，生成的模型如图 4-95 所示。

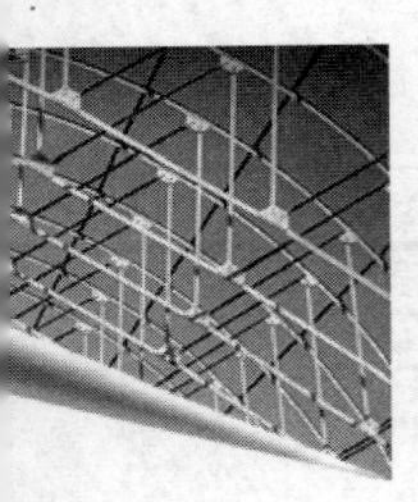

图 4-89　创建孔

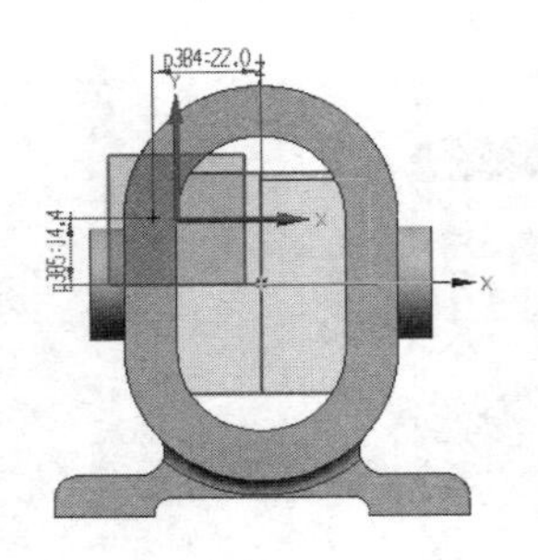

图 4-90　创建点

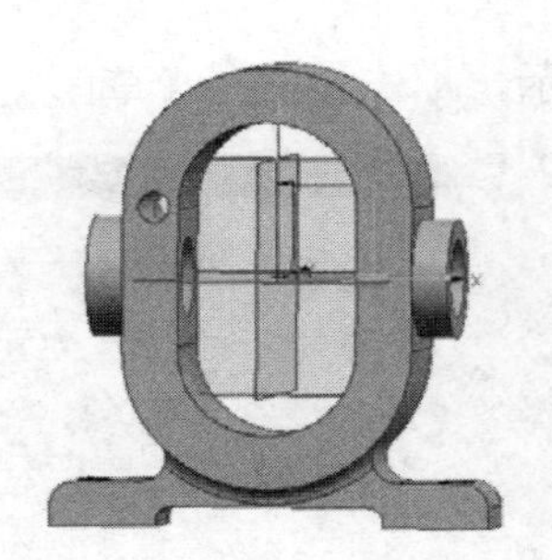

图 4-91　创建圆孔

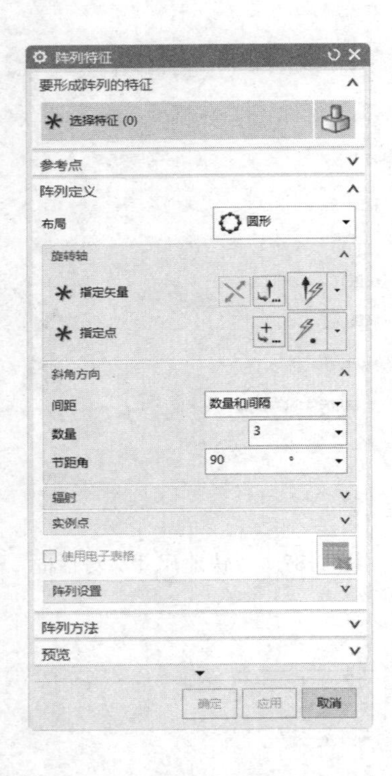

图 4-92　“阵列特征”对话框

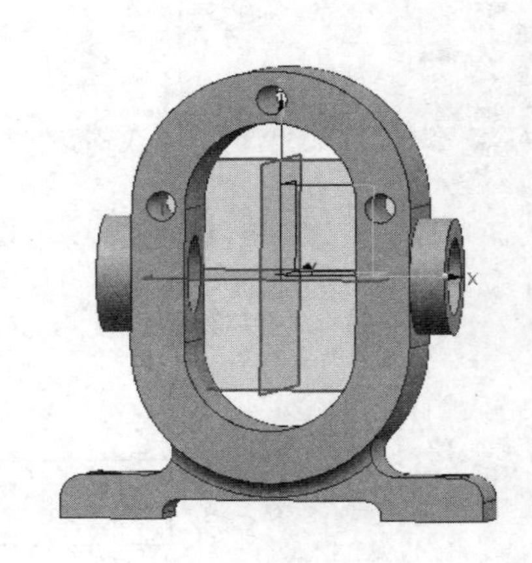

图 4-93　阵列孔模型

14 创建圆孔。

❶单击【主页】选项卡，选择【特征】组中的【孔】图标，弹出“孔”对话框，参数设置如图 4-96 所示。

❷在对话框中选择“简单孔”，放置面为长方体前表面。弹出“草图点”对话框，单击“关闭”按钮。

❸单击【主页】选项卡，选择【曲线】组中的【圆弧】图标，弹出“圆弧”对话框，以长方体倒圆圆心为圆心，半径为 22，以水平为起始方向顺时针旋转 45°绘制圆弧，单击【主页】选项卡，选择【曲线】组中的【点】图标＋，在该对话框“类型”下拉列表框中选择“自动判断的点”，选择圆弧终点，选取圆弧单击鼠标右键转换为参考，如图 4-97 所示，单击【主

页】选项卡，选择【草图】中的【完成】图标，返回“孔”对话框。单击“确定”按钮完成孔的创建，如图 4-98 所示。

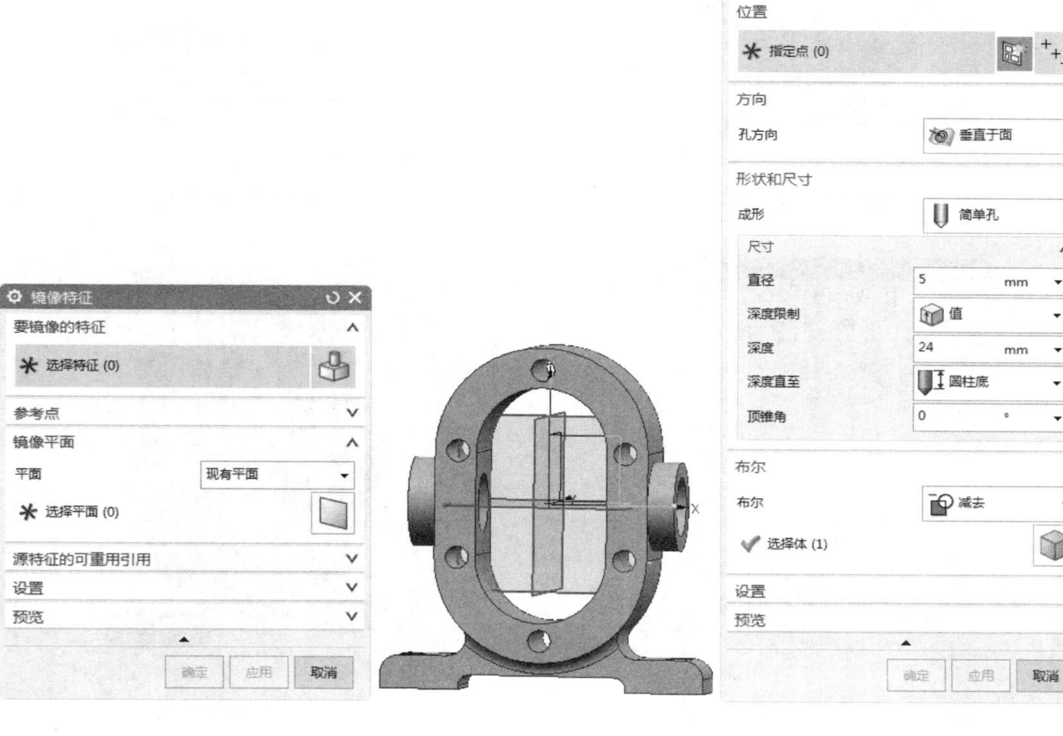

图 4-94　“镜像特征”对话框　　图 4-95　镜像孔特征　　图 4-96　“孔”对话框

15 创建螺纹。

❶选择【菜单】→【插入】→【设计特征】→【螺纹】命令，或单击【主页】选项卡，选择【特征】组→【更多】库→【螺纹刀】图标，打开“螺纹切削”对话框，如图 4-99 所示。

❷在“螺纹类型”中选择“详细”，选择屏幕中圆台中孔的内表面，激活对话框中各选项。

❸螺纹按实际样式显示，在长度选项中输入 24，在旋转选项选择“右旋”，单击“确定”按钮生成螺纹。

❹同上步骤分别选择步骤 **12** 和 **13** 创建的 6 个圆孔，创建螺纹。最后生成模型如图 4-100 所示。

UG NX 12.0

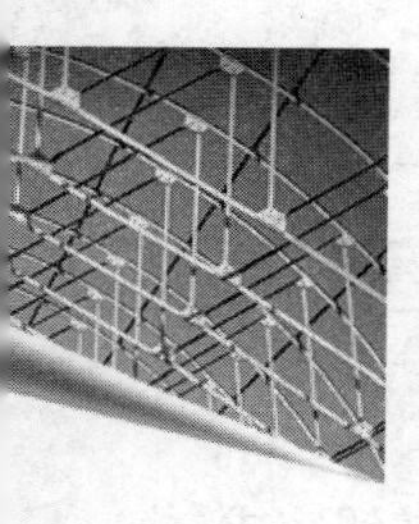

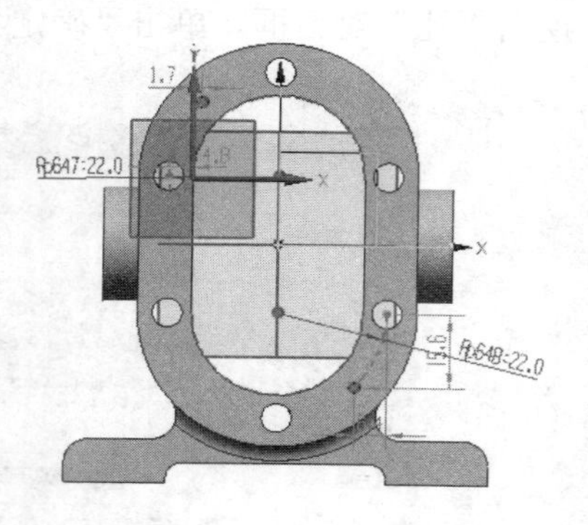

图 4-97 创建点

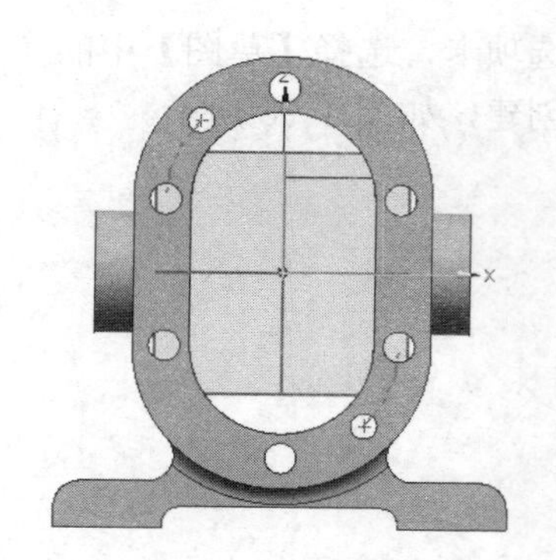

图 4-98 创建孔

图 4-99 “螺纹切削”对话框

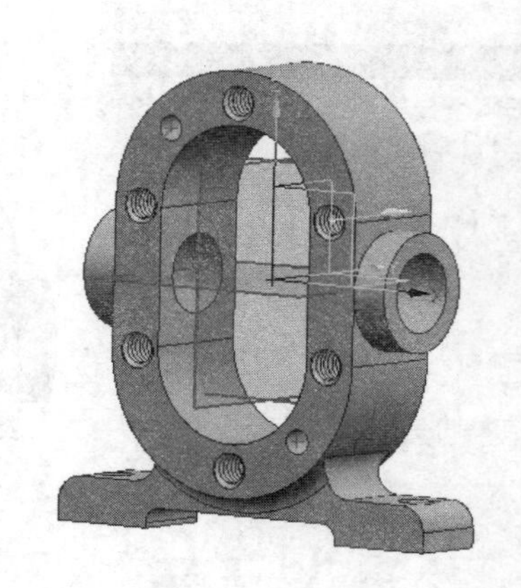

图 4-100 机座模型

4.5.2 端盖

制作思路

本例创建的齿轮泵后端盖如图 4-101 所示。首先创建一个长方体模型，然后在长方体上创建垫块和凸台，最后创建简单孔、沉头孔和螺纹。

01 新建文件。选择【菜单】→【文件】→【新建】命令，或单击【主页】选项卡，选择【标准】组中的【新建】图标，弹出“新建”对话框，在“模板”列表框中选择“模型”选项，在“名称”文本框中输入“houduangai”，单击“确定”按钮，进入 UG 主界面。

02 创建长方体特征。

❶选择【菜单】→【插入】→【设计特征】→【长方体】命令，或单击【主页】选项卡，选择【特征】组→【设计特征下拉菜单】→【长方体】图标，弹出如图 4-102 所示的“长方体”对话框。

❷在“类型”下拉列表中选择“原点和边长”选项。

❸单击“原点”栏中的图标，弹出“点”对话框，输入坐标值（-42.38，-28，0），单击“确定”按钮，返回“块”对话框。

❹设置长方体的长、宽、高分别为 84.76、56 和 9，单击“确定”按钮，完成长方体的创建，如图 4-103 所示。

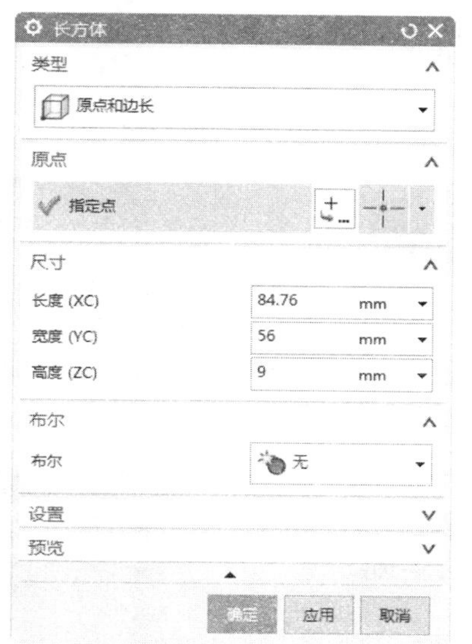

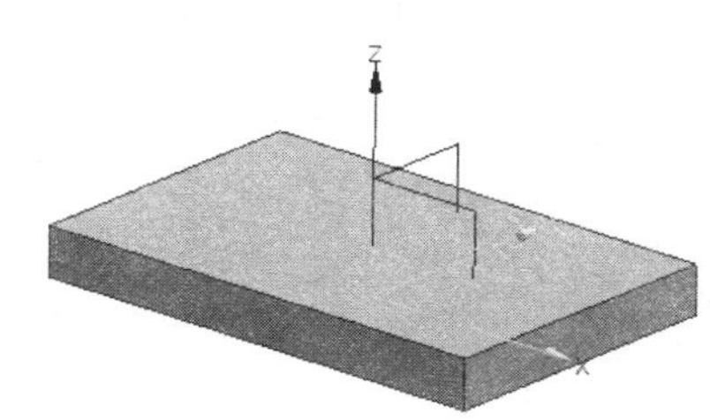

图 4-101　齿轮泵后端盖　　图 4-102　“长方体”对话框　　图 4-103　创建长方体特征

03 创建垫块特征。

❶选择【菜单】→【插入】→【设计特征】→【垫块（原有）】命令，弹出“垫块”对话框，如图 4-104 所示。

❷单击“矩形”按钮，弹出“矩形垫块”对话框，如图 4-105 所示。选择长方体上表面作为垫块放置面，如图 4-106 所示。

❸弹出“水平参考”对话框，如图 4-107 所示。选择如图 4-108 所示的线段 1，弹出“垫块”参数设置对话框。如图 4-109 所示，在“长度”“宽度”和“高度”文本框中分别输入 60.76、32 和 7，单击“确定”按钮。

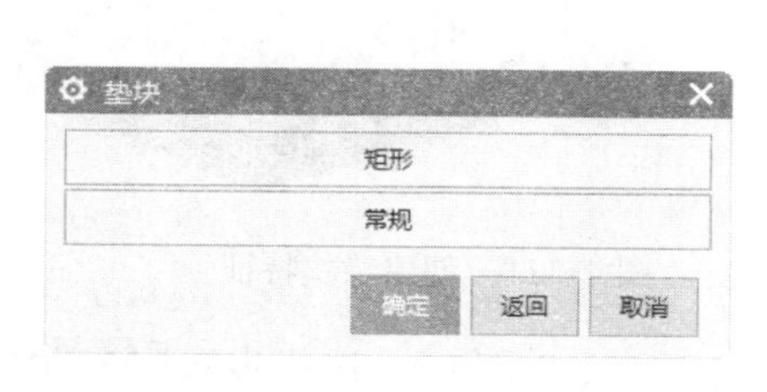

图 4-104　“垫块”对话框

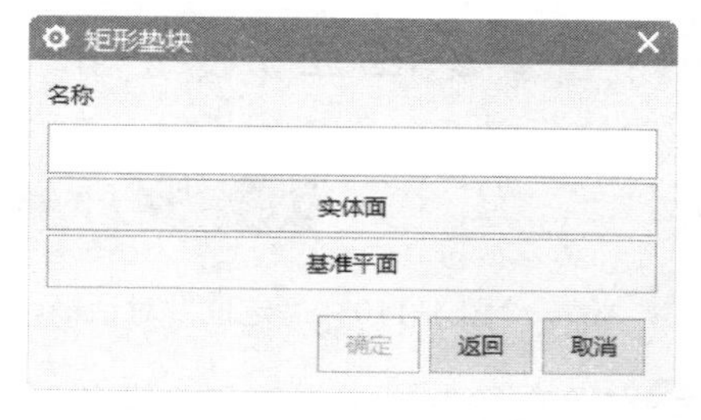

图 4-105　“矩形垫块”对话框

❹弹出的“定位”对话框，如图 4-110 所示。单击“垂直”按钮，选择垂直定位方式，

分别选择图 4-108 所示的目标边 1 和工具边 1，在弹出的“创建表达式”对话框中输入距离参数 28；选择目标边 2 和工具边 2，在“创建表达式”对话框中输入距离参数 42.38，单击“确定”按钮，完成垫块的创建，如图 4-111 所示。

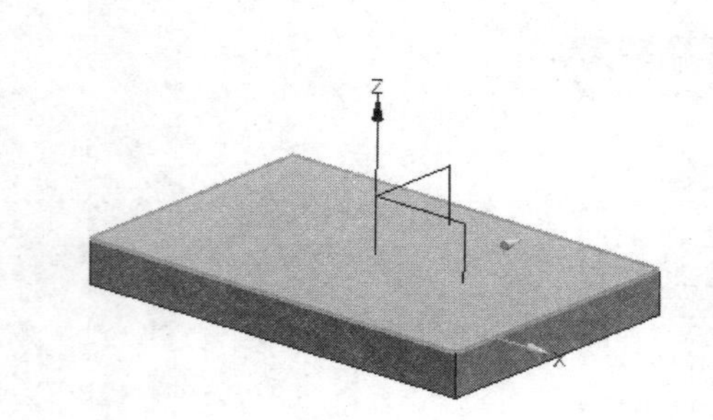

图 4-106　选择垫块放置面

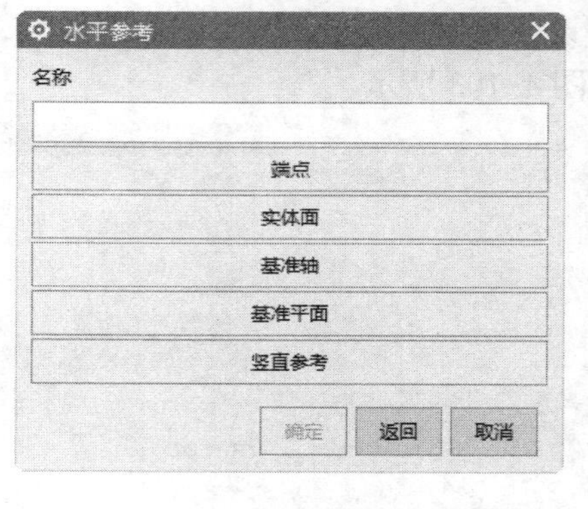

图 4-107　“水平参考”对话框

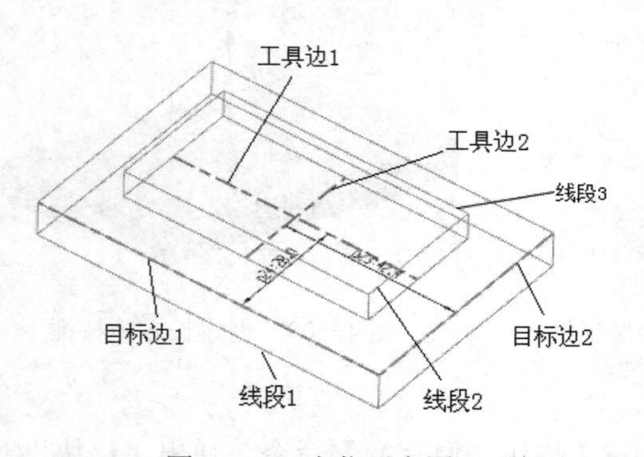

图 4-108　定位示意图

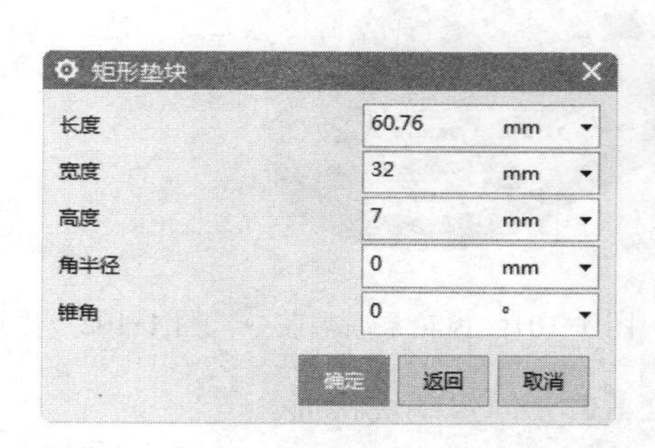

图 4-109　“矩形垫块”参数设置对话框

04 创建凸台特征。

❶选择【菜单】→【插入】→【设计特征】→【凸台（原有）】命令，弹出如图 4-112 所示的“支管”对话框。

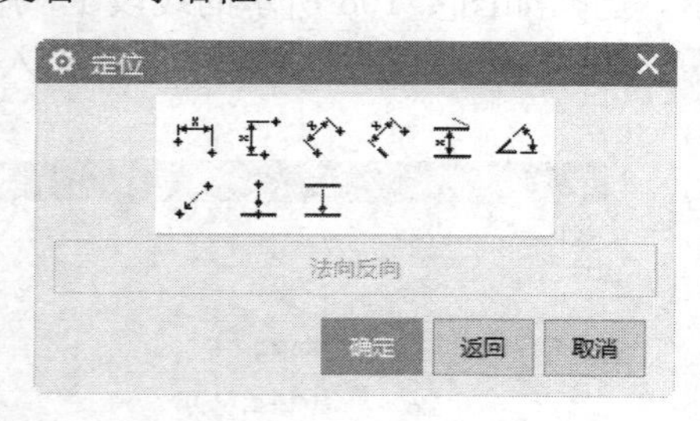

图 4-110　“定位”对话框

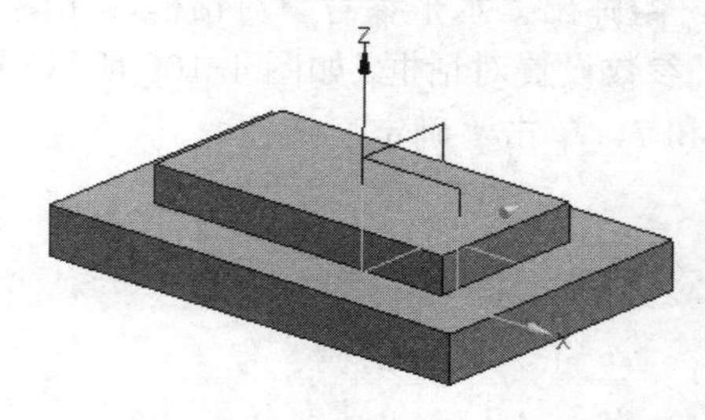

图 4-111　创建垫块特征

❷在“直径”“高度”和“锥角”文本框中分别输入 27、16 和 0，选择步骤 **03** 中创建的垫块上表面作为放置面，单击“确定”按钮，生成一凸台。

❸在弹出的“定位”对话框中单击“垂直”按钮，选择图 4-108 所示的线段 2，在弹出

的“创建表达式”对话框中输入 16，选择图 4-108 所示的线段 3，在弹出的“创建表达式”对话框中输入 16, 单击“确定”按钮，完成凸台的创建，结果如图 4-113 所示。

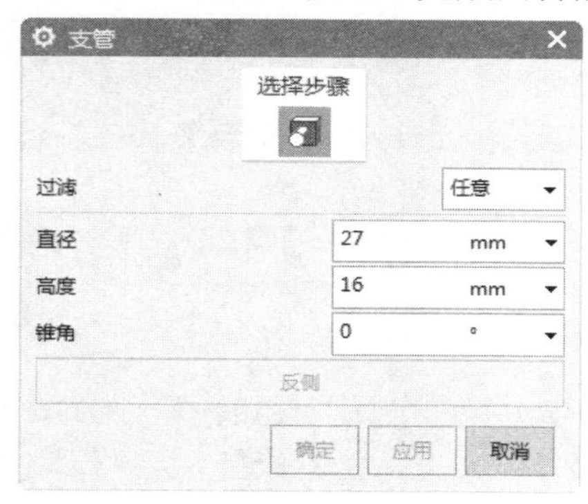

图 4-112　“支管”对话框

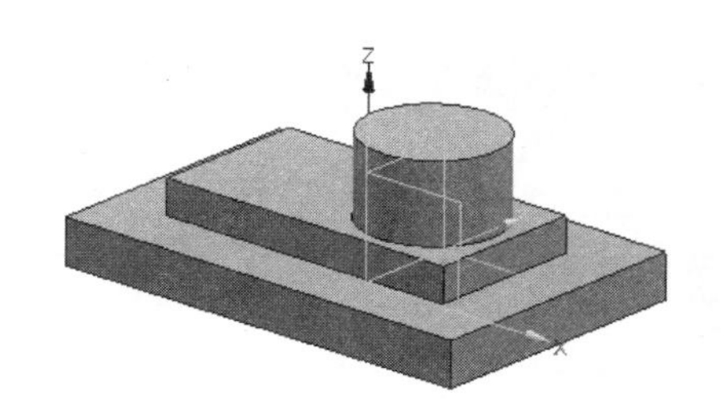

图 4-113　创建凸台特征

05 边倒圆。

❶选择【菜单】→【插入】→【细节特征】→【边倒圆】命令，或单击【主页】选项卡，选择【特征】组中的【边倒圆】图标，弹出如图 4-114 所示的“边倒圆”对话框。

❷在“半径 1”文本框中输入 28，选择长方体的 4 个侧面作为倒圆边，单击“确定”按钮。

❸同上操作，为垫块的 4 个侧面倒圆边，倒圆半径为 16mm，生成的模型如图 4-115 所示。

06 创建沉头孔 1。

❶选择【菜单】→【插入】→【设计特征】→【孔】命令，或单击【主页】选项卡，选择【特征】组中的【孔】图标，弹出“孔”对话框。

❷在“成形”下拉列表中选择“沉头”类型，在“沉头直径”“沉头深度”“直径”“深度”和“顶锥角”文本框中分别输入 9、6、7、9 和 0，如图 4-116 所示。

❸在绘图区选择长方体上表面作为孔的放置面，进入草图绘制界面，弹出“草图点”对话框，任意放置一点。

❹单击【主页】选项卡，选择【约束】组中的【快速尺寸】图标，创建点 1 与绝对原点水平距离为 14.38mm、与绝对原点竖直距离为 22mm，单击【主页】选项卡，选择【草图】组中的图标，完成草图后，返回“孔”对话框，单击“确定”按钮完成孔的建立，结果如图 4-117 所示。

07 创建圆形阵列特征。单击【主页】选项卡，选择【特征】组中的【阵列特征】图标，选取上步创建的孔特征为要阵列的特征，选取凸台中心轴为旋转轴，选择凸台圆心为指定点，数量为 3，节距角为 90，如图 4-118 所示，单击“确定”按钮，完成沉头孔的创建，如图 4-119 所示。

08 镜像沉头孔特征。

❶选择【菜单】→【插入】→【关联复制】→【镜像特征】命令，或单击【主页】选项卡，选择【特征】组→【更多】库→【镜像特征】图标，弹出如图 4-120 所示的“镜像特征”对话框。

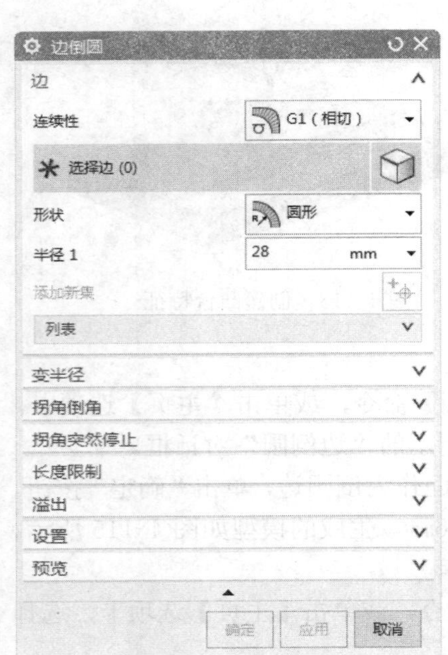

图 4-114 “边倒圆”对话框

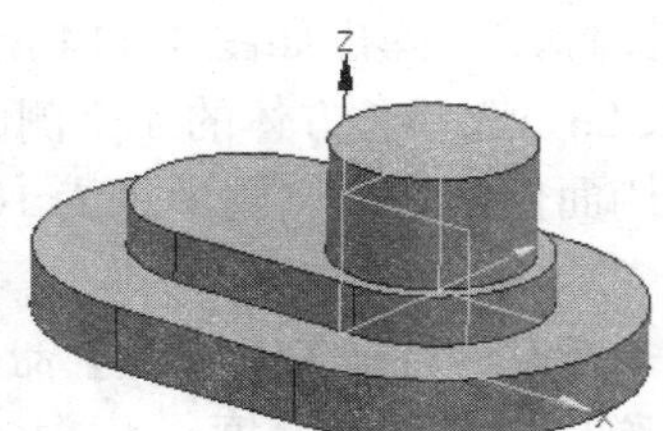

图 4-115 边倒圆

图 4-116 “孔”对话框

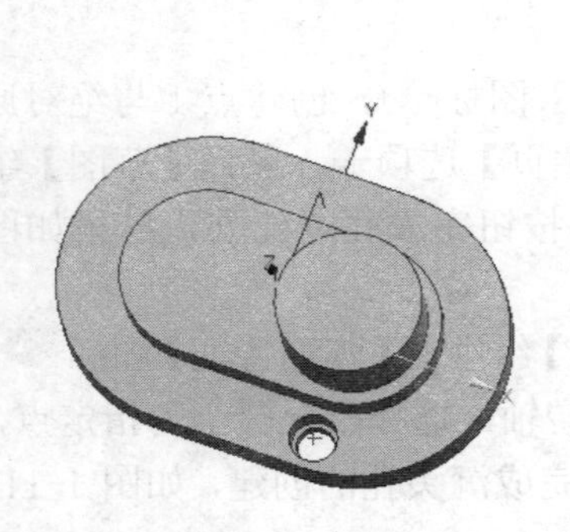

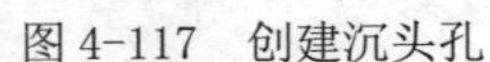

图 4-117 创建沉头孔

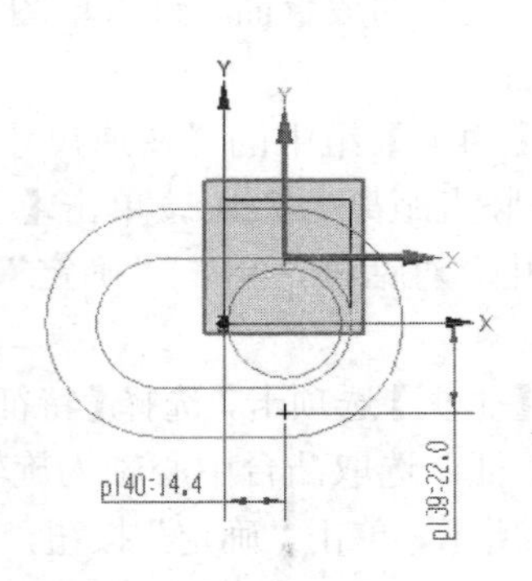

图 4-118 创建沉头孔定位尺寸

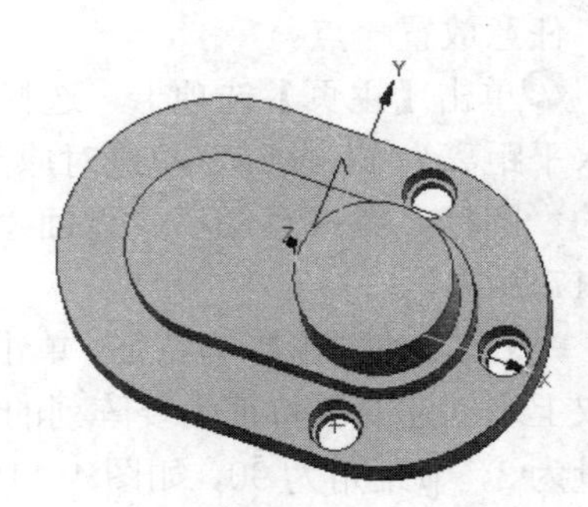

图 4-119 阵列沉头孔特征

❷选择步骤 07 中创建和阵列的沉头孔特征（多个选项使用 Ctrl 键配合选择）为要镜像的特征。

❸在“平面”下拉列表中选择“新平面”选项，指定平面选择 YC-ZC 作为镜像平面，单击“确定”按钮，完成镜像特征的创建，如图 4-121 所示。

09 创建简单孔1特征。

❶单击【主页】选项卡，选择【特征】组中的【孔】图标，弹出“孔”对话框，如图4-122所示。

图4-120　“镜像特征”对话框

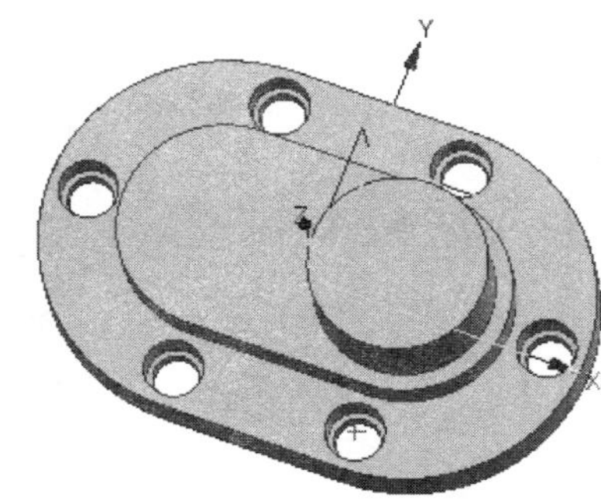

图4-121　镜像沉头孔特征

图4-122　“孔”对话框

❷在“成形”下拉列表中选择“简单孔”孔类型，在“直径”“深度”和“顶锥角”文本框中分别输入5、9和0。

❸在绘图区选择长方体上表面作为孔的放置面，单击【主页】选项卡，选择【曲线】组→【圆弧】图标，圆心为垫块边倒圆的圆心，以22为半径从X轴顺时针扫掠45°，单击【主页】选项卡，选择【曲线】组→【点】，选择圆弧扫掠结束的端点，如图4-123所示。

❹单击【主页】选项卡，选择【草图】组中的【完成】图标，返回“孔”对话框，单击“确定”按钮，完成简单孔的创建，如图4-124所示。

10 创建沉头孔2 和简单孔2。

❶选择【菜单】→【插入】→【设计特征】→【孔】命令，或单击【主页】选项卡，选择【特征】组中的【孔】图标，弹出“孔”对话框。

❷在“成形”下拉列表中选择“沉头”类型，捕捉凸台上端面圆心，创建沉头孔。

❸在“沉头直径”“沉头深度”“直径”“深度”和“顶锥角”文本框中分别输入20、11、16、32和0，如图4-125所示。

❹同理，在孔对话框中，单击“绘制截面”按钮，在弹出的“创建草图”对话框中平面

方法选择自动判断，不需选择绘图区中的面，直接单击“确定”按钮，在（-14，0，0）处创建带尖角的简单孔，其“直径”“深度”和“顶锥角”分别为16、11、118，生成的模型如图4-126所示。

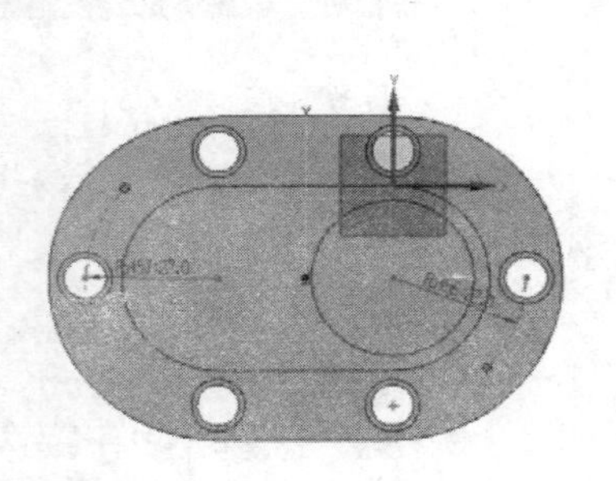

图 4-123　创建点

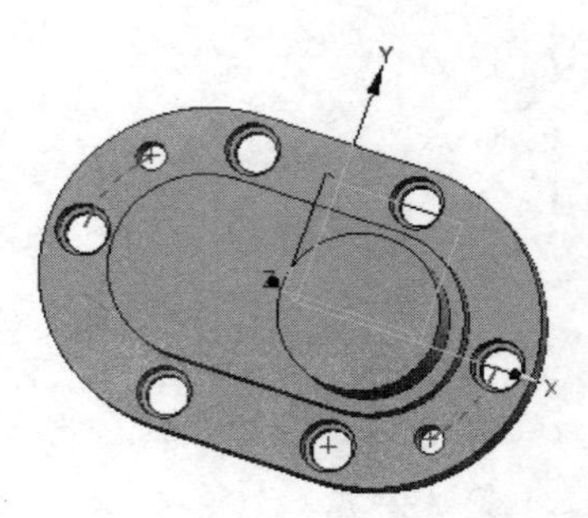

图 4-124　创建简单孔

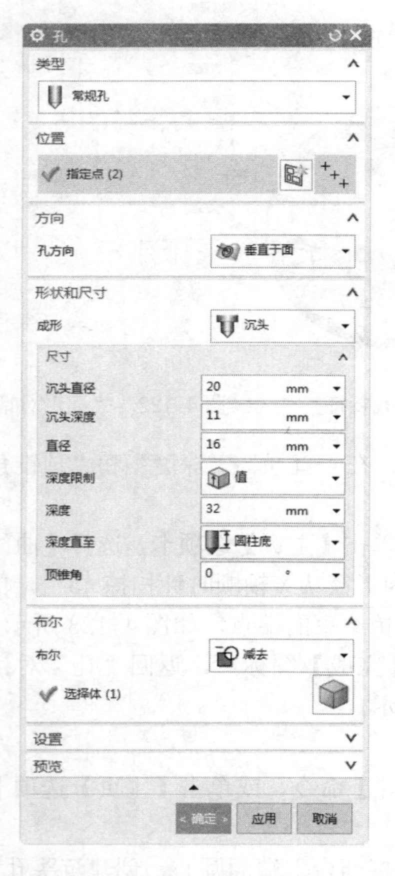

图 4-125　设置沉头孔参数

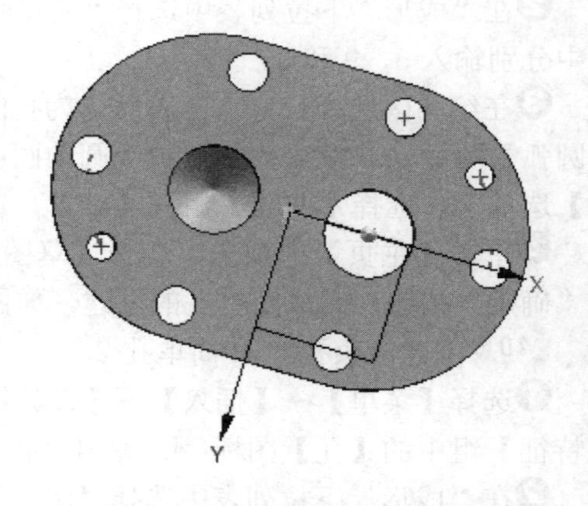

图 4-126　创建沉头孔 2 和简单孔 2

11 创建螺纹特征。

❶选择【菜单】→【插入】→【设计特征】→【螺纹】命令，或单击【主页】选项卡，选

择【特征】组→【更多】库→【螺纹刀】图标，弹出“螺纹切削”对话框。

❷在“螺纹类型”选项组中选择“详细”单选钮。选择凸台外表面，激活对话框中各选项，在“小径”文本框中输入 25，在“长度”文本框中输入 13，在“螺距”文本框中输入 1.5，其他选项接受系统默认设置，如图 4-127 所示，单击“确定”按钮，完成螺纹的创建，如图 4-128 所示。

12 曲边边倒圆。分别对垫块上表面外缘、下表面外缘和长方体上表面外缘曲边倒圆角，倒圆半径为 1mm，最终生成的后端盖模型如图 4-101 所示。

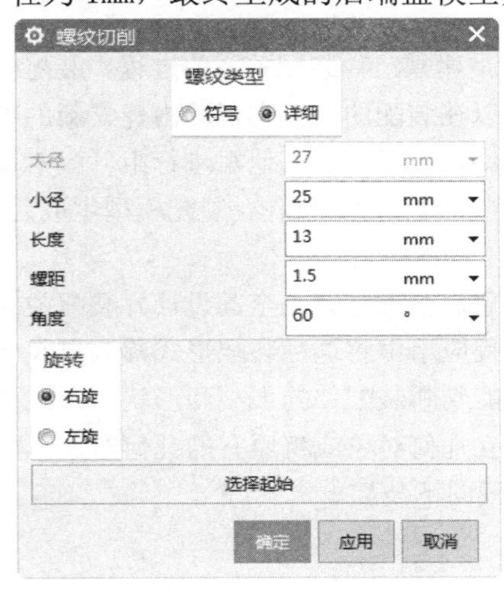

图 4-127　“螺纹切削”对话框

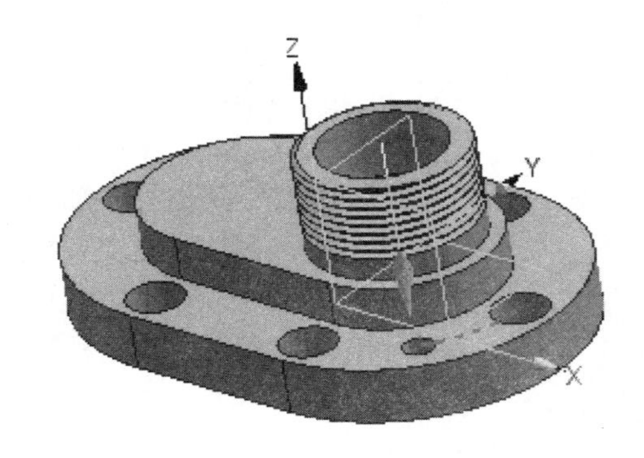

图 4-128　创建螺纹

第5章 装配

UG NX 12.0 的装配建模过程其实就是建立组件装配关系的过程。装配模块可以快速将组合零件组成产品，还可以在装配的上下文范围内建立新的零件模型，并产生明细列表。而且在装配中，可以参照其他组进行组件配对设计，并可对装配模型进行间隙分析、重量质量管理等操作。装配模型生成后，可建立爆炸视图，并可将其引入到装配工程图中。

一般情况，对于装配组件有两种方式。一种是首先全部设计好装配中的组件，然后将组件添加到装配中，在工程应用中将这种装配形式称为自底向上装配。另一种是需要根据实际情况才能判断装配件的大小和形状，因此要先创建一个新组件，然后在该组件中建立几何对象或将原有的几何对象添加到新建的组件中，这种装配方式称为自顶向下装配。

重点与难点

- 自底向上装配
- 装配爆炸图
- 组件家族
- 装配检验
- 装配序列化
- 装配布置

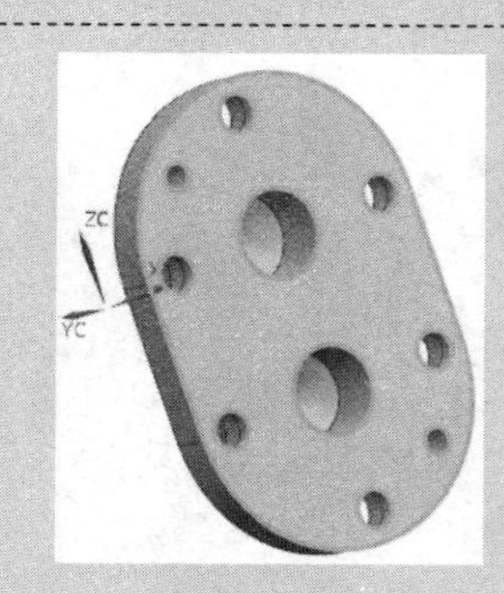

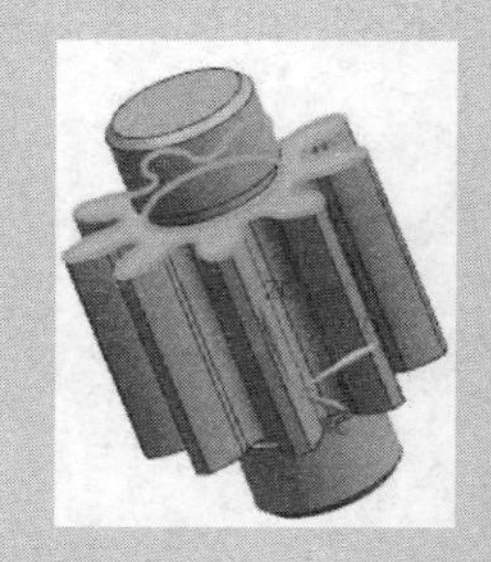

5.1 装配概述

选择【菜单】→【文件】→【新建】命令，或者单击【主页】选项卡中的【新建】图标，选择装配类型，输入文件名，单击“确定”按钮，进入装配模式。

进入装配模块之后，利用如图5-1所示的“装配”选项卡，可以进行装配操作。通过装配可以直观形象地表达零部件间的装配和尺寸配合关系，表达部件或机器的工作原理，从而可以指导模型的修改和完善。

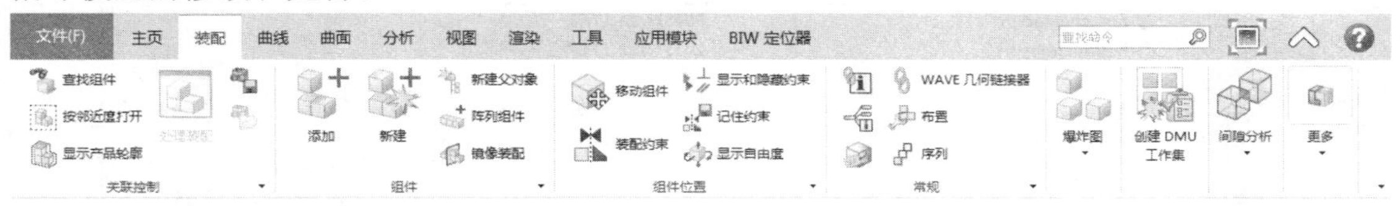

图5-1　“装配”选项卡

5.2 自底向上装配

5.2.1　添加组件

选择【菜单】→【装配】→【组件】→【添加组件】命令或单击【装配】选项卡，选择【组件】组中的【添加组件】图标，弹出如图5-2所示的“添加组件”对话框。

图5-2　“添加组件”对话框

（1）已加载的部件：在该列表框中显示已弹出的部件文件，若要添加的部件文件已存在于该列表框中，可以直接选择该部件文件。

（2）打开：单击该按钮，弹出如图5-3所示的“部件名”对话框，在该对话框中选择要添加的部件文件。

（3）位置：用于指定组件在装配中的位置。其下拉列表框提供了“对齐”“绝对坐标系-工作部件”“绝对坐标系-显示部件”和“工作坐标系”4种装配位置。其详细概念将在后面介绍。

（4）引用集：用于改变引用集。默认引用集是模型，表示只包含整个实体的引用集。用户可以通过其下拉列表框选择所需的引用集。

（5）图层选项：用于设置添加组件加到装配组件中的哪一层，其下拉列表框包括：

1）工作的：表示添加组件放置在装配组件的工作层中。

2）原始的：表示添加组件放置在该部件创建时所在的图层中。

3）按指定的：表示添加组件放置在另行指定的图层中。

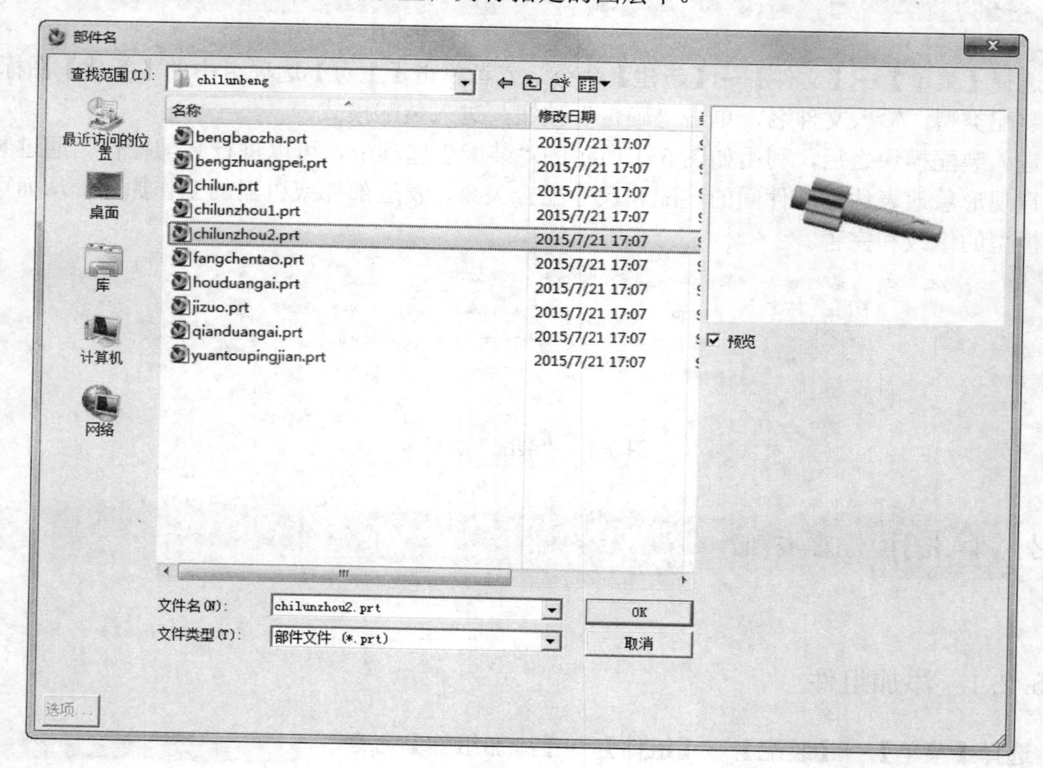

图 5-3 “部件名”对话框

5.2.2 引用集

由于在零件设计中，包含了大量的草图、基准平面及其他辅助图形数据，如果要显示装配中各组件和子装配的所有数据，一方面容易混淆图形，另一方面由于要加载组件所有的数据，需要占用大量内存，因此不利于装配工作的进行。于是，在 UG NX 12.0 的装配中，为了优化大模型的装配，引入了引用集的概念。通过引用集的操作，用户可以在需要的几何信息之间自由操作，同时避免了加载不需要的几何信息，极大地优化了装配的过程。

（1）引用集的概念。引用集是用户在零组件中定义的部分几何对象，它代表相应的零组件进行装配。引用集可以包含下列数据：实体、组件、片体、曲线、草图、原点、方向、坐标系、基准轴及基准平面等。引用集一旦产生，就可以单独装配到组件中。一个零组件可以有多个引用集。UG NX 12.0 系统包含的默认的引用集有：

1）模型（" MODEL "）：只包含整个实体的引用集。

2）整个部件：表示引用集是整个组件，即引用组件的全部几何数据。

3）空：表示引用集是空的引用集，即不含任何几何对象。当组件以孔的引用集形式添加到装配中，在装配中看不到该组件。

（2）打开“引用集”对话框。选择【菜单】→【格式】→【引用集】命令，弹出如图 5-4 所示的“引用集”对话框。该对话框用于对引用集进行创建、删除、更名、编辑属性、查看信息等操作。

1）添加新的引用集：用于创建引用集。组件和子装配都可以创建引用集。组件的引用集既可在组件中建立，也可在装配中建立。但组件要在装配中创建引用集，必须使其成为工作部件。

2）移除：用于删除组件或子装配中已创建的引用集。在“引用集”对话框中选中需要删除的引用集后，单击该图标，删除所选引用集。

3）设为当前的：用于将所选引用集设置为当前引用集。

4）属性：用于编辑所选引用集的属性。单击该图标，弹出如图 5-5 所示的“引用集属性”对话框。该对话框用于输入属性的名称和属性值。

图 5-4　“引用集”对话框

图 5-5　“引用集属性”对话框

5）信息：单击该图标，弹出如图 5-6 所示的“信息”对话框，该对话框用于输出当前零组件中已存在的引用集的相关信息。

在正确地建立完引用集以后，保存文件，以后在该零件加入装配的时候，在“引用集”选项就会有用户自己设定的引用集了。在加入零件以后，还可以通过装配导航器在定义的不同引用集之间切换。

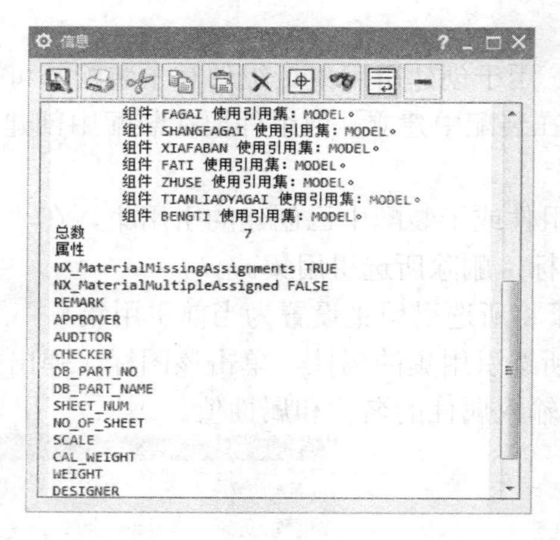

图 5-6 “信息”对话框

5.2.3 放置

在装配过程中除了添加组件，还需要确定组件间的关系。这就要求对组件进行定位。UG NX 12.0 提供了两种放置方式：

（1）约束：用于按照约束条件确定组件在装配中的位置。在如图 5-2 所示对话框中，选择该选项，单击“确定”按钮或选择【菜单】→【装配】→【组件位置】→【装配约束】命令或单击【装配】选项卡，选择【组件位置】组中的【装配约束】图标，弹出如图 5-7 所示的“装配约束”对话框。该对话框用于通过配对约束确定组件在装配中的相对位置。

1）接触对齐：用于定位两个贴合或对齐配对对象。

2）角度：用于在两个对象之间定义角度尺寸，用于约束相配组件到正确的方位上。角度约束可以在两个具有方向矢量的对象间产生，角度是两个方向矢量间的夹角。这种约束允许配对不同类型的对象。

3）平行：用于约束两个对象的方向矢量彼此平行

4）垂直：用于约束两个对象的方向矢量彼此垂直。

5）同心：用于将相配组件中的一个对象定位到基础组件中的一个对象的中心上，其中一个对象必须是圆柱或轴对称实体。

6）中心：用于约束两个对象的中心对齐。

1 对 2：用于将相配对象中的一个对象定位到基础组件中的两个对象的对称中心上。

2 对 1：用于将相配组件中的两个对象定位到基础组件中的一个对象上，并与其对称。当选择该选项时，选择步骤中的第三个图标被激活。

2 对 2：用于将相配组件中的两个对象与基础组件中的两个对象成对称布置。选择该选项时，选择步骤中的第四个图标被激活。

7）距离：用于指定两个相配对象间的最小三维距离，距离可以是正值也可以是负值，正负号确定相配对象是在目标对象的哪一边。

（2）移动：如果使用配对的方法不能满足用户的实际需要，还可以通过手动编辑的方式来进行定位。在如图 5-2 所示对话框中选择“移动”选项，指定方位，单击“确定”按钮或在选择【菜单】→【装配】→【组件位置】→【移动组件】命令或单击【装配】选项卡，选择【组件位置】组中的【移动组件】图标，弹出“移动组件”对话框，如图 5-3 所示，在视图区选择要移动的组件，单击“确定”按钮。

图 5-7 “装配约束”对话框

图 5-8 “移动组件”对话框

1）点到点：用于采用点到点的方式移动组件。选择该类型，指定两点，系统根据这两点构成的矢量和两点间的距离，来沿着这个矢量方向移动组件。

2）增量 XYZ：用于平移所选组件。选择该类型，沿 X、Y 和 Z 坐标轴方向移动一个距离。如果输入的值为正，则沿坐标轴正向移动。反之，沿负向移动。

3）角度：用于绕点旋转组件。选择该类型，选择要移动的组件，选择旋转点。在“角度”文本框，该文本框用于输入要旋转的角度值。

4）根据三点旋转：用于绕轴旋转所选组件。选择该类型，选择要旋转的组件，在对话框中定义三个点和一个矢量。

5）坐标系到坐标系：用于采用移动坐标方式重新定位所选组件。选择该类型，选择要定位的组件，指定起始坐标系和终止坐标系。选择一种坐标定义起始坐标系和终止坐标系后，单击“确定”按钮，则组件从起始坐标系的相对位置移动到终止坐标系中的对应位置。

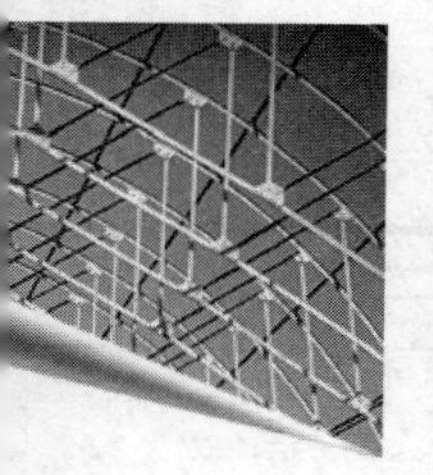

6）将轴与矢量对齐：用于在选项的两轴之间旋转所选的组件。选择该类型，选择要定位的组件，指定枢轴点、起始矢量和终止矢量的方向。

7）距离：用于在指定矢量方向移动组件。选择该类型，选择要移动的组件，定义矢量方向和沿矢量的距离。

5.3 装配爆炸图

5.3.1 新建爆炸图

选择【菜单】→【装配】→【爆炸图】→【新建爆炸】命令或单击【装配】选项卡，选择【爆炸图】组中的【新建爆炸】图标，弹出如图 5-9 所示的“新建爆炸”对话框。在该对话框中输入爆炸图名称，或接受默认名称，单击“确定”按钮，创建爆炸图。

5.3.2 爆炸组件

新创建了一个爆炸图后视图并没有发生什么变化，接下来就必须使组件炸开。可以使用自动爆炸方式完成爆炸图，即基于组件配对条件沿表面的正交方向自动爆炸组件。

选择【菜单】→【装配】→【爆炸图】→【自动爆炸组件】命令或单击【装配】选项卡，选择【爆炸图】组中的【自动爆炸组件】图标，弹出“类选择”对话框，单击“全选”图标，选中所有的组件，就可对整个装配进行爆炸图的创建，若利用鼠标选择，则可以连续选中任意多个组件即可实现对这些组件的炸开。完成组件的选择后，单击“确定”按钮，弹出如图 5-10 所示的“自动爆炸组件”对话框，该对话框用于指定自动爆炸参数。

图 5-9 “新建爆炸”对话框

图 5-10 “自动爆炸组件”对话框

- 距离：用于设置自动爆炸组件之间的距离。距离值可正可负。

自动爆炸只能爆炸具有配对条件的组件，对于没有配对条件的组件需要使用手动编辑的方式。

5.3.3 编辑爆炸图

如果没有得到理想的爆炸效果，通常还需要对爆炸图进行编辑。

（1）编辑爆炸图。选择【菜单】→【装配】→【爆炸图】→【编辑爆炸】命令或单击【装配】选项卡，选择【爆炸图】组中的【编辑爆炸】图标，弹出如图 5-11 所示的“编辑爆炸”

对话框。在视图区选择需要进行调整的组件，然后在如图 5-11 所示对话框中选中“移动对象”单选按钮，在视图区选择一个坐标方向，“距离”和“对齐增量”选项被激活，在该对话框中输入所选组件的偏移距离和对齐增量后，单击“确定”或“应用”按钮，即可完成该组件位置的调整。

（2）组件不爆炸。选择【菜单】→【装配】→【爆炸图】→【取消爆炸组件】命令或单击【装配】选项卡，选择【爆炸图】组中的【取消爆炸组件】图标，弹出“类选择”对话框，在视图区选择不进行爆炸的组件，单击“确定”按钮，使已爆炸的组件恢复到原来的位置。

（3）删除爆炸图。选择【菜单】→【装配】→【爆炸图】→【删除爆炸】命令或单击【装配】选项卡，选择【爆炸图】组中的【删除爆炸】图标，弹出如图 5-12 所示的“爆炸图”对话框，在该对话框中选择要删除的爆炸图名称，单击“确定”按钮，删除所选爆炸图。

（4）隐藏爆炸图。选择【菜单】→【装配】→【爆炸图】→【隐藏爆炸】命令，则将当前爆炸图隐藏起来，使视图区中的组件恢复到爆炸前的状态。

（5）显示爆炸图。选择【菜单】→【装配】→【爆炸图】→【显示爆炸】命令，则将已建立的爆炸图显示在视图区。

5.4 装配检验

装配的检验主要是检验装配体的各个部件之间的干涉、距离、角度以及各相关的部件之间的主要的几何关系是不是满足要求的条件。

装配的干涉分析就是要分析装配中的各零部件之间的几何关系之间是否存在干涉现象，以确定装配是不是可行的。

选择【菜单】→【分析】→【简单干涉】命令，系统弹出如图 5-13 所示“简单干涉”对话框。

图 5-11　“编辑爆炸”对话框　　图 5-12　“爆炸图”对话框　　图 5-13　“简单干涉”对话框

可以检查已经装配好的对象之间的面、边缘等几何体之间的干涉。

5.5 组件家族

组件家族提供通过一个模板零件快速定义一类似组件（零件或装配）的家族的方法。该功能主要用于建立系列标准件，可以一次生成所有的相似组件。

选择【菜单】→【工具】→【部件族】命令，弹出如图 5-14 所示的“部件族”对话框。

（1）可用的列：用于选择可选择的参数，用户可以从中选择来驱动系列件。其下拉列表框包括“属性”“组件”“表达式”“镜像”“密度”“特征”“材料”和“赋予质量”8 种选择方式。

选择好相应的选项以后，双击该选项或者单击“在末尾添加”按钮，就可以把该项添加到“选中的列”列表框中，任何不需要的选项还可以单击“移除列”按钮删除。

（2）部件族电子表格：用于控制如何生成系列件。

1）创建电子表格：单击该按钮，系统自动启动 Excel 表格，选中的相应条目都会列举其中，如图 5-15 所示。

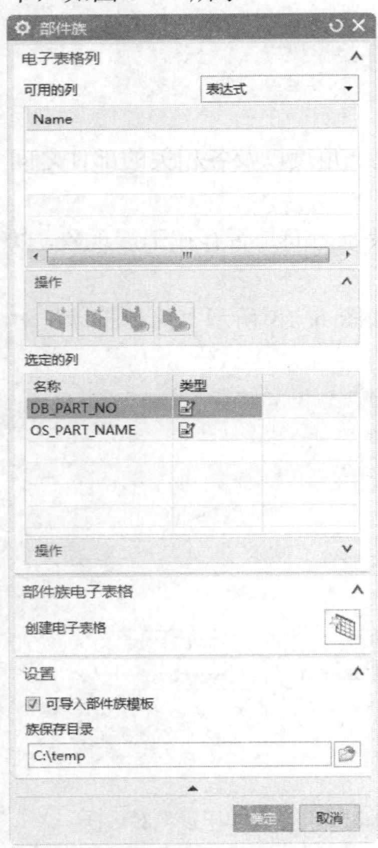

图 5-14　“部件族”对话框

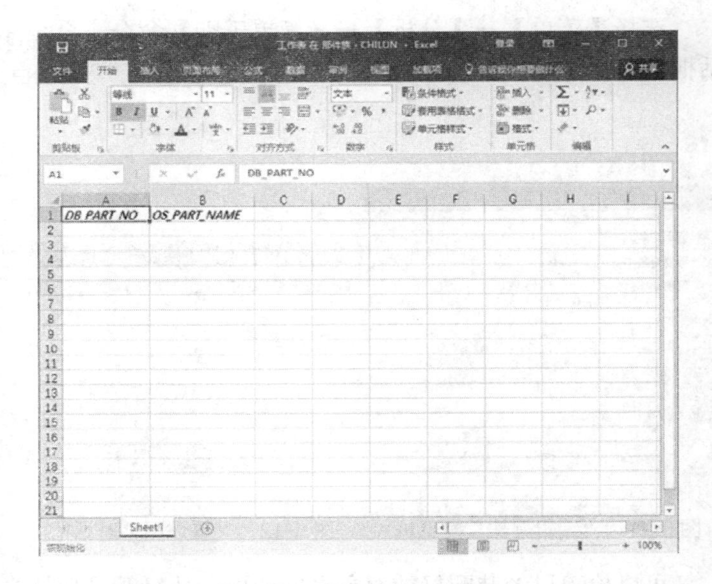

图 5-15　自动 Excel 表格

2)编辑电子表格:在生成Excel表格并保存返回UG环境后,单击该按钮可以重新弹出Excel

表格进行编辑。

3）删除族：删除定义好的部件族。

（3）Excel 表格的使用：在打开的 Excel 表格中，用户可以在 Part Name 中依次填写生成系列件的名称，在参数中填写相应的数值，在特征中填写生成（YES）或者不生成(NO)等。全部填写完毕以后，选中所有的区域，然后选择 Excel 菜单上的部件族命令，如图 5-16 所示。

图 5-16　Excel 菜单上的“部件族”菜单

1）确认部件：不生成实际的零件，但是可以验证用户数据的正确性。

2）应用值：直接应用修改以后的数值。

3）更新部件：如果已经生成了零件，可以通过修改 Excel 表格来更新零件数据。

4）创建部件：系统将在指定目录下生成全部零件。

5）保存族：用户可以把 Excel 表格和零件一起存在.prt 文件中，在需要的时候才生成，而且在装配中还可以选择不同的系列件。

6）取消：取消操作。

选择 Excel 菜单上的【文件】→【关闭】，可以重新回到 UG NX 12.0 环境。

（4）可导入组件族模板：勾选该复选框，则用于连接 UG\管理和 IMAN 进行 PDM 产品管理，通常情况下，不需要选择。

（5）族保存目录：单击“浏览...”按钮，可指定将来生成的系列文件的存放目录。

5.6 装配序列化

装配序列化的功能主要有两个：一个是规定一个装配的每个组件的时间与成本特性；另一个是用于表演装配顺序，指定一线的装配工人进行现场装配。

完成组件装配后，可建立序列化来表达装配各组件间的装配顺序。

选择【菜单】→【装配】→【序列】命令或单击【装配】选项卡，选择【常规】组中的【序列】图标，系统会自动进入序列环境并弹出如图 5-17 所示的“主页”选项卡。

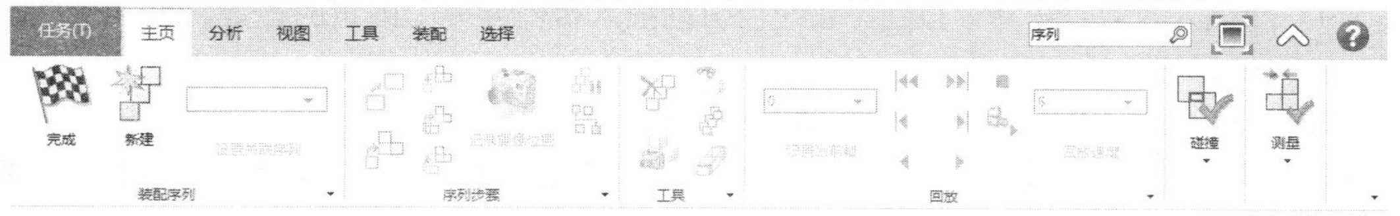

图 5-17　“主页”选项卡

下面介绍该选项卡中主要选项的用法：

（1）完成：用于退出序列化环境。

（2）新建：用于创建一个序列。系统会自动为这个序列命名为序列_1，以后新建的序列为序列_2、序列_3 等依次增加。用户也可以自己修改名称。

（3）插入运动：选择该按钮，弹出如图 5-18 所示的“录制组件运动”工具条。该工具条用于建立一段装配动画模拟。

1）选择对象：选择需要运动的组件对象。

2）移动对象：用于移动组件。

3）只移动手柄：用于移动坐标系。

4）运动录制首选项：单击该图标，弹出如图 5-19 所示的“首选项”对话框。该对话框用于指定步进的精确程度和运动动画的帧数。

5）拆卸：用于拆卸所选组件。

6）摄像机：用来捕捉当前的视角，以便于回放的时候在合适的角度观察运动情况。

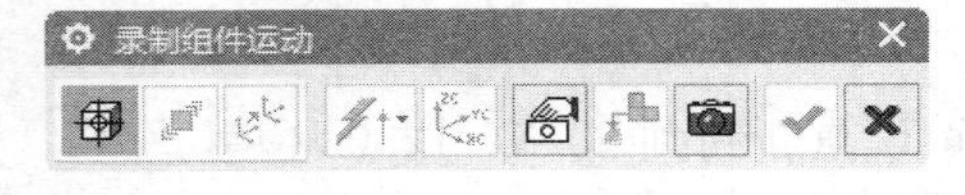

图 5-18　“录制组件运动”工具条

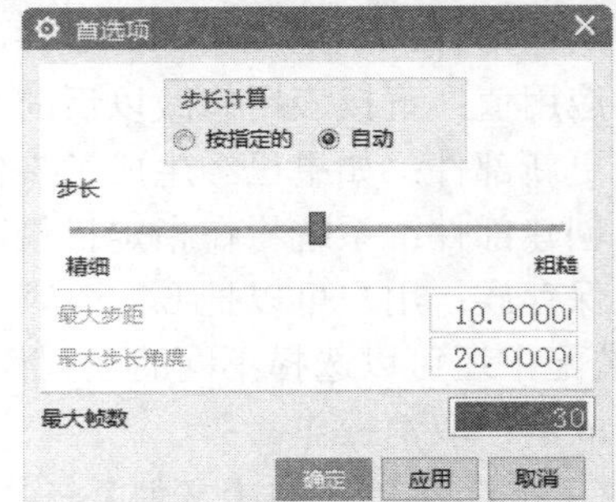

图 5-19　“首选项”对话框

（4）装配：选择该按钮，弹出“类选择”对话框，按照装配步骤选择需要添加的组件，该组件会自动出现在视图区右侧。用户可以依次选择要装配的组件，生成装配序列。

（5）一起装配：用于在视图区选择多个组件，一次全部进行装配。“装配”功能只能一次装配一个组件，该功能在“装配”功能选中之后可选。

（6）拆卸：用于在视图区选择要拆卸的组件，该组件会自动恢复到绘图区左侧。该功能主要是模拟反装配的拆卸序列。

（7）一起拆卸：一起装配的反过程。

（8）记录摄像位置：用于为每一步序列生成一个独特的视角。当序列演变到该步时，自动转换到定义的视角。

（9）插入暂停：选择该按钮，系统会自动插入暂停并分配固定的帧数，当回放的时候，系统看上去像暂停一样，直到走完这些帧数。

（10）删除：用于删除一个序列步。

（11）在序列中查找：选择该按钮，弹出“类选择”对话框，可以选择一个组件，然后查找应用了该组件的序列。

（12）显示所有序列：用于显示所有的序列。

（13）捕捉布置：用于可以把当前的运动状态捕捉下来，作为一个装配序列。用户可以为这个排列取一个名字，系统会自动记录这个排列。

定义完成序列以后，就可以通过如图 5-20 所示的“序列回放”组来播放装配序列。在最左边的是设置当前帧数，在最右边的是播放速度调节，从 1~10，数字越大，播放的速度就越快。

5.7 装配布置

装配布置功能是用于使同一个零件可以在装配中处于不同的位置，这样，装配结构没有变，但是可以更好地展现装配的真实性。同时对于相同的多个零件，可以彼此处于不同的位置。

用户可以定义装配排列来为组件中一个或多个组件指定可选位置，并将这些可选位置与组件存储在一起。该功能不能为单个组件创建排列，只能为装配或子装配创建排列。

选择【菜单】→【装配】→【布置】命令或单击【装配】选项卡，选择【常规】组中的【布置】图标，弹出如图 5-21 所示的“装配布置”对话框。该对话框用于实现创建、复制删除、更名、设置默认排列等功能。其操作简单，不再详述。

图 5-20　“序列回放”组

图 5-21　“装配布置”对话框

弹出“装配布置”对话框后，应该首先复制一个排列，然后使用装配中的重定位把需要的组件定位到新的位置上，然后退出对话框，保存文件就可以了。需要多个排列位置的可以多次重复这个工作。完成设置后，就可以在不同的排列之间切换了。

5.8 综合实例——齿轮泵装配

5.8.1　装配组件

制作思路

主要介绍对齿轮泵的各部件进行装配操作，包括接触、对齐，同心等约束，装配模型如图 5-22 所示。

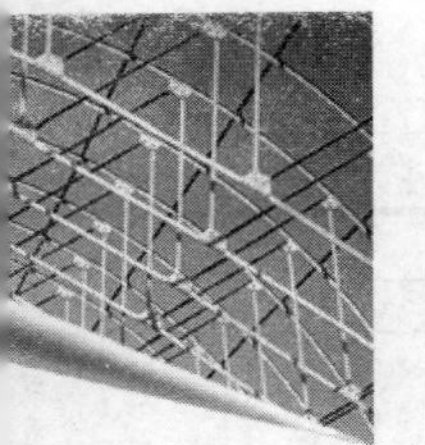

01 新建文件。选择【菜单】→【文件】→【新建】命令，或单击【主页】选项卡，选择【标准】组中的【新建】图标，打开“新建”对话框，在“模板”列表框中选择“装配”，输入“bengzhuangpei”，单击“确定”按钮，进入 UG 主界面。

02 加入组件。

❶选择【菜单】→【装配】→【组件】→【添加组件】命令，或单击【装配】选项卡，选择【组件】组中的【添加组件】图标，打开“添加组件”对话框如图 5-23 所示。

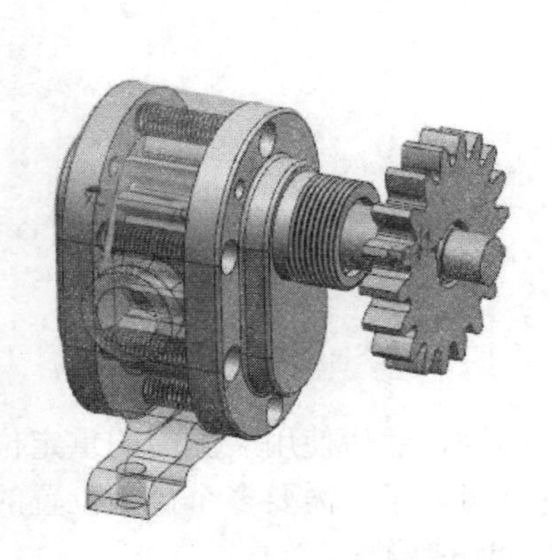

图 5-22　齿轮泵装配模型

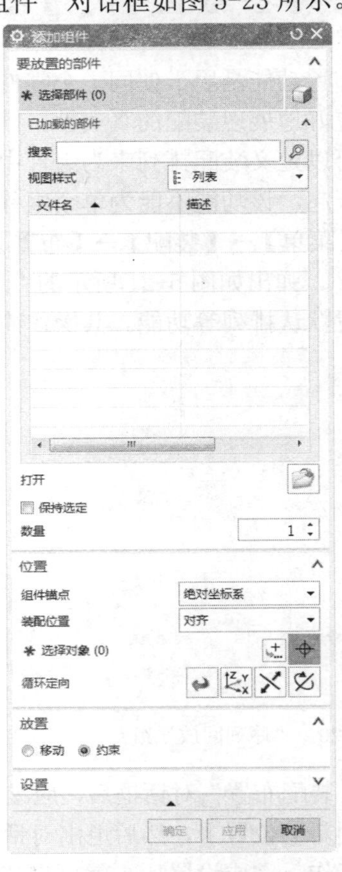

图 5-23　“添加组件”对话框

❷单击“打开”按钮，打开“部件名”对话框，根据组件的存放路径选择组件 jizuo，单击“OK”按钮。

❸返回到“添加组件”对话框，在“组件锚点”下拉菜单中选择“绝对坐标系”，将组件放置位置定位于原点，依次添加其他组件，并为各个组件定义不同的坐标位置。

03 装配前端盖与机座。

❶同步骤 **02**，在“添加组件”对话框中的定位设置为“通过约束”，以通过约束的定位方式打开前端盖组件。

❷打开如图 5-24 所示“装配约束”对话框，选择“接触对齐”类型，在方位下拉列表中选择“接触”。

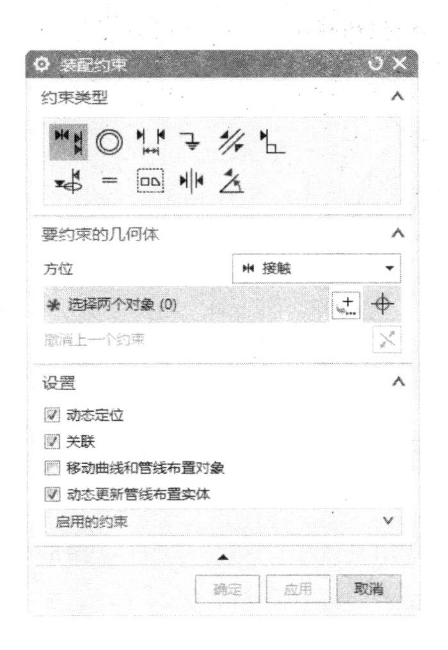

图 5-24　“装配约束”对话框

❸依次选择如图 5-25 所示机座的端面和图 5-26 所示端盖的端面，完成面接触约束。

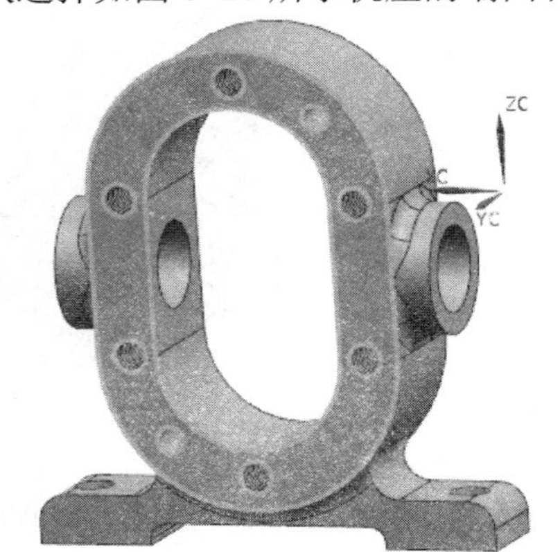

图 5-25　选择“机座”端面

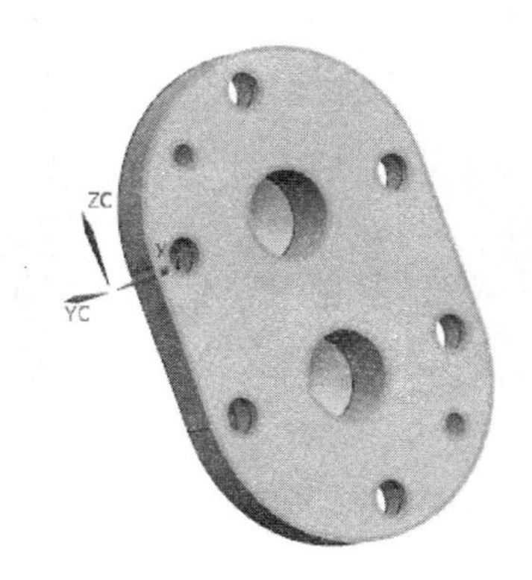

图 5-26　选择“前端盖”端面

❹选择“接触对齐”类型，在方位下拉列表中选择“自动判断中心/轴”，依次选择如图 5-27 所示销孔圆柱面和图 5-28 所示销孔圆柱面。

❺在方位下拉列表中选择“自动判断中心/轴”，依次选择如图 5-29 所示圆柱轴线和图 5-30 所示圆柱轴线，单击“确定”按钮，完成同心约束操作，生成模型如图 5-31 所示。

04 装配齿轮轴 1 和前端盖。

❶同步骤 **02** ，在“添加组件”对话框中的放置设置为“约束”，以通过约束的定位方式打开齿轮轴 1 组件。

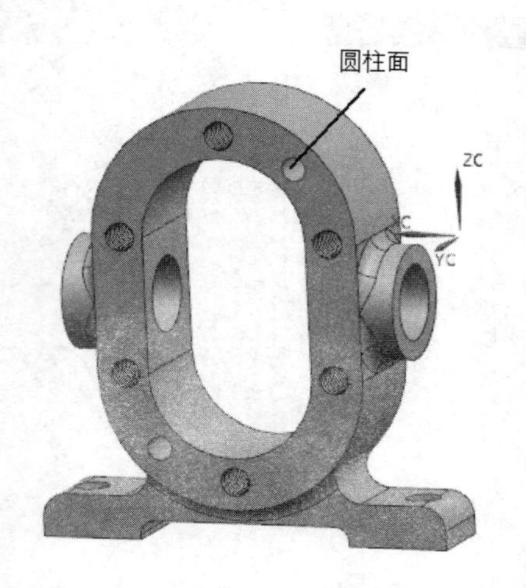

图 5-27　选择“机座”销孔圆柱面

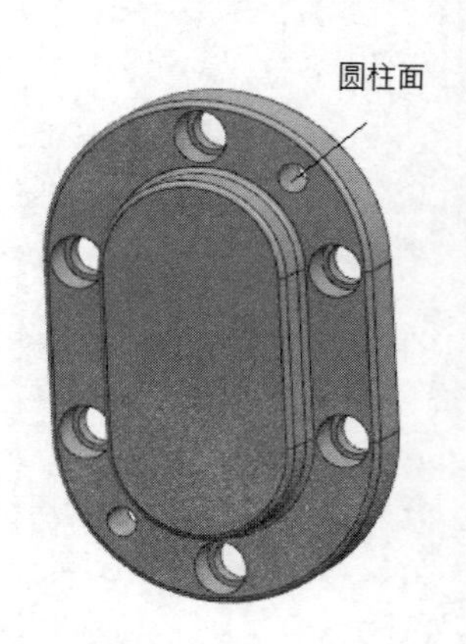

图 5-28　选择“前端盖”销孔圆柱面

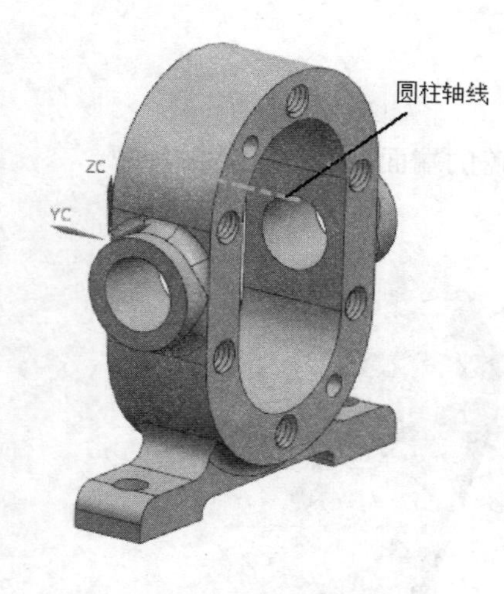

图 5-29　选择“机座”圆柱轴线

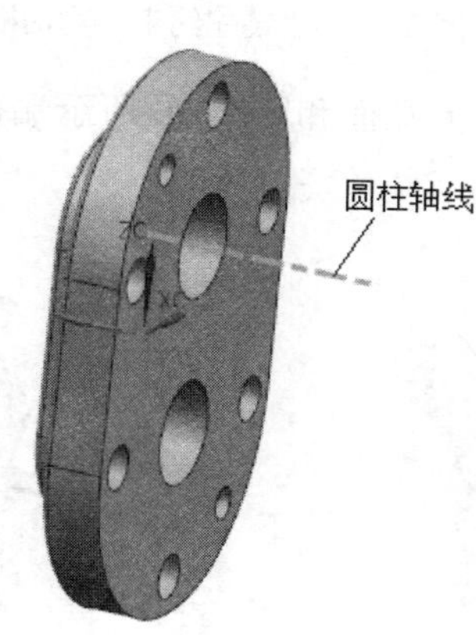

图 5-30　选择“前端盖”圆柱轴线

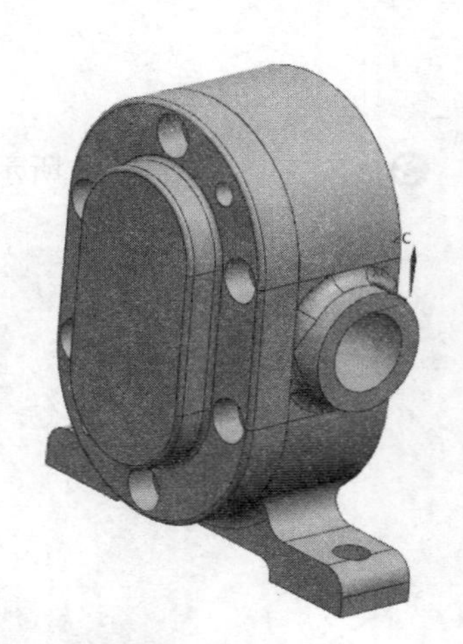
图 5-31　机座和前端盖装配模型

❷打开“装配约束”对话框，选择“接触对齐”类型，在方位下拉列表中选择“接触”，依次选择如图 5-32 所示前端盖内端面和图 5-33 所示齿轮轴 1 的端面，完成面对齐约束。

❸在方位下拉列表中选择“自动判断中心/轴”，依次选择如图 5-34 所示孔圆柱面和图 5-35 所示圆柱面，单击“确定”按钮，完成装配，生成如图 5-36 所示模型。

❹以同样的方法装配前端盖和齿轮轴 2，并添加齿轮轴 1 和齿轮轴 2 的齿轮面的接触对齐约束，生成装配模型如图 5-37 所示。

05 装配后端盖和机座。

❶同步骤 **02** ，以通过约束的定位方式打开后端盖组件。

❷打开“装配约束”对话框，选择“接触对齐”类型，在方位下拉列表中选择“接触”，依次选择如图 5-38 所示“后端盖”端面和图 5-39 所示“机座”端面，完成面接触约束。

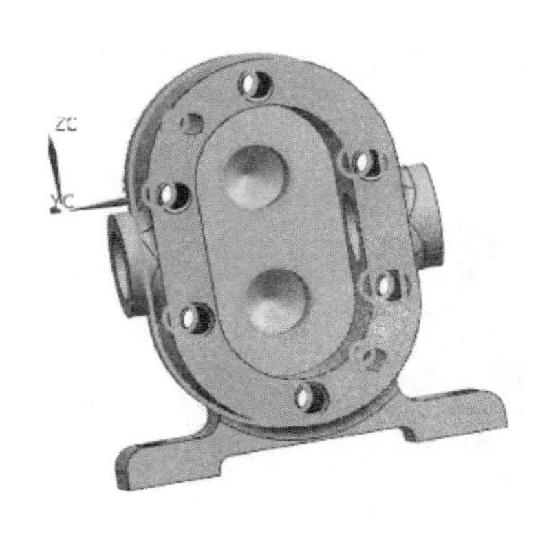

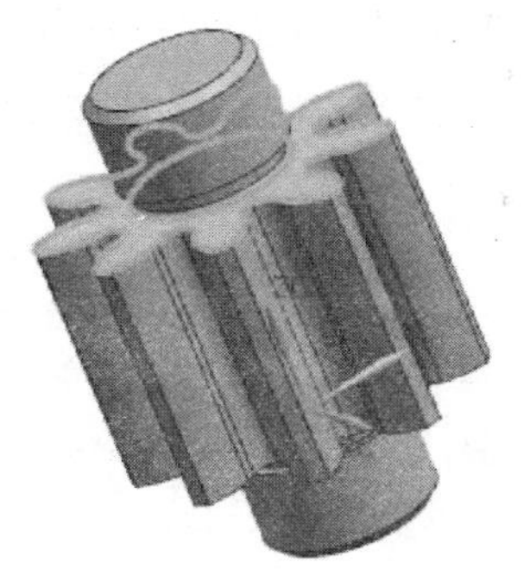

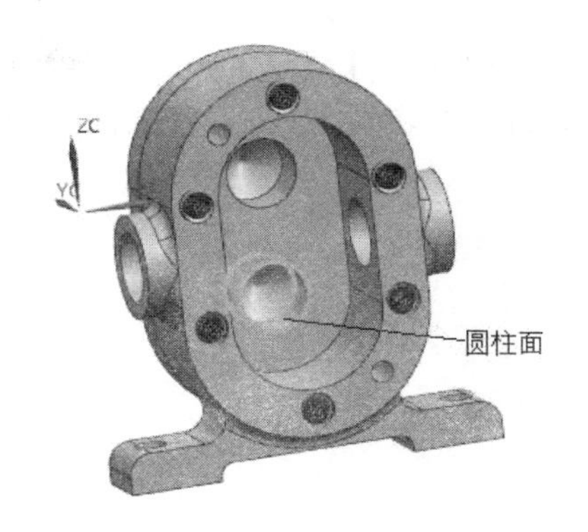

图5-32　选择“前端盖”端面　　图5-33　选择“齿轮轴1”端面　　图5-34　选择“前端盖” 内圆柱面

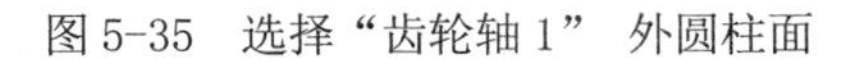

图5-35　选择“齿轮轴1” 外圆柱面　　图5-36　“前端盖”和“齿轮轴1”的装配模型

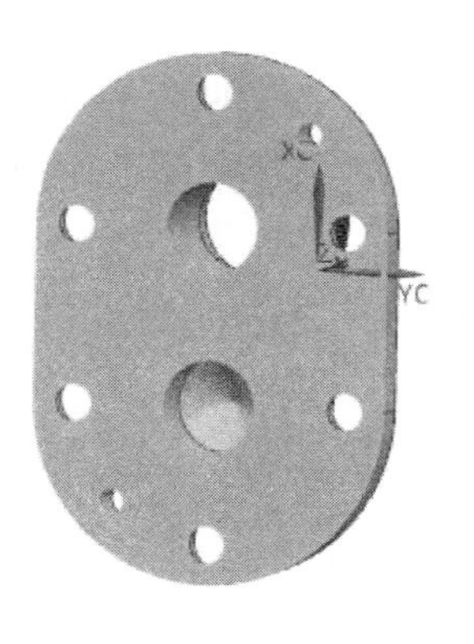

图5-37　“前端盖”和“齿轮轴2” 的装配模型 图5-38　选择“后端盖”端面 图5-39　选择“机座”端面

❸在方位下拉列表中选择“自动判断中心/轴”，依次选择如图5-40所示面1和图5-41所示面4。

❹在方位下拉列表中选择“自动判断中心/轴”，依次选择如图5-40所示面3和图5-41所示面2，完成同心约束的操作。生成模型如图5-42所示。

06 编辑对象显示。

❶选择【菜单】→【编辑】→【对象显示】命令，打开“类选择”对话框，选择后端盖，打开“编辑对象显示”对话框如图 5-43 所示。

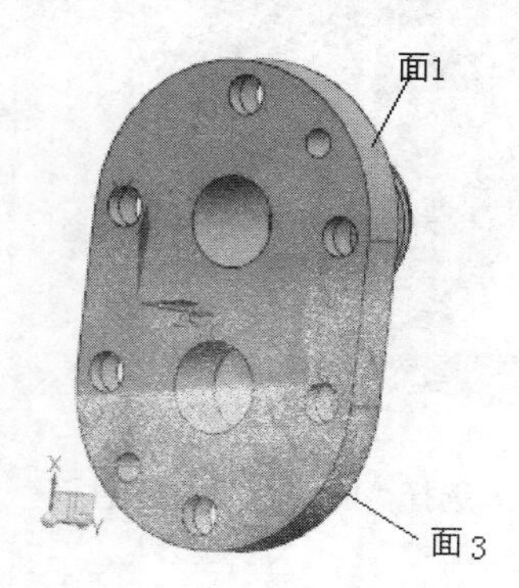

图 5-40　选择“后端盖”圆柱面

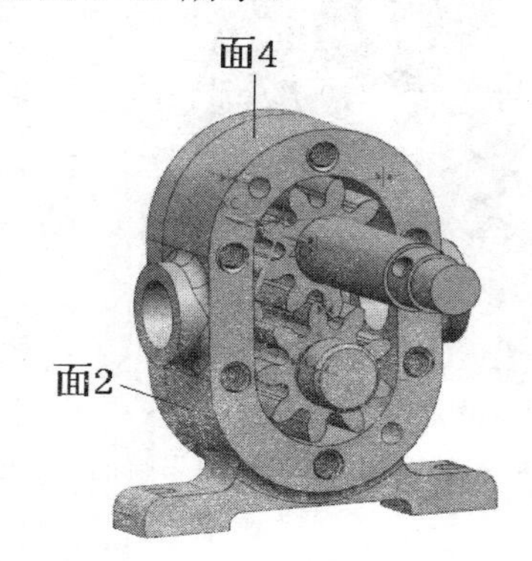

图 5-41　选择“机座”圆柱面

图 5-42　后端盖和机座装配模型

❷单击“颜色”选项，打开“颜色”对话框，单击“浅蓝色”■（可在颜色 ID 处输入 61 后按 Enter 键即可），单击“确定”按钮，完成颜色的设置。

❸选择机座，并在透明度滑块设置项中拖动按钮到 70，这时模型设置为透明状态。编辑后的模型如图 5-44 所示。

07 装配防尘套和后端盖。

❶同步骤 **02** ，在“添加组件”对话框中的放置设置为“约束”，以通过约束的定位方式打开防尘套组件。

❷打开“装配约束”对话框，选择“接触对齐”类型，在方位下拉列表中选择“接触”，依次选择如图 5-45 所示“防尘套”端面和“后端盖”端面，完成面对齐约束。

❸在方位下拉列表中选择“自动判断中心/轴”，依次选择如图 5-44 和图 5-45 所示圆柱面和圆环面，单击“确定”按钮，完成装配，如图 5-46 所示。

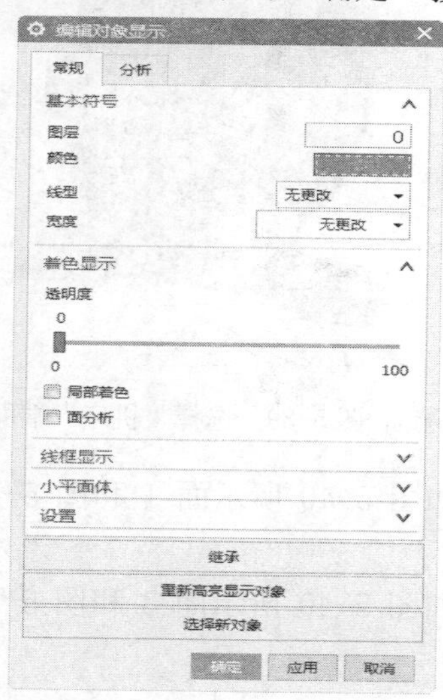

图 5-43　“编辑对象显示”对话框

图 5-44　选择“后端盖”端面

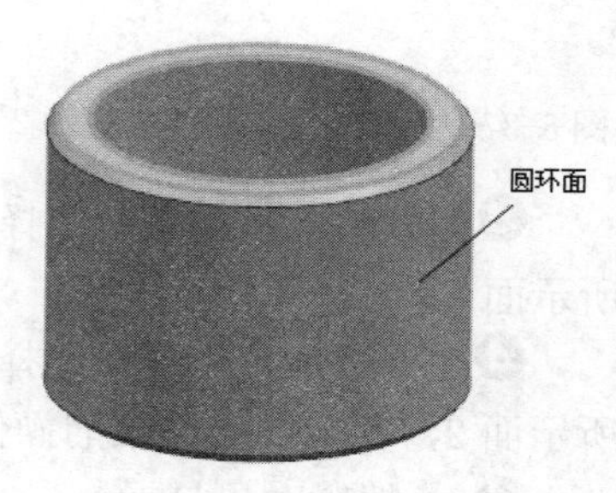

图 5-45　选择“防尘套”端面

08 装配键和轴 2。

❶同步骤 **02**，在“添加组件”对话框中的定位设置为“通过约束”，以通过约束的定位方式打开圆头平键组件。

❷打开“装配约束”对话框，选择“接触对齐”类型，在方位下拉列表中选择“接触”，依次选择如图 5-47 所示键平端面和图 5-48 所示轴的键槽底端面，完成面对齐约束。

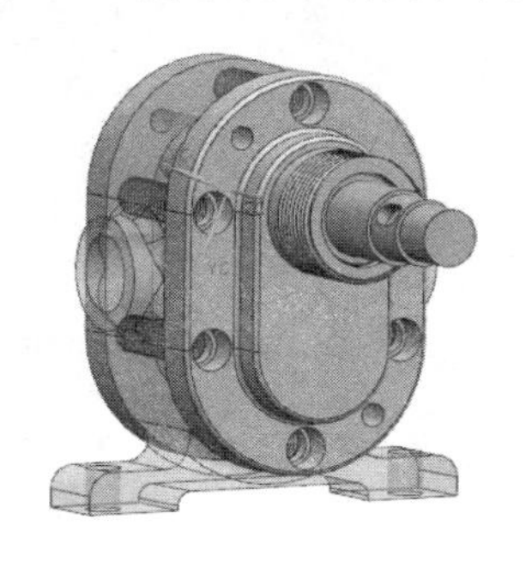

图 5-46　防尘套配对模型

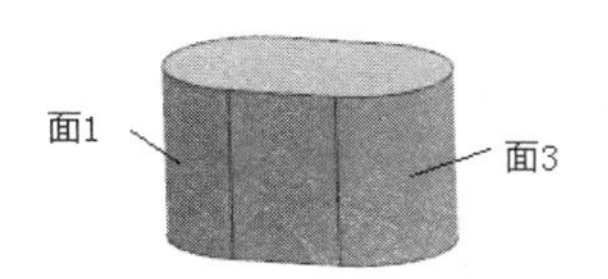

图 5-47　选择“键”圆柱面

❸在方位下拉列表中选择“自动判断中心/轴”，分别选择如图 5-47 所示面 1 和图 5-48 所示面 2、图 5-47 所示面 3 和图 5-48 所示面 4，完成同心约束的操作，生成模型如图 5-49 所示。

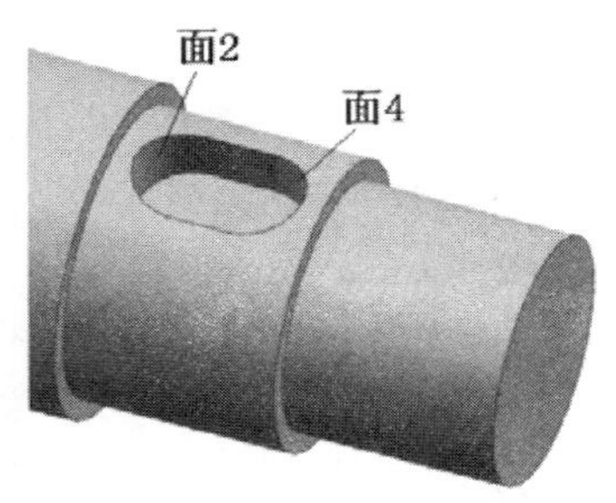

图 5-48　选择“键槽”圆柱面

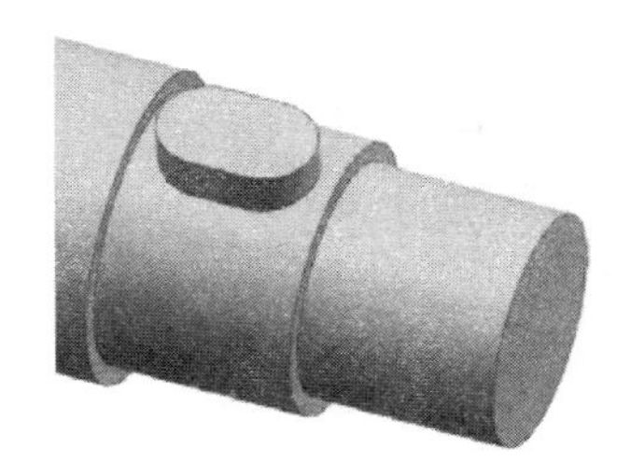

图 5-49　“键槽”装配模型

09 装配大齿轮和轴 2。

❶同步骤 **02**，在“添加组件”对话框中的定位设置为“通过约束”，以通过约束的定位方式打开大齿轮组件。

❷打开“装配约束”对话框，选择“接触对齐”类型，在方位下拉列表中选择“接触”，依次选择如图 5-50 所示齿轮端面和图 5-51 所示轴端面，并选择反向，完成面对齐约束。

❸选择“接触对齐”类型，在方位下拉列表中选择“接触”，分别选择如图 5-50 所示键槽一侧端面和图 5-51 所示键一端面、图 5-50 所示键槽另一侧端面和图 5-51 所示键另一端面，完成对齐约束的操作。

❹在方位下拉列表中选择“自动判断中心/轴”，依次选择大齿轮内孔面和轴 2 的圆柱面，单击“应用”按钮，完成同心配对的操作，连续单击“确定”按钮，结果如图 5-52 所示。

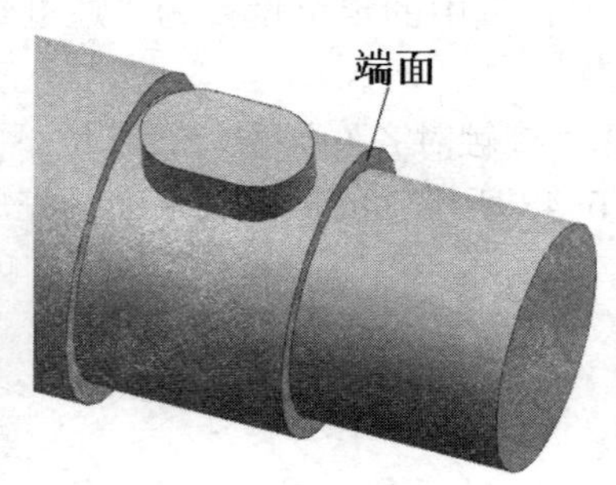

图 5-50　配对模型　　图 5-51　配对模型　　图 5-52　装配模型

5.8.2　装配爆炸

01 选择【菜单】→【文件】→【打开】命令，弹出“打开”对话框，如图 5-53 所示，打开上一节创建的装配文件 bengzhuangpei，进入 UG 建模模块。

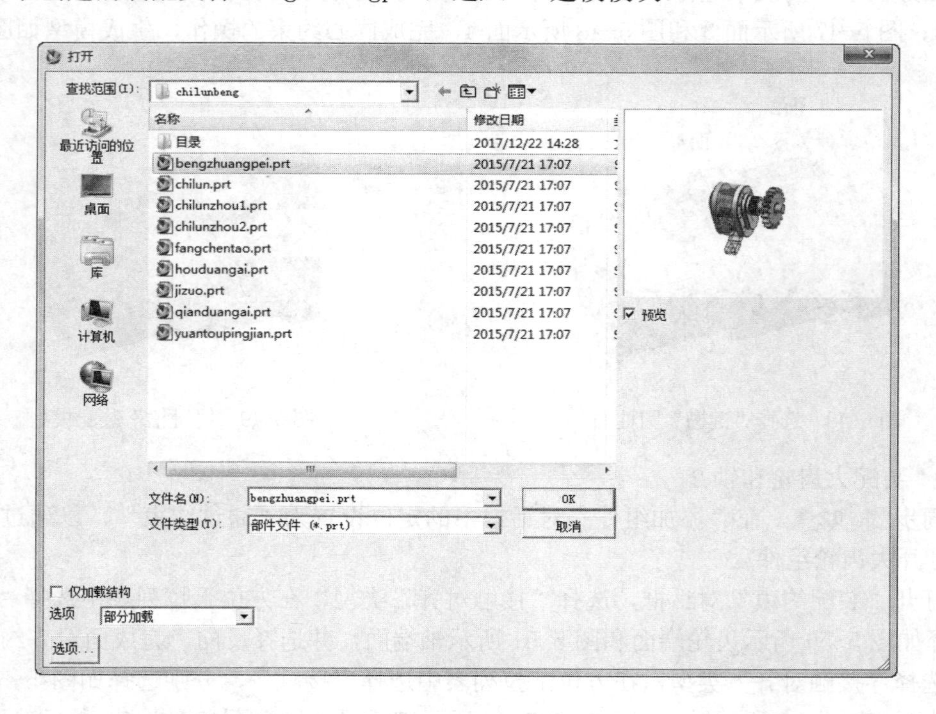

图 5-53　“打开”对话框

02 创建爆炸视图。

❶选择【菜单】→【装配】→【爆炸图】→【新建爆炸】命令，弹出如图 5-54 所示“新建爆炸”对话框。

❷接受系统默认爆炸视图名称，单击“确定”按钮，激活整个爆炸图组，如图 5-55 所示。

图 5-54　“新建爆炸”对话框

图 5-55　“爆炸图”组

03 编辑爆炸视图。

❶选择【菜单】→【装配】→【爆炸图】→【编辑爆炸】命令，弹出“编辑爆炸”对话框如图 5-56 所示，选择装配图中的前端盖。

❷在“编辑爆炸”对话框中选择“移动对象”项，此时激活“距离”和“对齐增量”，可有多种方式将前端盖移动到目的位置。

❸当完成移动后，单击“确定”按钮，完成前端盖的爆炸。

❹同理，移动其他零件，完成齿轮泵爆炸视图操作，生成如图 5-57 所示模型。

图 5-56　“编辑爆炸”对话框

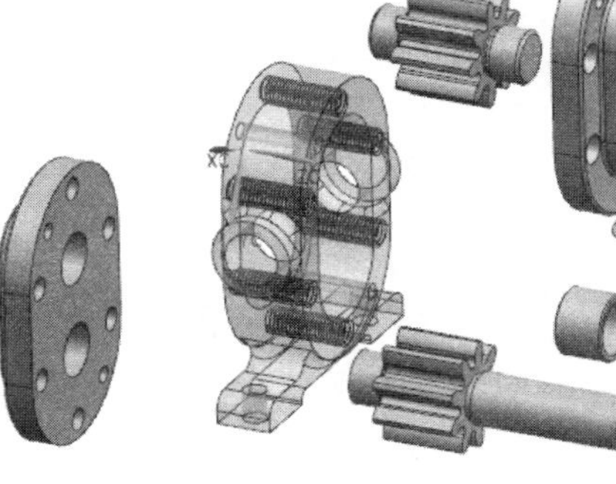

图 5-57　爆炸图

04 创建不爆炸组件。

❶选择【菜单】→【装配】→【爆炸图】→【取消爆炸组件】命令，弹出“类选择”对话框。

❷选择图 5-57 所示前端盖，并单击“确定”按钮，创建的爆炸组件恢复到装配位置。

05 隐藏爆炸视图。选择【菜单】→【装配】→【爆炸图】→【隐藏爆炸】命令。

06 删除爆炸视图。

❶选择【菜单】→【装配】→【爆炸图】→【删除爆炸】命令，弹出“爆炸图”对话框如图 5-58 所示。

❷选择要删除的爆炸图名称，单击“确定”按钮，完成删除操作。

07 单击快速访问工具条的撤销图标，将界面撤回到爆炸图的状态，选择【菜单】→【文

件】→【另存为】命令，弹出“另存为”对话框，如图 5-59 所示，保存为 bengbaozha。

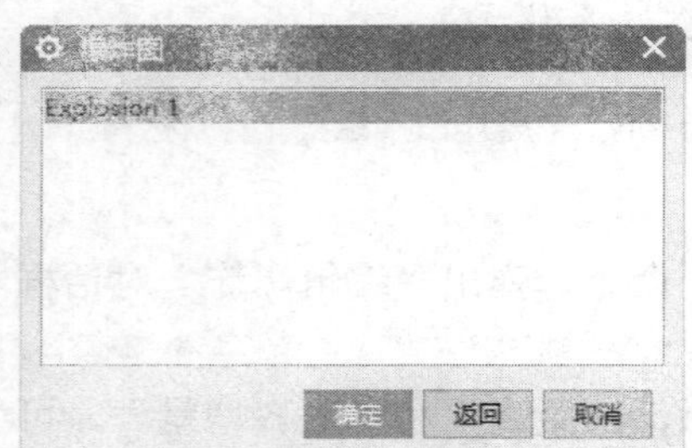

图 5-58 “爆炸图”对话框

图 5-59 “另存为”对话框

第6章 简单零件设计

本章主要通过介绍减速器中一些简单零件的建模方法，来熟悉 UG NX 12.0 建模模块的一些基本操作。减速器中简单零件主要有键、销、垫片、端盖、封油圈、定距环等，它们主要起定位和密封的作用。

重点与难点

- 键、销、垫片类零件
- 端盖
- 封油圈和定距环

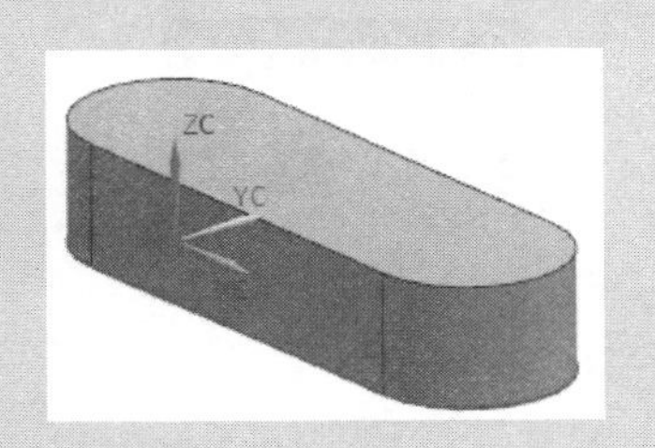

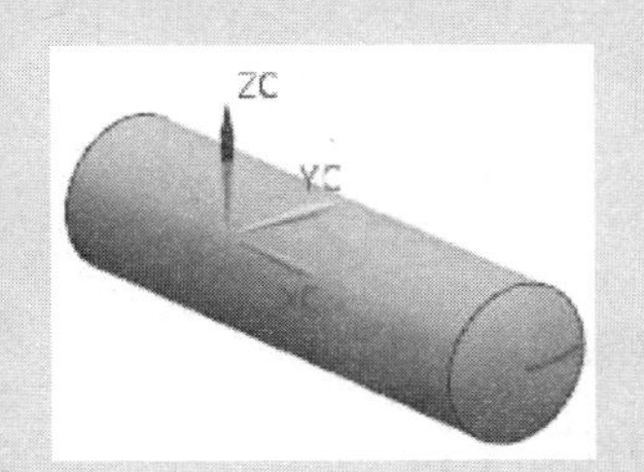

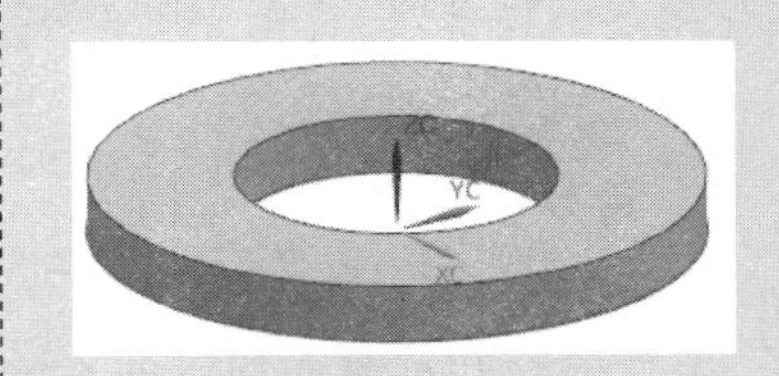

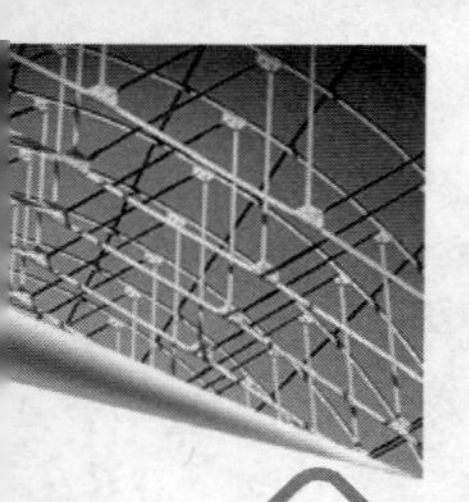

6.1 键、销、垫片类零件

制作思路

键类零件主要用于连接和传动，如减速器高速轴端的动力输入，低速轴与齿轮的连接和传动及低速轴端的动力输出。销类零件用于精确定位，在减速器中用在减速器底座和上盖的定位。垫片主要用于螺栓螺母的连接处。

键、销、垫片的制作思路为：绘制和编辑草图曲线；通过拉伸或旋转操作建立实体；生成倒角等细部特征。

6.1.1 键

01 选择【菜单】→【文件】→【新建】命令，或者单击【主页】选项卡，选择【标准】组中的【新建】图标，选择模型类型，创建新部件，文件名为 jian，进入建立模型模块。

02 选择【菜单】→【插入】→【在任务环境中绘制草图】命令，或者单击【曲线】选项卡中的【在任务环境中绘制草图】图标，系统弹出如图 6-1 所示的“创建草图”对话框，单击“确定”按钮，进入草图模式。

03 选择【菜单】→【插入】→【曲线】→【圆】命令，或者单击【曲线】选项卡，选择【曲线】组中的【圆】图标○，系统弹出如图 6-2 所示对话框，该对话框中的图标从左到右分别表示“圆心和直径定圆”“三点定圆”“坐标模式”和“参数模式”，利用该对话框建立圆。

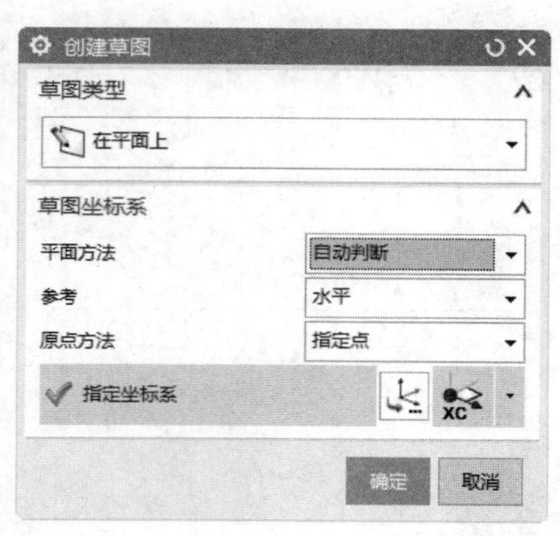

图 6-1 “创建草图”对话框

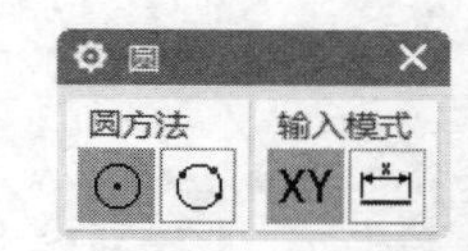

图 6-2 “圆”对话框

此处需要建立两个圆，方法如下：

❶选择⊙和 。

❷系统出现图 6-3 所示的第一个对话框，在该对话框中设定圆心坐标并按 Enter 键。

❸系统出现图 6-3 中的第二个对话框，在该对话框中设定圆的直径并按 Enter 键建立圆。

两个圆的圆心为（0，0）和（34，0），直径都为 16，如图 6-4 所示。

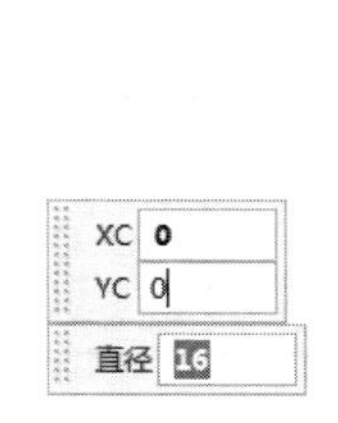

图 6-3　坐标对话框

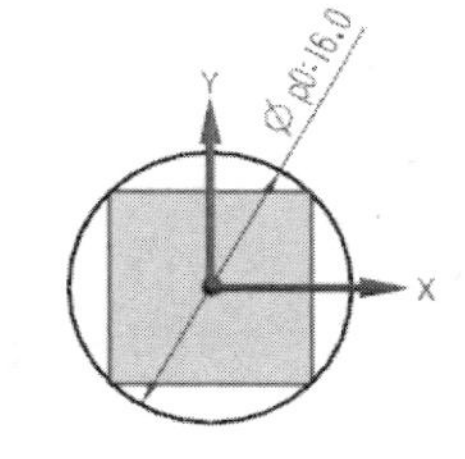
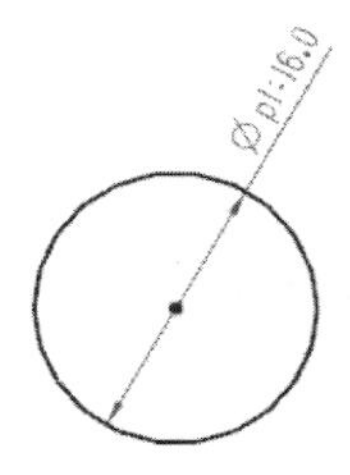

图 6-4　建立的两个圆

04 选择【菜单】→【插入】→【曲线】→【直线】命令，或者单击【曲线】选项卡，选择【曲线】组中的【直线】图标，建立两圆的外切线，方法如下：

❶将光标指向图 6-4 中左侧的圆，系统会将光标所指点的坐标显示出来，在出现该图标后，如图 6-5 所示，单击鼠标左键建立该圆的切线，切线的起点为圆上的点。

❷建立直线的起点后，移动光标到图 6-4 中右侧的圆，当出现图 6-6 中所示情形时，在长度和角度对话框中设定直线长度和角度，按 Enter 键建立直线。

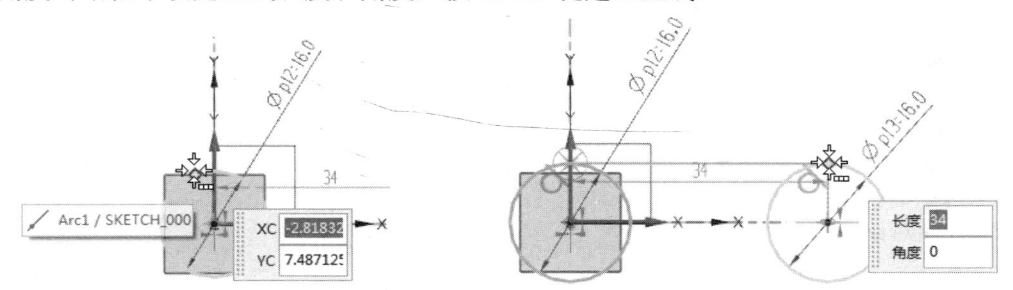

图 6-5　选择直线起点　　　　图 6-6　选择直线终点

用相同的方法，建立与两圆相切的另外一条直线。结果如图 6-7 所示。

05 选择【菜单】→【编辑】→【曲线】→【快速修剪】命令，或者单击【主页】选项卡，选择【曲线】组中的【快速修剪】图标，对所建草图形进行修剪，最后结果如图 6-8 所示。

06 单击【主页】选项卡中的【完成】图标，退出草图模式，进入建模模式。

07 选择【菜单】→【插入】→【设计特征】→【拉伸】，或者单击【主页】选项卡，选择【特征】组→【拉伸】图标，系统弹出“拉伸”对话框，如图 6-9 所示。利用该对话框拉伸草图中创建的曲线，操作方法如下：

❶选择刚刚建立的草图曲线。

❷单击“指定失量”下拉列表中选择 ZC 作为拉伸方向。

❸在该对话框中设定结束距离为 10，其他均为 0。单击“确定”按钮完成拉伸，如图 6-10 所示。

08 选择【菜单】→【插入】→【细节特征】→【倒斜角】，或者单击【主页】选项卡，选择【特征】组中的【倒斜角】图标，系统弹出“倒斜角”对话框，如图 6-11 所示。利用该对话框进行倒角，方法如下：

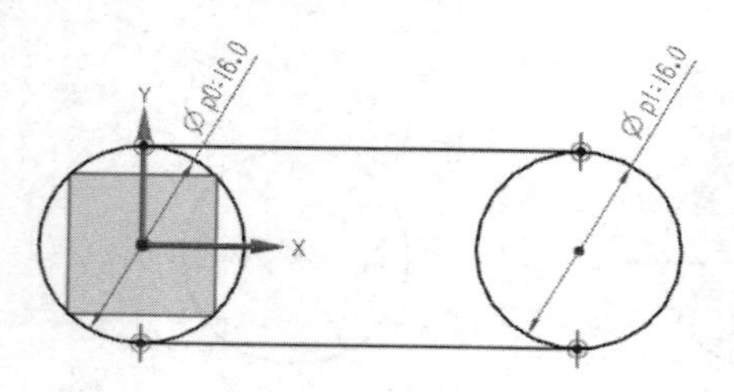

图 6-7　生成的两条切线

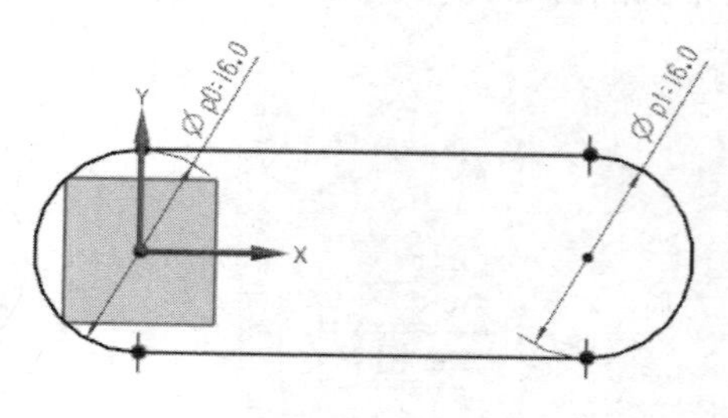

图 6-8　剪裁后的图形

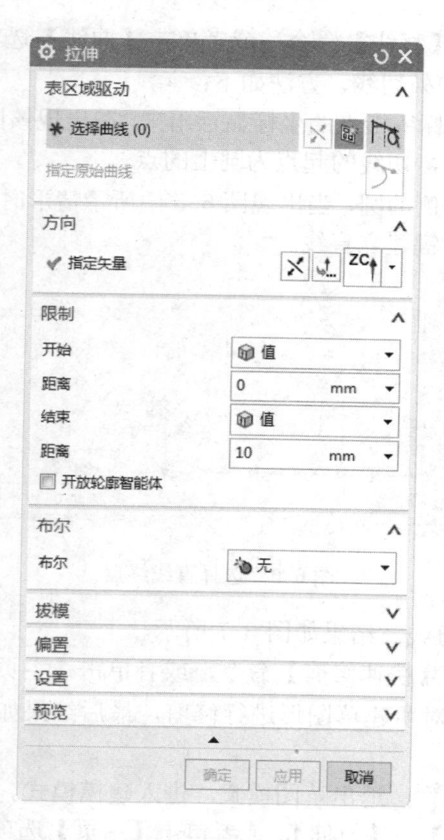

图 6-9　“拉伸”对话框

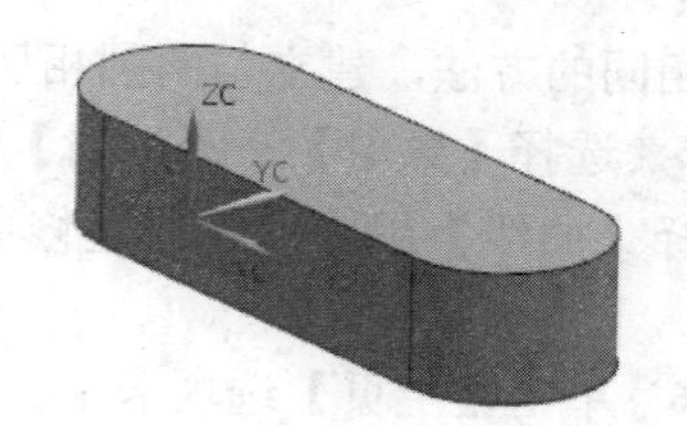

图 6-10　拉伸体

❶在图 6-11 所示该对话框中选择“对称”，距离为 0.5。

❷选择需要倒角的边。选择时即可以直接选择键的各条边，单击“确定”按钮，完成键的创建。

最后结果如图 6-12 所示。

减速器中还有两个键。其中一个键的底面圆的直径为 14，圆心距离为 46，拉伸高度为 9。另外一个键的圆直径为 8，圆心距离为 42，拉伸高度为 7。倒角偏置值都是 0.5。

图 6-11　“倒斜角”对话框

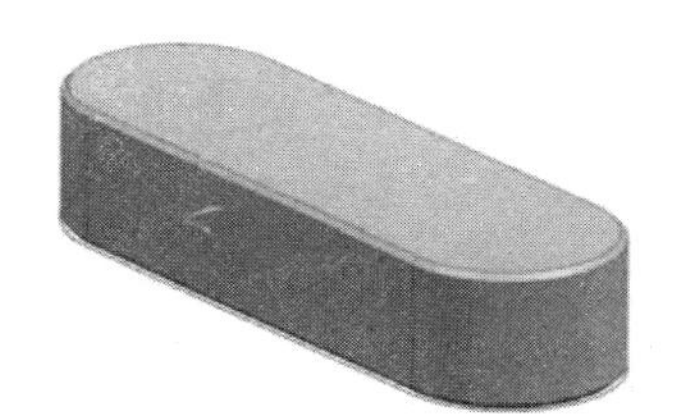

图 6-12　倒角结果

6.1.2　销

01 选择【菜单】→【文件】→【新建】命令，或者单击【主页】选项卡，选择【标准】组中的【新建】图标，选择模型类型，创建新部件，文件名为 xiao，进入建立模型模块。

02 选择【菜单】→【插入】→【在任务环境中绘制草图】命令，或者单击【曲线】选项卡中的【在任务环境中绘制草图】图标，进入草图模式。

03 选择【菜单】→【插入】→【曲线】→【圆】命令，或者单击【主页】选项卡，选择【曲线】组中的【圆】图标，系统弹出如图 6-2 所示对话框，利用该对话框建立圆。

此处需要建立两个圆，方法如下：

❶选择和。

❷系统出现图 6-3 中的第一个对话框，在该对话框中设定圆心坐标并按 Enter 键。

❸系统出现图 6-3 中的第二个对话框，在该对话框中设定圆的直径并按 Enter 键建立圆。

两个圆的圆心为（0，0）和（13.44，0），直径为 16 和 17.12，结果如图 6-13 所示。

04 选择【菜单】→【插入】→【基准/点】→【点】命令，系统弹出“草图点”对话框，如图 6-14 所示。在 XC、YC、ZC 文本框中输入点的坐标值建立点。

此处建立 4 个点，其坐标分别为：第一个点 XC=-7、YC=10、ZC=0；第二个点 XC=-7、YC=-10、ZC=0；第三个点 XC=21、YC=10、ZC=0；第四个点 XC=21、YC=-10、ZC=0。

05 选择【菜单】→【插入】→【曲线】→【直线】命令，或者单击【主页】选项卡，选择【曲线】组中的【直线】图标，分别连接第一点和第二点，第三点和第四点建立直线，同时在 XC 轴上创建一条直线，使该直线能横穿两个圆。得到的结果如图 6-15 所示。

06 选择【菜单】→【编辑】→【曲线】→【快速修剪】命令，或者单击【主页】选项卡，选择【曲线】组中的【快速修剪】图标，对所画的图形进行修剪，最后结果如图 6-16 所示。刚刚创建的 4 个点也可以删除。

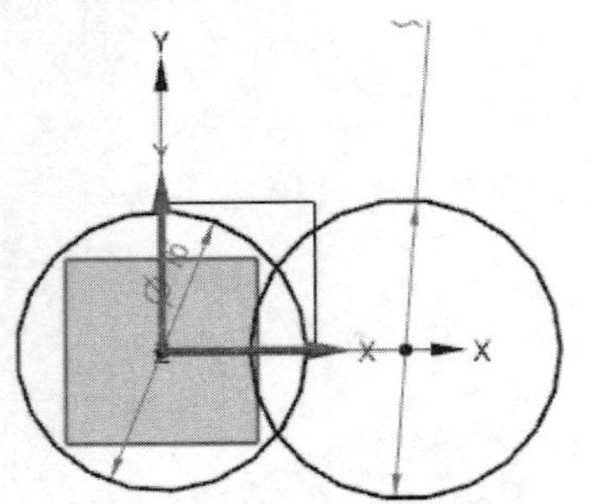

图 6-13　生成的圆

图 6-14　“草图点”对话框

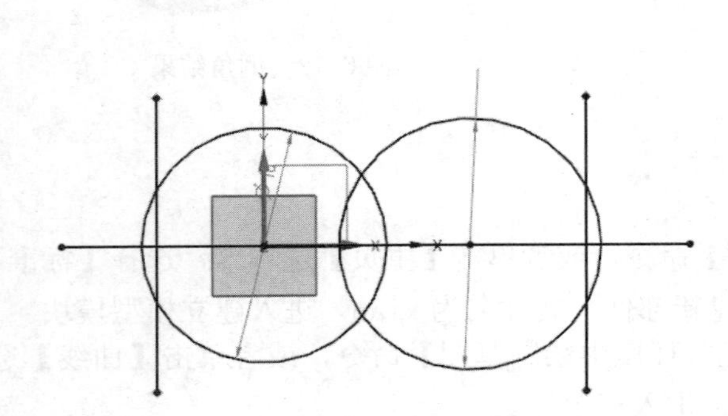

图 6-15　生成的直线图

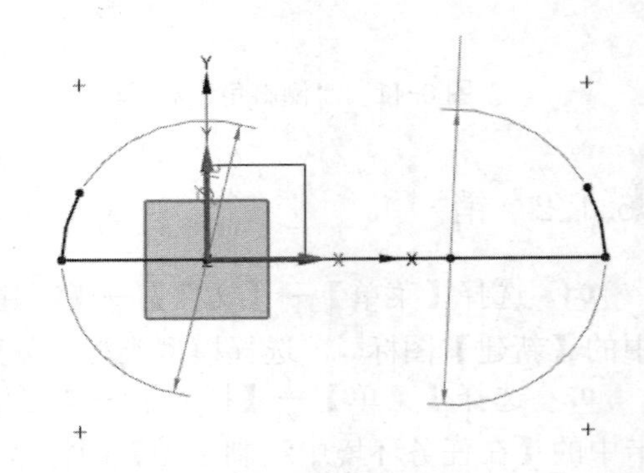

图 6-16　修剪后的结果

XC 轴上创建的直线保留圆弧之间的部分。

07 选择【菜单】→【插入】→【曲线】→【直线】命令，或者单击【主页】选项卡，选择【曲线】组中的【直线】图标，连接剩余圆弧的两个端点。得到结果如图 6-17 所示。

08 单击【主页】选项卡中的【完成】图标，退出草图模式，进入建模模式。

09 选择【菜单】→【插入】→【设计特征】→【旋转】命令，或者单击【主页】选项卡，选择【特征】组→【设计特征下拉菜单】中的【旋转】图标，系统弹出“旋转”对话框，如图 6-18 所示。利用该对话框进行旋转，操作方法如下：

❶选择刚刚建立的草图曲线。

❷在指定矢量下拉列表中选择 XC 为旋转轴。

❸单击“点对话框”按钮，在系统弹出的如图 6-19 所示的“点”对话框中设置点的坐标为（0，0，0），作为旋转中心。

❹在该对话框中设置旋转开始角度为 0，结束角度为 360。

❺单击“确定”完成旋转。

最后生成的销如图 6-20 所示。

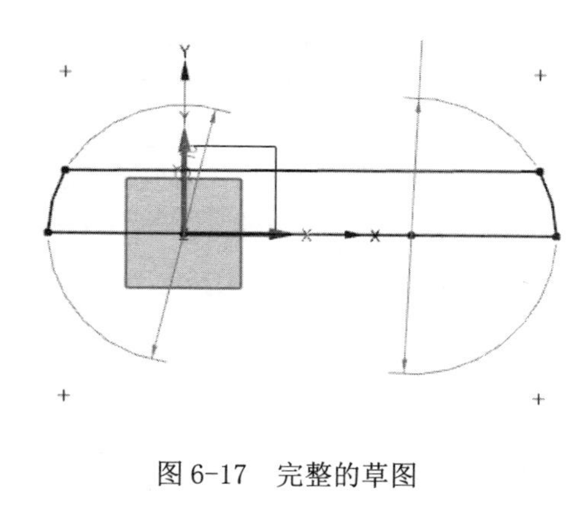

图 6-17　完整的草图

图 6-18　“旋转”对话框

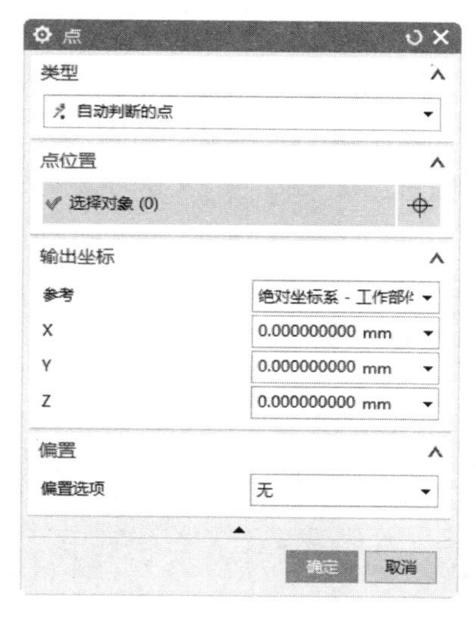

图 6-19　“点”对话框

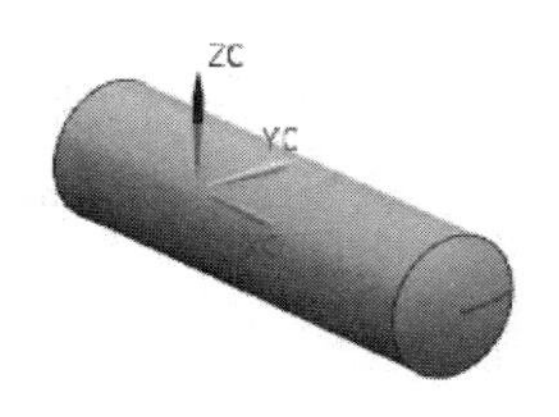

图 6-20　生成的销

6.1.3 平垫圈类零件

01 选择【文件】→【新建】命令，或者单击【主页】选项卡，选择【标准】组中的【新建】图标，选择模型类型，创建新部件，文件名为 pingdianquan，进入建立模型模块。

02 选择【菜单】→【插入】→【在任务环境中绘制草图】命令，或者单击【曲线】选项卡中的图标，进入草图模式。

03 选择【菜单】→【插入】→【曲线】→【圆】命令，或者单击【主页】选项卡，选择【曲线】组中的【圆】图标，系统弹出“拉伸”对话框，利用该对话框建立圆。

此处需要建立两个圆，方法如下：

❶选择和。

❷系统出现图 6-3 中的第一个对话框，在该对话框中设定圆心坐标并按 Enter 键。

❸系统出现图 6-3 中的第二个对话框，在该对话框中设定圆的直径并按 Enter 键建立圆。

两个圆的圆心均为（0，0），直径为 10.5 和 20，结果如图 6-21 所示。

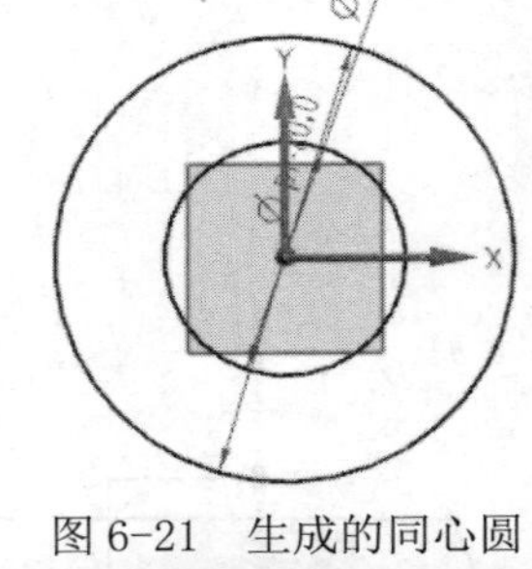

图 6-21　生成的同心圆

04 单击【主页】选项卡中的【完成】图标，退出草图模式，进入建模模式。

05 选择【菜单】→【插入】→【设计特征】→【拉伸】命令，或者单击【主页】选项卡，选择【特征】组→【设计特征下拉菜单】中的【拉伸】图标，系统弹出“拉伸”对话框，如图 6-22 所示。利用该对话框拉伸草图中创建的曲线，操作方法如下：

图 6-22　“拉伸”对话框

❶选择刚刚在草图中创建的同心圆的任意一个，系统将自动把两个圆都选上，若不能同时选上，可先选择小圆再选大圆。

❷在指定矢量下拉列表中选择 ZC 作为拉伸方向。

❸在该对话框中设定结束距离为 2，其他均为 0，单击“确定”按钮完成拉伸。

生成的平垫圈如图 6-23 所示。

另外还有一类垫片的内圆直径为 13，外圆直径 24，厚度为 2.5。

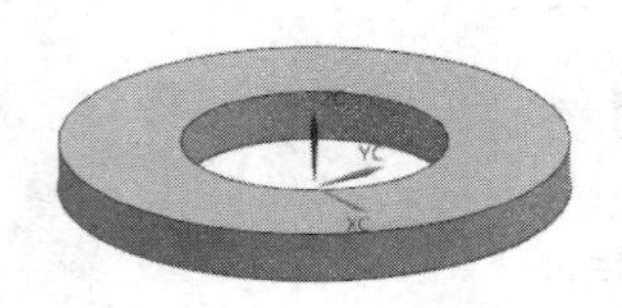
图 6-23　生成的平垫圈

6.2 端盖

制作思路

端盖制作思路为：绘制和编辑草图曲线；通过旋转生成端盖轮廓；利用实例操作生成孔；生成倒角和螺纹等细部特征。

6.2.1　小封盖

01 选择【菜单】→【文件】→【新建】命令，或者单击【主页】选项卡，选择【标准】组中的【新建】图标，选择模型类型，创建新部件，文件名为 xiaofenggai，进入建立模型模块。

02 选择【菜单】→【插入】→【在任务环境中绘制草图】命令，或者单击【曲线】选项卡中的【在任务环境中绘制草图】图标，系统弹出“创建草图”对话框，如图 6-24 所示。单击“确定”按钮，进入草图绘制界面。

03 选择【菜单】→【插入】→【曲线】→【轮廓】命令，或单击【主页】选项卡，选择【曲线】组中的【轮廓】图标，绘制草图轮廓，如图 6-25 所示。

04 选择所有的水平直线段，使它们与 XC 轴具有平行约束。选择所有的竖直直线段，使它们与 YC 轴具有平行约束。选择竖直直线段 4 和竖直直线段 8，使它们具有共线约束。完成几何约束后的草图如图 6-26 所示。

05 单击【主页】选项卡，选择【约束】组中的【显示草图约束】图标，则上一步添加的所有几何约束都显示在草图上。

06 单击【主页】选项卡中的【完成】图标，退出草图模式，进入建模模式。

图 6-24　“创建草图”对话框

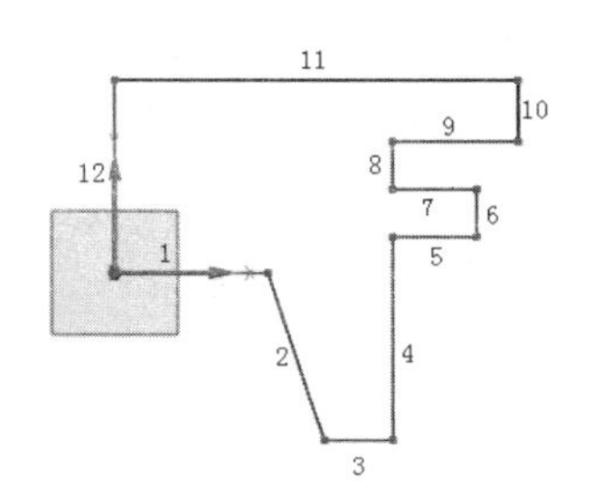

图 6-25　生成草图轮廓

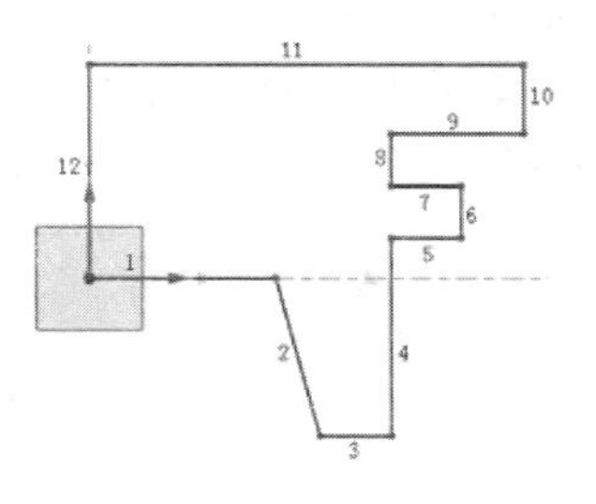

图 6-26　完成几何约束后　的草图

07 选择【菜单】→【工具】→【表达式】命令，弹出“表达式”对话框，在文本框中输入表达式名称“d3”公式“8”，如图 6-27 所示。单击“应用”按钮，表达式被列入列表框

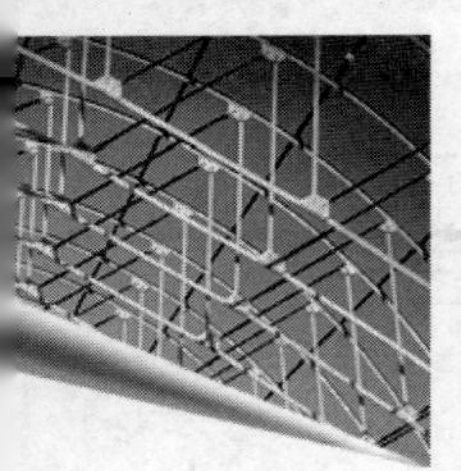

中。单击“确定”按钮退出对话框。

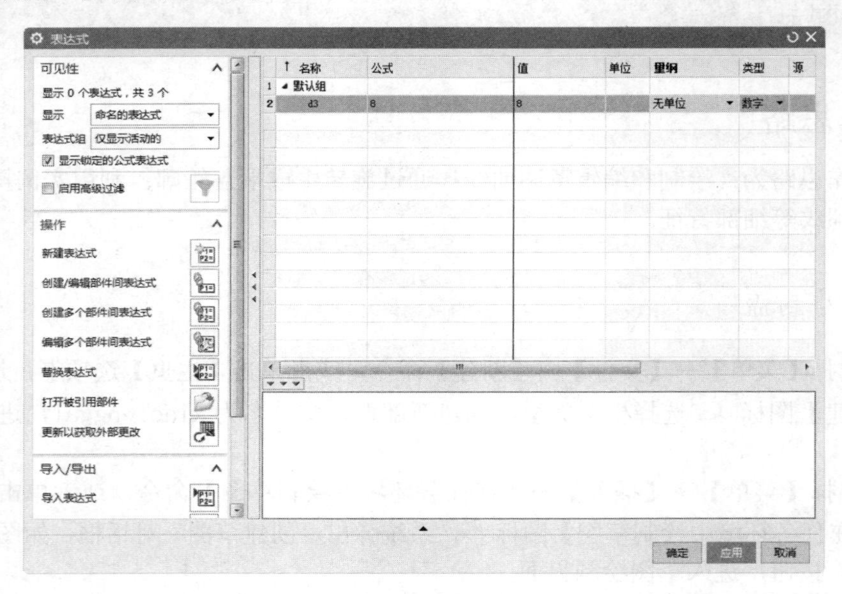

图 6-27　输入表达式“d3=8”

08 在部件导航器中选中绘制的草图单击鼠标右键选择“可回滚编辑”，重新进入到绘制草图界面。

09 在“草图”组中的“草图名”下拉列表中选择草图“SKETCH_000”，如图 6-28 所示，进入到刚刚绘制的草图中。

图 6-28　在下列表中选择草图“SKETCH_000”

❶为草图添加尺寸约束，将文本高度设置为 6。选择竖直直线段 12 和竖直直线段 6，在对话框中输入尺寸名“D”。将两线间的距离设置为 40，如图 6-29 所示。

❷选择竖直直线段 12 和竖直直线段 4，在对话框中输入尺寸名“D1”，输入表达式“D-2”，将两线间的距离设置为“D-2”，如图 6-30 示。

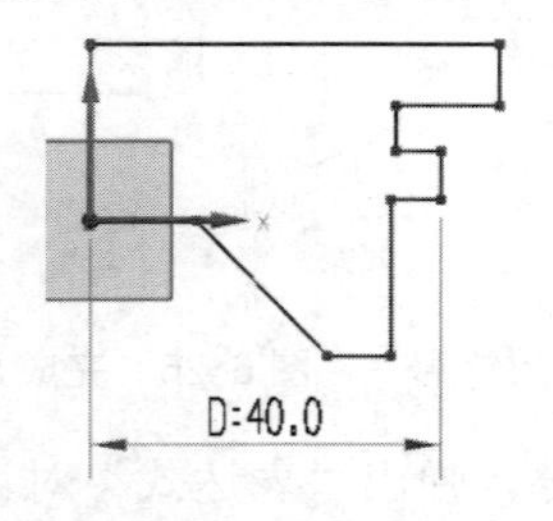

图 6-29　将两线间的距离设置为 40

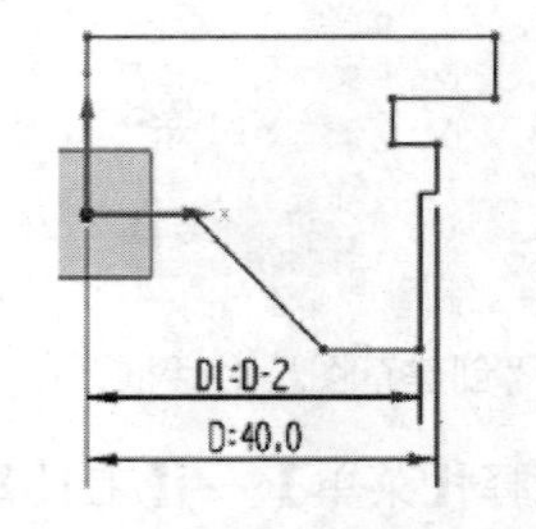

图 6-30　将两线间的距离设置为 D-2

❸选择竖直直线段 12 和竖直直线段 10，尺寸名“D2”，将两线间的距离设置为“(2*D+5*d3)/2”，效果如图 6-31 所示。

❹其他直线段的尺寸名及尺寸表达式如图 6-32～图 6-37 所示。

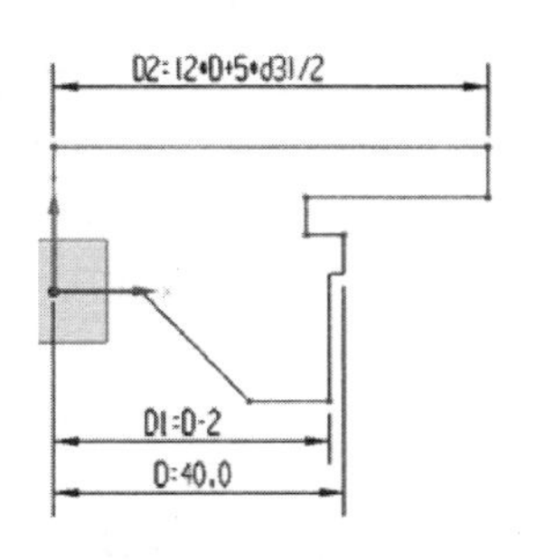

图 6-31　将两线间的距离设置为“(2*D+5*d3)/2”

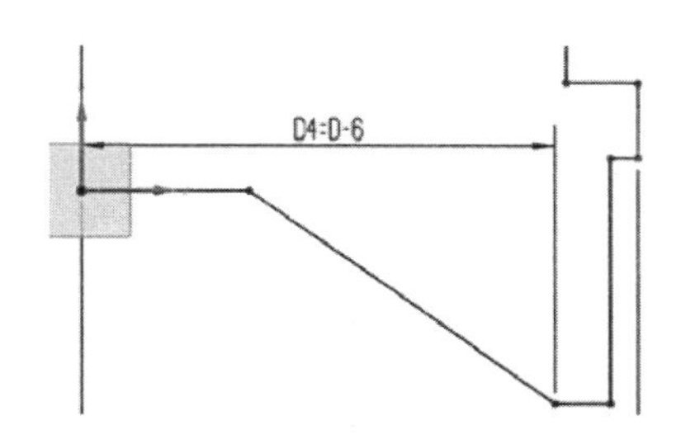

图 6-32　将两点间的距离设置为“D-6”

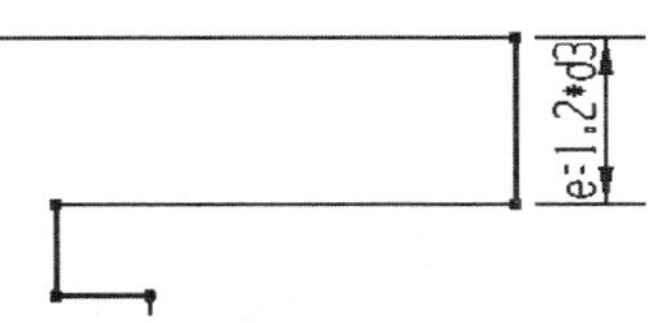
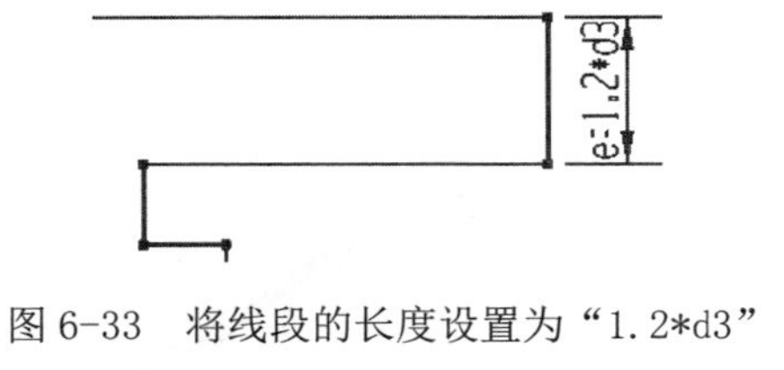

图 6-33　将线段的长度设置为“1.2*d3”

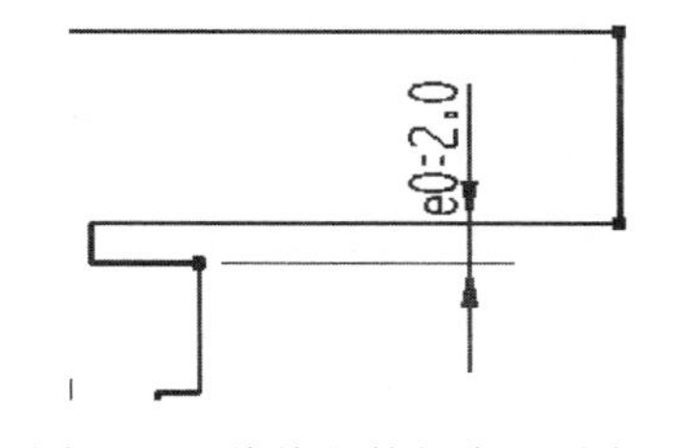

图 6-34　将线段的长度设置为“2”

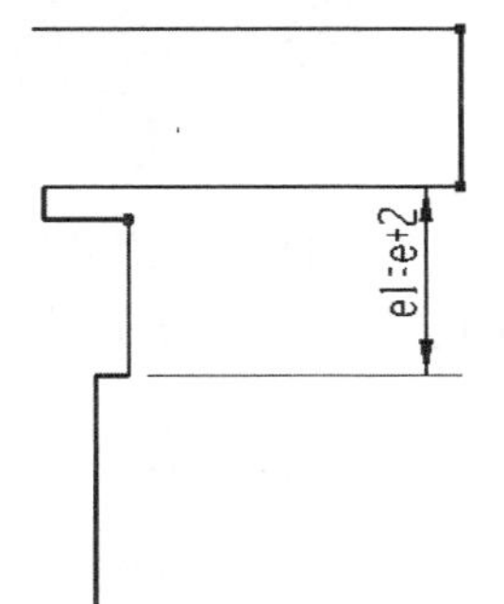

图 6-35　将两线间的距离设置为“e+2”

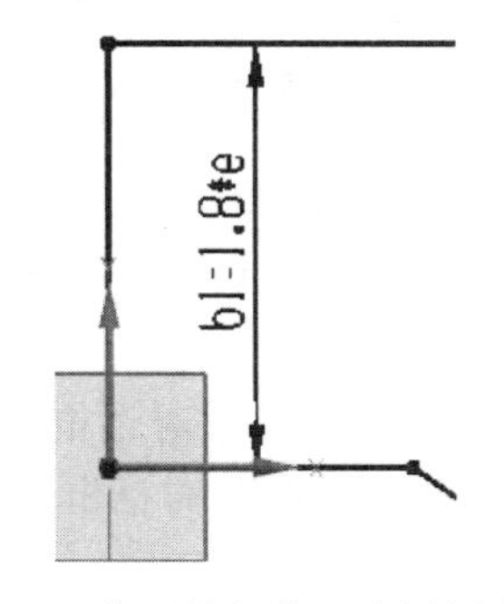

图 6-36　将两线间的距离设置为“1.8*e”

❺选择竖直直线段 4 和斜线段 2，在对话框中输入尺寸名“a”，将两线的夹角设置为 2.864，如图 6-38 所示。此时草图已完全约束，如图 6-39 所示。退出绘制草图界面。

10 选择【菜单】→【插入】→【设计特征】→【旋转】命令或者单击【主页】选项卡，选择【特征】组中的【旋转】图标，弹出“旋转”对话框。利用该对话框选择草图曲线生成轴承的内外圈，操作方法如下：

❶选择绘制好的草图作为旋转体截面线串。

❷选择 YC 轴使其作为旋转体截面线串的旋转轴。

❸指定坐标原点为旋转原点。

❹设置旋转的开始角度 0 和结束角 360。

❺单击“确定”按钮，生成最终的旋转体，如图 6-40 所示。

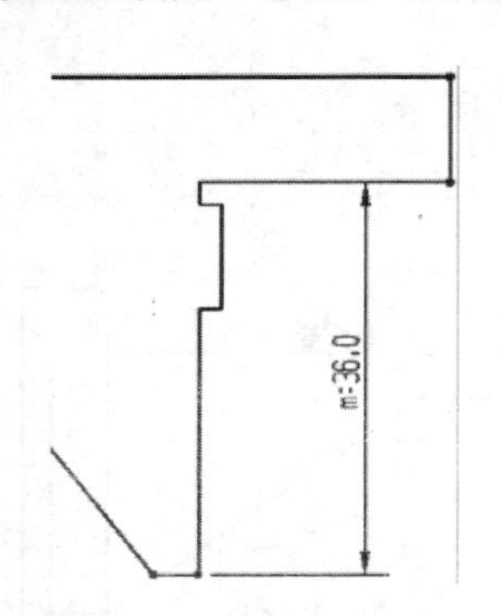

图 6-37　将两线间的距离设置为 36

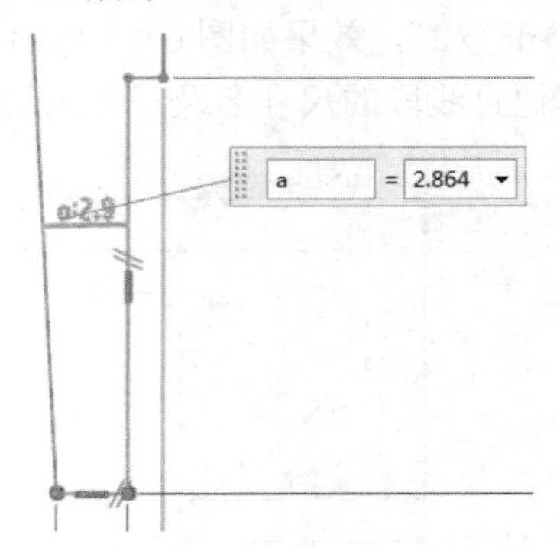

图 6-38　将两线的夹角设置为 2.864

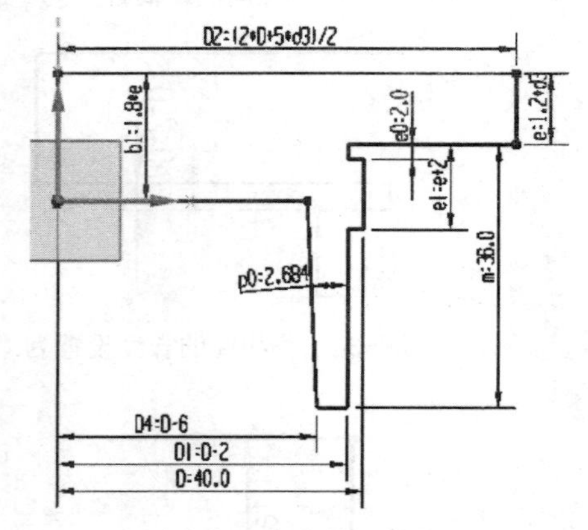

图 6-39　完整尺寸图

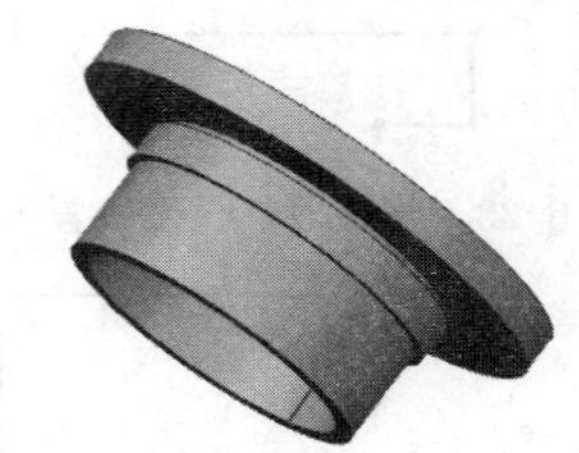

图 6-40　生成的旋转体

(11) 设置层。选择【菜单】→【格式】→【移动至图层】命令，将旋转体移至第一层。操作步骤如下：

❶系统弹出“类选择”对话框，如图 6-41 所示，单击“类型过滤器”按钮。

❷弹出“按类型选择”对话框，在列表框中选择“实体”类型，如图 6-42 所示，单击“确定”按钮。

❸返回到“类选择”对话框，单击“全选”按钮，则要移动的对象实体被选中。

❹单击“确定”按钮，弹出“图层移动”对话框，在对话框中将“目标图层或类别”设为 1，如图 6-43 所示，单击“确定”按钮。

(12) 设置层。将当前层改为第 21 层。

(13) 创建基准平面。选择【菜单】→【插入】→【基准/点】→【基准平面】命令，弹出“基准平面”对话框，如图 6-44 所示。

❶在类型下拉列表中选择“按某一距离”类型。

❷选择旋转体底面。

❸在对话框中设置“偏置”值为 0。单击“确定”按钮，生成一个与所选面重合的基准平面，如图 6-45 所示。

图 6-41　“类选择”对话框　　图 6-42　选择“实体”类型　图 6-43　将“目标图层或类别”设为 1

图 6-44　“基准平面”对话框

14 选择【菜单】→【插入】→【在任务环境中绘制草图】命令，或者选择【曲线】选项卡中的【在任务环境中绘制草图】图标，选择 XC-YC 面，并将偏置距离设置为 38，作为草图面，进入草图模式。

15 选择【菜单】→【插入】→【曲线】→【矩形】命令，或者单击【曲线】选项卡，选择【曲线】组中的【矩形】图标，系统弹出“矩形”对话框，如图 6-46 所示。该对话框中的图标从左到右分别表示“按 2 点”“按 3 点”“从中心”“坐标模式”和“参数模式”，利用

该对话框建立矩形。

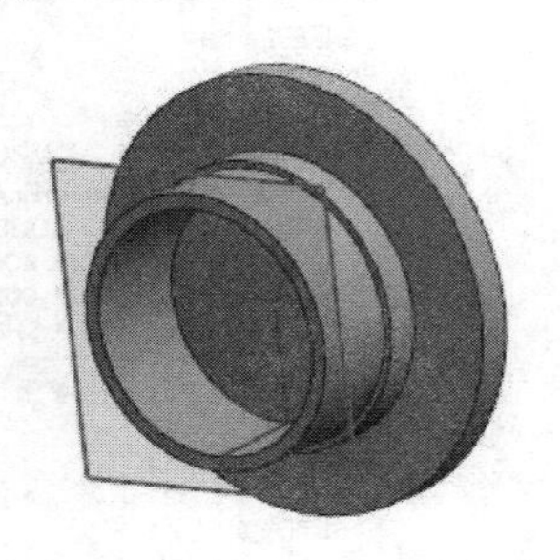
图 6-45　生成的基准平面

图 6-46　“矩形”对话框

方法如下：

❶选择创建方式为“按 2 点”，单击图标。

❷在草图中合适位置处画矩形，拖曳矩形至合适大小，如图 6-47 所示。

❸对草图添加尺寸约束，标注的尺寸如图 6-48 所示。

16 选择【菜单】→【任务】→【完成草图】命令，或者单击【主页】选项卡中的【完成】图标，退出草图模式，进入建模模式。

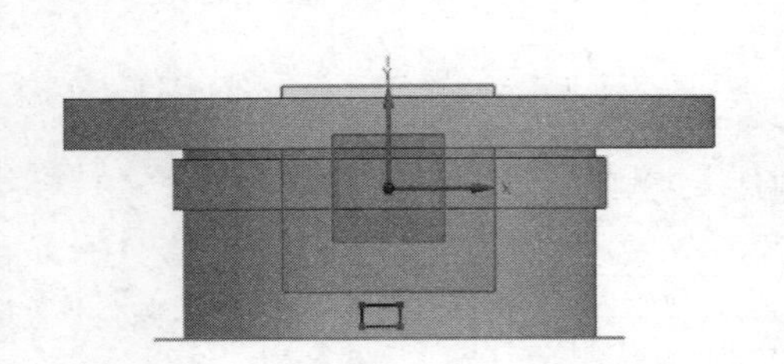
图 6-47　绘制矩形草图轮廓

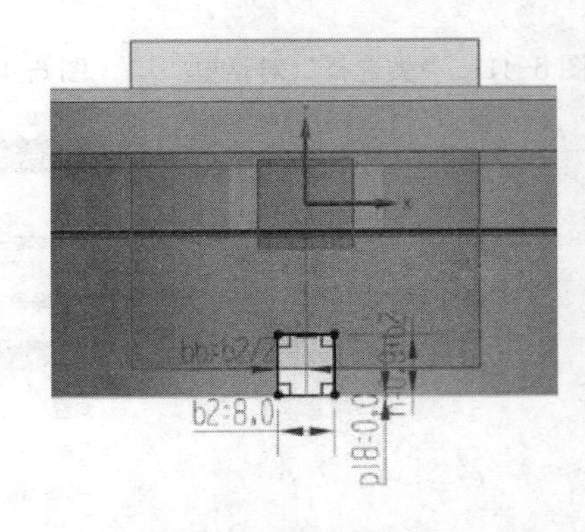

图 6-48　对草图添加几何约束

17 选择【菜单】→【插入】→【设计特征】→【拉伸】命令或者单击【主页】选项卡，选择【特征】组中的【拉伸】图标，系统弹出“拉伸”对话框，如图 6-49 所示。利用该对话框拉伸草图中创建的曲线，操作方法如下：

❶选择上步绘制的曲线为拉伸曲线。

❷在矢量下拉列表中选择 ZC 作为拉伸方向。

❸在布尔操作下拉列表中选择减去。

❹在对话框中输入结束距离为 80，其他均为 0。单击“确定”完成拉伸，如图 6-50 所示。

18 选择【菜单】→【插入】→【设计特征】→【孔】命令或者单击【主页】选项卡，选择【特征】组中的【孔】图标，弹出“孔”对话框，如图 6-51 所示。利用该对话框建立孔，操作方法如下：

❶在图 6-51 所示对话框中选择成形选项为“简单孔”类型。

❷在对话框中将通孔直径设置为“d3+1”，深度为 50，顶锥角为 118。布尔运算设置为“减去”。

图 6-49　“拉伸”对话框

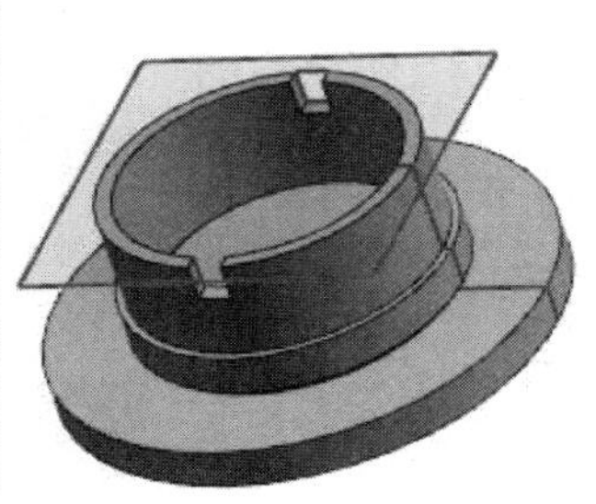

图 6-50　拉伸模型

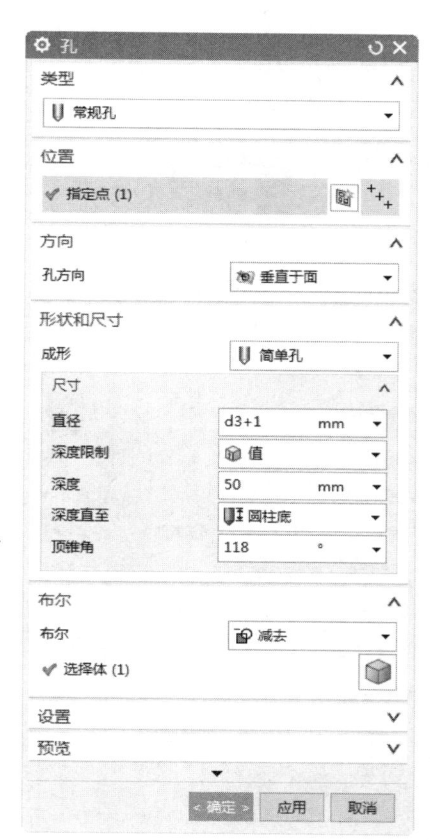

图 6-51　“孔”对话框

❸选择最大圆柱顶面作为孔的放置面，如图 6-52 所示。弹出“草图“对话框，单击“关闭”，编辑孔的定位尺寸，D0=（2*D+2.5*d3）/2，p122=0，如图 6-53 所示。

❹ 单击“完成”图标，退出草图编辑状态。

❺ 返回“孔”对话框，单击“确定”完成孔的创建，结果如图 6-54 所示。

19 选择【菜单】→【插入】→【关联复制】→【阵列特征】，系统弹出“阵列特征”对话框，如图 6-55 所示。利用该对话框进行圆周阵列，操作方法如下：

❶选择对话框中的“圆形”阵列选项。指定矢量设置为 YC 轴，指定点设置为原点。

❷选择第 **17** 步创建的凹槽要阵列的特征。

❸输入数量为 2，节距角为 90，单击“确定”按钮。

❹生成阵列凹槽，如图 6-56 所示。

20 按同样方法，生成通孔的环形阵列，阵列个数为 6，阵列角度为 60，效果如图 6-57 所示。

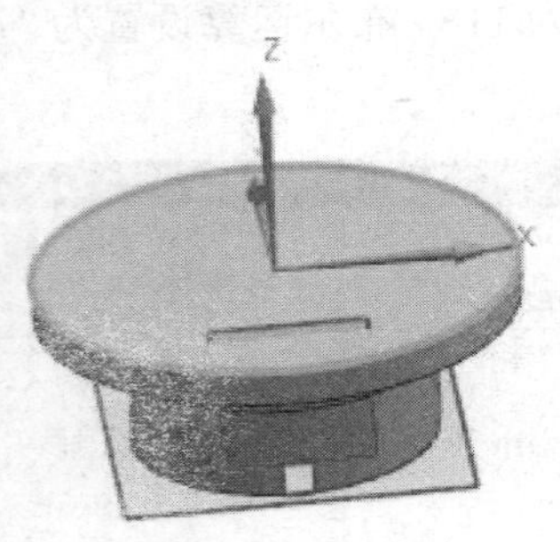

图 6-52　选择孔的放置面

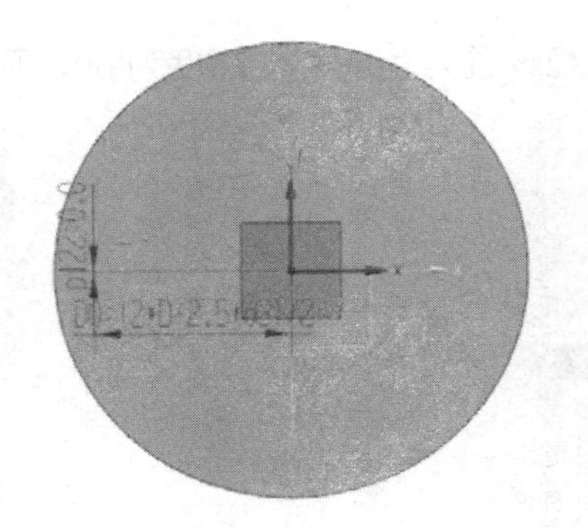

图 6-53　定位尺寸图

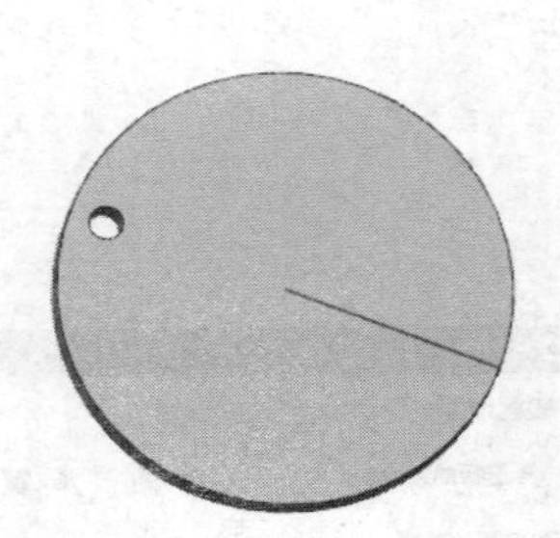

图 6-54　生成通孔

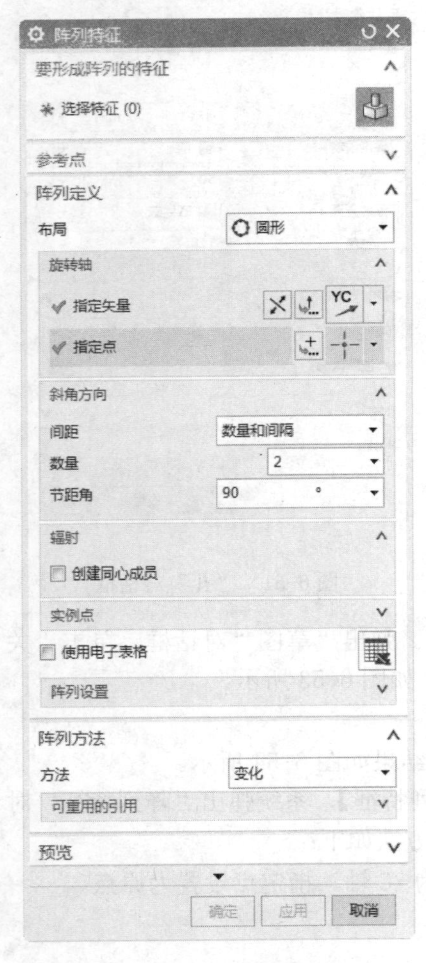

图 6-55　“阵列特征”对话框

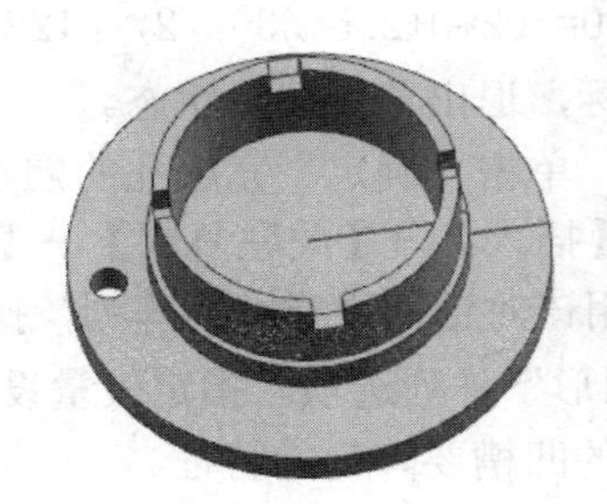

图 6-56　生成的阵列凹槽

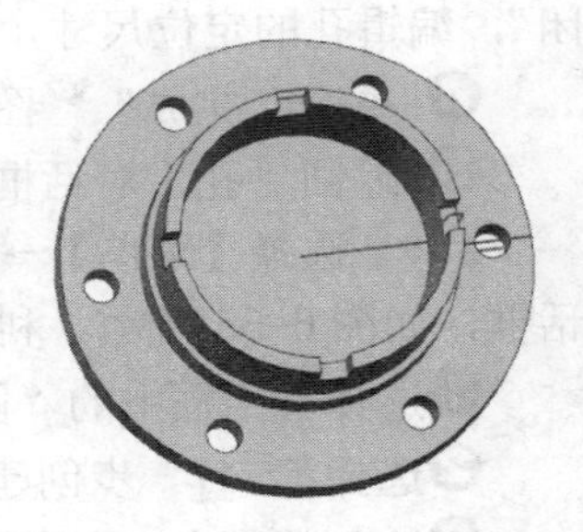

图 6-57　生成的通孔阵列

21 选择【菜单】→【插入】→【细节特征】→【边倒圆】命令，或者单击【主页】选项卡，选择【特征】组中的【边倒圆】图标。系统弹出“边倒圆”对话框，如图 6-58 所示。利用该对话框进行圆角操作方法如下：

❶设置半径设为 1。

❷选择如图 6-59 所示的边。

❸单击“应用”按钮，为旋转体生成一个圆角特征，如图 6-60 所示。

❹将“边倒圆”对话框中的圆角半径改为 6，选择如图 6-61 所示的边，单击”确定”按钮，在旋转体内侧生成一个圆角特征，如图 6-62 所示。

图 6-58　“边倒圆”对话框

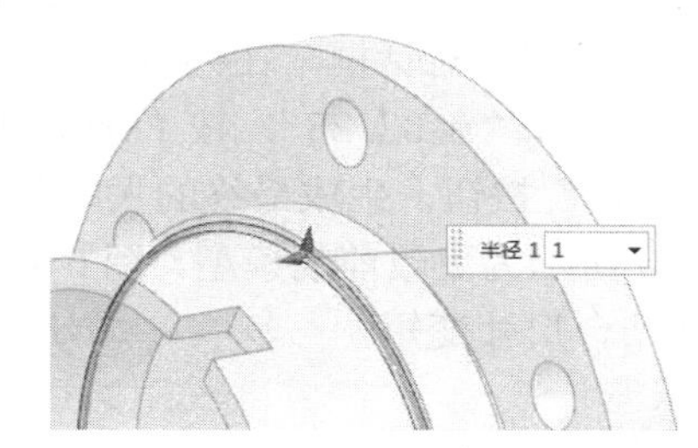

图 6-59　选择圆角边

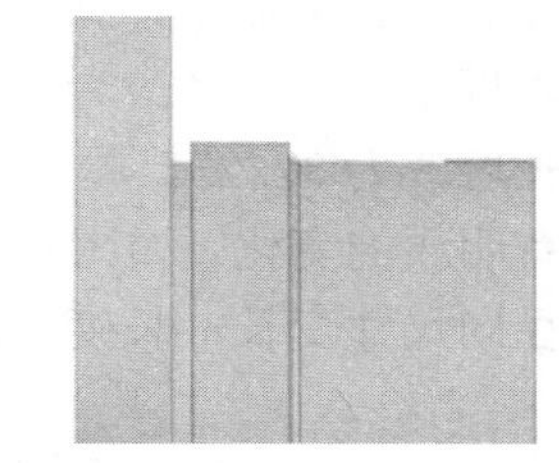

图 6-60　生成圆角特征

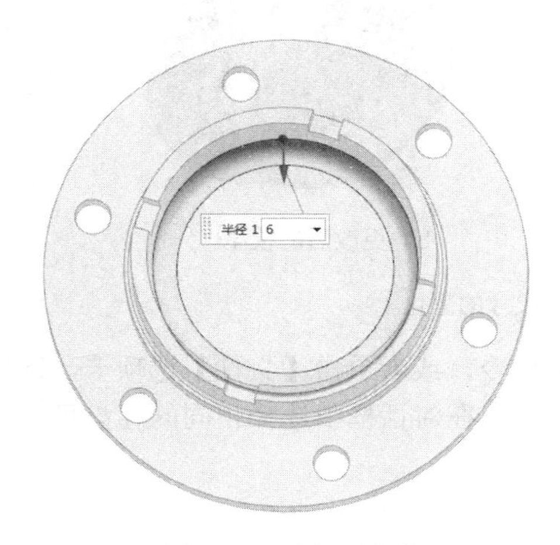

图 6-61　选择圆角边

图 6-62　生成圆角特征

22 创建倒斜角，选择如图 6-63 所示的一条倒角边。倒角偏置值设为 2，单击“确定”按钮，生成倒角特征，如图 6-64 所示。

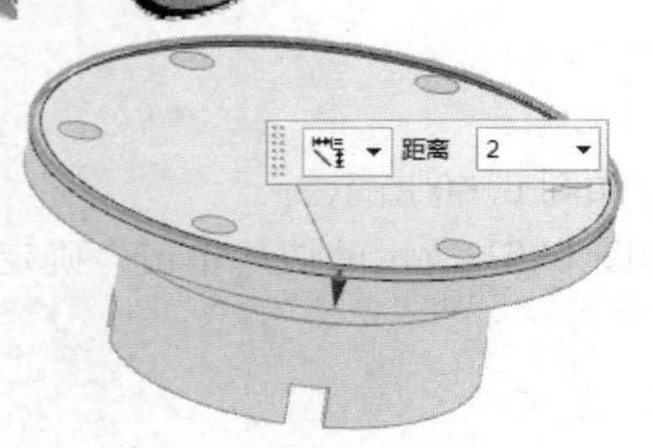

图 6-63　选则倒角边

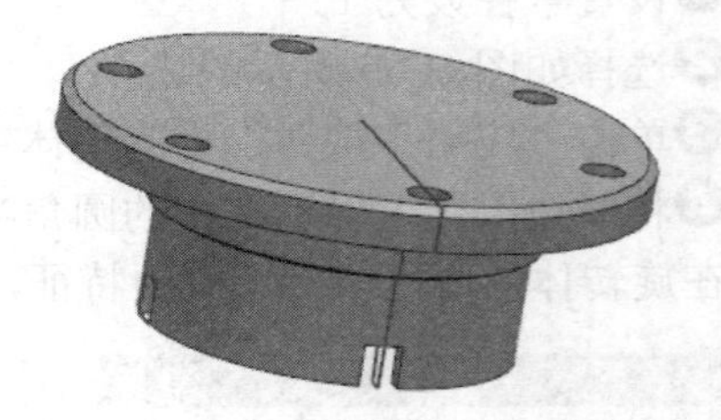

图 6-64　生成倒斜角

6.2.2　大封盖

01 选择【菜单】→【文件】→【打开】命令，或者单击【主页】选项卡，选择【标准】组中的【打开】图标，弹出“打开”对话框，查找上节创建的零件名为“xiaofenggai”的部件，打开此零件。

02 首先把矩形拉伸的开始距离和结束距离改为-50 和 120，然后选择【菜单】→【工具】→【表达式】命令，弹出“表达式”对话框。在列表框中选择表达式“D=40”和“m=36”，在文本框中分别将其改为“D=50”和“m=32.25”，按 Enter 键，将配合直径改为 50，将凸台部分长度改为 32.25。单击“确定”按钮，生成最终的大端盖。在同一视图下可以看到模型的尺寸有明显的变化。如图 6-65a 所示为更改前的模型，图 6-65b 所示为更改后的模型，其中所有的径向尺寸变长，长度方向凸台尺寸变短。

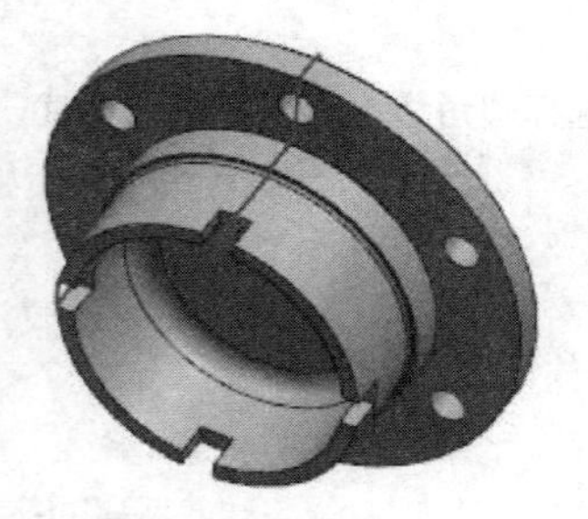

a）更改前的模型

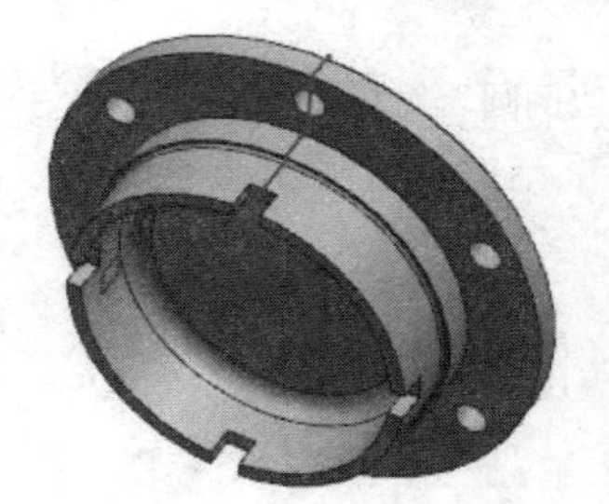

b）更改后的模型

图 6-65　更改前后模型外形尺寸的变化

03 选择【菜单】→【文件】→【另存为】命令，或者单击【文件】选项卡，选择【保存】→【另存为】，弹出“部件文件另存为”对话框，在对话框中选择相同的存盘目录，输入文件名“dafenggai”。

6.2.3　小通盖

01 选择【菜单】→【文件】→【打开】命令，或者单击【主页】选项卡，选择【标准】组中的【打开】图标，弹出“打开”对话框，查找上节创建的零件名为“dafenggai”的部件，打开此零件。

02 选择【菜单】→【文件】→【另存为】命令，弹出“部件文件另存为”对话框，在对话框中选择相同的存盘目录，输入文件名“xiaotonggai”。

03 选择【菜单】→【插入】→【设计特征】→【孔】命令，或者单击【主页】选项卡，选择【特征】组中的【孔】图标，系统弹出“孔”对话框，如图 6-66 所示，利用该对话框建立孔，操作方法如下：

❶用光标捕捉轴承盖的上端面圆弧中心为孔位置。

❷在深度限制下拉列表中选择“贯通体”，选择孔底面作为通孔的限制面。

❸在“孔”对话框中设置通孔的直径为 40，单击“确定”按钮，如图 6-66 所示。

图 6-66　“孔”对话框

6.2.4　大通盖

大通盖的设计与小通盖的设计完全一样，只需在大封盖的基础上添加一个直径为 54 的通孔特征。生成最终的大通盖，如图 6-67 所示。

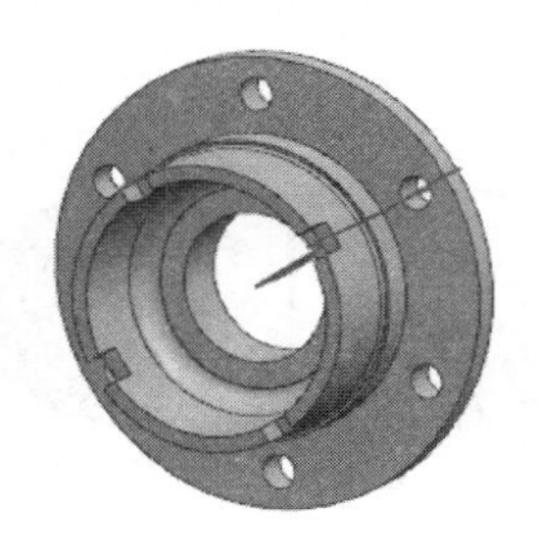

图 6-67　生成通孔并形成最终的大通盖

6.3 油封圈和定距环

制作思路

油封圈和定距环也可以像生成端盖类零件那样采用先生成草图曲线再拉伸的方法建立，但是本章介绍另外一种方法即通过建立圆柱和布尔操作的方法生成油封圈和定距环。

油封圈和定距环的制作思路：建立圆柱；进行布尔操作。

6.3.1 低速轴油封圈

01 选择【菜单】→【文件】→【新建】命令，或者单击【主页】选项卡，选择【标准】组中的【新建】图标，选择模型类型，创建新部件，文件名为 youfengquan，进入建立模型模块。

02 选择【菜单】→【插入】→【设计特征】→【圆柱】命令，单击【主页】选项卡，选择【特征】组→【设计特征下拉菜单】→【圆柱】图标，系统弹出“圆柱”对话框，如图 6-68 所示。利用该对话框建立圆柱，操作方法如下：

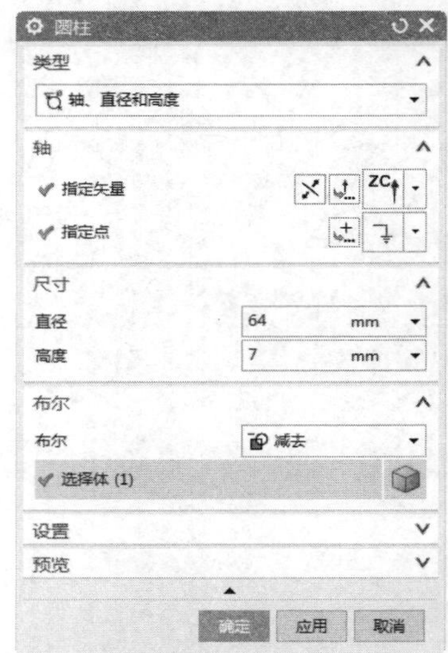

图 6-68 “圆柱”对话框

❶ 在图 6-68 所示对话框中选择“轴，直径和高度”类型。

❷在指定失量下拉列表中选择 ZC 作为圆柱体的轴向。

❸设置圆柱直径为 64，高度为 7。

❹单击“点对话框”按钮，系统弹出“点”对话框，在该话框中输入点坐标为（0，0，0），作为圆柱体中心建立圆柱。

❺重复上述操作，再建立一个圆柱，设置圆柱直径为 52 高度为 7，其他参数完全相同。

❻在“布尔”下拉列表中选择“减去”，完成建立油封圈。

生成的油封圈如图 6-69 所示。

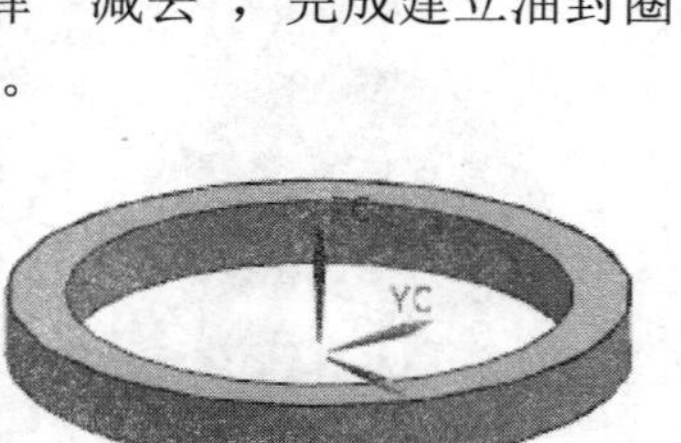

图 6-69 低速轴油封圈

生成高速轴油封圈的方法与生成低速轴油封圈的方法相同，不同的是生成高速轴油封圈时的圆柱直径为46和38。

6.3.2　定距环

定距环的生成方法与油封圈的生成方法也相同。

其中有两个定距环的内外半径为80和100，厚度为12.25。还有两个定距环的内外半径为60和80，厚度为15.25。还有一个定距环的内外半径为55和65，厚度为14。

第7章

螺栓和螺母设计

螺栓和螺母是比较常见的零件，它们主要是起到紧固其他零件的作用，本章将介绍螺栓、螺母的建立方法，另外减速器中还包含其他一些类似螺栓的零件，如油塞和油标，它们的建立方法与螺栓完全相同，本章将给出它们的尺寸。

重点与难点

- 螺栓头的绘制
- 螺栓的绘制
- 生成螺母

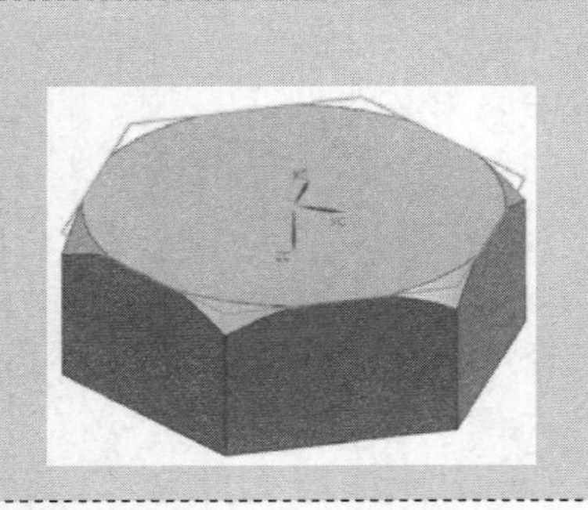

7.1 螺栓头的绘制

制作思路

螺栓主要包括两个部分的特征，一部分为螺栓头部分的六棱柱，另一部分为螺栓部分。前者的生成方法为先创建正六边形然后拉伸，而后者是在生成的六棱柱上进行圆台操作生成螺栓。

螺栓头轮廓的制作思路为：建立正六边形；通过拉伸生成六棱柱；建立圆柱，通过倒斜角生成倒角。

7.1.1　生成六棱柱

01 选择【菜单】→【文件】→【新建】命令，或者单击【主页】选项卡，选择【标准】组中的【新建】图标，选择模型类型，创建新部件，文件名为liulengzhu，进入建立模型模块。

02 选择“菜单(M)”→“插入(S)”→“在任务环境中绘制草图(V)...”，或者单击“曲线”选项卡中的“在任务环境中绘制草图”按钮，进入草图绘制界面并打开“创建草图”对话框，选择XC-YC平面作为工作平面。

03 选择【菜单】→【插入】→【曲线】→【多边形】命令，单击【主页】选项卡，选择【曲线】组中的【多边形】图标，系统将弹出“多边形”对话框，如图7-1所示。在利用该对话框建立正六边形，操作方法如下：

❶在“多边形”对话框中设置多边形边数为6。

图7-1　“多边形”对话框

❷在“大小”下拉菜单中选择“边长”。勾选“长度”复选框，将长度设置为9，勾选“旋转”复选框，将旋转设置为0。

❸设置好多边形参数后，单击“点对话框”按钮，系统弹出“点”对话框，在该对话框中定义坐标原点为多边形的中心点，建立正六边形。

04 选择【菜单】→【插入】→【设计特征】→【拉伸】命令，或者单击【主页】选项卡，选择【特征】组→【设计特征下拉菜单】中的【拉伸】图标，系统弹出“拉伸”对话框，如图 7-2 所示。利用该对话框拉伸刚刚建立的正六边形，操作方法如下：

❶选择刚刚建立的正六边形曲线。

❷在指定矢量下拉列表中选择ZC作为拉伸方向。

❸在对话框中设定结束距离为 6.4，其他均为 0，单击“确定”按钮，完成拉伸。

生成的正六棱柱如图 7-3 所示。

图 7-2 “拉伸”对话框

图 7-3 生成的六棱柱

7.1.2 生成螺栓头倒角

01 选择【菜单】→【插入】→【设计特征】→【圆柱】命令，或单击【主页】选项卡，选择【特征】组→【更多】库→【设计特征】库中的【圆柱】图标，系统弹出如图 7-4 所示的“圆柱”对话框，利用该对话框建立圆柱体，方法如下：

❶在图 7-4 所示对话框中选择“轴，直径和高度”类型。

❷在指定矢量列表中选择ZC作为圆柱体的轴向。

❸设置圆柱直径为 18，高度为 6.4。

❹单击“点对话框”按钮，系统弹出“点”对话框，在该话框中设置点的 XC、YC 和 ZC

的坐标值为 0，作为圆柱体中心建立圆柱。

生成的圆柱体如图 7-5 所示。

02 选择【菜单】→【插入】→【细节特征】→【倒斜角】命令，或者单击【主页】选项卡，选择【特征】组中的【倒斜角】图标，系统弹出“倒斜角”对话框，如图 7-6 所示。利用该对话框进行倒角，方法如下：

❶在图 7-6 所示该对话框中选择“对称”，距离为 1。

❷选择圆柱体的底边。

❸单击“确定”按钮，最后结果如图 7-7 所示。

图 7-4　“圆柱”对话框

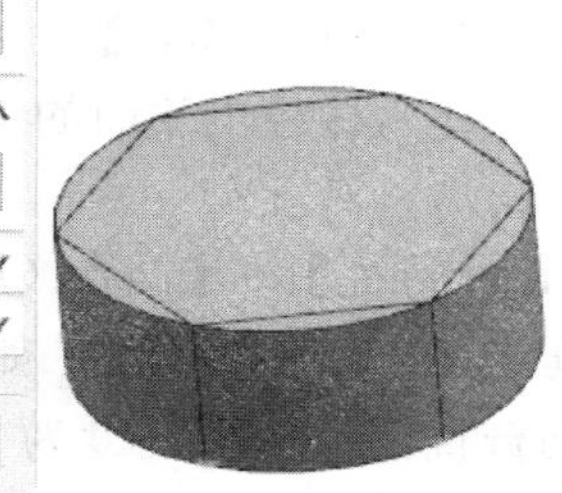

图 7-5　圆柱体

倒斜角
边
选择边 (0)
偏置
横截面
对称
距离
1
mm
设置
预览
确定　应用　取消

图 7-6　“倒斜角”对话框

03 选择【菜单】→【插入】→【组合】→【相交】命令，或者单击【主页】选项卡，选择【特征】组→【组合下拉菜单】中的【相交】图标，系统弹出“相交”对话框，如图 7-8 所示。利用该对话框将圆柱体和拉伸体进行交运算，方法如下：

❶选择圆柱体为目标体。

❷选择拉伸体为工具体，单击“确定”按钮，完成求交运算。

最后结果如图 7-9 所示。

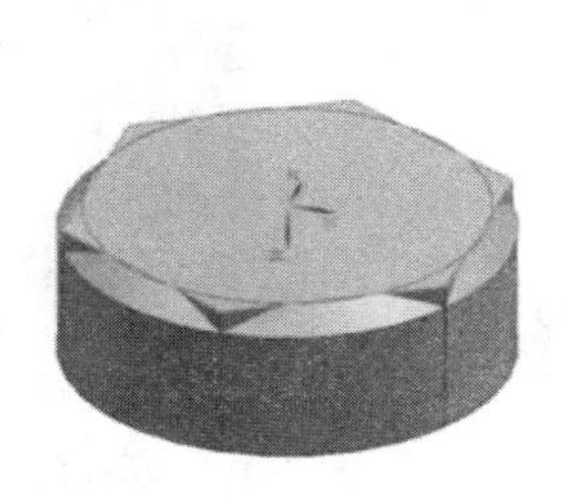

图 7-7　倒斜角

图 7-8　“相交”对话框

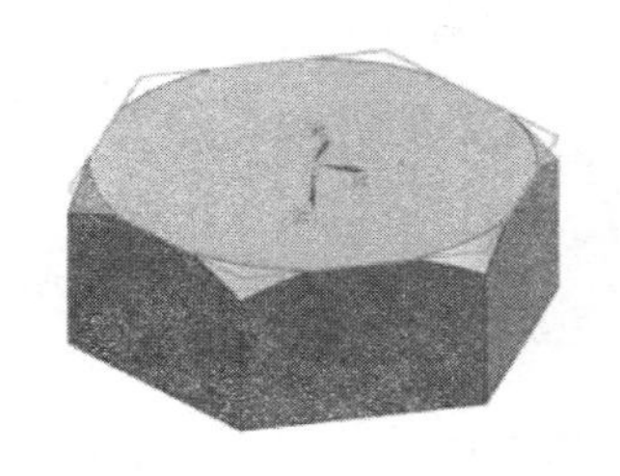

图 7-9　螺栓头

7.2 螺栓的绘制

制作思路

螺栓细部特征制作思路为：建立凸台；生成倒角和螺纹。

7.2.1 生成螺栓

生成螺栓既可以使用生成圆柱体的方法，也可以使用拔圆台的方法。本节以拔圆台方法操作为例生成螺栓，操作步骤如下：

01 选择【菜单】→【文件】→【打开】命令，或者单击【主页】选项卡，选择【标准】组中的【打开】图标，弹出“打开”对话框，查找上节创建的零件名为“liulengzhu”的部件，打开此零件。

02 选择【菜单】→【文件】→【另存为】命令，弹出“另存为”对话框，在对话框中选择相同的存盘目录，输入文件名“luoshuan”。

03 选择【菜单】→【插入】→【基准/点】→【点】命令，在系统弹出的“点”对话框中设定点的坐标为 XC=0、YC=0、ZC=6.4，即六棱柱上表面的中心点，该点用于给生成的圆台定位。

04 选择【菜单】→【插入】→【设计特征】→【凸台（原有）】命令，系统弹出“支管”对话框，如图 7-10 所示。利用该对话框建立凸台，操作方法如下：

❶在如图 7-10 所示对话框中设置凸台直径为 10、高度为 35、锥角为 0，然后选择六棱柱的上表面作为凸台的放置面。

❷单击“确定”按钮系统弹出“定位”对话框如图 7-11 所示，选择点到点定位方式，以第一步中创建的点作为定位参考点建立凸台。

生成的螺栓轮廓如图 7-12 所示。

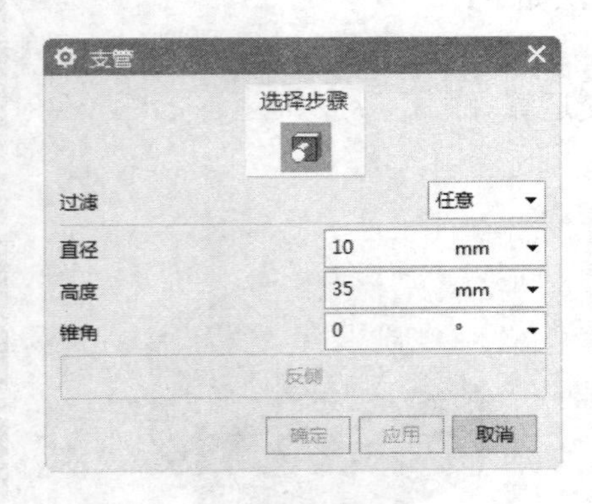

图 7-10 “支管”对话框

图 7-11 “定位”对话框

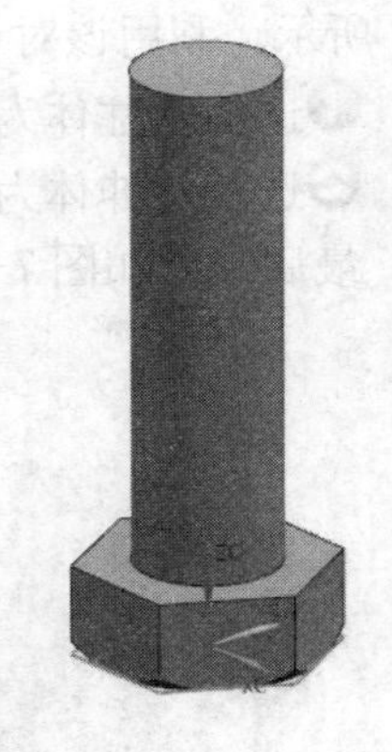

图 7-12 螺栓轮廓

7.2.2　生成螺纹

01 选择【菜单】→【插入】→【细节特征】→【倒斜角】命令，或者单击【主页】选项卡，选择【特征】组中的【倒斜角】图标，先对螺栓上端进行倒角，倒角参数为 1。

02 选择【菜单】→【插入】→【设计特征】→【螺纹】命令，或者单击【主页】选项卡，选择【特征】组→【螺纹刀】图标，系统弹出“螺纹切削”对话框，利用该对话框建立螺纹，方法如下：

❶选择螺纹类型为“符号”。

❷选择螺栓的圆柱面作为螺纹的生成面。

❸系统弹出如图 7-13 所示的对话框，选择刚刚经过倒角的圆柱体的上表面作为螺纹的开始面。

❹在系统弹出的如图 7-14 所示的对话框，选择“螺纹轴反向”。

❺系统再次弹出“螺纹切削”对话框，将螺纹长度改为 26，其他参数不变，单击“确定”按钮，生成符号螺纹。

符号螺纹并不生成真正的螺纹，而只是在所选圆柱面上建立虚线圆，如图 7-15 所示。

如果选择“详细的”的螺纹类型，其操作方法与“符号的”螺纹类型操作方法相同，生成的详细螺纹如图 7-16 所示，但是生成详细螺纹会影响系统的显示性能和操作性能，所以一般不生成详细螺纹。

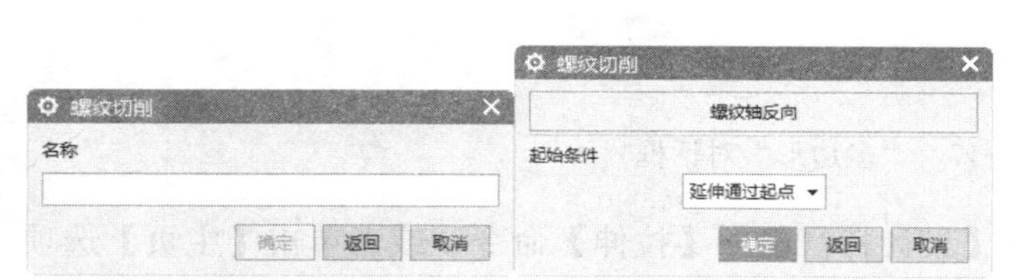

图 7-13　选择螺纹开始面　　图 7-14　螺纹反向

图 7-15　符号螺纹　图 7-16　详细螺纹

7.3　生成螺母

制作思路

螺母主要包括正六棱柱和螺母中心的螺纹孔。

螺母的制作思路为：建立正六棱柱；生成螺母上下表面的倒角；建立螺母中心的孔；建立螺纹。

01 选择【菜单】→【文件】→【新建】命令，或者单击【主页】选项卡，选择【标准】

组中的【新建】图标，选择模型类型，创建新部件，文件名为 luomu，进入建立模型模块。

02 选择【菜单】→【插入】→【在任务环境中绘制草图】命令，或者单击【曲线】选项卡中的【在任务环境中绘制草图】图标，系统弹出如图 6-1 所示的“创建草图”对话框，单击“确定”按钮，进入草图模式。

03 选择【菜单】→【插入】→【曲线】→【多边形】命令，或单击【主页】选项卡，选择【曲线】组中的【多边形】图标，系统将弹出“多边形”对话框，如图 7-17 所示。在利用该对话框建立正六边形，操作方法如下：

❶在图 7-17 所示的对话框中设置多边形边数为 6。

❷在“大小”选项下拉菜单下选择“边长”，长度设置为 9，旋转设置为 0.

❸在“中心点”选项卡单击“点对话框”按钮，系统弹出“点”对话框，在该对话框中定义坐标原点为多边形的中心点，建立正六边形。

图 7-17　“多边形”对话框

04 选择【菜单】→【插入】→【设计特征】→【拉伸】命令，或者单击【主页】选项卡，选择【特征】组中的【拉伸】图标，系统弹出“拉伸”对话框，如图 7-18 所示。利用该对话框拉伸刚刚建立的正六边形，操作方法如下：

❶选择刚刚建立的正六边形曲线。

❷在指定矢量下拉列表中选择 ZC 作为拉伸方向。

❸在对话框中设定结束距离为 6.4，其他均为 0，单击“确定”按钮完成拉伸。

生成的正六棱柱如图 7-19 所示。

05 选择【菜单】→【插入】→【设计特征】→【圆柱】命令，或者单击【主页】选项卡，选择【特征】组→【更多】库→【设计特征】库中的【圆柱】图标，系统弹出如图 7-20 所示的“圆柱”对话框，利用该对话框建立圆柱体，方法如下：

图 7-18　“拉伸”对话框

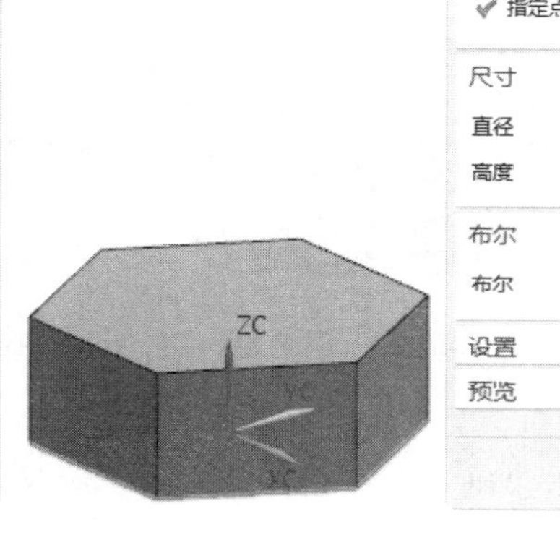

图 7-19　生成的六棱柱

图 7-20　“圆柱”对话框

❶在图 7-20 所示对话框中选择“轴，直径和高度”类型。

❷在指定矢量下拉列表中选择 ZC↑ 作为圆柱体的轴向。

❸设置圆柱直径为 18，高度为 6.4。

❹单击“点对话框”按钮，系统弹出“点”对话框，在该话框中设置点坐标为（0，0，0），作为圆柱体中心建立圆柱。

生成的圆柱体如图 7-21 所示。

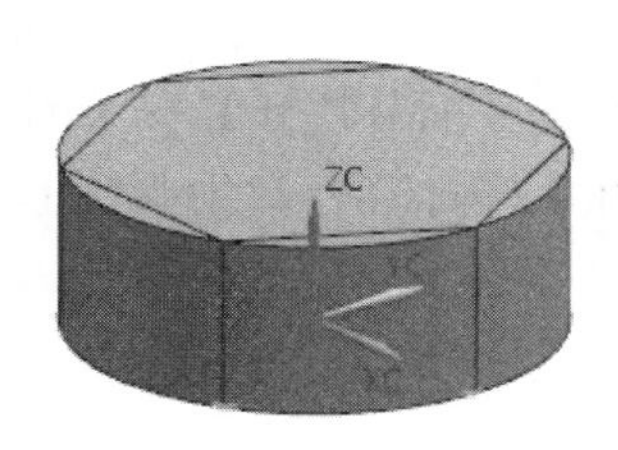

图 7-21　圆柱体

06 选择【菜单】→【插入】→【细节特征】→【倒斜角】命令，或者单击【主页】选项卡，选择【特征】组中的【倒斜角】图标，系统弹出“倒斜角”对话框，如图 7-22 所示。利用该对话框进行倒角，方法如下：

❶在图 7-22 所示该对话框中选择“对称”，距离为 1。

❷选择圆柱体的两边。

最后结果如图 7-23 所示。

07 选择【菜单】→【插入】→【组合】→【相交】命令，或者单击【主页】选项卡，选择【特征】组→【组合下拉菜单】中的【相交】图标，系统弹出“相交”对话框，如图 7-24 所示。利用该对话框将圆柱体和拉伸体进行交运算，方法如下：

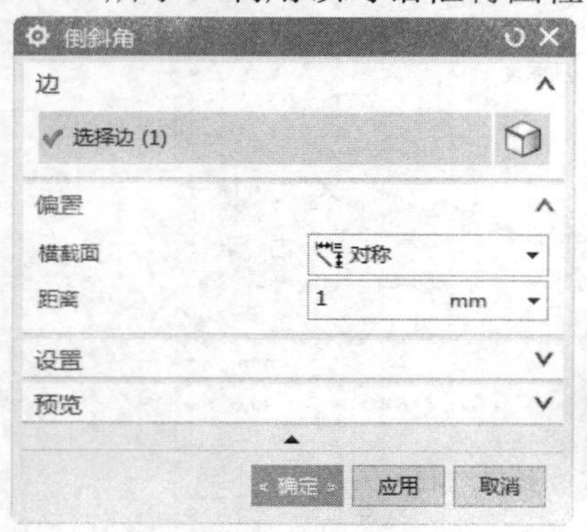

图 7-22 “倒斜角”对话框

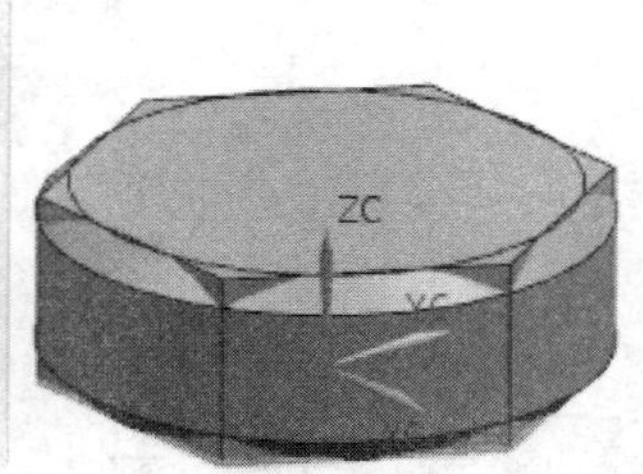

图 7-23 倒斜角

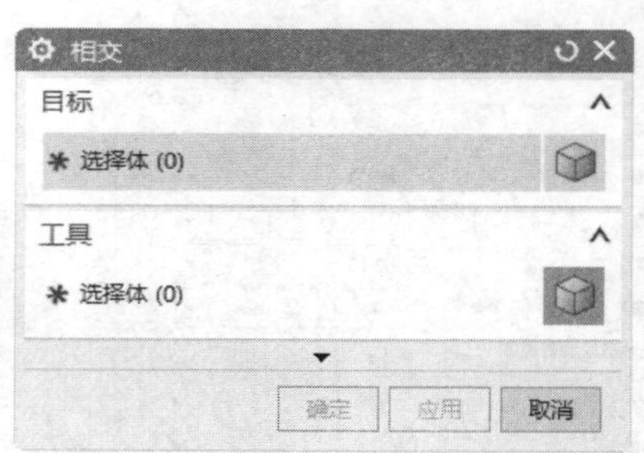

图 7-24 “相交”对话框

❶选择圆柱体为目标体。

❷选择拉伸体为工具体，单击“确定”按钮，完成求交运算。

最后结果如图 7-25 所示。

08 选择【菜单】→【插入】→【设计特征】→【圆柱】命令，或者单击【主页】选项卡，选择【特征】组→【设计特征下拉菜单】→【圆柱】图标，弹出“圆柱”对话框，建立螺母的中心孔，方法如下：

❶选择“轴，直径和高度”方法建立圆柱。

❷在指定矢量下拉列表中选择 ZC 方向作为圆柱轴向。

❸设置圆柱直径为 10，圆柱高度为 8。

❹在点对话框中设定坐标原点作为圆柱的中心。

❺在布尔操作中选择“减去”操作，生成螺母的中心孔，如图 7-26 所示。

09 选择【菜单】→【插入】→【细节特征】→【倒斜角】命令，或者单击【主页】选项卡，选择【特征】组中的【倒斜角】图标，对中心孔上下表面的两条边进行倒角，倒角参数为 1，结果如图 7-27 所示。

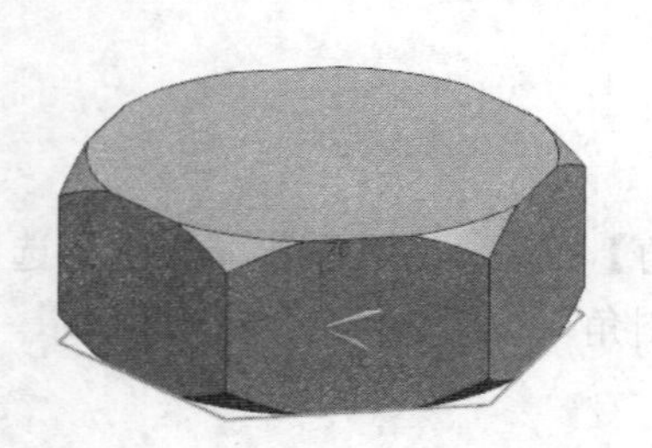

图 7-25 螺栓头

图 7-26 螺母轮廓

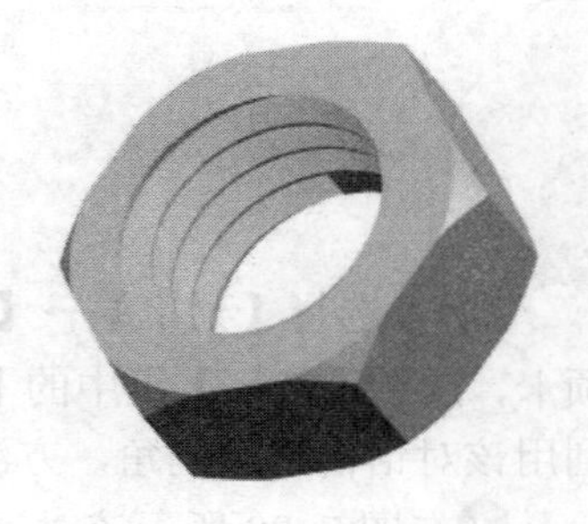

图 7-27 螺母

选择【菜单】→【插入】→【设计特征】→【螺纹】命令，或者单击【主页】选项卡，选择【特征】组→【更多】库→【设计特征】库中的【螺纹刀】图标，选择螺母中心螺孔作为螺纹放置面建立符号螺纹，建立方法与 7.2.2 中第 2 步方法相同。

7.4 其他零件

减速器中还包括一个油标，油标建立的方法与螺栓建立的方法基本相同，游标的尺寸如图 7-28 所示，请读者自行建立。注意图 7-29 所示油标中部为一段螺纹。

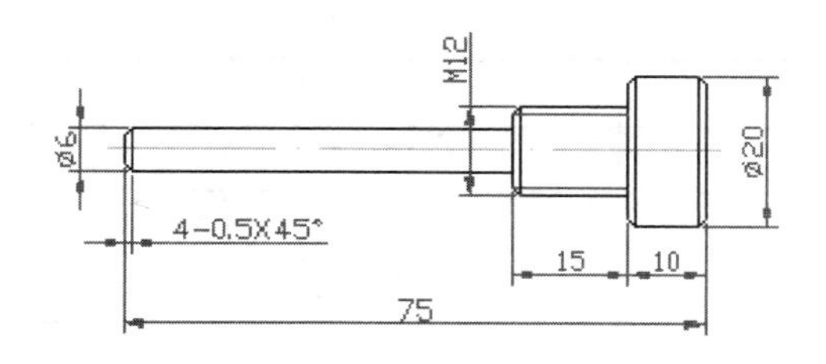

图 7-28　油标尺寸

在本减速器中包括的螺钉、螺栓和螺母的数量及尺寸见表 7-1、表 7-2、表 7-3，参数示意图如图 7-29 所示，在不影响重要尺寸的前提下，可以做些许简化。

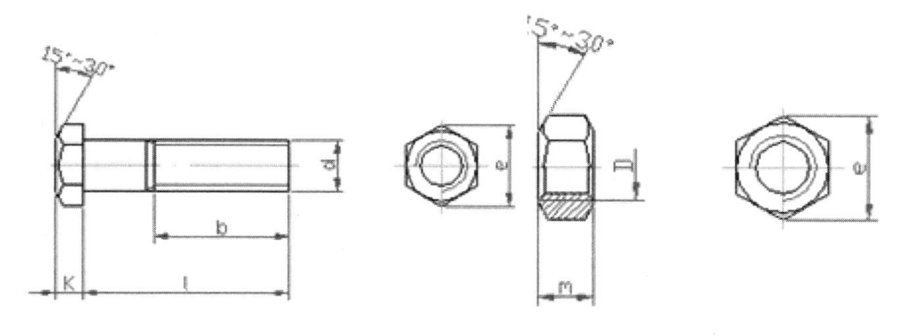

图 7-29　螺钉、螺栓、螺母的示意图

表 7-1　零件表

项目	数量	直径	长度（l）
螺栓	3	M10	35
螺母	2	M10	
螺栓	6	M12	100
螺母	6	M12	
项目	数量	直径	长度（l）
螺钉	2	M6	20
螺钉	24	M8	25
螺钉	12	M6	16
油塞	1	M14	15

表 7-2　螺栓、螺钉尺寸

螺纹规格 d	M6	M8	M10	M12	M14
e（min）	11.05	14.38	17.77	20.03	23.35
b	18	22	26	30	34
k	4	5.3	6.4	7.5	8.8

表 7-3　螺母尺寸

螺纹规格 D		M10	M12
e		17.77	20.03
m	MAX	8.4	10.8
	MIN	8.04	10.37

第8章

轴承设计

在减速器中用到的轴承为圆锥滚子轴承，圆锥滚子轴承是一种精密的机械支承元件，用于支承轴类零件，圆锥滚子轴承由内圈、外圈和滚子三部分组成，而且内外圈和滚子是分离的。圆锥滚子轴承不仅能够承受径向负荷，还可以承受轴向的负荷。

建立圆锥滚子轴承时，首先建立草图曲线，然后通过旋转得到轴承的内、外圈和单个的滚子，最后通过变换操作生成所有的滚子。

重点与难点

- 绘制草图
- 绘制内外圈
- 绘制滚子

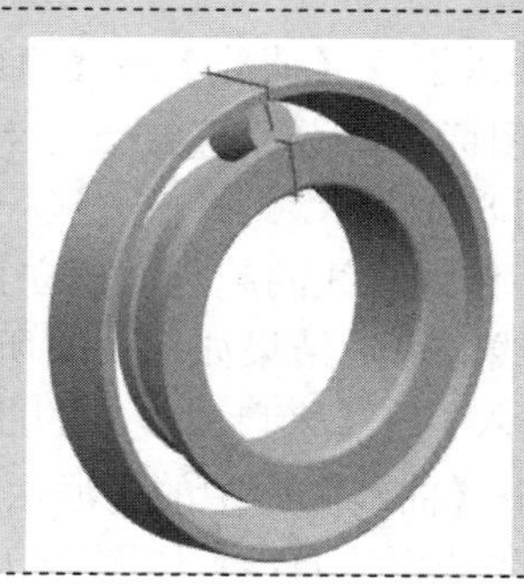

8.1 绘制草图

制作思路

圆锥滚子轴承草图制作思路为：绘制草图轮廓曲线；通过派生直线、快速延伸、快速裁剪等操作建立圆锥滚子轴承草图。

01 选择【菜单】→【文件】→【新建】命令，或者单击【主页】选项卡，选择【标准】组中的【新建】图标，选择模型类型，创建新部件，文件名为 ZhouCheng，进入建立模型模块。

02 选择【菜单】→【插入】→【在任务环境中绘制草图】命令，或者单击【主页】选项卡中的【在任务环境中绘制草图】图标，进入草图模式。

03 选择【菜单】→【插入】→【基准/点】→【点】命令，系统弹出“草图点”对话框，如图 8-1 所示。在该对话框中输入要创建的点的坐标。此处共创建 7 个点，其坐标分别为：点 1（0，50，0），点 2（18，50，0），点 3（0，42.05，0），点 4（1.75，33.125，0），点 5（22.75，38.75，0），点 6（1.75，27.5，0），点 7（22.75，27.5，0），如图 8-2 所示。这些点用于构造草图轮廓。

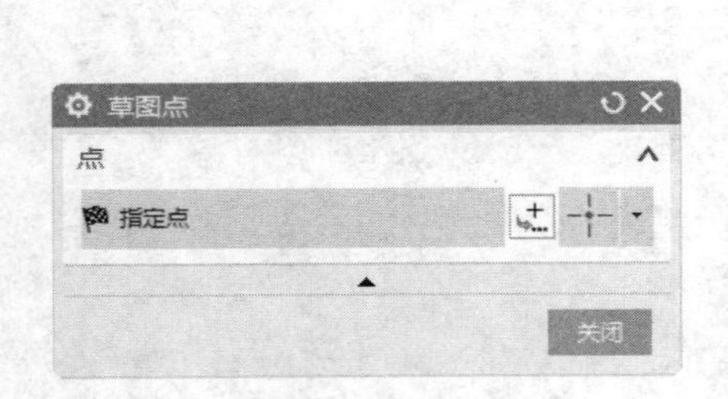

图 8-1 “点”对话框

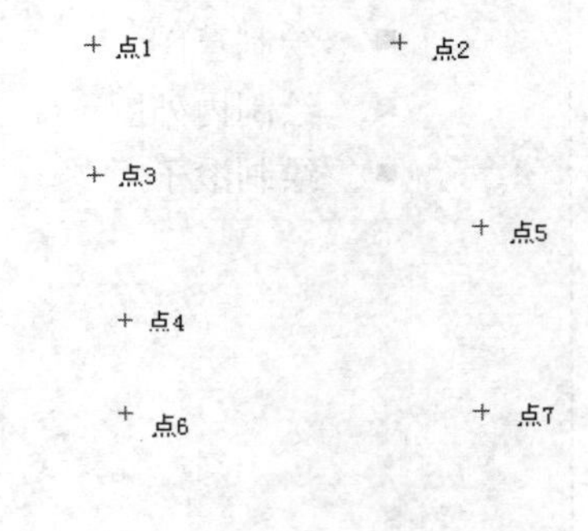

图 8-2 创建的 7 个点

04 选择【菜单】→【插入】→【曲线】→【直线】命令，或者单击【主页】选项卡，选择【曲线】组中的【直线】图标，分别连接点 1 和点 2，点 1 和点 3，点 4 和点 6，点 6 和点 7，点 7 和点 5，结果如图 8-3 所示。

05 建立直线。选择点 3 作为直线的起点，建立直线与 XC 轴成 15º 角，直线的长度只要超过连接点 1 和点 2 生成的直线即可，结果如图 8-4 所示。

06 选择【菜单】→【插入】→【来自曲线集的曲线】→【派生直线】命令，或单击【主页】选项卡，选择【曲线】组→【曲线】库中的【派生直线】图标，选择刚创建的直线为参考直线，并设偏置值为-5.625 生成派生直线，如图 8-5 所示。再创建一条派生直线偏置值也是-5.625，如图 8-6 所示。

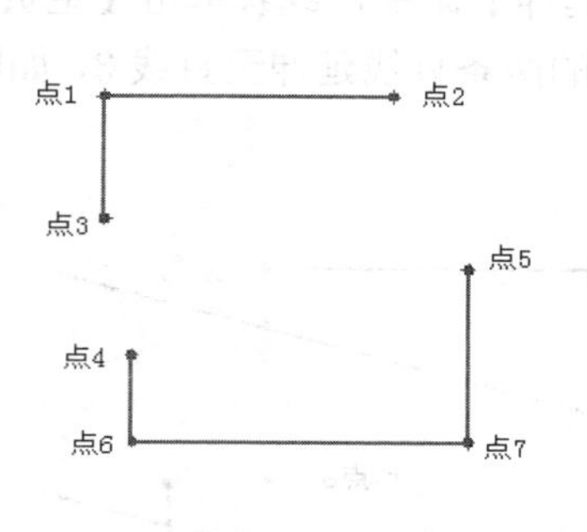

图 8-3　连接而成的直线

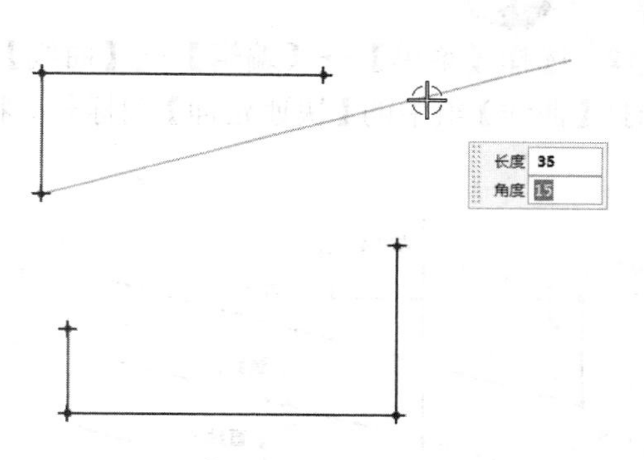

图 8-4　创建的直线

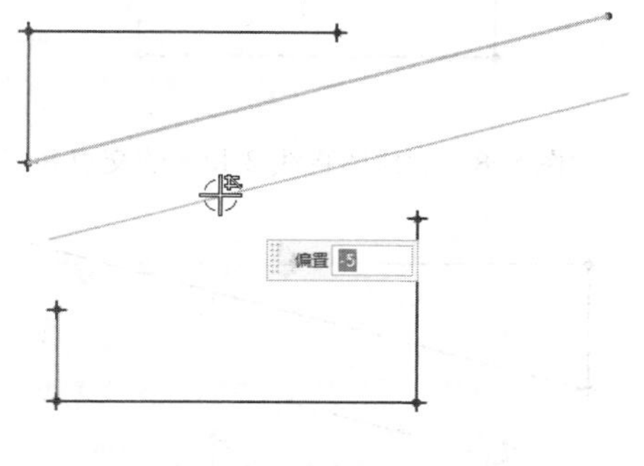

图 8-5　创建派生直线

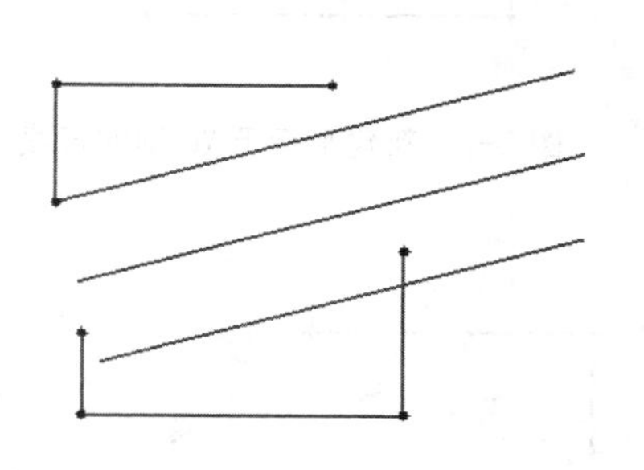

图 8-6　创建派生直线

注意

偏置时的偏置值也有可能是 5.625，只要能得到图 8-5 所示结果即可。

07 选择【菜单】→【插入】→【曲线】→【直线】命令，或者单击【主页】选项卡，选择【曲线】组中的【直线】图标，创建一条直线，该直线平行于 YC 轴，并且距离 YC 轴的距离 11.375，长度能穿过刚刚新建的第一条派生直线即可，如图 8-7 所示。

08 选择【菜单】→【插入】→【基准/点】→【点】命令，在系统弹出的“草图点”对话框中选择“相交”，然后选择直线 2 和直线 4，求出它们的交点。

09 选择【菜单】→【编辑】→【曲线】→【快速修剪】命令，或者单击【主页】选项卡，选择【曲线】组中的【快速修剪】图标，将图 8-8 所示的直线 2 和直线 4 裁剪掉，如图 8-8 所示，图中的点为刚创建直线 2 和直线 4 的交点 8。

10 选择【菜单】→【插入】→【曲线】→【直线】命令，或者单击【主页】选项卡，选择【曲线】组中的【直线】图标，建立直线。选择第 **09** 步中建立的点 8，移动鼠标，当系统出现如图 8-9a 中所示的情形时，表示该直线与图 8-7 中所示的直线 3 平行，设定该直线长度为 7 并回车。

在另外一个方向也创造一条直线平行于图 8-8 中所示直线 3，长度为 7，如图 8-9b 所示。

11 建立直线。以刚创建的直线的端点为起点，创建两条直线与图 8-7 中所示的直线 1 垂直，长度能穿过直线 1 即可，如图 8-10 所示。

12 选择【菜单】→【编辑】→【曲线】→【快速延伸】命令，或者单击【主页】选项卡，选择【曲线】组中的【快速延伸】图标，将刚刚创建的两条直线延伸至直线 3，如图 8-11 所示。

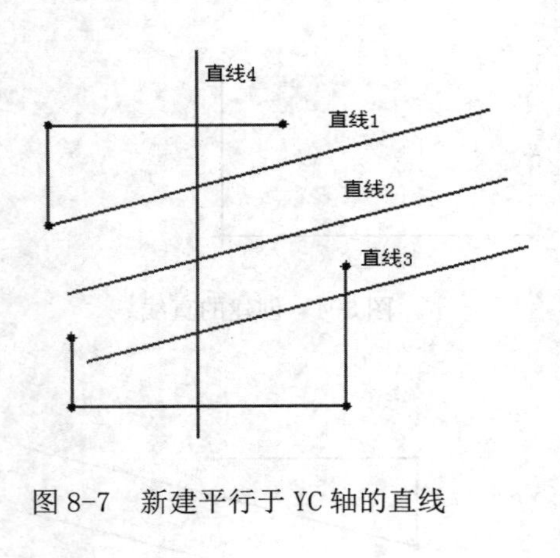

图 8-7　新建平行于 YC 轴的直线

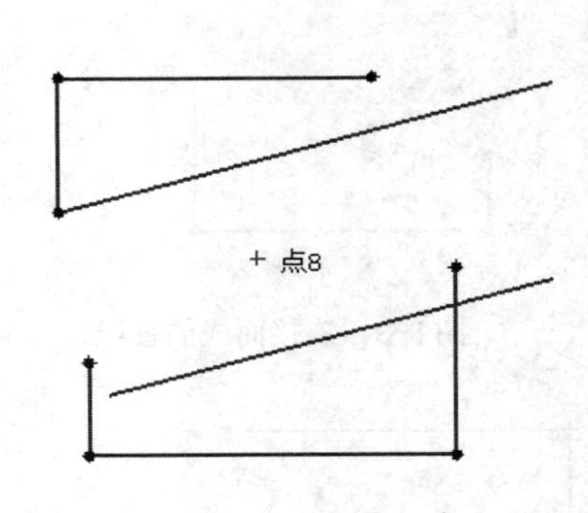

图 8-8　创建图直线 2 和 4 的交点 8

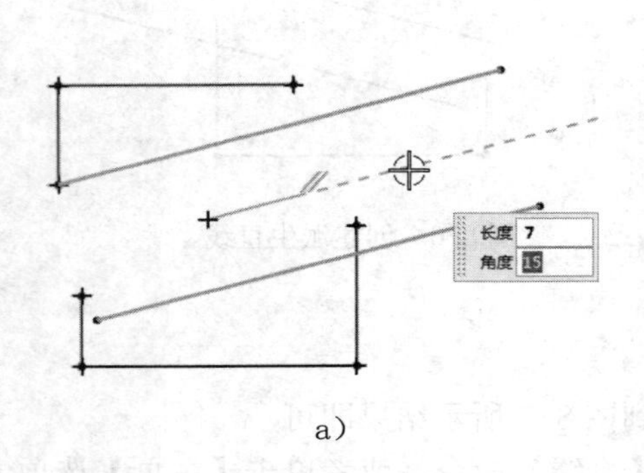

a)

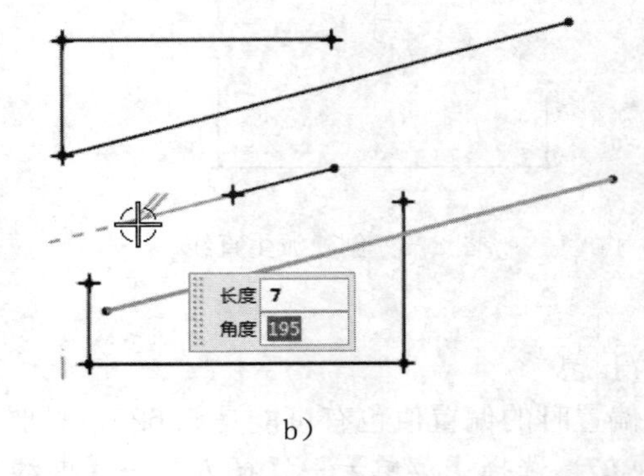

b)

图 8-9　创建直线

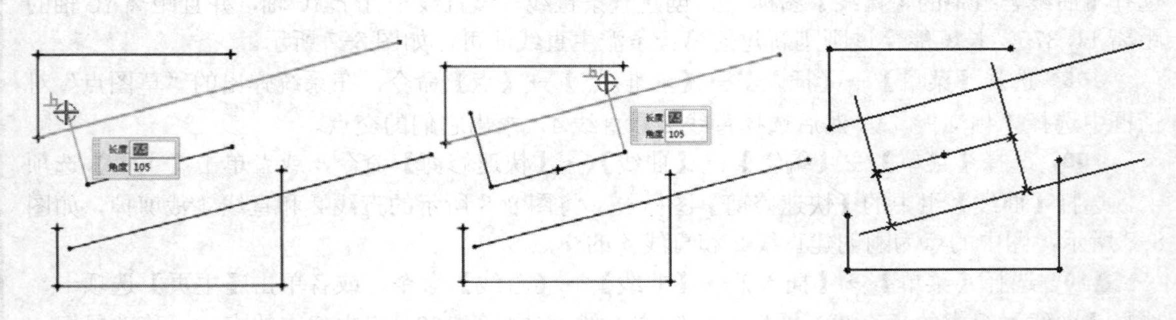

图 8-10　创建直线　　图 8-11　延伸直线

13 选择【菜单】→【插入】→【曲线】→【直线】命令，或者单击【主页】选项卡，选择【曲线】组中的【直线】图标，建立直线。直线以图 8-2 中所示的点 4 为起点，并且与 XC 轴平行，长度能穿过刚刚快速延伸得到的直线即可，如图 8-12a 所示。以点 5 为起点，再创建一条直线与 XC 轴平行，长度也是能穿过刚刚快速延伸得到的直线即可，如图 8-12b 所示。

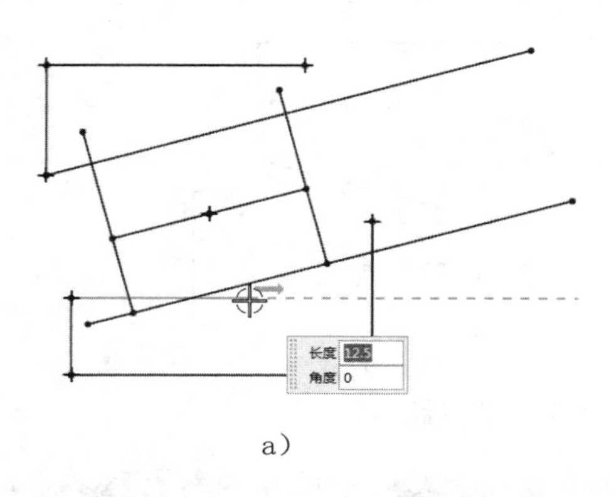

a)

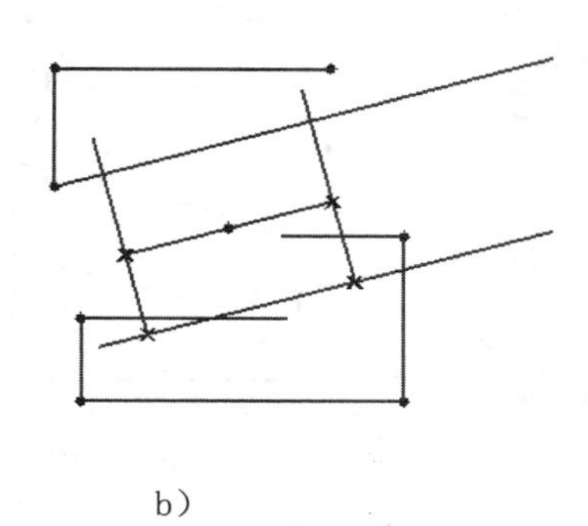

b)

图 8-12　创建直线

14 选择【菜单】→【编辑】→【曲线】→【快速修剪】命令，或者单击【主页】选项卡，选择【曲线】组中的【快速修剪】图标，对草图进行修剪，结果如图 8-13 所示。

15 选择【菜单】→【插入】→【曲线→【直线】命令，或者单击【主页】选项卡，选择【曲线】组中的【直线】图标，以图 8-2 中所示的点 2 为起点，创建直线与 XC 轴垂直，长度能穿过图 8-7 中所示直线 1 即可，如图 8-14 所示。

16 建立直线。以图 8-14 中所示的点 9 和点 10 为起点和终点建立直线，为建立轴承的滚子做准备。

17 选择【菜单】→【编辑】→【曲线】→【快速修剪】命令，或者单击【主页】选项卡，选择【曲线】组中的【快速修剪】图标，对草图进行修剪，结果如图 8-15 所示。

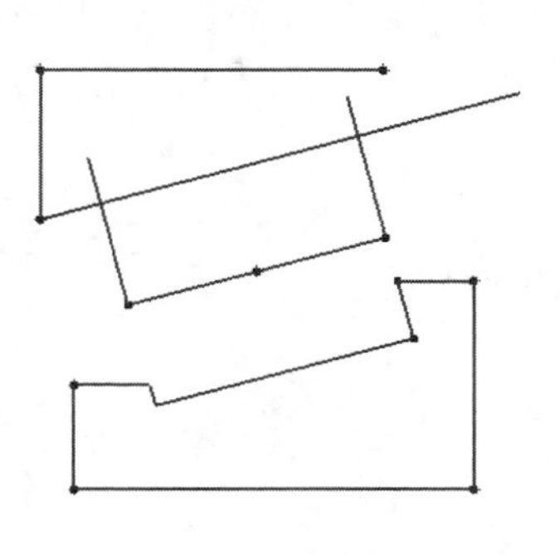

图 8-13　裁减后的草图

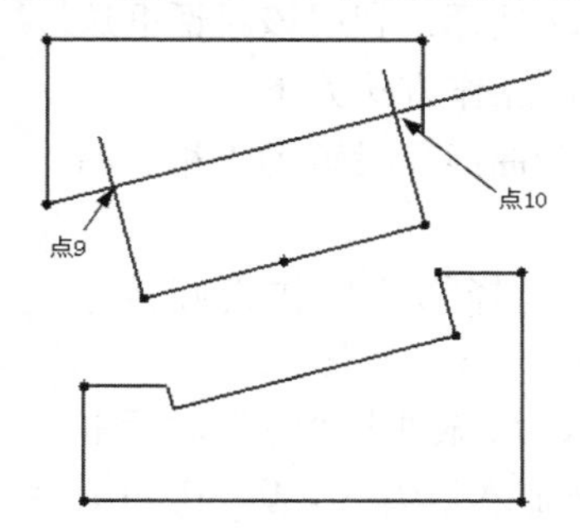

图 8-14　创建直线

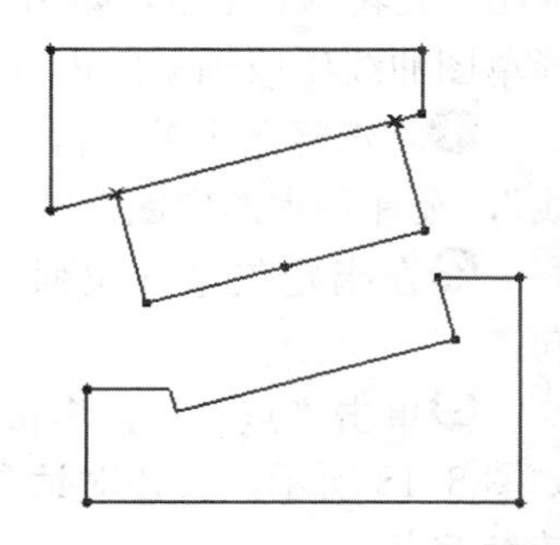

图 8-15　修剪后的草图

注意

在原来的直线 1 的位置上现在有两条直线，一条为轴承外环上的线，一条为创建轴承滚子的线，如图 8-16 所示。

18 选择【菜单】→【任务】→【完成草图】命令，或者单击【主页】选项卡中的【完成】图标，退出草图模式，进入建模模式。

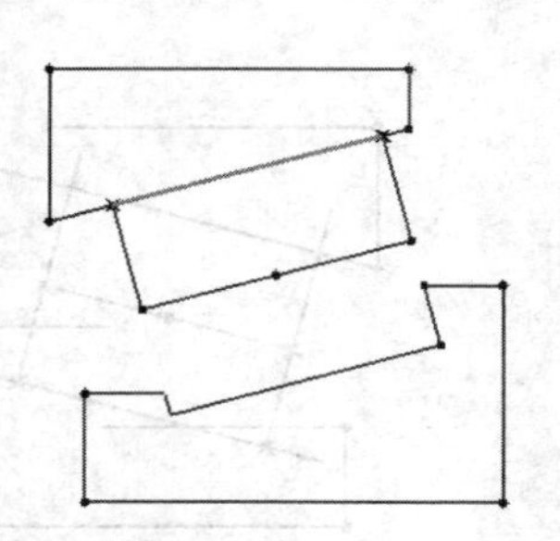
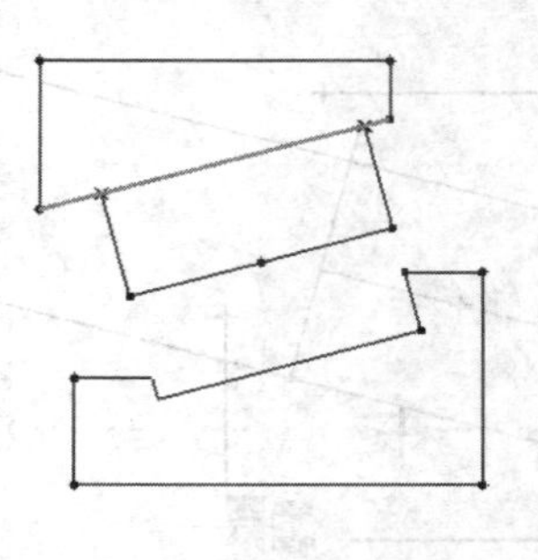

图 8-16　原直线 1 位置上的两条直线

8.2 绘制内外圈

制作思路

圆锥滚子轴承内外圈制作思路为：选择草图曲线进行旋转；生成边圆角细部特征。

轴承内外圈的建立方法如下：

01 选择【菜单】→【插入】→【设计特征】→【旋转】命令，或者单击【主页】选项卡，选择【特征】组→【设计特征下拉菜单】中的【旋转】图标，系统弹出“旋转”对话框，如图 8-17 所示。利用该对话框选择草图曲线生成轴承的内外圈，操作方法如下：

❶将选择条上的“自动判断曲线”设置为“相连曲线”，选择轴承的内圈曲线。

❷在指定矢量下拉列表中选择 XC 方向作为旋转方向。

❸单击“点对话框”按钮，系统弹出“点”对话框如图 8-18 所示，在该对话框中输入（0，0，0）作为旋转参考点。

❹设置旋转体的开始和结束角度分别设为 0 和 360，单击“确定”按钮，完成旋转操作，生成圆锥滚子轴承的内圈。

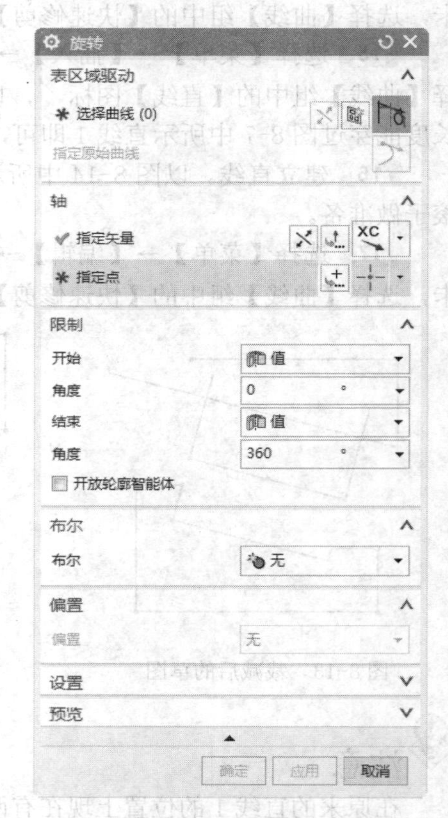

图 8-17　“旋转”对话框

最后生成的轴承内环如图 8-19 所示。

02 选择【菜单】→【插入】→【设计特征】→【旋转】命令，或者单击【主页】选项卡，选择【特征】组→【设计特征下拉菜单】中的【旋转】图标，重复上一步中的操作方法建立圆锥滚子轴承的外圈。旋转曲线选择如图 8-20 所示的曲线，其他参数完全相同。

注意

选择图 8-20 所示的曲线时，注意选择在图 8-16 中提到的较长的那条直线。

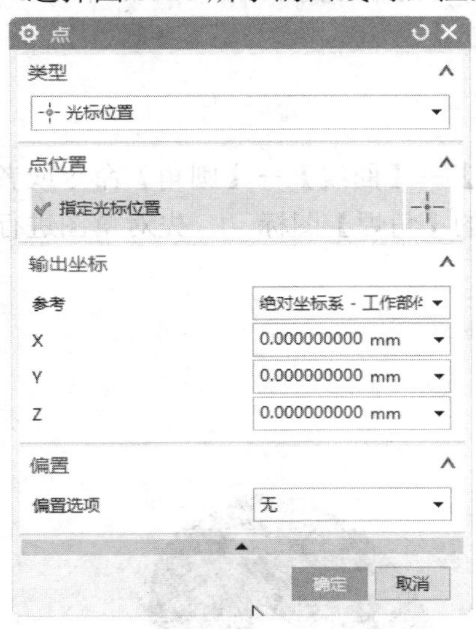

图 8-18　“点”对话框

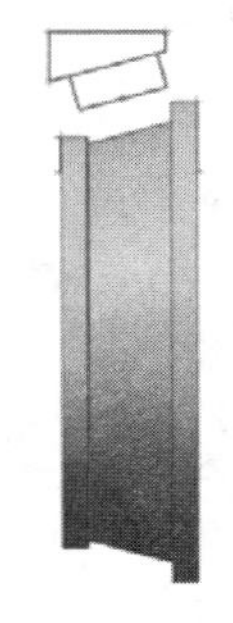

图 8-19　轴承内环生成结果

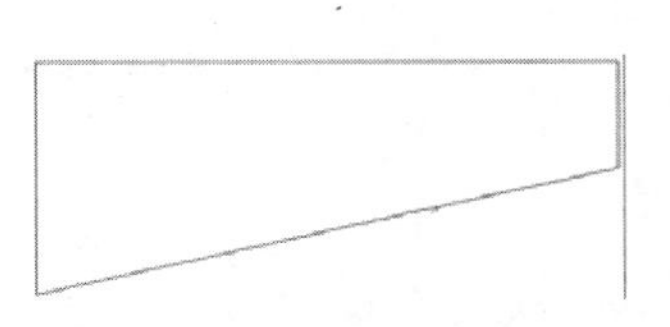

图 8-20　选择的曲线

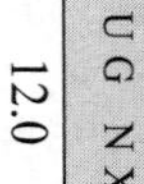

生成的轴承的外环结果如图 8-21 所示。

03 选择【菜单】→【插入】→【细节特征】→【边倒圆】命令，或者单击【主页】选项卡，选择【特征】组中的【边倒圆】图标，系统弹出“边倒圆”对话框，如图 8-22 所示。利用该对话框进行边圆角操作，方法如下：

❶在“半径 1”文本框中输入倒圆的半径。

图 8-21　轴承外环生成结果

图 8-22　“边倒圆”对话框

❷选择需要倒圆的边。

❸单击“确定”或“应用”按钮就可以完成倒圆。

此处需要倒圆的边有 4 条，如图 8-23 所示。其中圆角 1 的半径为 2，圆角 2 的半径 1.5，圆角 3 的半径为 0.8。

边倒圆也可以在草图模式下，选择【菜单】→【插入】→【曲线】→【圆角】命令或者单击【主页】选项卡，选择【曲线】组→【编辑曲线】库中的【角焊】图标，先对草图进行倒圆，然后在建模模式下通过旋转直接生成。

最后结果如图 8-24 所示。

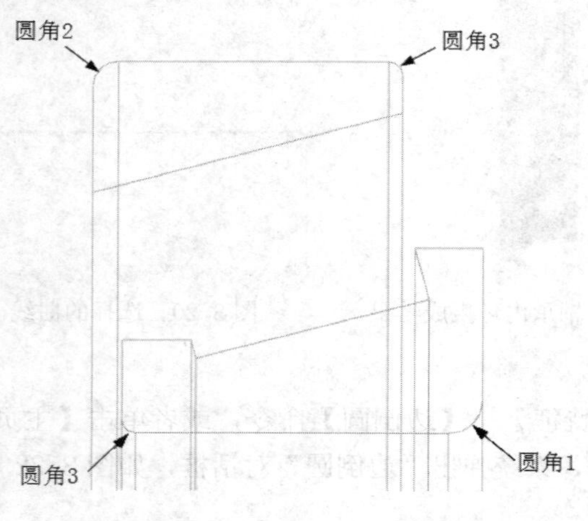

图 8-23　边缘圆角图

图 8-24　内外圈

8.3　绘制滚子

制作思路

圆锥滚子轴承制作思路为：选择草图曲线进行旋转生成单个滚子；旋转坐标系；通过变换操作建立多个滚子。

8.3.1　绘制单个滚子

选择【菜单】→【插入】→【设计特征】→【旋转】命令，或者单击【主页】选项卡，选择【特征】组中的【旋转】图标，系统弹出“旋转”对话框。利用该对话框选择草图曲线生成滚子，操作方法如下：

01 选择图 8-25 所示的曲线作为旋转操作的曲线。

02 选择图 8-26 中箭头所在的直线作为旋转体的参考矢量。

03 在系统弹出的“旋转”对话框中设置旋转体的开始和结束角度分别设为 0 和 360。生成的轴承滚子结果如图 8-27 所示。

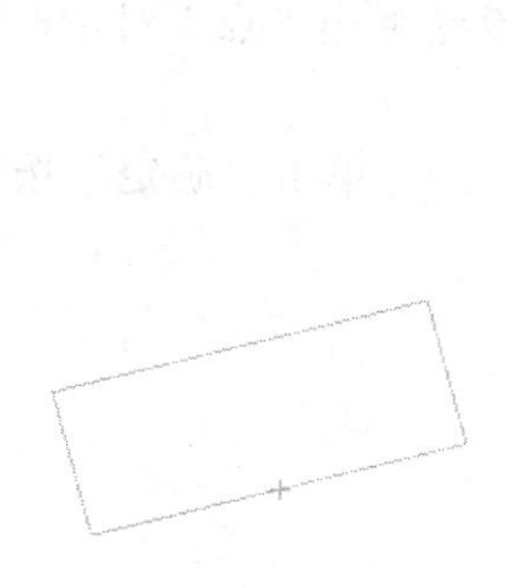

图 8-25　选择的曲线

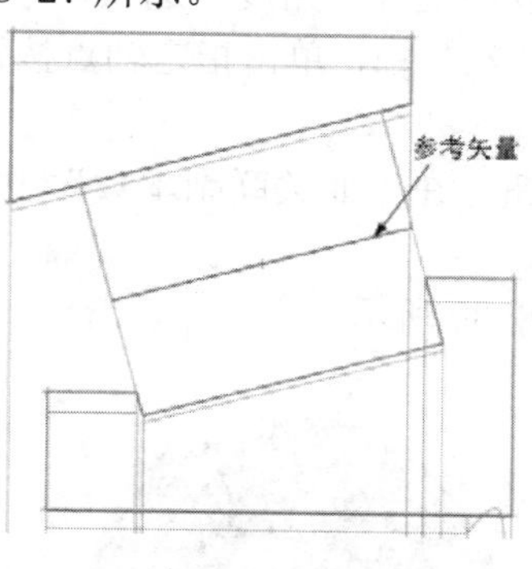

图 8-26　旋转体的参考矢量

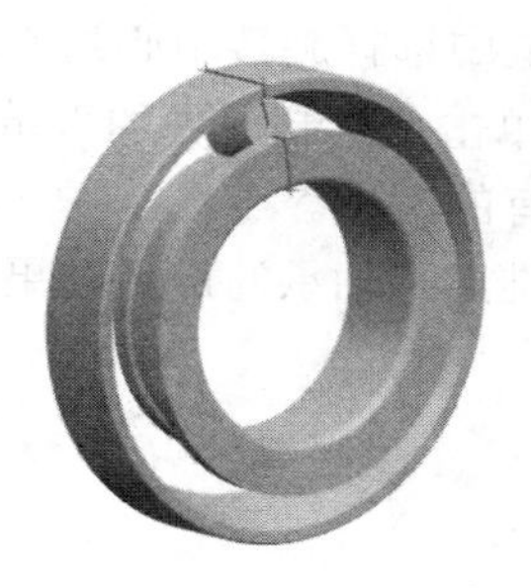

图 8-27　生成的轴承滚子

8.3.2　阵列滚子

01 选择【菜单】→【格式】→【WCS】→【旋转】命令，系统弹出“旋转 WCS 绕…”对话框，如图 8-28 所示。选择 -YC 轴：XC --> ZC，输入角度 90，单击“确定”按钮，即在 YC 轴不变的情况下，XC 坐标轴向 ZC 坐标轴旋转 90°。

02 选择【菜单】→【编辑】→【移动对象】命令，系统弹出“移动对象”对话框，如图 8-29 所示。利用该对话框进行变换操作生成多有滚子，方法如下：

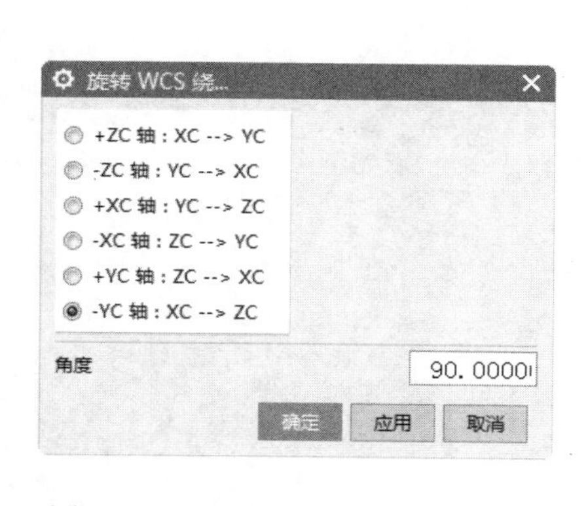

图 8-28　“旋转 WCS 绕…”对话框

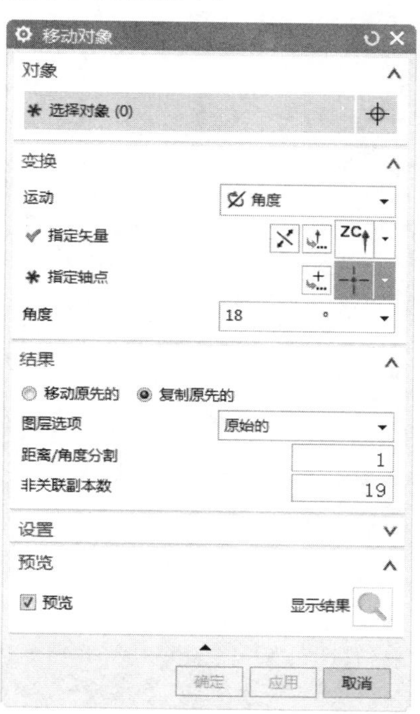

图 8-29　“移动对象”对话框

❶选择生成的滚子为移动对象。

❷在变换选项栏中运动下拉列表中选择“角度”选项，“角度”输入 18。

❸在指定矢量下拉列表中选择“ZC”轴，单击指定轴点按钮，系统弹出“点”对话框，在该对话框中选择旋转中心为原点。

❹单击“复制原先的”单选按钮，在“非关联副本数”中输入 19。单击“确定”按钮，生成所有的滚子。

圆锥滚子轴承的最后结果如图 8-30 所示。

图 8-30　圆锥滚子轴承

第9章

轴的设计

轴作为回转体，一般来说都是由多段相同或不同直径的圆柱连接而成，主要用于传递扭矩。轴类零件上一般要开有键槽用于连接动力输入与动力输出的零件，同时轴上还有轴端倒角、圆角等特征。轴的成形一般采用先画草图然后旋转成形，或者建立圆柱特征后进行拔圆台的操作成形，或者是完全用圆柱生成等方法。在本章中，将分别采用前两种方法，建立减速器中的两个轴。在建完轴的模型之后，进行挖键槽、倒角和打螺孔和定位孔等操作。最后在齿轮轴上开齿槽。

重点与难点

- 传动轴
- 齿轮轴

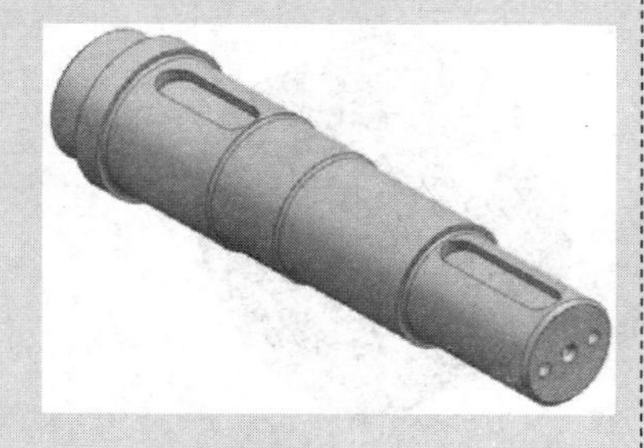

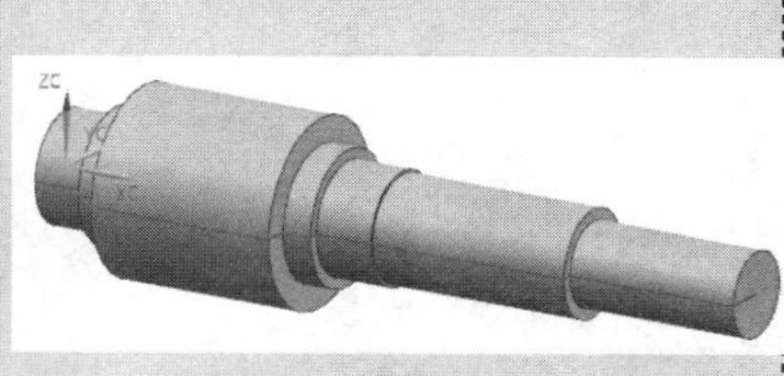

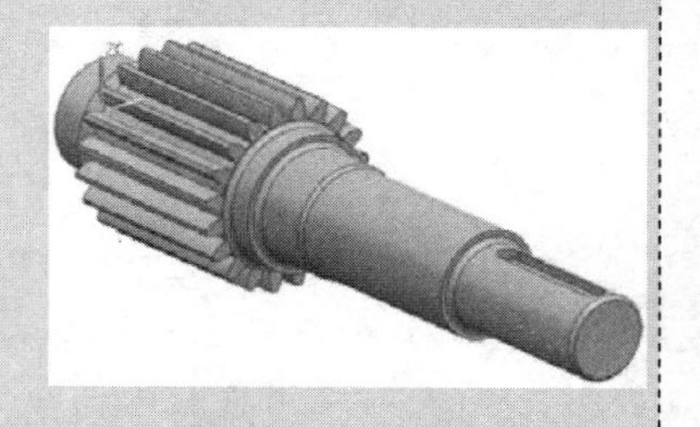

9.1 传动轴

制作思路

制作思路为：建立轴的一段圆柱；通过圆台操作建立轴的其他部分。建立基准平面相切于要生成键槽的圆柱面；生成键槽。建立定位点；建立简单孔或埋头孔；生成螺纹。

9.1.1 传动轴主体

01 选择【菜单】→【文件】→【新建】命令，或者单击【主页】选项卡，选择【标准】组中的【新建】图标，选择模型类型，创建新部件，文件名为 chuandongzhou，进入建立模型模块。

02 选择【菜单】→【插入】→【设计特征】→【圆柱】命令，或单击【主页】选项卡，选择【特征】组→【设计特征下拉菜单】→【圆柱】图标，系统弹出“圆柱”对话框，如图 9-1 所示。利用该对话框建立圆柱，方法如下：

❶在图 9-1 所示该对话框中选择“轴，直径和高度”类型。

❷在指定失量下拉列表中选择XC方向作为圆柱的轴向。

❸设定圆柱直径为 55，高度为 21。

❹单击“点对话框”图标，在弹出的“点”对话框中设置坐标原点作为圆柱体的中心。生成的圆柱体如图 9-2 所示。

图 9-1 “圆柱”对话框

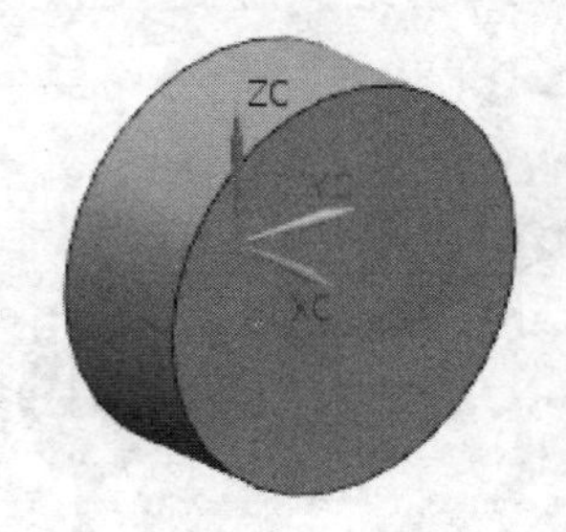

图 9-2 完成的圆柱体

03 选择【菜单】→【插入】→【设计特征】→【凸台（原有）】，系统弹出“支管”对话框，如图 9-3 所示。利用该对话框建立凸台，方法如下：

❶在图 9-3 所示对话框中设定凸台的直径为 65、高度为 12、锥角为 0。

❷选择图 9-2 中圆柱体右侧表面为凸台的放置面，单击“确定”按钮。

❸系统弹出如图 9-4 所示的“定位”对话框，选择“点落在点上”的定位方法。

图 9-3　“支管”对话框

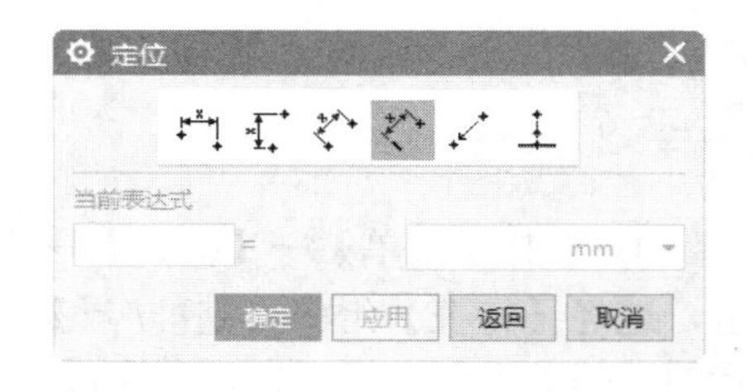

图 9-4　“定位”对话框

❹系统弹出如图 9-5 所示的对话框，在该对话框中选择“标识实体面”，然后选择要放置凸台的圆柱体，系统自动将凸台和圆柱体的轴线对齐。

注意

定位也可以采用如下方法：选取圆柱体的右侧表面的圆弧边缘，系统弹出如图 9-6 所示的对话框中，选择“圆弧中心”也可以将圆台和圆柱体的轴线对齐。

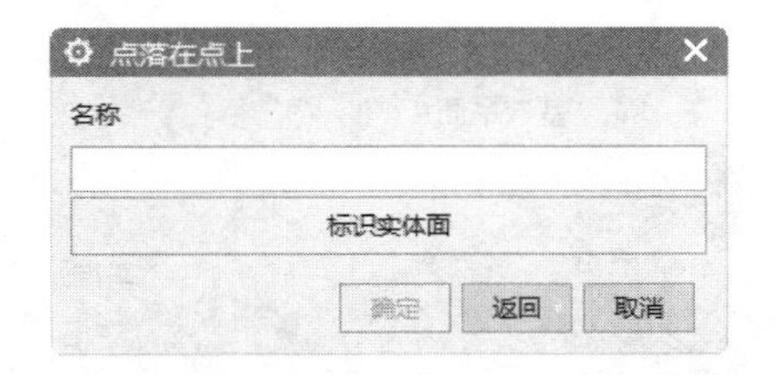

图 9-5　“点落在点上”定位对话框

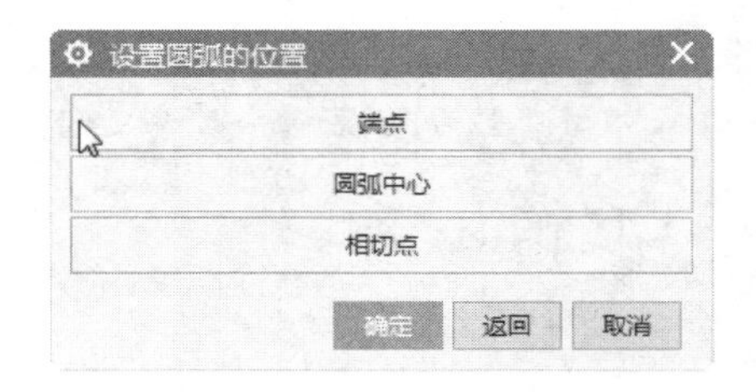

图 9-6　设置圆弧位置对话框

最后得到的图形如图 9-7 所示。

04 重复上述建立凸台的步骤，生成轴的其他部分，参数如图 9-8 所示。

注意

本模型中有几段凸台是在圆柱的另外一个端面生成的，在选择“点落在点上”的定位实体面时，应选择另外一侧的那个端面。

所有凸台的操作均可以用生成圆柱的操作代替，并且将生成的圆柱通过“布尔操作”的“合并”操作合成为整体。

图 9-7　完成的凸台

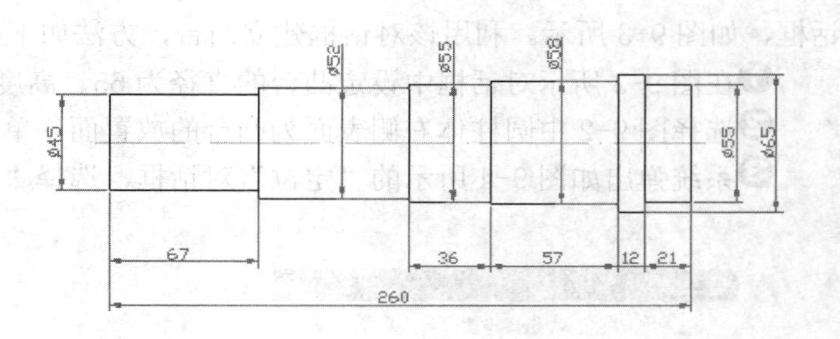

图 9-8　轴的参数

9.1.2　键槽

01 选择【菜单】→【插入】→【基准/点】→【基准平面】命令，或者单击【主页】选项卡，选择【特征】组→【基准/点】下拉菜单中的【基准平面】图标，系统弹出如图 9-9 所示的“基准平面”对话框，利用该对话框建立基准平面，方法如下：

❶在“类型”下拉列表框中选中相切图标，在实体中选择圆柱面。在“基准平面”对话框中，单击“应用”按钮，创建基准平面 1。

❷同理，创建过基本直线 2 和其圆柱面相切的基本平面 2，该基准平面为图 9-10 所示的基准平面 2。建立的两个基准平面如图 9-10 所示。

图 9-9　“基准平面”对话框

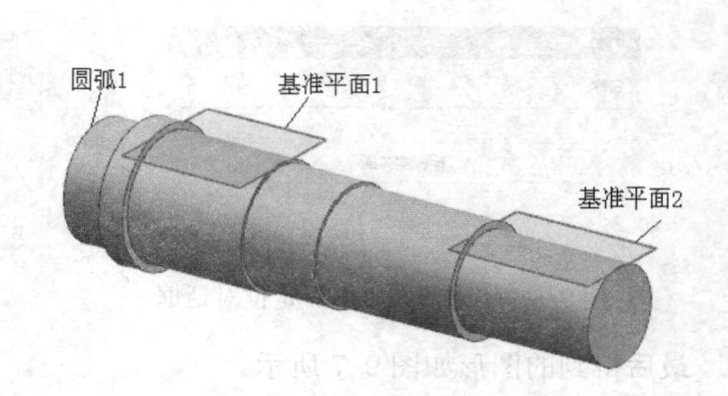

图 9-10　基准平面图

02 选择【菜单】→【插入】→【设计特征】→【键槽（原有）】命令，系统弹出“键槽”对话框，如图 9-11 所示。利用该对话框建立键槽，方法如下：

❶在图 9-11 所示的对话框中选择“矩形槽”，单击“确定”按钮。

❷系统弹出如图 9-12 所示的对话框，选择图 9-10 所示的基准平面 1 为放置面。并在随后系统弹出的对话框中，接受默认边设置。

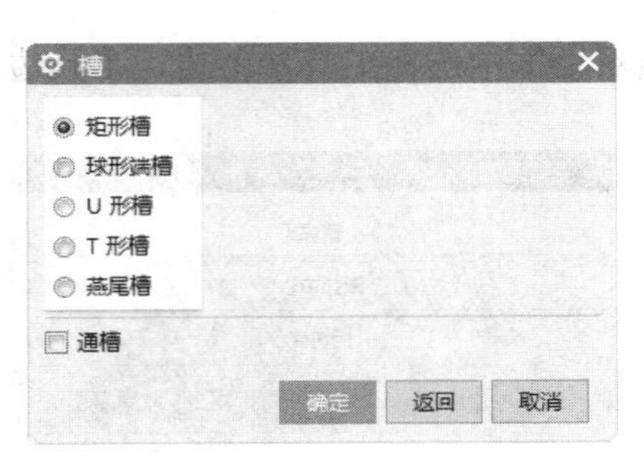

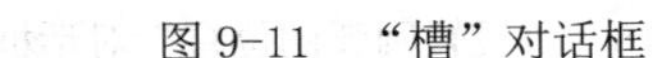
图 9-11　“槽”对话框

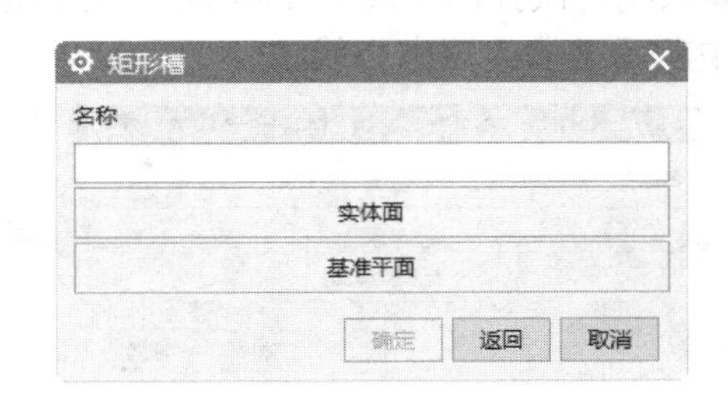

图 9-12　选择放置面对话框

❸系统弹出“水平参考”对话框如图 9-13 所示，该对话框用于设定键槽的水平方向，此处选择轴上任意一段圆柱面即可。

❹选择好水平参考后，系统弹出如图 9-14 所示的“矩形槽”参数设置对话框，在该对话框中设置键槽长度为 50，宽度为 16，深度为 6，最后单击“确定”按钮。

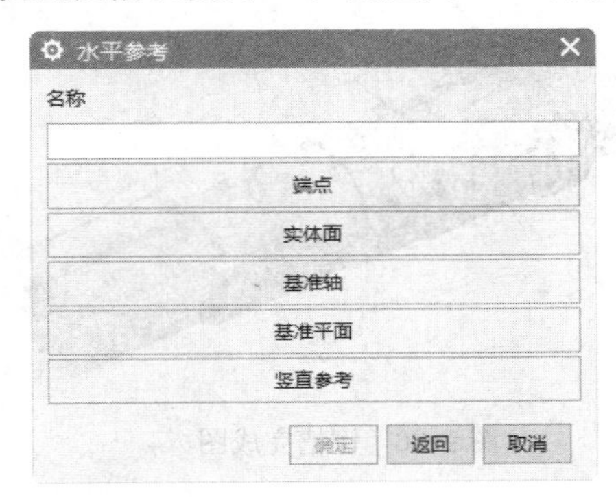

图 9-13　“水平参考”对话框

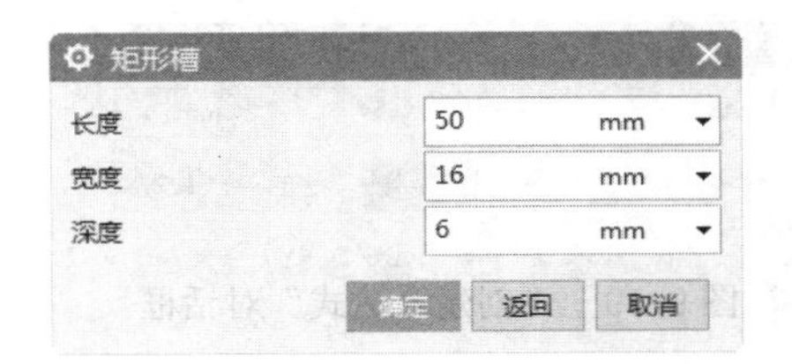

图 9-14　“矩形槽”参数设置对话框

❺系统弹出如图 9-15 所示的“定位”对话框中，并且在图形界面中生成键槽的预览图，采用线框模式即可以观察到，如图 9-16 所示。

图 9-15　“定位”对话框

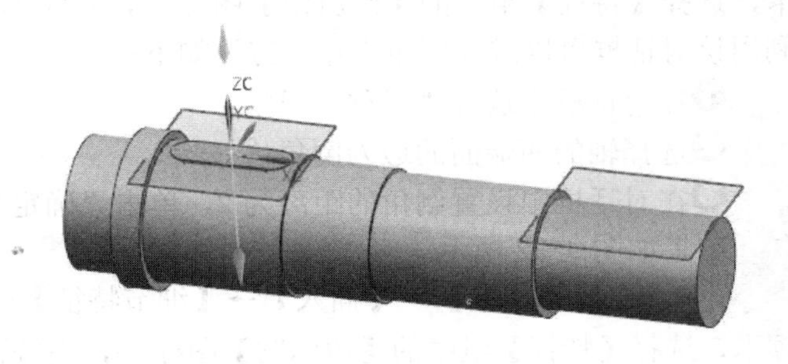

图 9-16　键槽预览图

❻在定位对话框中选择，系统弹出如图 9-17 所示的对话框。

❼选择图 9-10 中所示的圆弧 1 为水平定位参照物，单击“确定”按钮。

❽系统弹出如图 9-18 所示的对话框，在该对话框中选择“圆弧中心”。

❾系统再次弹出如图 9-17 所示的对话框，在该对话框中选择工具参考边，工具边选择图 9-16 中所示键槽的短中心线。

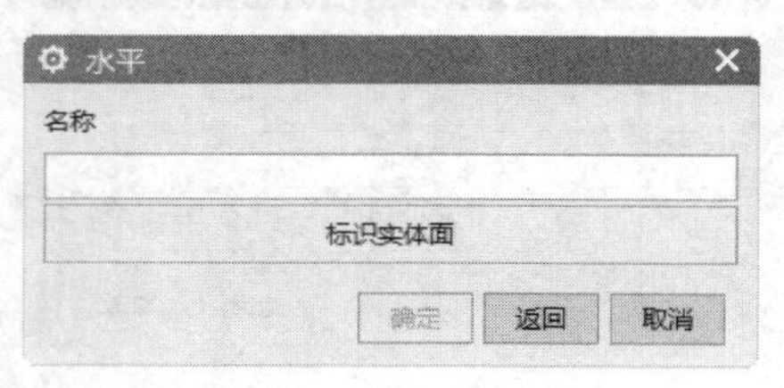

图 9-17　水平参考对话框

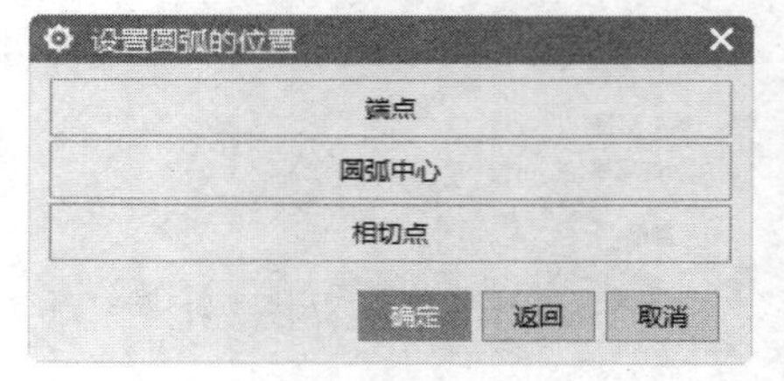

图 9-18　“设置圆弧的位置”对话框

❿选择好后，系统弹出如图 9-19 所示的对话框，并且图形界面中给出水平方向的尺寸预览图，在该对话框中设定圆弧中心与键槽的短中心线的水平距离为 64，单击“确定”按钮。

另外一个键槽的参数为长度 60，宽度 14，深度 5.5，图 9-10 所示的圆弧 1 与键槽短中心线的水平距离为 226，最后的结果如图 9-20 所示。

图 9-19　“创建表达式”对话框

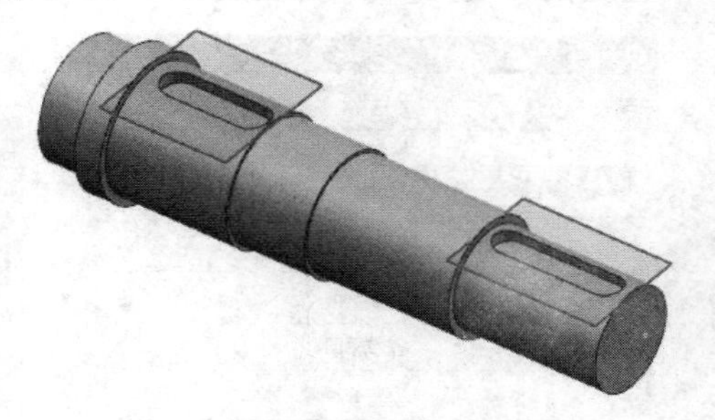

图 9-20　键槽完成图

9.1.3　倒角、螺孔和定位孔

01 选择【菜单】→【插入】→【细节特征】→【倒斜角】命令，或者单击【主页】选项卡，选择【特征】组中的【倒斜角】图标，系统弹出“倒斜角”对话框，如图 9-21 所示。利用该对话框可以进行倒角操作，方法如下：

❶在对话框中选择“对称”类型。

❷选择轴的两端面的边为倒角边。

❸在对话框中设置倒角的距离为 2，单击“确定”按钮完成倒角。

结果如图 9-22 所示。

02 选择【菜单】→【插入】→【细节特征】→【边倒圆】命令，或者单击【主页】选项卡，选择【特征】组中的【边倒圆】图标，系统弹出如图 9-23 所示的“边倒圆”对话框，在该对话框的“半径 1”文本框中输入半径为 1.5，选择各段圆柱相交的边，最后单击“确定”按钮即可完成倒圆角。

结果如图 9-24 所示。

03 选择【菜单】→【插入】→【设计特征】→【孔】命令，或者单击【主页】选项卡，选择【特征】组中的【孔】图标，系统弹出“孔”对话框，如图 9-25 所示。利用该对话框可以建立孔，方法如下：

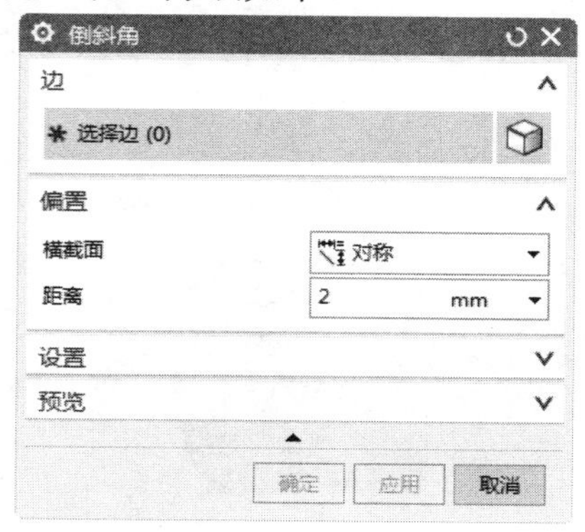

图 9-21　“倒斜角”对话框

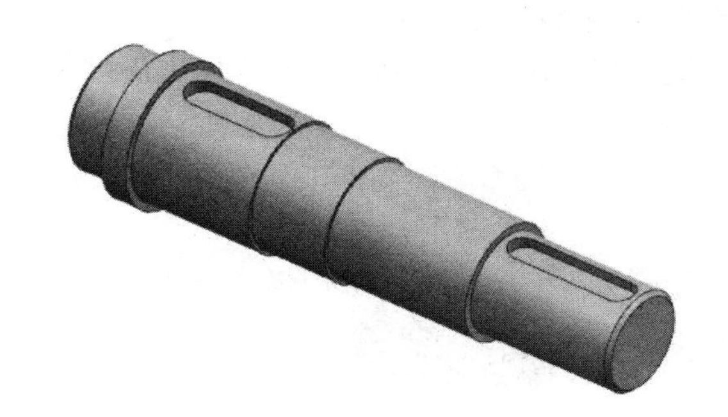

图 9-22　倒角完成图

图 9-23　“边倒圆”对话框

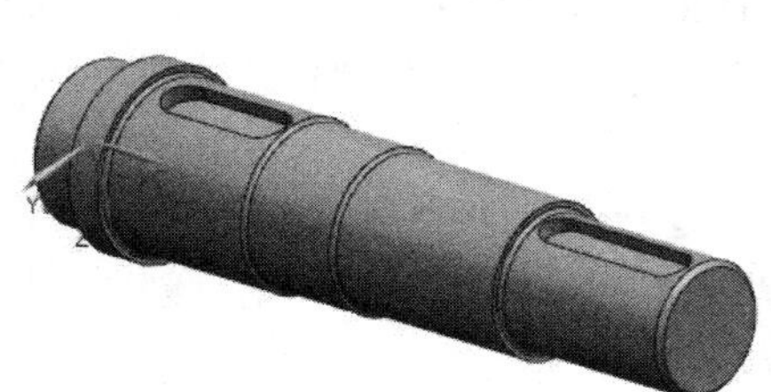

图 9-24　边倒圆完成图

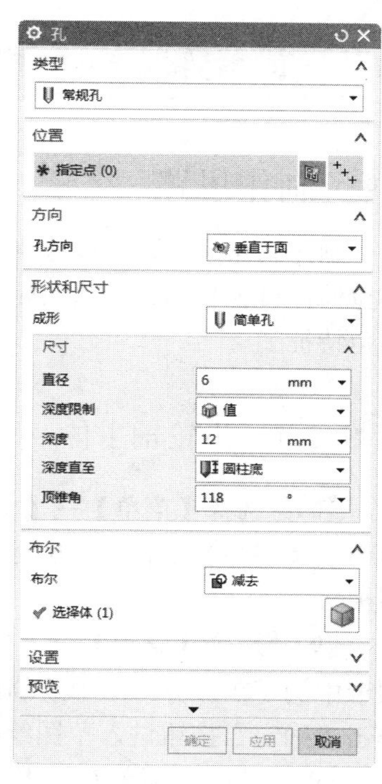

图 9-25　“孔”对话框

❶在“孔”对话框中选择“简单孔”类型。
❷设定孔的直径为 6，深度为 12，顶锥角为 118。
❸选择轴右端面为孔的放置面，单击“确定”按钮。
❹完成孔的创建，如图 9-26 所示。

04 选择【菜单】→【插入】→【设计特征】→【螺纹】命令，或者单击【主页】选项卡，选择【特征】组→【更多】库→【螺纹刀】图标，系统弹出“螺纹切削”对话框，在该对话框中选择螺纹类型为“符号”，然后选择刚刚创建的孔作为螺纹放置面，接受系统默认设

置创建螺纹。

05 重复上述操作，在轴右端面中心创建埋头孔，埋头孔参数埋头直径 8，埋头角度 82，孔直径 4，孔深度 12，顶锥角 118。

通过剖视图可以看到创建的两个螺孔和定位孔，如图 9-27 所示。

图 9-26 “孔”定位尺寸

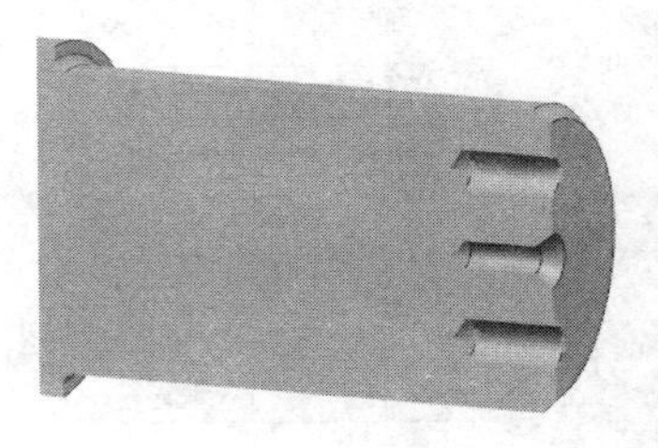
图 9-27 螺孔和定位孔

9.2 齿轮轴

制作思路

制作思路为：采用旋转草图轮廓的方法生成齿轮轴的阶梯轴部分，首先绘制草图，然后利用拉伸体设计特征来创建齿轮齿槽，将创建的齿槽通过圆周阵列生成齿形，最后添加边圆角和倒角特征

9.2.1 齿轮轴主体

01 选择【菜单】→【文件】→【新建】命令，或者单击【主页】选项卡，选择【标准】组中的【新建】图标，选择模型类型，创建新部件，文件名为“chilunzhou”，进入建立模型模块。

02 选择【菜单】→【插入】→【在任务环境中绘制草图】命令，或者单击【主页】选项卡中的【在任务环境中绘制草图】图标，系统弹出“创建草图”对话框，如图 9-28 所示。单击“确定”按钮进入草图绘制界面。

03 选择【菜单】→【插入】→【曲线】→【轮廓】命令，或单击【主页】选项卡，选择【曲线】组中的【轮廓】图标，绘制草图轮廓，如图 9-29 所示。水平线段的序号已在图 9-29 中标出。

04 单击【主页】选项卡，选择【约束】组中的【几何约束】图标，将图中的线段进行约束。

❶令第 1 条竖直直线段（从左至右）与草图 YC 轴共线。

❷令第 1 条水平直线段（从上至下、从左至右）与草图 XC 轴共线。

❸利用“几何约束”对话框的“平行”按钮，使所有的竖直直线段和所有的水平直线段分别互相平行。

❹在弹出的“几何约束”对话框中，单击其中的“共线”按钮，单击第 4 条和第 5 条水平直线段，使两线共线。

❺在弹出的“几何约束”对话框中，单击其中的“共线”按钮，单击第 6 条和第 7 条水平直线段，使两线共线。

图 9-28　“创建草图”对话框

图 9-29　绘制的草图轮廓

05 选择【菜单】→【插入】→【尺寸】→【快速】命令或单击【主页】选项卡，选择【约束】→【尺寸】下拉菜单组中的【快速尺寸】图标，选择水平测量方法，对图中的水平线段进行尺寸标注。步骤如下：

❶将文本高度改为 3。

❷第 1 条水平直线长度设置为 253。

❸第 2 条水平直线长度设置为 60。

❹第 3 条水平直线长度设置为 70。

❺第 4 条水平直线长度设置为 18。

❻第 5 条水平直线长度设置为 20。

❼第 6 条水平直线长度设置为 10。

❽第 7 条水平直线长度设置为 10。

06 选择【菜单】→【插入】→【尺寸】→【快速】命令或单击【主页】选项卡，选择→【尺寸下拉菜单】组中的【快速尺寸】图标，选择竖直测量方法，对图中的竖直线段进行尺寸标注。步骤如下：

❶第 1 条竖直直线段长度设置为 20。

❷第 1 条、第 6 条水平直线段的距离设置为 24。

❸第 1 条、第 8 条水平直线段的距离设置为 33.303。

❹第 1 条、第 3 条水平直线段的距离设置为 19。

❺第 1 条、第 2 条水平直线段的距离设置为 15。

各个尺寸如图 9-30 所示。此时草图已完全约束。

❻选择【菜单】→【任务】→【完成草图】命令，或者单击【主页】选项卡，选择【草图】中的【完成】图标，退出草图模式，进入建模模式。

07 选择【菜单】→【插入】→【设计特征】→【旋转】命令，或者单击【主页】选项

卡，选择【特征】组→【设计特征】下拉菜单中的【旋转】图标，系统弹出“旋转”对话框，如图 9-31 所示。利用该对话框选择草图曲线生成齿轮轴的轮廓，操作方法如下：

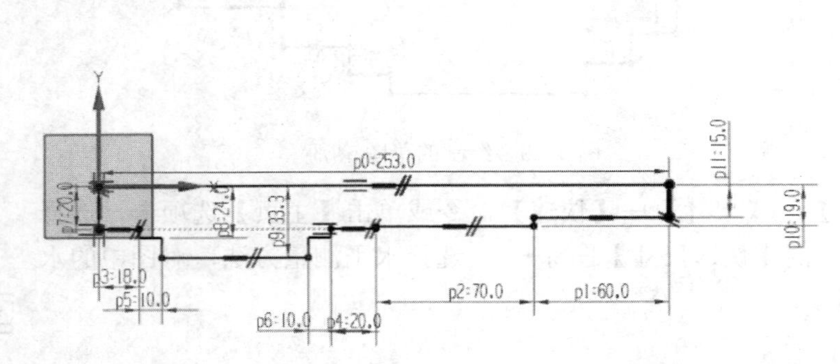

图 9-30　添加尺寸约束

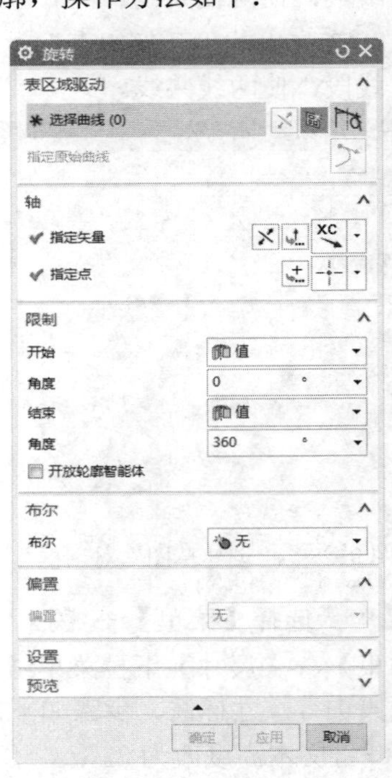

图 9-31　“旋转”对话框

❶选择整个草图作为旋转体截面线串

❷选择 XC 轴作为旋转体的旋转轴，保持默认的坐标（0，0，0）作为旋转中心基点。

❸设置旋转开始角度为 0 和结束角度为 360。单击“确定”按钮，生成最终的旋转体，如图 9-32 所示。

08 选择【菜单】→【插入】→【基准/点】→【基准平面】命令，或单击【主页】选项卡，选择【特征】组→【基准/点】下拉菜单中的【基准平面】图标，弹出“基准平面”对话框，选择“相切”类型，单击如图 9-32 所示的第 7 段圆柱面。单击“确定”按钮，生成与所选圆柱面相切的基准平面，如图 9-33 所示。

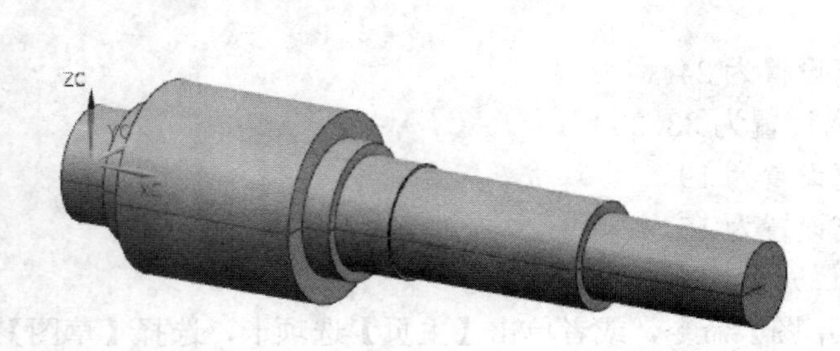

图 9-32　生成第 7 段圆柱面

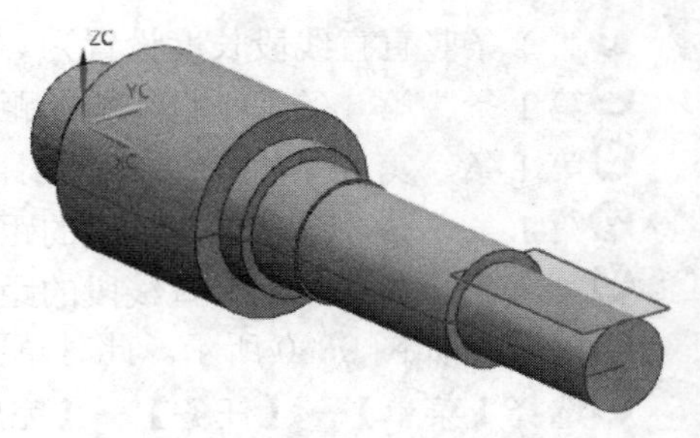

图 9-33　生成与所选圆柱面相切的基准平面

09 选择【菜单】→【插入】→【设计特征】→【键槽（原有）】命令，系统弹出“槽”对话框，如图 9-34 所示。利用该对话框建立键槽，方法如下：

❶在图 9-34 所示的对话框中选择“矩形槽”类型，单击“确定”按钮。

❷系统弹出如图 9-35 所示的对话框，选择与第 7 段圆柱相切的基准面作为键槽的放置面，如图 9-36 所示，并在随后系统弹出的对话框中，接受默认边设置。

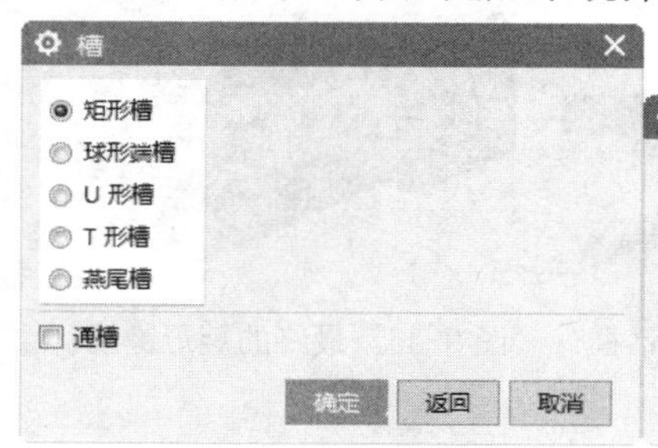

图 9-34　“槽”对话框

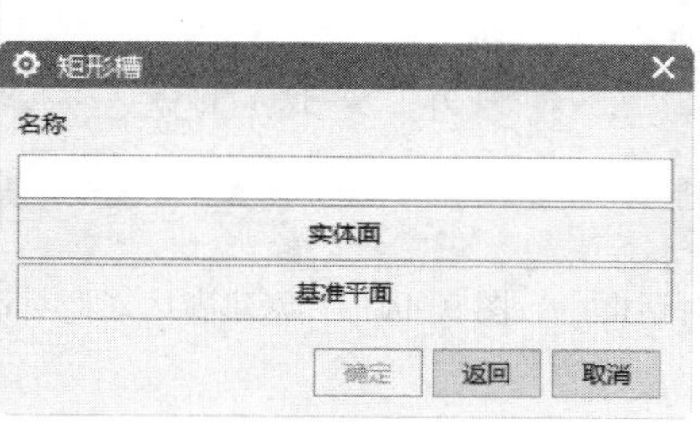

图 9-35　“选择放置面”对话框

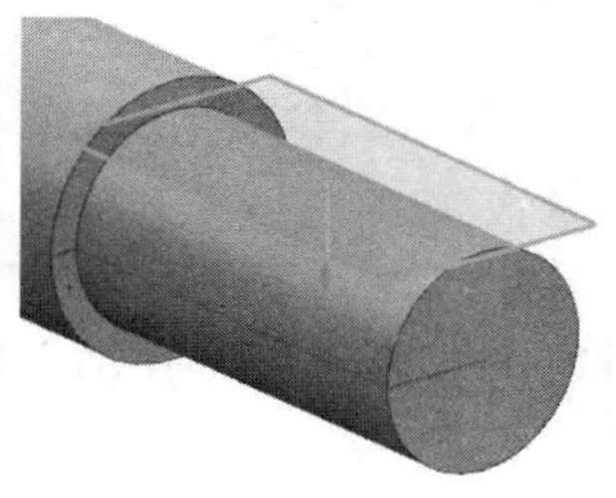

图 9-36　指定键槽的放置面

❸系统弹出“水平参考”对话框如图 9-37 所示，该对话框用于设定键槽的水平方向，选择第七段圆柱面，如图 9-38 所示。

❹选择好水平参考后，系统弹出如图 9-39 所示的“矩形槽”参数设置对话框，在该对话框中设置键槽长度为 50，宽度为 8，深度为 4，最后单击“确定”按钮。

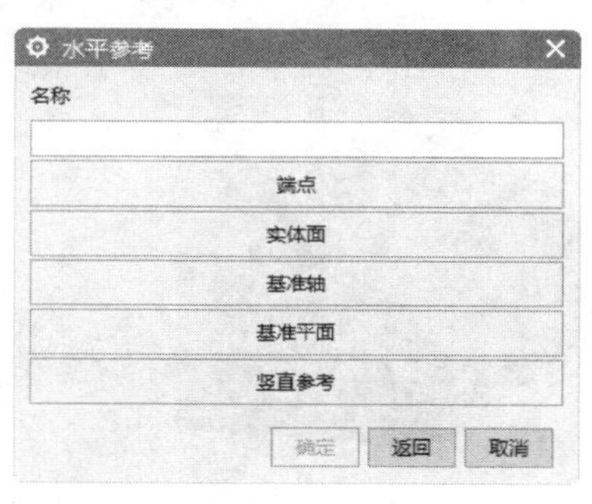

图 9-37　“水平参考”对话框

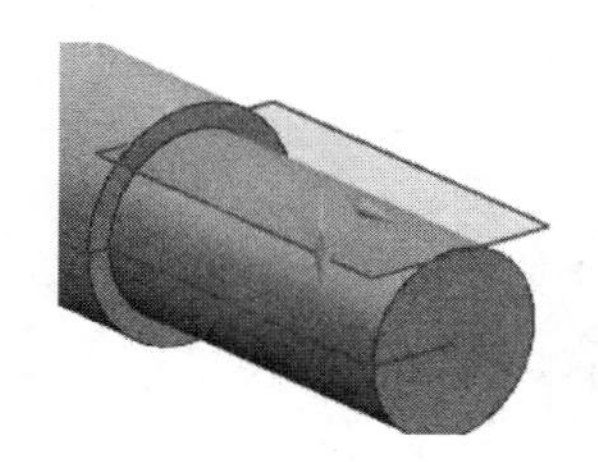

图 9-38　指定键槽的长度方向

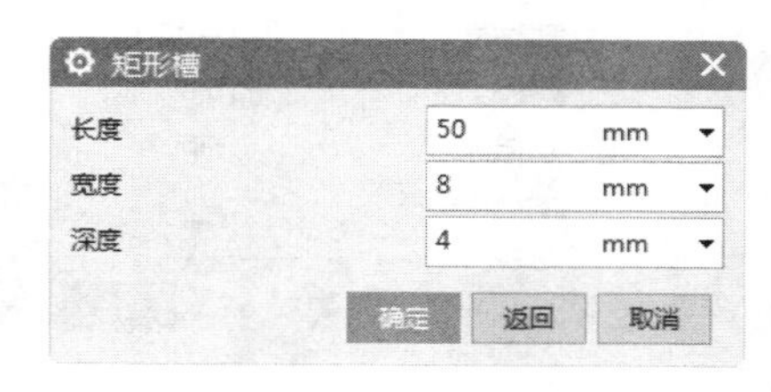

图 9-39　“矩形槽”参数设置对话框

❺系统弹出如图 9-40 所示的“定位”对话框中，单击其中的“水平”按钮，弹出“水平”对话框。如图 9-41 所示。

图 9-40　“定位”对话框

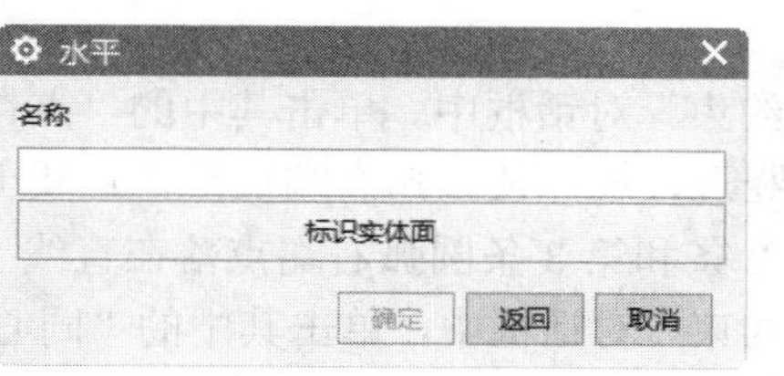

图 9-41　“水平”对话框

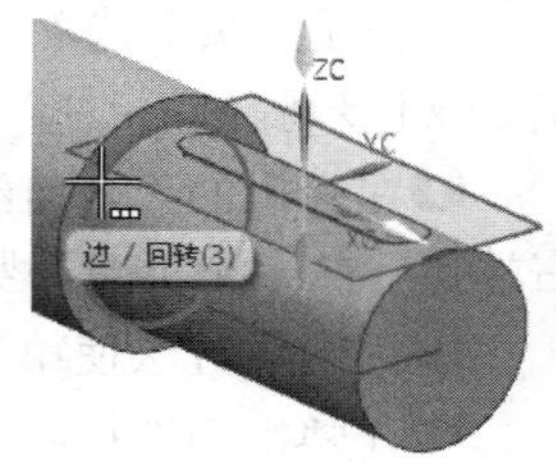

图 9-42　选择圆弧

UG NX 12.0

❻选择如图 9-42 所示的圆弧，弹出“设置圆弧的位置”对话框，如图 9-43 所示，单击“圆弧中心”按钮，再选择键槽短中心线，弹出“创建表达式”对话框，如图 9-44 所示，设置尺寸为 32，并生成最终的矩形键槽，如图 9-45 所示。

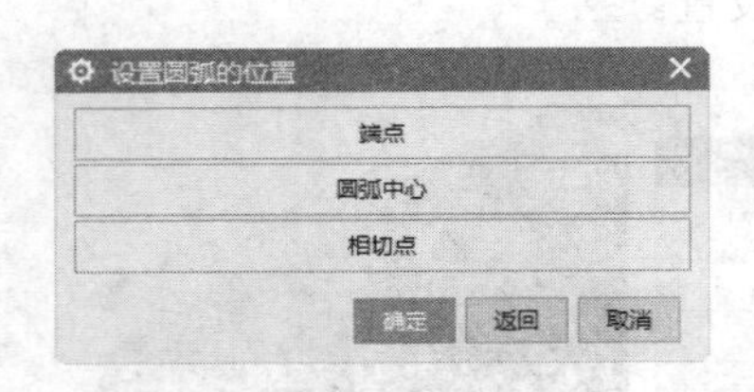

图 9-43 “设置圆弧的位置”对话框

图 9-44 “创建表达式”对话框

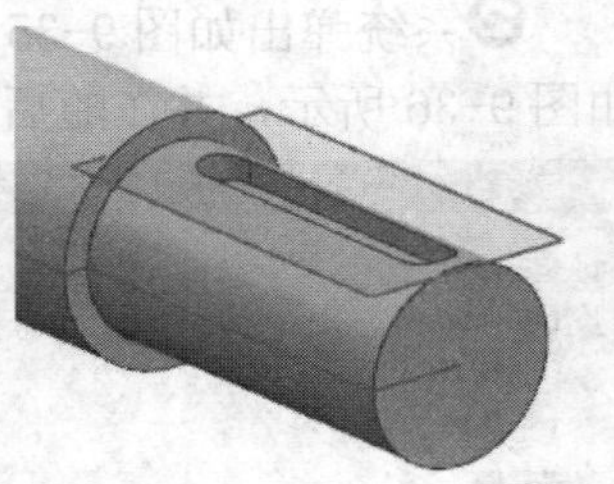

图 9-45 最终的矩形键槽

9.2.2 齿槽

01 选择【菜单】→【插入】→【在任务环境中绘制草图】命令，或者单击【主页】选项卡中的【在任务环境中绘制草图】图标，系统弹出“创建草图”对话框，如图 9-46 所示。单击第 3 段圆柱端面作为草图平面，如图 9-47 所示。

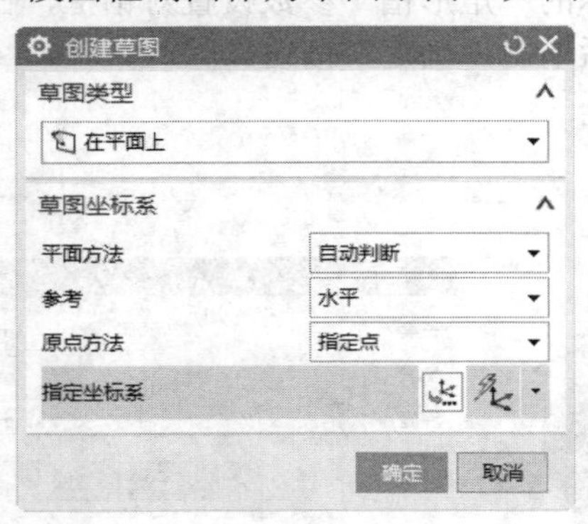

图 9-46 “创建草图”对话框

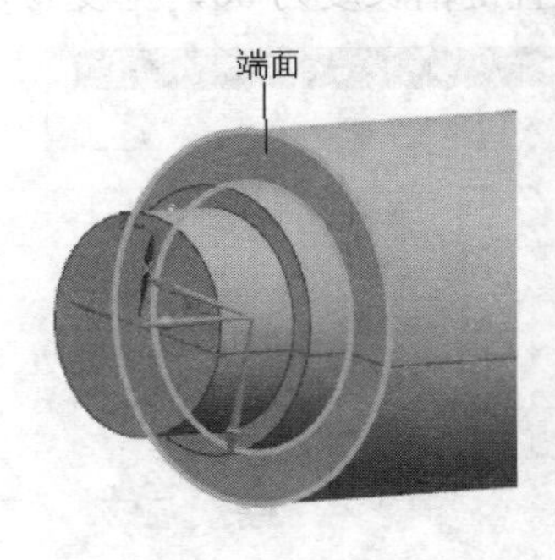

图 9-47 指定草图平面

02 选择【菜单】→【插入】→【曲线】→【轮廓】命令，或单击【主页】选项卡，选择【曲线】组中的【轮廓】图标，绘制草图轮廓，如图 9-48 所示。

单击【主页】选项卡，选择【约束】组中的【几何约束】图标，将图中的线段进行约束。操作步骤如下：

❶在弹出的“几何约束”对话框中。单击其中的“点在曲线上”按钮，单击第一条圆弧右端点（从上至下）和竖直直线，使圆弧右端点落在直线上。

❷用同样方法使第 2 条和第 3 条圆弧右端点落在直线上。

❸在弹出的“几何约束”对话框中，单击其中的“同心”按钮◎，单击上下排列的 3 条圆弧和如图 9-49 所示的最大圆柱底面边缘，使 3 条圆弧与最大圆柱底面边缘同心。

❹在弹出的“几何约束”对话框中，单击其中的“垂直”按钮⊥，单击两条斜直线段，

使两条直线段相互垂直。

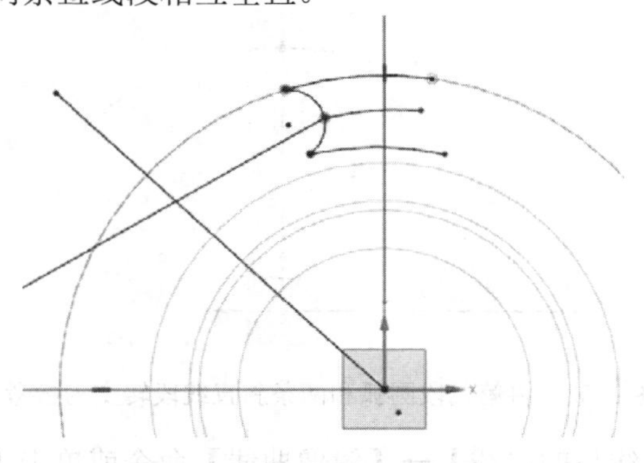

图 9-48　草图轮廓尺寸

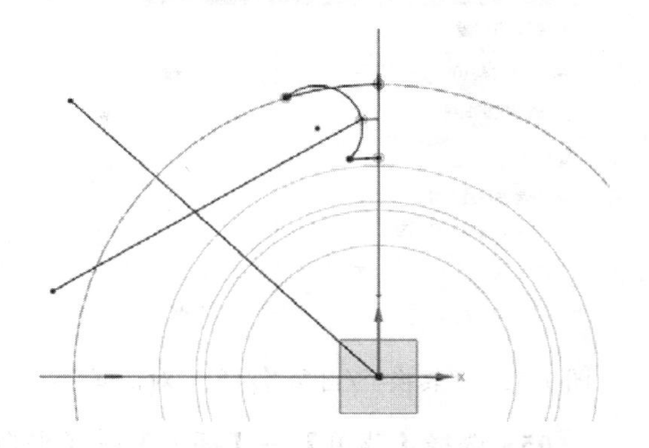

图 9-49　设置圆弧与直线的约束

❺在弹出的“几何约束”对话框中，单击其中的“点在曲线上”按钮，单击左侧圆弧圆心和左下侧斜直线段，使圆弧圆心落在斜直线段上。

❻用同样方法使左侧圆弧圆心落在右上侧斜直线段上，即落在两条直线段的交点上。完成几何约束后的草图如图 9-50 所示。

03 选择【菜单】→【插入】→【尺寸】→【快速】命令或单击【主页】选项卡，选择→【尺寸】下拉菜单组中的【快速尺寸】图标，对图中的水平线段进行尺寸标注，步骤如下：

❶将文本高度改为 4。

❷单击第 2 条圆弧线段，将圆弧半径设置为 30.303。

❸单击第 1 段圆弧右端点和第 3 段圆弧右端点，将两点间的距离设置为 6.75。

❹单击第2段圆弧左端点和通过YC轴线的直线，将圆弧左端点到直线的距离设置为2.378。

❺单击左侧圆弧线段，将其半径设置为 10.364，如图 9-51 所示，草图完全约束。

04 单击【主页】选项卡，选择【约束】组→【约束工具】下拉菜单中的【转换至/自参考对像】图标，弹出“转换至/自参考对象”对话框，如图 9-52 所示。选择第 2 段圆弧和两条斜直线段，单击“确定”按钮，将所选的线段转换为参考线，如图 9-53 所示，转换以后的参考线已变为虚线段。

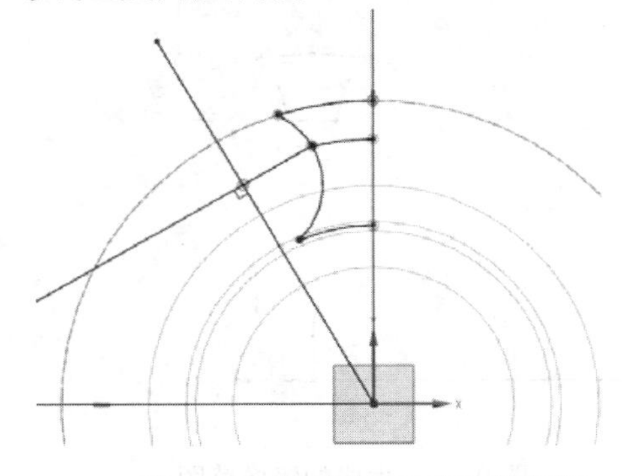

图 9-50　完成几何约束后的草图

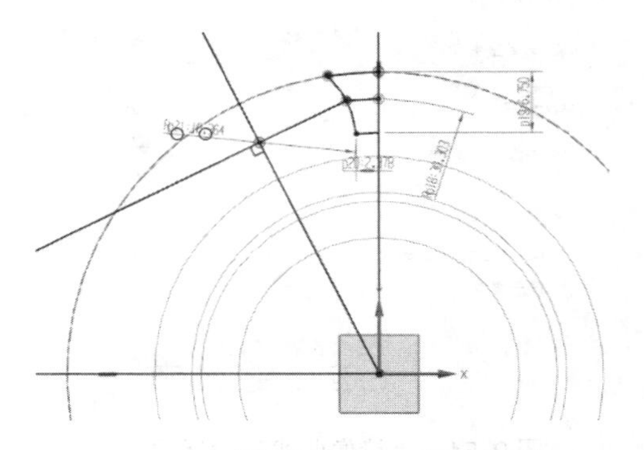

图 9-51　添加尺寸约束

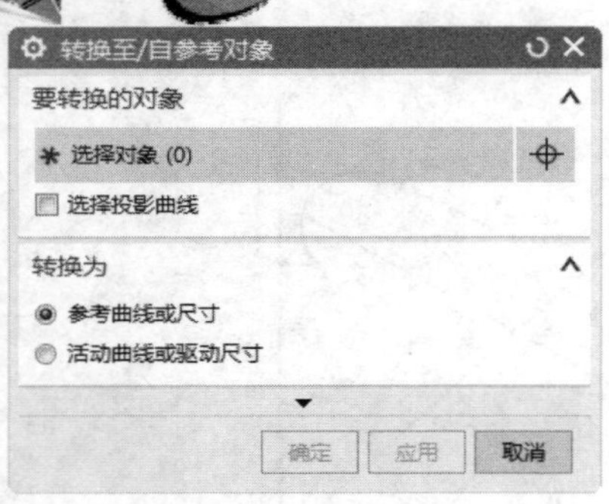

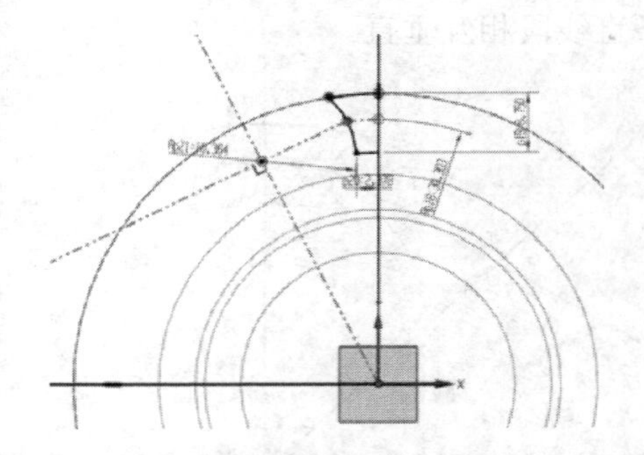

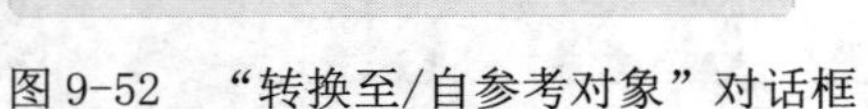
图 9-52 “转换至/自参考对象”对话框

图 9-53 将第二段圆弧和两条斜直线段转变为参考线

05 选择【菜单】→【插入】→【来自曲线集的曲线】→【镜像曲线】命令或单击【主页】选项卡，选择【曲线】组→【曲线】库中的【镜像曲线】图标，弹出“镜像曲线”对话框，如图 9-54 所示。利用该对话框将曲线进行镜像，操作步骤如下：

❶单击通过 YC 轴线的直线作为镜像中心。

❷单击所有未被转化为参考线的草图线段作为镜像几何体。

❸单击“确定”按钮，生成镜像草图，如图 9-55 所示。

06 选择【菜单】→【任务】→【完成草图】命令，或者单击【主页】选项卡，选择【草图】组中的【完成】图标，退出草图模式，进入建模模式。

07 选择【菜单】→【插入】→【设计特征】→【拉伸】命令，或者单击【主页】选项卡，选择【特征】组→【设计特征】库中的【拉伸】图标，系统弹出“拉伸”对话框。利用该对话框拉伸草图中创建的曲线，操作方法如下：

❶选择齿廓草图作为拉伸截面线串，如图 9-56 所示。

❷以 XC 轴作为拉伸方向。

❸在“布尔”下拉列表中选择“减去”。

❹在“限制”选项卡下，将“结束”选定为“直至延伸部分”。单击第 5 段圆柱上底面作为拉伸裁剪面，如图 9-57 所示。单击“确定”按钮，生成齿轮轴一个齿槽，如图 9-58 所示。

图 9-54 “镜像曲线”对话框

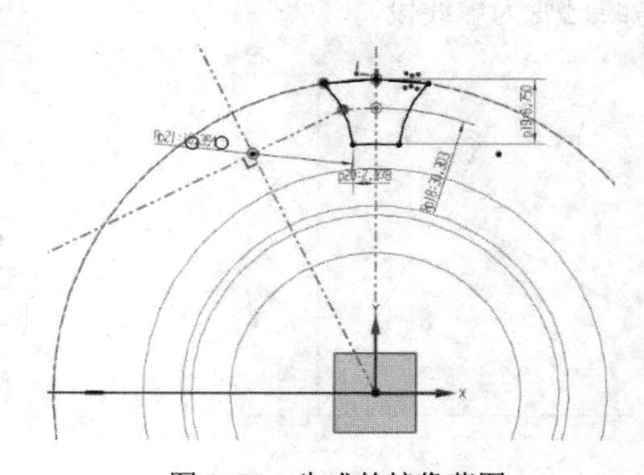

图 9-55 生成的镜像草图

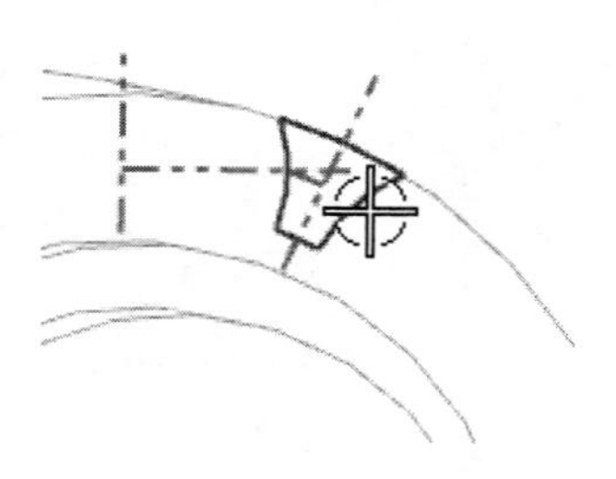
图 9-56　选择齿廓草图

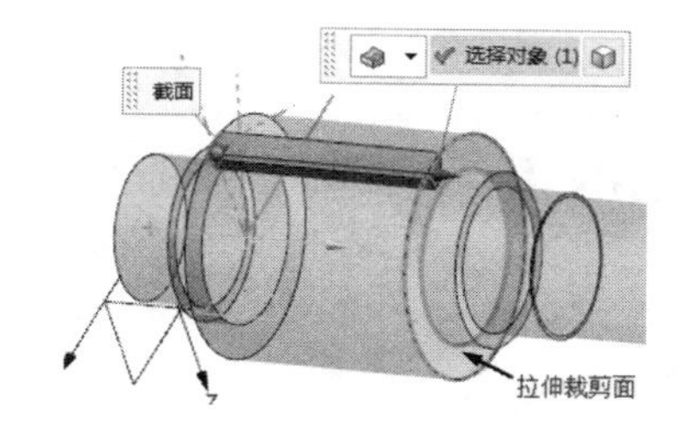

图 9-57　拉伸裁剪面

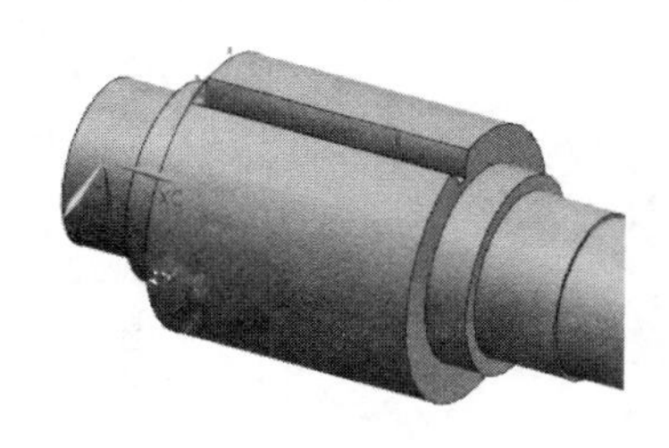
图 9-58　生成齿轮轴的一个齿槽

08 选择【菜单】→【插入】→【关联复制】→【阵列特征】命令，系统弹出“阵列特征”对话框。利用该对话框进行圆周阵列，操作方法如下：

❶选择对话框中的“圆形”阵列选项。

❷在列表框中选择上步生成的齿槽。

❸数量 20，节距角 18，单击“确定”按钮。

❹以 XC 轴作为圆形阵列中心轴，单击“点对话框”按钮，系统弹出“点”对话框，保持默认的坐标（0，0，0）作为阵列中心轴基点。

❺单击“确定”按钮，生成阵列齿槽，并形成最终的齿轮轴的齿形，如图 9-59 所示。

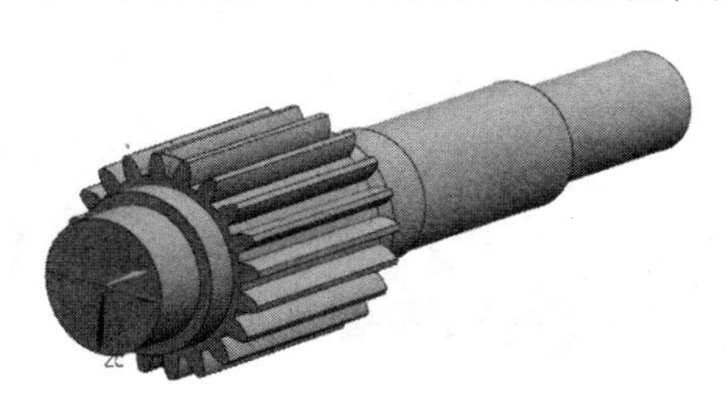
图 9-59　最终的齿轮轴的齿形

9.2.3　倒圆角和倒斜角

01 选择【菜单】→【插入】→【细节特征】→【边倒圆】命令，或者单击【主页】选项卡，选择【特征】组中的【边倒圆】图标。系统弹出“边倒圆”对话框。利用该对话框进行圆角操作方法如下：

❶单击各段圆柱的相交边缘作为圆角边，如图 9-60～图 9-65 所示。

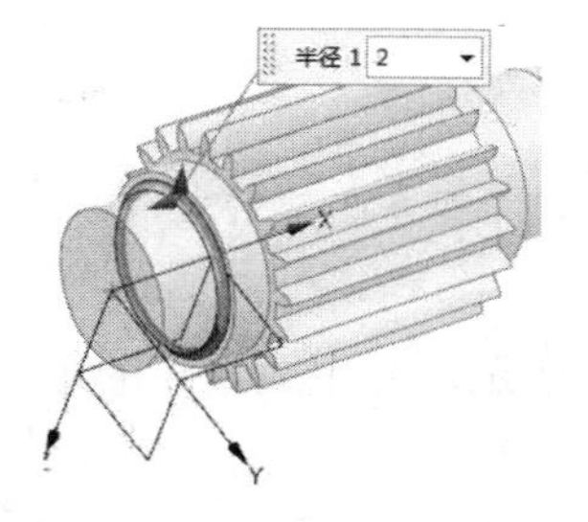

图 9-60　单击第 1 条圆角边

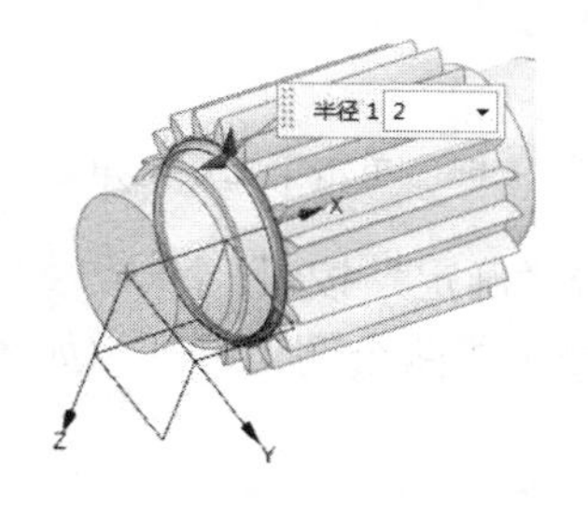

图 9-61　单击第 2 条圆角边

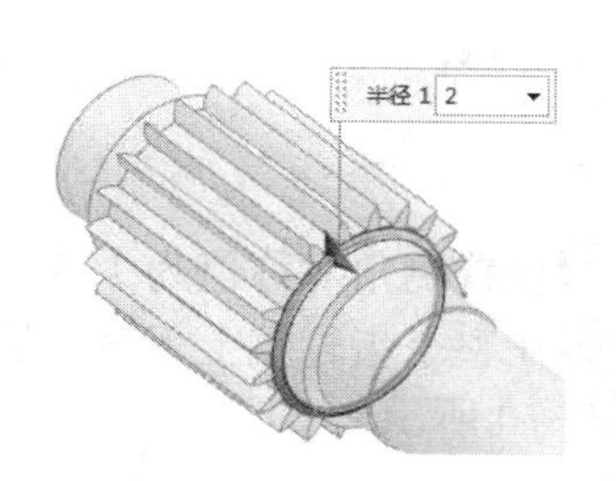

图 9-62　单击第 3 条圆角边

UG NX 12.0

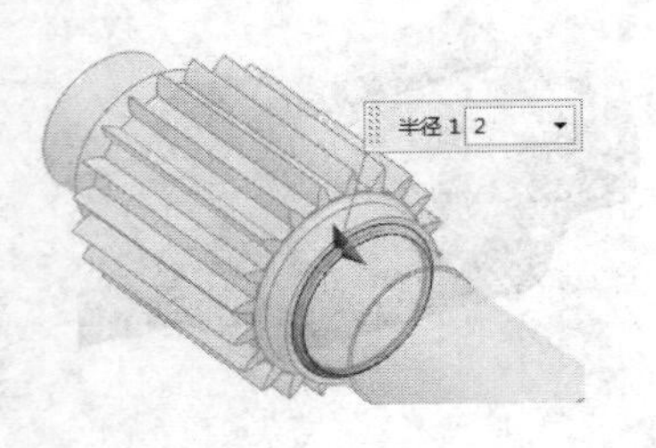

图 9-63　单击第 4 条圆角边

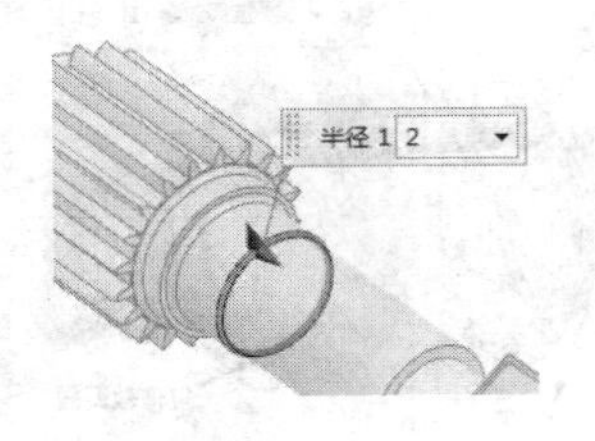

图 9-64　单击第 5 条圆角边

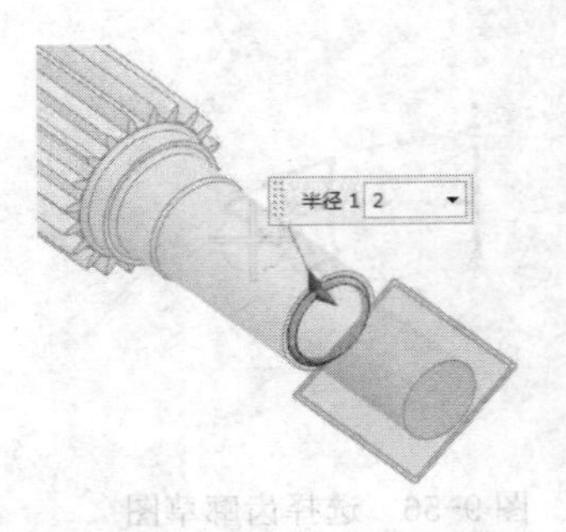

图 9-65　单击第 6 条圆角边

❷在对话框中设置圆角半径为 2。

❸单击“确定”按钮生成 6 个圆角特征，如图 9-66 所示。

02 选择【菜单】→【插入】→【细节特征】→【倒斜角】命令，或者单击【主页】选项卡，选择【特征】组中的【倒斜角】图标，系统弹出“倒斜角”对话框。利用该对话框进行倒角，方法如下：

❶单击如图 9-67 和图 9-68 所示的两条倒角边。

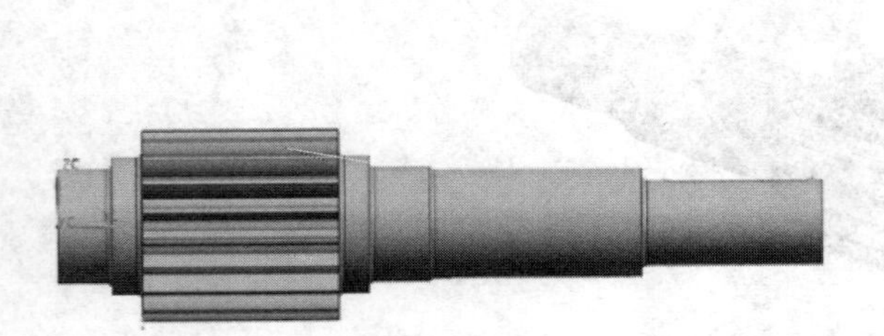

图 9-66　生成的 6 个圆角特征

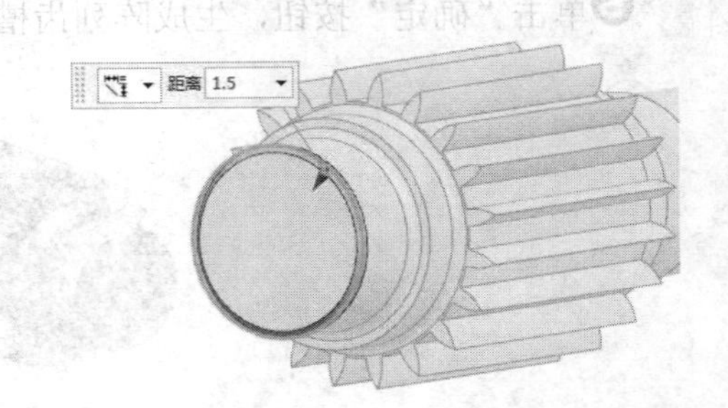

图 9-67　单击第一条倒角边

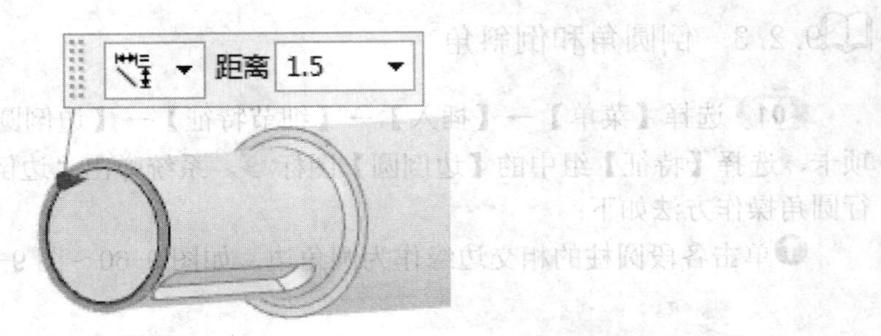

图 9-68　单击第二条倒角边

❷设置倒角对称值为 1.5。单击“确定”按钮。

❸在整个齿轮轴上下底面边缘处生成两个倒角特征，如图 9-69 所示，并生成最终的轴，如图 9-70 所示。

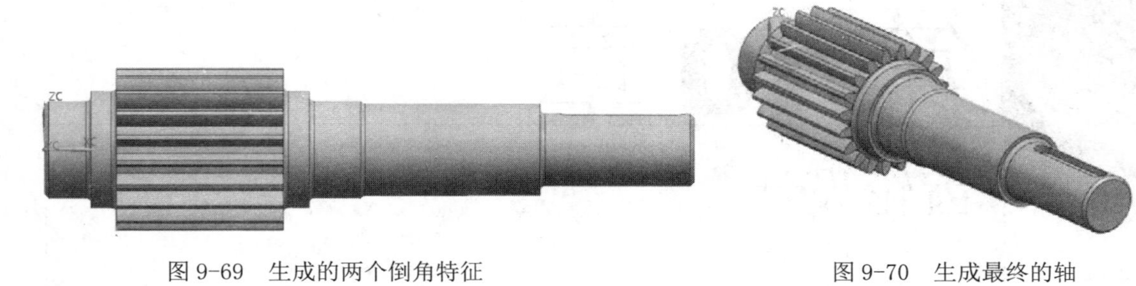

图 9-69　生成的两个倒角特征

图 9-70　生成最终的轴

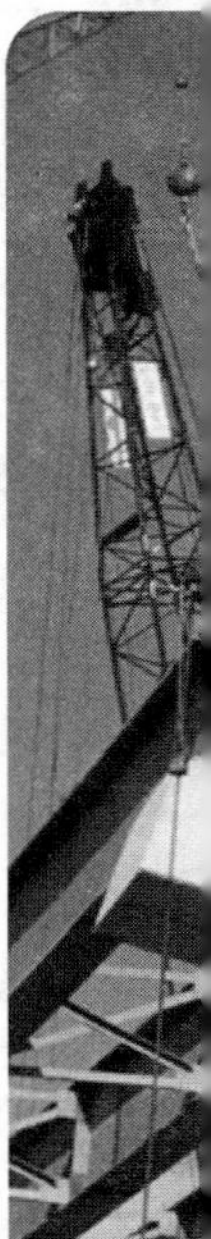

第10章

齿轮设计

齿轮也是减速器中的重要零件，它的作用是将高速齿轮轴输入的动力通过与低速轴连接的键连接输出。建立齿轮的方法与建立齿轮轴的方法类似：首先通过拉伸草图曲线生成齿轮的主体，然后通过拉伸齿形轮廓齿形建立单个齿，再通过引用生成其他的齿，最后为齿轮添加其他细部特征。

重点与难点

- 创建主体轮廓
- 辅助结构设计

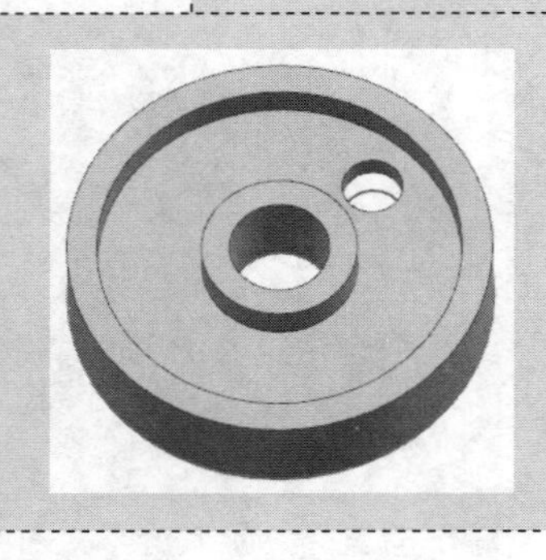

10.1 创建主体轮廓

制作思路

通过拉伸草图曲线建立齿轮主体，制作思路为：绘制草图曲线；通过拉伸和布尔操作建立齿轮主体，通过拉伸操作建立单个齿槽，建立长方体并与齿轮主体进行布尔操作建立键槽。

10.1.1 创建齿轮圈主体

01 选择【菜单】→【文件】→【新建】命令，或者单击【主页】选项卡，选择【标准】组中的【新建】图标，选择模型类型，创建新部件，文件名为chilun，进入建立模型模块。

02 选择【菜单】→【插入】→【在任务环境中绘制草图】命令，或者单击【曲线】选项卡中的【在任务环境中绘制草图】图标，平面方法选择自动判断，单击“确定”按钮，进入草图模式。

03 选择【菜单】→【插入】→【曲线】→【圆】命令，或者单击【主页】选项卡，选择【曲线】组中的【圆】图标，系统将弹出创建圆的对话框如图10-1所示，利用该对话框新建5个圆。

新建的5个圆按照从大到小分别为圆1、圆2、圆3、圆4和圆5，圆1到圆4的圆心为坐标原点，圆5的圆心坐标为XC=0，YC=75。它们的直径如图10-2所示。

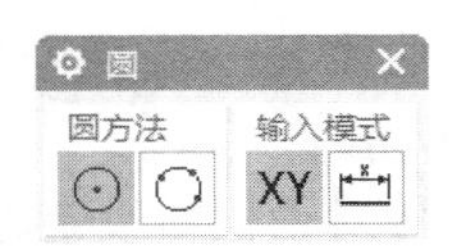

图10-1　“圆”对话框

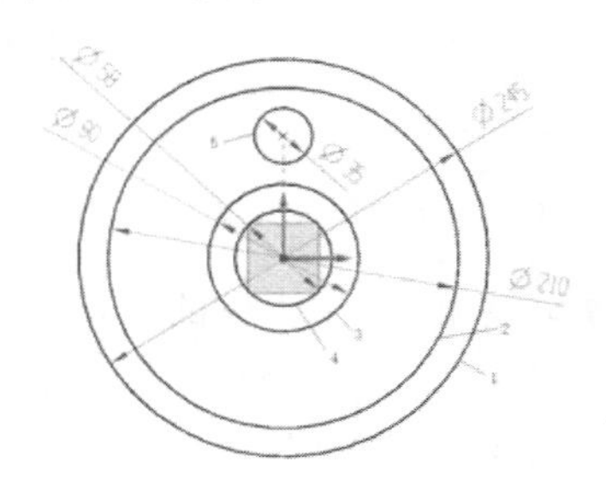

图10-2　新建的5个圆

04 选择【菜单】→【任务】→【完成草图】命令，或者单击【主页】选项卡，选择【草图】组中的【完成】图标，退出草图模式，进入建模模式。

05 选择【菜单】→【插入】→【设计特征】→【拉伸】命令，或者单击【主页】选项卡，选择【特征】组→【设计特征下拉菜单】中的【拉伸】图标，系统弹出“拉伸”对话框，如图10-3所示。利用该对话框拉伸草图中创建的曲线，操作方法如下：

❶选择刚刚建立的草图曲线中的圆1和圆4作为拉伸曲线。

❷在指定矢量下拉列表中选择 ZC↑ 作为拉伸方向。

❸在该对话框中设定结束距离为60，其他均为0，单击“确定”完成拉伸。拉伸结果如图10-4所示。

06 重复第 **05** 步中的操作，选择圆 2 和圆 3 作为拉伸曲线，设定起始距离为 0，结束距离为 22.5，在如图 10-5 所示布尔下拉列表中选择“减去”，结果如图 10-6 所示，此次拉伸操作在第一次拉伸得到的圆盘底部挖掉一个环状体。

图 10-3 “拉伸”对话框

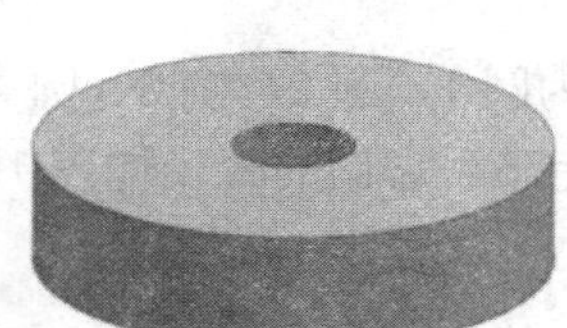

图 10-4 第 1 次拉伸的结果

图 10-5 “拉伸”对话框

07 重复第 **05** 步中的操作，还是选择圆 2 和圆 3 作为拉伸曲线，设定起始距离为 37.5，终止距离为 60，在布尔下拉列表中选择“减去”，结果如图 10-7 所示。

08 重复第 **05** 步中的操作，选择拉伸曲线为圆 5，在拉伸对话框中设定起始距离为 22.5，终止距离为 37.5，在布尔下拉列表中选择“减去”，结果如图 10-8 所示。

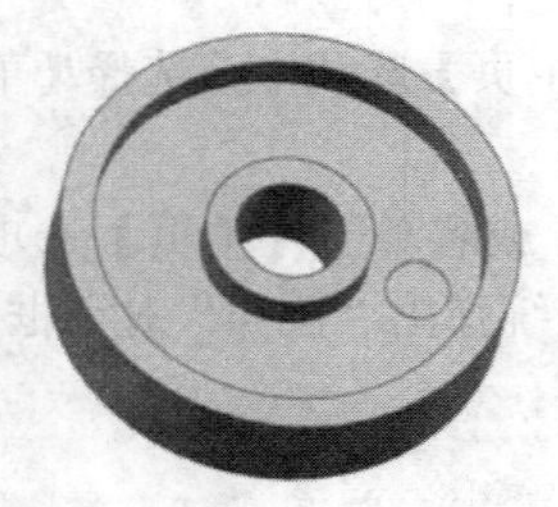

图 10-6 第 2 次拉伸的结果

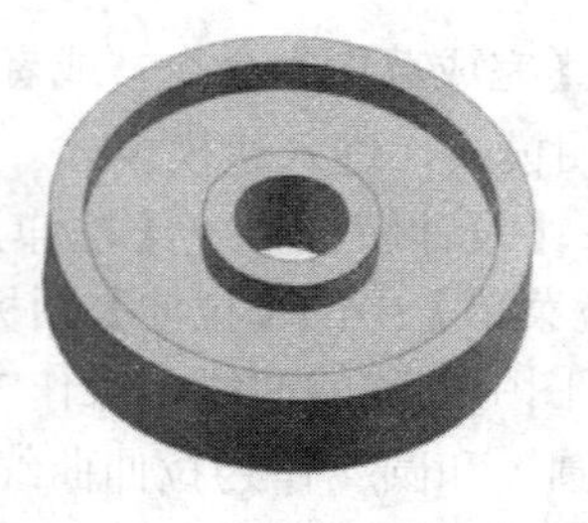

图 10-7 第 3 次拉伸的结果

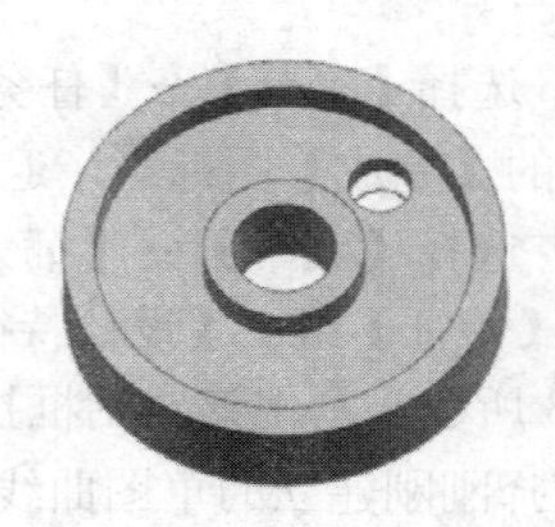

图 10-8 第 4 次拉伸的结果

10.1.2　创建齿轮齿槽

01 选择【菜单】→【插入】→【在任务环境中绘制草图】命令，或者单击【曲线】选项卡中的【在任务环境中绘制草图】图标，平面方法选择自动判断，单击“确定”按钮，再次进入草图模式。此时可以看到“草图”组中显示 SKETCH_001，而刚才建的草图为 SKETCH_000，可以通过点击右侧的小三角，然后选择下拉菜单中的选项，在各草图之间进行切换。在某个草图下时不能修改其他草图中的特征。

注意

为了方便建立草图，可以将建立的齿轮轮廓抑制。

02 选择【菜单】→【插入】→【曲线】→【直线】命令，或者单击【主页】选项卡，选择【曲线】组中的【直线】图标，创建三条平行于 XC 轴的直线，其 YC 坐标分别为 122.697、119.697、115.945。直线长度能横穿圆 1 即可。然后在 YC 轴上创建一条直线，长度能穿过刚创建的三条直线即可，如图 10-9 所示。

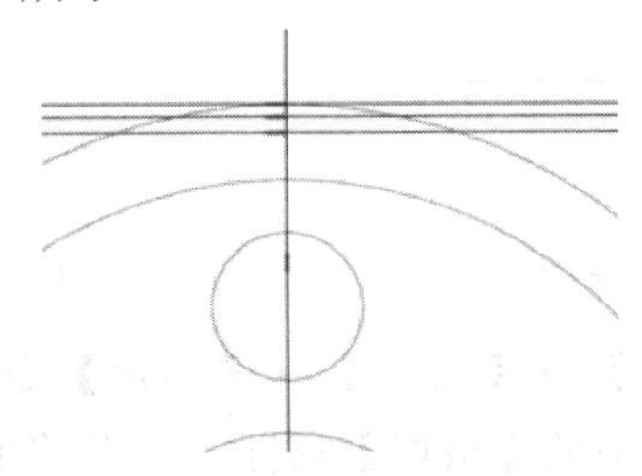

图 10-9　创建的直线

03 以直线 2 和直线 4 的交点为起点，在直线 2 上创建两条直线，长度为 2.356，如图 10-10 所示。然后分别单击直线 2 和直线 4，选择删除。

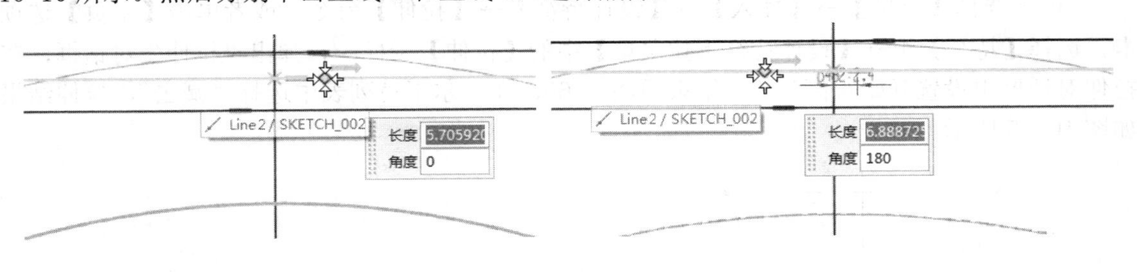

图 10-10　创建两条直线

04 过新建的两条直线的端点，创建两条直线，如图 10-11 所示，这两条直线的长度为 6，角度分别为 250 和 290。

05 选择【菜单】→【编辑】→【曲线】→【快速延伸】命令，或者单击【主页】选项卡，选择【曲线】组中的【快速延伸】图标，将图 10-12 中创建的两条直线快速延伸至与直线 1 相交，如图 10-12 所示。

06 选择【菜单】→【编辑】→【曲线】→【快速修剪】命令，或单击【主页】选项卡，

选择【曲线】组中的【快速修剪】图标，对草图进行裁剪，裁剪结果如图 10-13 所示。

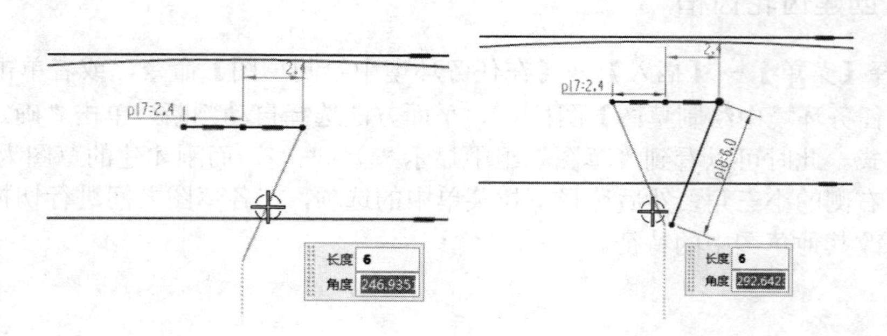

图 10-11　再次创建两条直线

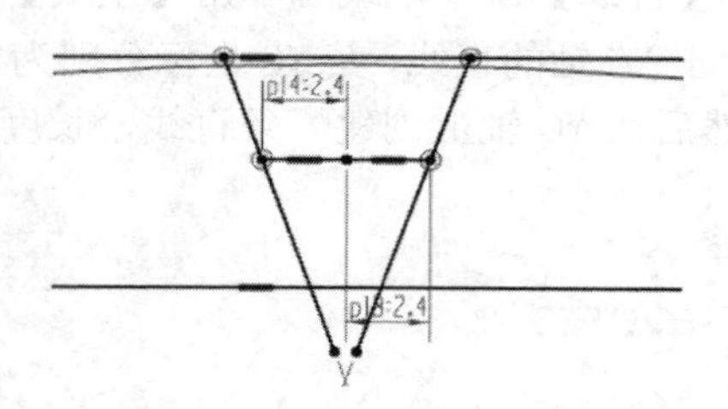

图 10-12　快速延伸直线图

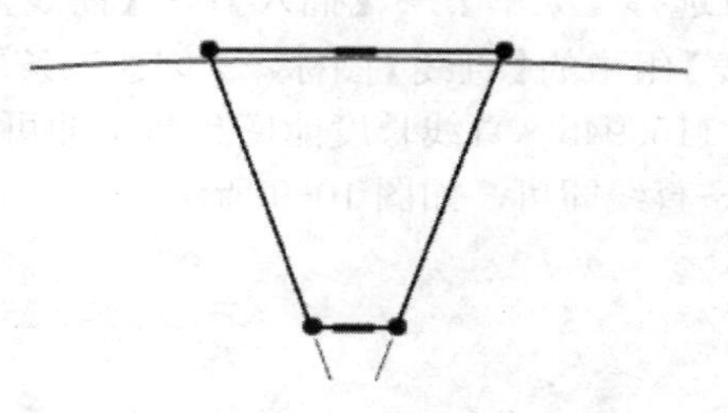
图 10-13　裁剪后的结果

07 选择【菜单】→【插入】→【曲线】→【圆角】命令，或者单击【主页】选项卡，选择【曲线】组→【编辑曲线】库中的【角焊】图标，对修剪后的草图两个钝角进行倒圆角，如图 10-14 所示，圆角半径 1.14。

08 选择【菜单】→【任务】→【完成草图】命令，或者单击【主页】选项卡，选择【草图】组中的【完成】图标，退出草图模式，进入建模模式。

09 选择【菜单】→【插入】→【设计特征】→【拉伸】命令，或者单击【主页】选项卡，选择【特征】组→【设计特征下拉菜单】中的【拉伸】图标，弹出“拉伸”对话框，在拉伸对话框中设置开始距离为 0，结束距离为 60，在布尔下拉列表中选择“减去”，拉伸结果如图 10-15 所示。

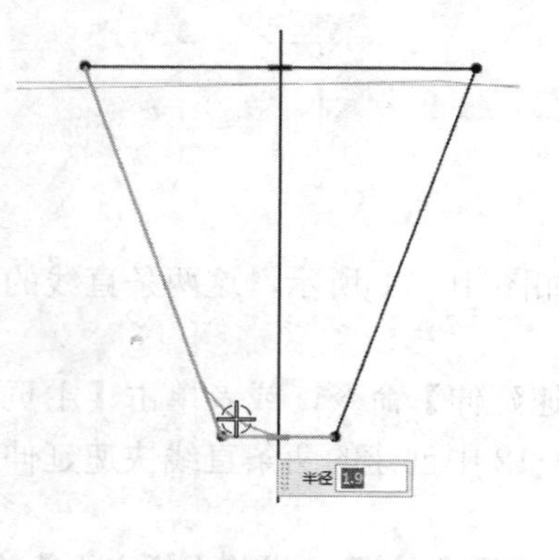

图 10-14　倒圆角

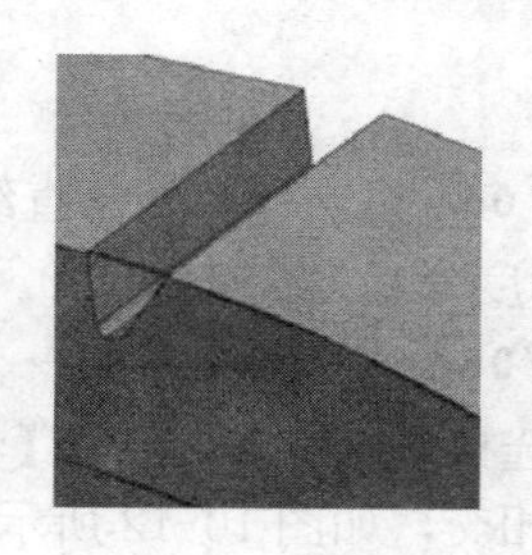
图 10-15　得到的齿槽

10.1.3　创建键槽

01 选择【菜单】→【插入】→【设计特征】→【长方体】命令，或者单击【主页】选项卡，选择【特征】组→【设计特征下拉菜单】→【长方体】图标，系统弹出“长方体”对话框，如图 10-16 所示。在该对话框中选择“原点和边长”类型，输入长方体的长度为 33.3，宽度为 16，高度为 60，并且设定在布尔操作为“减去”。

02 单击“点对话框”按钮，在系统弹出的“点“对话框中定义长方体的原点坐标为（0，－8，0），单击“确定”按钮创建的键槽如图 10-17 所示。

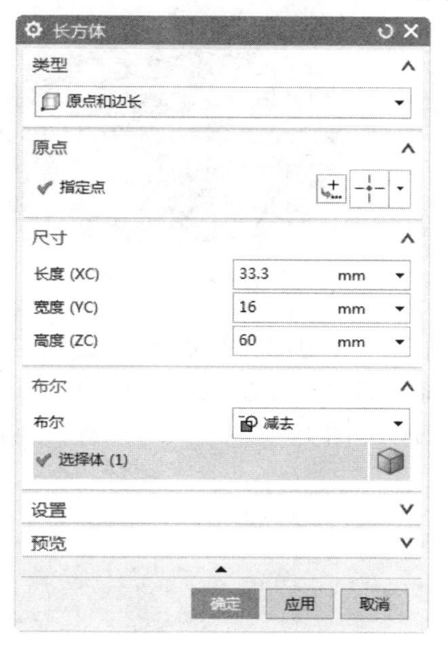

图 10-16　“长方体”对话框

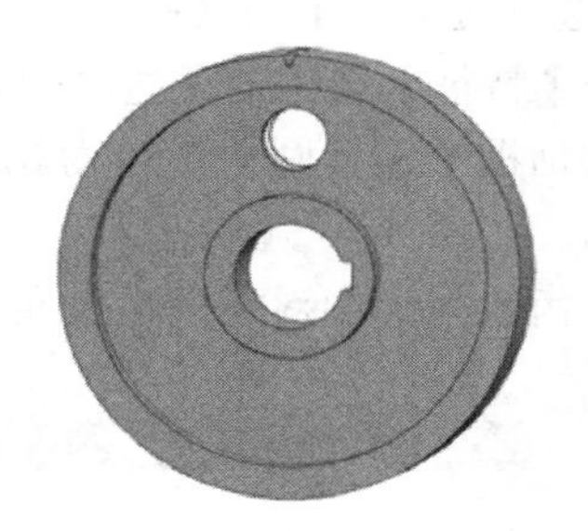

图 10-17　创建的键槽

10.2　辅助结构设计

制作思路

通过倒斜角操作和倒圆角操作建立倒角与圆角特征。通过实例操作在前面已建立单个孔与齿的基础上建立其他的孔与齿。

10.2.1　倒角及圆角

01 选择【菜单】→【插入】→【细节操作】→【倒斜角】命令，或者单击【主页】选项卡，选择【特征】组中的【倒斜角】图标，弹出“倒斜角”对话框，如图 10-18 所示。利用该对话框建立倒斜角，方法如下：

❶在图 10-18 所示对话框中横截面下拉列表中选择“对称”方式。
❷在该对话框中设置倒角的距离。
❸选择要倒角的边并单击“确定”按钮，完成倒角。

需要倒角的边如图 10-19 中所示，边倒角 1 的偏置值为 1，边倒角 2 的偏置值为 2，边倒角 3 的偏置值为 2.5。齿轮另一面对应的边倒角相同。

图 10-18 “倒斜角”对话框

图 10-19 边倒角

02 选择【菜单】→【插入】→【细节操作】→【边倒圆】命令，或者单击【主页】选项卡，选择【特征】组中的【边倒圆】图标，系统将弹出如图 10-20 所示的“边倒圆”对话框，在该对话框中设置圆角半径为 3，需要倒角的边如图 10-21 中所示，单击“确定”按钮，完成倒圆角。

同理，齿轮另一面对应的倒圆角相同。

图 10-20 “边倒圆”对话框

图 10-21 边圆角

10.2.2　生成齿轮上的其他孔

01 选择【菜单】→【插入】→【关联复制】→【阵列特征】命令，或单击【主页】选项卡，选择【特征】组→【阵列特征】图标。系统弹出“阵列特征”对话框，如图10-22所示。在该对话框中选择“圆形”阵列。

02 在视图区或设计树中选择需要进行阵列的特征。

03 输入阵列的数量为6，节距角为60。

04 在该对话框中选择“ZC”轴作为旋转轴的指定矢量。

05 在该对话框中设定坐标原点作为圆形阵列的旋转轴指定点。

06 单击“确定”按钮，生成的圆周阵列如图10-23所示。

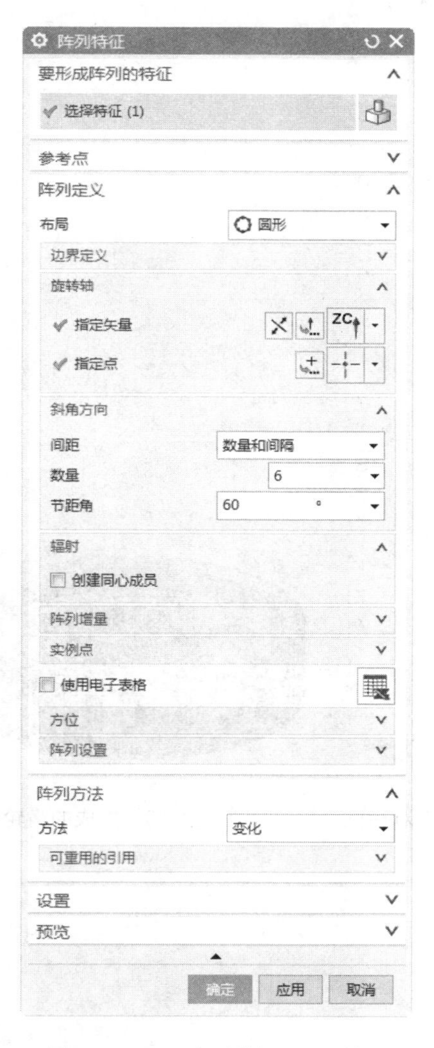

图10-22　“阵列特征”对话框

图10-23　阵列孔

10.2.3　生成齿轮上的其他齿

01 选择【菜单】→【插入】→【关联复制】→【阵列特征】命令，在系统弹出的对话框中选择“圆形”阵列。

02 选择如图 10-24 所示部件导航器中的拉伸特征，即第二节中创建的齿槽。

03 在如图 10-25 所示的对话框中设定圆形阵列数量为 79，节距角为 360/79。

04 “指定矢量”选择“ZC”轴，旋转轴的“指定点”设定坐标原点作为圆形阵列的参考点，最后生成的齿轮如图 10-26 所示。

图 10-24　选择拉伸特征

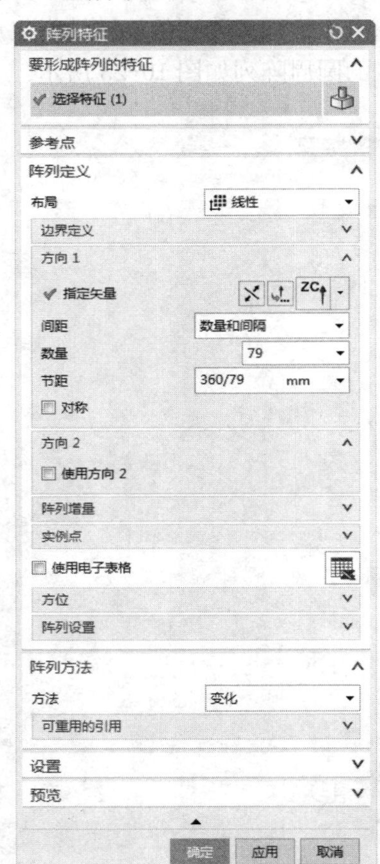

图 10-25　“阵列特征”对话框

图 10-26　生成的齿轮

第11章

减速器机盖设计

减速器机盖在减速器中是比较复杂的部件，这一章通过设计机盖，将前几章学习的建模方法得以综合运用。同时学习布尔运算、拔模、抽壳等特征。利用草图创建参数化的截面，通过对截面进行拉伸、旋转等得到相应的参数化实体模型。

重点与难点

- 机盖主体设计
- 机盖附件设计

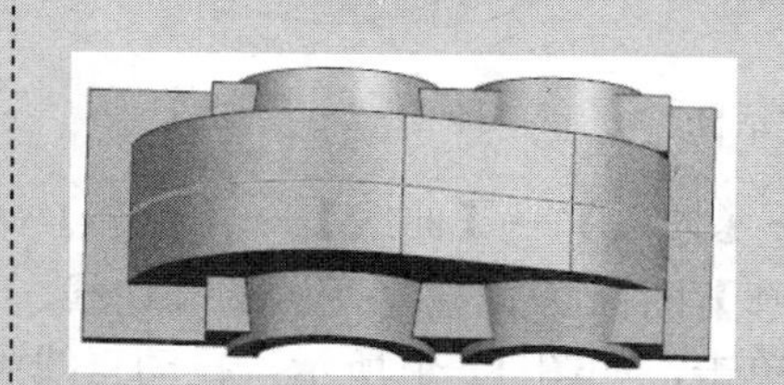

11.1 机盖主体设计

制作思路

减速器机盖是减速器零件中外形比较复杂的部件，其上分布各种槽、孔、凸台、拔模面。在草图模式中主要是绘制带有约束关系的二维图形。利用草图创建参数化的截面，通过对平面造型的拉伸、旋转得到相应的参数化实体模型。

本实例的制作思路：设置草图模式，绘制各种截面，充分利用拉伸、布尔运算和镜像命令，快速而高效地创建实体模型。

11.1.1 创建机盖的中间部分

01 选择【菜单】→【文件】→【新建】命令，或单击【主页】选项卡，选择【标准】组中的【新建】图标，选择模型类型，创建新部件，名称为 jigai，进入建立模型模块。

02 选择【菜单】→【插入】→【在任务环境中绘制草图】命令，或者单击【曲线】选项卡中的【在任务环境中绘制草图】图标，系统弹出“创建草图”对话框，如图 11-1 所示，选择 XC-YC 平面，单击“确定”按钮进入草图绘制界面。

03 选择【菜单】→【插入】→【圆】命令，或者单击【主页】选项卡，选择【曲线】组中的【圆】图标○，绘制原点为（0，0），直径为 280 的圆，如图 11-2 所示。

04 按同样的方法作另一圆，圆点坐标（130，0），直径 196，如图 11-3 所示。

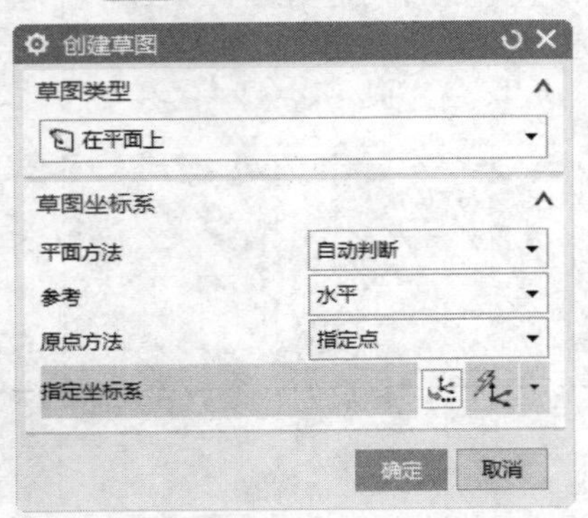

图 11-1 “创建草图”对话框

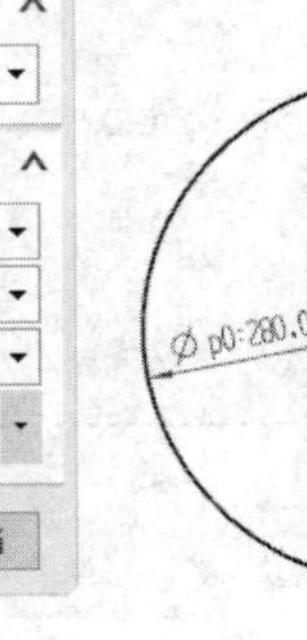
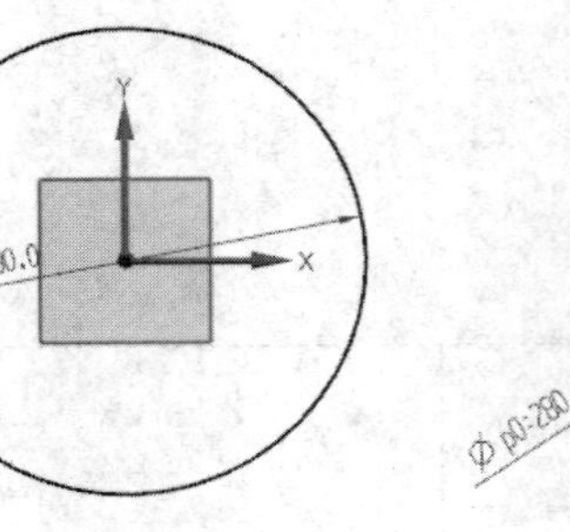

图 11-2 绘制圆

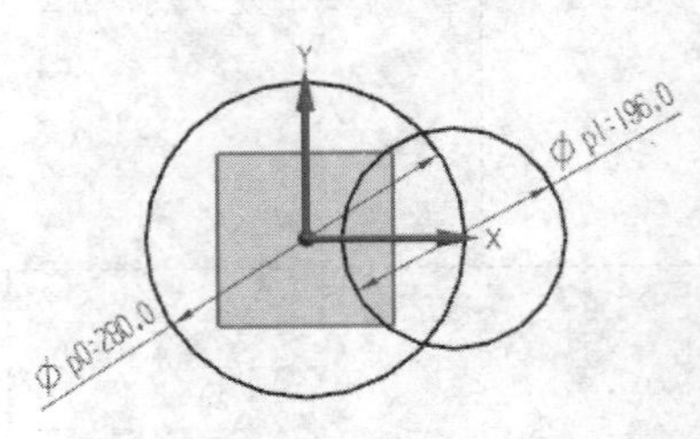

图 11-3 绘制圆

05 选择【菜单】→【插入】→【曲线】→【轮廓】命令，或者单击【主页】选项卡，选择【曲线】组中的【轮廓】图标，建立两圆的外切线，方法如下：

选取大圆上任意一点单击，如图 11-4 所示，拉动直线到另一圆，直到出现切线的图标单击，如图 11-5 所示，建立公切线。

06 选择【菜单】→【插入】→【曲线】→【直线】命令，或者单击【主页】选项卡，选择【曲线】组中的【直线】图标，直线初始坐标（-250，0），如图 11-6 所示，长度 550，角度 0，得到结果如图 11-7 所示。

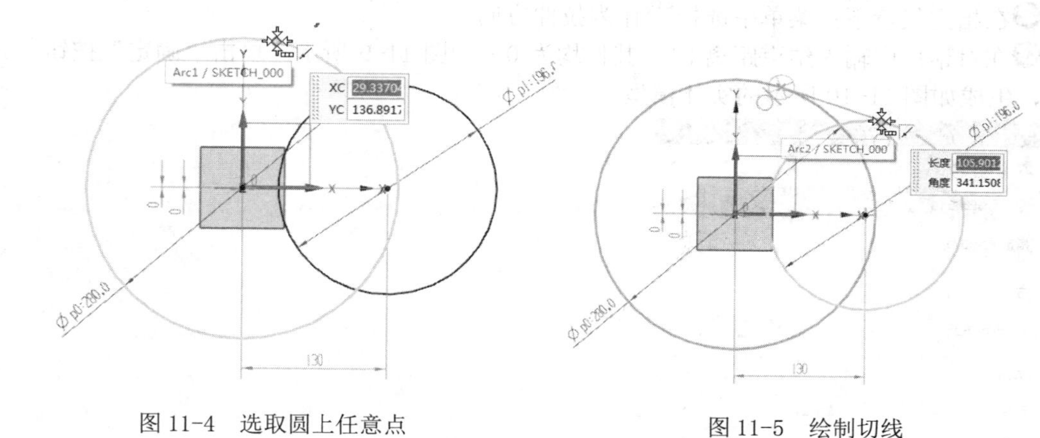

图 11-4 选取圆上任意点 图 11-5 绘制切线

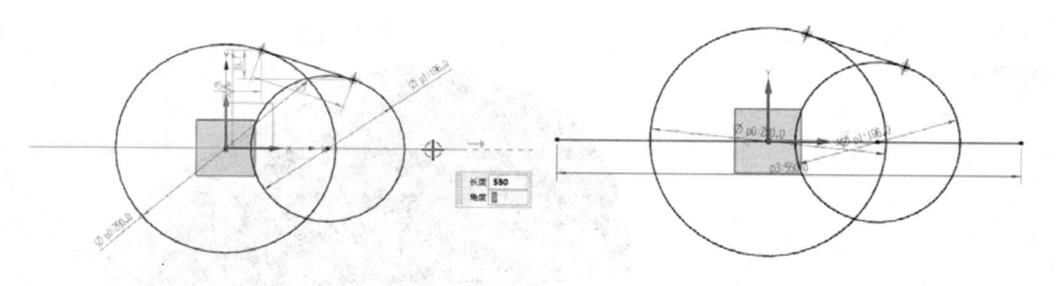

图 11-6 初始坐标 图 11-7 绘制直线

07 选择【菜单】→【编辑】→【曲线】→【快速修剪】命令，或者单击【主页】选项卡，选择【曲线】组中的【快速修剪】图标，修剪图形，如图 11-8 所示。

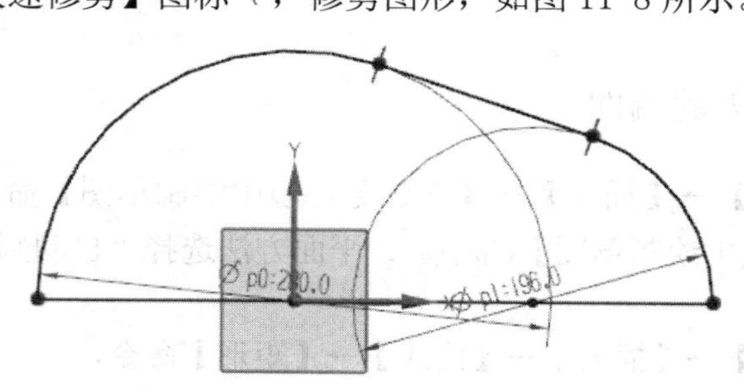

图 11-8 修剪外形

08 选择【菜单】→【任务】→【完成草图】命令，或者单击【主页】选项卡，选择【草图】组中的【完成】图标，退出草图模式，进入建模模式。

09 选择【菜单】→【插入】→【设计特征】→【拉伸】命令，或者单击【主页】选项卡，选择【特征】组→【设计特征下拉菜单】中的【拉伸】图标，系统弹出“拉伸”对话框。利用该对话框拉伸草图中创建的曲线，操作方法如下：

❶选择草图绘制的曲线为拉伸曲线。

❷在指定矢量下拉菜单中选择 ZC↑ 作为拉伸方向。

❸在对话框中输入结束距离 51，其他均为 0，如图 11-9 所示。单击“确定”按钮，完成拉伸，生成如图 11-10 所示的实体模型。

图 11-9 “拉伸”对话框

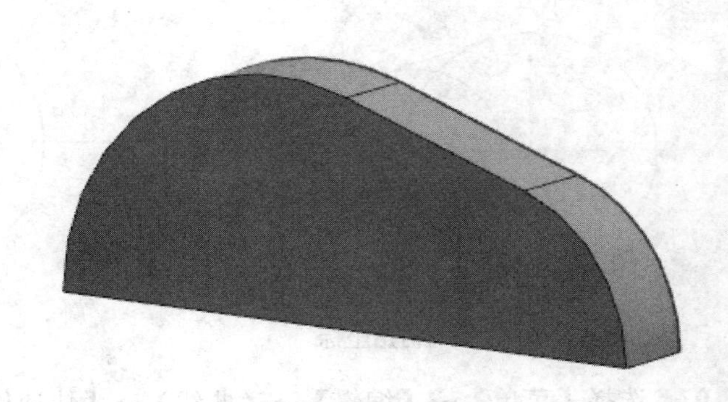

图 11-10 拉伸外形

11.1.2 创建机盖的端面

01 选择【菜单】→【插入】→【在任务环境中绘制草图】命令，或者单击【曲线】选项卡中的【在任务环境中绘制草图】图标，平面方法选择“自动判断”，单击“确定”按钮，进入草图模式。

02 选择【菜单】→【插入】→【曲线】→【矩形】命令，或者单击【主页】选项卡，选择【曲线】组中的【矩形】图标，系统弹出“矩形”对话框，如图 11-11 所示。该对话框中的图标从左到右分别表示“按 2 点”“按 3 点”“从中心”“坐标模式”和“参数模式”，利用该对话框建立矩形。

图 11-11 “矩形”对话框

方法如下：

❶选择创建方式为用 2 点，单击图标。

❷系统出现图 11-12a 所示的文本框，在该对话框中设定起点坐标为(-170，0)，并按 Enter

键。

❸系统出现图 11-12b 所示的文本框，在该对话框中设定宽度、高度为（428，12）。并按 Enter 键建立圆。

03 按同样的方法作另一矩形。起点坐标（-86，0），宽度、高度为（312，45），结果如图 11-13 所示。

04 选择【菜单】→【任务】→【完成草图】命令，或者单击【主页】选项卡，选择【草图】组中的【完成】图标，退出草图模式，进入建模模式。

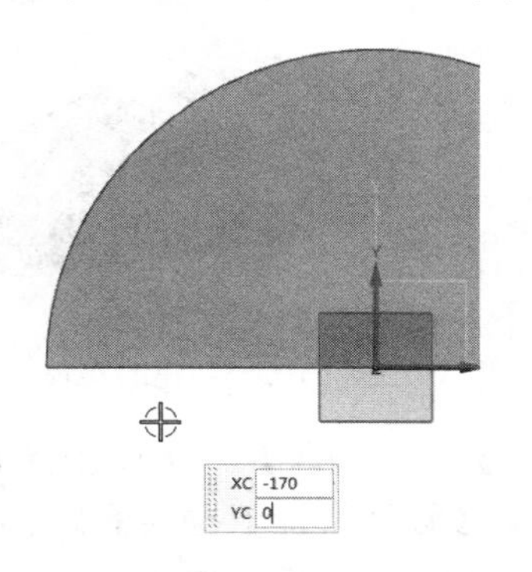

a）设定初始点

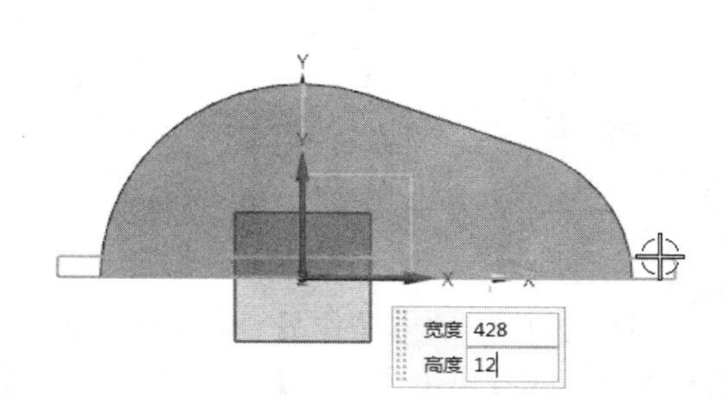

b）设定宽度、高度

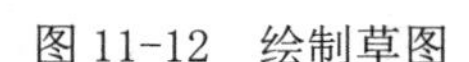

图 11-12　绘制草图

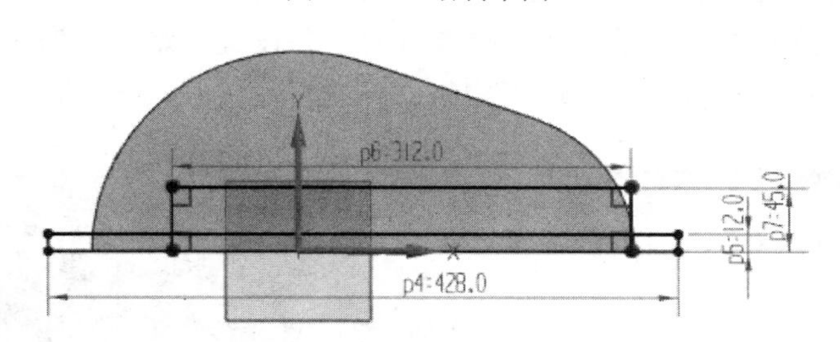

图 11-13　绘制矩形

05 选择【菜单】→【插入】→【设计特征】→【拉伸】命令，或者单击【主页】选项卡，选择【特征】组→【设计特征下拉菜单】中的【拉伸】图标，系统弹出“拉伸”对话框。利用该对话框拉伸草图中创建的曲线，操作方法如下：

❶选择草图绘制第二个矩形（见图 11-14）为拉伸曲线。

❷在指定矢量下拉列表中选择 ZC↑ 作为拉伸方向，并设置开始距离为 51，结束距离为 91，单击“确定”按钮，得到图 11-15 所示的实体。

06 按同样的方法作另一矩形的拉伸。单击【菜单】→【插入】→【设计特征】→【拉伸】命令，或者单击【主页】选项卡，选择【特征】组→【设计特征下拉菜单】中的【拉伸】图标。系统弹出“拉伸”对话框，如图 11-16 所示。利用该对话框拉伸草图中创建的曲线，操作方法如下：

❶选择草图绘制的第一个矩形（见图 11-17）为拉伸曲线。

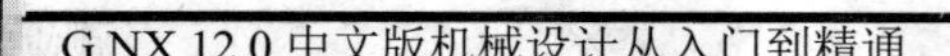

❷在指定矢量下拉列表中选择ZC作为拉伸方向，并设置开始距离为 0，结束距离为 91，单击“确定”按钮，得到图 11-18 所示的实体。

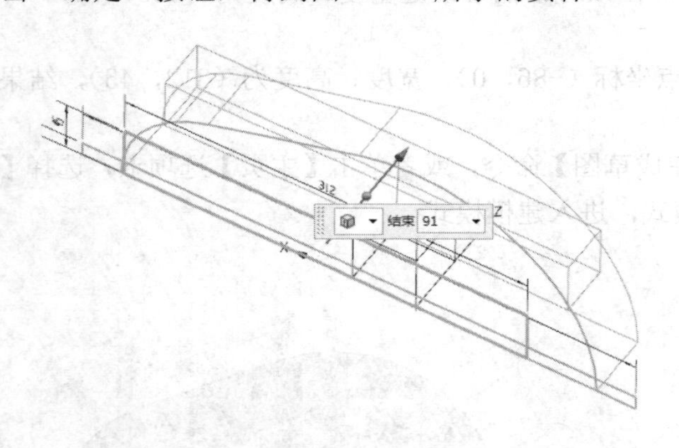

图 11-14　拉伸体外形

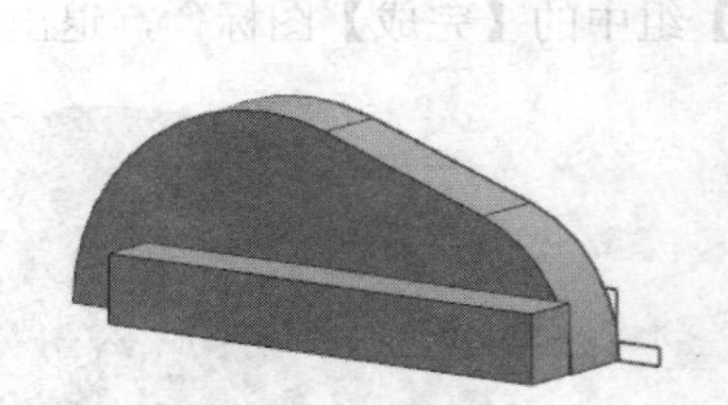

图 11-15　创建的实体

07 按同样的方法作另一矩形的拉伸。单击【菜单】→【插入】→【设计特征】→【拉伸】命令，或者单击【主页】选项卡，选择【特征】组→【设计特征下拉菜单】中的【拉伸】图标。系统弹出“拉伸”对话框，如图 11-16 所示。利用该对话框拉伸草图中创建的曲线，操作方法如下：

❶选择草图绘制的第一个矩形（见图 11-17）为拉伸曲线。

❷在指定矢量下拉列表中选择ZC作为拉伸方向，并设置开始距离为 0，结束距离为 91，单击“确定”按钮，得到图 11-18 所示的实体。

图 11-16　“拉伸”对话框

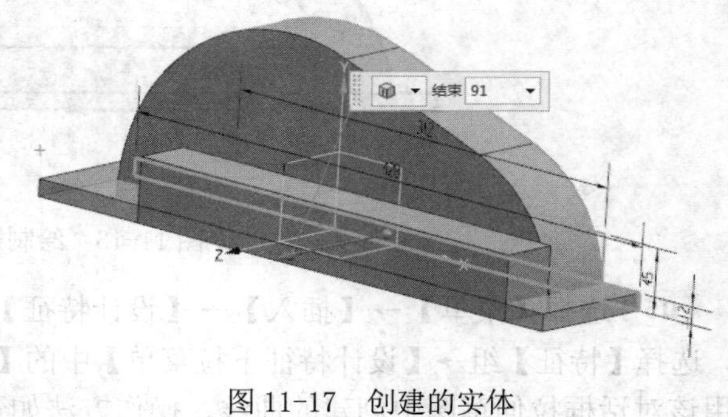

图 11-17　创建的实体

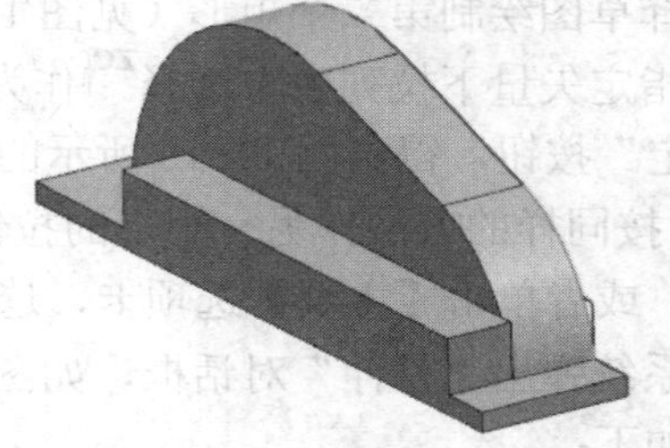

图 11-18　创建实体结果

11.1.3　创建机盖的整体

01 选择【菜单】→【编辑】→【变换】命令，弹出“变换”对话框，如图 11-19 所示。利用该对话框进行镜像变换方法如下：

❶在图 11-19 所示对话框中选择“全选”按钮，单击“确定”按钮。

❷系统弹出“变换”对话框，如图 11-20 所示。选择“通过一平面镜像”选项。

❸系统弹出“平面”对话框，选择 XC-YC 平面即法线方向为 ZC，其他选项按图 11-21 所示，单击“确定”按钮。

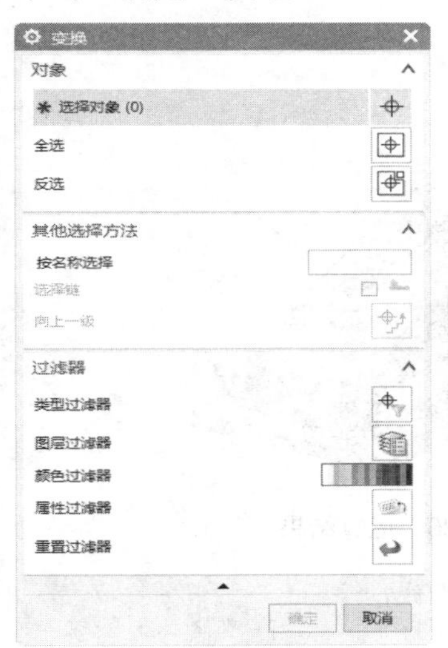

图 11-19　“变换”对话框

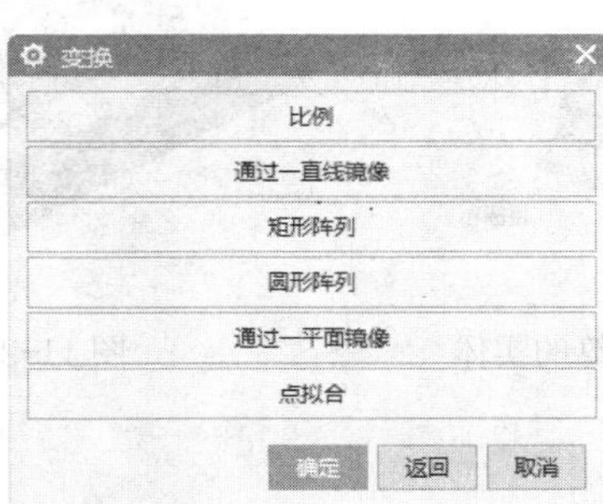

图 11-20　“变换”对话框

图 11-21　“平面”对话框

❹系统弹出“变换”对话框，如图 11-22 所示。选择“复制”选项，单击“取消”按钮得到实体图 11-23。

图 11-22　“变换”对话框

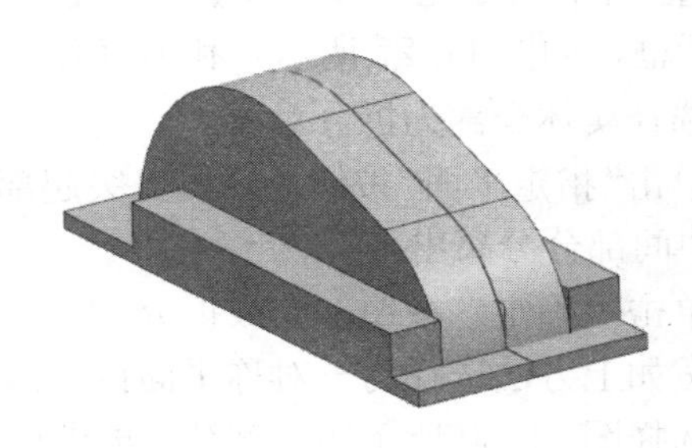

图 11-23　创建的实体

02 选择【菜单】→【插入】→【组合】→【合并】，或单击【主页】选项卡，选择【特

征】组→【组合下拉菜单】中的【合并】图标，系统弹出“合并”对话框，如图 11-24 所示。选择布尔求和的实体如图 11-25 所示。单击“确定”按钮，得到图 11-26 所示的运算结果。

图 11-24 “合并”对话框

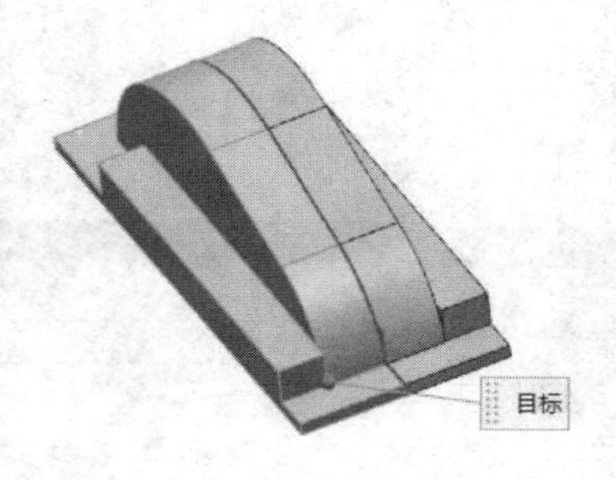

图 11-25 选择布尔运算的实体

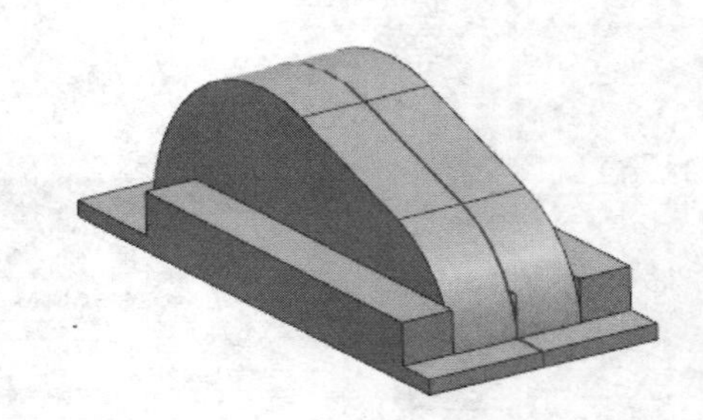

图 11-26 运算结果

注意

所选择的实体必须有相交的部分，否则不能进行求和操作。这时系统会提示操作错误，警告工具实体与目标实体没有相交的部分。

11.1.4 抽壳

01 拆分。选择【菜单】→【插入】→【修剪】→【拆分体】命令，或单击【主页】选项卡，选择【特征】组→【更多】库→【修剪】库中的【拆分体】图标，系统弹出“拆分体”对话框，如图 11-27 所示。利用该对话框对得到的实体进行分割，操作方法如下：

❶选择实体全部为拆分对象。

❷单击“指定平面”按钮选择机盖突起部分的一侧平面为基准面如图 11-28 所示阴影部分，将箱体中间部分分离出来。

❸单击“确定”按钮，完成拆分。

❹按如上方法选择另一对称平面拆分，得到图 11-29 所示的实体。

❺选择图 11-30 所示阴影部分，再进行拆分。方法如上所述，基准面选为图 11-31 所示阴影平面，偏置设为-30。

❻按上述方法将图 11-32 所示阴影部分继续拆分，选择图 11-32 所示阴影部分为基准面，

偏置设为-30，获得图 11-33 所示的实体。

图 11-27　“拆分体”对话框

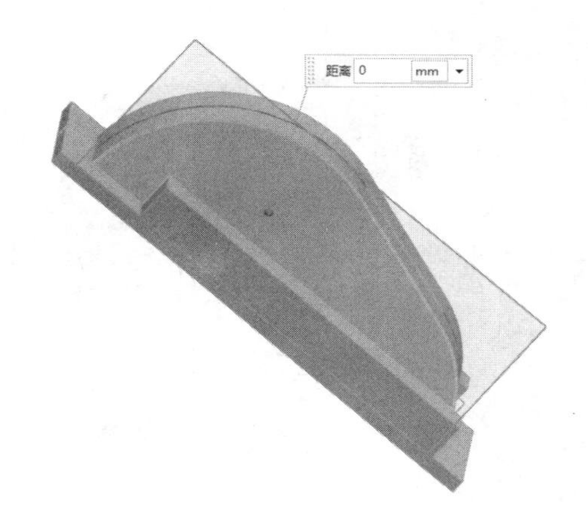

图 11-28　设置基准平面

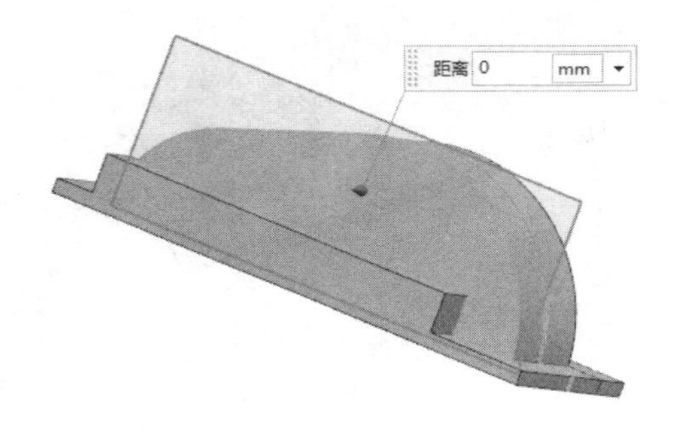

图 11-29　切割结果

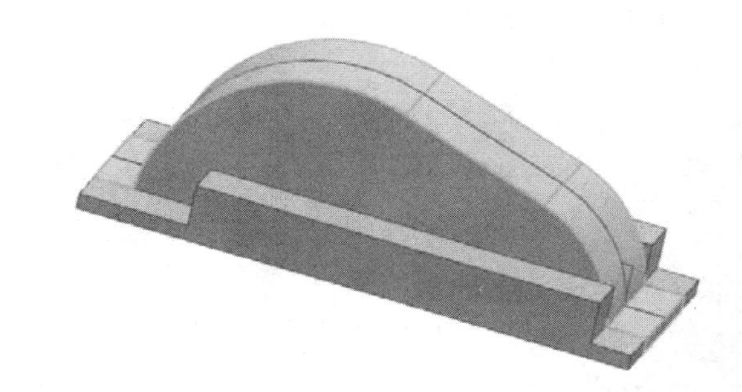

图 11-30　选择目标体

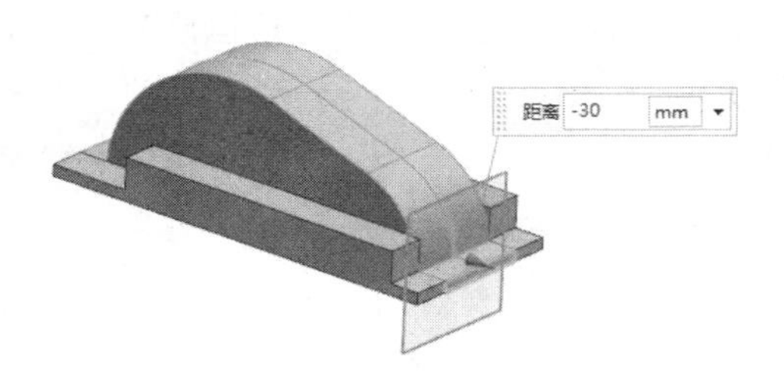

图 11-31　设定基准平面

02 抽壳。选择【菜单】→【插入】→【偏置/缩放】→【抽壳】命令，或者单击【主页】选项卡，选择【特征】组中的【抽壳】图标。系统将弹出如图 11-34 所示的“抽壳”对话框。利用该对话框对得到的实体进行抽壳，操作方法如下：

❶在对话框中选择“移除面，然后抽壳”类型。

❷选择图 11-35 所示的端面作为抽壳面。

❸在厚度文本框填入参数值 8，抽壳公差采用默认数值，单击“确定”按钮，得到如图 11-36

所示的抽壳特征。

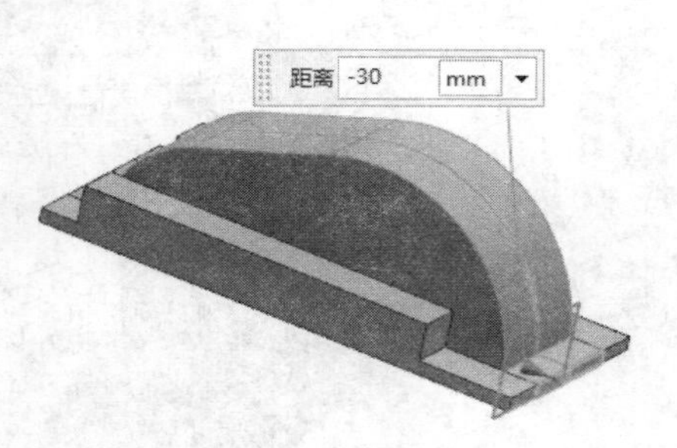

图 11-32　设定基准面

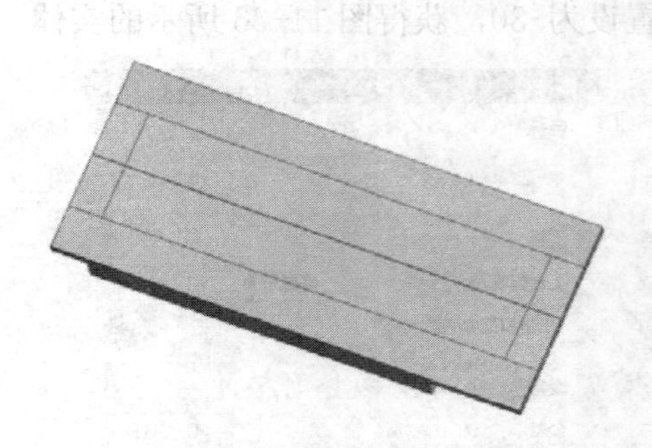

图 11-33　切割实体

图 11-34　“抽壳”对话框

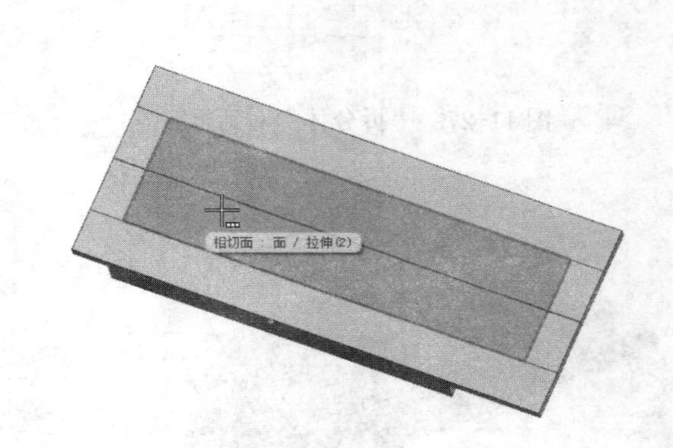

图 11-35　选择端面

03 圆角。

❶选择【菜单】→【插入】→【细节操作】→【边倒圆】命令，或者单击【主页】选项卡，选择【特征】组中的【边倒圆】图标，系统弹出“边倒圆”对话框，如图 11-37 所示。利用该对话框进行圆角，方法如下：

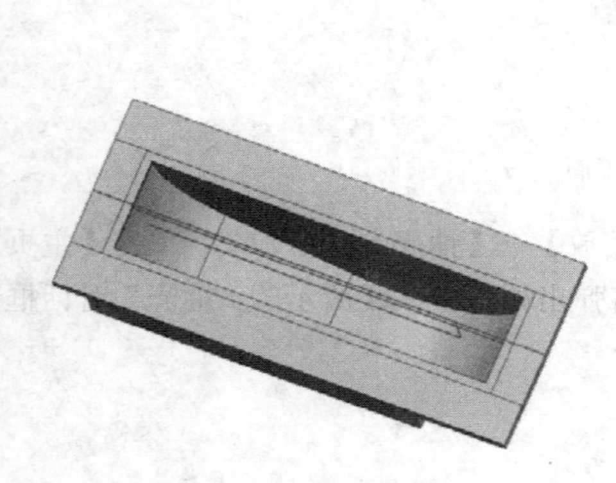

图 11-36　抽壳特征

图 11-37　“边倒圆”对话框

❷选择图 11-38 所示的边缘，然后在“半径 1”文本框中输入 6。单击“确定”按钮，系统将生成如图 11-39 所示的圆角。

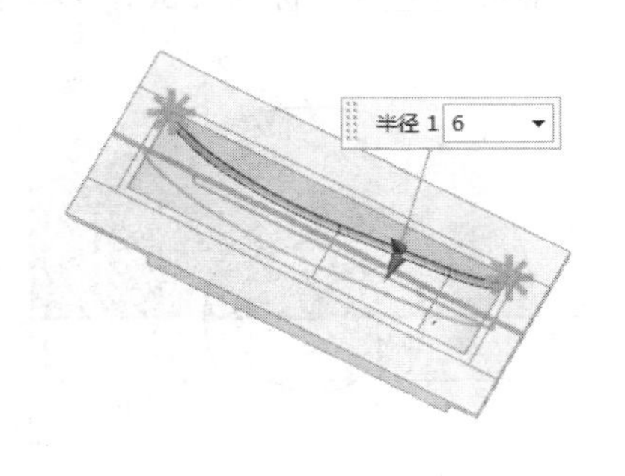

图 11-38　创建边缘圆角

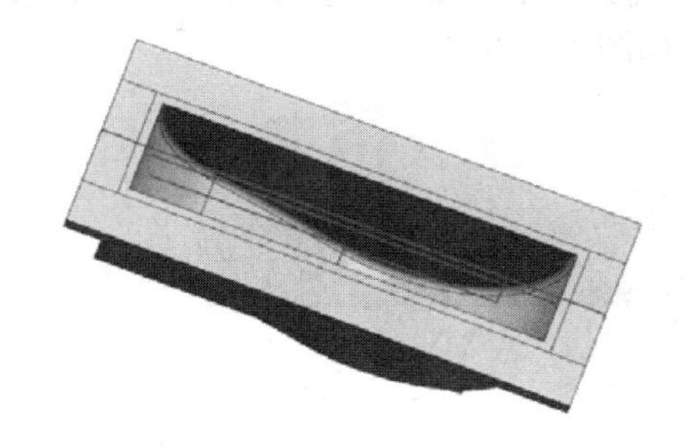

图 11-39　生成的圆角

11.1.5　创建大滚动轴承突台

01 选择【菜单】→【插入】→【在任务环境中绘制草图】命令，或者单击【曲线】选项卡中的【在任务环境中绘制草图】图标，平面方法选择“自动判断”，单击“确定”按钮，进入草图模式。

02 选择【菜单】→【插入】→【曲线】→【圆】命令，或者单击【主页】选项卡，选择【曲线】组中的【圆】图标○，初始坐标选择（0，0），直径 140，如图 11-40 所示。按 Enter 键得到如图 11-41 所示的圆。

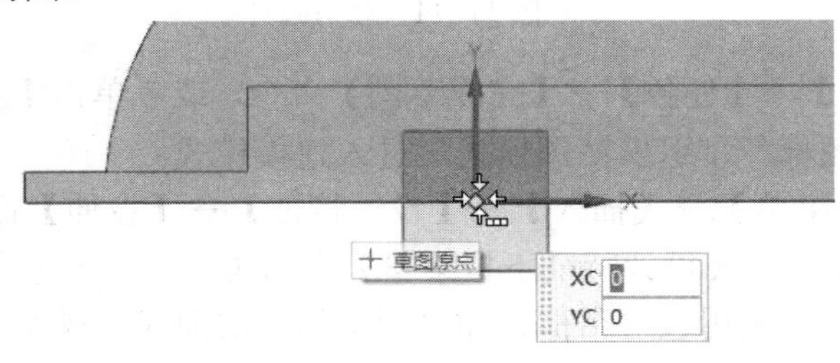

图 11-40　设定坐标、直径

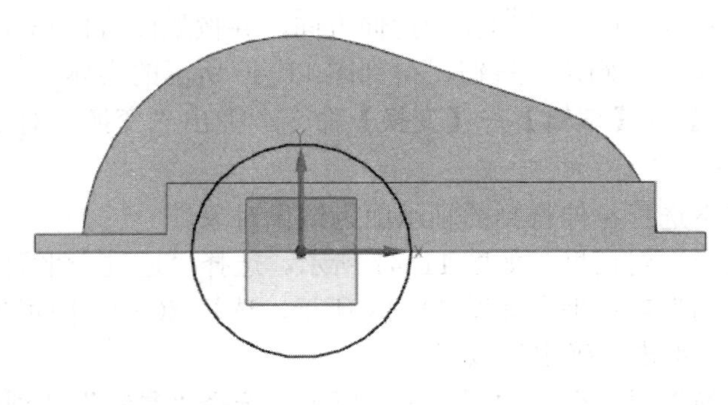

图 11-41　绘制圆

03 用同样的方法做一直径为 100 的同心圆，如图 11-42 所示。

04 选择【菜单】→【插入】→【曲线】→【直线】命令，或者单击【主页】选项卡，选择【曲线】组中的【直线】图标，绘制水平的一条直线起点坐标（-230，0），长度 400，角度 0，如图 11-43 所示。

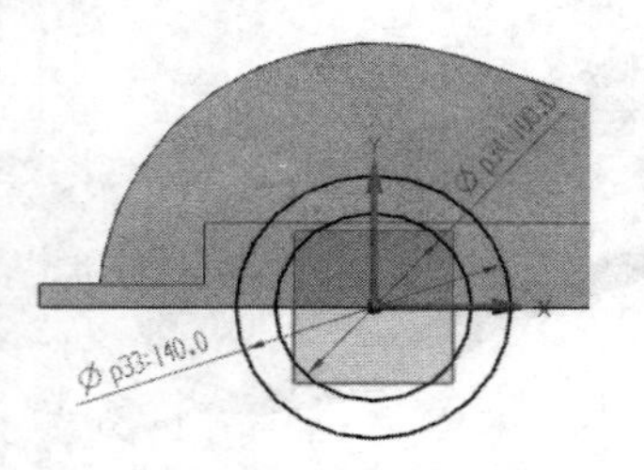

图 11-42　绘制同心圆

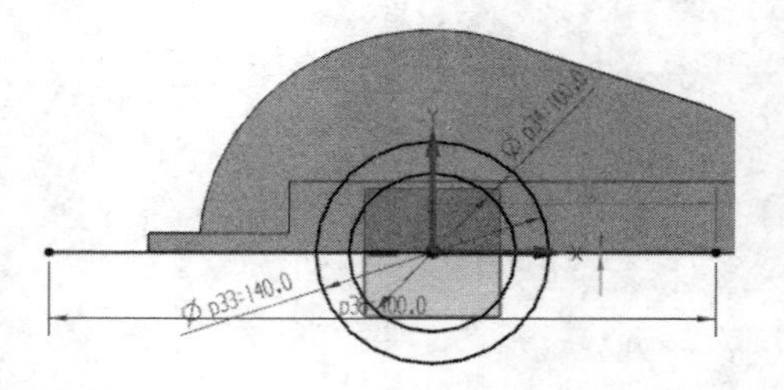

图 11-43　绘制直线

05 选择【菜单】→【编辑】→【曲线】→【快速修剪】命令，或者单击【主页】选项卡，选择【曲线】组中的【快速修剪】图标，如图 11-44 所示。

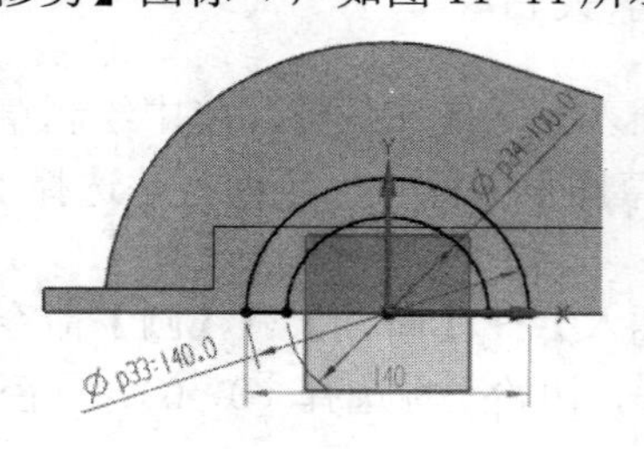

图 11-44　修剪圆环

06 选择【菜单】→【任务】→【完成草图】命令，或者单击【主页】选项卡，选择【草图】组中的【完成】图标，退出草图模式，进入建模模式。

07 选择单击【菜单】→【插入】→【设计特征】→【拉伸】命令，或者单击【主页】选项卡，选择【特征】组→【设计特征下拉菜单】中的【拉伸】图标，系统弹出“拉伸”对话框，如图 11-45 所示。利用该对话框拉伸草图中创建的曲线，操作方法如下：

❶选择草图绘制后的圆环为拉伸曲线。

❷在指定矢量下拉列表中选择 ZC 作为拉伸方向，并按如图 11-45 所示填写，开始距离为 51，结束距离为 98，单击“确定”按钮，得到图 11-46 所示的实体。

08 选择【菜单】→【编辑】→【变换】命令，弹出“变换”对话框。利用该对话框进行镜像变换方法如下：

❶在对话框提示下选择拉伸得到的轴承面为镜像对象。

❷系统弹出“变换”对话框，如图 11-47 所示。选择“通过一平面镜像”选项。

❸系统弹出“平面”对话框，如图 11-48 所示，选择 XC-YC 平面即法线方向为 ZC，其他选项按图 11-48 所示，单击“确定”按钮。

❹系统弹出“变换”对话框，如图 11-49 所示。选择“复制”选项，单击“确定”按钮，得到实体如图 11-50 所示。

图 11-45 “拉伸”对话框

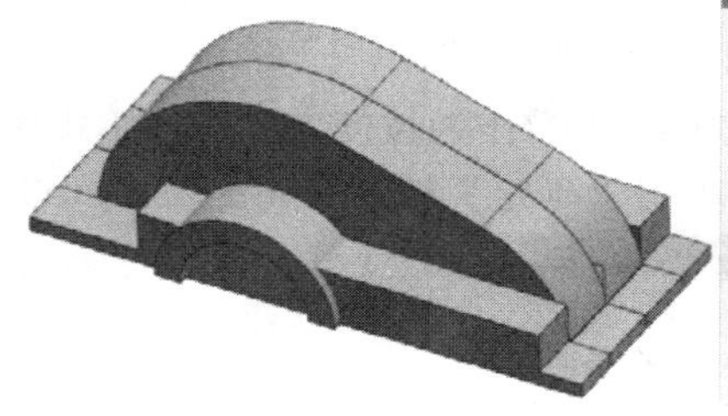

图 11-46 创建实体

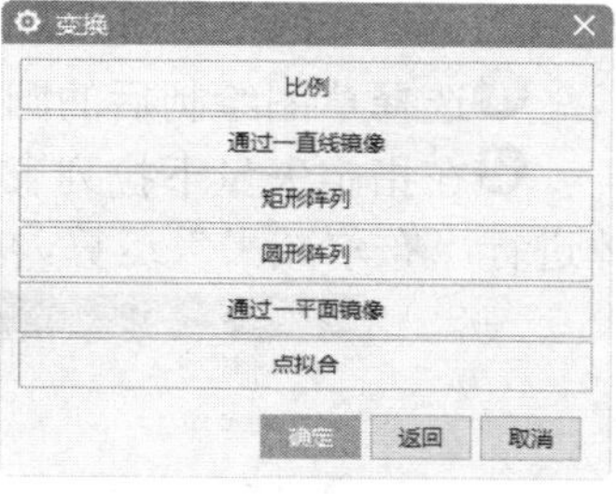

图 11-47 “变换”对话框

图 11-48 “平面”对话框

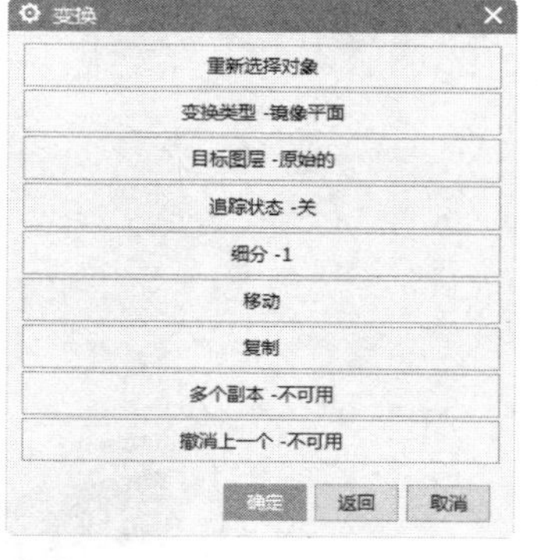

图 11-49 “变换”对话框

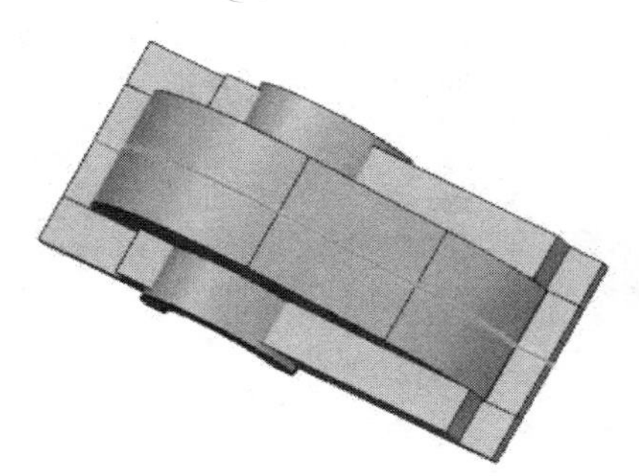

图 11-50 镜像结果

09 选择【菜单】→【插入】→【组合】→【合并】，或单击【主页】选项卡，选择【特征】组→【组合下拉菜单】中的【合并】图标，将所有实体进行合并运算。

10 选择【菜单】→【插入】→【在任务环境中绘制草图】命令，或者单击【曲线】选项卡中的【在任务环境中绘制草图】图标，平面方法选择“自动判断”，单击“确定”按钮，进入草图模式。

11 选择【菜单】→【插入】→【曲线】→【圆】命令，或者单击【主页】选项卡，选择【曲线】组中的【圆】图标，初始坐标选择（0，0），直径 100，按 Enter 键得到如图 11-51 所示的圆。

12 选择【菜单】→【任务】→【完成草图】，或者单击【主页】选项卡，选择【草图】组中的【完成】图标，退出草图模式，进入建模模式。

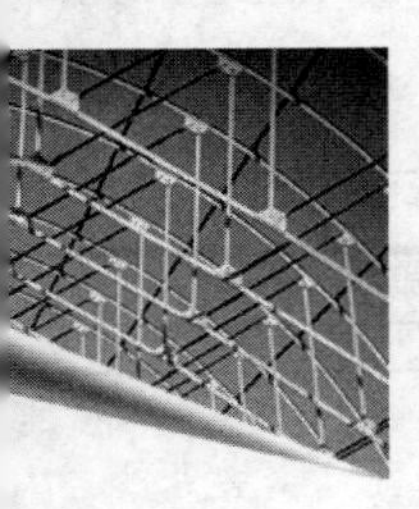

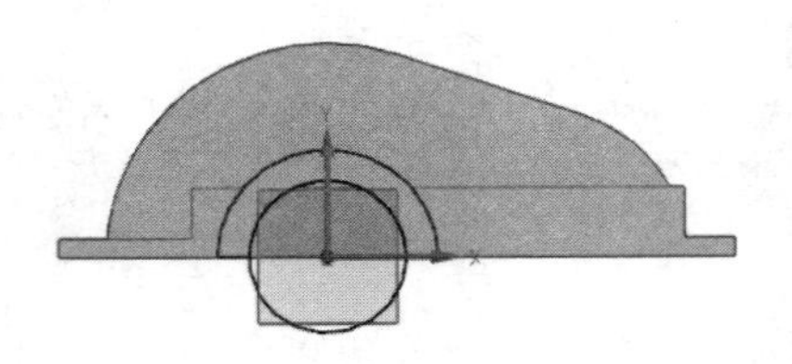

图 11-51 创建圆

13 选择【菜单】→【插入】→【设计特征】→【拉伸】命令，或者单击【主页】选项卡，选择【特征】组→【设计特征下拉菜单】中的【拉伸】图标，系统弹出“拉伸”对话框，如图 11-52 所示。利用该对话框拉伸草图中创建的曲线，操作方法如下：

❶选择草图绘制后的圆环为拉伸曲线。

❷在指定矢量下拉列表中选择 ZC 作为拉伸方向，开始距离为 100，结束距离为-100，与实体进行“布尔减去”运算，单击“确定”按钮，得到图 11-53 所示的实体。

图 11-52 “拉伸”对话框

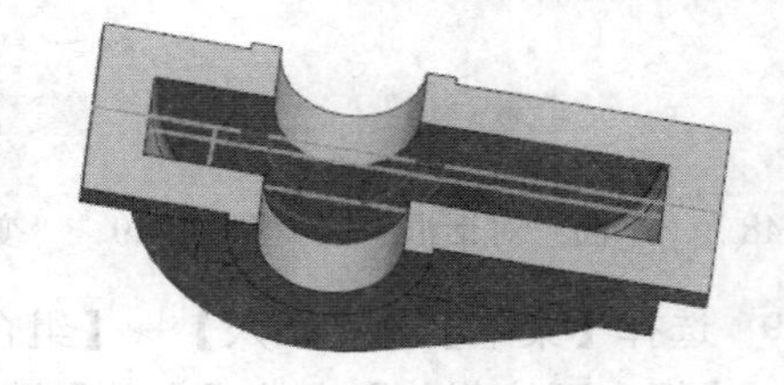

图 11-53 “拉伸”实体

11.1.6 创建小滚动轴承突台

01 选择【菜单】→【插入】→【在任务环境中绘制草图】命令，或者单击【曲线】选项卡中的【在任务环境中绘制草图】图标，平面方法选择“自动判断”，单击“确定”按钮，进入草图模式，如图 11-54 所示。

02 选择【菜单】→【插入】→【曲线】→【圆】命令，或者单击【主页】选项卡，选择【曲线】组中的【圆】图标○，初始坐标选择（150，0），直径为 120，按 Enter 键得到如图 11-55 所示的圆。

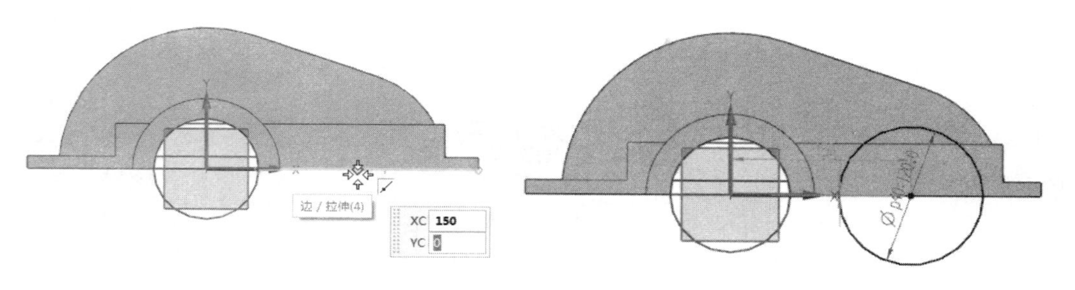

图 11-54　设定坐标、直径

图 11-55　绘制圆

03 用同样的方法做一直径为 80 的同心圆，如图 11-56 所示。

04 选择【菜单】→【插入】→【曲线】→【直线】命令，或者单击【主页】选项卡，选择【曲线】组中的【直线】图标，绘制水平的一条直线起点坐标（75，0），长度 250，角度 0。

05 选择【菜单】→【编辑】→【曲线】→【快速修剪】命令，或者单击【主页】选项卡，选择【曲线】组中的【快速修剪】图标，结果如图 11-57 所示。

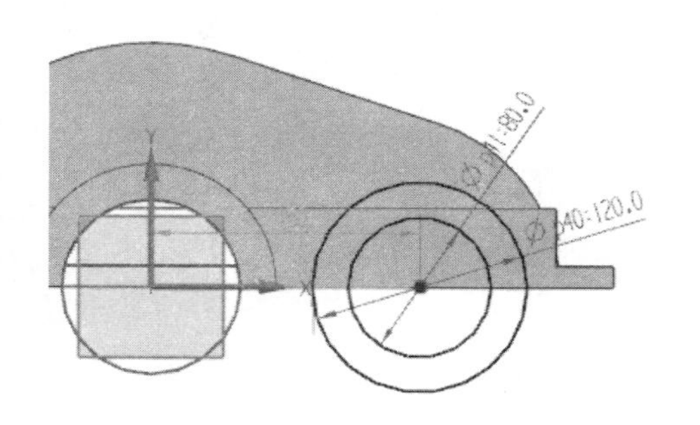

图 11-56　绘制同心圆

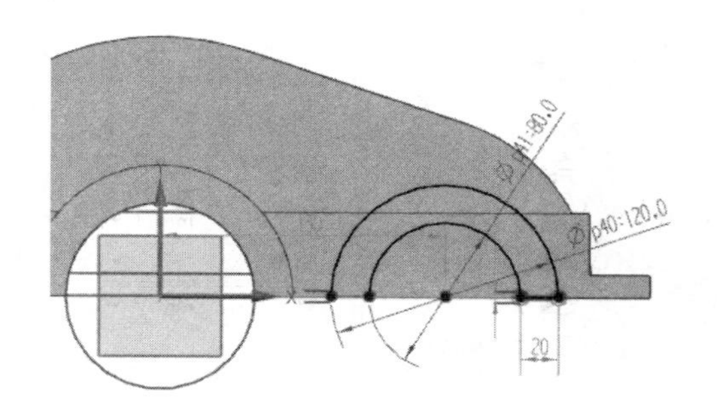

图 11-57　修剪圆环

06 选择【菜单】→【草图】→【完成草图】命令，或者单击【主页】选项卡，选择【草图】组中的【完成】图标，退出草图模式，进入建模模式。

07 选择单击【菜单】→【插入】→【设计特征】→【拉伸】命令，或者单击【主页】选项卡，选择【特征】组→【设计特征下拉菜单】中的【拉伸】图标，系统弹出“拉伸”对话框。利用该对话框拉伸草图中创建的曲线，操作方法如下：

❶选择草图绘制后的圆环如图 11-58 所示为拉伸曲线。

❷在指定矢量下拉列表中选择 ZC 作为拉伸方向，输入开始距离为 51，结束距离为 98，其他按如图 11-59 所示填写，单击“确定”按钮，得到图 11-60 所示的实体。

08 选择【菜单】→【编辑】→【变换】命令，弹出“变换”对话框。利用该对话框进行镜像变换，方法如下：

❶在“变换”对话框提示下选择拉伸得到的轴承面为镜像对象。

UG NX 12.0

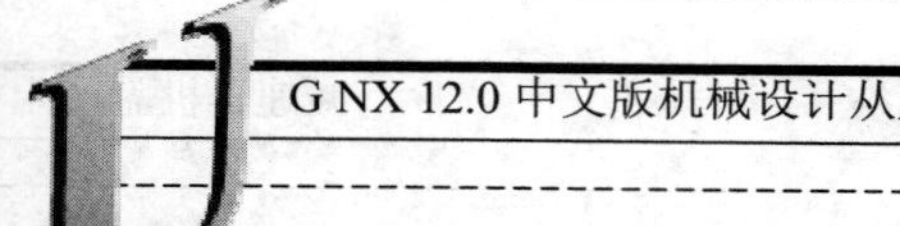

❷系统弹出“变换”对话框，如图 11-61 所示，选择“通过一平面镜像”选项。

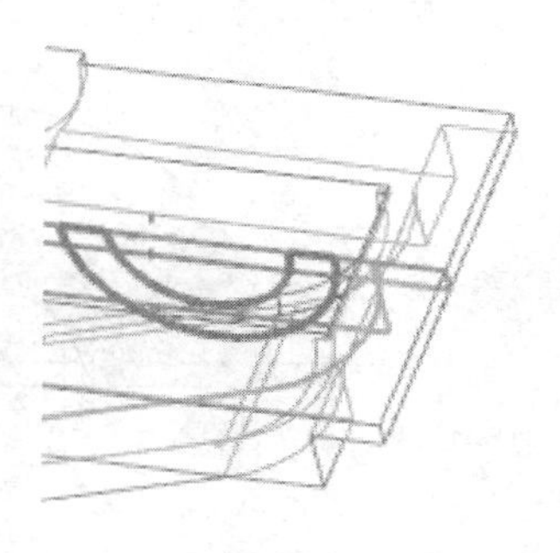

图 11-58　选择拉伸曲线

❸系统弹出“平面”对话框，如图 11-62 所示，选择 XC-YC 平面即法线方向为 ZC，其他选项，如图 11-62 所示，单击“确定”按钮。

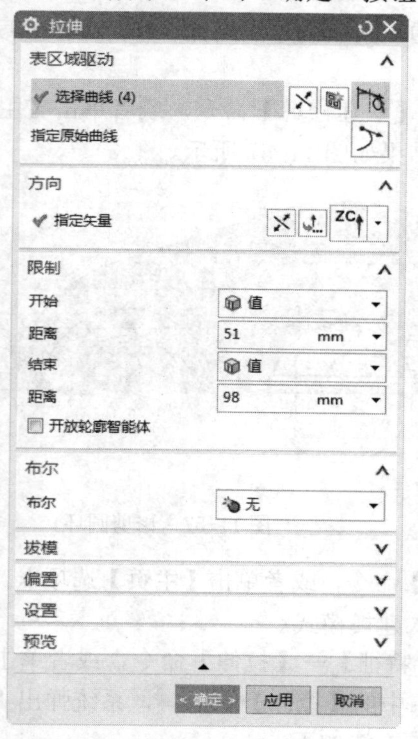

图 11-59　“拉伸”对话框

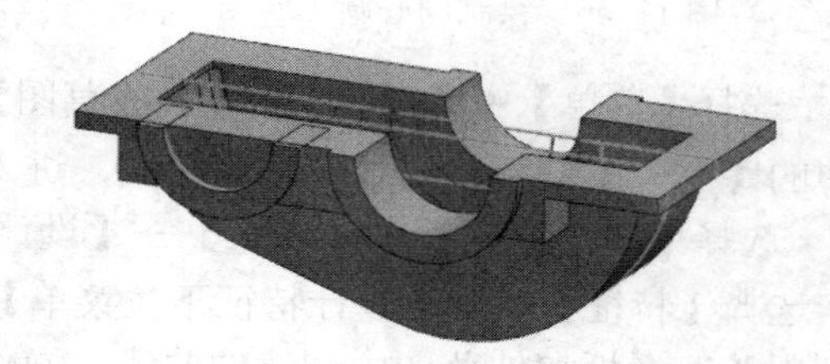

图 11-60　创建实体

❹系统弹出“变换”对话框，如图 11-63 所示。选择“复制”选项，单击“确定”按钮，得到实体如图 11-64 所示。

09 选择【菜单】→【插入】→【组合】→【合并】，或单击【主页】选项卡，选择【特征】组→【组合下拉菜单】中的【合并】图标，将小轴承凸台与实体进行合并运算。

10 选择【菜单】→【插入】→【在任务环境中绘制草图】命令，或者单击【曲线】选项卡中的【在任务环境中绘制草图】图标，平面方法选择“自动判断”，单击“确定”按钮，进入草图模式。

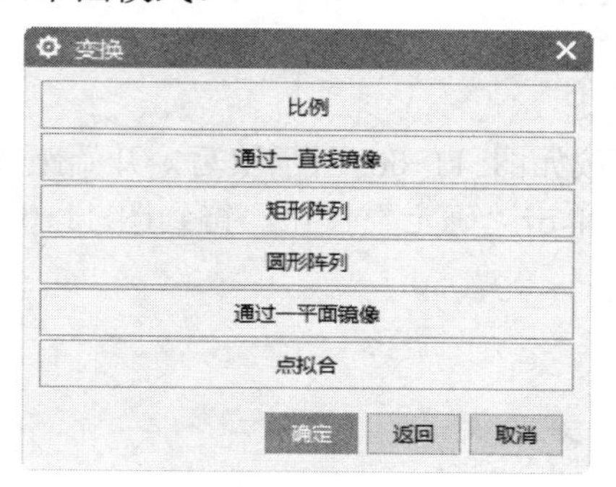

图 11-61　“变换”对话框

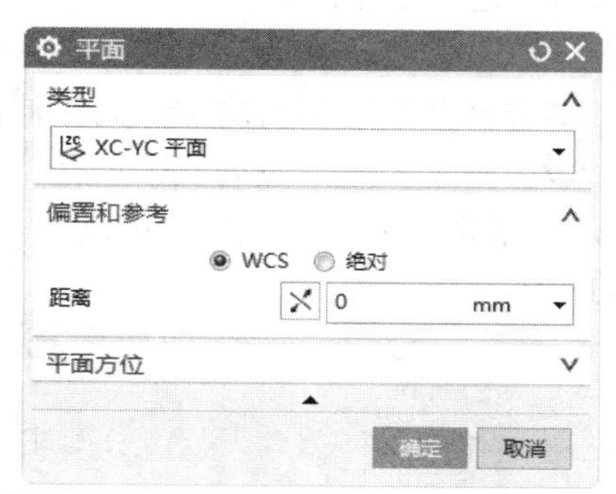

图 11-62　“平面”对话框

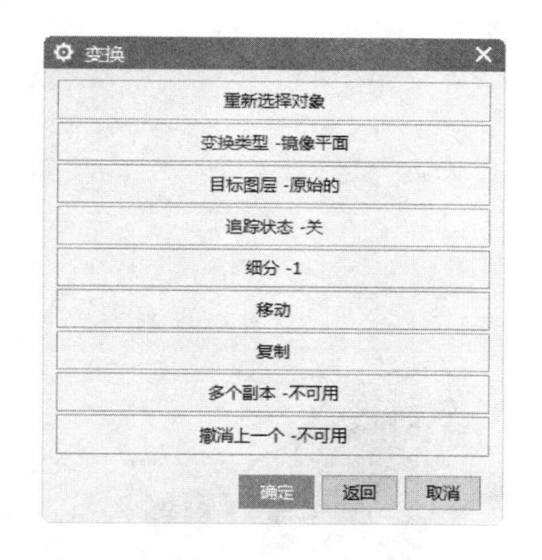

图 11-63　“变换”对话框

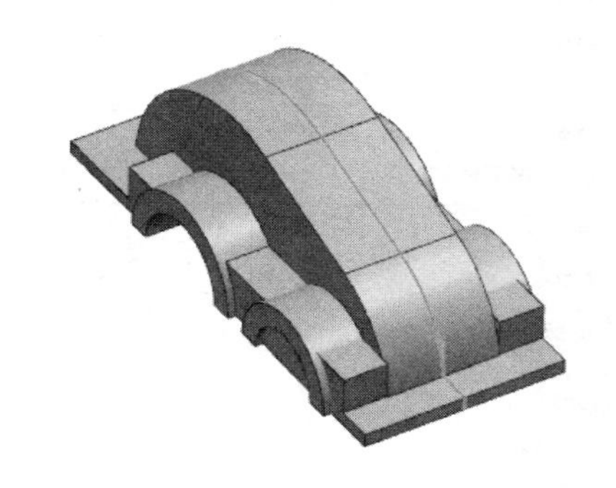

图 11-64　镜像结果

11 选择【菜单】→【插入】→【曲线】→【圆】命令，或者单击【主页】选项卡，选择【曲线】组中的【圆】图标，初始坐标选择（150，0），直径 80，按 Enter 键得到如图 11-65 所示的圆。

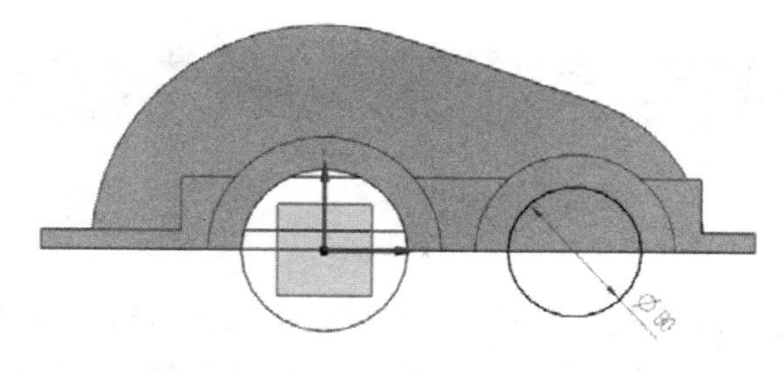

图 11-65　绘制圆

12 选择【菜单】→【任务】→【完成草图】命令，或者单击【主页】选项卡，选择【草图】组中的【完成】图标，退出草图模式，进入建模模式。

13 选择单击【菜单】→【插入】→【设计特征】→【拉伸】命令，或者单击【主页】选项卡，选择【特征】组→【设计特征下拉菜单】中的【拉伸】图标，系统弹出“拉伸”对话框，如图 11-66 所示。利用该对话框拉伸草图中创建的曲线，操作方法如下：

❶选择草图绘制后的圆环为拉伸曲线。

❷在指定矢量下拉列表中选择ZC作为拉伸方向，并按如图 11-66 所示填写，开始距离为100，结束距离为-100，与实体进行“布尔减去”运算，单击“确定”按钮，得到图 11-67 所示的实体。

图 11-66 “拉伸”对话框

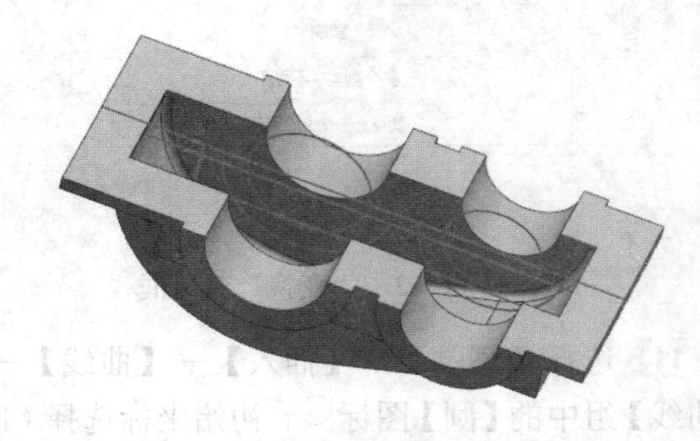

图 11-67 拉伸后实体

11.2 机盖附件设计

制作思路

机盖附件主要包括窥视孔、提中环等在实体建模中需要用到一系列的建模特征。在草图模式中主要是绘制带有约束关系的二维图形。利用草图创建参数化的截面，通过对平面造型的拉伸，旋转得到相应的参数化实体模型。

本实例的制作思路：设置草图模式，绘制各种截面，充分利用拉伸、布尔运算和镜像命令，快速而高效地创建实体模型。

11.2.1　轴承孔拔模面

01 选择【菜单】→【插入】→【细节特征】→【拔模】命令，或者单击【主页】选项卡，选择【特征】组中的【拔模】图标。系统将弹出“拔模”对话框，如图 11-68 所示。利用该对话框进行拔模操作，方法如下：

❶在对话框中类型下拉列表中选择“面”选项。

❷角度文本框填写参数 6，距离公差、角度公差按默认选项。

❸在指定矢量下拉列表中选择 ZC 作为拔模方向。

❹选择固定面如图 11-69 所示。

❺选择要拔模的面如图 11-69 所示，单击“确定”按钮。

02 按如上方法做另一方向的轴承面的拔锥角度选择为 6，最后获得如图 11-70 所示的实体。

图 11-68　“拔模”对话框

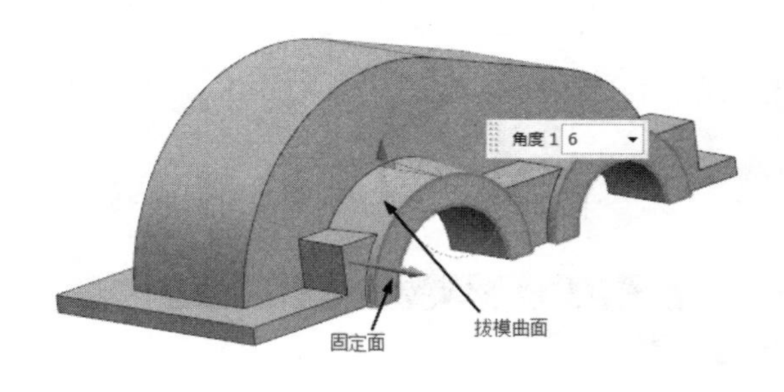

图 11-69　拔模示意图

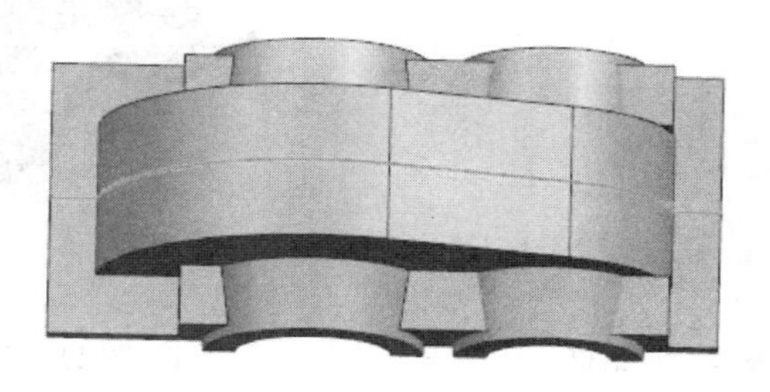

图 11-70　拔模结果

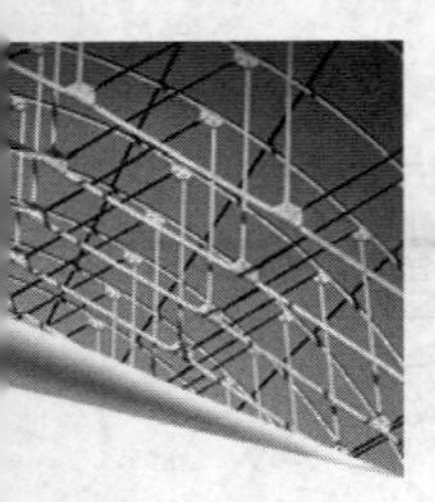

11.2.2 创建窥视孔

01 创建油标孔突台。选择【菜单】→【插入】→【设计特征】→【垫块（原有）】命令，系统弹出“垫块”对话框，如图 11-71 所示。这时系统状态栏提示选择创建方式。利用该对话框进行垫块操作，方法如下：

❶选择图 11-71 所示的对话框中的“矩形”选项。

❷系统弹出“矩形垫块”对话框，如图 11-72 所示，选择“实体面”选项。

❸系统弹出“选择对象”对话框，如图 11-73 所示，选择图 11-74 所示的平面。

❹系统弹出“水平参考”对话框，如图 11-75 所示，选择“端点”选项。

❺选择所选平面的一边，如图 11-76 光标所在位置，单击“确定”按钮。

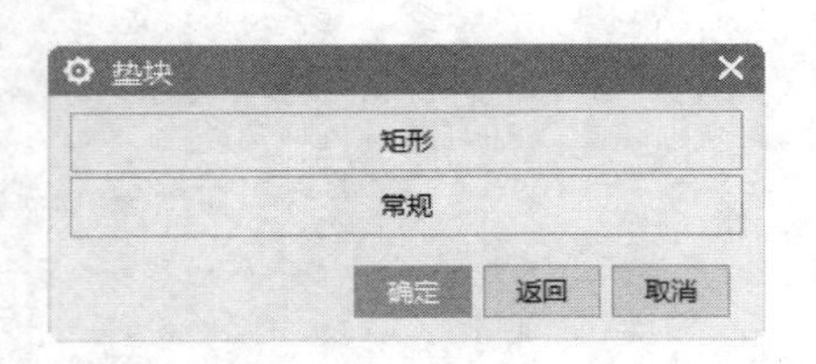

图 11-71 “垫块”对话框

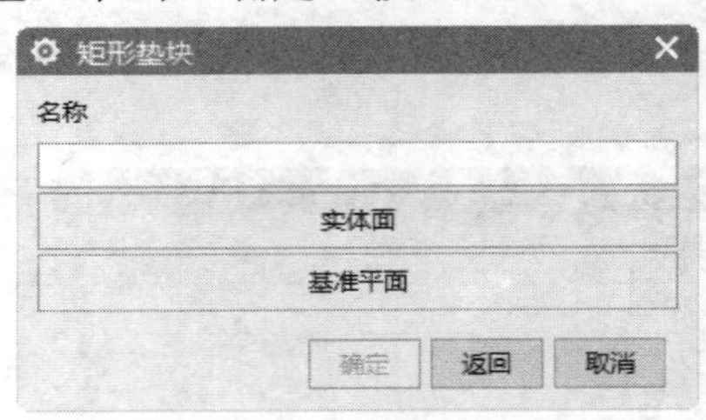

图 11-72 “矩形垫块”对话框

图 11-73 “选择对象”对话框

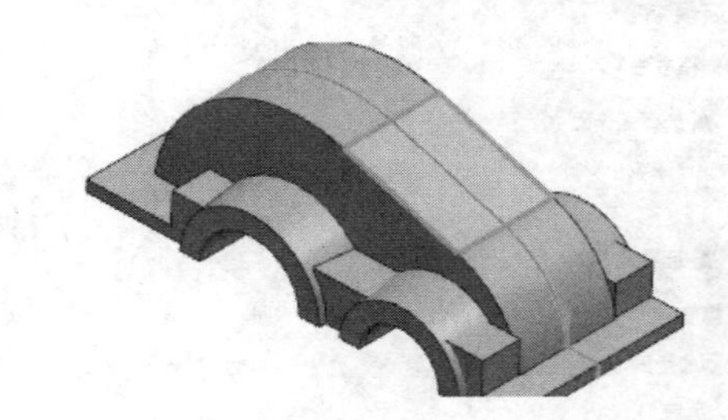

图 11-74 选择平面

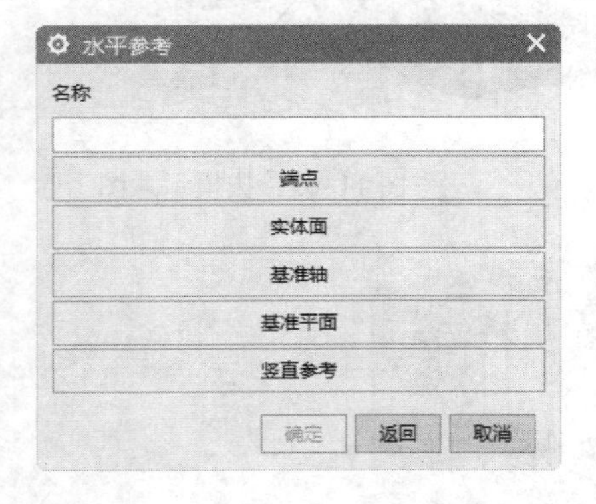

图 11-75 “水平参考”对话框

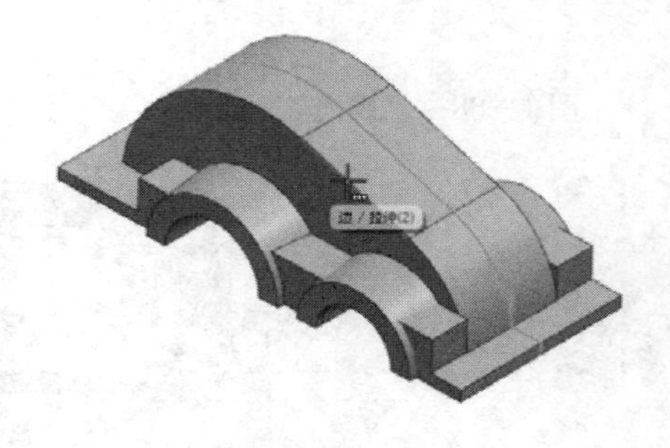

图 11-76 选择端点

❻系统弹出“矩形垫块”对话框，如图 11-77 所示。长度文本框设置为 100、宽度设置为

65、高度为 5，其他项设置为 0。单击“确定”按钮，得到如图 11-78 所示的垫块。

❼系统弹出“定位”对话框，如图 11-79 所示。单击“垂直”按钮，选择垫块的一条边，选择垫块相邻的一边如图 11-80 所示。

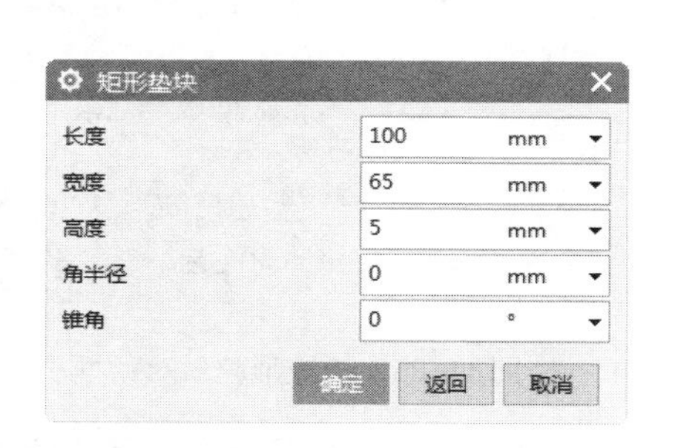

图 11-77　“矩形垫块”对话框

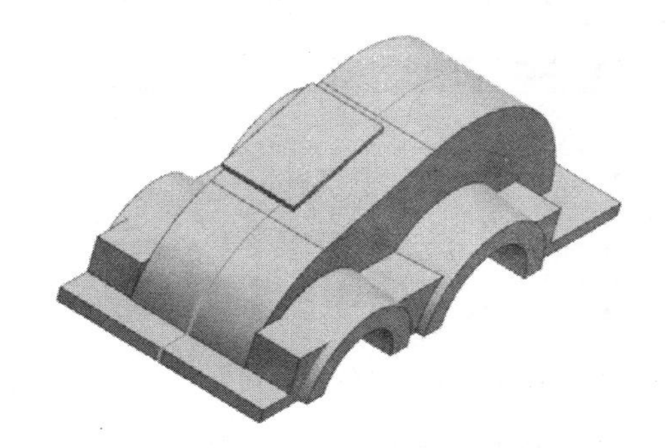

图 11-78　垫块

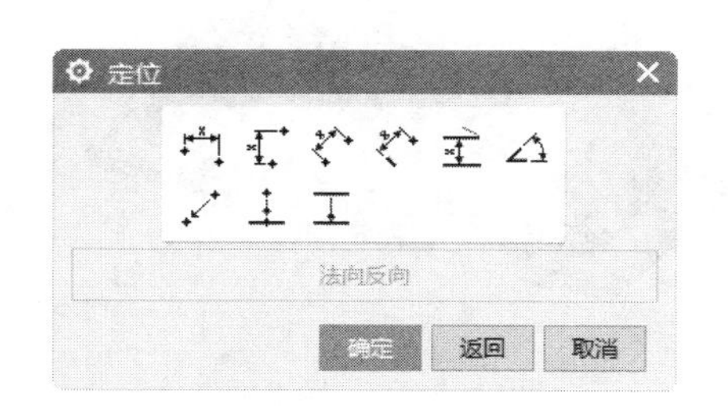

图 11-79　“定位”对话框

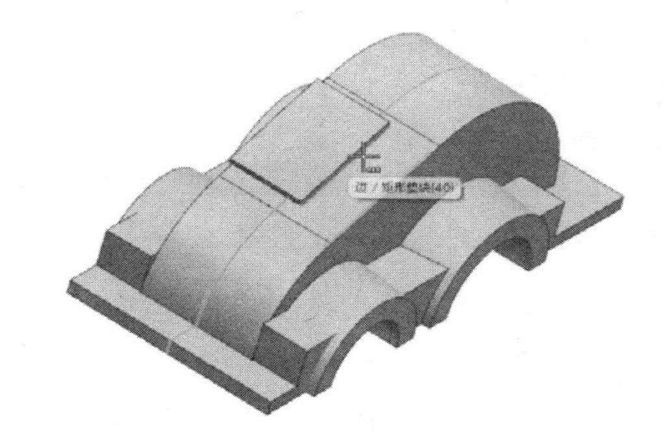

图 11-80　选择定位边

❽系统弹出“创建表达式”对话框，如图 11-81 所示。在表达式的文本框中输入 18.5。单击“确定”按钮。

❾选择垫块的另一边，再选择垫块相邻的一边。

❿系统弹出“创建表达式”对话框，如图 11-82 所示。在表达式的文本框中输入 10，如图 11-82 所示。单击“确定”按钮。得到实体模型如图 11-83 所示。

图 11-81　“创建表达式”对话框

图 11-82　“创建表达式”对话框

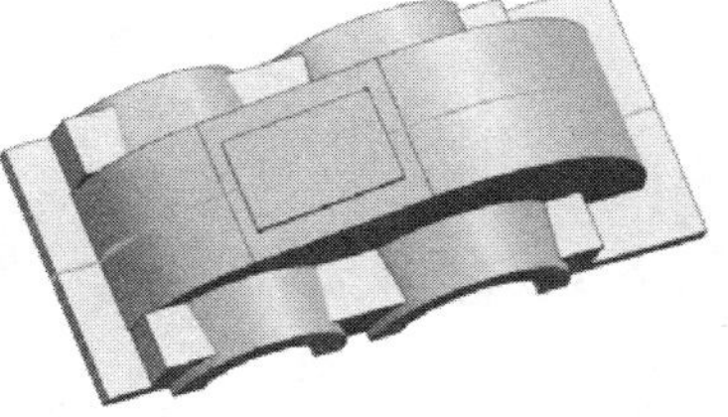

图 11-83　创建垫块

02 创建窥视孔。选择【菜单】→【插入】→【设计特征】→【腔（原有）】命令，系统弹出“腔”对话框，如图 11-84 所示。这时系统状态栏提示选择创建方式：圆柱形、矩形、和常规。利用该对话框进行腔体创建操作，方法如下：

❶选择图 11-84 所示对话框中的“矩形”选项。

❷系统弹出“矩形腔”对话框，如图 11-85 所示，单击“实体面”选项。

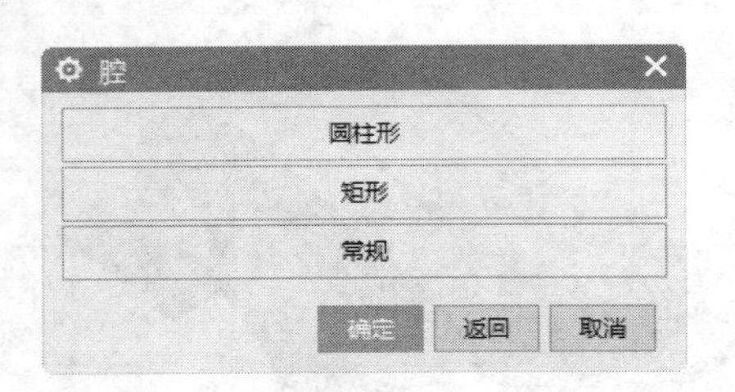

图 11-84 “腔”对话框

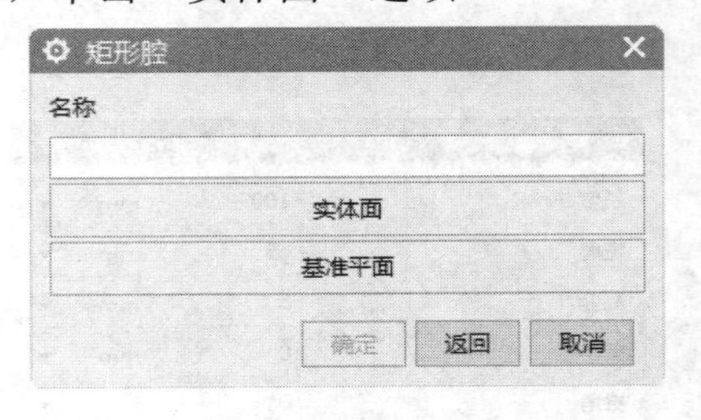

图 11-85 “矩形腔”对话框

❸系统弹出“选择对象”对话框，如图 11-86 所示。选择图 11-87 所示的平面为放置面。单击“选择对象”对话框的“确定”按钮。

图 11-86 “选择对象”对话框

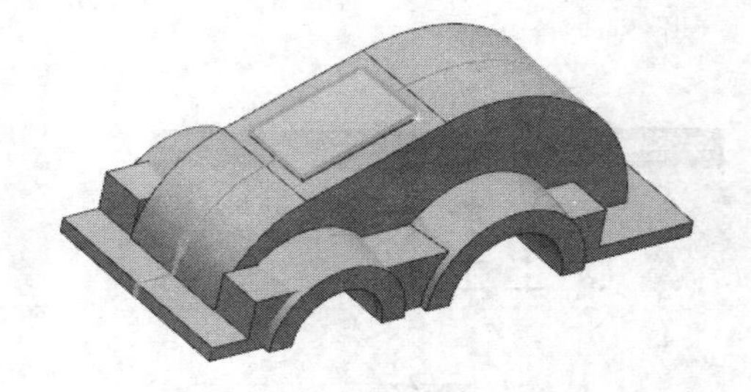

图 11-87 选择平面

❹系统弹出“水平参考”对话框，如图 11-88 所示。选择“实体面”选项。选择垫块的一个侧面为参考平面在图 11-89 中的光标指定位置单击。

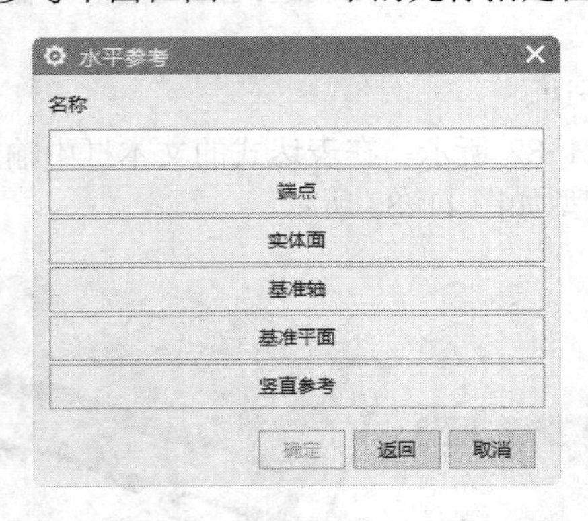

图 11-88 “水平参考”对话框

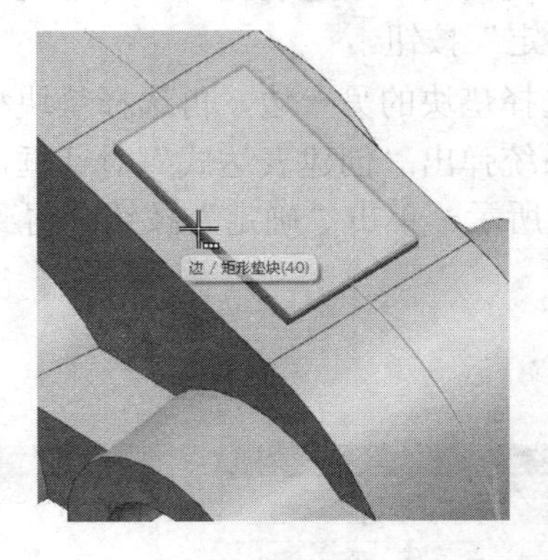

图 11-89 选择边

❺系统弹出“矩形腔”对话框，如图 11-90 所示。输入矩形腔体的长度、宽度、深度、角半径、底面半径和锥角，单击“确定”按钮。系统弹出“定位”对话框，如图 11-91 所示。选

择垂直选项，单击按钮。

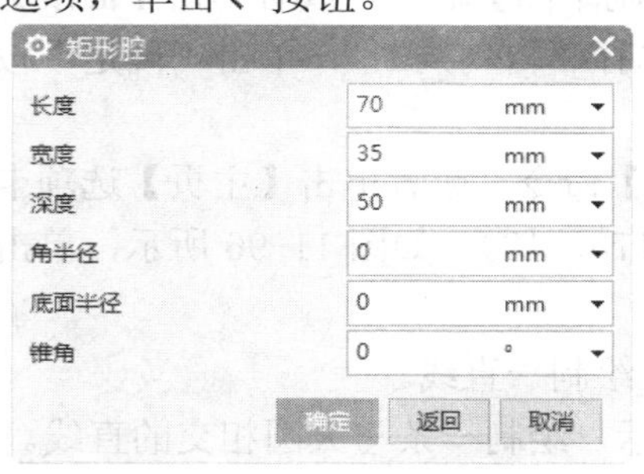

图 11-90　“矩形腔”对话框

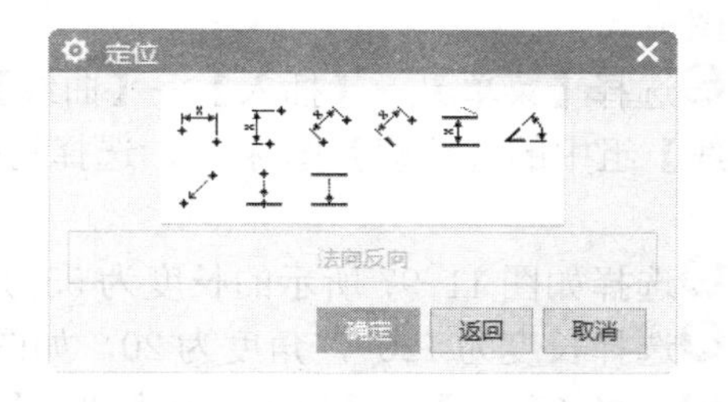

图 11-91　“定位”对话框

❻选择垫块侧面一边，在如图 11-92 所示的位置单击。

❼选择孔的另一边如图 11-93 所示，并单击。

图 11-92　选择边

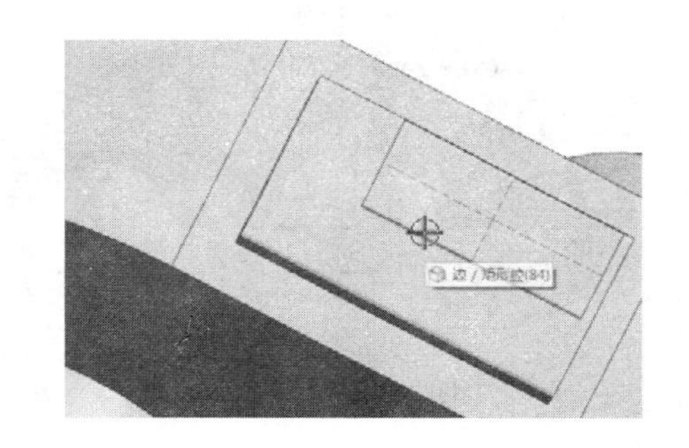

图 11-93　选择边

❽弹出“创建表达式”对话框，在对话框中输入距离为 15，如图 11-94 所示。

❾ 对另外一边进行定位，垂直距离为 15，结果如图 11-95 所示。

图 11-94　“创建表达式”对话框

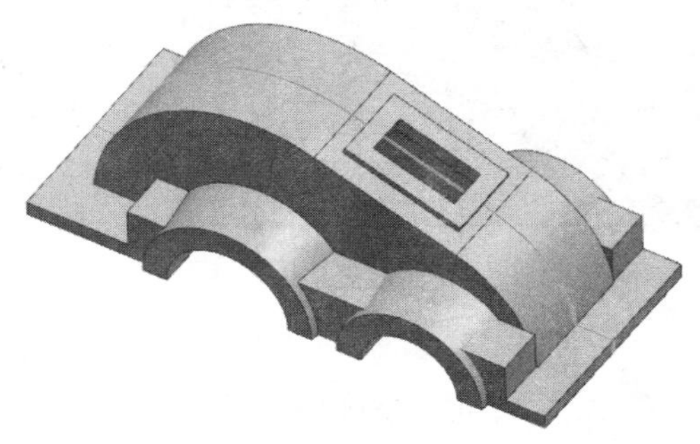

图 11-95　创建窥视孔

11.2.3　吊环

01 绘制一侧吊环草图。

❶选择【菜单】→【插入】→【在任务环境中绘制草图】命令，或者单击【曲线】选项卡中的【在任务环境中绘制草图】图标，平面方法选择“自动判断”，单击“确定”按钮，进入草图模式。

❷选择【菜单】→【插入】→【曲线】→【轮廓】命令，或者单击【主页】选项卡，选择【曲线】组中的【轮廓】图标，选择初始坐标（-170，12），如图 11-96 所示，单击鼠标左键。

❸选择如图 11-97 所示的长度为 55，角度为 80，绘制一直线。

❹选择长度为 120 ，角度为 20，如图 11-98 所示，绘制一条与大圆相交的直线。

❺选择【菜单】→【插入】→【曲线】→【圆】命令，或者单击【主页】选项卡，选择【曲线】组中的【圆】图标，初始坐标选择（0，0），直径为 280，绘制一圆如图 11-99 所示。

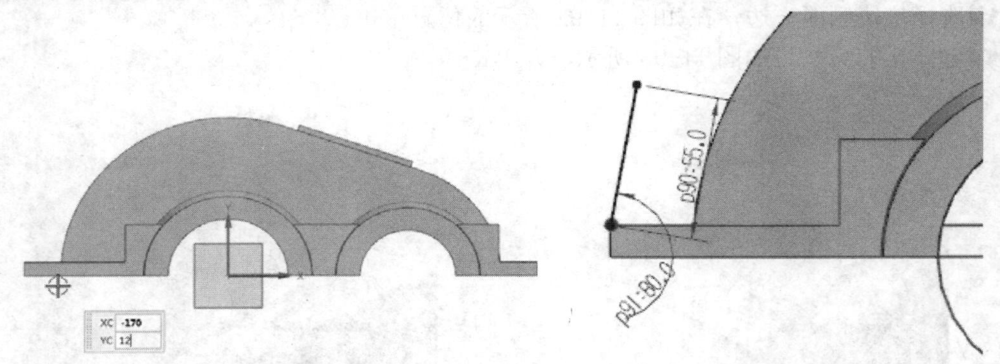

图 11-96　设置初始点　　　　图 11-97　绘制直线

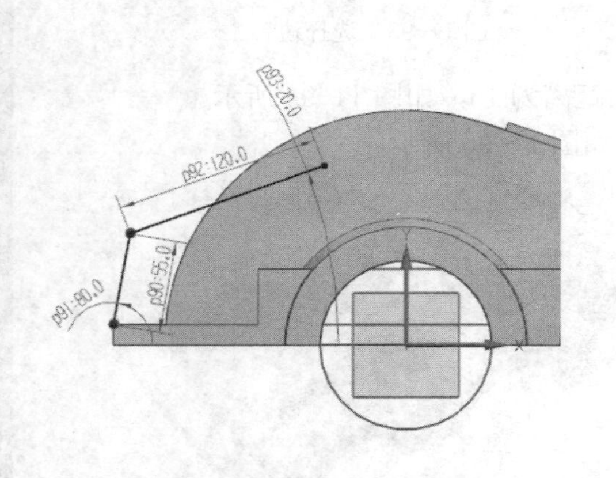

图 11-98　绘制直线

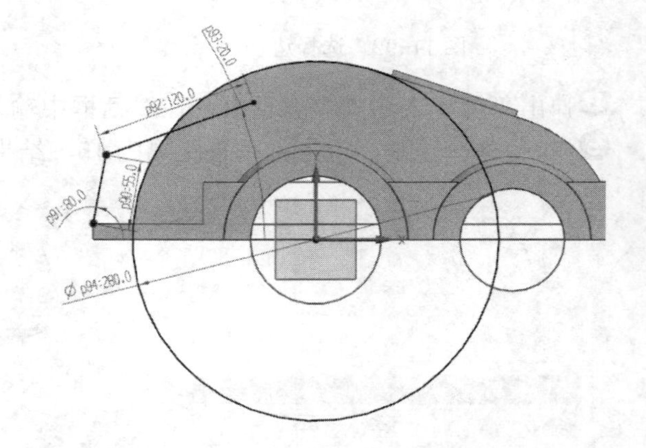

图 11-99　设置圆心

❻选择【菜单】→【插入】→【曲线】→【直线】命令，或者单击【主页】选项卡，选择【曲线】组中的【直线】图标，直线初始坐标（-170，12），长度为 80，角度为 0，得到结果如图 11-100 所示。

❼选择【菜单】→【编辑】→【曲线】→【快速修剪】命令，或者单击【主页】选项卡，选择【曲线】组中的【快速修剪】图标，如图 11-101 所示。

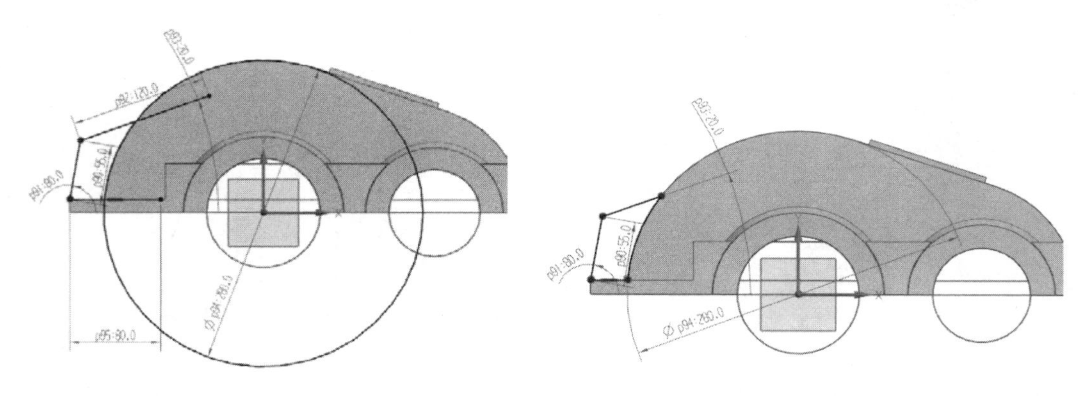

图 11-100　绘制直线　　　　图 11-101　修剪外形

❽选择【菜单】→【插入】→【曲线】→【圆】命令，或者单击【主页】选项卡，选择【曲线】组中的【圆】图标○，圆心坐标选择（-145，55），直径为 15，得圆如图 11-102 所示。

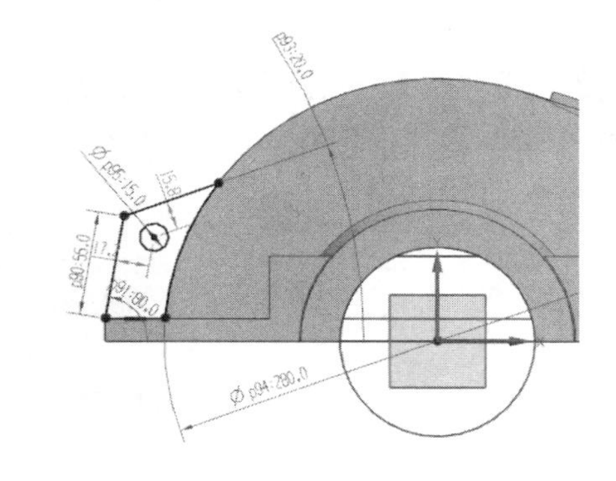

图 11-102　绘制圆

02 绘制另一侧吊环草图。

❶选择【菜单】→【插入】→【曲线】→【轮廓】命令，或者单击【主页】选项卡，选择【曲线】组中的【轮廓】图标。

❷选择初始坐标（258，12），如图 11-103 所示，单击鼠标左键。选择长度为 50，角度为 104，绘制第一段线段。

注意

若在绘制轮廓线时，轮廓线尺寸与角度不正确，可单击【主页】选项卡，选择【约束】组中的⫽⊥图标，选择“点在曲线上”，使第一条轮廓线的初始点落在机盖上，第一条轮廓线与第二条轮廓线的交点可在第一条或第二条轮廓线上，若有尺寸或角度不对，再双击尺寸或角度，取消参考进行修改。

❸绘制轮廓选择长度为 70，角度为 160，绘制结果如图 11-104 所示。

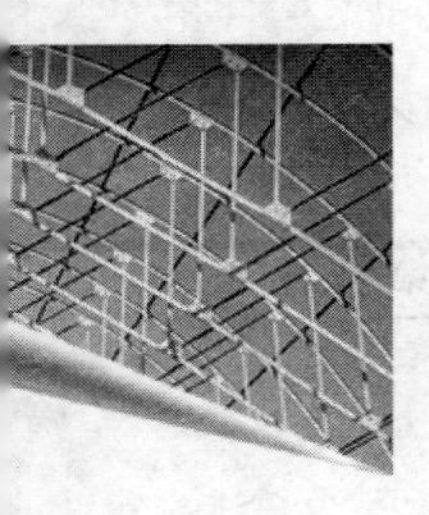

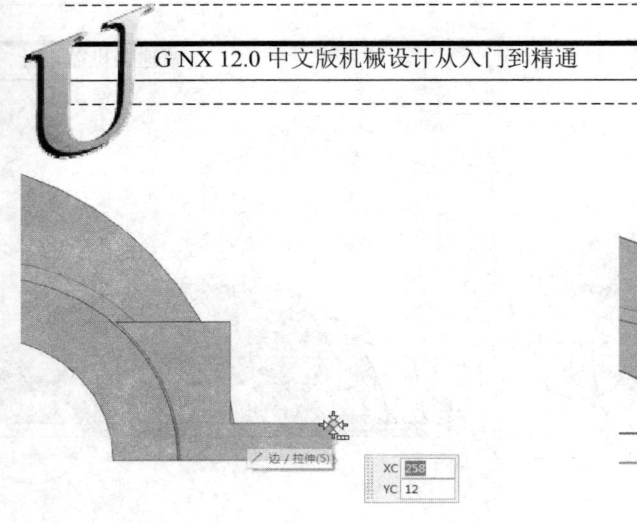

图 11-103 设定初始点

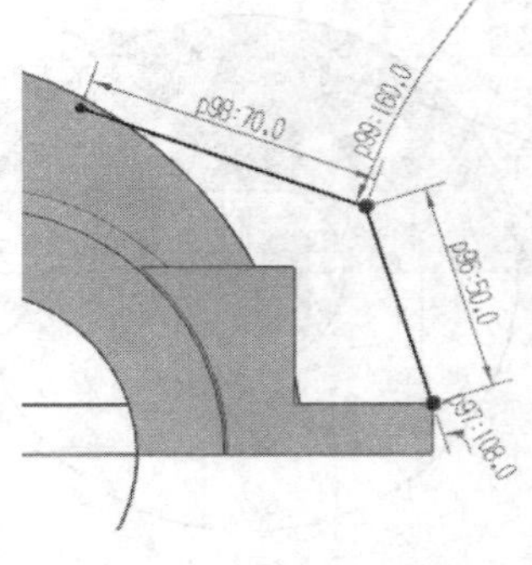

图 11-104 绘制直线

❹选择【菜单】→【插入】→【曲线】→【直线】命令，或者单击【主页】选项卡，选择【曲线】组中的【直线】图标，直线初始坐标（258，12），长度为 120，角度为 180。得到结果如图 11-105 所示。

❺选择【菜单】→【插入】→【曲线】→【圆】命令，或者单击【主页】选项卡，选择【曲线】组中的【圆】图标○，初始坐标选择（130，0），直径为 196，如图 11-106 所示，绘制一圆。

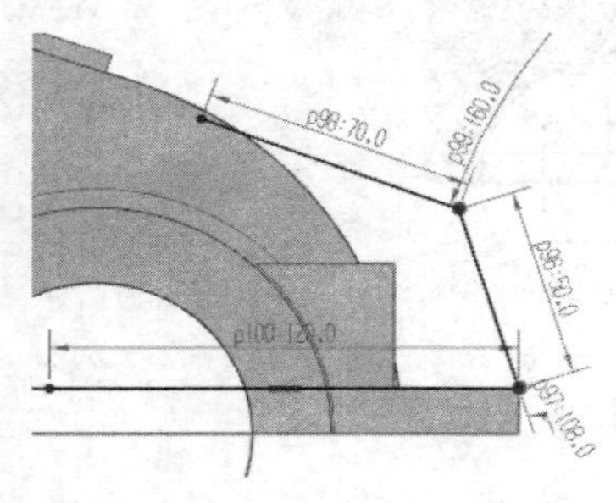

图 11-105 绘制直线

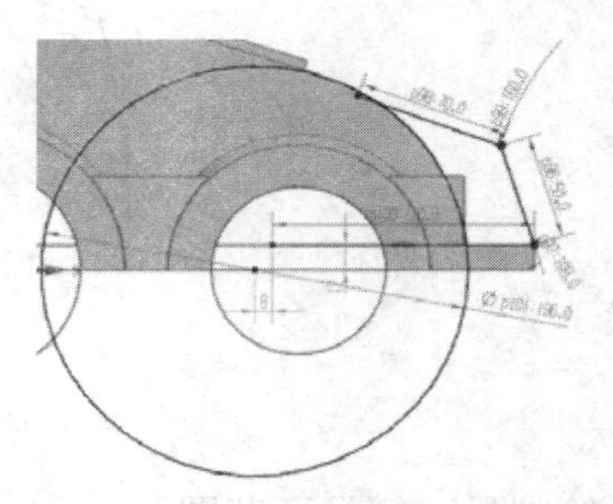

图 11-106 绘制圆

❻选择【菜单】→【编辑】→【曲线】→【快速修剪】命令，或者单击【主页】选项卡，选择【曲线】组中的【快速修剪】图标，如图 11-107 所示。

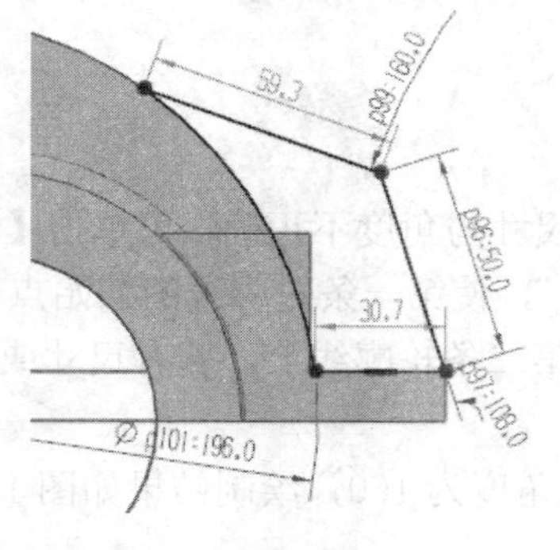

图 11-107 修剪外形

❼选择【菜单】→【插入】→【曲线】→【圆】命令，或者单击【主页】选项卡，选择【曲线】组中的【圆】图标○，圆心坐标选择（230，50），直径为 15，得到圆如图 11-108 所示，获得如图 11-109 所示的草图。

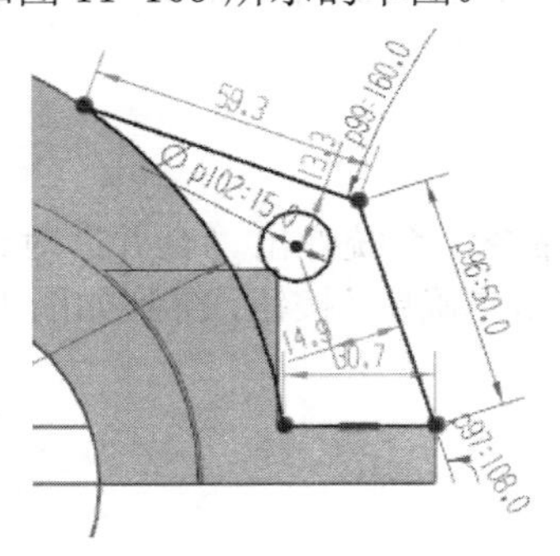

图 11-108　绘制圆

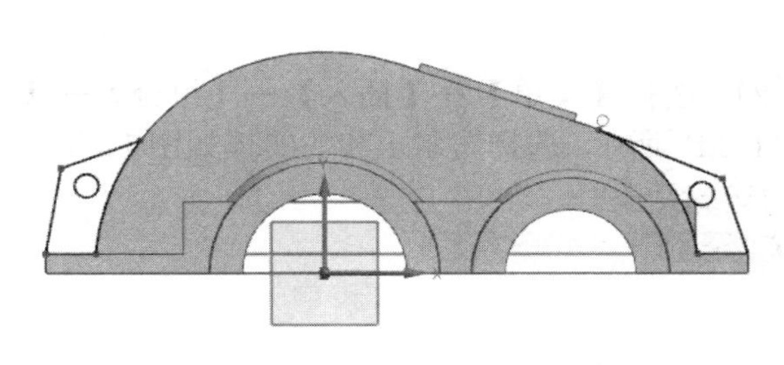

图 11-109　绘制草图

03 选择【菜单】→【草图】→【完成草图】命令，或者单击【主页】选项卡，选择【草图】组中的【完成】图标🏁，退出草图模式，进入建模模式。

04 选择【菜单】→【插入】→【设计特征】→【拉伸】命令，或者单击【主页】选项卡，选择【特征】组→【设计特征下拉菜单】中的【拉伸】图标，系统弹出“拉伸”对话框如图 11-110 所示。利用该对话框拉伸草图中创建的曲线，操作方法如下：

❶选择草图绘制的曲线为拉伸曲线，如图 11-111 所示。

❷在指定矢量下拉列表中选择 ZC↑ 作为拉伸方向，并设置开始距离为-10，结束距离为 10，单击“确定”按钮，得到图 11-112 所示的实体。

图 11-110　“拉伸”对话框

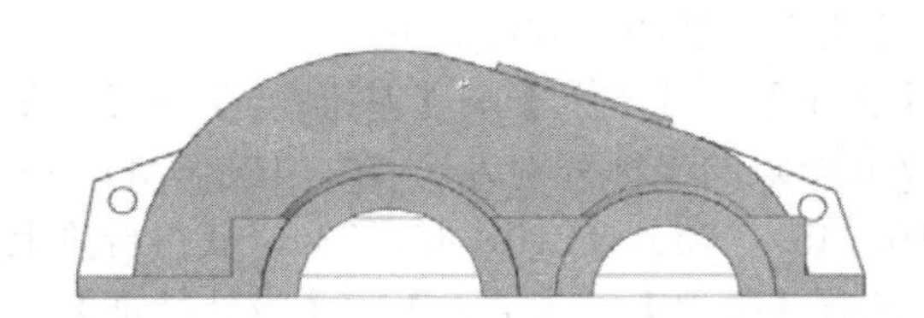

图 11-111　“拉伸”外形

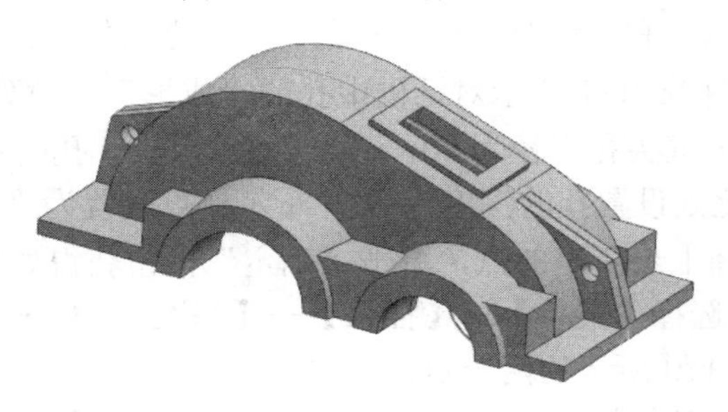

图 11-112　创建实体

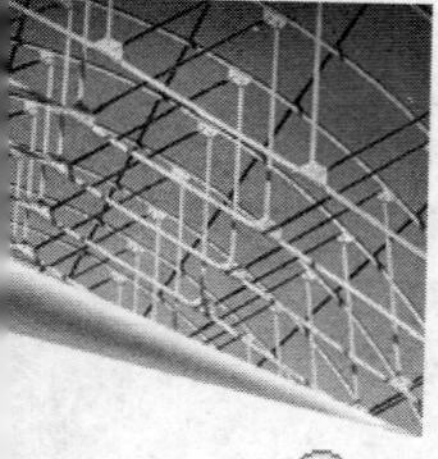

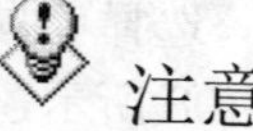

注意

若出现输入截面无效警告，可以先选择草图绘制的曲线，再打开拉伸对话框。

11.2.4　孔系

01 选择【菜单】→【插入】→【组合】→【合并】命令，系统弹出“合并”对话框，如图 11-113 所示。选择布尔求和的实体如图 11-114 所示。单击“确定”按钮，得到如图 11-115 所示的运算结果。

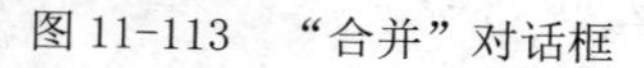

图 11-113　“合并”对话框

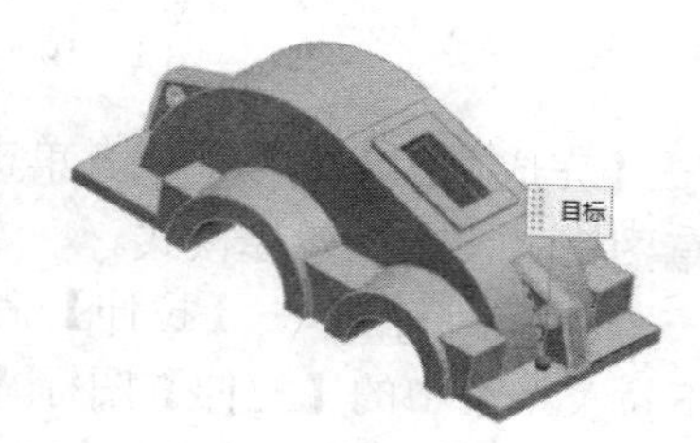

图 11-114　选择实体

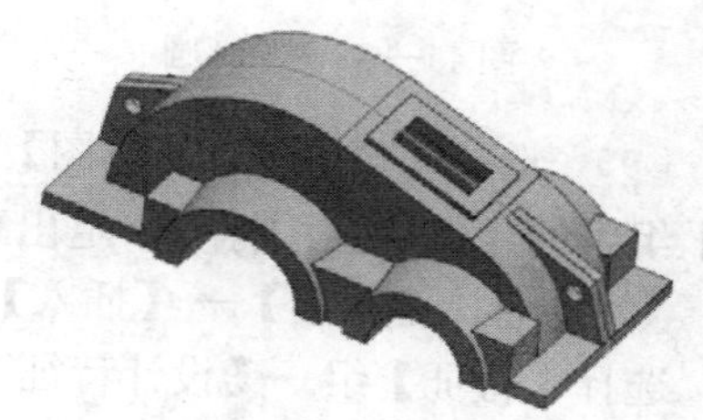

图 11-115　相加结果

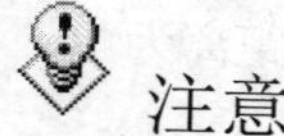

注意

所选择的实体必须有相交的部分，否则不能进行相加操作。这时系统会提示操作错误，警告工具实体与目标实体没有相交的部分。

02 定义孔的圆心，方法如下：

选择【菜单】→【插入】→【基准/点】→【点】，系统弹出“点”对话框，如图 11-116 所示。定义 6 个点的坐标分别为（-70，45，-73）、（-70，45，73）、（80，45，73）、（80，45，-73）、（210，45，-73）、（210，45，73），获得台阶上 6 个孔的圆心。

03 选择【菜单】→【插入】→【设计特征】→【孔】命令，或者单击【主页】选项卡，选择【特征】组中的【孔】图标，以创建点为圆心创建通孔。系统弹出“孔”对话框，如图 11-117 所示。利用该对话框建立孔，操作方法如下：

❶在图 11-117 所示对话框中孔的“成形”下拉列表框选择“沉头”。

❷设定沉头孔直径为 30，沉头孔深度为 2，孔的直径为 13，顶锥角为 118。因为要建立一个通孔，此处设置孔的深度为 50，布尔运算设置为“减去”。

❸选择上步所定的点，单击“确定”按钮获得如图 11-118 所示的孔。

04 选择【菜单】→【插入】→【基准/点】→【点】命令，系统弹出“点”对话框，输入如图 11-119 所示的两个点。

05 选择【菜单】→【插入】→【设计特征】→【孔】命令，或者单击【主页】选项卡，选择【特征】组中的【孔】图标，系统弹出“孔”对话框，如图 11-120 所示。利用该对话框建立孔，操作方法如下：

图 11-116　创建点

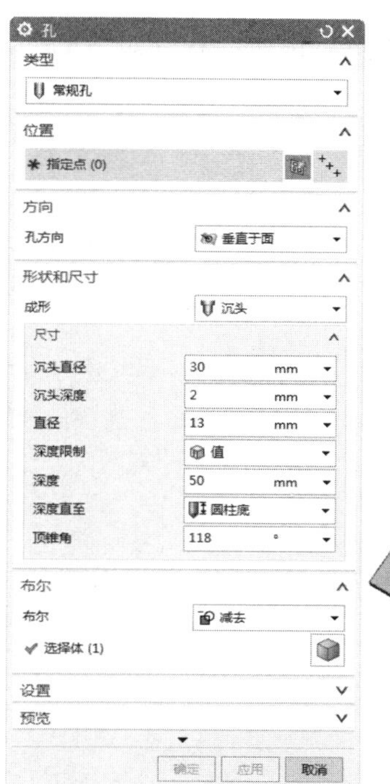

图 11-117　“孔”对话框

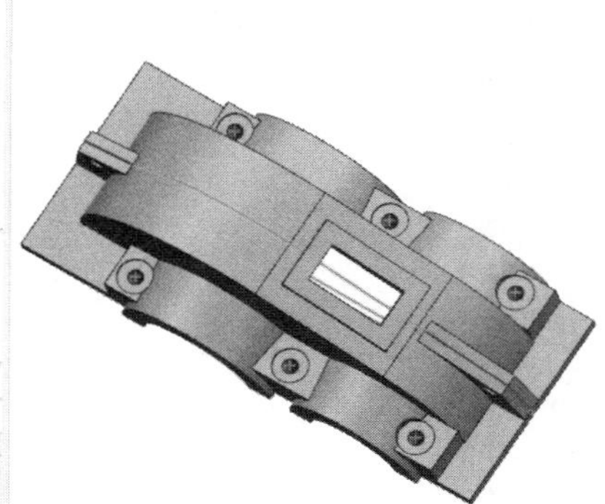

图 11-118　创建孔

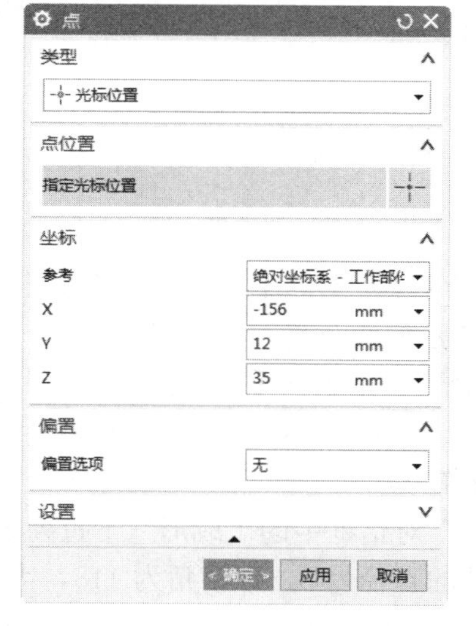

图 11-119　创建点

❶在“孔”对话框中“成形”下拉列表框选择“沉头”。

❷设定沉头孔直径为 24，沉头孔深度为 2，孔的直径为 11，顶锥角为 118。因为要建立一个通孔，此处设置孔的深度为 50。

❸选择上步所定的点，单击“确定”按钮，获得如图 11-121 所示的孔。

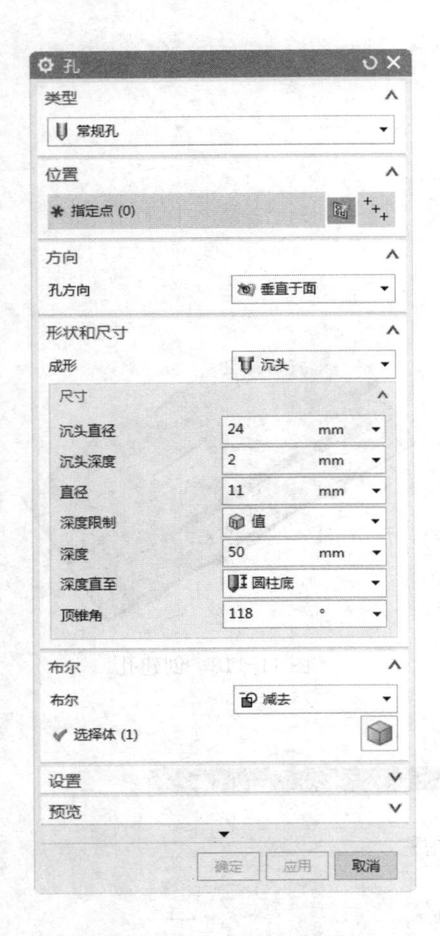

图 11-120 “孔”对话框

图 11-121 创建孔

06 选择【菜单】→【插入】→【基准/点】→【点】命令，系统弹出“点”对话框，输入图 11-122 所示的两个点。

07 选择【菜单】→【插入】→【设计特征】→【孔】命令，或者单击【主页】选项卡，选择【特征】组中的【孔】图标，系统弹出“孔”对话框，如图 11-123 所示。利用该对话框建立孔，操作方法如下：

❶在“孔”对话框中的“成形”下拉列表框选择“简单孔”。

❷设定孔的直径为 8，顶锥角为 118。因为要建立一个通孔，所以孔深度只要超过边缘厚度即可，此处设置孔的深度为 50。

❸选择上步所定的点，获得如图 11-124 所示的孔。

图 11-122　创建点

图 11-123　“孔”对话框

11.2.5　圆角

01 选择【菜单】→【插入】→【细节特征】→【边倒圆】命令，或者单击【主页】选项卡，选择【特征】组中的【边倒圆】图标。系统弹出“边倒圆”对话框，如图 11-125 所示。利用该对话框进行圆角操作方法如下：

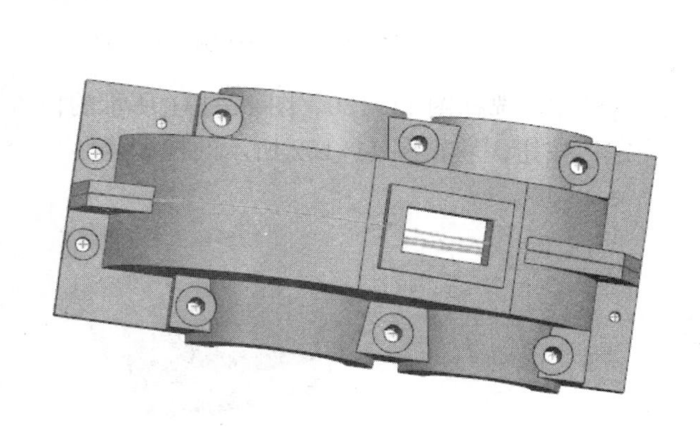

图 11-124　创建孔

图 11-125　“边倒圆”对话框

❶在该对话框中输入半径为 44。

❷选择底座的四条边（见图 11-126）进行圆角操作。

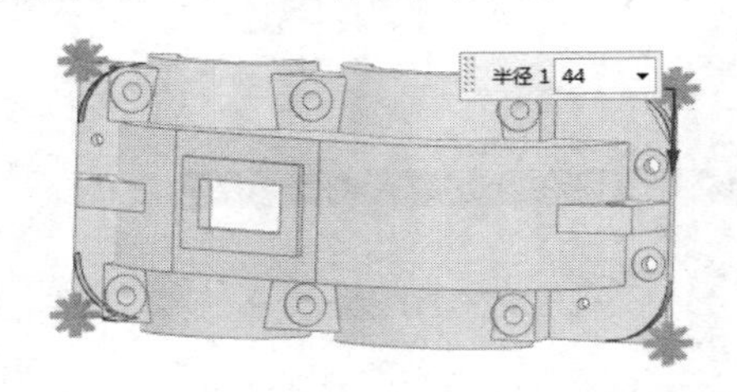

图 11-126　选择边

❸单击“确定”按钮，得到图 11-127 所示的圆角结果。

02 按步骤 **01** 所述的方法继续进行圆角操作，选择凸台的边进行圆角。圆角半径为 5，单击“确定”按钮，如图 11-128 所示，获得图 11-129 所示的模型。

图 11-127　圆角结果

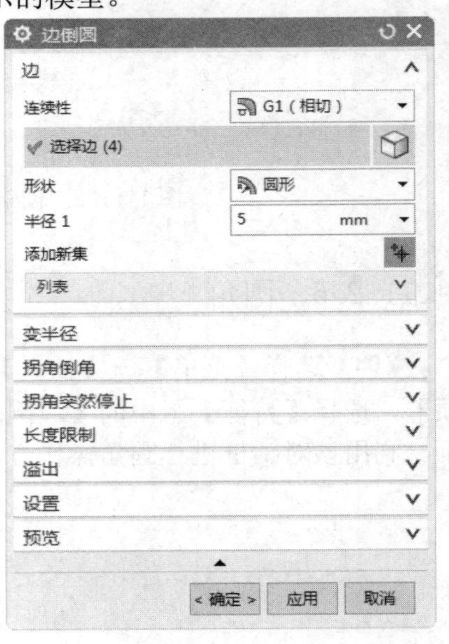

图 11-128　“边倒圆”对话框

03 按步骤 **01** 所述的方法继续进行圆角操作，选择图 11-130、图 11-131 所示的位置进行吊环的边圆角。圆角半径为 18，单击“确定”按钮，获得图 11-132 所示的模型。

图 11-129　圆角结果

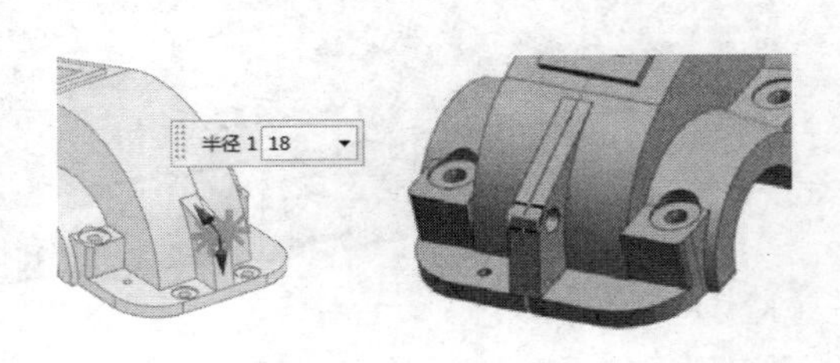

图 11-130　选择边 1　　图 11-131　选择边 2

04 按步骤 **01** 所述的方法继续进行圆角操作，选择凸台的边进行圆角。圆角半径参数设为 15，单击“确定”按钮，获得如图 11-133 所示的模型。

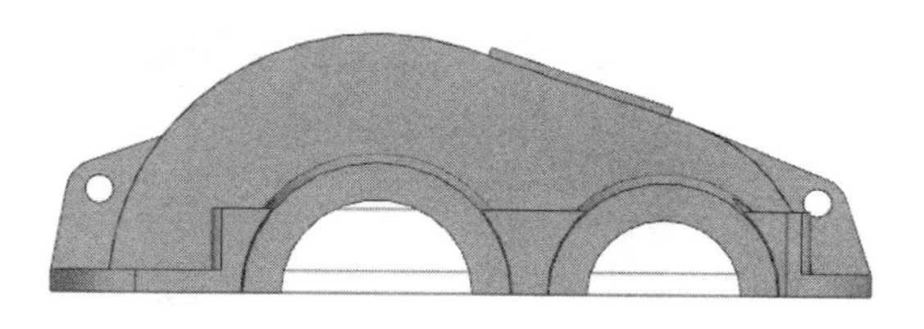

图 11-132　圆角结果

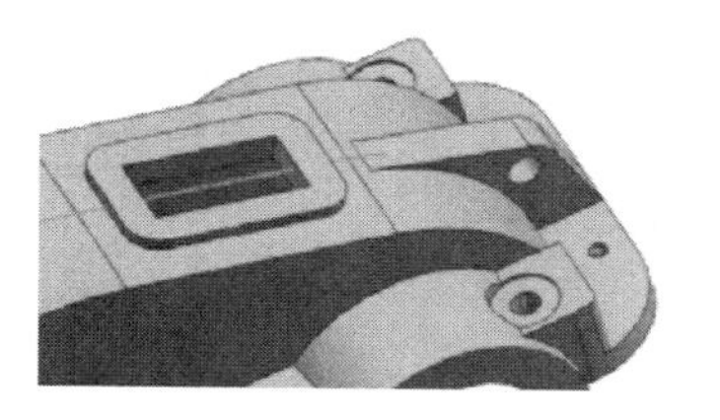

图 11-133　圆角结果

05 按步骤 **01** 所述的方法继续进行圆角操作，选择凸台内孔的边进行圆角。圆角半径为 5，　在图 11-134 所示的“边倒圆”对话框中单击“确定”按钮，获得如图 11-135 所示的模型。

图 11-134　“边倒圆”对话框

图 11-135　圆角结果

11.2.6　螺纹孔

01 选择【菜单】→【插入】→【基准/点】→【点】命令，系统弹出“点”对话框，如图 11-136 所示。定义点的坐标。

02 选择【菜单】→【插入】→【设计特征】→【孔】命令，或者单击【主页】选项卡，选择【特征】组中的【孔】图标，以创建点为圆心创建通孔。系统弹出“孔”对话框，如图 11-137 所示。利用该对话框建立孔，操作方法如下：

❶在“孔”对话框中成形下选择“简单孔”。

❷设定孔的直径为 8，顶锥角为 118。此处设置孔的深度为 15。

❸选取上步定义的点，单击“确定”按钮，获得如图 11-138 所示的孔。

03 选择【菜单】→【插入】→【关联复制】→【阵列特征】命令，系统弹出“阵列特征”对话框，如图 11-139 所示。利用该对话框进行圆周阵列，操作方法如下：

图 11-136 “点”对话框

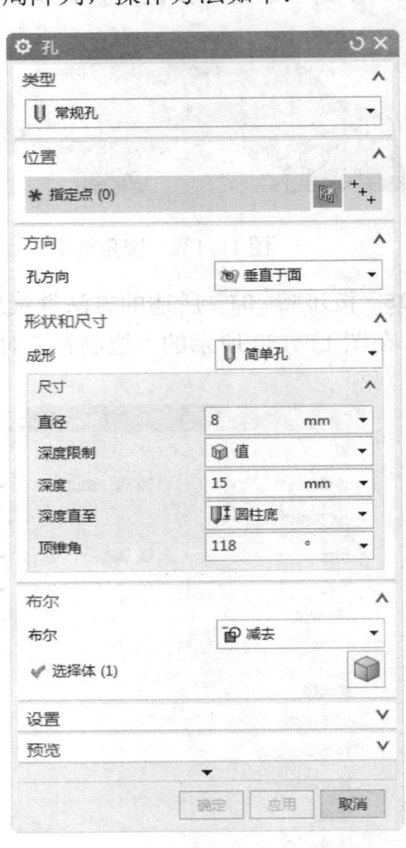

图 11-137 “孔”对话框

❶在对话框中的选择“圆形”阵列选项。

❷选择上步创建的“简单孔”孔特征为阵列特征。

❸设置数量为 2，节距角为 60。

❹指定矢量选择“ZC↑”轴，单击“确定”按钮。单击“点对话框”按钮，系统弹出“点”对话框，按如图 11-140 所示填写，单击“确定”按钮。

❺单击“确定”按钮。获得如图 11-141 所示的实体。

04 选择上一步选择的孔继续阵列，节距角设置为-60，其他步骤中参数相同，获得图 11-142 所示的外形。

05 选择【菜单】→【插入】→【基准/点】→【点】命令，系统弹出“点”对话框。按图 11-143 所示定义点的坐标。

06 选择【菜单】→【插入】→【设计特征】→【孔】命令，或者单击【主页】选项卡，选择【特征】组中的【孔】图标，以创建点为圆心创建通孔。系统弹出“孔”对话框，如图 11-144 所示。利用该对话框建立孔，操作方法如下：

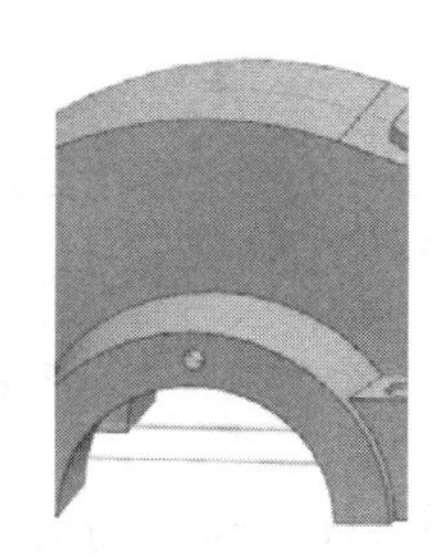

图 11-138　创建孔

图 11-139　“阵列特征”对话框

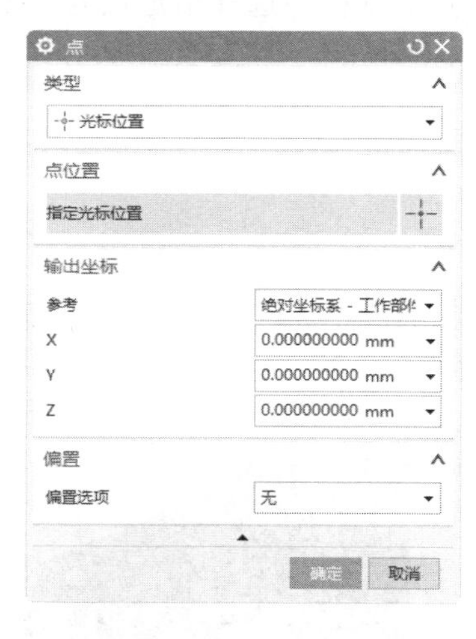

图 11-140　“点”对话框

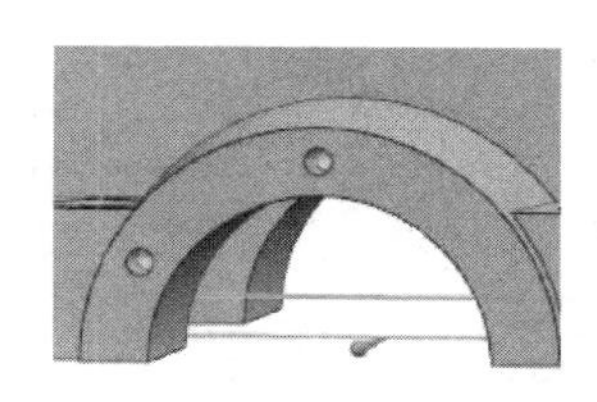

图 11-141　阵列特征结果

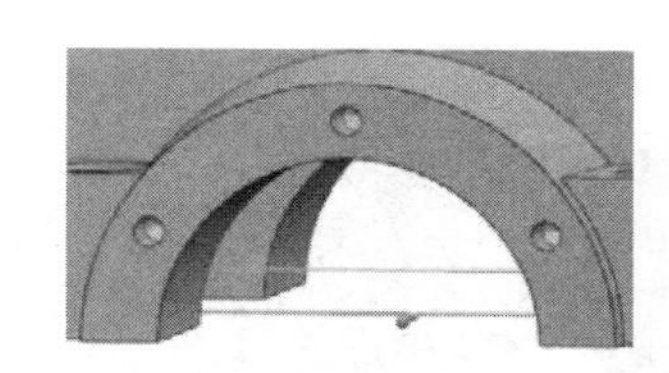

图 11-142　阵列特征结果

❶在“孔”对话框中选择孔的成形为“简单孔”。

❷设定孔的直径为 8，顶锥角为 118。此处设置孔的深度为 15。

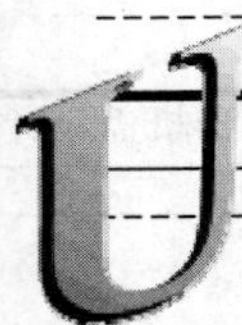

❸选取上步创建的点为孔位置，单击“确定”按钮，获得如图 11-145 所示的孔。

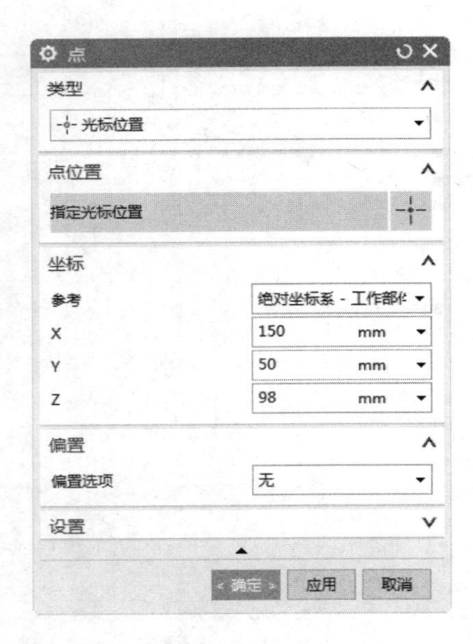

图 11-143　“点”对话框

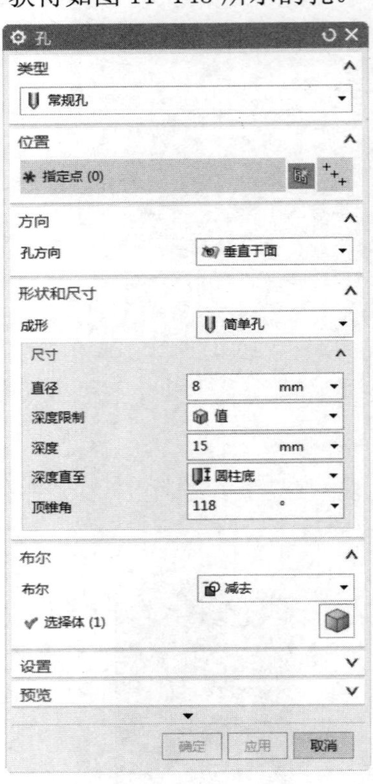

图 11-144　“孔”对话框

07 按上一步中介绍的方法进行圆形阵列，在图 11-146 点对话框中选择指定点为“150，0，0”其他参数相同，获得图 11-147 所示的外形。

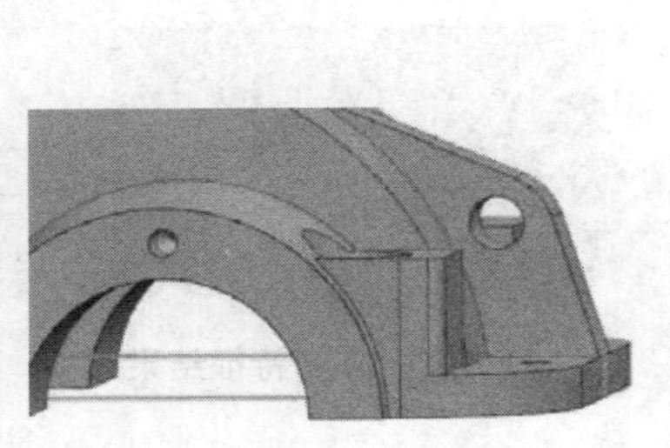

图 11-145　创建孔

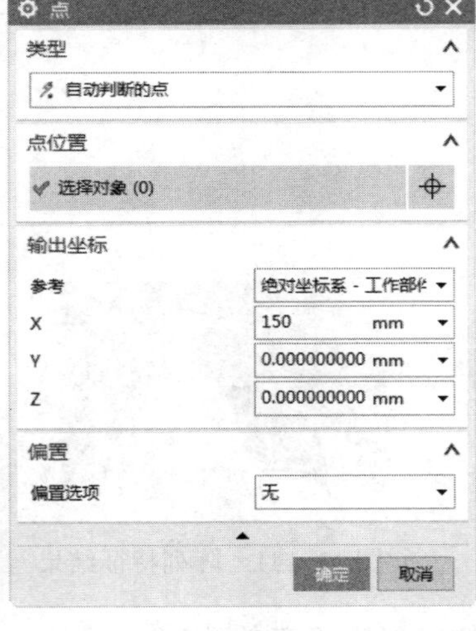

图 11-146　“点”对话框

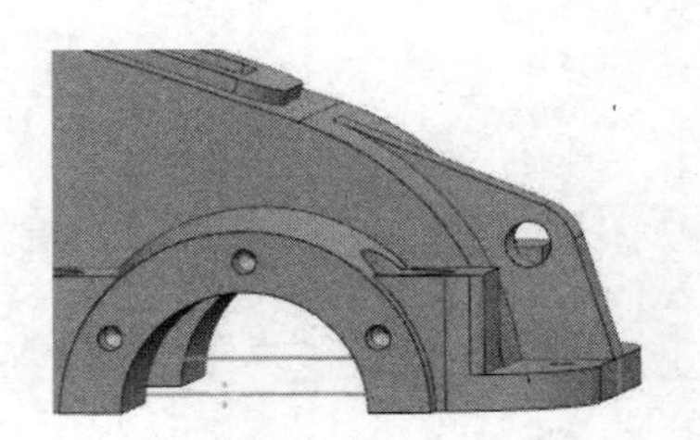

图 11-147　创建的实体

08 单击【主页】选项卡，选择【特征】组中的【孔】图标，系统弹出“孔”对话框，如图 11-148 所示。利用该对话框进行孔创建操作，方法如下：

❶在图 11-148 所示对话框中“形状”选项组中选择“简单孔”。

❷设定孔的直径为 6，顶锥角为 118。此处设置孔的深度为 50。

❸选择图 11-149 所示的平面为放置面。弹出“草图点”对话框，进入草图编辑状态。

图 11-148　“孔”对话框

图 11-149　选择平面

❹指定两点大概位置，如图 11-150 所示。关闭“草图点”对话框。

❺单击【主页】选项卡，选择【约束】组→【尺寸下拉菜单】中的【快速尺寸】图标，测量方法选择自动判断。选择凸台的一边如图 11-151 光标所在位置，选择点。激活当前表达式，文本框中填写 10，单击“确定”按钮。

❻同理编辑另一方向的尺寸，选择如图 11-152 所示边，文本框中填写 10，单击“确定”按钮。

按如上方法编辑另一孔的位置尺寸，参数相同，获得图 11-153 所示的孔的位置。

❼单击“完成”，退出草图编辑状态。返回“孔”对话框，单击“确定”按钮完成孔的创建，结果如图 11-154 所示。

09 选择【菜单】→【插入】→【关联复制】→【镜像特征】，系统弹出“镜像特征”对话框，如图 11-155 所示。利用该对话框进行镜像阵列，操作方法如下：

❶在视图区或设计树中选择上步创建的两个孔为要镜像的特征。

❷将“镜像平面”选项设置为“新平面”，指定平面选择 XC-YC 平面为镜像面。单击“确定”按钮，获得图 11-156 所示的实体。

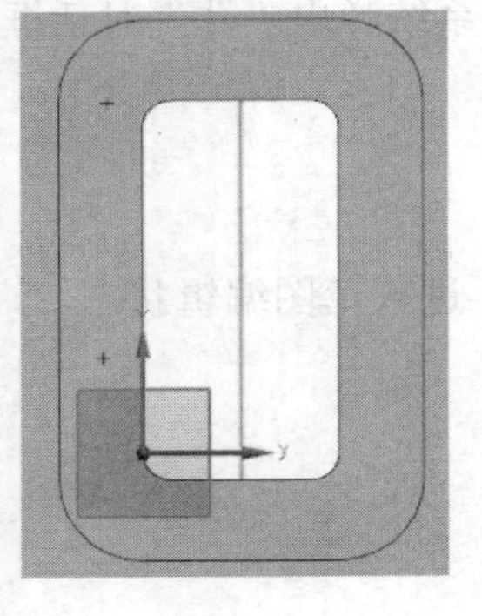

图 11-150　定位对话框

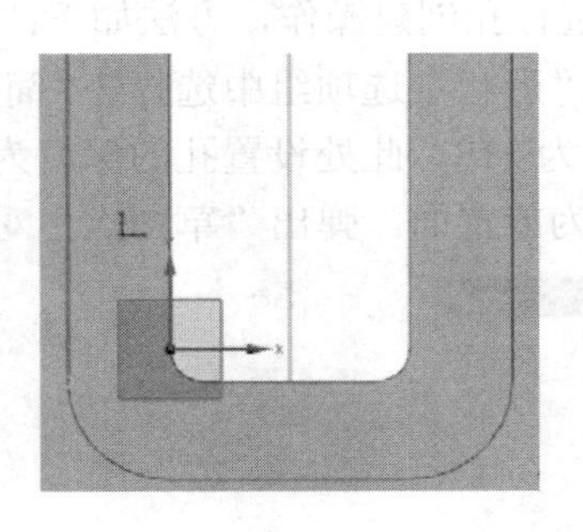

图 11-151　选择边

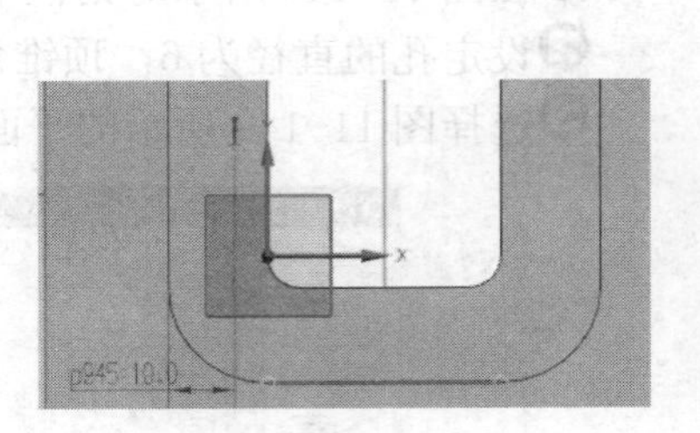

图 11-152　选择边

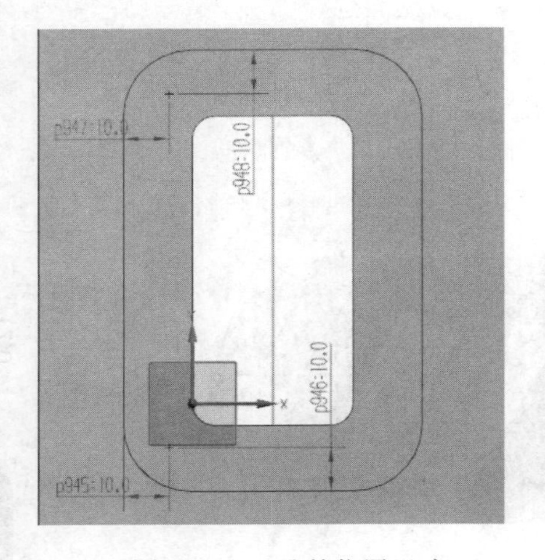

图 11-153　孔的位置尺寸

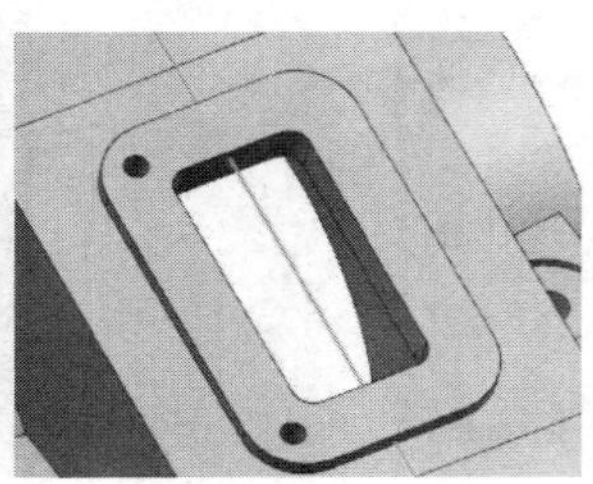

图 11-154　创建孔

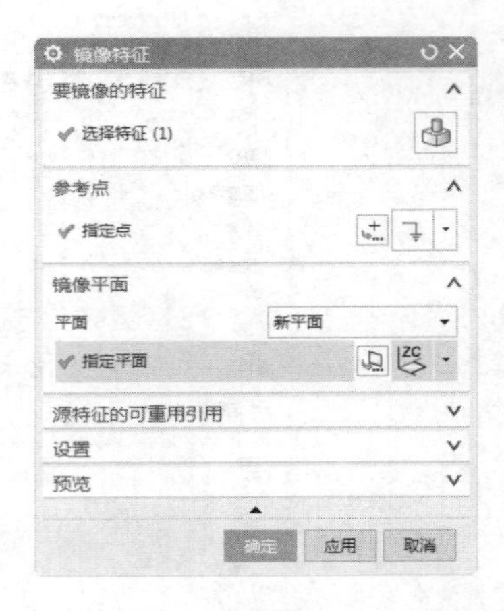

图 11-155　“镜像特征”对话框

10 选择【菜单】→【插入】→【设计特征】→【螺纹】命令，系统弹出“螺纹切削”对话框，“螺纹类型”选择“详细”单选项，如图 11-157 所示。选择图 11-158 所示的孔的内表面，单击“确定”按钮获得螺纹孔。

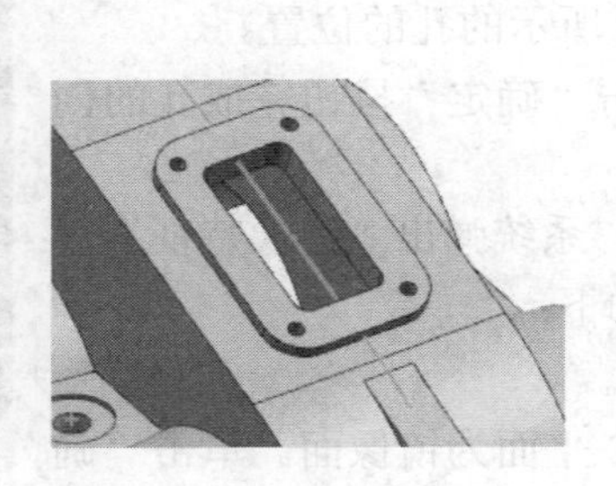

图 11-156　创建实体

图 11-157　“螺纹切削“对话框

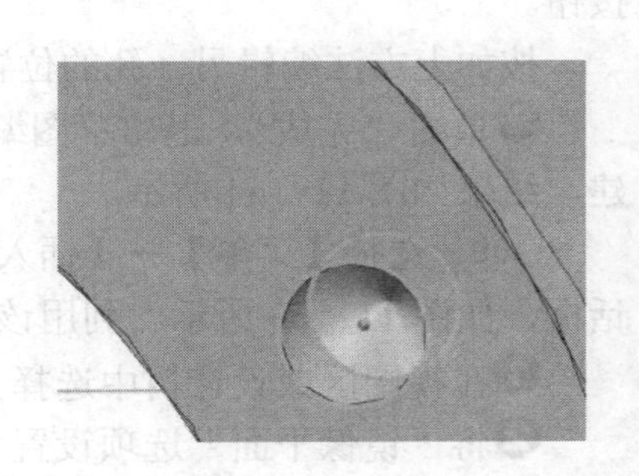

图 11-158　选择内表面

(11) 按上述方法，选择轴承孔端面和垫块上的孔的内表面，获得图 11-159 所示的螺纹孔。

(12) 同上，创建另一轴承端面的螺纹孔，可选择【菜单】→【插入】→【关联复制】→【镜像特征】命令，在部件导航栏中选择孔进行镜像后，再获得螺纹。结果如图 11-160 所示。

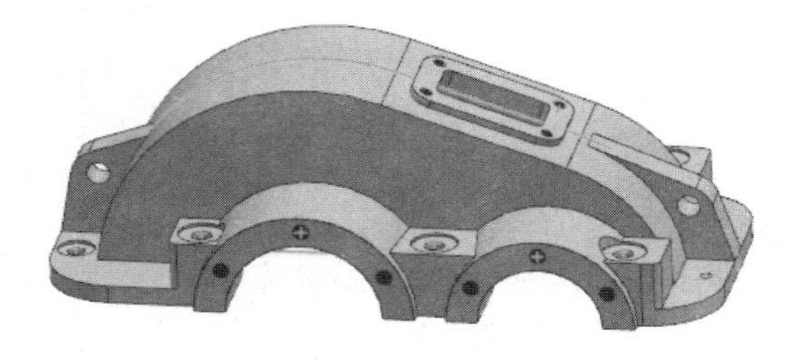

图 11-159　创建螺纹孔

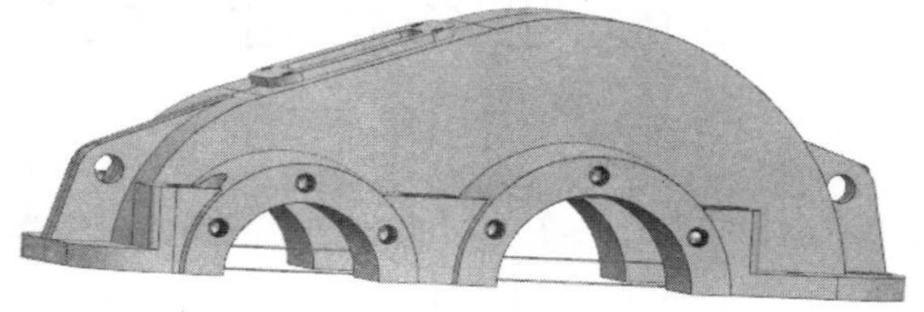

图 11-160　镜像螺纹孔

第12章

减速器机座设计

在前面的学习中，我们已经学习了很多种创建模型的方法。本章中，通过创建减速器机座，将综合运用这些方法。同时本章也将学习布尔运算、拔模、抽壳等方法。

重点与难点

- 机座主体设计
- 机座附件设计

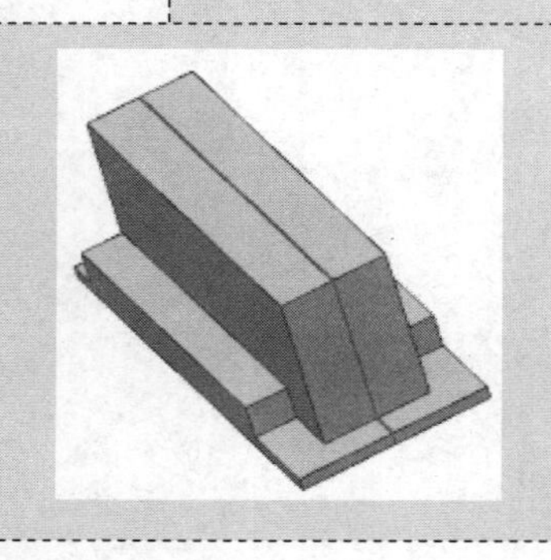

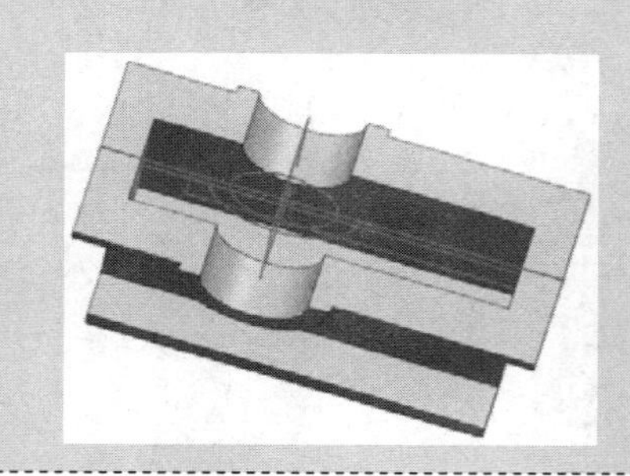

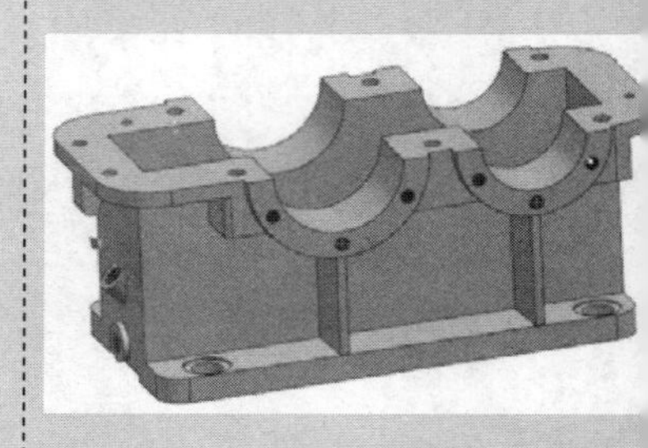

12.1 机座主体设计

制作思路

减速器机座是减速器零件中外形比较复杂的部件，其上分布各种槽、孔、凸台、拔模面。在草图模式中主要是绘制带有约束关系的二维图形。利用草图创建参数化的截面，通过对平面造型的拉伸、旋转得到相应的参数化实体模型。

本实例的制作思路：设置草图模式，绘制各种截面，充分利用拉伸、拔模和镜像命令，快速而高效地创建实体模型。

12.1.1　创建机座的中间部分

01 选择【菜单】→【文件】→【新建】命令，或者单击【主页】选项卡，选择【标准】组中的【新建】图标，选择模型类型，创建新部件，文件名为 jizuo，进入建立模型模块。

02 选择【菜单】→【插入】→【在任务环境中绘制草图】命令，或者单击【曲线】选项卡中的【在任务环境中绘制草图】图标，系统弹出“创建草图”对话框，如图 12-1 所示。单击“确定”按钮，进入草图绘制界面。

03 选择【菜单】→【插入】→【矩形】命令，或者单击【主页】选项卡，选择【曲线】组中的【矩形】图标，系统弹出“矩形”对话框，如图 12-2 所示。该对话框中的图标从左到右分别表示“按 2 点”“按 3 点”“从中心”“坐标模式”和“参数模式”，利用该对话框建立矩形。

方法如下：

❶选择创建方式为“按 2 点”，单击图标。

❷系统出现图 12-3 中的文本框，在该文本框中输入起点坐标（-140，0）并按 Enter 键。

❸系统出现图 12-4 中的文本框，在该文本框中设定宽度、高度（368,165），并按 Enter 键建立矩形。

04 选择【菜单】→【任务】→【完成草图】命令，或者单击【主页】选项卡，选择【草图】组中的【完成】图标，退出草图模式，进入建模模式。

05 选择单击【菜单】→【插入】→【设计特征】→【拉伸】命令，或者单击【主页】选项卡，选择【特征】组→【设计特征下拉菜单】中的【拉伸】图标，系统弹出“拉伸”对话框，如图 12-5 所示。利用该对话框拉伸草图中创建的曲线，操作方法如下：

❶选择上步绘制的曲线为拉伸曲线。

❷在矢量下拉列表中选择 ZC 作为拉伸方向。

❸在对话框中输入结束距离为 51，其他均为 0。单击“确定”按钮完成拉伸，生成如图 12-6 所示的实体。

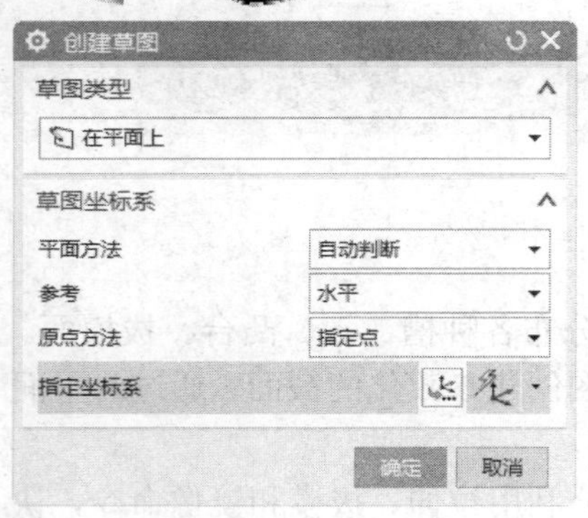

图 12-1 “创建草图”对话框

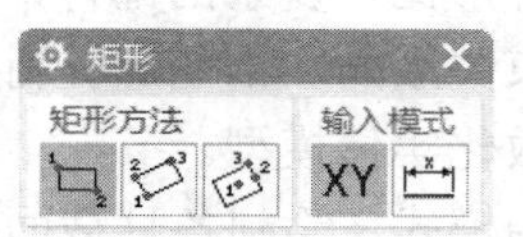

图 12-2 “矩形”对话框

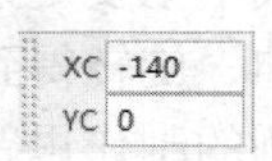

图 12-3 设定初始点

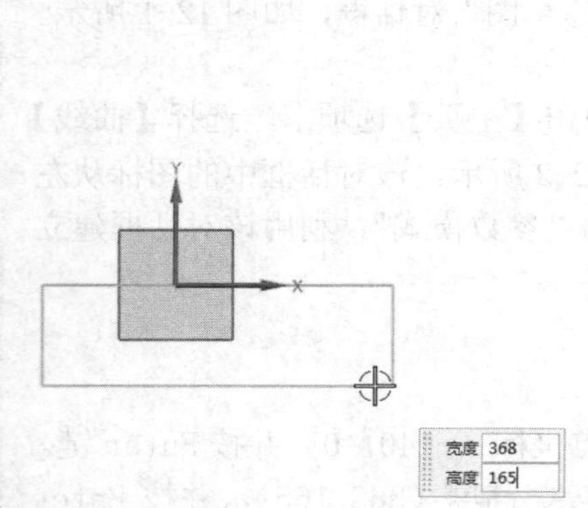

图 12-4 设定宽度、高度

图 12-5 “拉伸”对话框

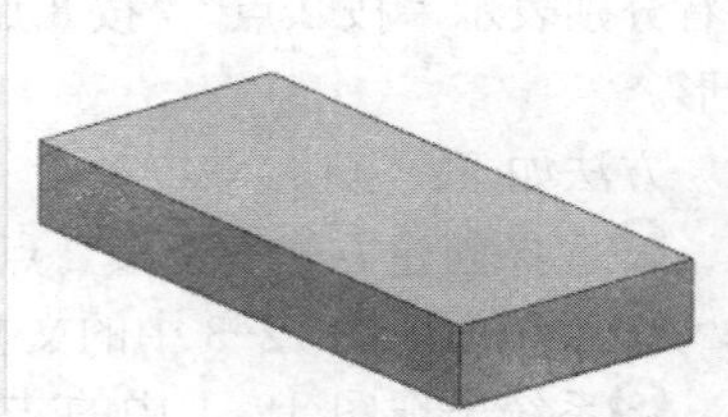

图 12-6 拉伸外形

12.1.2 创建机座上端面

01 选择【菜单】→【插入】→【在任务环境中绘制草图】命令，或者单击【曲线】选项卡中的【在任务环境中绘制草图】图标，平面方法选择“自动判断”，单击“确定”按钮，进入草图模式。

02 选择【菜单】→【插入】→【矩形】命令，或者单击【主页】选项卡，选择【曲线】组中的【矩形】图标，系统弹出“矩形”对话框，如图 12-7 所示。该对话框中的图标从左到右分别表示“按 2 点”“按 3 点”“从中心”“坐标模式”和“参数模式”，利用该对话框建立矩形。

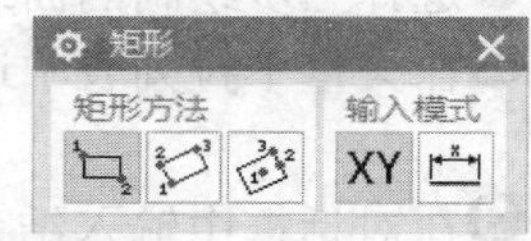

图 12-7 “矩形”对话框

方法如下：

❶选择创建方式为按2点，单击图标。

❷系统出现图12-8中的文本框，在该文本框中起点坐标（-170，0）并按Enter键。

❸系统出现图12-9中的文本框，在该文本框中设定宽度、高度（428，12）。并按Enter键建立矩形。

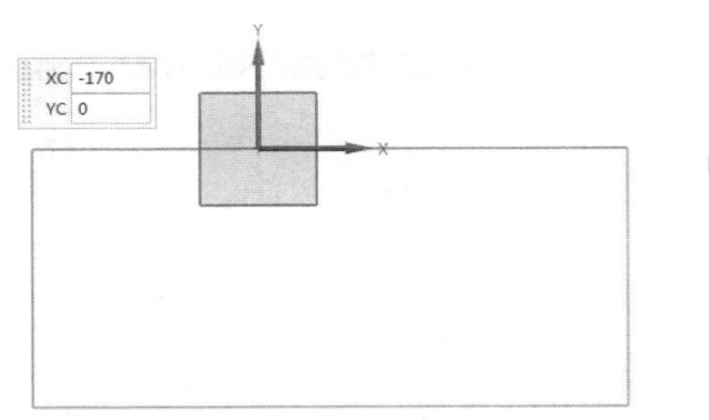

图12-8　设定初始点

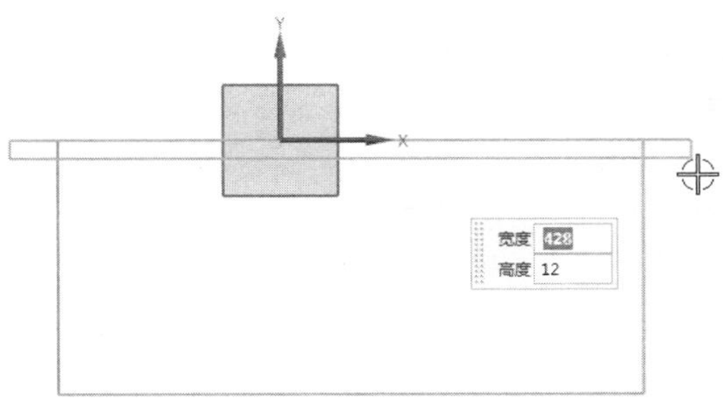

图12-9　设定宽度、高度

03 按同样的方法作另一矩形。起点坐标为（-86，0），高度宽度为（312，45），结果如图12-10所示。

04 选择【菜单】→【任务】→【完成草图】命令，或者单击【主页】选项卡，选择【草图】组中的【完成】图标，退出草图模式，进入建模模式。

05 选择【菜单】→【插入】→【设计特征】→【拉伸】命令，或者单击【主页】选项卡，选择【特征】组→【设计特征下拉菜单】中的【拉伸】图标，系统弹出“拉伸”对话框。利用该对话框拉伸草图中创建的曲线，操作方法如下：

❶选择上步绘制的草图为拉伸曲线如图12-11所示。

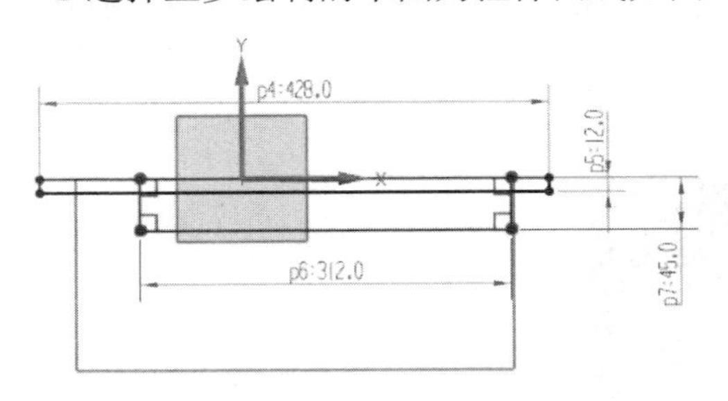

图12-10　绘制矩形

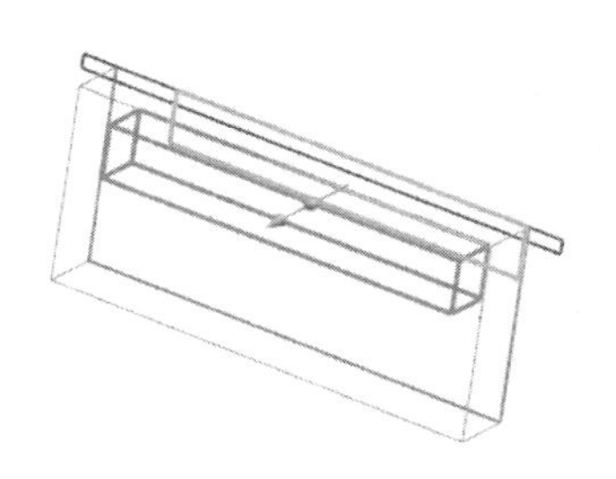

图12-11　拉伸体外形

❷在矢量下拉列表中选择ZC作为拉伸方向，并输入开始距离为51，结束距离为91，如图12-12所示，单击“确定”按钮得到实体。

06 按同样的方法作另一矩形的拉伸。单击【菜单】→【插入】→【设计特征】→【拉伸】，或者单击【主页】选项卡，选择【特征】组→【设计特征下拉菜单】中的【拉伸】图标。系统弹出“拉伸”对话框，如图12-12所示。利用该对话框拉伸草图中创建的曲线，操作方法如下：

❶选择草图绘制的图形的边缘如图 12-13 所示，单击对话框中的“确定”按钮。

❷在矢量下拉列表中选择 ZC↑ 作为拉伸方向。

❸在对话框中输入开始距离为 0，结束距离为 91，如图 12-14 所示，单击“确定”按钮，得到图 12-15 所示的实体。

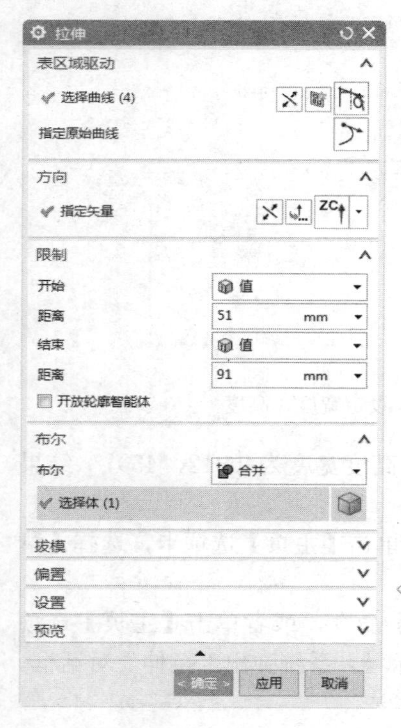

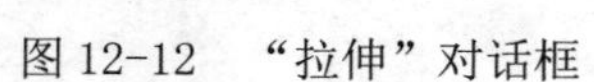
图 12-12 “拉伸”对话框

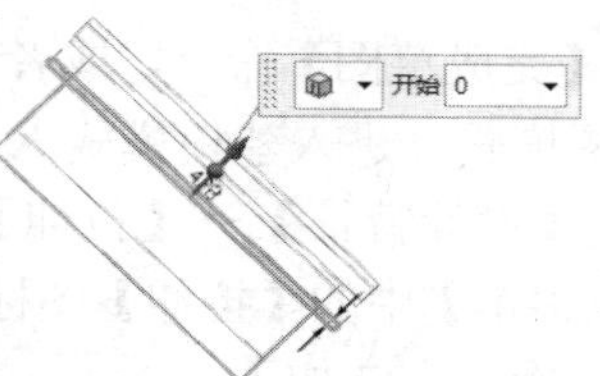

图 12-13 选择拉伸对象

图 12-14 “拉伸”对话框

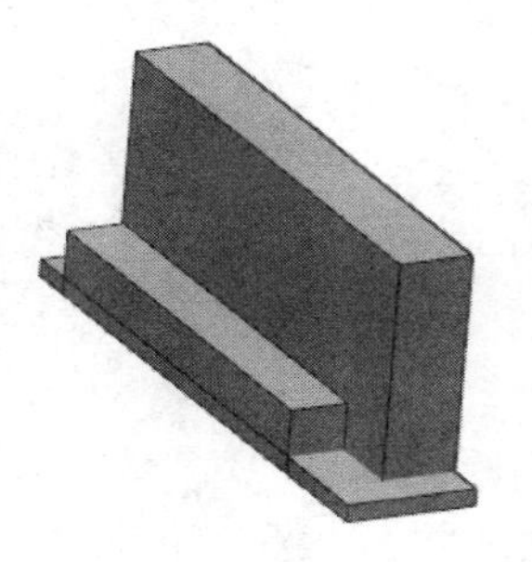

图 12-15 创建的实体

12.1.3 创建机座的整体

01 单击【菜单】→【编辑】→【变换】命令，系统弹出“变换”对话框，如图 12-16 所示。利用该对话框进行镜像变换方法如下：

❶在对话框选择“全选”按钮。

❷系统弹出“变换”对话框，如图 12-17 所示。选择“通过一平面镜像”选项。

❸系统弹出“平面”对话框，如图 12-18 所示。选择 XC-YC 平面即法线方向为 ZC，其他选项按图 12-18 设置，单击“确定”按钮。

图 12-16　“变换”对话框

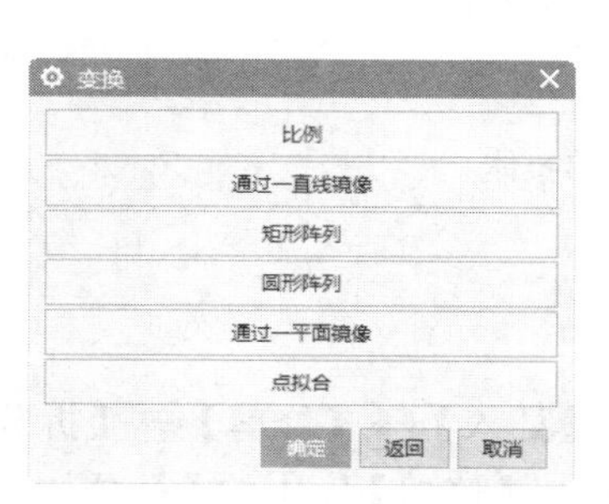

图 12-17　“变换”对话框

图 12-18　“平面”对话框

❹系统弹出“变换”对话框，如图 12-19 所示。选择“复制”选项，单击“确定”按钮，得到实体图 12-20 所示的实体。

02 选择【菜单】→【插入】→【组合】→【合并】，系统弹出“合并”对话框，如图 12-21 所示。选择布尔相加的实体如图 12-22 所示。单击“确定”按钮得到图 12-23 所示的运算结果。

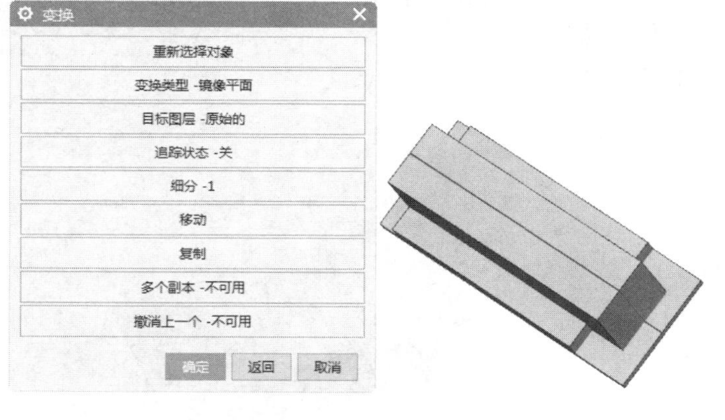

图 12-19　“变换”对话框　　图 12-20　创建实体

图 12-21　“合并”对话框

注意

所选择的实体必须有相交的部分，否则，不能进行求和操作。这时系统会提示操作错误，警告工具实体与目标实体没有相交的部分。

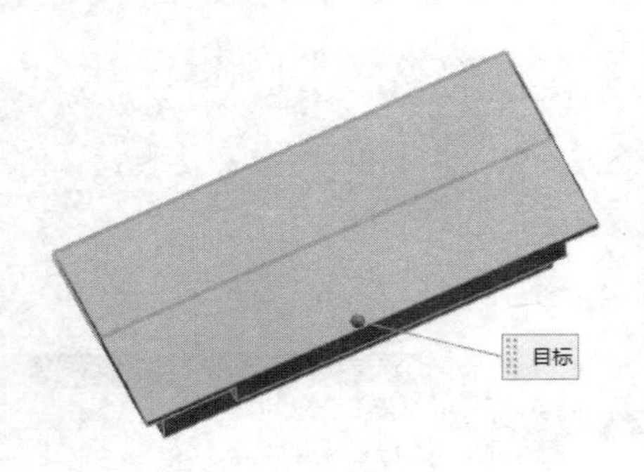

图 12-22　选择布尔运算的实体

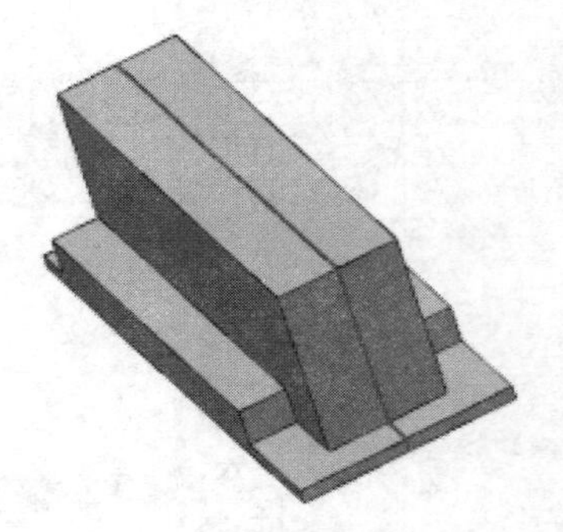

图 12-23　运算结果

12.1.4　抽壳

01 拆分。选择【菜单】→【插入】→【修剪】→【拆分体】命令，或单击【主页】选项卡，选择【特征】组→【更多】库→【修剪】库中的【拆分体】图标，系统弹出如图 12-24 所示的“拆分体”对话框。利用该对话框对得到的实体进行分割，操作方法如下：

❶选择实体全部为拆分对象。

❷选择机座一侧平面为基准面阴影部分，将机座中间部分分离出来。单击完成分割。

❸按如上方法选择其他平面切割，将中间部分从整体中分离出来，得到图 12-25 所示的实体。

02 抽壳。选择【菜单】→【插入】→【偏置/缩放】→【抽壳】命令，或单击【主页】选项卡，选择【特征】组中的【抽壳】图标。系统将弹出“抽壳”对话框，如图 12-26 所示。利用该对话框对得到的实体进行抽壳，操作方法如下：

❶在对话框中选择“移除面，然后抽壳”类型。

图 12-24　“拆分体”对话框

图 12-25　拆分结果

❷选择图 12-27 所示的端面作为抽壳面。

❸在厚度文本框填入参数值 8，抽壳公差采用默认数值，单击“确定”按钮，得到如图 12-28 所示的抽壳特征。

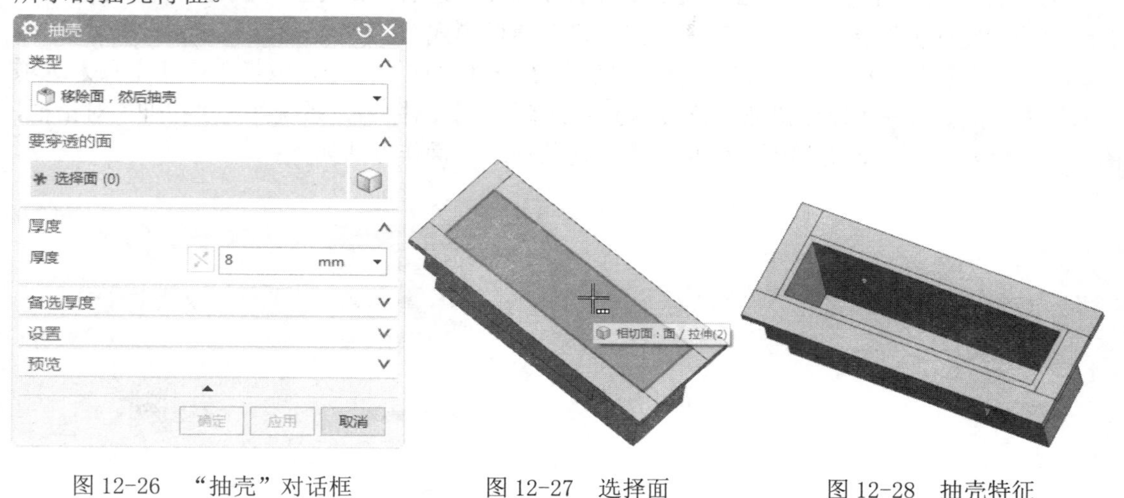

图 12-26 “抽壳”对话框　　图 12-27 选择面　　图 12-28 抽壳特征

12.1.5 创建壳体的底板

01 选择【菜单】→【插入】→【在任务环境中绘制草图】命令，或者单击【曲线】选项卡中的【在任务环境中绘制草图】图标，平面方法选择“自动判断”，单击“确定”按钮，进入草图模式。

02 选择【菜单】→【插入】→【曲线】→【矩形】命令，或者单击【主页】选项卡，选择【曲线】组中的【矩形】图标，系统弹出“矩形”对话框，如图 12-29 所示。

方法如下：

❶选择创建方式为“按 2 点”，单击图标。

❷系统出现图 12-30 中的文本框，在该文本框中起点坐标（-140，-150）并按 Enter 键。

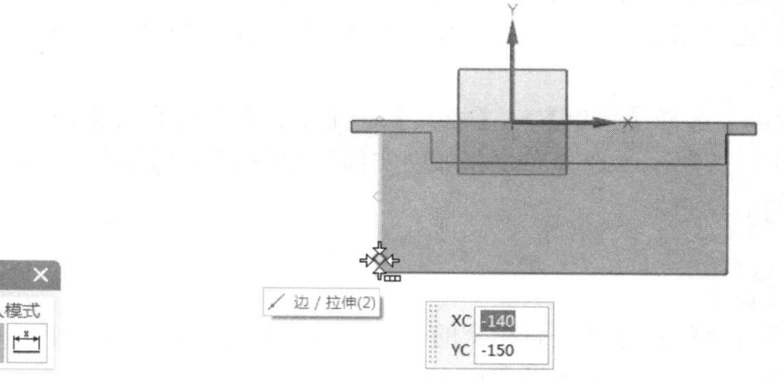

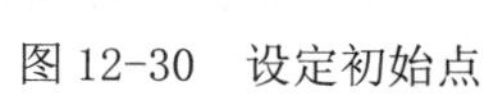

图 12-29 “矩形”对话框　　图 12-30 设定初始点

❸系统出现图 12-31 中的文本框，在该文本框中设定宽度、高度（368，20）。并按 Enter 键建立矩形。

03 选择【菜单】→【任务】→【完成草图】命令，或者单击【主页】选项卡，选择【草图】组中的【完成】图标，退出草图模式，进入建模模式。

04 选择【菜单】→【插入】→【设计特征】→【拉伸】命令，或者单击【主页】选项卡，选择【特征】组→【设计特征下拉菜单】中的【拉伸】图标，系统弹出“拉伸”对话框，如图 12-32 所示。利用该对话框拉伸草图中创建的曲线，操作方法如下：

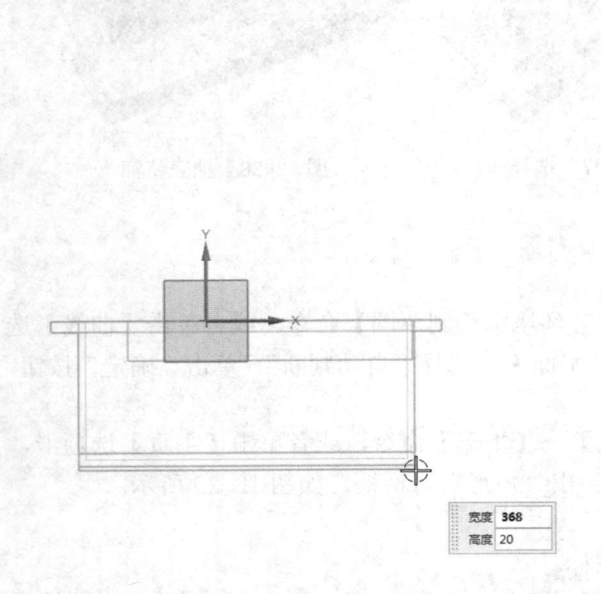

图 12-31 设定宽度、高度

图 12-32 “拉伸”对话框

❶选择上步绘制的草图为拉伸曲线。

❷在“指定矢量”下拉列表中选择 ZC 作为拉伸方向，开始距离为-95，结束距离为 95，单击“确定”按钮。

05 选择【菜单】→【插入】→【组合】→【合并】命令，系统弹出“合并”对话框，如图 12-33 所示。选择布尔相加的实体，如图 12-34 所示。单击“确定”按钮，得到图 12-35 所示的运算结果。

注意

所选择的实体必须有相交的部分，否则不能进行求和操作。这时系统会提示操作错误，警告工具实体与目标实体没有相交的部分。

图 12-33　“合并”对话框

图 12-34　选择布尔运算的实体

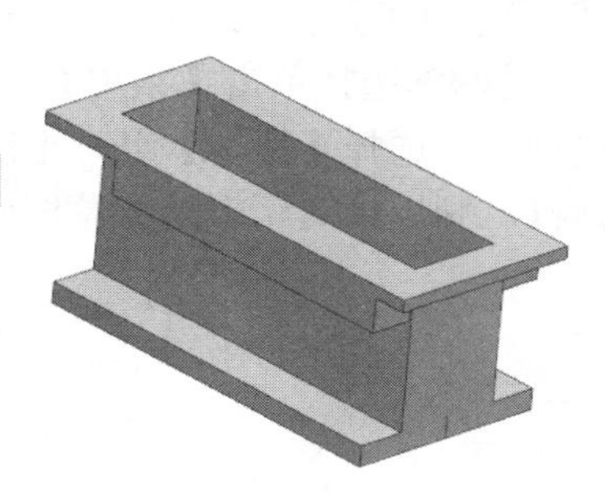

图 12-35　运算结果

12.1.6　挖槽

01 选择【菜单】→【插入】→【在任务环境中绘制草图】命令，或者单击【曲线】选项卡中的【在任务环境中绘制草图】图标，系统弹出“创建草图”对话框，如图 12-36 所示。在平面方法下拉列表中选择创建平面，在指定平面下拉列表中设定草图平面为 YC-ZC 平面，单击“确定”按钮进入草图模式。

02 选择【菜单】→【插入】→【曲线】→【矩形】命令，或者单击【主页】选项卡，选择【曲线】组中的【矩形】图标，系统弹出“矩形”对话框，如图 12-37 所示。该对话框中的图标从左到右分别表示“按 2 点”“按 3 点”“从中心”“坐标模式”和“参数模式”，利用该对话框建立矩形。

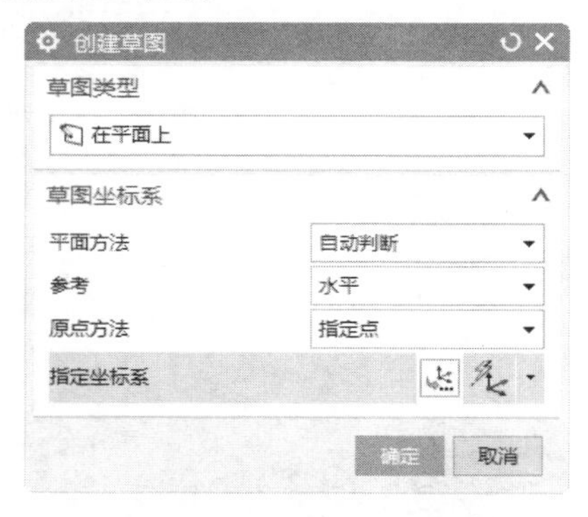

图 12-36　“创建草图”对话框

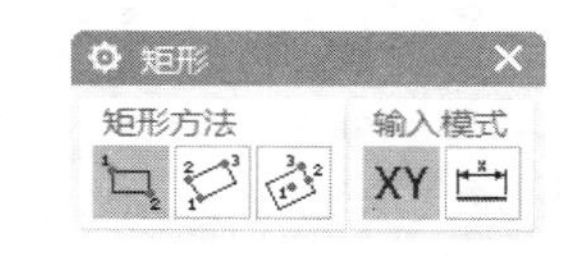

图 12-37　“矩形”对话框

方法如下：

❶选择创建方式为“按 2 点”，单击图标。

❷系统出现图 12-38 中的文本框，在该文本框中输入起点坐标（-170，35），并按 Enter 键。

❸系统出现图 12-39 中的文本框，在该文本框中设定宽度、高度（5，70），并按 Enter 键

建立矩形。

03 选择【菜单】→【任务】→【完成草图】命令，或者单击【主页】选项卡，选择【草图】组中的【完成】图标，退出草图模式，进入建模模式。

04 选择单击【菜单】→【插入】→【设计特征】→【拉伸】命令，或者单击【主页】选项卡，选择【特征】组→【设计特征下拉菜单】中的【拉伸】图标，系统弹出“拉伸”对话框。利用该对话框拉伸草图中创建的曲线，操作方法如下：

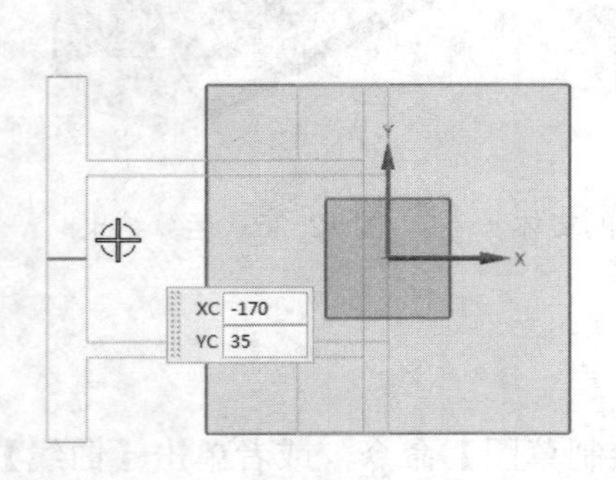

图 12-38 设定初始点

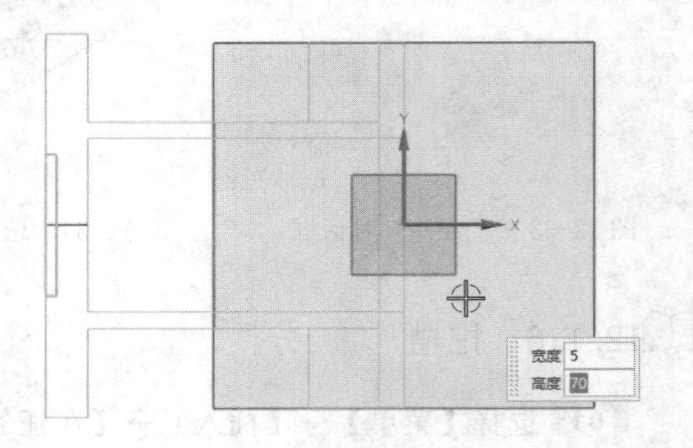

图 12-39 设定宽度、高度

❶选择上步创建的草图为拉伸曲线。

❷在“指定矢量”下拉列表中的XC作为拉伸方向，并按图 12-40 所示填写，开始距离为-228，结束距离为 228，单击“确定”按钮，得到图 12-41 所示的实体。

图 12-40 “拉伸”对话框

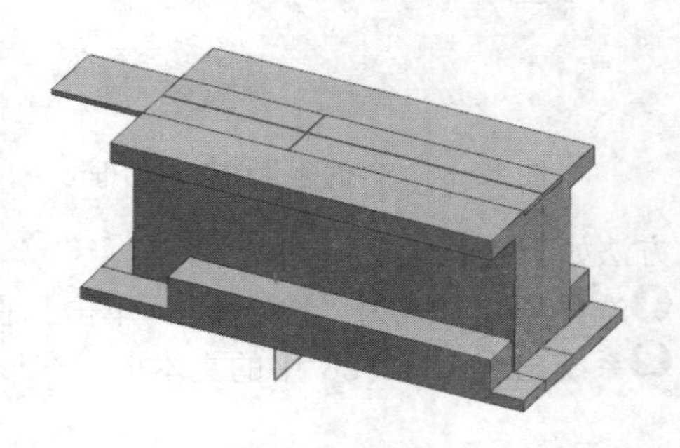

图 12-41 创建的实体

05 选择【菜单】→【插入】→【组合】→【减去】命令，系统弹出“求差”对话框，如图 12-42 所示。选择机座主体为目标体，选择上一步中拉伸得到的实体为工具体。单击“确定”按钮，得到图 12-43 所示的运算结果。

图 12-42　“求差”对话框

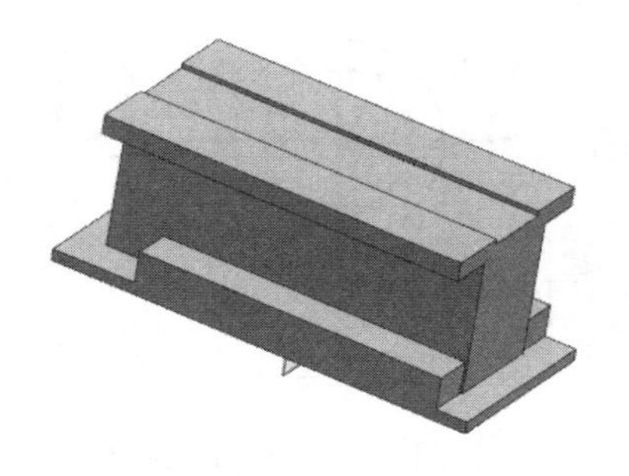

图 12-43　选择布尔运算的实体

注意

所选择的实体必须有相交的部分，否则不能进行相减操作。这时系统会提示操作错误，警告工具实体与目标实体没有相交的部分，而且目标实体与工具实体的边缘不能重合。

12.1.7　创建大滚动轴承突台

01 选择【菜单】→【插入】→【在任务环境中绘制草图】命令，或者单击【曲线】选项卡中的【在任务环境中绘制草图】图标，平面方法选择“自动判断”，单击“确定”按钮，进入草图模式。

02 选择【菜单】→【插入】→【曲线】→【圆】命令，或者单击【主页】选项卡，选择【曲线】组中的【圆】图标○，初始坐标选择（0，0），直径为 140，如图 12-44、图 12-45 所示。

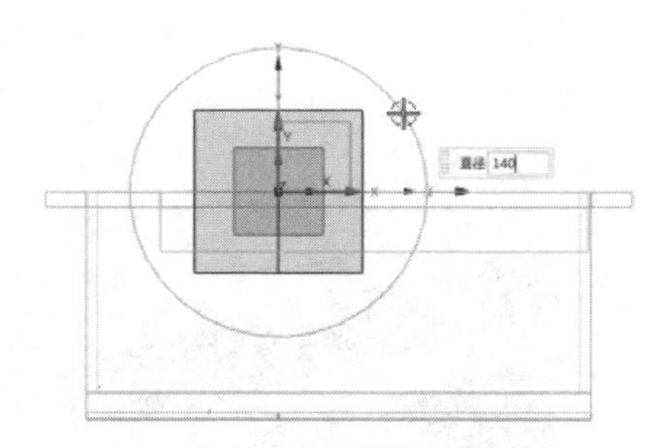

图 12-44　设定坐标、直径

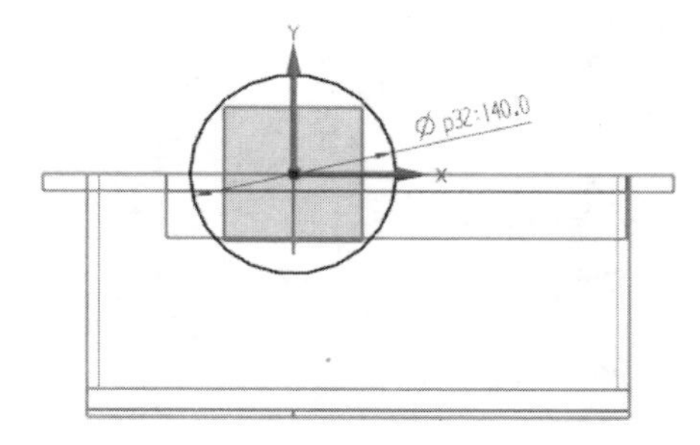

图 12-45　绘制圆

03 用同样的方法作一直径为 100 的同心圆，如图 12-46 所示。

04 选择【菜单】→【插入】→【曲线】→【直线】命令，或者单击【主页】选项卡，

选择【曲线】组中的【直线】图标，绘制水平的一条直线起点坐标（-230，0），长度为400，角度为0。

05 选择【菜单】→【编辑】→【曲线】→【快速修剪】命令，或者单击【主页】选项卡，选择【曲线】组中的【快速修剪】图标，修剪多余的圆弧，结果如图12-47所示。

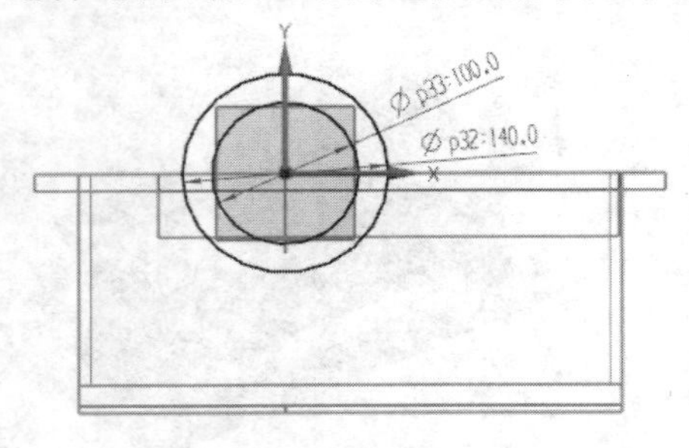

图 12-46　绘制同心圆

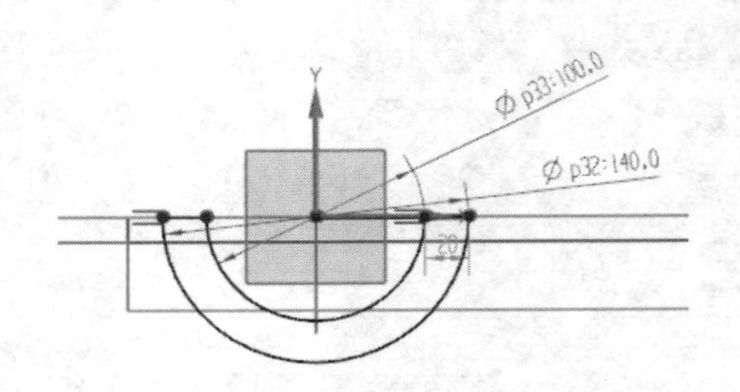

图 12-47　修剪圆弧

06 选择【菜单】→【草图】→【完成草图】命令，或者单击【主页】选项卡，选择【草图】组中的【完成】图标，退出草图模式，进入建模模式。

07 选择【菜单】→【插入】→【设计特征】→【拉伸】命令，或者单击【主页】选项卡，选择【特征】组→【设计特征下拉菜单】中的【拉伸】图标，系统弹出"拉伸"对话框。利用该对话框拉伸草图中创建的曲线，操作方法如下：

❶选择上步创建的草图为拉伸曲线。

❷在指定矢量下拉菜单话框中选择ZC作为拉伸方向，并按图12-48所示填写，开始距离填写51，结束距离填写98。单击"确定"按钮，结果如图12-49所示。

图 12-48　"拉伸"对话框

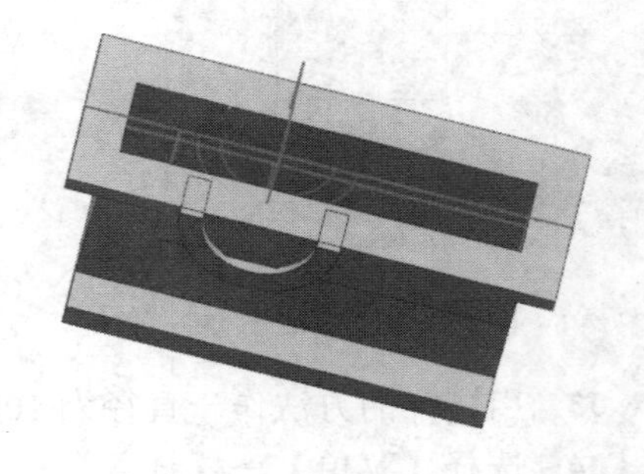
图 12-49　创建的实体

08 选择【菜单】→【编辑】→【变换】命令，系统弹出“变换”对话框。利用该对话框进行镜像变换，方法如下：

❶选择拉伸得到的轴承面为镜像对象。

❷系统弹出“变换”对话框，如图 12-50 所示。选择“通过一平面镜像”选项。

❸系统弹出“平面”对话框，如图 12-51 所示。选择 XC-YC 平面即法线方向为 ZC，其他选项按如图 12-51 所示选择，单击“确定”按钮。

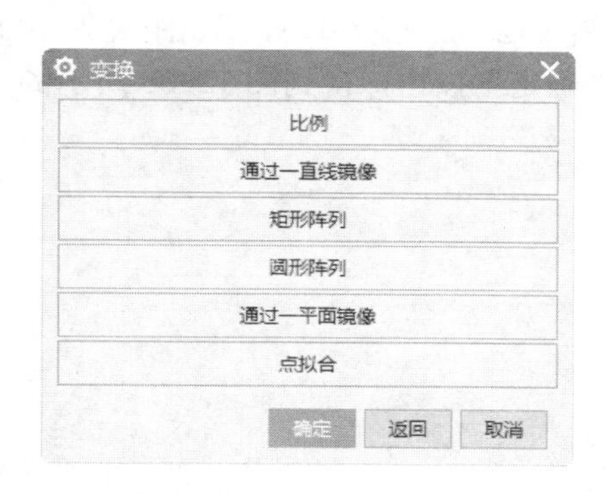

图 12-50　“变换”对话框

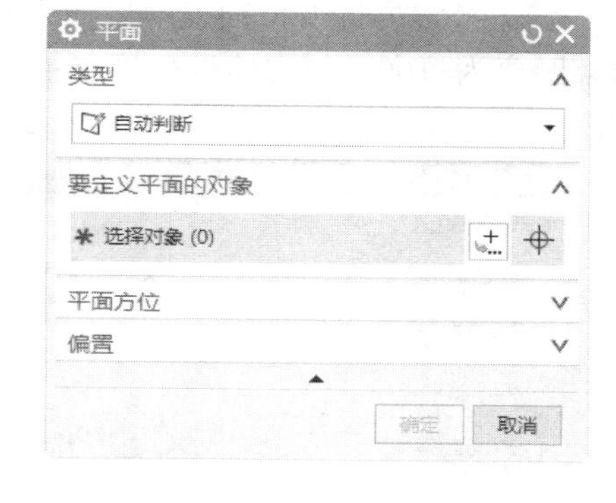

图 12-51　“平面”对话框

❹系统弹出“变换”对话框，如图 12-52 所示。选择“复制”选项，单击“取消”按钮，得到实体如图 12-53 所示。

09 选择【菜单】→【插入】→【组合】→【合并】命令，对轴承凸台进行布尔合并运算。

10 选择【菜单】→【插入】→【在任务环境中绘制草图】命令，或者单击【曲线】选项卡中的【在任务环境中绘制草图】图标，平面方法选择“自动判断”，单击“确定”按钮，进入草图模式。

11 选择【菜单】→【插入】→【曲线】→【圆】命令，或者单击【主页】选项卡，选择【曲线】组中的【圆】图标，初始坐标选择（0，0），直径 100，按 Enter 键得到如图 12-54 所示的圆。

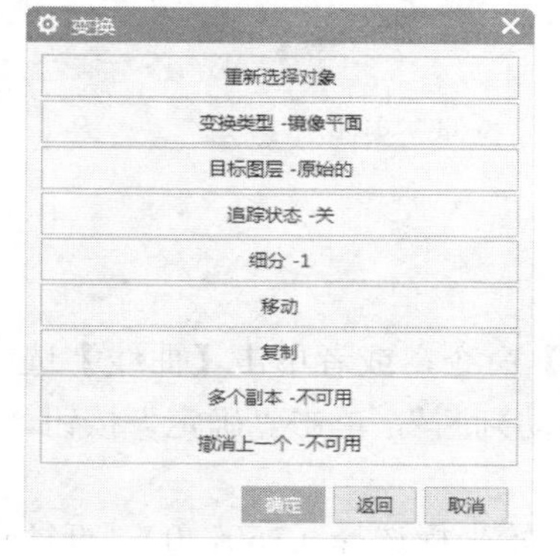

图 12-52　“变换”对话框

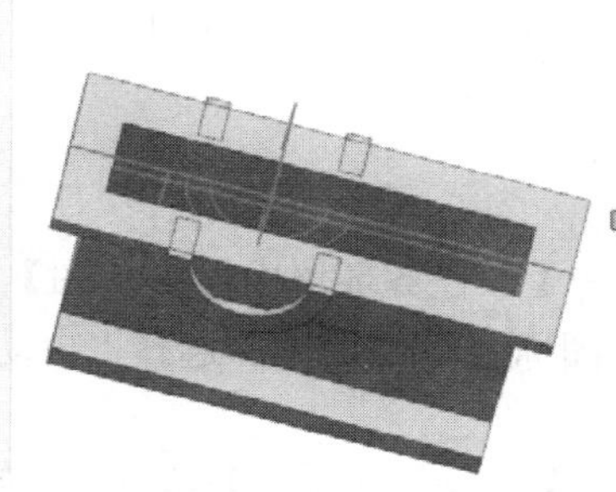

图 12-53　镜像结果

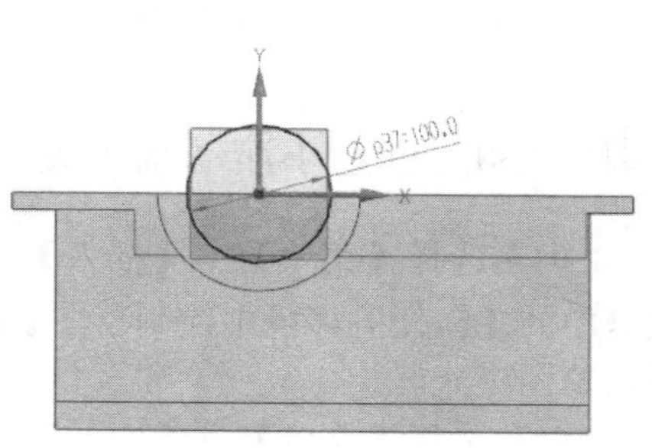

图 12-54　创建圆

12 选择【菜单】→【任务】→【完成草图】命令，或者单击【主页】选项卡，选择【草图】组中的【完成】图标，退出草图模式，进入建模模式。

13 选择【菜单】→【插入】→【设计特征】→【拉伸】命令，或者单击【主页】选项卡，选择【特征】组→【设计特征下拉菜单】中的【拉伸】图标，系统弹出“拉伸”对话框，如图 12-55 所示。利用该对话框拉伸草图中创建的曲线，操作方法如下：

❶选择草图绘制后的圆环为拉伸曲线。

❷在指定矢量下拉列表中选择 ZC 作为拉伸方向，并按图 12-55 所示填写，开始距离为 100，结束距离为-100，与实体进行“布尔”减去运算，单击“确定”按钮，得到图 12-56 所示的实体。

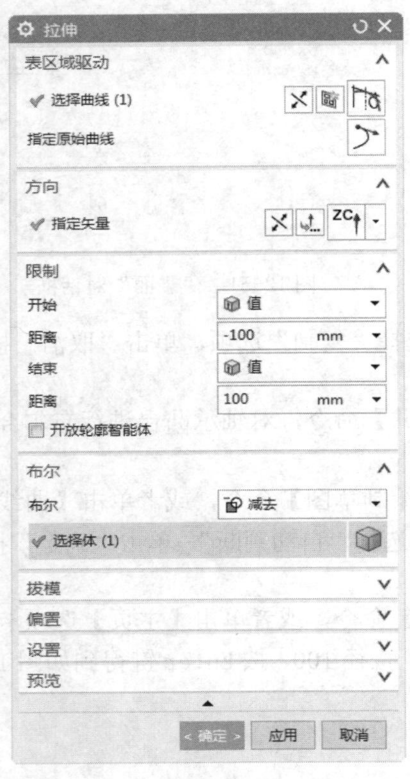

图 12-55 “拉伸”对话框

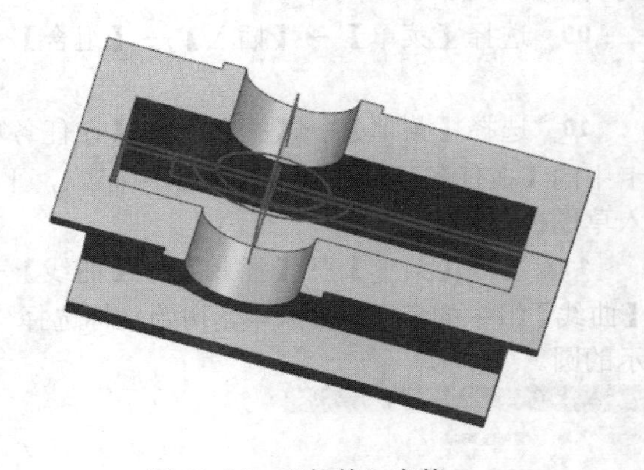

图 12-56 “拉伸”实体

12.1.8 创建小滚动轴承突台

01 选择【菜单】→【插入】→【在任务环境中绘制草图】命令，或者单击【曲线】选项卡中的【在任务环境中绘制草图】图标，平面方法选择“自动判断”，单击“确定”按钮，进入草图模式。

02 选择【菜单】→【插入】→【曲线】→【圆】命令，初始坐标选择（150，0），直径为 120，如图 12-57 所示。按 Enter 键得到如图 12-58 所示的圆。

03 用同样的方法作一直径为 80 的同心圆，如图 12-59 所示。

04 选择【菜单】→【插入】→【曲线】→【直线】命令，或者单击【主页】选项卡，选择【曲线】组中的【直线】图标，绘制水平的一条直线，起点坐标（75，0），长度 250，角度 0。

05 选择【菜单】→【编辑】→【曲线】→【快速修剪】命令，或者单击【主页】选项卡，选择【曲线】组中的【快速修剪】图标，修剪图形如图 12-60 所示。

06 选择【菜单】→【草图】→【完成草图】命令，或者单击【主页】选项卡，选择【草图】组中的【完成】图标，退出草图模式，进入建模模式。

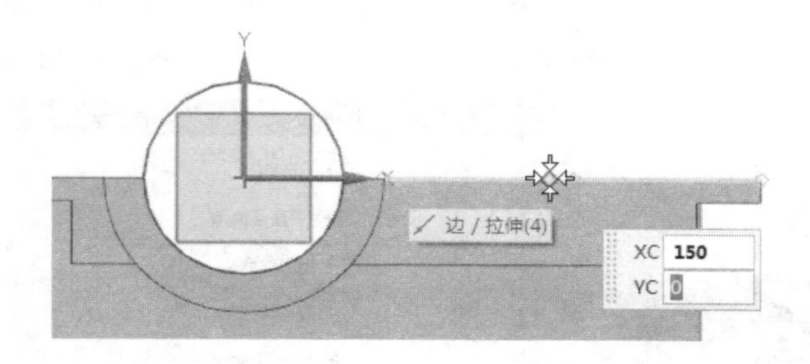

图 12-57　设定坐标、直径

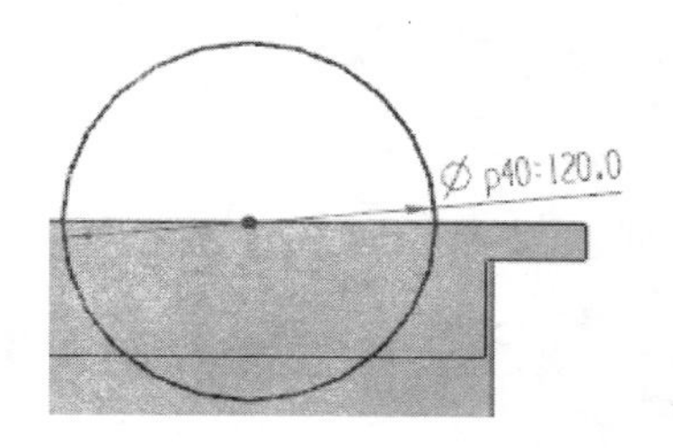

图 12-58　绘制圆

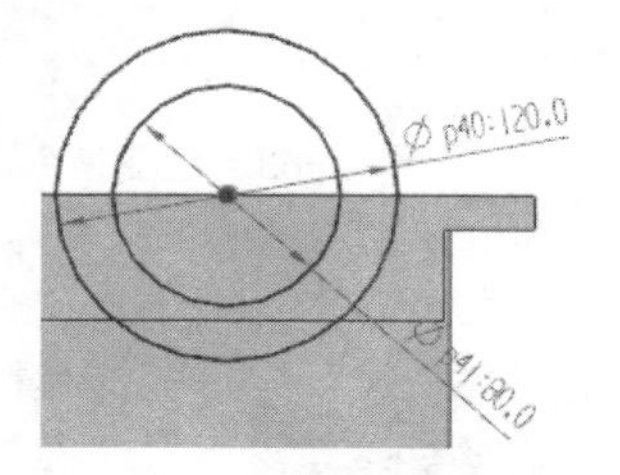

图 12-59　绘制同心圆

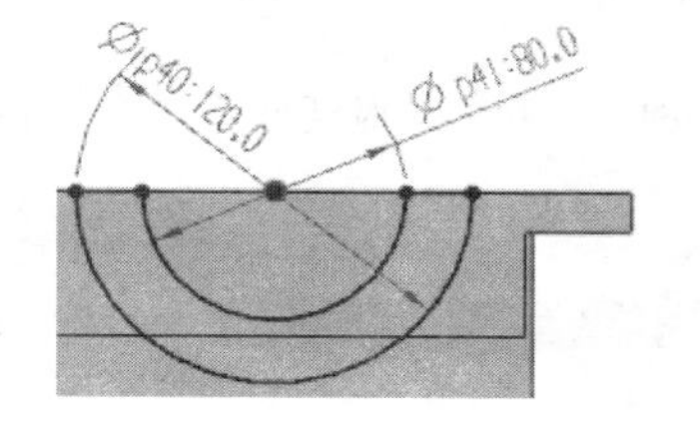

图 12-60　修剪圆环

07 选择【菜单】→【插入】→【设计特征】→【拉伸】命令，或者单击【主页】选项卡，选择【特征】组→【设计特征下拉菜单】中的【拉伸】图标，系统弹出“拉伸”对话框。利用该对话框拉伸草图中创建的曲线，操作方法如下：

❶选择上步创建的草图圆环为拉伸曲线。

❷在指定矢量下拉菜单中选择 ZC↑ 作为拉伸方向。并按图 12-61 所示设置，开始距离为 51，结束距离为 98，单击“确定”按钮，结果如图 12-62 所示。

08 选择【菜单】→【编辑】→【变换】命令，弹出“变换”对话框。利用该对话框进行镜像变换方法如下：

❶在“类选择”对话框提示下选择拉伸得到的轴承面为镜像对象。

❷系统弹出“变换”对话框，如图 12-63 所示，选择“通过一平面镜像”选项。

❸系统弹出“平面”对话框，如图 12-64 所示。选择 XC-YC 平面即法线方向为 ZC，其他选项按如图 12-65 所示选择，单击“确定”按钮。

❹系统弹出“变换”对话框，选择“复制”选项，单击“确定”按钮，得到实体如图 12-66

所示。

图 12-61 “拉伸”对话框

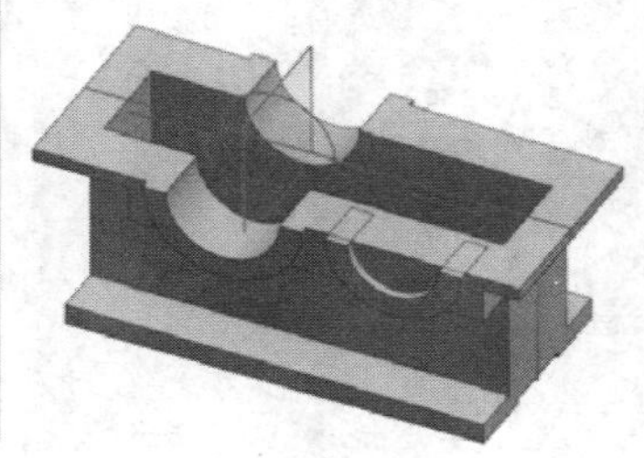

图 12-62 创建实体

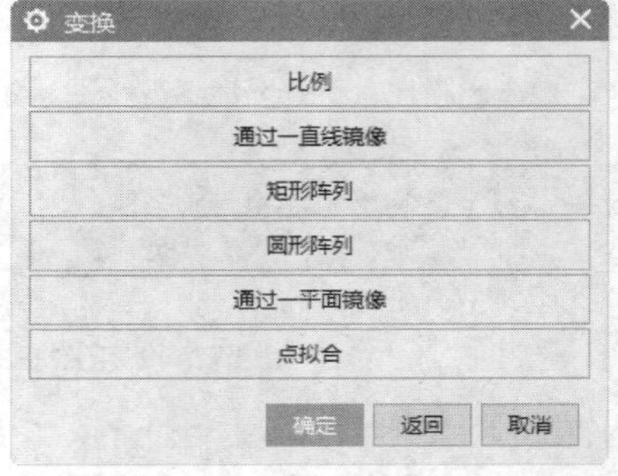

图 12-63 “变换”对话框

图 12-64 “平面”对话框　　图 12-65 “变换”对话框

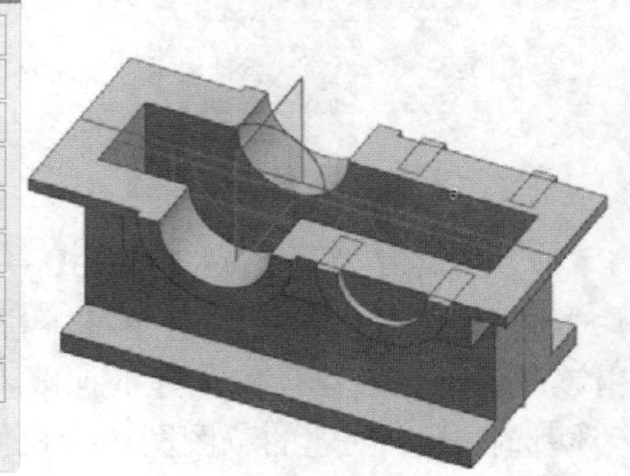

图 12-66 镜像结果

09 选择【菜单】→【插入】→【组合】→【合并】命令，对小轴承凸台进行布尔合并运算。

10 选择【菜单】→【插入】→【在任务环境中绘制草图】命令，或者单击【曲线】选项卡中的【在任务环境中绘制草图】图标，平面方法选择“自动判断”，单击“确定”按钮，进入草图模式。

11 选择【菜单】→【插入】→【曲线】→【圆】命令，或者单击【主页】选项卡，选择【曲线】组中的【圆】图标○，初始坐标选择（150，0），直径 80，按 Enter 键得到如图 12-67

所示的圆。

12 选择【菜单】→【任务】→【完成草图】命令，或者单击【主页】选项卡，选择【草图】组中的【完成】图标，退出草图模式，进入建模模式。

13 选择单击【菜单】→【插入】→【设计特征】→【拉伸】命令，或者单击【主页】选项卡，选择【特征】组→【设计特征下拉菜单】中的【拉伸】图标，系统弹出“拉伸”对话框，如图 12-68 所示。利用该对话框拉伸草图中创建的曲线，操作方法如下：

❶选择草图绘制后的圆环为拉伸曲线。

❷在指定矢量下拉列表中选择ZC作为拉伸方向，并按图 12-68 所示填写，开始距离为 100，结束距离为-100，与实体进行“布尔减去”运算，单击“确定”按钮，得到图 12-69 所示的实体。

图 12-67　插入圆

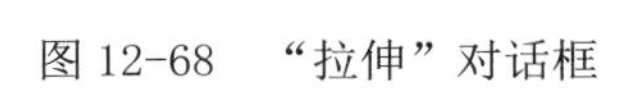
图 12-68　“拉伸”对话框

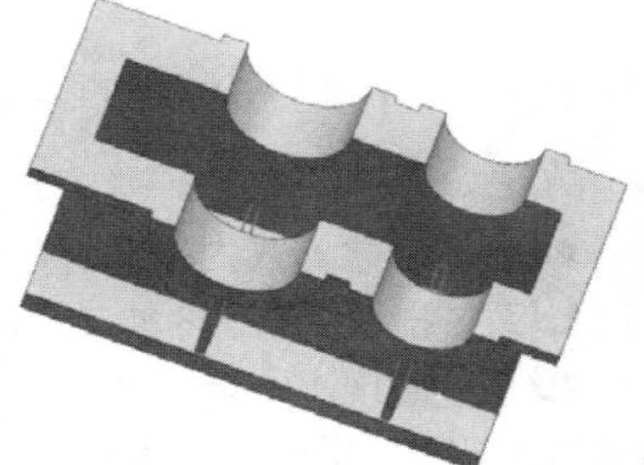
图 12-69　拉伸后的实体

12.2　机座附件设计

制作思路

机座附件包括油标孔、放油孔等在实体建模中需要用到一系列的建模特征。在草图模式中主要是绘制带有约束关系的二维图形。利用草图创建参数化的截面，通过对平面造型的拉伸、旋转得到相应的参数化实体模型。

本实例的制作思路：设置草图模式，绘制各种截面，充分利用拉伸、布尔运算和镜像命令，快速而高效地创建实体模型。

12.2.1 创建加强肋

01 选择【菜单】→【插入】→【在任务环境中绘制草图】命令，或者单击【曲线】选项卡中的【在任务环境中绘制草图】图标，平面方法选择“自动判断”，单击“确定”按钮，系统弹出“创建草图”对话框，如图 12-70 所示。单击“确定”按钮进入草图模式。

02 选择【菜单】→【插入】→【曲线】→【圆】命令，或者单击【主页】选项卡，选择【曲线】组中的【圆】图标，初始坐标选择（0，0），直径为 140。

03 按同样的方法作另一圆，圆点坐标（150，0），直径 120，得到图 12-71 所示的图形。

04 选择【菜单】→【插入】→【曲线】→【矩形】命令，或者单击【主页】选项卡，选择【曲线】组中的【矩形】图标，系统弹出“矩形”对话框，如图 12-72 所示。该对话框中的图标从左到右分别表示“按 2 点”“按 3 点”“从中心”“坐标模式”和“参数模式”，利用该对话框建立矩形。

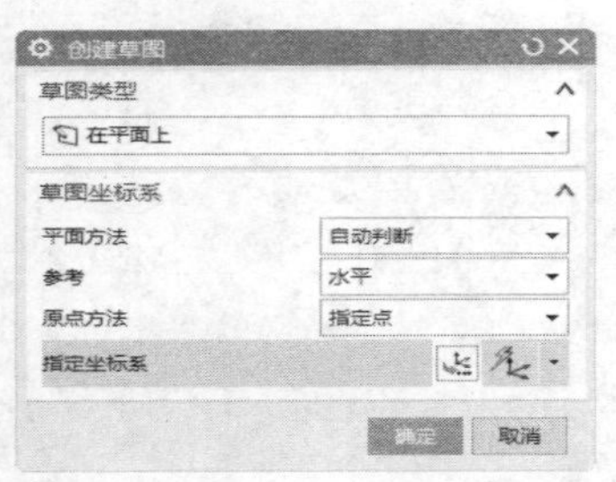

图 12-70 “草图”对话框

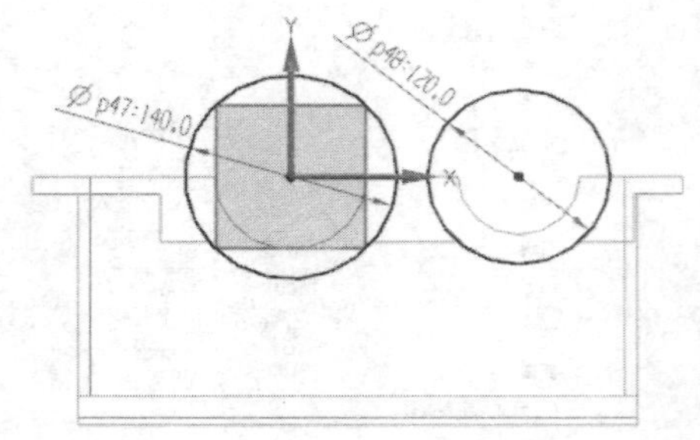

图 12-71 绘制草图

图 12-72 “矩形”对话框

方法如下：

❶选择创建方式为按 2 点，单击图标。

❷系统出现图 12-73 的文本框，在该文本框中输入起点坐标（-3.5，-55），并按 Enter 键。

❸系统出现“宽度、高度”文本框，在该文本框中设定宽度、高度（7，95）。并按 Enter 键建立矩形，如图 12-74 所示。

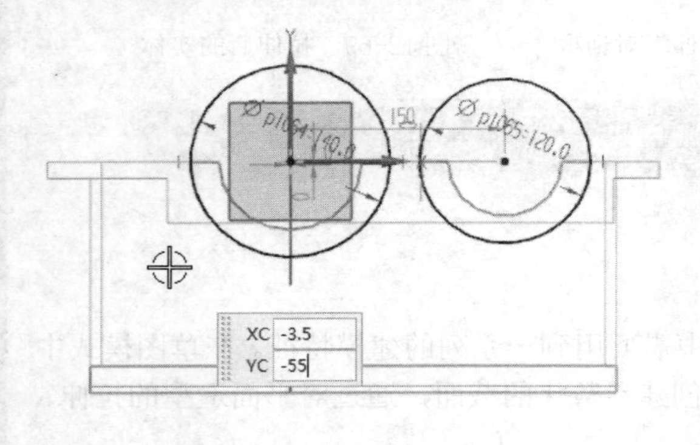

图 12-73 设定初始点

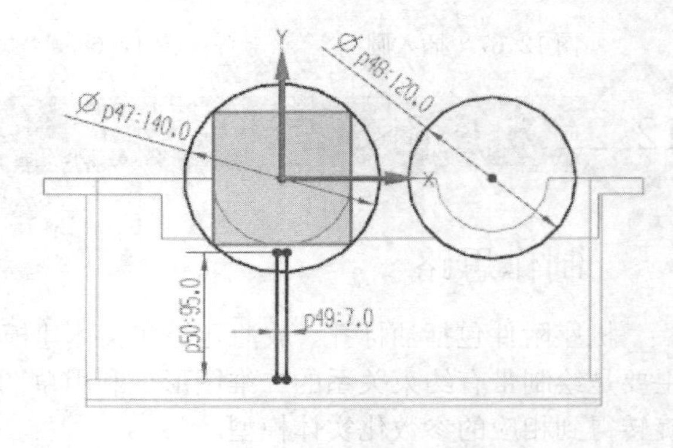

图 12-74 设定宽度、高度

05 按同样的方法作另一矩形。起点坐标（146.5，-55），如图 12-75 所示，宽度、高度为（7，95），结果如图 12-76 所示。

06 选择【菜单】→【编辑】→【曲线】→【快速修剪】命令，或者单击【主页】选项卡，选择【曲线】组中的【快速修剪】图标，修剪多余线段，结果如图 12-77 所示。

07 选择【菜单】→【任务】→【完成草图】命令，或者单击【主页】选项卡，选择【草图】组中的【完成】图标，退出草图模式，进入建模模式。

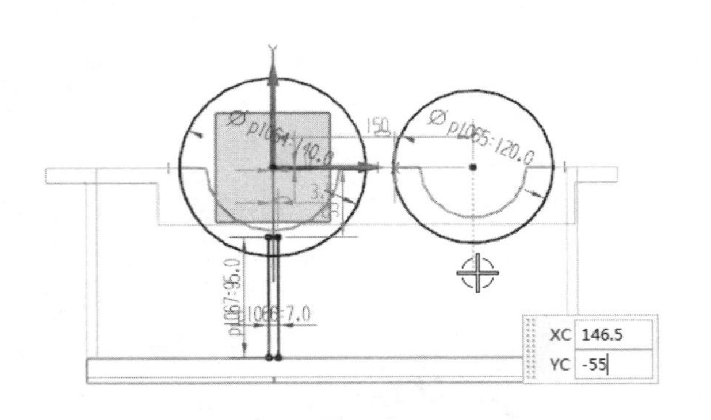

图 12-75　创建点

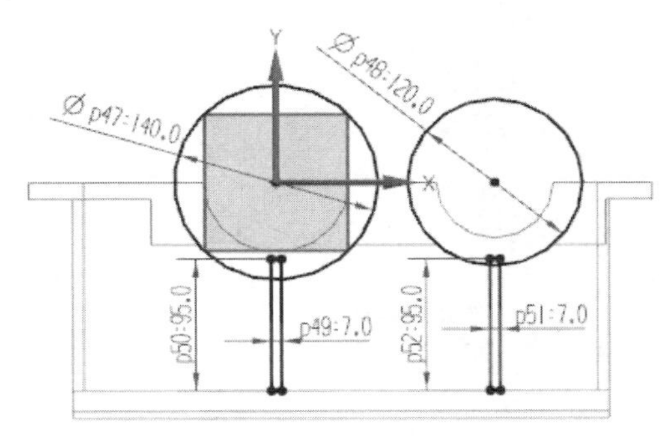

图 12-76　草图

08 选择【菜单】→【插入】→【设计特征】→【拉伸】命令，或者单击【主页】选项卡，选择【特征】组→【设计特征下拉菜单】中的【拉伸】图标，系统弹出“拉伸”对话框。利用该对话框拉伸草图中创建的曲线，操作方法如下：

❶选择上步创建的草图为拉伸曲线，如图 12-78 所示，单击对话框中的“确定”按钮。

❷在“指定矢量”下拉列表中选择 ZC 作为拉伸方向，并按图 12-79 所示填写，开始距离为 51，结束距离为 93，单击“确定”按钮， 如图 12-80 所示。

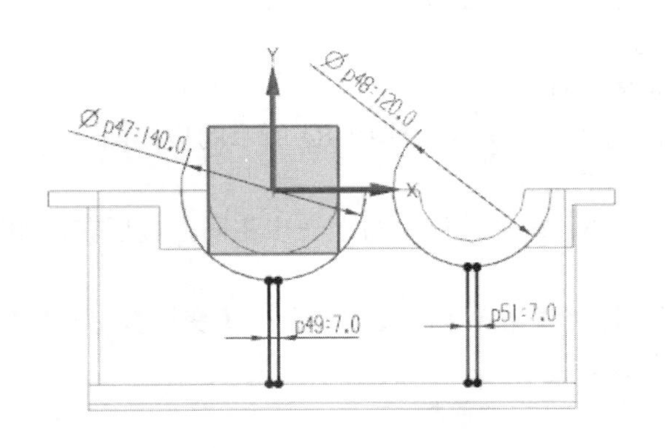

图 12-77　修剪图形

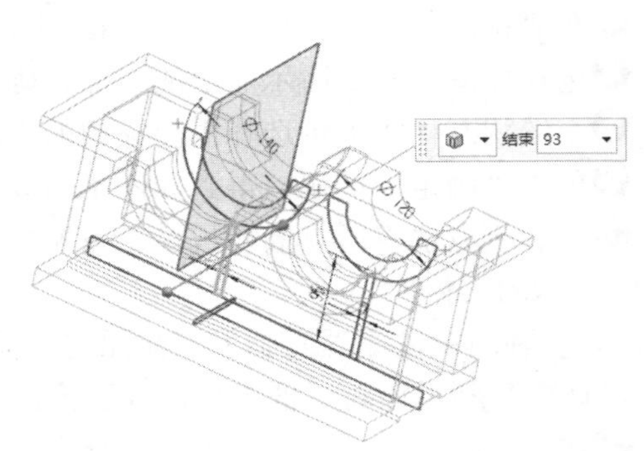

图 12-78　拉伸体外形

12.2.2　拔模面

01 筋板拔模面。选择【菜单】→【插入】→【细节特征】→【拔模】，或者单击【主页】

选项卡，选择【特征】组中的【拔模】图标。系统将弹出“拔模”对话框，如图 12-81 所示。利用该对话框进行拔模操作，方法如下：

图 12-79　“拉伸”对话框

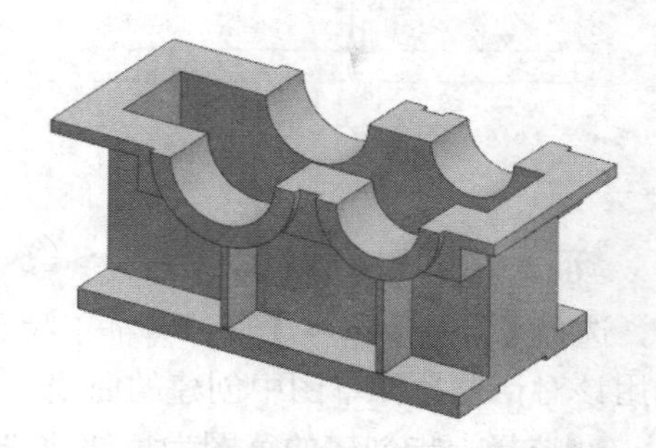

图 12-80　创建实体

❶在对话框中“类型”选项选择“面”选项。

❷在“角度”文本框填写参数 3，距离公差、角度公差按默认选项。

❸在“指定矢量”下拉列表中选择 ZC↑作为拔模方向。

❹选择如图 12-82 所示面上的一点，确定固定面。

❺系统状态栏将提示选择需要拔模的面，选择图 12-83、图 12-84 所示的拔模面。

❻单击“确定”按钮，得到如图 12-85 所示的结果。

❼按如上方法将所有筋板拔模，拔模角度为 3，选择拔模面与上一步相同，最后获得如图 12-86 所示的实体。

02 利用镜像原理复制另一端面的筋板。选择【菜单】→【编辑】→【变换】，弹出“变换”对话框。利用该对话框进行镜像变换，方法如下：

❶在“变换”对话框提示下，选择上一步获得的两个筋板。

❷系统弹出“变换”对话框，如图 12-87 所示，选择“通过一平面镜像”选项。

❸系统弹出“平面”对话框，如图 12-88 所示，选择 XC-YC 平面即法线方向为 ZC，其他选项按如图 12-88 所示选择，单击“确定”按钮。

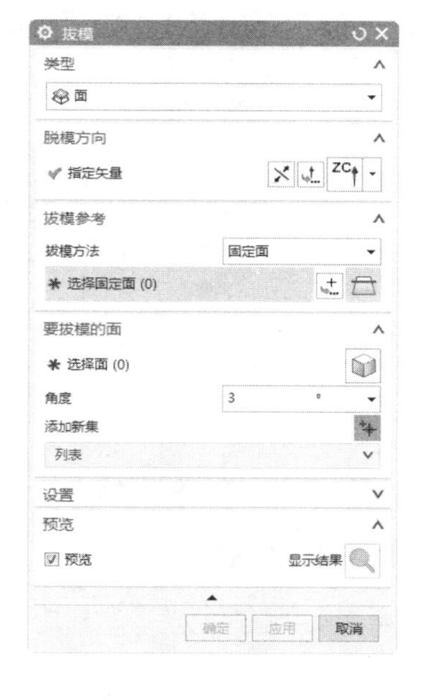

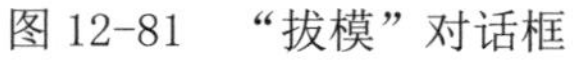
图 12-81　“拔模”对话框

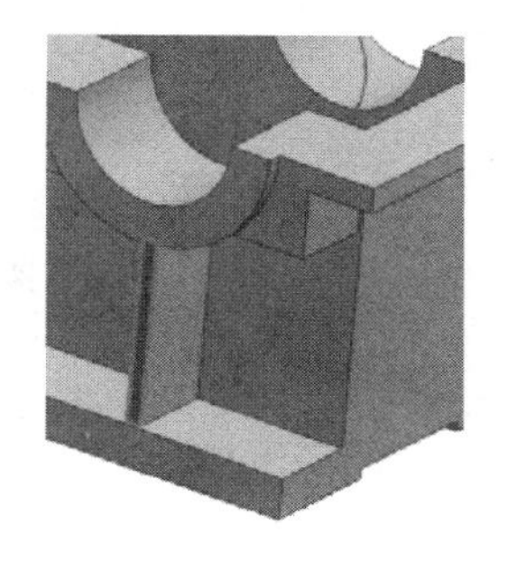

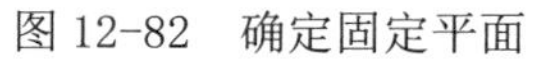
图 12-82　确定固定平面

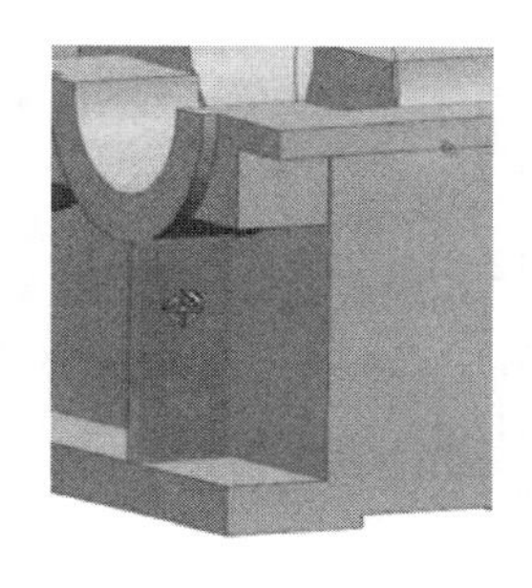
图 12-83　选择拔模面

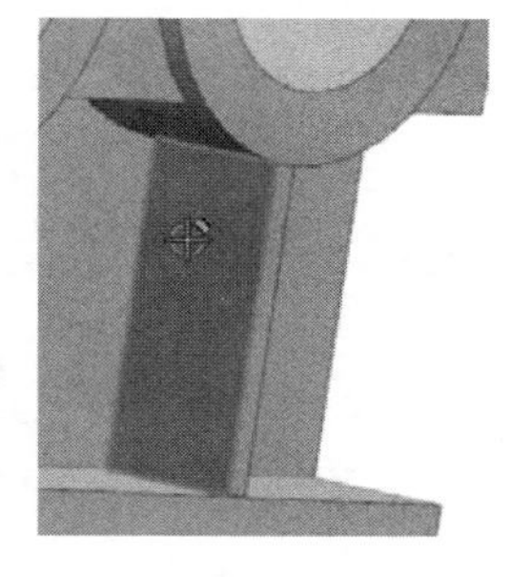
图 12-84　选择拔模面

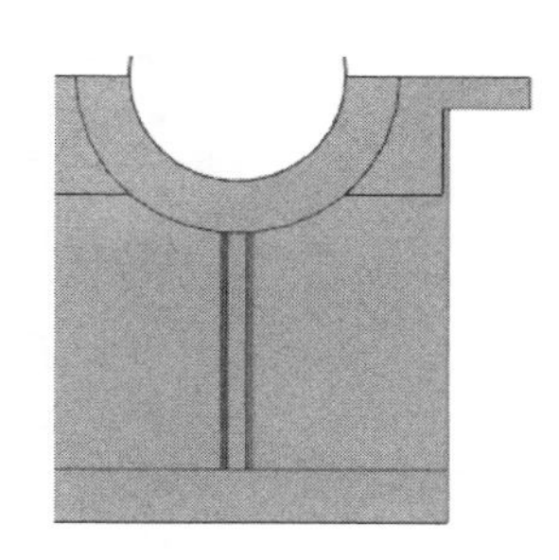
图 12-85　拔模结果

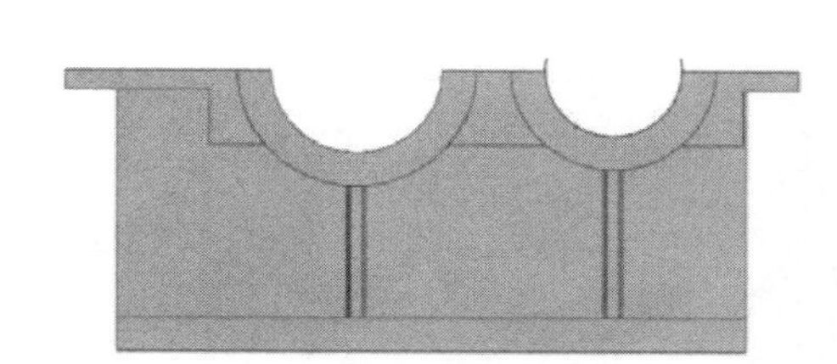
图 12-86　创建的筋板

❹系统弹出“变换”对话框，如图 12-89 所示。选择“复制”选项，单击“确定”按钮，得到实体如图 12-90 所示。

03 轴承孔拔模面。选择【菜单】→【插入】→【细节特征】→【拔模】命令，或者单击【主页】选项卡，选择【特征】组中的【拔模】图标。系统将弹出“拔模”对话框，如图 12-91 所示。利用该对话框进行拔模操作，方法如下：

❶在对话框中“类型”选项选择“面”选项。

❷“角度”文本框填写参数 6，距离公差、角度公差按默认选项。

❸在“指定矢量”下拉列表中选择 ZC 作为拔模方向。

❹选择如图 12-92 所示面上的一点，确定固定平面。

❺选择图 12-93 所示的轴承孔的拔模面。

❻按如上方法将另一方向的轴承孔拔模，拔模角度为-6。获得如图 12-94 所示的实体。

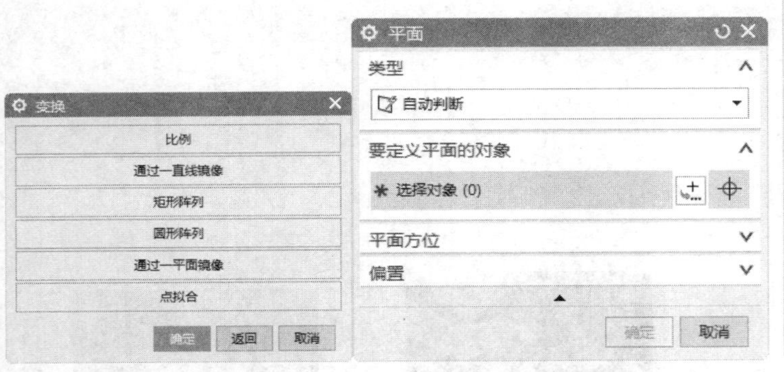

图 12-87　“变换”对话框　　图 12-88　“平面”对话框

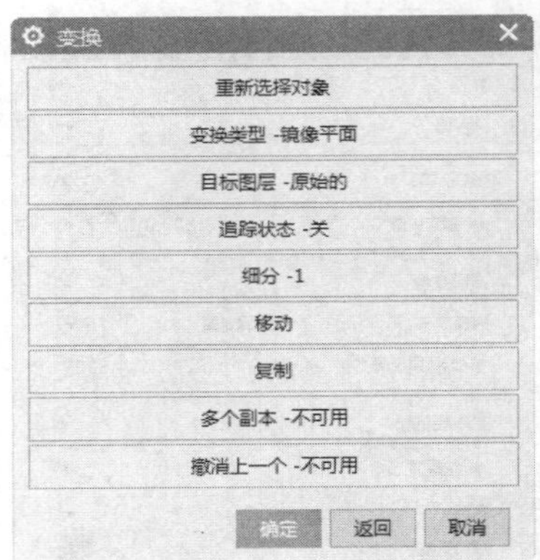

图 12-89　“变换”对话框

图 12-90　创建的实体

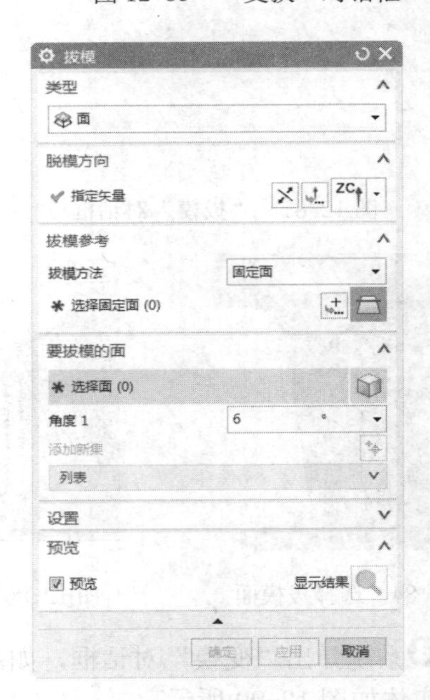

图 12-91　“拔模”对话框

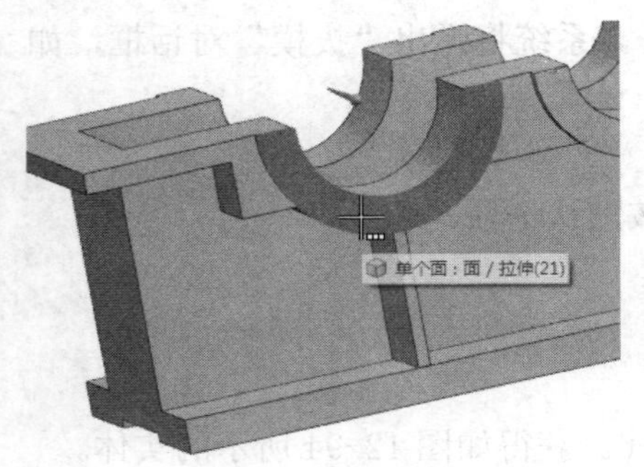

图 12-92　确定固定平面

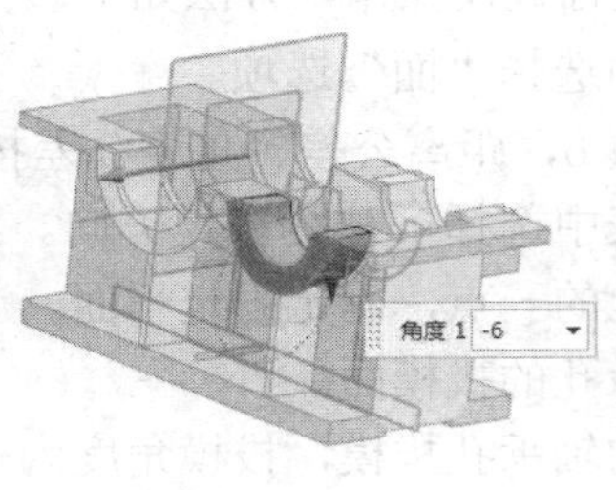

图 12-93　选择拔模面

图 12-94　创建的轴承孔拔模面

❼按如上方法将小轴承面孔拔模，参数相同。

04 选择【菜单】→【插入】→【组合】→【合并】命令，对筋板进行布尔合并运算。

12.2.3 创建油标孔

01 创建基准平面。选择【菜单】→【插入】→【基准/点】→【基准平面】命令，或者单击【主页】选项卡，选择【特征】→【基准/点下拉菜单】中的【基准平面】图标，弹出如图 12-95 所示的“基准平面”对话框。利用该对话框进行基准面创建，方法如下：

❶在如图 12-95 所示“类型”下拉列表中选择“按某一距离”选项，在视图中选择如图 12-96 所示的平面。

图 12-95 “基准平面”对话框

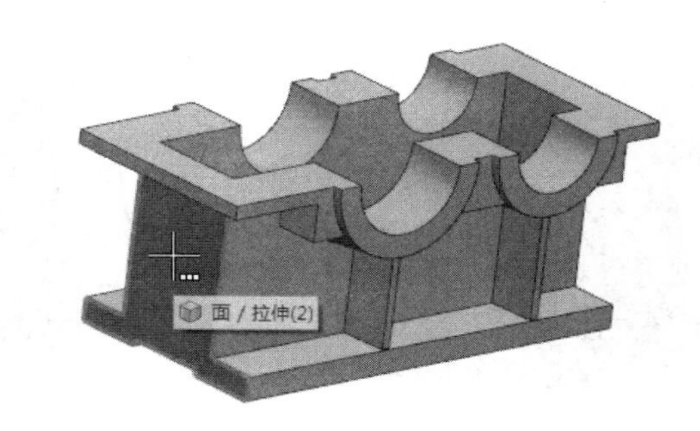

图 12-96 选择平面

❷在“距离”文本框中输入参数值 0，单击“确定”按钮，生成如图 12-97 所示的基准平面。

02 创建基本轴。

❶单击【曲线】选项卡，选择【基本曲线（原有)】图标，系统弹出“基本曲线”对话框，如图 12-98 所示。单击选择线段。在点方法下拉列表选择点构造器图标，弹出点对话框分别输入两个端点的坐标为（-140，-90，-51）和（-140，-90，51)，连续单击“确定”按钮，关闭“点”对话框。

❷获得的线段如图 12-99 所示。

❸单击【主页】选项卡，选择【特征】→【基准/点下拉菜单】中的【基准轴】图标，系统将弹出“基准轴”对话框，设置“类型”为“两点”方式，依次选择第 2 点和第 1 点，结果如图 12-100 所示。

❹单击“确定”按钮，系统将生成如图 12-101 所示的基准轴。。

03 创建倾斜平面。选择【菜单】→【插入】→【基准/点】→【基准平面】命令，或者单击【主页】选项卡，选择【特征】→【基准/点下拉菜单】中的【基准平面】图标，弹出“基准平面”对话框。

❶在“类型”下拉列表中选择“成一角度”类型，将其设置为 135，如图 12-102 所示。选择如图 12-103 所示的基准平面。

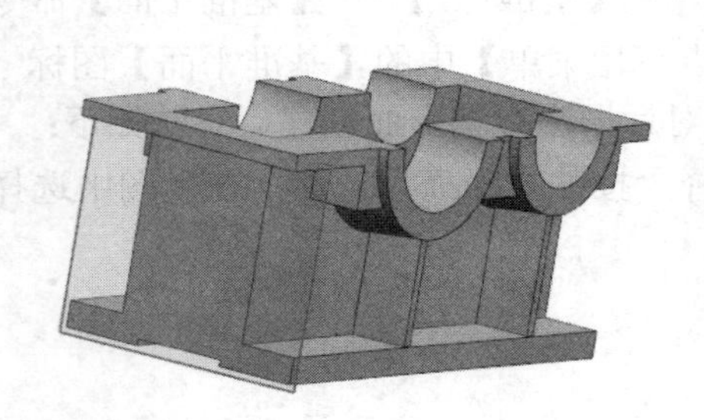

图 12-97　生成基准平面

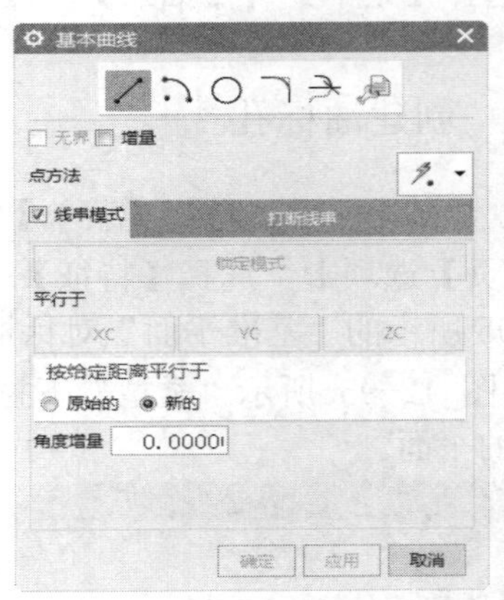

图 12-98　“基本曲线”对话框

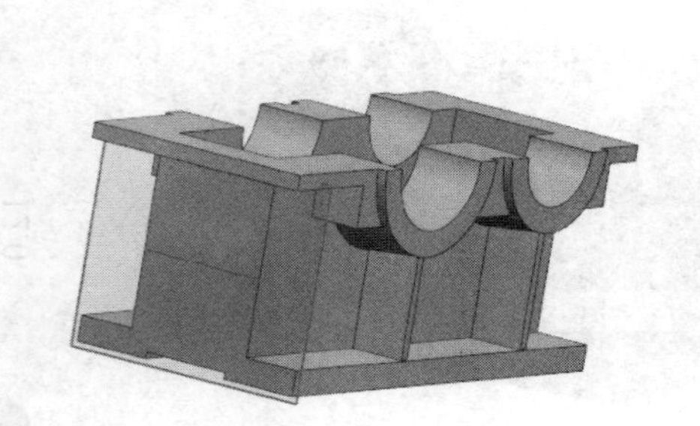

图 12-99　获得线段

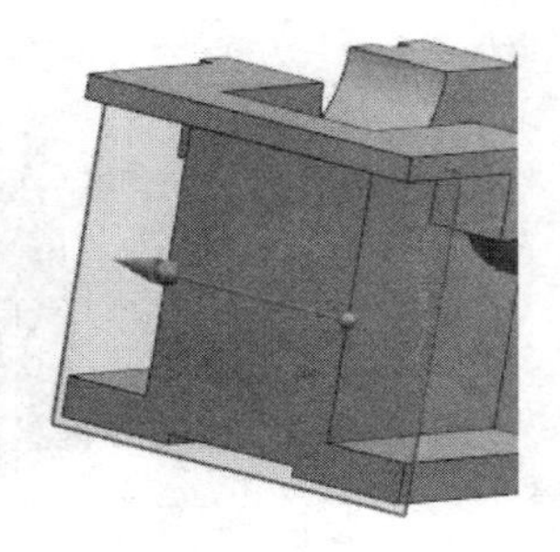

图 12-100　选择端点

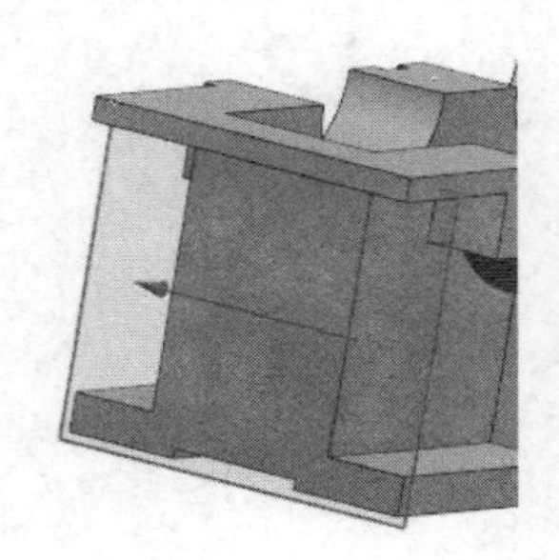

图 12-101　生成基准轴

❷选择如图 12-104 所示的基准轴，若基准平面不是图 12-104 所示情况，可再次单击基准轴。

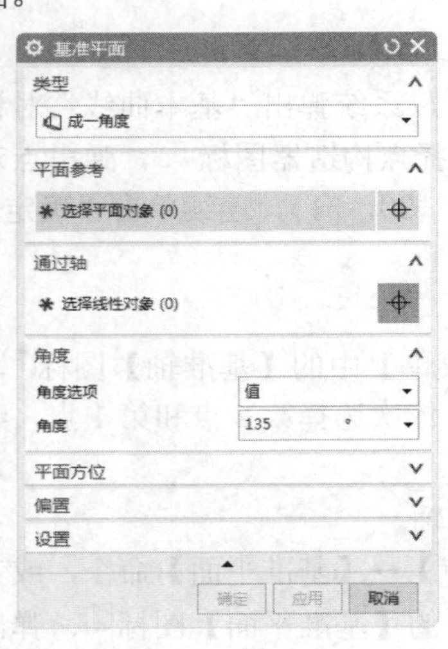

图 12-102　“基准平面”对话框

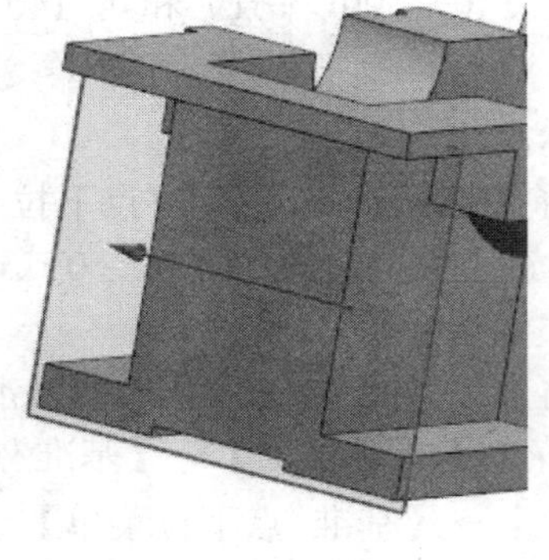

图 12-103　选择基准平面

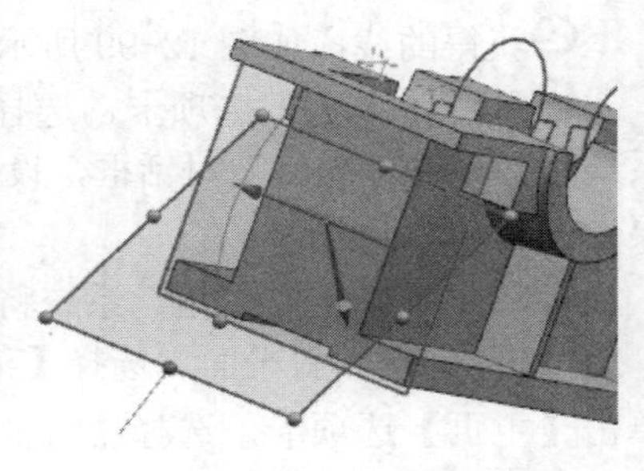

图 12-104　选择基准轴

❸单击“确定”按钮，获得图 12-105 所示的倾斜平面。

04 创建油标孔突台。选择【菜单】→【插入】→【设计特征】→【垫块（原有)】命令，系统弹出“垫块”对话框，如图 12-106 所示。这时系统状态栏提示选择创建方式。利用该对话框进行垫块操作，方法如下：

❶选择图 12-106 所示的对话框中的“矩形”选项。

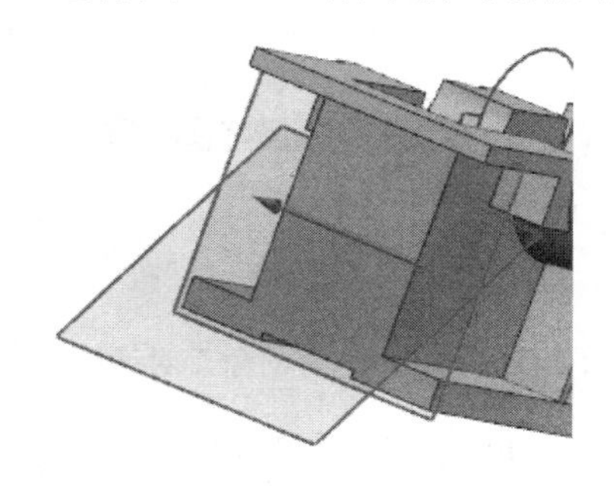

图 12-105　获得平面

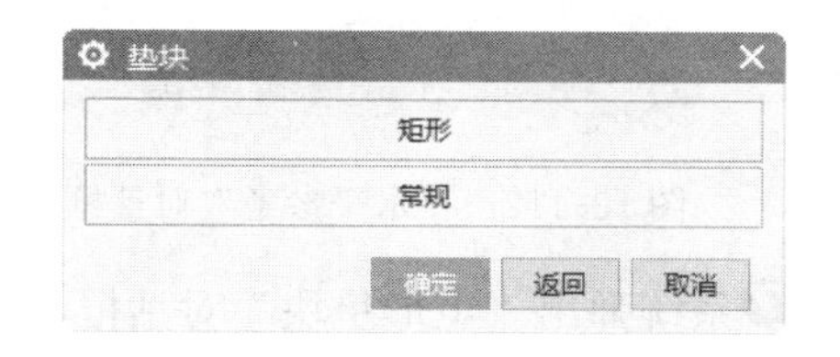

图 12-106　“垫块”对话框

❷系统弹出“矩形垫块”对话框，如图 12-107 所示。单击“基准平面”选项。

❸系统弹出“选择对象”对话框，如图 12-108 所示。选择上节得到的倾斜的基准面，如图 12-109 所示。

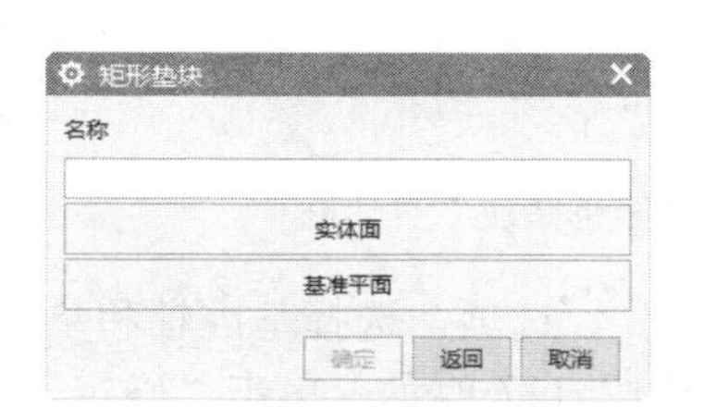

图 12-107　“矩形垫块”对话框

图 12-108　“选择对象”对话框

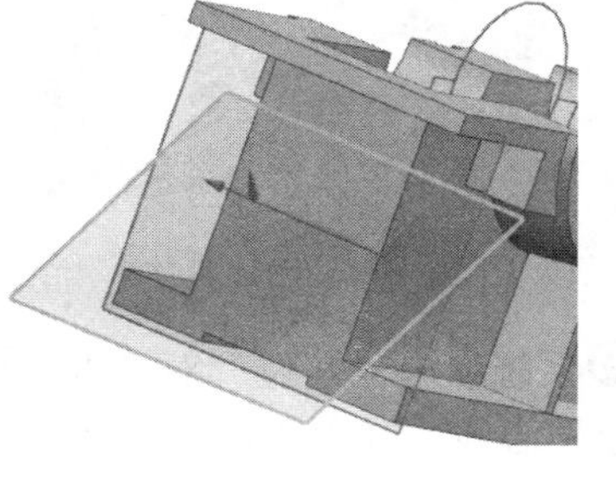

图 12-109　选择平面

❹系统弹出“选择方向”对话框，如图 12-110 所示。单击“翻转默认侧”选项，得到图 12-111 所示实体。

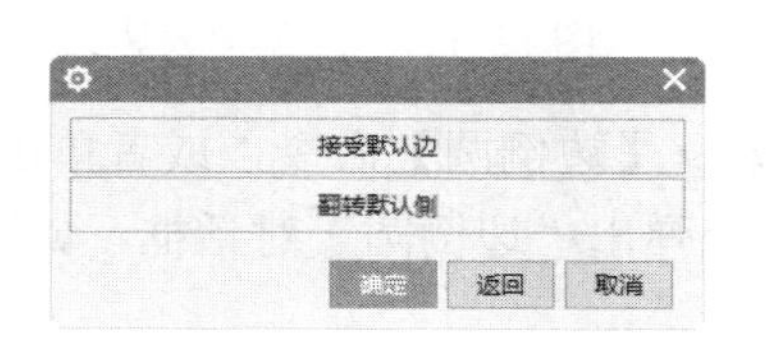

图 12-110　“选择方向”对话框

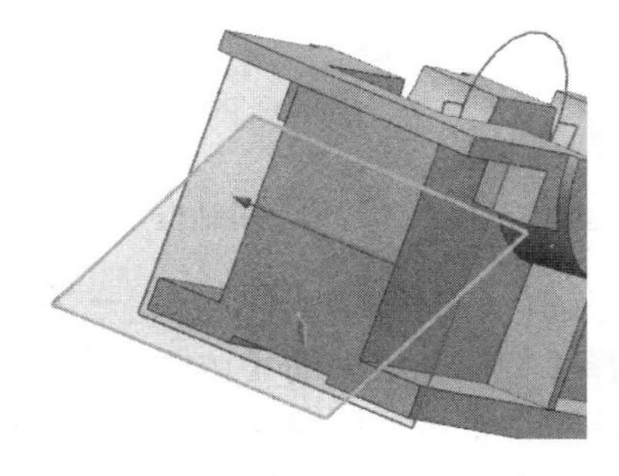

图 12-111　创建实体

❺系统弹出“水平参考”对话框，如图 12-112 所示。选择“基准轴”选项。

❻系统弹出“选择对象”对话框，如图 12-113 所示。选择上步中所作的基准轴，如图 12-114 所示。

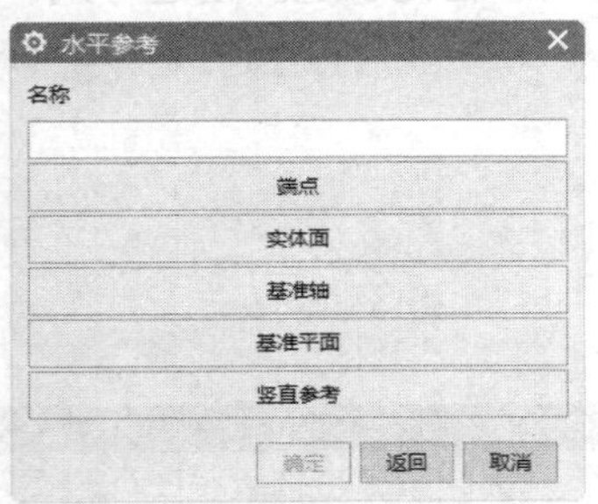

图 12-112 “水平参考”对话框

图 12-113 “选择对象”对话框

❼系统弹出“矩形垫块”对话框，如图 12-115 所示。长度为 26、宽度为 42、高度为 20，其他选项为 0，单击“确定”按钮。

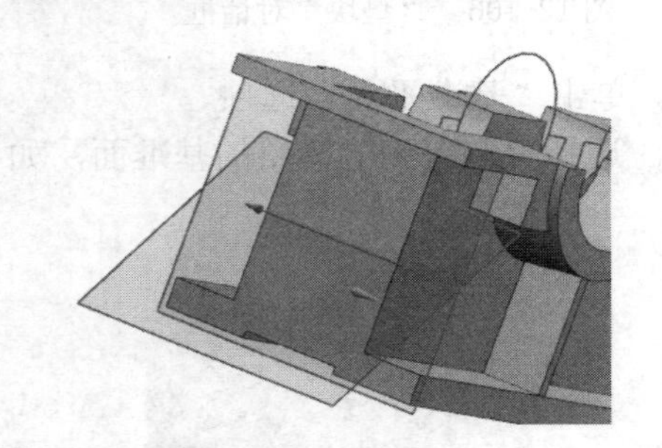

图 12-114 创建实体

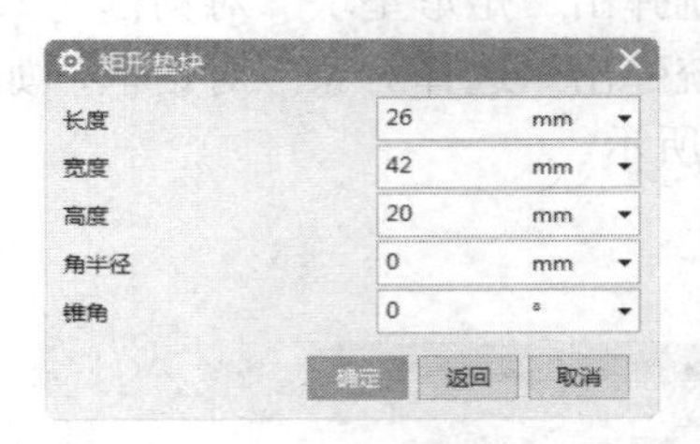

图 12-115 “矩形垫块”对话框

❽系统弹出“定位”对话框，如图 12-116 所示。单击“垂直”选项，选择基准轴和垫块的短中心线，弹出“创建表达式”对话框，输入距离为 0，如图 12-117 所示，单击“确定”按钮，得到图 12-118 所示的垫块。

图 12-116 “定位”对话框

图 12-117 “创建表达式”对话框

05 选择【菜单】→【插入】→【细节特征】→【边倒圆】命令，或者单击【主页】选项卡，选择【特征】组中的【边倒圆】图标。系统弹出“边倒圆”对话框，如图 12-119 所示。利用该对话框进行圆角操作方法如下：

❶输入半径为 13，选择凸台边如图 12-120 所示。

❷单击“确定”按钮得到图 12-121 所示的圆角结果。

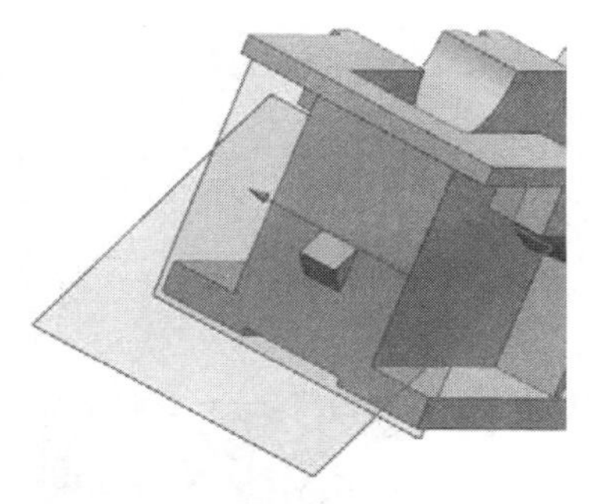

图 12-118 创建垫块

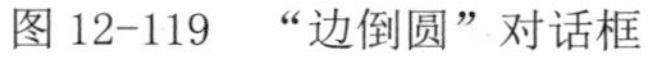
图 12-119 “边倒圆”对话框

图 12-120 选择边

06 选择【菜单】→【插入】→【设计特征】→【长方体】命令，或者单击【主页】选项卡，选择【特征】组→【设计特征下拉菜单】→【长方体】图标，系统弹出“长方体”对话框，如图 12-122 所示。利用长方体和实体差集，去掉垫块腔体内的部分，操作方法如下：

❶选择如图 12-123 所示的两对角点，创建长方体。

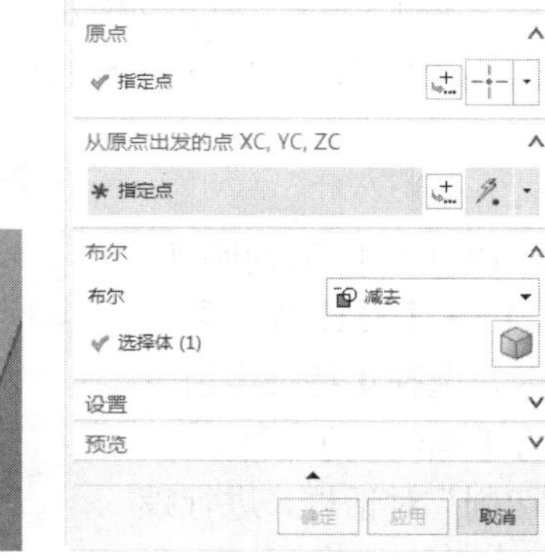

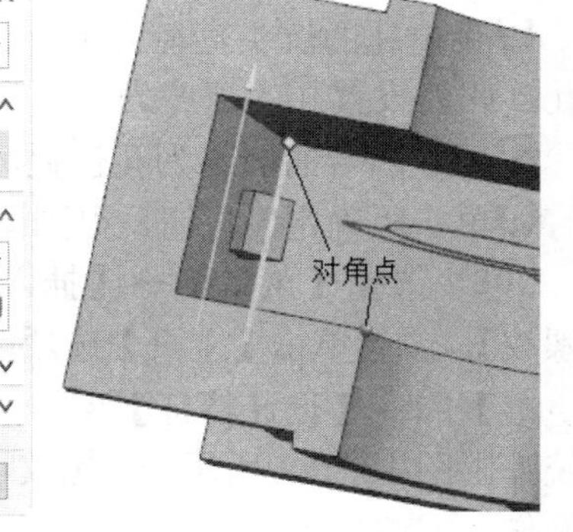

图 12-121 圆角外形

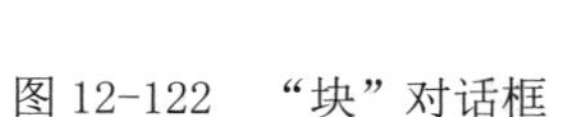
图 12-122 “块”对话框

图 12-123 选择两对角点

❷布尔运算设置为“减去”，单击 “长方体”对话框中的“确定”按钮，结果如图 12-124 所示。

07 创建油标孔。选择【菜单】→【插入】→【设计特征】→【孔】，或者单击【主页】选项卡，选择【特征】组中的【孔】图标，系统弹出“孔”对话框，如图 12-125 所示。利用该对话框建立孔，操作方法如下：

❶在图 12-125 所示“孔”对话框中“成形”选项组选择“沉头”。

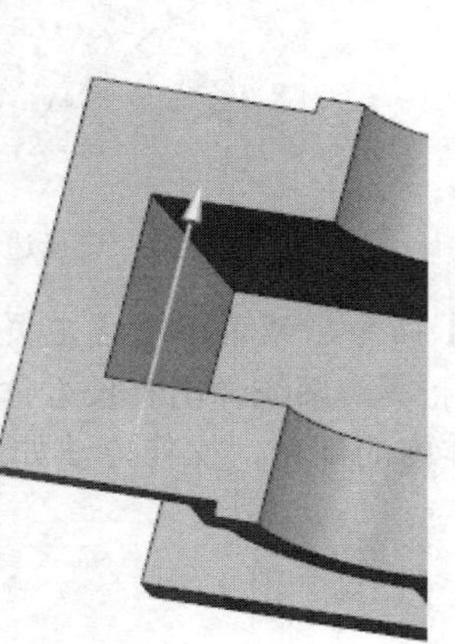
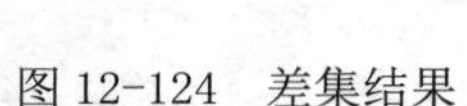

图 12-124　差集结果

图 12-125　"孔"对话框

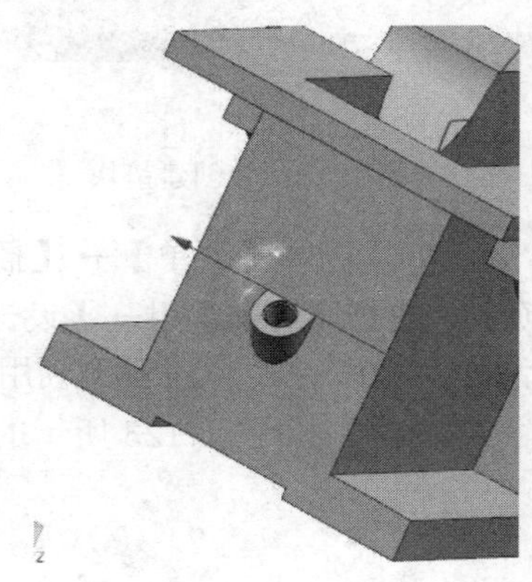

图 12-126　获得圆孔

❷设定孔的沉头直径为 15，沉头深度为 1，顶锥角为 118，孔的直径 13。因为要建立一个通孔，此处设置孔的深度为 50。

❸捕捉圆台的圆心为孔位置。

❹单击"确定"按钮，得到图 12-126 所示的圆孔。

08 选择【菜单】→【插入】→【设计特征】→【螺纹】，或者单击【主页】选项卡，选择【特征】组→【更多】库→【设计特征】库中的【螺纹刀】图标，系统弹出图 12-127 所示的"螺纹切削"对话框，进行螺纹操作，方法如下：

❶系统弹出"螺纹切削"对话框，如图 12-127 所示。选择"详细"单选项，状态栏选项提示选择沉孔内表面。

❷选择图 12-128 所示孔的内表面，在图 12-129 所示对话框中设置大径为 15、长度为 12、螺距为 1.25、角度为 60，旋转选择为"右旋"。单击"确定"按钮，得到图 12-130 所示的螺纹孔。

图 12-127　"螺纹切削"对话框

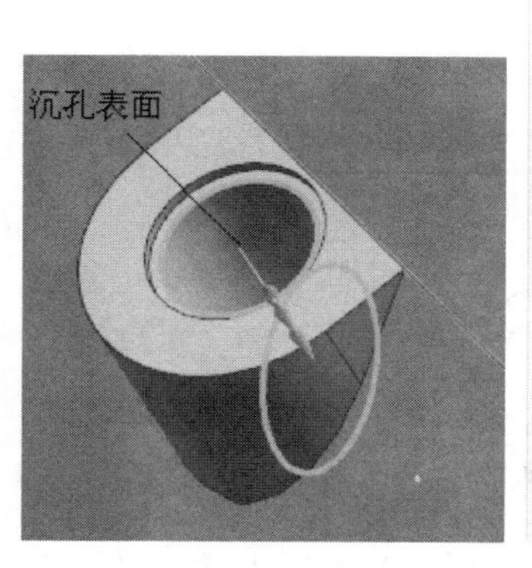

图 12-128　选择孔内表面

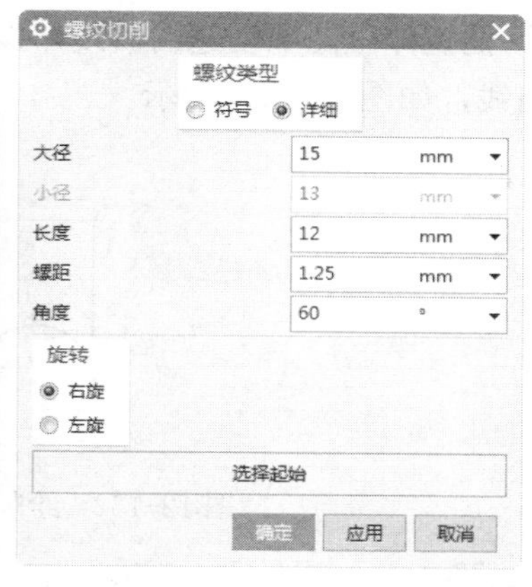

图 12-129　“螺纹切削”对话框

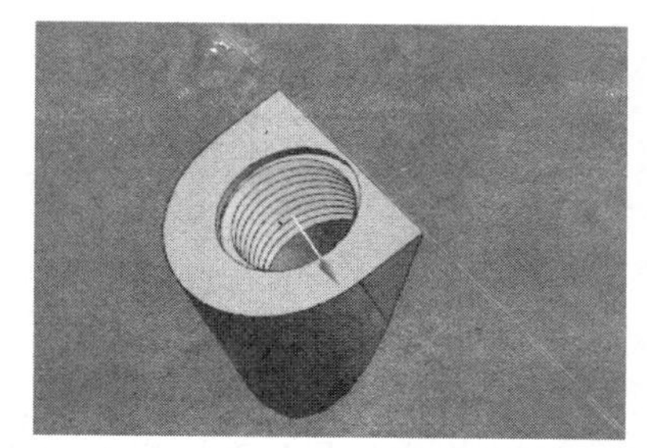

图 12-130　获得螺纹孔

12.2.4　吊环

01 选择【菜单】→【插入】→【在任务环境中绘制草图】命令，或者单击【曲线】选项卡中的【在任务环境中绘制草图】图标，平面方法选择“自动判断”，单击“确定”按钮，进入草图模式。

02 选择【菜单】→【插入】→【曲线】→【直线】命令，或者单击【主页】选项卡，选择【曲线】组中的【直线】图标。起始坐标（-170，-12），长度为 23，角度为 270。

03 作另外两条直线：直线 1 起始坐标（-170，-12），长度为 30，角度为 0。直线 2 起始坐标（-140，-12），长度为 40，角度为 270。

04 绘制两个圆：圆 1 圆心坐标（-163，-35），直径为 14。圆 2 圆心坐标（-148，-35），直径为 16。

05 选择【菜单】→【编辑】→【曲线】→【快速修剪】命令，或者单击【主页】选项卡，选择【曲线】组中的【快速修剪】图标，修剪图形，结果如图 12-131 所示。

06 选择【菜单】→【插入】→【曲线】→【直线】命令，或者单击【主页】选项卡，选择【曲线】组中的【直线】图标。选择坐标（258，-12），长度为 23，角度为 270。

07 作另外两条直线：直线 1 起始坐标（258，-12），长度为 30，角度为 180。直线 2 起始坐标（228，-12），长度为 40，角度为 270。

08 绘制两个圆：圆 1 圆心坐标（251，-35），直径为 14。圆 2 圆心坐标（236，-35），直径为 16。

09 选择【菜单】→【编辑】→【曲线】→【快速修剪】命令，或者单击【主页】选项卡，选择【曲线】组中的【快速修剪】图标，修剪图形，如图 12-132 所示。

10 选择【菜单】→【草图】→【完成草图】命令，或者单击【主页】选项卡，选择【草图】组中的【完成】图标，退出草图模式，进入建模模式。

11 选择单击【菜单】→【插入】→【设计特征】→【拉伸】命令，或者单击【主页】选项卡，选择【特征】组→【设计特征下拉菜单】中的【拉伸】图标，系统弹出“拉伸”对

话框，如图12-133所示。利用该对话框拉伸草图中创建的曲线，操作方法如下：

❶选择前面绘制的草图为拉伸曲线，如图12-134所示。

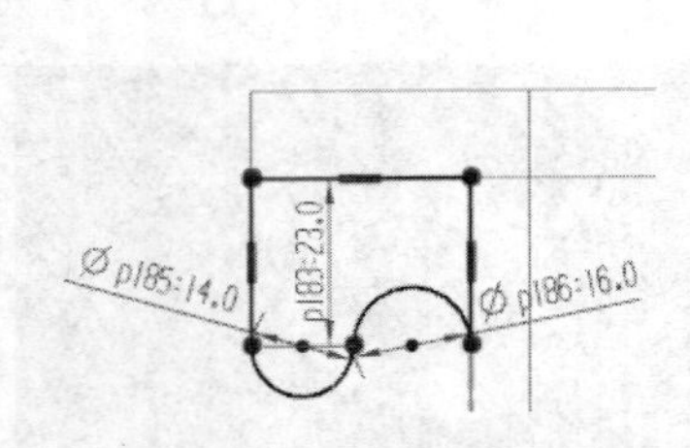

图12-131 修剪外形

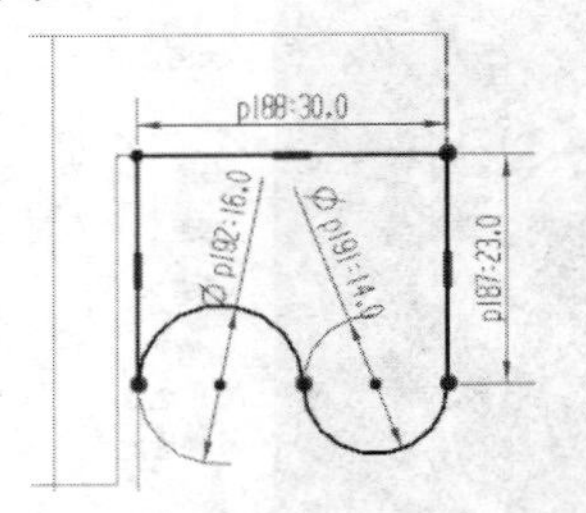

图12-132 绘制外形的各点坐标

❷在“指定矢量”下拉列表中选择ZC作为拉伸方向，开始距离填写-10，结束距离填写10，单击“确定”按钮，得到图12-135所示的实体。

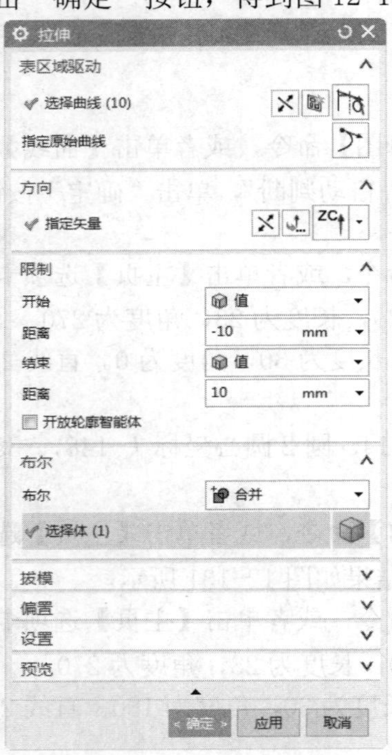

图12-133 “拉伸”对话框

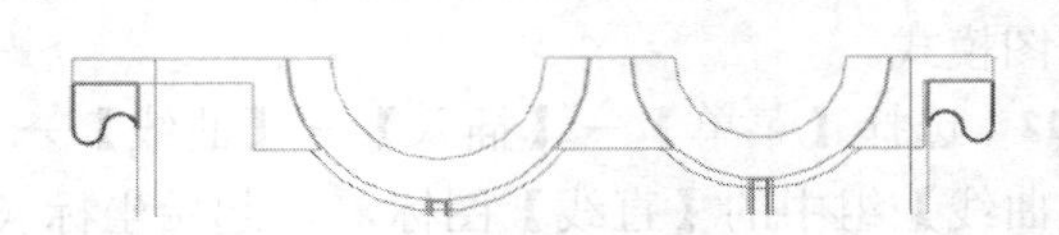

图12-134 拉伸体草图外形

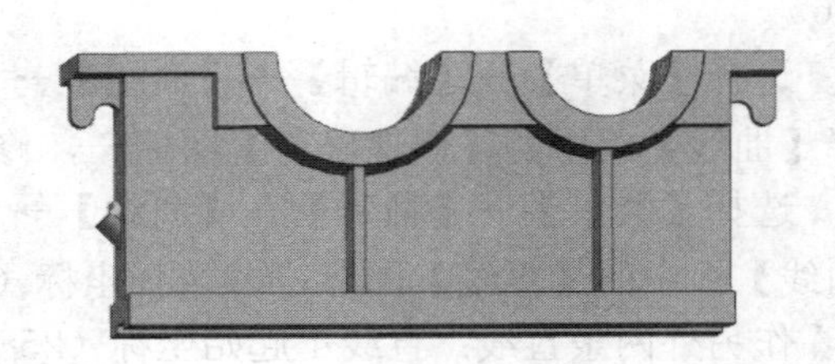

图12-135 创建的实体

12.2.5 放油孔

01 定义孔的圆心。选择【菜单】→【插入】→【基准/点】→【点】命令，系统弹出“点”对话框，如图12-136所示。定义点的坐标，单击“确定”按钮，获得圆台的圆心。

02 选择【菜单】→【插入】→【设计特征】→【凸台（原有）】命令，系统弹出“支管”对话框，如图12-137所示。这时系统状态栏提示选择创建方式。利用该对话框进行凸台操作，方法如下：

❶对话框过滤器选项为“任意”，直径为 30，高度为 5，锥角为 0。

❷选择如图 12-138 所示的平面，单击对话框中的“确定”按钮。

❸系统弹出“定位”对话框，如图 12-139 所示，单击选项。

❹系统弹出“点落在点上”对话框，如图 12-140 所示。选择插入的点为圆心，如图 12-141 所示，获得如图 12-142 所示的凸台。

03 选择【菜单】→【插入】→【设计特征】→【孔】命令，或者单击【主页】选项卡，选择【特征】组中的【孔】图标，以创建点为圆心创建通孔。系统弹出“孔”对话框，如图 12-143 所示。利用该对话框建立孔，操作方法如下：

❶在“孔”对话框中“成形”选项组选择“简单孔”。

❷ 设定孔的直径为 14，顶锥角为 118。因为要建立一个通孔，此处设置孔的深度为 50。

图 12-136　“点”对话框

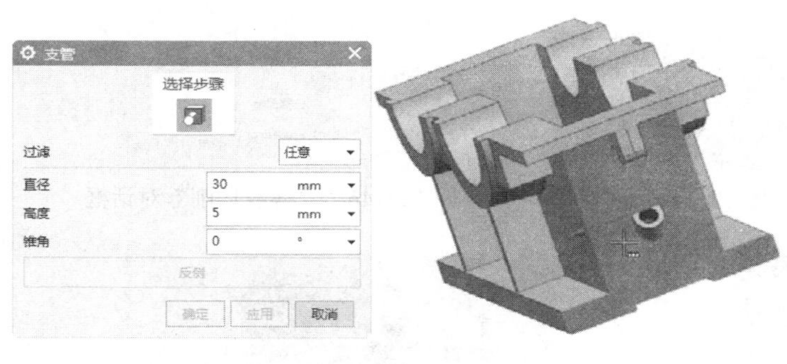

图 12-137　“支管”对话框　　图 12-138　选择平面

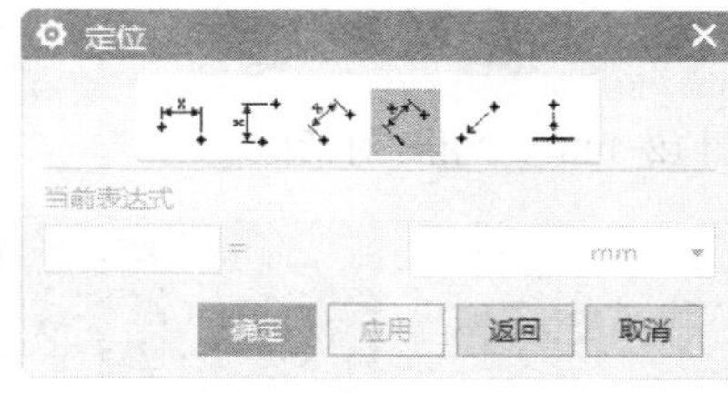

图 12-139　“定位”对话框

图 12-140　“点落在点上”对话框

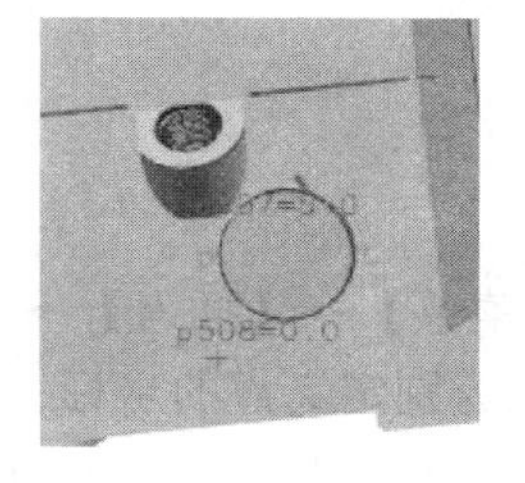

图 12-141　选择圆心

图 12-142　凸台外形图

❸捕捉上步绘制的凸台外表面圆心为孔位置。

❹单击“确定”按钮，获得如图 12-144 所示的孔。

04 选择【菜单】→【插入】→【设计特征】→【螺纹】命令，或者单击【主页】选项卡，选择【特征】组→【更多】库→【设计特征】库中的【螺纹刀】图标，系统弹出图 12-145 所示的“螺纹切削”对话框，选择图 12-146 所示孔的内表面，大径为 15，螺距设置为 1.25，长度设置为 12，其他为默认值，单击“确定”按钮，获得图 12-147 所示的实体。

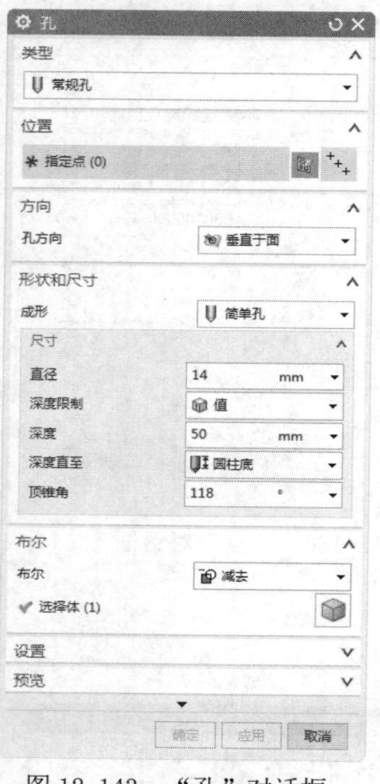

图 12-143 “孔”对话框

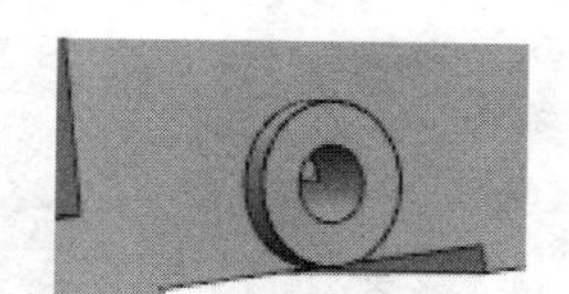

图 12-144 创建孔

图 12-145 “螺纹切削”对话框

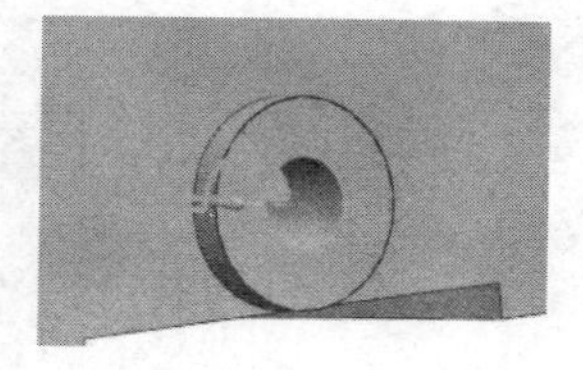

图 12-146 选择内表面

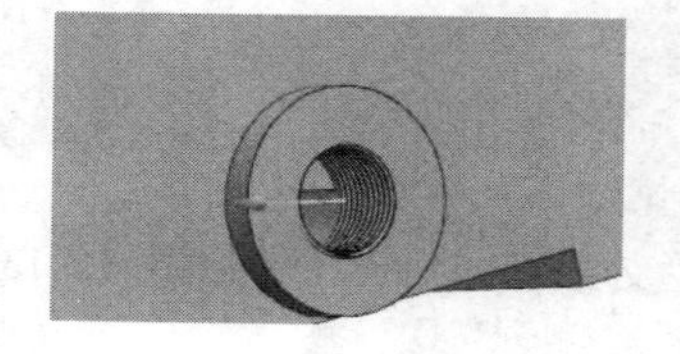

图 12-147 创建的油标孔

12.2.6 孔系

01 定义孔的圆心。选择【菜单】→【插入】→【基准/点】→【点】命令，系统弹出“点”对话框，如图 12-148 所示。分别定义点的坐标（-70，0，-73）、（-70，0，73）、（80，0，73）、（80，0，-73）、（210，0，-73）和（210，0，73）。

02 选择【菜单】→【插入】→【设计特征】→【孔】命令，或者单击【主页】选项卡，选择【特征】组中的【孔】图标，以创建点为圆心创建通孔。系统弹出“孔”对话框，如图 12-149 所示。利用该对话框建立孔，操作方法如下：

图 12-148　创建点的坐标

图 12-149　“孔”对话框

❶在“孔”对话框中“成形”下拉列表框中选择“简单孔”。

❷设定孔的直径为 13，顶锥角为 118。因为要建立一个通孔，此处设置孔的深度为 50。

❸选择上步所绘制的点，单击“确定”按钮获得如图 12-150 所示的孔。

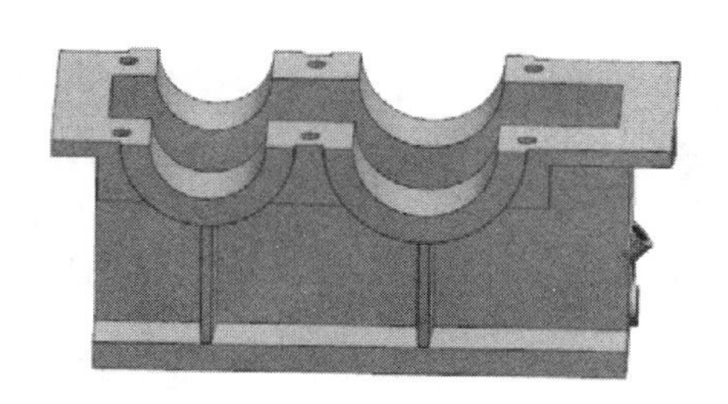

图 12-150　创建孔

03 选择【菜单】→【插入】→【基准/点】→【点】命令，系统弹出“点”对话框如图 12-151 所示，定义（-156，0，-35）和（-156，0，35）两个点。

04 选择【菜单】→【插入】→【设计特征】→【孔】命令，或者单击【主页】选项卡，选择【特征】组中的【孔】图标，系统弹出“孔”对话框，如图 12-152 所示。利用该对话框建立孔，操作方法如下：

❶在“孔”对话框中“成形”下拉列表框中选择“简单孔”。

❷设定孔的直径为 11，顶锥角为 118。因为要建立一个通孔，所以孔深度只要超过边缘厚度即可，此处设置孔的深度为 50。

❸选择上步所绘制的点，单击“确定”按钮获得如图 12-153 所示的孔。

05 选择【菜单】→【插入】→【基准/点】→【点】命令，系统弹出“点”对话框，定义（-110，0，-65）和（244，0，35）两个点。

06 选择【菜单】→【插入】→【设计特征】→【孔】命令，或者单击【主页】选项卡，选择【特征】组中的【孔】图标，系统弹出“孔”对话框，如图 12-154 所示。利用该对话框建立孔，操作方法如下：

❶在“孔”对话框中“成形”下拉列表框中选择“简单孔”。

❷设定孔的直径为 8，顶锥角为 118，因为要建立一个通孔，此处设置孔的深度为 50。

图 12-151　插入点的坐标

图 12-152　“孔”对话框

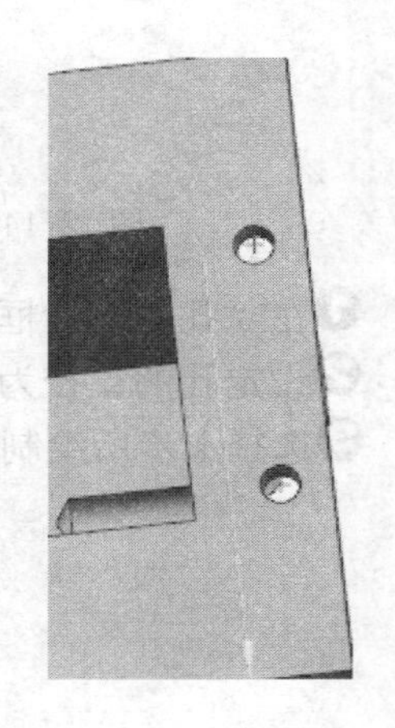

图 12-153　创建的孔

❸在图形中选择上步创建的点为孔位置，单击“确定”按钮，完成孔的创建，如图 12-155 所示。

07 选择【菜单】→【插入】→【基准/点】→【点】命令，系统弹出“点”对话框，定义坐标为（200，-150，75）、（200，-150，-75）、（-100，-150，75）和（-100，-150，-75）。

08 选择【菜单】→【插入】→【设计特征】→【孔】命令，或者单击【主页】选项卡，选择【特征】组中的【孔】图标，系统弹出“孔”对话框，如图 12-156 所示，利用该对话框建立孔，操作方法如下：

❶在“孔”对话框中“成形”下拉列表框中选择“沉头”。

❷设定孔的直径为 36，顶锥角为 118，沉头直径为 24，沉头深度为 2。因为要建立一个通孔，此处设置孔的深度为 50。

❸在图形中选择上步创建的点为孔位置，单击“确定”按钮，完成孔的创建，如图 12-157

所示。

图 12-154　“孔”对话框

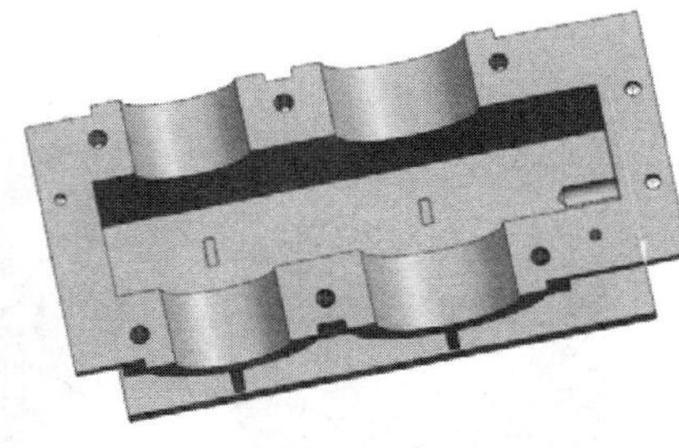

图 12-155　创建的孔

图 12-156　“孔”对话框

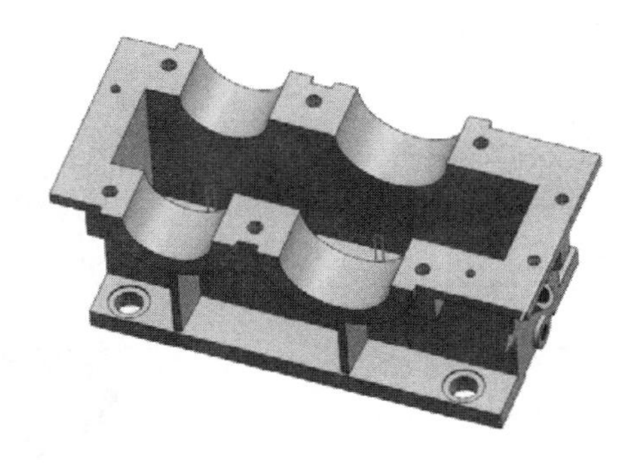

图 12-157　创建孔

12.2.7　圆角

01 选择【菜单】→【插入】→【细节特征】→【边倒圆】命令，或者单击【主页】选项卡，选择【特征】组中的【边倒圆】图标。系统弹出“边倒圆”对话框，如图 12-158 所示。利用该对话框进行圆角操作，方法如下：

❶设置半径 1 为 20。

❷选择底座的 4 条边进行圆角操作。

❸单击“确定”按钮，得到图 12-159 所示的圆角结果。

02 按步骤 **01** 所述的方法继续进行圆角操作，选择上端面的边进行圆角。圆角半径设为 44，单击“确定”按钮，获得图 12-160 所示的模型。

03 按步骤 **01** 所述的方法继续进行圆角操作，选择凸台的边进行圆角。圆角半径设为 5，如图 12-161 所示。单击“确定”按钮，获得图 12-162 所示的模型。

图 12-158 “边倒圆”对话框

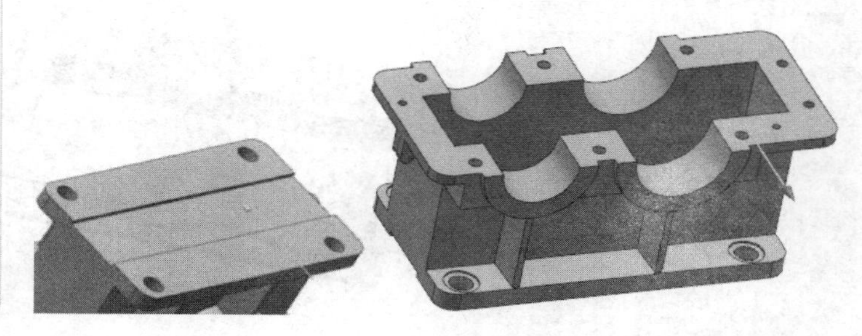

图 12-159 圆角结果

图 12-160 圆角结果图

图 12-161 “边倒圆”对话框

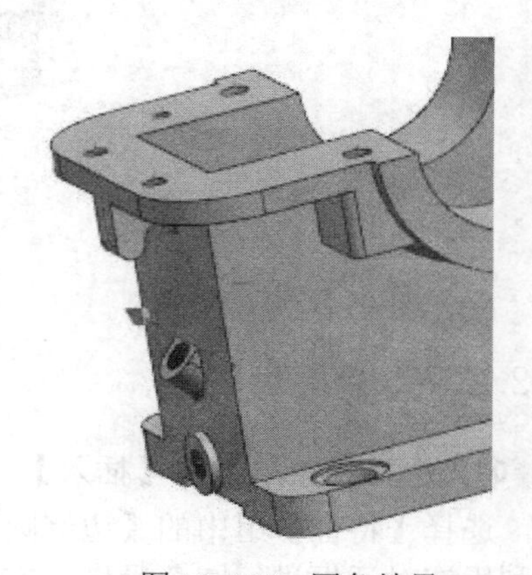

图 12-162 圆角结果

12.2.8　螺纹孔

01 选择【菜单】→【插入】→【基准/点】→【点】命令，系统弹出“点”对话框，如图 12-163 所示。定义点的坐标为（0，-60，98）。

02 选择【菜单】→【插入】→【设计特征】→【孔】命令，或者单击【主页】选项卡，选择【特征】组中的【孔】图标，以创建点为圆心创建通孔。系统弹出“孔”对话框，如图 12-164 所示。利用该对话框建立孔，操作方法如下：

❶在“孔”对话框中“成形”下拉列表框中选择“简单孔”。

❷设定孔的直径为 8，顶锥角为 118。此处设置孔的深度为 15。

❸在图形中捕捉上步创建的点为孔位置，单击“确定”按钮，完成孔的创建，如图 12-165 所示。

图 12-163　“点”对话框

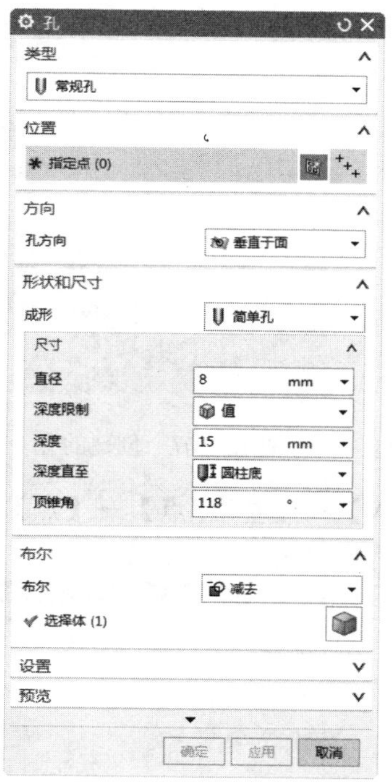

图 12-164　“孔”对话框

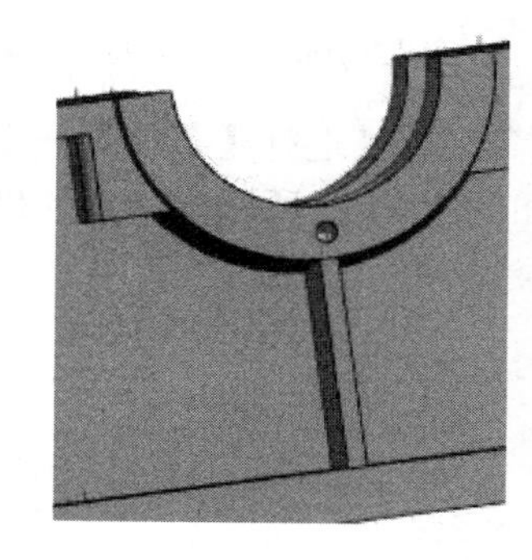

图 12-165　创建孔

03 选择【菜单】→【插入】→【关联复制】→【阵列特征】命令，系统弹出“阵列特征”对话框，如图 12-166 所示。利用该对话框进行圆周阵列，操作方法如下：

❶选择图 12-166 所示对话框中的“圆形”阵列选项。

❷选择上步创建的简单孔为阵列特征。

❸设置“数量”为 2，“节距角”为 60。

❹指定矢量为“ZC 轴”，指定点，输入点坐标为（0，0，0）。单击“确定”按钮，结果如图 12-167 所示。

04 选择上一步选择的孔继续阵列，角度为-60。其他步骤中参数相同，获得图 12-168

所示的外形。

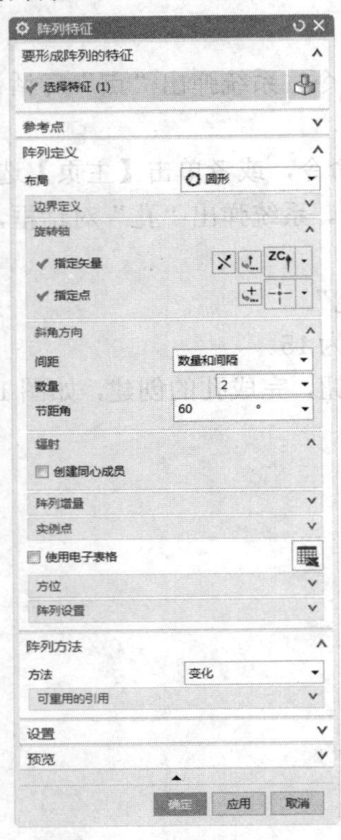
图 12-166 “阵列特征”对话框

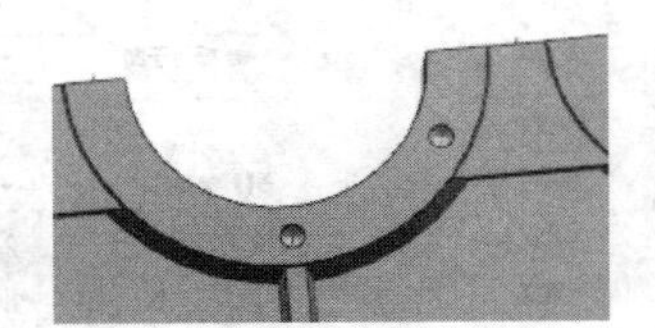
图 12-167 创建的孔

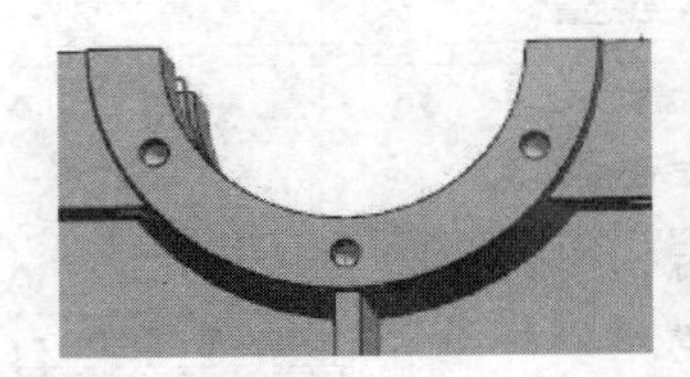
图 12-168 创建的孔

05 选择【菜单】→【插入】→【基准/点】→【点】命令，系统弹出“点”对话框，按如图 12-169 所示定义点的坐标为（150，-50，98）。

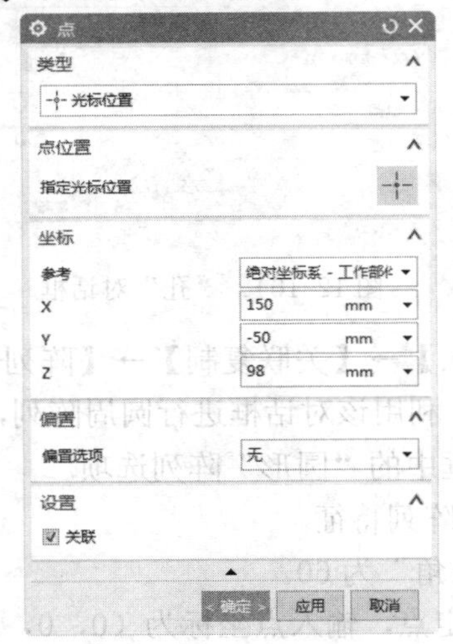
图 12-169 “点”对话框

06 选择【菜单】→【插入】→【设计特征】→【孔】，或者单击【主页】选项卡，选择【特征】组中的【孔】图标，以创建点为圆心创建通孔。系统弹出“孔”对话框，如图 12-170 所示，利用该对话框建立孔，操作方法如下：

❶在图 12-170 所示“孔”对话框中“成形”下拉列表框选择“简单孔”。

❷设定孔的直径为 8，顶锥角为 118。此处设置孔的深度为 15。

❸选择上步创建的点，单击“确定”按钮，完成孔的创建，如图 12-171 所示。

图 12-170　“孔”对话框

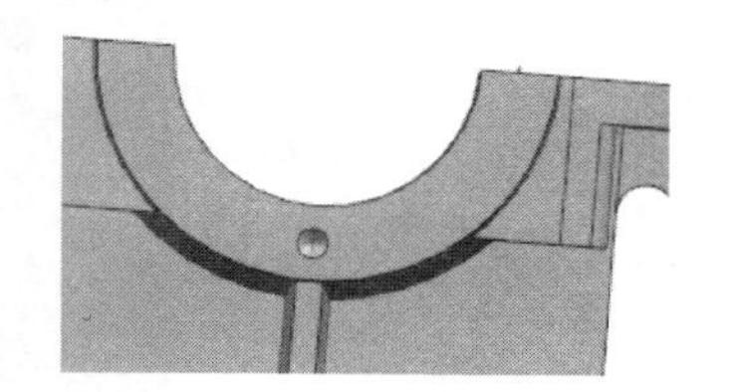

图 12-171　创建孔

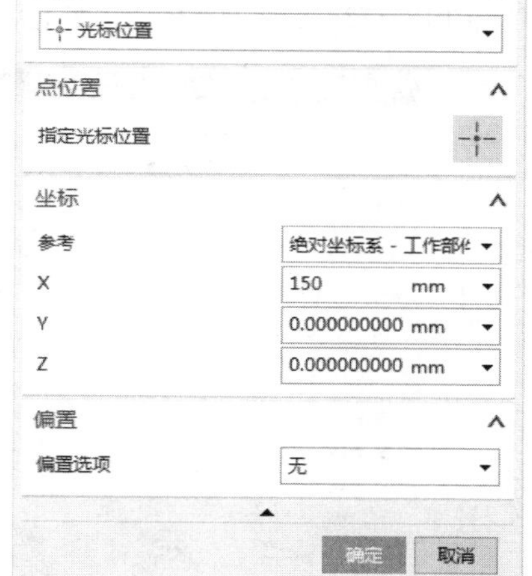

图 12-172　“点”对话框

07 按上一步中介绍的方法进行圆周阵列，在图 12-172 所示“点”对话框中，旋转轴指定点为（150，0，0），其他参数相同，获得图 12-173 所示的外形。

08 选择【菜单】→【插入】→【关联复制】→【镜像特征】命令，或者单击【主页】选项卡，选择【特征】组→【更多】库→【关联复制】库中的【镜像特征】图标，系统弹出“镜像特征”对话框，如图 12-174 所示。利用该对话框进行圆周阵列，操作方法如下：

❶选择上一步所创建的孔以及孔的阵列特征。

❷镜像平面选择新平面，选择 XC-YC 平面。单击“确定”按钮，结果如图 12-175 所示。

09 选择【菜单】→【插入】→【设计特征】→【螺纹】，或者单击【主页】选项卡，选择【特征】组→【更多】库→【设计特征】库中的【螺纹刀】图标，系统弹出“螺纹切削”对话框，如图 12-176 所示。进行螺纹操作方法如下：

选择图 12-177 所示的孔的内表面，单击“确定”按钮获得螺纹孔。

10 选择所有孔的内表面，按上述方法，获得图 12-178 所示的螺纹孔。

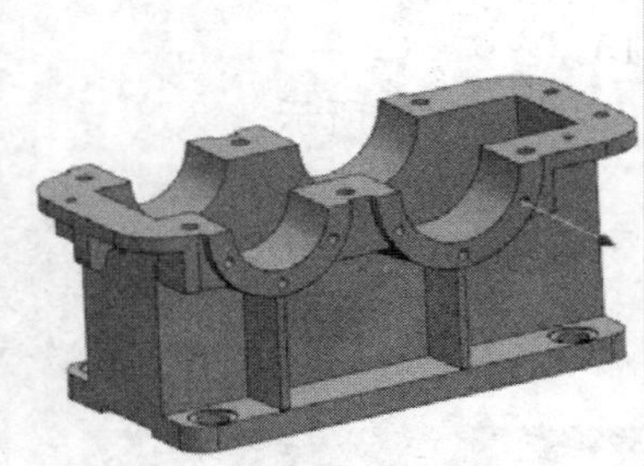

图 12-173　创建的实体

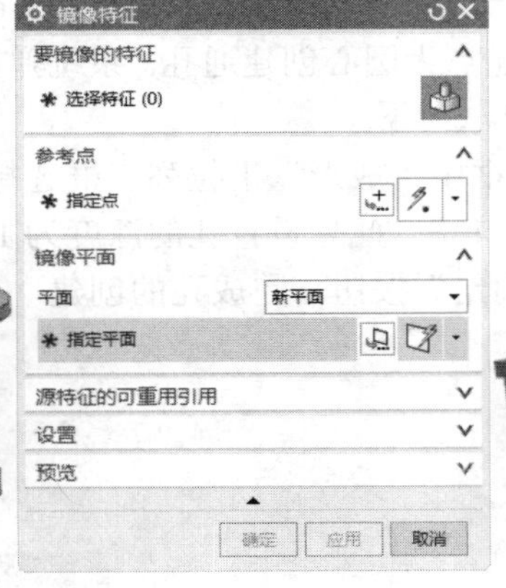

图 12-174　“镜像特征”对话框

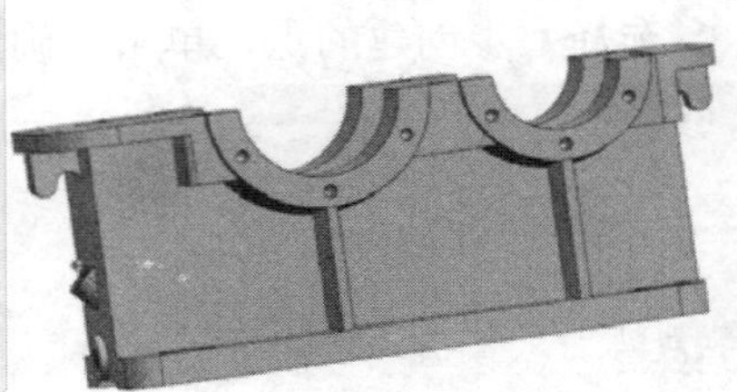

图 12-175　镜像特征结果

图 12-176　“螺纹切削”对话框

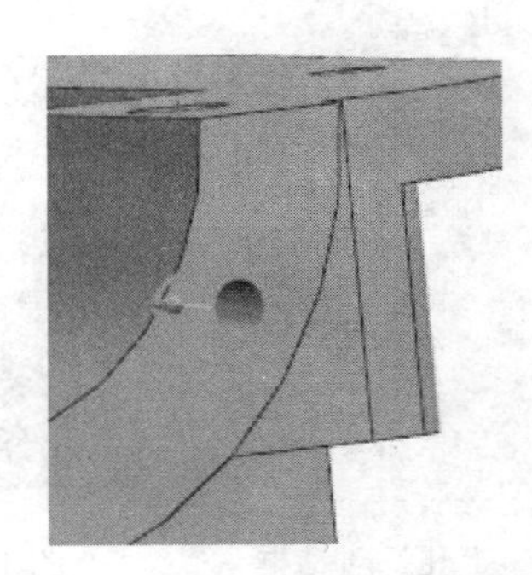

图 12-177　选择内表面

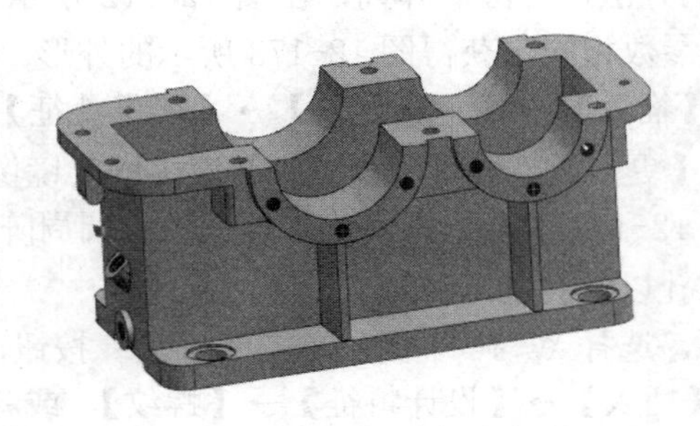

图 12-178　创建螺纹孔

第13章

减速器装配

在前面几章讲述装配基础知识和减速器零件设计的基础上，本章将讲述减速器从轴组件到整个减速器总装的完整过程，通过本章的学习，读者可以通过实例掌握装配设计的具体方法与一般思路。

重点与难点

- 轴组件
- 箱体组件装配
- 下箱体与轴配合

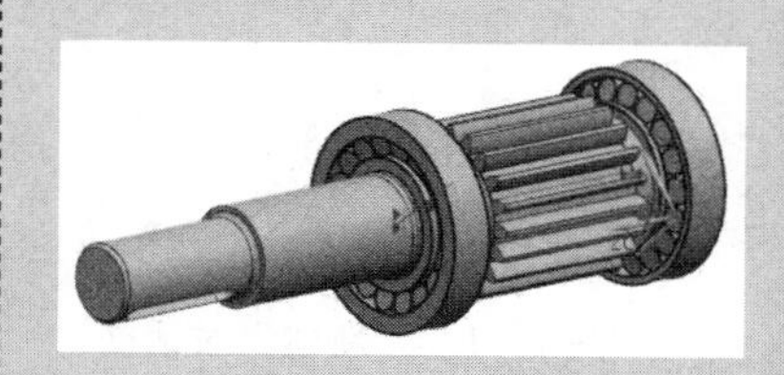

13.1 轴组件

轴类组件包括轴、键、定距环、轴承等，低速轴还包括齿轮，齿轮通过键与低速轴连接。本章将结合轴的这些零件的装配，学习装配操作的相关功能。通过装配可以直观的表达零件间的装配和尺寸配合关系。

制作思路

轴组件装配的思路为：装配轴和键，装配齿轮、轴和键，装配定距环和轴承。

13.1.1　低速轴组件轴-键配合

01 选择【菜单】→【文件】→【新建】命令，或者单击【主页】选项卡，选择【标准】组中的【新建】图标，弹出“新建”对话框，选择“装配”类型，输入文件名为 disuzhou，单击“确定”按钮，进入装配模式，如图 13-1 所示。

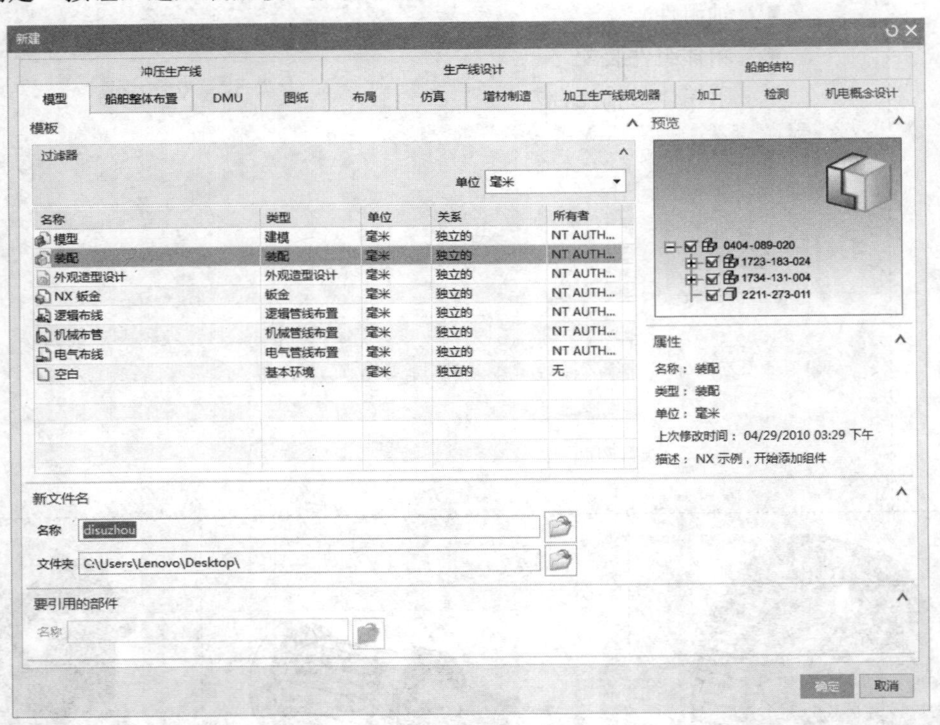

图 13-1　“新建”对话框

02 选择【菜单】→【装配】→【组件】→【添加组件】命令，或者单击【装配】选项卡，选择【组件】组中的【添加】图标，系统弹出“添加组件”对话框，如图 13-2 所示。利用该对话框可以加入已经存在组件。

03 在图 13-2 所示“添加组件”对话框中单击“打开”按钮，在系统弹出的对话框中选择 chuandongzhou。由于该组件是第一个组件，所以在“组件锚点”下拉菜单中选择“绝对坐标系”，单击“点对话框”按钮，打开“点”对话框，将点位置设置为坐标原点，“引用集”和“图层选项”接受系统默认选项，在绘图区指定放置组件的位置，单击“确定”按钮。

04 选择【菜单】→【装配】→【组件】→【添加组件】命令，或者单击【装配】选项卡，选择【组件】组中的【添加】图标，系统再次弹出类似图 13-2 所示的“添加组件”对话框中单击“打开”按钮，在该对话框中选择要装配的部件，此处选择 jian14×50，装配键的方法如下：

❶选择键后，系统弹出类似图 13-2 所示对话框，在“放置”选项选择◉ 约束选项，其他不变，单击“确定”按钮。

❷单击【装配】选项卡，选择【组件位置】组中的【装配约束】图标，系统弹出“装配约束”对话框，如图 13-3 所示。利用该对话框可以将键装配到轴上。此时图形界面中会给出键的预览图，如图 13-4 所示。

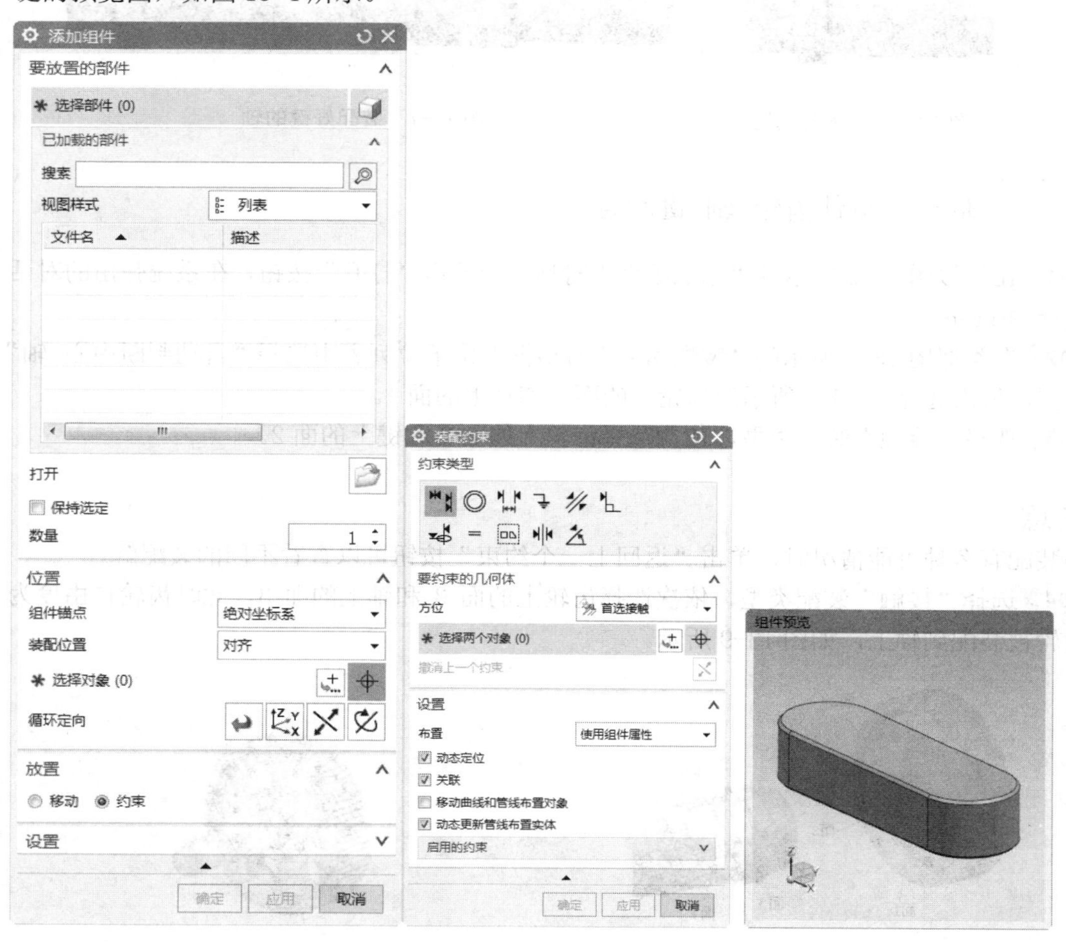

图 13-2　“添加组件”对话框　　图 13-3　“装配约束”对话框　　图 13-4　组件预览窗口

❸在图 13-3 所示“装配约束”对话框中选择“接触对齐”类型，在方位下拉列表中选择“接触”，首先选择如图 13-5 中所示键上的面 1，然后选择如图 13-5 中所示轴上的面，然后依次选择图 13-5 中的键和轴上的面 2 和面 3 进行装配，结果如图 13-6 所示。

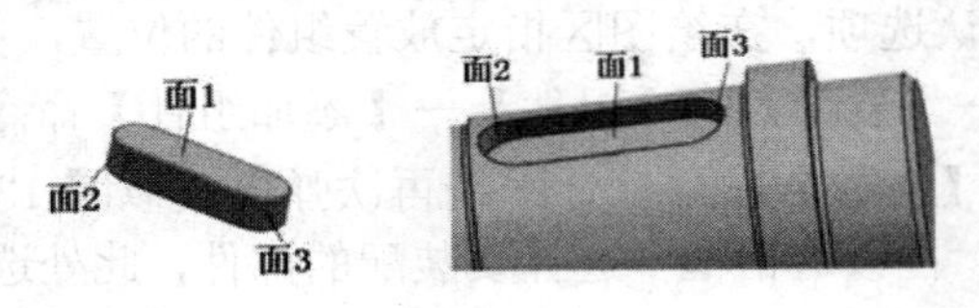

图 13-5 键和轴上的面

05 按照上述方法，再次选择 jian12×60 进行装配，结果如图 13-7 所示。

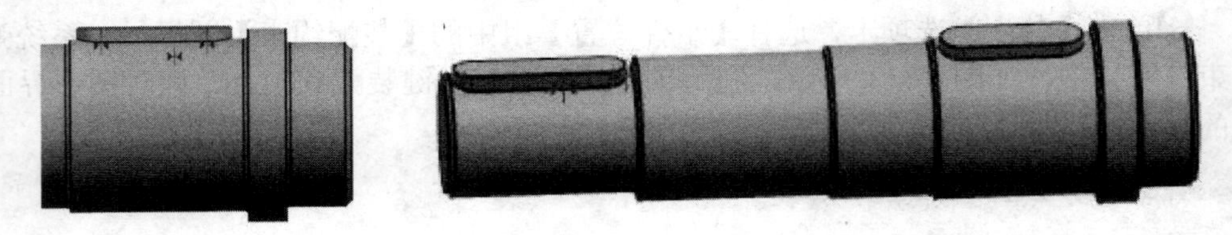

图 13-6 装配好的键　　　　图 13-7 装配好键的轴

13.1.2 低速轴组件齿轮-轴-键配合

01 在类似图 13-2 所示的“添加组件”对话框中单击“打开”按钮，在系统弹出的对话框中选择 chilun。

02 在类似图 13-3 所示的“装配约束”对话框方位下拉列表中选择“自动判断中心/轴”装配类型，依次选择图 13-8 所示的齿轮上的面 1 和轴上的面 1。

03 选择“接触”装配类型，依次选择齿轮上的面 2 和键上的面 2。

注意

当装配有多种可能情况时，单击“返回上一个约束”按钮可以查看不同的装配解。

04 选择“接触”装配类型，依次选择齿轮上的面 3 和轴上的面 3，此时齿轮自由度为零，齿轮被装配到轴上，如图 13-9 所示。

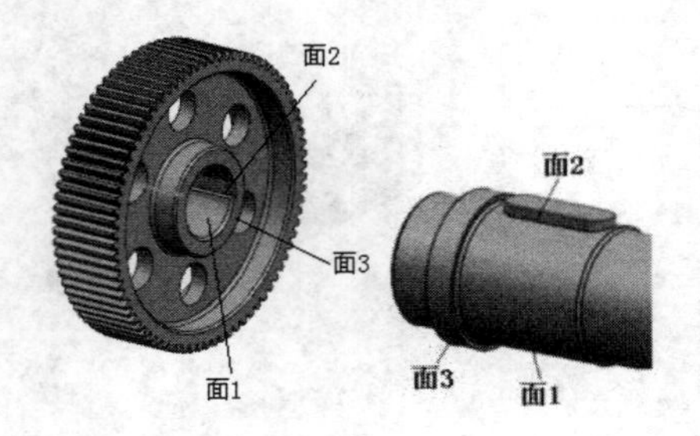

图 13-8 齿轮和轴上的面

图 13-9 装配好齿轮的轴

13.1.3　低速轴组件轴-定距环-轴承配合

01 为方便轴承的装配，先将已装配好齿轮隐藏。

02 选择轴承外径为 100 的 zhoucheng100。

03 选择“自动判断中心/轴”装配类型，依次选择图 13-10 所示的轴承上的面 1 和轴上的面 1。

注意

单击“在主窗体口中预览组件”按钮，观察轴承凸起面的法向量是否指向－XC 轴，如果不是的话，单击“返回上一个约束”按钮，改变轴承的方向。

04 选择“接触”装配类型，依次选择图 13-10 所示的轴承上的面 2 和轴上的面 2，将轴承装配到轴上，此时轴承还保留一个自由度，即绕轴旋转的自由度。

装配结果如图 13-11 所示。

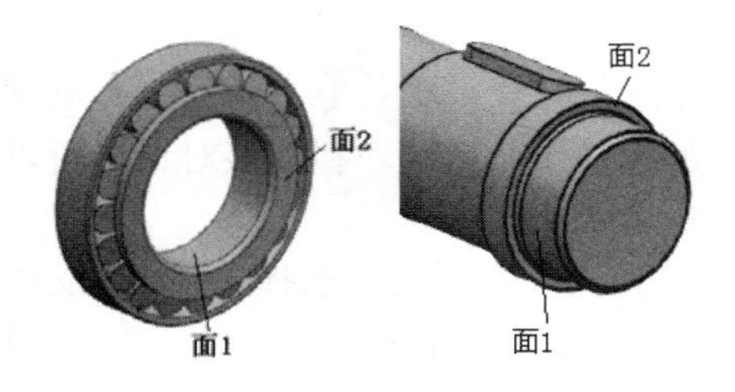

图 13-10　轴承和轴上的面

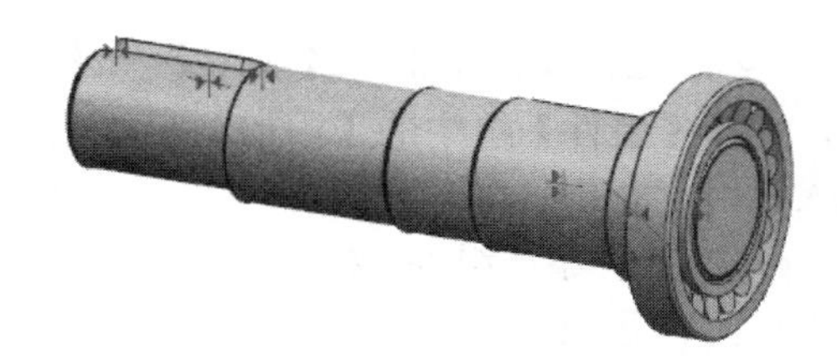

图 13-11　装配好轴承的轴

05 选择内外半径为 55 和 65，厚度为 14 的 dingjuhuan1。

06 选择“自动判断中心/轴”装配类型，依次选择图 13-12 所示的定距环上的面 1 和轴上的面 1。

07 选择“接触”装配类型，依次选择图 13-12 所示的定距环上的面 2 和齿轮上的面 2，将定距环装配到轴上，此时定距环还保留一个自由度，即绕轴旋转的自由度。

装配结果如图 13-13 所示。

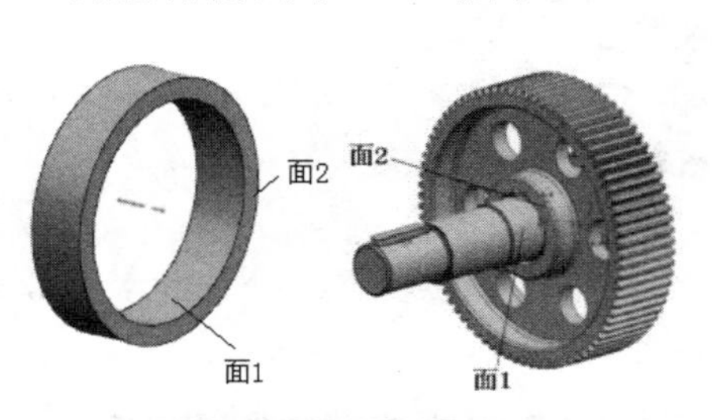

图 13-12　定距环和轴上的面

图 13-13　装配上定距环的轴

08 再选择一个外径为 100 的轴承，装配方法与第 **07** 步相同，在轴承上选择的面与图 13-10 中相同，在轴上选择的面如图 13-14 所示（面 2 为定距环的端面），装配好的结果如图 13-15 所示。

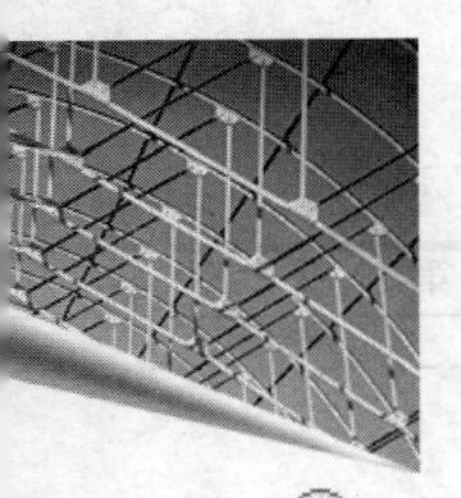

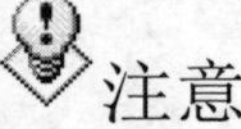

注意

装配时注意将圆锥滚子轴承凸起面的法向量指向 XC 轴的正向。

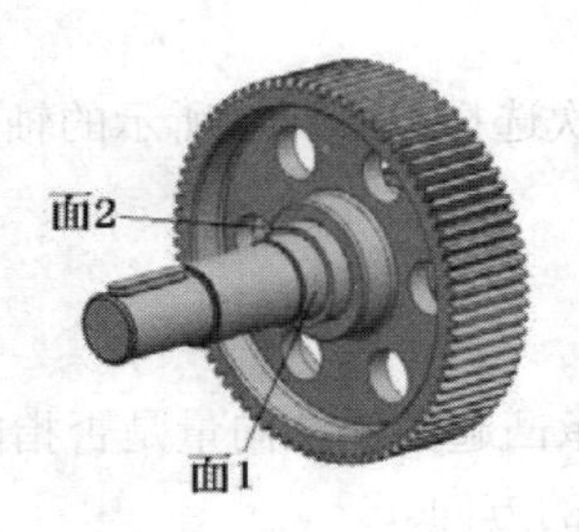

图 13-14 轴上的面

图 13-15 装配好轴承的轴

13.1.4 高速轴组件

01 选择【菜单】→【装配】→【组件】→【添加组件】命令，或者单击【装配】选项卡，选择【组件】组中的【添加】图标，系统弹出“添加组件”对话框。利用该对话框可以加入已经存在组件。

02 在“添加组件”对话框中单击“打开”按钮，在系统弹出的对话框中选择 chilunzhou。由于该组件是第一个组件，所以在“组件锚点”下拉菜单中选择“绝对坐标系”，单击“点对话框”按钮，打开“点”对话框，将点位置设置为坐标原点，“引用集”和“图层选项”接受创建新部件名为 gaosuzhou。

03 同上节，选择外径为 80 的轴承，装配高速轴，装配方法与低速轴的装配方法相同。装配时要求圆锥滚子轴承的凸起面相对。

装配好的高速轴如图 13-16 所示。

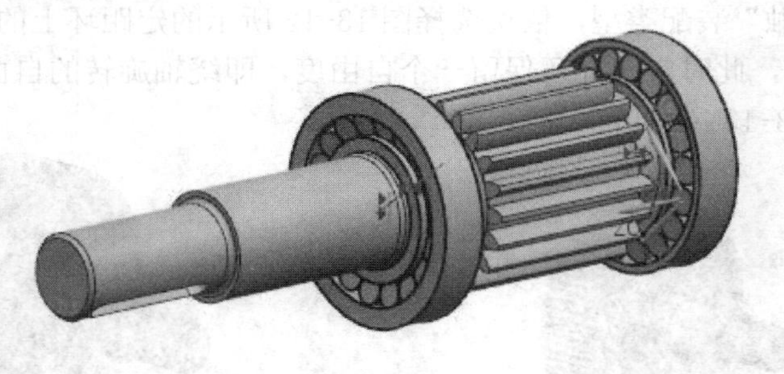

图 13-16 装配好的高速轴

13.2 箱体组件装配

箱体组件包括上箱盖、窥视孔盖、下箱体、油标、油塞及端盖类零件，其中端盖上还有螺钉。结合箱体组件的装配，进一步学习和熟悉装配操作的相关功能。

13.2.1　窥视孔盖-上箱盖配合

01 选择【菜单】→【文件】→【新建】命令，或者单击【主页】选项卡，选择【标准】组中的【新建】图标，弹出如图 13-17 所示的“新建”对话框。选择装配类型，输入文件名为 shangxianggai，单击“确定”按钮。进入装配模式。

02 选择【菜单】→【装配】→【组件】→【添加组件】命令，或者单击【装配】选项卡，选择【组件】组中的【添加】图标，在“添加组件”对话框中单击“打开”按钮,选择 jigai。

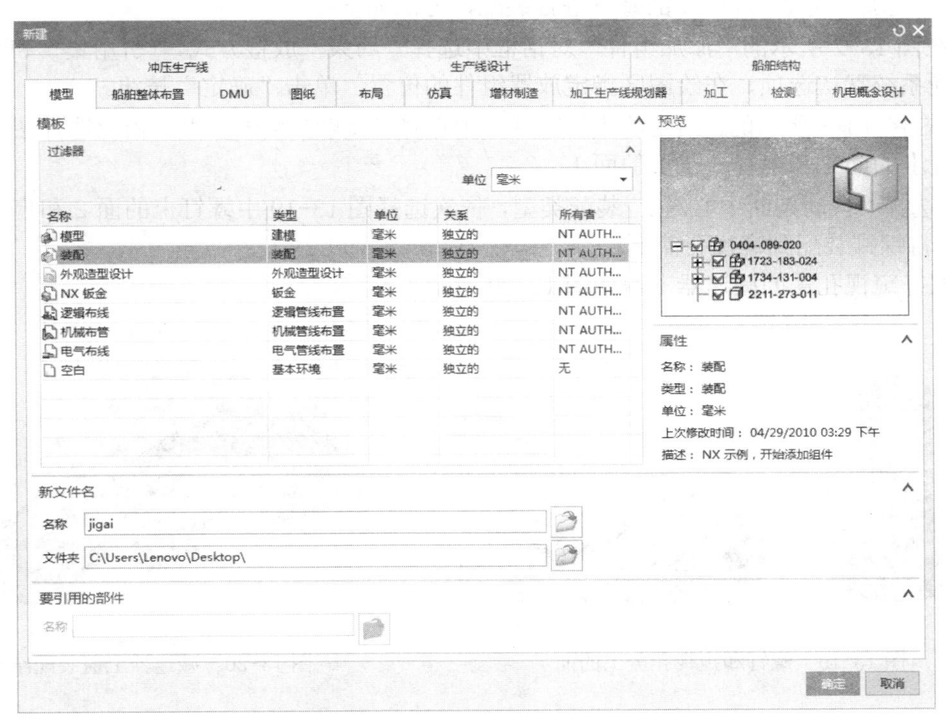

图 13-17　“新建”对话框

03 减速器上盖选择“组件锚点”下拉菜单中选择“绝对坐标系”，单击“点对话框”按钮，打开“点”对话框，将点位置设置为坐标原点，“引用集”和“图层选项”接受系统默认选项。

04 在图 13-2 所示的“添加组件”对话框中，在“添加组件”对话框中单击“打开”按钮，在系统弹出的对话框中选择 kuishikonggai，装配窥视孔盖的方法如下：

❶ 在图 13-2 所示的“添加组件”对话框中选择“约束”放置方式，“引用集”和“图层选项”接受系统默认选项，在绘图区指定放置组件的位置，单击“确定”按钮。

❷ 在图 13-3 所示的“装配约束”对话框中，选择“接触”装配类型，依次选择图 13-18 中所示窥视孔盖上的面 1 和减速器上盖上的面 1。

❸ 选择“自动判断中心/轴”装配类型，选择窥视孔盖上的两个孔与减速器上盖上的两个

孔进行装配，将窥视孔盖装配到减速器上盖上。

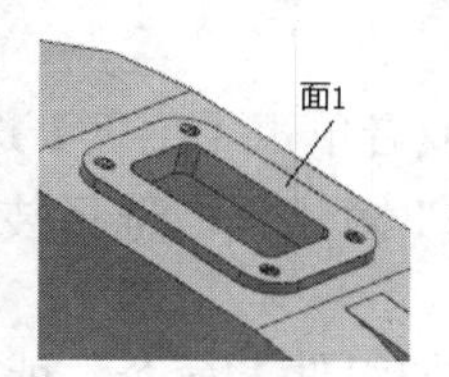

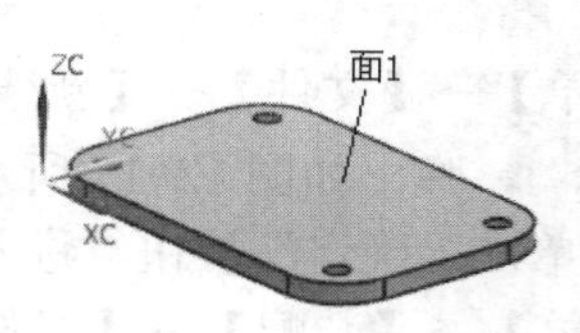

图 13-18 窥视孔盖和减速器上盖上的面

05 选择尺寸为 M6×14 的螺钉进行装配，方法如下：

❶在图 13-2 所示的“添加组件”对话框中选择“约束”放置方式，“引用集”和“图层选项”接受系统默认选项，在绘图区指定放置组件的位置，单击“确定”按钮。

❷ 在图 13-3 所示的“装配约束”对话框中选择“接触”装配类型，依次选择图 13-19 中所示螺钉上的面 1 和窥视孔盖上的面 1。

❸ 选择“自动判断中心/轴”装配类型，依次选择图 13-19 中螺钉上的面 2 和窥视孔盖上的面 2，将螺钉装配到窥视孔盖上。

装配好窥视孔盖的减速器上盖如图 13-20 所示。

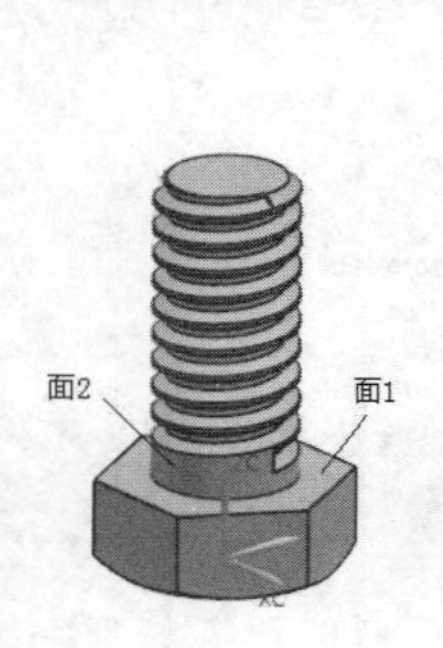

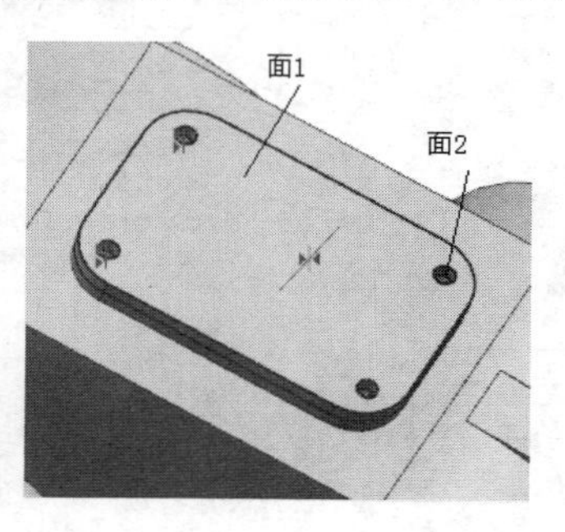

图 13-19 螺钉和窥视孔盖上的面

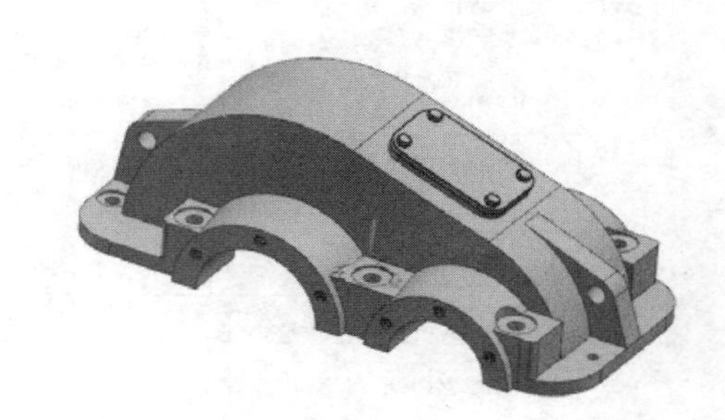

图 13-20 减速器上盖装配结果

13.2.2 下箱体-油标配合

01 选择【菜单】→【文件】→【新建】命令，或者单击【主页】选项卡，选择【标准】组中的【新建】图标，选择装配类型，输入文件名为 xiaxiangti，单击“确定”按钮。进入装配模式。

02 选择【菜单】→【装配】→【组件】→【添加组件】命令，或者单击【装配】选项卡，选择【组件】组中的【添加】图标，在“添加组件”对话框中单击“打开”按钮，在系统弹出的对话框中选择 jizuo，减速器机座在“组件锚点”下拉菜单中选择“绝对坐标系”，单击“点对话框”按钮，打开“点”对话框，将点位置设置为坐标原点，“引用集”和“图层选项”接受系统默认选项。

03 选择油标进行装配，方法如下：

❶在“添加组件”对话框中，单击“打开”按钮，在系统弹出的对话框中选择 youbiao，

选择"约束"放置方式，"引用集"和"图层选项"接受系统默认选项，单击"确定"按钮。

❷在"装配约束"对话框中选择"接触"装配类型，依次选择图 13-21 所示油标上的面 1 和减速器下箱体上的面 1。

❸选择"自动判断中心/轴"装配类型，依次选择图 13-21 中油标上的面 2 和减速器下箱体上的面 2，将油标装配到减速器下箱体上。

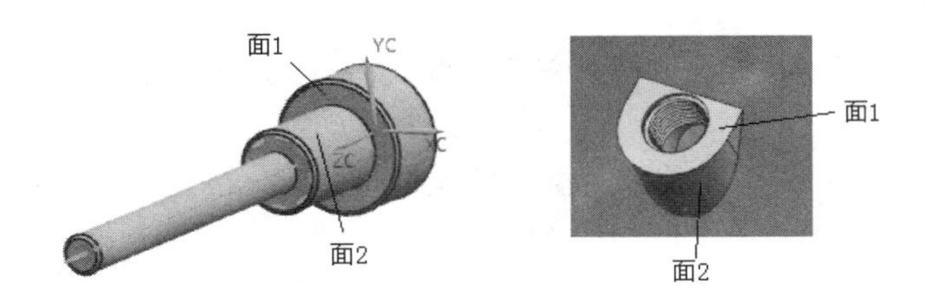

图 13-21　油标和减速器下箱体上的面

13.2.3　箱体-油塞配合

油塞的装配与油标的装配类似，选择【菜单】→【装配】→【组件】→【添加组件】命令，或单击【装配】选项卡，选择【组件】组中的【添加】图标，在"添加组件"对话框中单击"打开"按钮，在系统弹出的对话框中选择 yousai,在"装配约束"对话框中分别选择"接触"装配类型和"自动判断中心/轴"装配类型，然后依次选择图 13-22 中的油塞上的面 1 和面 2 与减速器下箱体上的面 1 和面 2 进行装配，将油塞装配到减速器下箱体上。

装配好的减速器下箱体如图 13-23 所示。

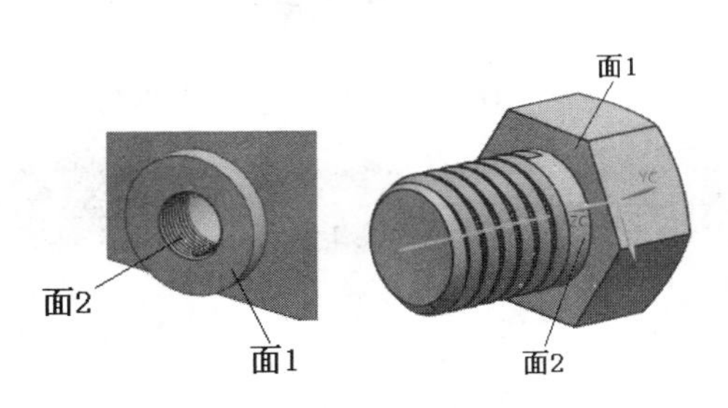

图 13-22　油塞和减速器下箱体上的面

图 13-23　减速器下箱体装配结果

13.2.4　端盖组件

01 选择【菜单】→【文件】→【新建】命令，或者单击【主页】选项卡，选择【标准】组中的【新建】图标，选择装配类型，输入文件名为 duangaizujian，单击"确定"按钮，进入装配模式。

02 选择【装配】→【组件】→【添加组件】命令，或者单击【装配】选项卡，选择【组件】组中的【添加】图标，在"添加组件"对话框中单击"打开"按钮，在系统弹出的对话框中选择 duangai,，选择"组件锚点"下拉菜单中的"绝对坐标系"，单击"点对话框"按钮，

打开“点”对话框，将点位置设置为坐标原点，“引用集”和“图层选项”接受系统默认选项。

03 装配密封盖的方法如下：

❶选择【装配】→【组件】→【添加组件】命令，或者单击【装配】选项卡，选择【组件】组中的【添加】图标，在“添加组件”对话框中单击“打开”按钮，在系统弹出的对话框中选择 mifenggai，并在图 13-2 所示的“添加组件”对话框中选择“约束”放置方式，“引用集”和“图层选项”接受系统默认选项。

❷在“装配约束”对话框中选择“接触”装配类型，依次选择图 13-24 中所示的密封盖上的面 1 和端盖主体上的面 1。

❸选择“自动判断中心/轴”装配类型，依次选择图 13-24 中所示的密封盖上的面 2 和端盖主体上的面 2，同理，密封盖上的面 3 和端盖主体上的面 3，选择进行装配，就可以将密封盖装配到端盖主体上。

04 将尺寸为 M6×14 的螺钉装配到端盖主体上。

最后装配结果如图 13-25 所示。

同理，小端盖也按上述方法装配。

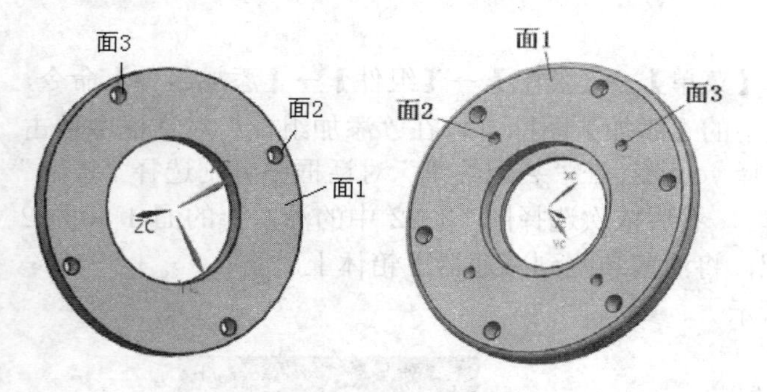

图 13-24　密封盖和端盖主体上的面

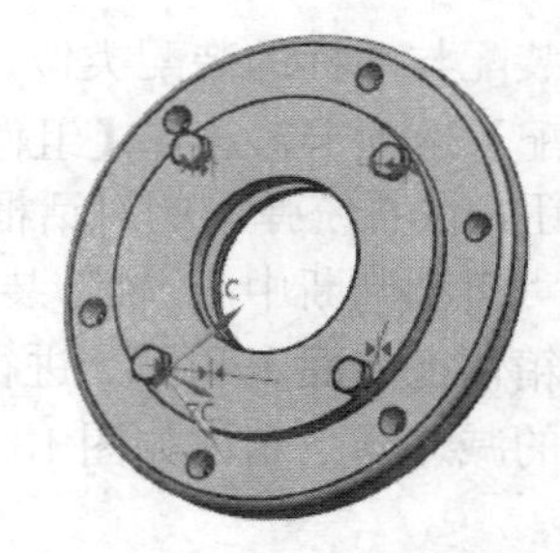
图 13-25　端盖主体装配结果

13.3 下箱体与轴配合

13.3.1　下箱体-低速轴配合

01 选择【菜单】→【文件】→【新建】，或者单击【主页】选项卡，选择【标准】组中的【新建】图标，选择装配类型，输入文件名为 jiansuqi，单击“确定”按钮，进入装配模式。

02 选择【菜单】→【装配】→【组件】→【添加组件】，或者单击【装配】选项卡，选择【组件】组中的【添加】图标，在“添加组件”对话框中单击“打开”按钮，在系统弹出的对话框中选择 xiaxiangti，在类似图 13-2 的所示“添加组件”对话框中选择“组件锚点”下拉菜单中的“绝对坐标系”，单击“点对话框”按钮，打开“点”对话框，将点位置设置为坐标原点，“引用集”和“图层选项”接受系统默认选项。

03 将低速轴装配到下箱体上的方法如下：

❶选择【菜单】→【装配】→【组件】→【添加组件】，或者单击【装配】选项卡，选择【组件】组中的【添加】图标，在“添加组件”对话框中单击“打开”按钮，在系统弹出的对话框中选择 disuzhou，并在图 13-2 所示的“添加组件”对话框中选择“约束”放置方式，“引用集”和“图层选项”接受系统默认选项。

❷在“装配约束”对话框中选择“自动判断中心/轴”装配类型，选择图 13-26 中所示低速轴(隐藏了齿轮)上面 1 和减速器下箱体上面 1。

注意

为了方便装配，可以将齿轮隐藏。

单击“在主窗体口中预览组件”按钮查看低速轴的方向是否为预定方向，如果不是的话，单击“返回上一个约束”按钮改变低速轴的方向。

❸ 选择“对齐”装配类型，依次选择图 13-26 中所示低速轴上的面 2（轴承的端面）和减速器下箱体上的面 2，将低速轴装配到减速器下箱体上。

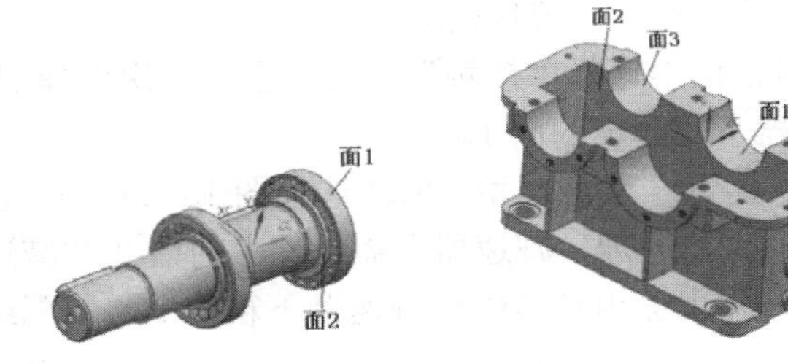

图 13-26 低速轴和减速器下箱体上的面

13.3.2 下箱体-高速轴配合

01 选择【菜单】→【装配】→【组件】→【添加组件】，或者单击【装配】选项卡，选择【组件】组中的【添加】图标，在“添加组件”对话框中单击“打开”按钮，在系统弹出的对话框中选择 gaosuzhou，并在图 13-,2 所示“添加组件”对话框中选择“约束”放置方式，“引用集”和“图层选项”接受系统默认选项。

02 在“装配约束”对话框中选择“自动判断中心/轴”装配类型，依次选择图 13-27 中所示高速轴上的面 1 和图 13-26 中所示减速器下箱体上的面 3。

注意

单击“在主窗口中预览组件”按钮查看低速轴的方向是否为预定方向，如果不是的话，单击“返回上一个约束”按钮改变低速轴的方向。

03 选择“对齐”装配类型，依次选择图 13-27 中所示高速轴上的面 2（圆锥滚子轴承的凸起面）和减速器下箱体上的面 2，将低速轴装配到减速器下箱体上。

装配好高速轴、低速轴的下箱体如图 13-28 所示。

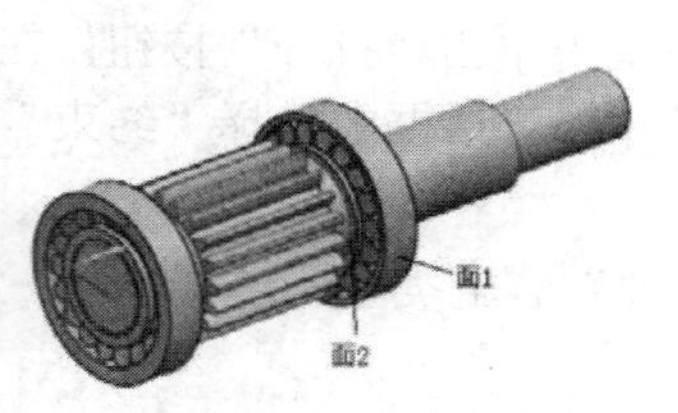

图 13-27　高度轴上的面

图 13-28　装配好高、低速轴的下箱体

13.3.3　上箱体-下箱体配合

01 选择【菜单】→【装配】→【组件】→【添加组件】，或者单击【装配】选项卡，选择【组件】组中的【添加】图标，在“添加组件”对话框中单击“打开”按钮，在系统弹出的对话框中选择 shangxiangti，并在图 13-2 所示的“添加组件”对话框中选择“约束”放置方式，“引用集”和“图层选项”接受系统默认选项。

02 在“装配约束”对话框中选择“接触”装配类型，依次选择图 13-29 中所示的减速器上盖组件上的面 1 和减速器下箱体上的面 1。

03 选择“自动判断中心/轴”装配类型，依次选择图 13-29 中所示的减速器上盖组件上的面 2 和减速器下箱体上的面 2，同理，减速器上盖组件上的面 3 和减速器下箱体上的面 3，选择进行装配，就可以将减速器上盖组件装配到减速器下箱体上，装配结果如图 13-30 所示。

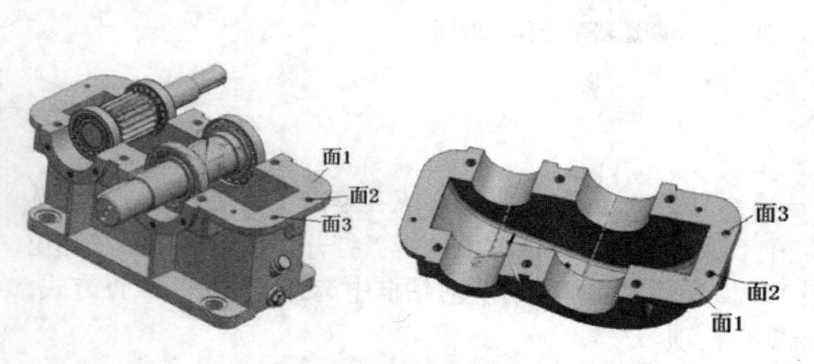

图 13-29　减速器上下箱体上的面

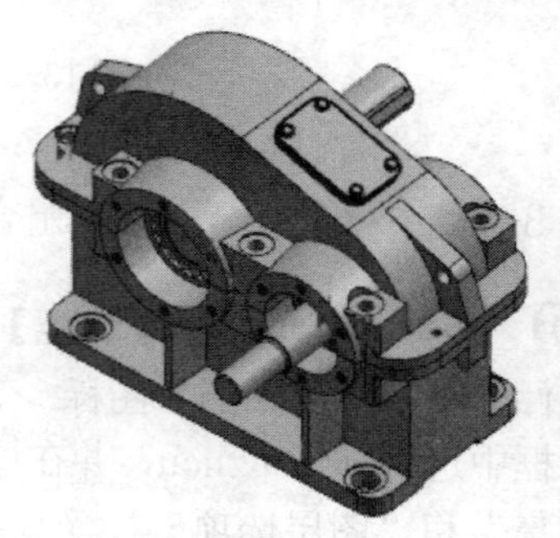

图 13-30　减速器上下箱盖装配

13.3.4　定距环、端盖、闷盖的装配

01 装配定距环。

❶选择【菜单】→【装配】→【组件】→【添加组件】，或者单击【装配】选项卡，选择【组件】组中的【添加】图标，在“添加组件”对话框中单击“打开”按钮，在系统弹出的对话框中选择 dingjuhuan，并在图 13-2 所示“添加组件”对话框中选择“约束”放置方式，“引用集”和“图层选项”接受系统默认选项。

❷在“装配约束”对话框中选择“接触”装配类型，依次选择图 13-31 中的定距环上的面 1 和轴承端面 1。

❸选择“自动判断中心/轴”装配类型，依次选择图 13-31 中的定距环上的面 2 和轴承端面 2 进行装配，将定距环装配到减速器主体上。

为了方便装配，可以将已装配的上盖隐藏。

低速轴、高速轴的轴承两端都需要装配定距环，低速轴两端要装配的定距环宽度为 15.25，即 dingjuhuan，高速轴两端要装配的定距环 2 为宽度 12.25，即 dingjuhuan2。

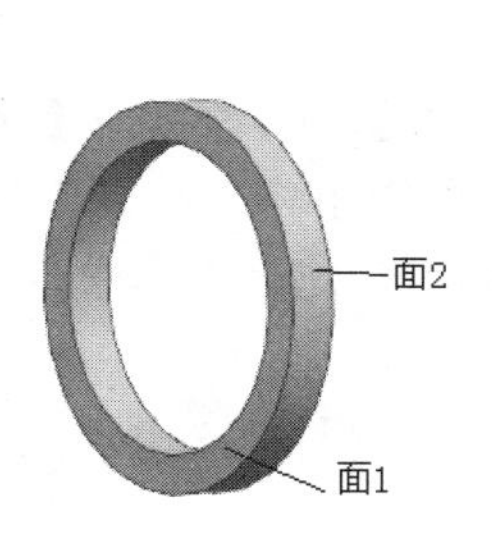

图 13-31　定距环和减速器上的面

端盖和闷盖的装配方法基本相同，不同的是端盖装配在低速轴、高速轴凸出的一端，而闷盖装配在另外一端。

02 装配端盖和闷盖。

❶选择【菜单】→【装配】→【组件】→【添加组件】命令，或者单击【装配】选项卡，选择【组件】组中的【添加】图标，在“添加组件”对话框中单击“打开”按钮，在系统弹出的对话框中选择 duangaizujian，并在图 13-2 所示“添加组件”对话框中选择“约束”放置方式，“引用集”和“图层选项”接受系统默认选项。

❷在“装配约束”对话框中选择“接触”装配类型，选择图 13-32 中的端盖上的端面 1 与定距环面 1。

❸选择“自动判断中心/轴”装配类型，依次选择图 13-32 中的端盖上的面 2 与轴承座的面 2。

❹选择“自动判断中心/轴”装配类型，依次选择图 13-32 中的端盖上的面 3 与减速器下箱体上的面 3 进行装配，将端盖或闷盖装配到减速器主体上。同理，装配低速轴上的闷盖，高速轴装配上小端盖和小闷盖的减速器主体如图 13-33 所示（减速器盖和齿轮已隐藏）。

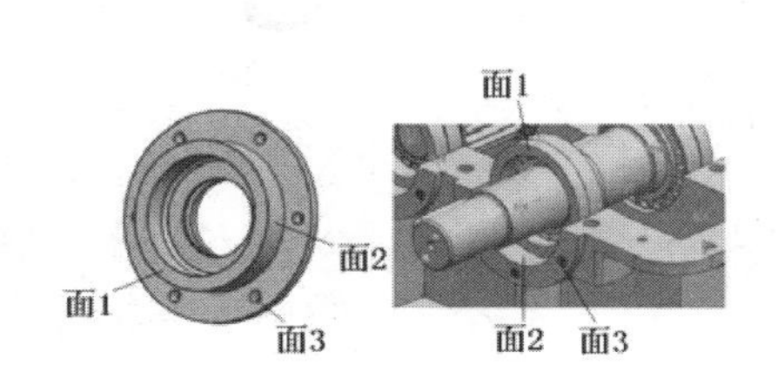

图 13-32　低速轴端盖和减速器上的面

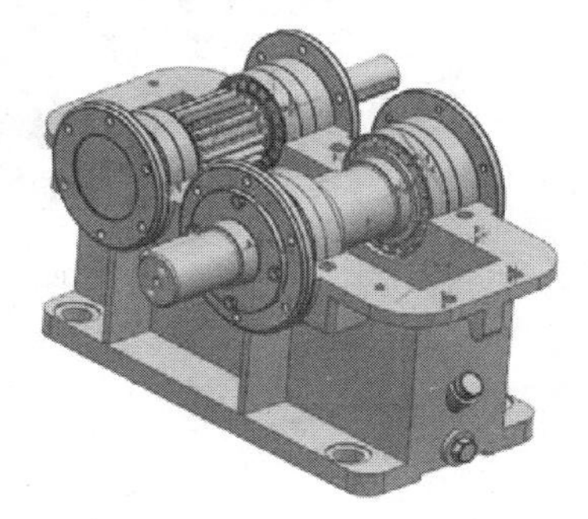

图 13-33　减速器

13.3.5 螺栓、销等连接

螺栓、平垫圈等的装配与前面窥视孔盖介绍的螺钉的装配方法相同，需要装配的有固定端盖用的 24 个规格为 M8×25 的螺钉，固定减速器上盖和下箱体的 6 个规格为 M12×75 的螺栓及与之配合的垫片和螺母，两个固定减速器上盖和下箱体的规格为 M10×35 的螺栓及与之配合的垫片和螺母。两个定位销的装配方法如下：

❶选择【菜单】→【装配】→【组件】→【添加组件】，或者单击【装配】选项卡，选择【组件】组中的【添加】图标，在“添加组件”对话框中单击“打开”按钮，在系统弹出的对话框中选择 xiao，并在图 13-2 所示“添加组件”对话框中选择“约束”放置方式，“引用集”和“图层选项”接受系统默认选项。

❷在“装配约束”对话框中选择“对齐”装配类型，选择图 13-34 中的销上的端面 1 与下箱体面 1。

❸选择“自动判断中心/轴”装配类型，依次选择图 13-34 中的销上的面 2 与下箱体的面 2，装配好的减速器如图 13-35 所示。

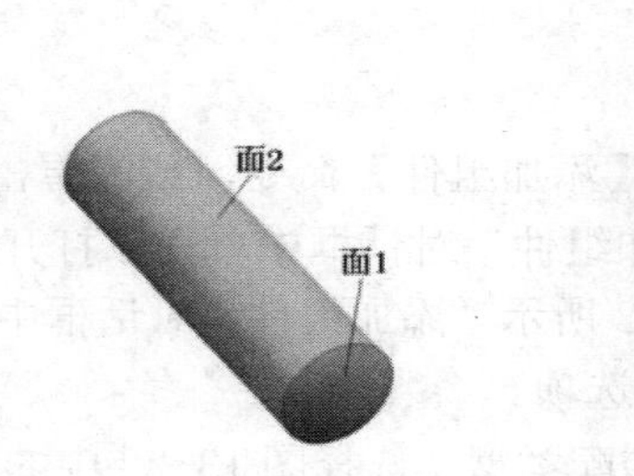

图 13-34　销和下箱体上的面

图 13-35　装配好的减速器

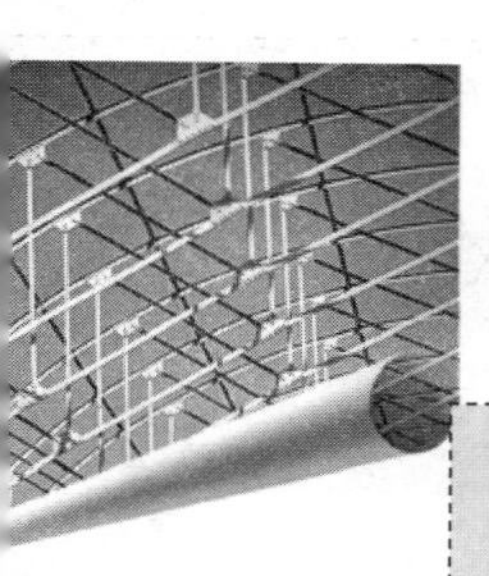

第14章

创建工程图

本章介绍创建工程图的方法。在UG NX 12.0的工程图模块中，可以建立完整的工程图，包括尺寸标注、注释、公差标注及剖面等，并且生成的工程图会随着实体模型的改变而同步更新。

通过本章的学习，可以帮助读者掌握UG NX 12.0工程图的绘制方法和一般思路，并学习按照相关标准进行具体的工程图设置的方法和技巧。

重点与难点

- 设置工程图环境
- 建立工程视图
- 修改工程视图
- 尺寸标注

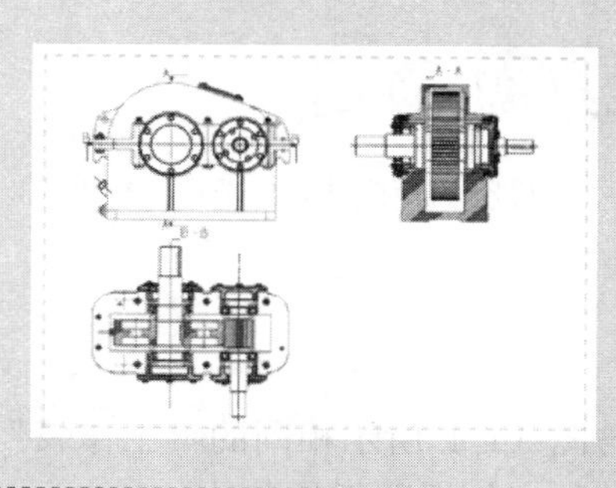

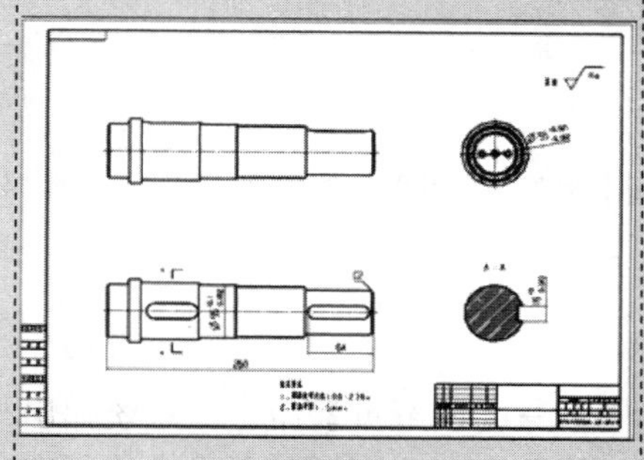

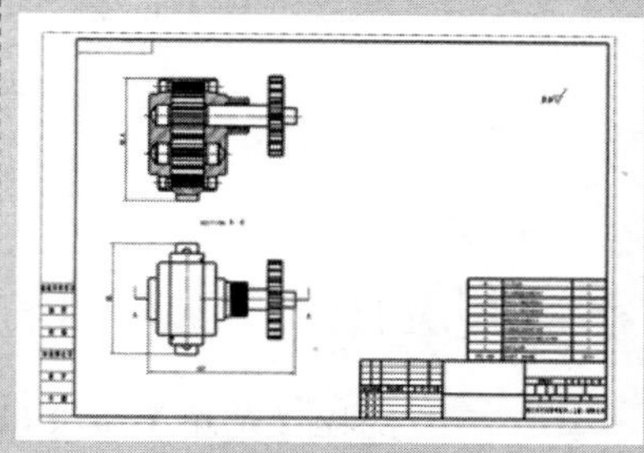

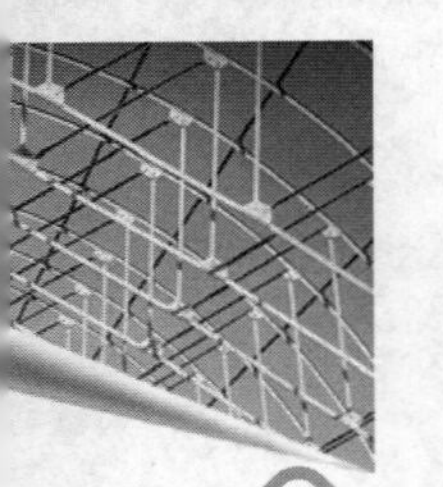

14.1 设置工程图环境

14.1.1 新建图纸

新建图纸的方法如下：

选择【菜单】→【文件】→【新建】命令，或者单击【主页】选项卡，选择【标准】组中的【新建】图标，弹出“新建”对话框，选择“图纸”模板，选择“空白”选项，选择合适的要创建图纸的部件，单击“确定”按钮，进入制图模块。进入制图模块后，选择【菜单】→【编辑】→【图纸页】命令，弹出“工作表”对话框，如图14-1所示。

1）在该对话框中设置图纸的大小是使用模板、标准尺寸和定制尺寸。

2）在该对话框中可以设定图纸页名称。

3）在“大小”下拉菜单中可以选择标准图纸的尺寸，毫米和英寸的下拉菜单如图14-2所示。

4）若选择“定制尺寸”选项，则可以在高度、长度文本框中设定非标准图纸的尺寸。

5）在“比例”文本框中可以设定比例值。

6）选择“英寸”“毫米”单选框，可以设定图纸单位为英寸或毫米。

7）在如图14-3所示的“投影”选项组中设定投影的角度，右边图标为“第三角投影”，左边为“第一角投影”。

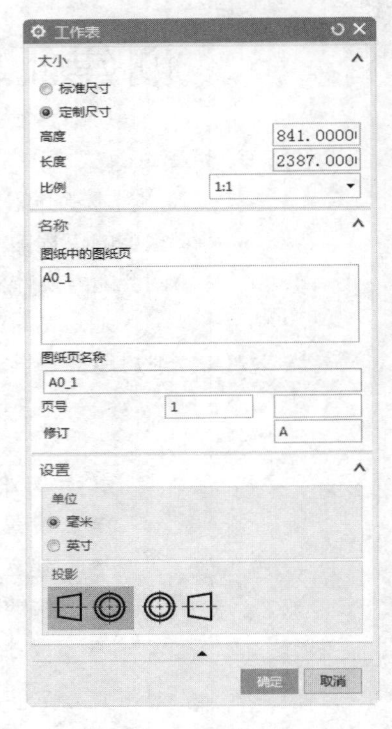

图14-1 “工作表”对话框

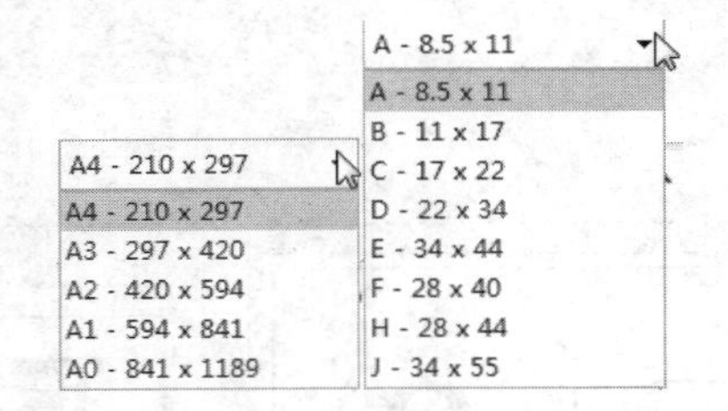

图14-2 毫米和英寸标准图纸的尺寸

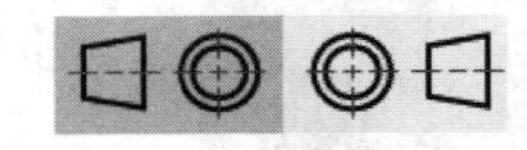

图14-3 投影的角度选项

14.1.2 编辑图纸

选择【菜单】→【编辑】→【图纸页】命令，系统弹出与图14-1所示相同的“工作表”对话框，在该对话框中可以修改在新建图纸时所设定的所有参数，包括图纸的名称。

14.2 建立工程视图

14.2.1 添加视图

选择【菜单】→【插入】→【视图】命令，得到如图 14-4 所示的“视图”菜单。在菜单中可以选择插入不同的视图类型，或单击【主页】选项卡，选择【视图】组中的视图类型插入视图，“视图”组如图 14-5 所示。

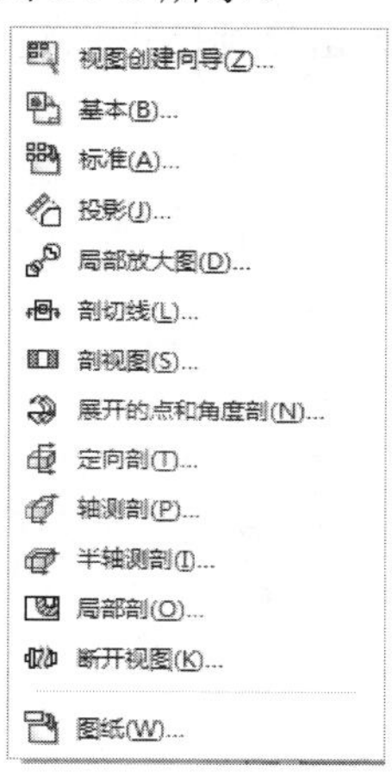

图 14-4　“视图”菜单

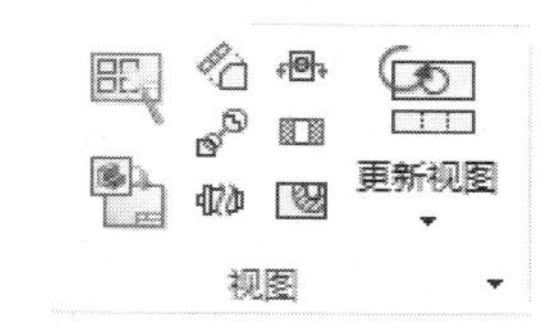

图 14-5　“视图”组

14.2.2 输入视图

1）在图 14-4 所示菜单中单击“基本视图”图标。系统弹出如图 14-6 所示的“基本视图”对话框。

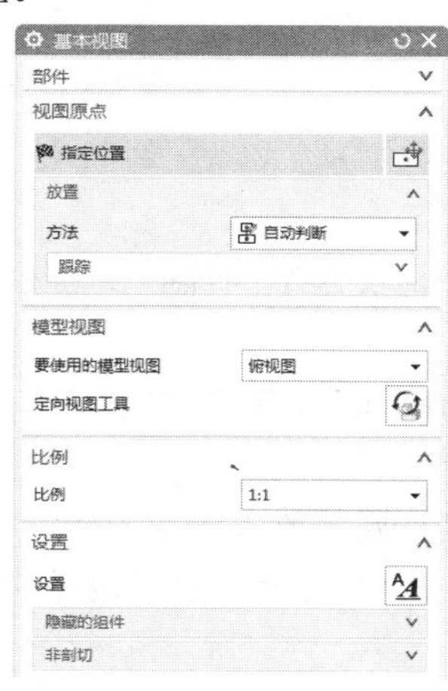

图 14-6　“基本视图”对话框

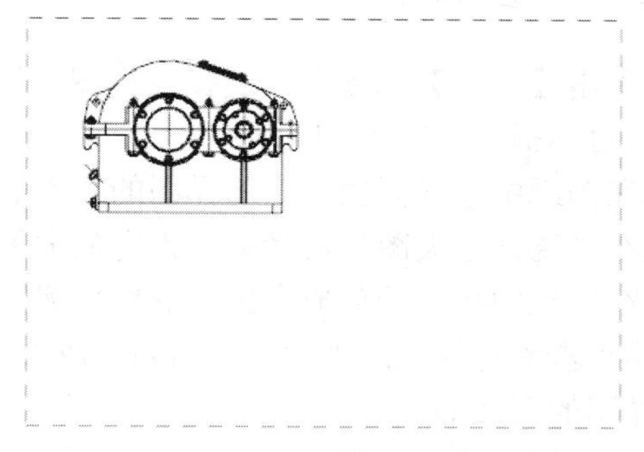

图 14-7　减速器主视图

2）在模型视图列表框中选择某个视图作为图纸的主视图。

3）在图纸中移动鼠标选择视图放置的位置，单击鼠标即可输入该视图。

新建的减速器主视图如图 14-7 所示。

14.2.3 建立投影视图

1）单击【主页】选项卡，选择【视图】组中的【投影视图】图标，系统打开“投影视图”对话框，如图 14-8 所示。

2）选择投影视图的父视图。

3）在图纸中移动鼠标选择投影视图的放置位置，单击鼠标就可以建立投影视图。投影视图的示意图如图 14-9 所示。

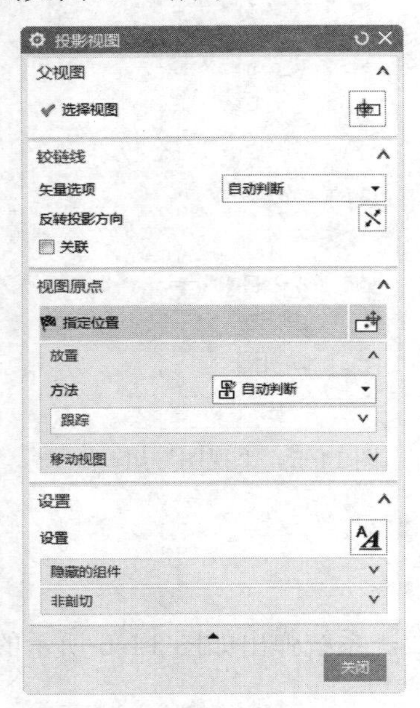

图 14-8 “投影视图”对话框

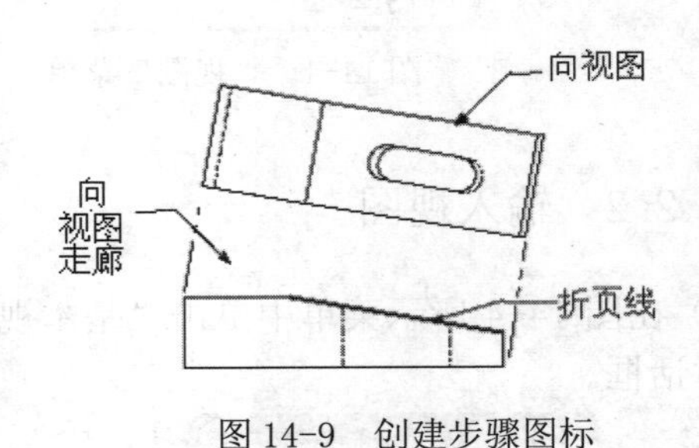

图 14-9 创建步骤图标

14.2.4 建立局部放大图

1）单击【主页】选项卡，选择【视图】组中的【局部放大图】图标，系统打开“局部放大图”对话框，如图 14-10 所示。

2）在图纸中选择要建立局部详图的中心点位置，移动鼠标确定详图的半径。

3）在“局部放大图”对话框中设定放大图的比例。

4）在图纸中指定局部放大图的放置位置单击，完成建立局部放大图。

上述步骤为选择“圆周边界”的局部放大图建立方法，当不选择“圆周边界”选项时，建立局部详图的方法如下：

1）在该视图中直接用光标划定要建立局部放大图的矩形范围。

2）设定放大图的比例。

3）在图纸中指定局部放大图的放置位置单击，完成建立矩形局部放大图。
同一位置的圆周边界局部放大图和矩形边界局部放大图如图 14-11 所示。

图 14-10　“局部放大图”对话框

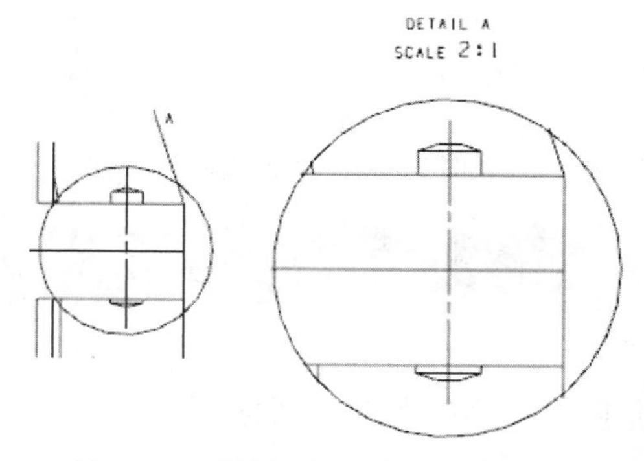

图 14-11　圆周、矩形边界局部放大图

14.2.5　建立剖视图

1）单击【主页】选项卡，选择【视图】组→【剖视图】图标，系统打开“剖视图”对话框，如图 14-12 所示。

2）在“截面线”方法下拉列表框中选择“简单剖/阶梯剖。

3）将铰链放在剖视图要剖切的位置。

4）在该视图中选择对象定义折页线的矢量方向。

5）在图形界面中将剖视图拖动到适当的位置单击，就可以建立简单剖视图。

建立的减速器剖视图如图 14-13 所示。

图 14-12 “剖视图”对话框

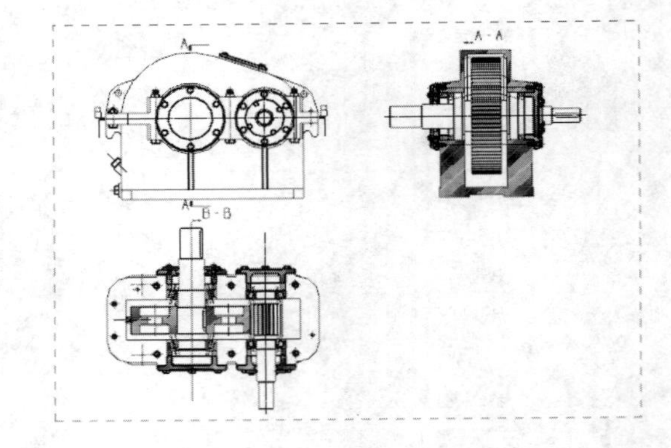

图 14-13 减速器剖视图

14.3 修改工程视图

14.3.1 移动和复制视图

选择【菜单】→【编辑】→【视图】→【移动/复制】命令，系统弹出“移动/复制视图”对话框，如图 14-14 所示。利用该对话框可以移动或复制视图，当不选择“复制视图”复选框时为移动视图，选择时为复制视图。对于复制视图，还可以在“视图名”文本框中设定新视图的名称。

移动或复制视图的方法完全相同，如下所述：

（1）至一点：

1）在图 14-14 所示对话框的列表中选择要移动或复制的视图，或者在图形界面中直接选取，既可以选择一个视图也可以选择多个视图，单击“不选视图”按钮，可以取消已选的视图。

2）选择“至一点”方法，在图形界面中移动光标至合适位置，单击就可以完成视图的移动或复制。

3）选择“至一点”方法后，系统下方出现如图 14-15 所示的文本框，在该文本框中输入点的坐标，然后按 Enter 键也可以完成视图的移动或复制。

注意

无论是移动或复制一个视图还是多个视图，所定义的点指的是所选第一个视图的中心位置。

（2）水平：

1）选择要移动或复制的视图。

2）选择“水平”方法，在图形界面中移动光标至合适位置，或者在如图 14-15 所示的文本框中输入点的坐标，单击或按 Enter 键完成视图的移动或复制。

移动或复制的视图时只能在水平方向移动或复制，所以输入的坐标也只有 XC 坐标有效。

（3）竖直：该方法与水平方法类似，不同的是移动或复制的视图时只能在竖直方向移动或复制，输入的坐标也只有 YC 坐标有效。

（4）垂直于直线：

1）选择要移动或复制的视图。

2）选择“垂直于直线”方法，利用矢量构造器或在图形界面中选择对象定义矢量。

3）在图形界面中移动光标至合适位置，移动时只能沿着垂直于所定义的矢量方向单击，完成视图的移动或复制。

（5）至另一图纸：

1）选择要移动或复制的视图。

2）选择“至另一图纸”方法，系统弹出对话框图 14-16 所示，在该对话框中选择要移至的图纸，单击“确定”按钮完成视图的移动或复制。

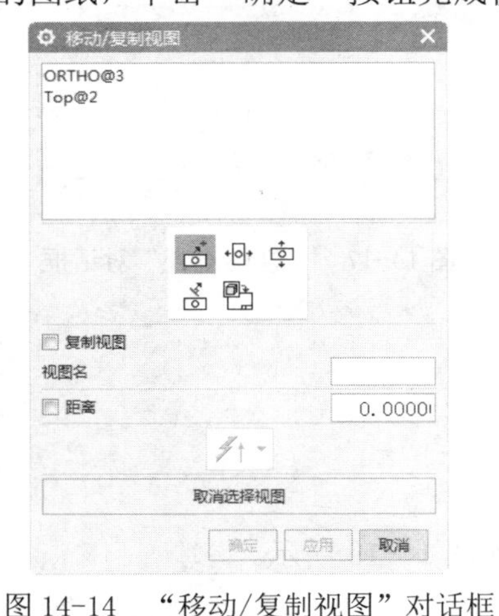

图 14-14　“移动/复制视图”对话框

图 14-15　点坐标文本框

图 14-16　“视图至另一图纸”对话框

14.3.2　对齐视图

选择【菜单】→【编辑】→【视图】→【对齐】命令，系统弹出“视图对齐”对话框，如图 14-17 所示。利用该对话框中可以对齐视图。

对齐的方法有叠加、铰链、水平、竖直、垂直于直线和自动判断 6 种。下面以水平对齐方

法为例介绍三种对齐选项。

1．视图

选择要对齐的视图。既可以选择活动视图，也可以选择参考视图。

2．对齐

（1）放置方法：

1）叠加：即重合对齐，系统会将视图的基准点进行重合对齐。

2）水平：系统会将视图的基准点进行水平对齐。

3）竖直：系统会将视图的基准点进行竖直对齐。

4）垂直于直线：系统会将视图的基准点垂直于某一直线对齐。

5）铰链：使用父视图的铰链线对齐所选投影视图。此方法仅可用于通过导入视图创建的投影视图。铰链方法使用 3D 模型点对齐视图。

6）自动判断：该选项中，系统会根据选择的基准点，判断用户意图，并显示可能的对齐方式。

（2）放置对齐：

1）模型点：

- 选择“模型点”方法后，利用“点”对话框或在要保持位置不变的视图中直接选取模型中的点。
- 在图 14-17 所示“视图对齐”对话框的列表中或者在图形界面中选择要对齐的视图。
- 选择“水平”对齐方法，系统自动完成对齐视图，对齐时第一步中选择的视图位置不变。

该方法以模型点在各个视图中的点作为对齐参考点在水平方向进行对齐，即视图只在竖直方向移动，水平坐标不变，如图 14-18 所示。

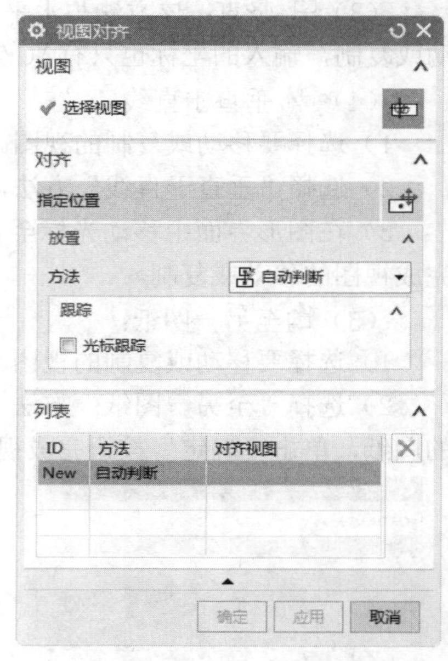

图 14-17 “视图对齐”对话框

2）对齐至视图：

- 选择“视图中心”方法，然后选择要保持位置不变的视图。
- 选择要对齐的视图。
- 选择“水平”对齐方法，系统自动完成对齐视图。

该方法以各个视图的中点作为对齐的参考点进行对齐，如图 14-19 所示。

3）点到点：

- 选择“点到点”方法，然后在要保持位置不变的视图中选择参考点。
- 在要对齐的视图中选择参考点。
- 选择“水平”对齐方法，系统自动完成对齐视图。

该方法将所选的参考点进行对齐，如图 14-20 所示。

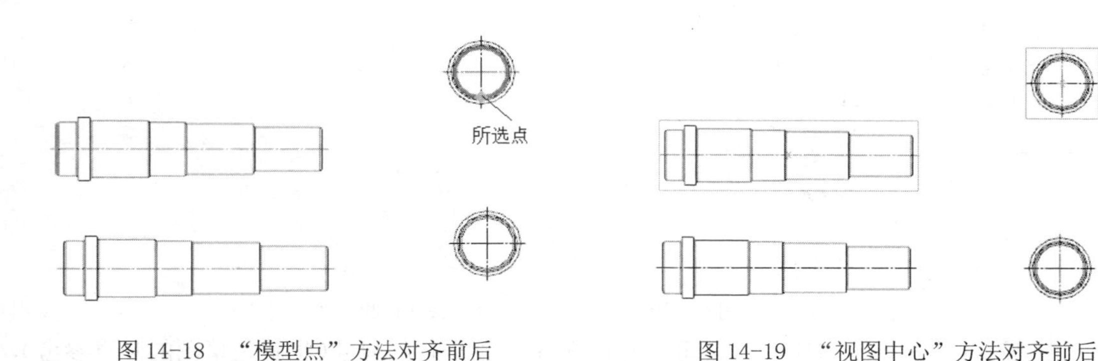

图 14-18　“模型点”方法对齐前后　　图 14-19　“视图中心”方法对齐前后

14.3.3　删除视图

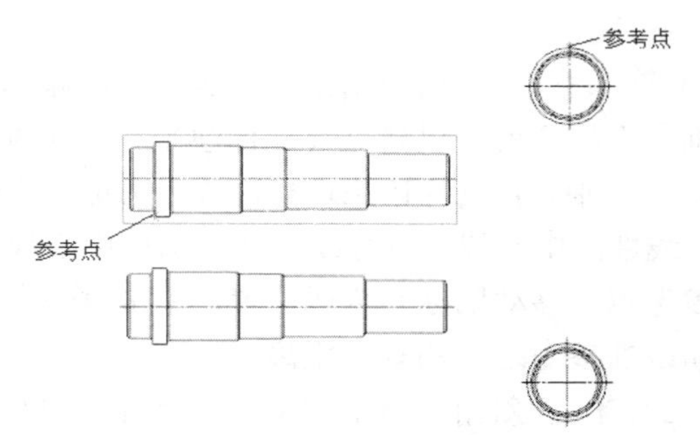

图 14-20　“点到点”方法对齐前后

1）选择【菜单】→【编辑】→【删除】命令，在弹出的类选择器对话框中选择要删除的视图，单击“确定”按钮，删除视图。

2）在图形界面中直接右击要删除的视图，然后在弹出的菜单中选择“删除”，删除该视图。

3）在部件导航器中直接右击要删除的视图，然后在弹出的菜单中选择“删除”，删除该视图。

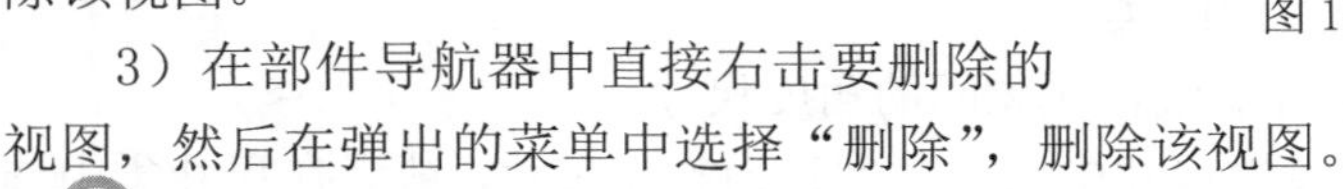

14.4　尺寸标注、样式、修改

14.4.1　尺寸标注

选择【菜单】→【插入】→【尺寸】命令，系统弹出“尺寸”菜单，如图 14-21 所示。在该菜单中选择相应选项可以在视图中标注对象的尺寸。“尺寸”组如图 14-22 所示，在该组中选择相应选项也可以标注尺寸。

尺寸标注具体方法如下：

（1）快速尺寸：可用单个命令和一组基本选择项从一组常规、好用的尺寸类型快速创建不同的尺寸。以下为快速尺寸对话框中的各种测量方法：

1）自动推断的：系统根据所选对象的类型和鼠标位置自动判断生成尺寸标注。可选对象包括点、直线、圆弧、椭圆弧等。

2）水平：用于指定与约束两点间距离的与 XC 轴平行的尺寸（也就是草图的水平参考），选择好参考点后，移动鼠标到合适位置，单击“确定”按钮就可以在所选的两个点之间建立水平尺寸标注。

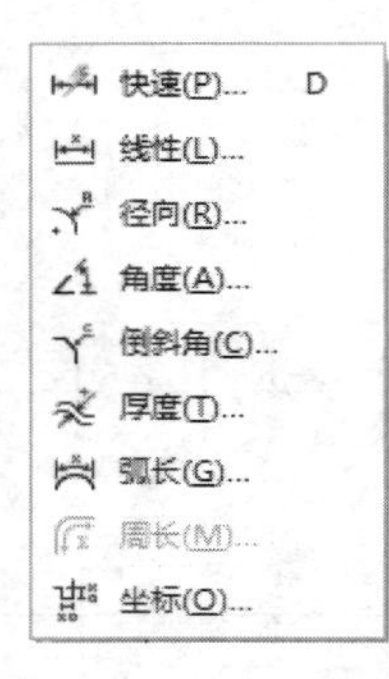

图 14-21 “尺寸”菜单

图 14-22 “尺寸”组

3）竖直：用于指定与约束两点间距离的与 YC 轴平行的尺寸（也就是草图的竖直参考），选择好参考点后，移动鼠标到合适位置，单击“确定”按钮就可以在所选的两个点之间建立竖直尺寸标注。

4）点到点：用于指定与约束两点间距离，选择好参考点后，移动鼠标到合适位置，单击“确定”按钮就可以建立尺寸标注平行于所选的两个参考点的连线。

5）垂直：选择该选项后，首先选择一个线性的参考对象，线性参考对象可以是存在的直线、线性的中心线、对称线或者是圆柱中心线。然后利用捕捉点工具条在视图中选择定义尺寸的参考点，移动鼠标到合适位置，单击“确定”按钮就可以建立尺寸标注。建立的尺寸为参考点和线性参考之间的垂直距离。

（2）倒斜角：用于定义倒角尺寸，但是该选项只能用于 45º 角的倒角。在尺寸型式对话框中可以设置倒角标注的文字、导引线等的类型。

（3）角度：用于标注两个不平行的线性对象间的角度尺寸。

（4）线性尺寸：可将 6 种不同线性尺寸中的一种创建为独立尺寸，或者在尺寸集中选择链或基线，创建为一组链尺寸或基线尺寸。以下为线性尺寸对话框中的测量方法（其中水平、竖直、点到点、垂直与上述快速尺寸中的一致，这里不再列举）：

1）圆柱式：该选项以所选两对象或点之间的距离建立圆柱的尺寸标注。系统自动将系统默认的直径符号添加到所建立的尺寸标注上，在尺寸型式对话框中可以自定义直径符号和直径符号与尺寸文本的相对关系。

2）孔标注：用于标注视图中的孔的尺寸。在视图中选取圆弧特征，系统自动建立尺寸标注，并且自动添加直径符号，所建立的标注只有一条引线和一个箭头。

（5）径向：用于创建 4 个不同的径向尺寸类型中的一种。

1）直径：用于标注视图中的圆弧或圆。在视图中选取圆弧或圆后，系统自动建立尺寸标注，并且自动添加直径符号，所建立的标注有两个方向相反的箭头。

2）径向：用于建立径向尺寸标注，所建立的尺寸标注包括一条引线和一个箭头，并且箭头从标注文本指向所选的圆弧。系统还会在所建立的标注中自动添加半径符号。

3）孔标注：用于建立大半径圆弧的尺寸标注。首先选择要建立尺寸标注的圆弧，然后选择偏置中心点和折线弯曲位置，移动鼠标到合适位置，单击鼠标建立带折线的尺寸标注。系统也会在标注中自动添加半径符号。

（6）厚度：用于标注等间距两对象之间的距离尺寸。 选择该项后，在图纸中选取两个同心而半径不同的圆，选取后移动鼠标到合适位置，单击鼠标系统标注出所选两圆的半径差。

（7）弧长：用于建立所选弧长的长度尺寸标注，系统自动在标注中添加弧长符号。

14.4.2　尺寸样式

单击【文件】选项卡，选择【首选项】→【制图】，系统弹出“制图首选项”对话框，如图 14-23 所示。在该对话框的公共选项和尺寸选项中可以设置尺寸标注的引线、箭头型式，设置主尺寸的精确度，设置公差的精确度，设置倒角标注的型式，设置文字选项，设置尺寸的单位以及标注半径、直径时的型式及符号。

图 14-23　“制图首选项”对话框

（1）公共：

1）文字：用于设置标注中的文字位置、对齐方式、大小、颜色、高度等。

2）直线/箭头：用于详细设置各种类型的箭头、引出线的类型、颜色、长短和位置等。

3）层叠：用于设置尺寸公差的放置和间距大小。

4）前缀/后缀：径向尺寸的位置和直径符号，倒斜角尺寸的位置和文本。

（2）尺寸：

1）公差：用于设置在尺寸标注中公差的类型、精度、公差、样式和文本位置等。

2）文本：用于控制尺寸的单位和角度、等尺寸标注的格式、精度、方向和位置等。

3）径向：用于设置直径和半径尺寸的标注样式。

4）倒斜角：用于设置倒斜角样式和指引线格式。

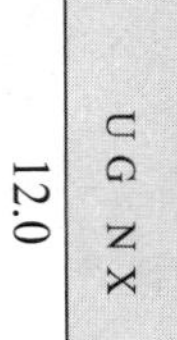

14.4.3 尺寸修改

尺寸标注完成后，如果要进行修改，可以鼠标左键双击尺寸，就可以重新出现尺寸对话框并出现尺寸编辑栏，如图14-24所示，修改成需要的形式即可。

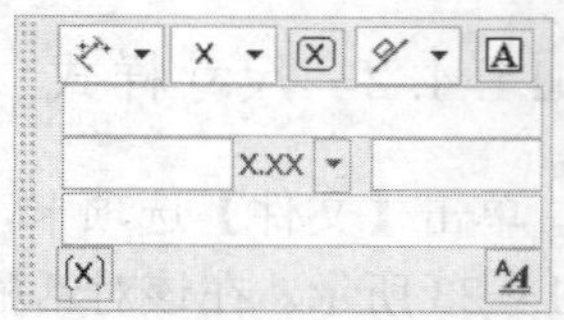

图14-24 尺寸编辑栏

如果需要进行更新修改，首先单击该尺寸，选中以后，单击鼠标右键，弹出如图14-25所示的快捷菜单。

1）原点：用于定义整个尺寸的起始位置和文本摆放位置等。

2）编辑：单击该按钮，系统回到尺寸标注环境，用户可以修改。

3）编辑附加文本。单击该按钮，弹出“注释编辑器”对话框，用于在尺寸上追加详细的文本说明。

4）其他：类似于基本软件的操作，可以删除、隐藏、编辑显示和线宽等操作。

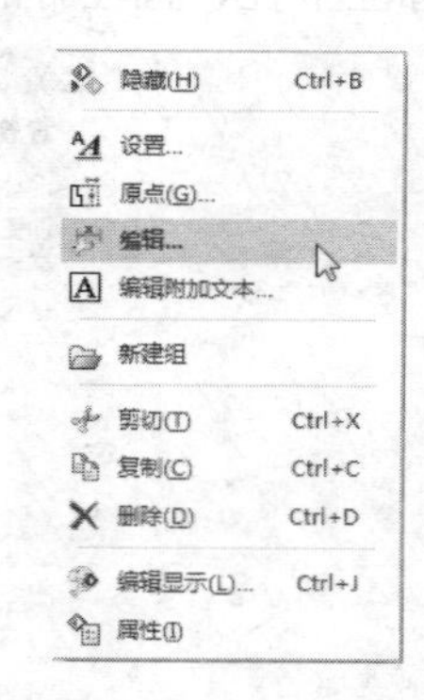

图14-25 标注尺寸的快捷菜单

14.4.4 注释

单击【主页】选项卡，选择【注释】组中的【注释】图标A，系统弹出如图14-26所示“注释”对话框，利用该对话框中可以插入形位公差符号，图面符号，自定义符号及附加文本等。选择【菜单】→【插入】→【注释】→【注释】命令也可以添加上述符号。

1. 原点

用于选择点的位置，既可以通过鼠标直接确认点位置，也可以通过原点工具确定。也可以设置原点的对齐要求，选择要注释的视图。

2. 指引线

为ID符号指定引导线。单击该按钮，可指定一条引导线的开始端点，最多可指定7个开始端点，同时每条引导线还可指定多达7个中间点。根据引导线类型，一般可选择尺寸线箭头、注释引导线箭头等作为引导线的开始端点。

3. 文本输入（见图14-26）

（1）编辑文本：用于编辑注释，具有复制、剪切、清除、粘贴及删除文本属性等功能。

（2）格式设置：用于编辑注释中的字体格式，用户可以在字体选项下拉列表框中选择所需字体。

（3）符号：

1）制图：单击该类别，进入常用制图符号设置状态，如图14-27所示。当要在视图中标注制图符号时，用户可以在对话框中单击所需制图符号，将其添加到注释编辑区，添加的符号会在预览区显示。如果要改变符号的字体和大小，可以用“注释编辑”工具栏进行编辑。添加制图符号后，可以在如图14-26所示对话框中，选择一种放置方法，将其放置到视图中的指定位置。

如果要在视图中添加分数或双行文本，可以先指定分数的显示形式，并在其文本框中输入文本内容，再选择一种注释放置方式将其放到视图中的指定位置。

如果要编辑已存在的制图符号，可以在视图中直接选取要编辑的符号。所选符号在视图中会加亮显示，其内容也会显示在注释编辑器的编辑窗口中，用户可以对其进行修改。

2）形位公差：单击该类别，进入常用形位公差设置状态，如图 14-28 所示。进行形位公差标注时，首先要选择公差框架格式，可以根据需要选择单个框架或组合框架，然后选择形位公差项目符号，并输入公差数值和选择公差的标准。如果是位置公差，还应该选择隔离线和基准符号。设置后的公差框会在预览窗口中显示，如果不符合要求，可在编辑窗口中进行修改。完成公差框设置后，选择一种注释放置方式，将其放置到视图中指定的位置。如果要编辑已存在的行为公差符号，可以在视图中直接选取要编辑的形位公差符号。所选符号在视图中会加亮显示，其内容也会显示在注释编辑器的编辑窗口和预览窗口中，用户可以对其进行修改。

图 14-26　“注释”对话框捷菜单

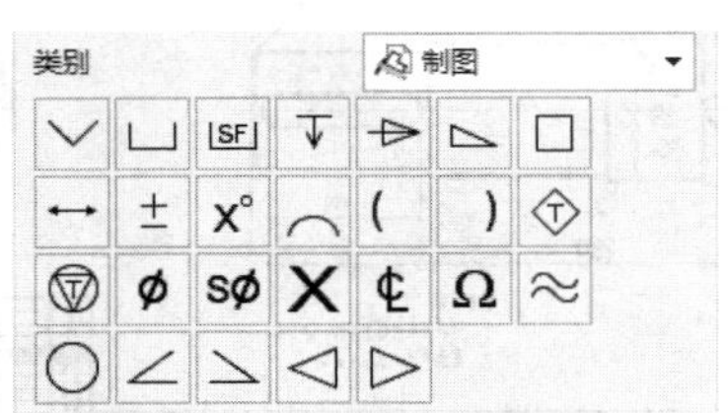

图 14-27　制图符号选项卡

图 14-28　形位公差符号选项卡

4．用户定义

单击该选项卡，进入用户自定义符号状态，如图 14-29 所示。如果已定义好自己的符号库，可以通过指定相应的符号库来加载相应的符号，同时可以设置符号的比例和投影。

5．关系

单击该选项卡，进入关系设置状态，如图 14-30 所示。可以将对象的表达式、对象属性和零件属性标注处理，并实现关联。

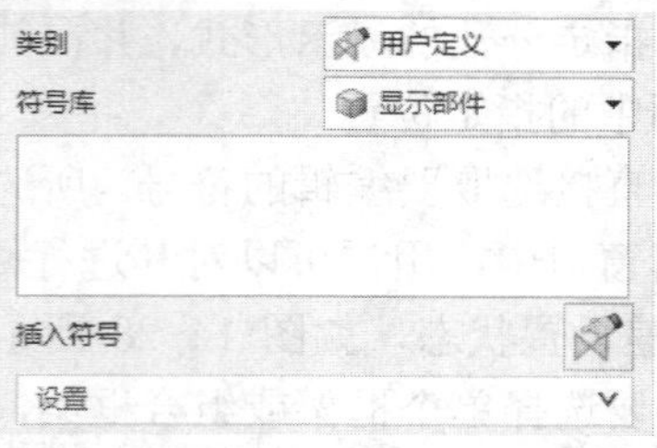

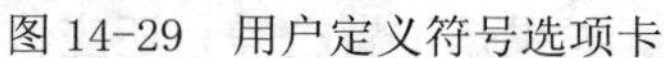
图 14-29　用户定义符号选项卡

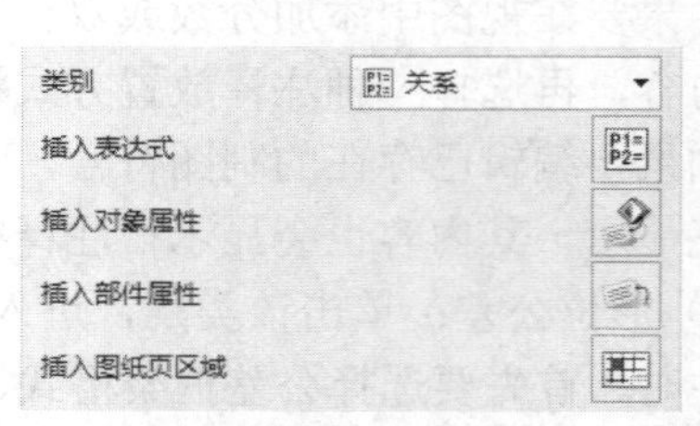

图 14-30　关系选项卡

14.5　综合实例

14.5.1　轴工程图

制作思路

主要介绍工程图的创建、各种视图的投影及编辑视图、注释预设置、标注各种尺寸和技术要求等操作，最后生成工程图如图 14-31 所示。

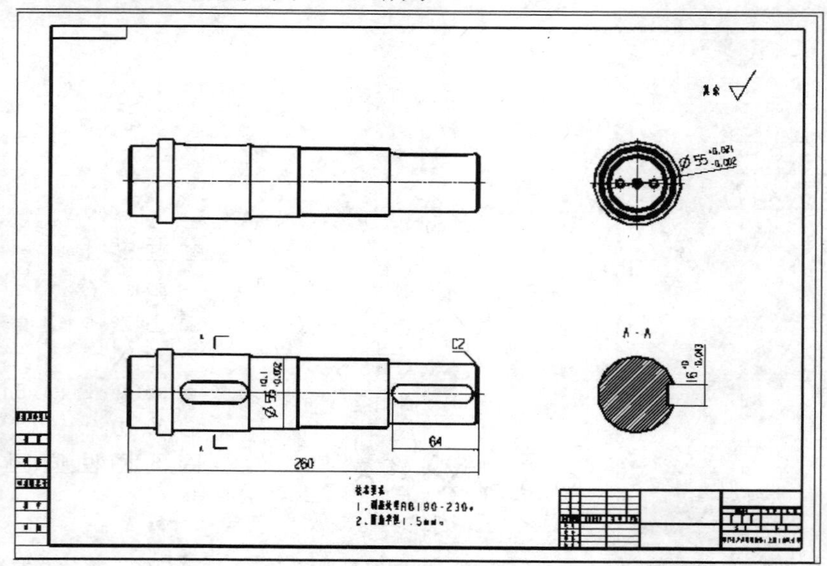

图 14-31　轴工程图

操作步骤如下：

01 选择【菜单】→【文件】→【新建】命令，弹出“新建”对话框。在图纸选项卡中选择 A2-无视图模型。在要创建图纸的部件下方单击【打开】按钮，加载传动轴 chuandongzhou 部件，在部件存在的文件目录下，输入新文件名 zhougongchengtu, 单击“确定”按钮，进入制图界面。

02 选择【菜单】→【首选项】→【制图】命令，弹出“制图首选项”对话框，选择【视图】→【公共】→【光顺边】，将其中的【显示光顺边】复选框关闭，如图 14-32 所示。单击“确定”按钮，关闭对话框，创建的工程视图将不显示光顺边。

03 创建基本视图。单击【主页】选项卡，选择【视图】组中的【基本视图】图标，弹出如图 14-33 所示的“基本视图”对话框。此时在窗口中出现所选视图的边框，在模型视图中选择合适的模型视图，拖拽视图到窗口的左下角单击，将选择的视图定位到图样中，以此作为三视图中的俯视图，效果如图 14-34 所示。

注意

如果生成俯视图跟书上的不太一样，那就需要单击定向视图工具按钮，调整视图方向。

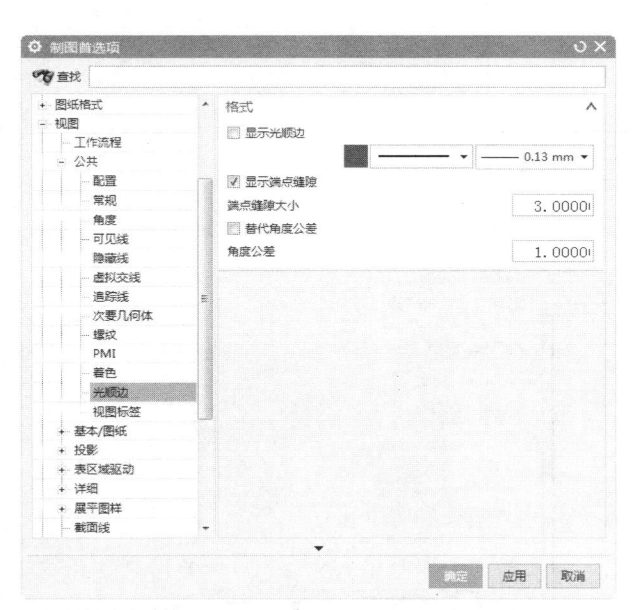

图 14-32　“制图首选项”对话框

图 14-33　“基本视图”对话框

04 添加投影视图。

❶单击【主页】选项卡，选择【视图】组中的【投影视图】图标，弹出“投影视图”对话框，如图 14-35 所示，为刚刚生成的俯视图建立正交投影视图。在图样中单击刚刚建立的俯视图作为正交投影的父视图。此时出现正交投影视图的边框，沿垂直方向拖曳视图，若投影方向不对，可以勾选“反转投影方向”复选框，在合适位置处单击，将正交投影图定位到图样中，以此视图作为三视图中的主视图，效果如图 14-36 所示。

❷在图样中单击刚刚建立的前视图作为正交投影的父视图，如图 14-37 所示。此时出现正交投影视图的边框，沿水平方向拖拽视图，在合适位置处单击，将正交投影图定位到图样中，以此视图作为三视图中的左视图，最终的三视图效果如图 14-38 所示。

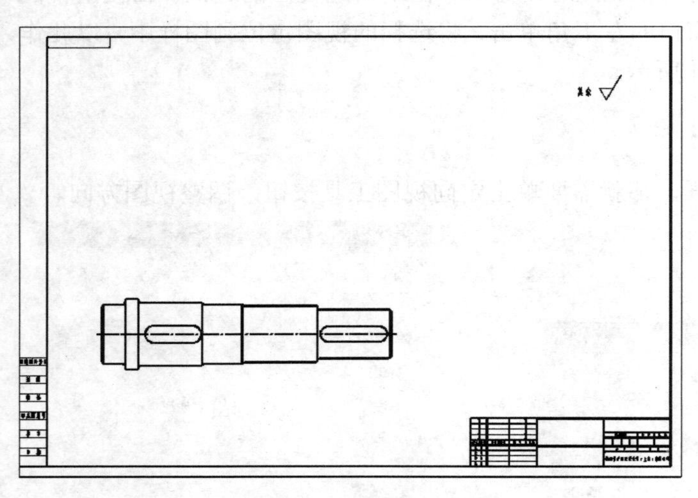

图 14-34　生成俯视图

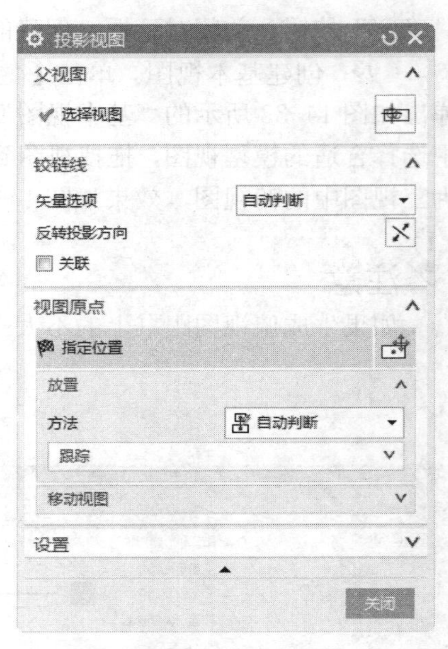

图 14-35　“投影视图”对话框

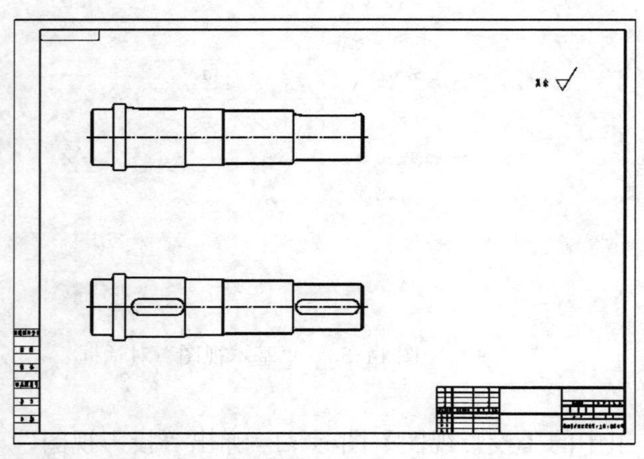

图 14-36　生成主视图

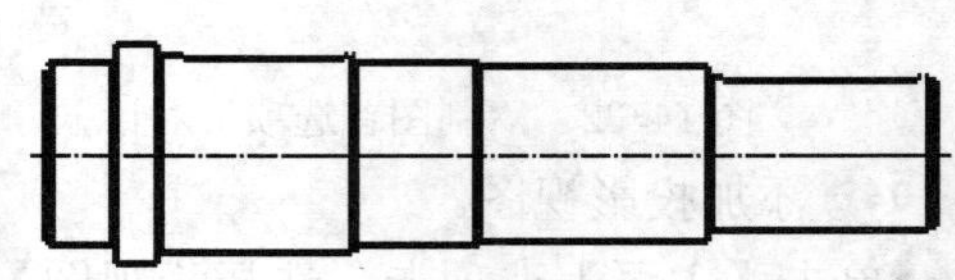

图 14-37　选择父视图

05 添加剖视图。

❶单击【主页】选项卡，选择【视图】组中的【剖视图】图标，弹出“剖视图”对话框，如图 14-39 所示，在图样中单击俯视图作为简单剖视图的父视图，如图 14-40 所示，系统激活点捕捉器，根据系统提示定义父视图的切割位置，选择如图 14-41 所示位置和方向作为切割线的位置和方向。

❷沿水平方向拖曳剖切视图到理想位置单击，将简单剖视图定位在图样中，效果如图 14-42 所示。

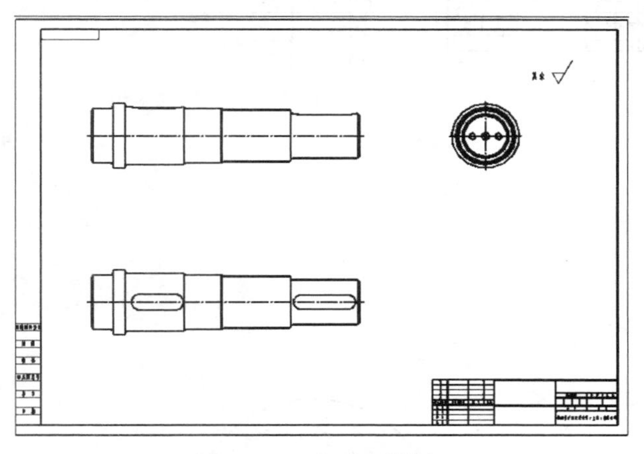

图 14-38　生成左视图

图 14-39　“剖视图”对话框

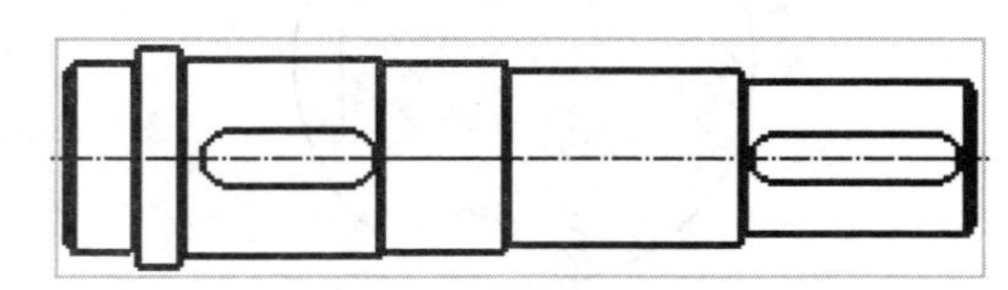

图 14-40　选择父视图

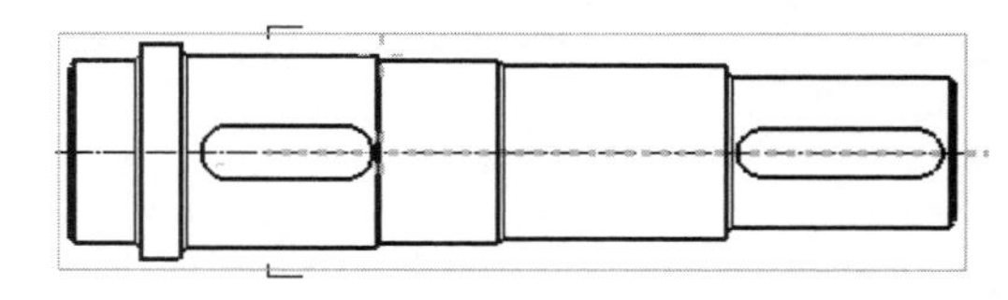

图 14-41　剖切线箭头位置

❸将光标放于剖视图标签处，单击鼠标左键将其选中，再单击鼠标右键，弹出如图 14-43 所示的命令菜单，选择其中的【设置】命令，弹出“设置”对话框。

❹在对话框中，单击【表区域驱动】→【标签】，然后将“前缀”文本框中的默认字符删除，字母高度因子设置为 3，将标签放于剖视图的上方，其他参数保持默认，如图 14-44 所示。单击“确定”按钮，图样中的剖视图标签变为“A-A”，效果如图 14-45 所示。

06 修改背景。

❶将光标放置于剖视图附近处，单击将其选中，然后单击鼠标右键，弹出如图 14-46 所示的命令菜单，选择其中的【设置】命令，弹出“设置”对话框。

❷在对话框中选择【表区域驱动】→【设置】选项，将其中的显示背景复选框关闭，如图 14-47 所示。

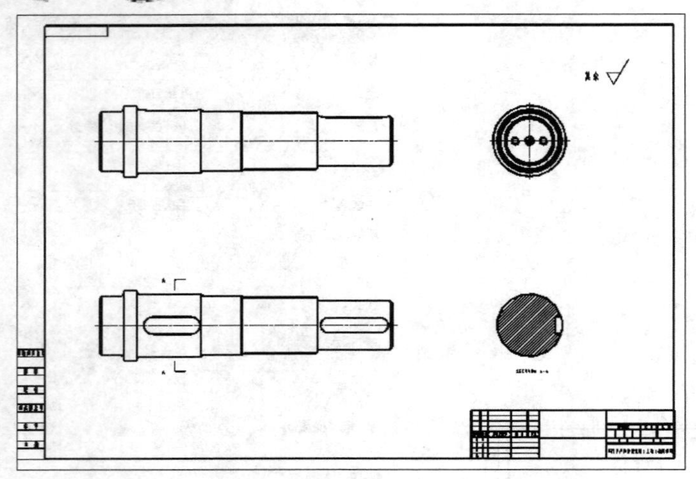
图 14-42　生成简单剖视图

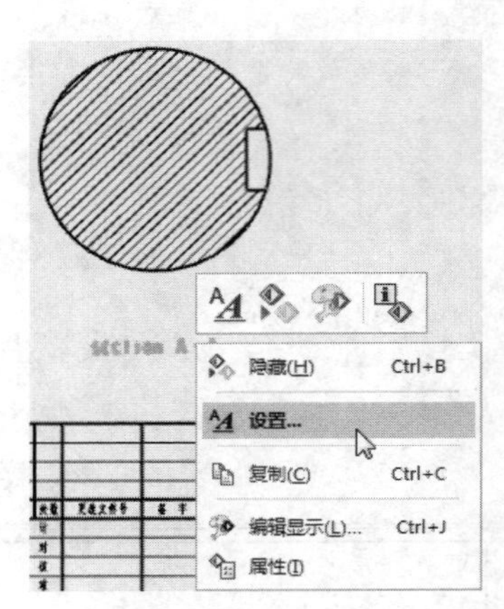

图 14-43　右键菜单

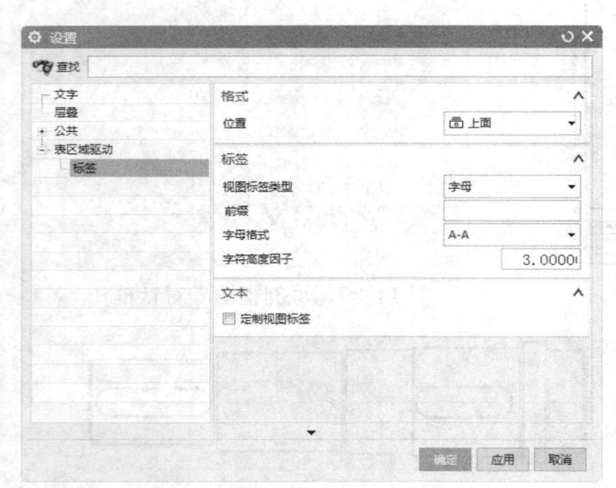

图 14-44　“设置”对话框

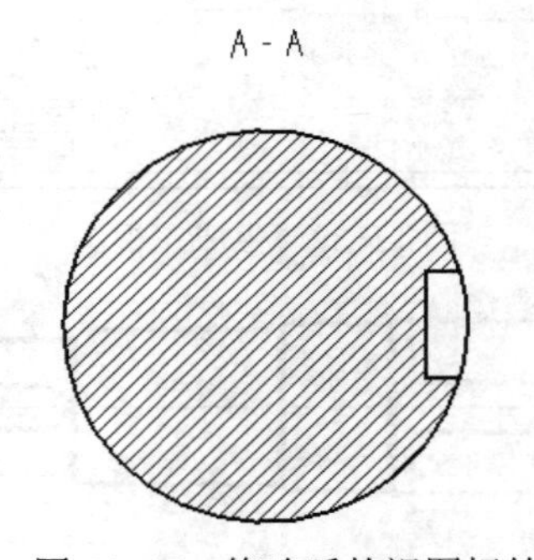

图 14-45　修改后的视图标签

❸单击【确定】按钮，则剖视图不显示背景投影线框，效果如图 14-48 所示。

07 设置注释。

❶选择【菜单】→【首选项】→【制图】，弹出“制图首选项”对话框。选择【尺寸】→【文本】→【单位】选项，按照图 14-49 所示设置长度单位和角度尺寸显示类型。继续在制图首选项对话框中选择【尺寸】→【公差】选项，按照图 14-50 所示设置公差的类型、文本位置等参数。

❷在“制图首选项”对话框中选择【公共】→【文字】选项，选择【尺寸】→【文本】→【附加文本】选项，选择【尺寸】→【文本】→【尺寸文本】选项，选择【尺寸】→【文本】→【公差文本】选项，按照图 14-51 所示设置各类字符的高度、字体间隙因子、宽高比及字体格式等参数。

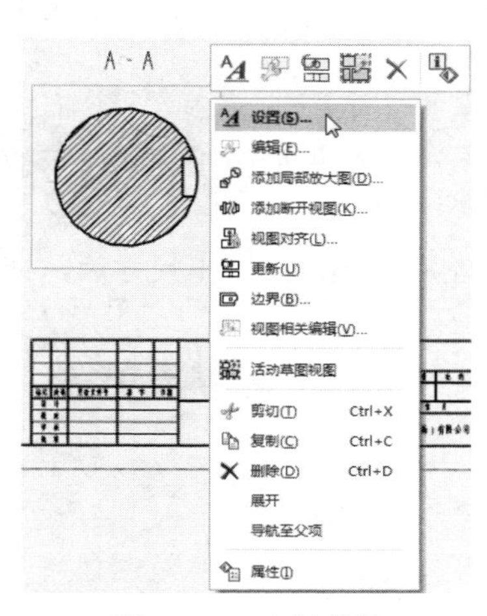

图 14-46　右键菜单

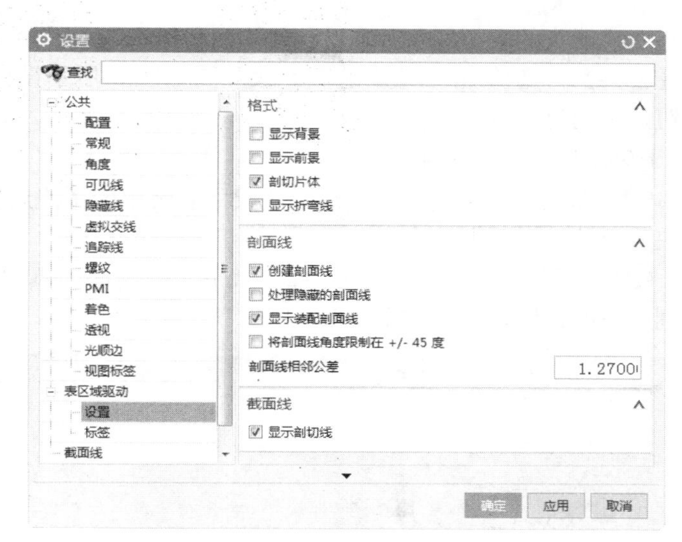

图 14-47　“表区域驱动”选项卡

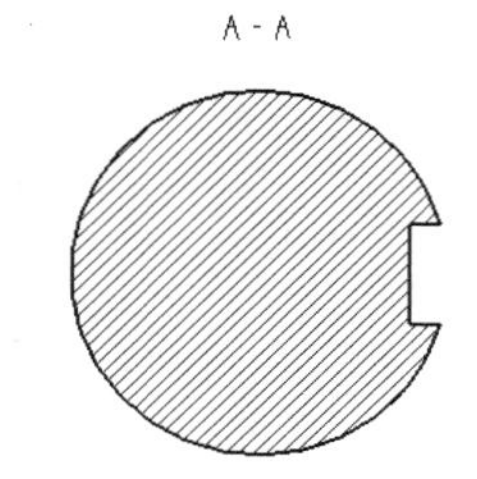

图 14-48　修改后的剖视图

图 14-49　单位　　　　图 14-50　尺寸

❸在“制图首选项”对话框中选择【公共】→【直线/箭头】选项，按照图 14-52 所示设

置尺寸线箭头的类型和参数，以及尺寸线和指引线的显示颜色。继续在制图首选项对话框中选择【公共】→【前缀/后缀】选项，按照图 14-53 所示设置直径和半径的符号。单击【确定】按钮，关闭对话框。

08 标注水平尺寸。

❶单击【主页】选项卡，选择【尺寸】组中的【快速】图标，弹出如图 14-54 所示的“快速尺寸”对话框。

❷在对话框的测量方法中选择“水平”，然后选择俯视图的左右两端，在弹出尺寸后，拖动到合适的位置单击，结果如图 14-55 所示。

a) 公共文字

b) 附件文本

c) 尺寸文本

d) 公差文本

图 14-51　文字

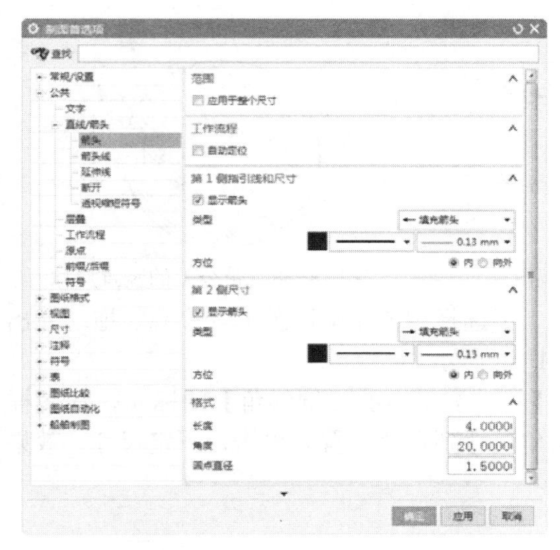

图 14-52　直线/箭头

图 14-53　前缀/后缀

图 14-54　"快速尺寸"对话框

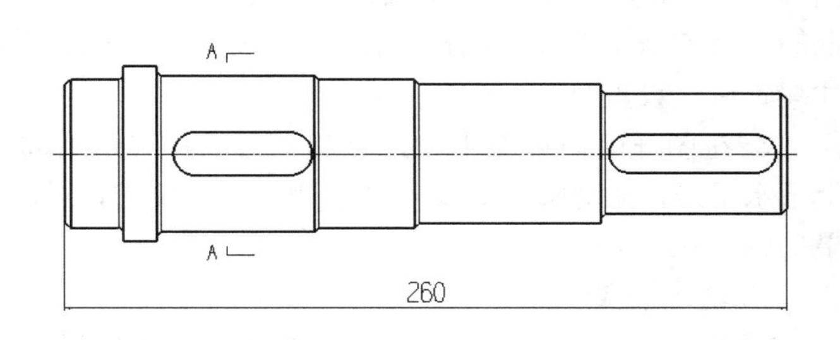

图 14-55　水平尺寸

09 标注公差。选择好尺寸的两端后，在拖动尺寸的过程中单击鼠标右键，在弹出的快捷菜单（见图 14-56）中选择编辑，在弹出的"尺寸编辑栏"（见图 14-58）中左上角第一个选项中，选择双向公差，然后编辑上极限偏差为 0，下极限偏差为-0.043，公差小数点为 3。最后单击图 14-57 所示的退出编辑模式按钮，拖动尺寸到合适位置单击，将竖直尺寸固定在光标指定的位置处，效果如图 14-58 所示。

10 标注垂直尺寸。

❶单击【主页】选项卡，选择【尺寸】组中的【快速尺寸】图标，弹出如图 14-54 所示的"快速尺寸"对话框，在对话框的测量方法中选择"垂直"。

图 14-56 快捷菜单

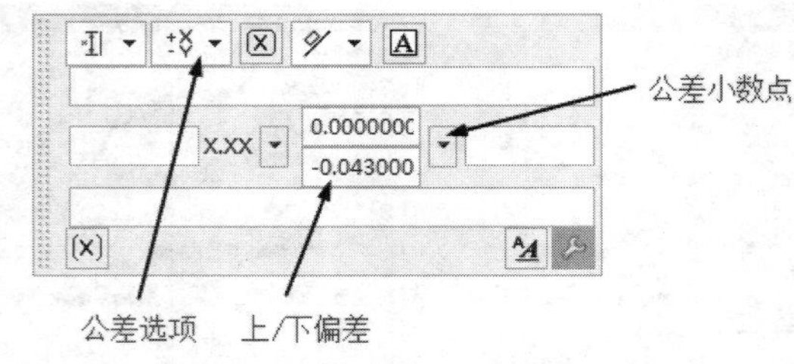

图 14-57 尺寸编辑栏

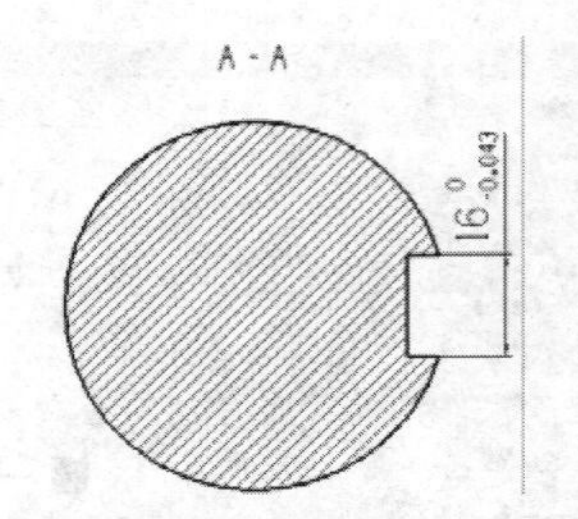

图 14-58 带公差的竖直尺寸

❷在图样的俯视图中，选择最右端的竖直直线，再选择键槽左端圆弧的最高点。拖动弹出的尺寸到合适位置处单击，固定尺寸，效果如图 14-59 所示。

11 标注倒角。单击【主页】选项卡，选择【尺寸】组中的【倒斜角】图标，在图样的俯视图中，选择右上角的倒角线，拖动弹出的倒角尺寸到合适位置处单击，固定尺寸，效果如图 14-60 所示。

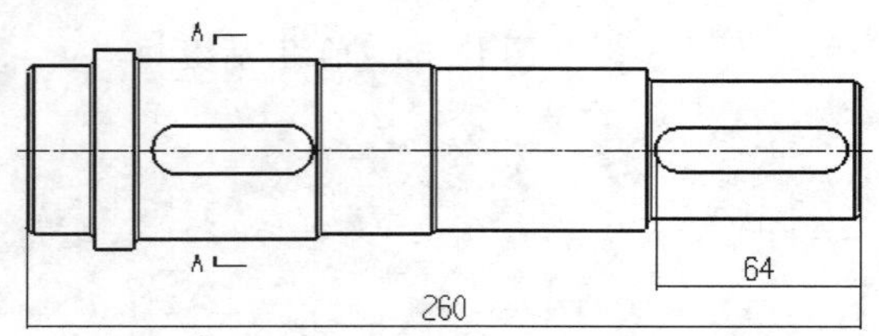
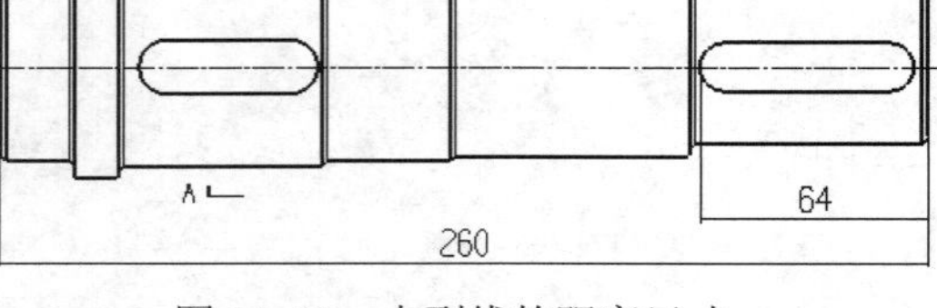

图 14-59 点到线的距离尺寸

图 14-60 倒角尺寸

12 标注“圆柱坐标系”尺寸。

❶单击【主页】选项卡，选择【尺寸】组中的【快速尺寸】图标，弹出如图 14-54 所示的“快速尺寸”对话框，在对话框的测量方法中选择“圆柱坐标系”。按如图 14-61 所示的“尺寸编辑栏”设置公差。

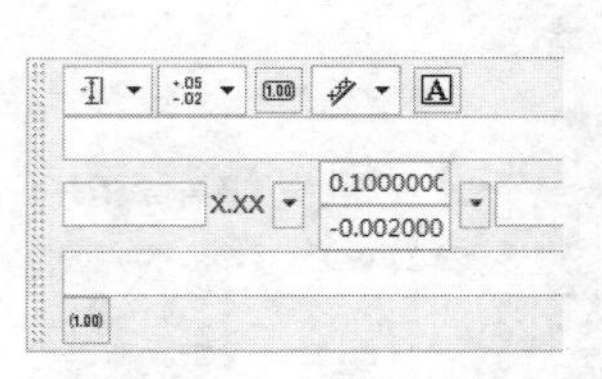

图 14-61 设置公差

❷在图样的俯视图中，选择第三段圆柱（从右向左数）的上下水平线，拖动圆柱形尺寸到合适位置处单击，固定尺寸，效果如图 14-62 所示。

13 标注直径。

❶单击【主页】选项卡，选择【尺寸】组中的【快速】图标，弹出如图 14-54 所示的“快速尺寸”对话框，在对话框的测量方法中选择“直径”，按照图 14-63 所示设置公差。

❷在图样的左视图中，选择中间圆，旋转直径尺寸到合适位置处单击，固定尺寸，效果如图 14-64 所示。

工程图的整体效果如图 14-65 所示。

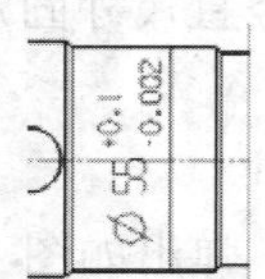

图 14-62 带公差的圆柱副尺寸

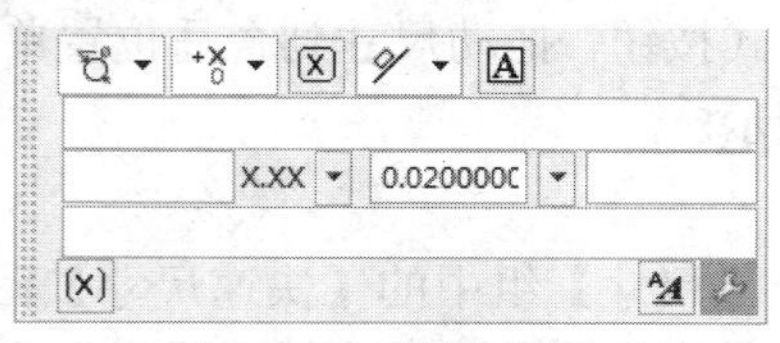

图 14-63 设置公差

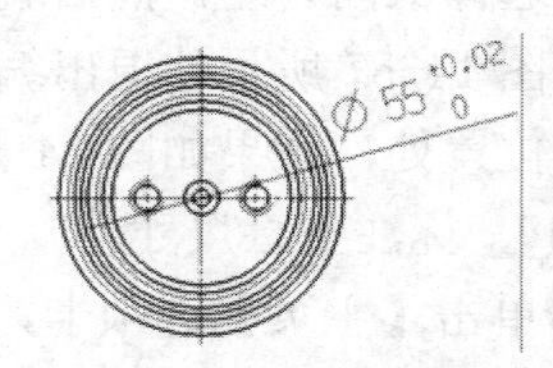

图 14-64 带公差的直径尺寸

14 单击【主页】选项卡，选择【注释】组中的【注释】图标A，弹出如图 14-65 所示的“注释”对话框。然后在文本框中输入如图 14-66 所示的技术要求文本，拖动文本到合适位置处单击，将文本固定在图样中，效果如图 14-67 所示。

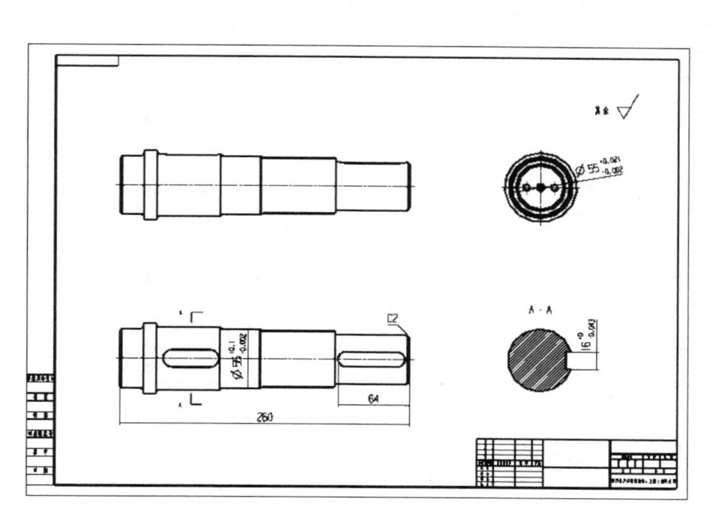

图 14-65　轴零件的工程图

图 14-66　“注释”对话框

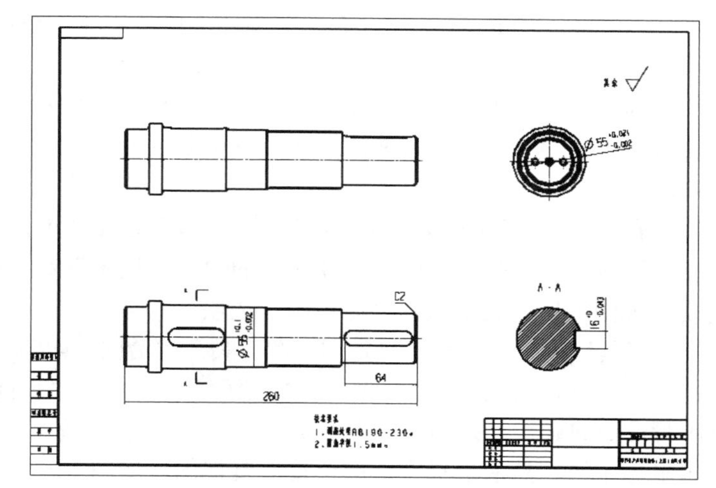

图 14-67　生成的技术要求文本

14.5.2　齿轮泵装配工程图

制作思路

本例创建的齿轮泵装配工程图如图 14-68 所示。首先创建主视图，然后创建剖视图，再标注尺寸，最后创建零件明细表。

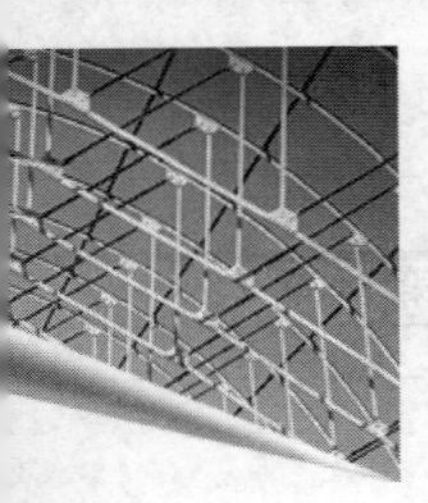

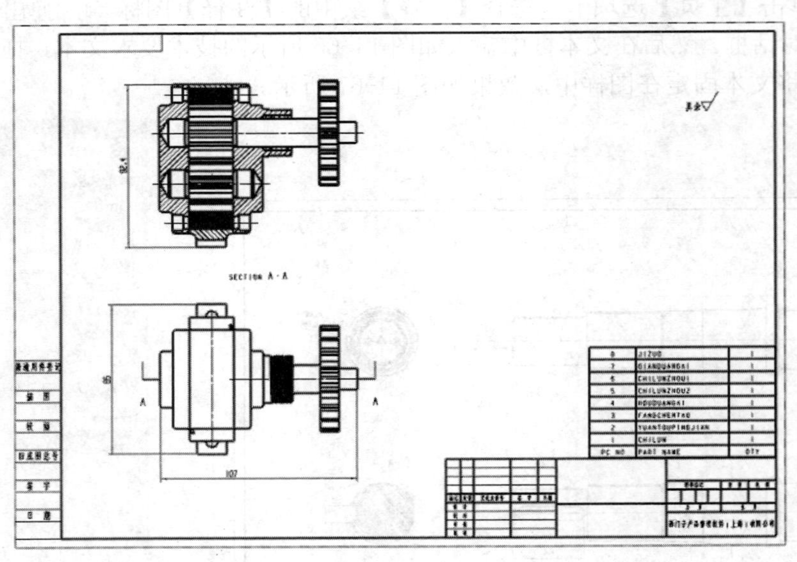

图 14-68　齿轮泵装配工程图

01 打开文件。

❶单击【主页】选项卡，选择【标准】组中的【打开】图标，在弹出的“打开”对话框中，选择“文件名”为“bengzhuangpei.prt”装配零件，单击“OK”按钮，打开齿轮泵零件图形。

❷单击【文件】选项卡，选择【新建】图标，弹出“新建”对话框。单击【图纸】选项卡，选择【A3-无视图】模板，单击【确定】按钮，进入 UG 主界面。

02 添加基本视图。

❶选择【菜单】→【插入】→【视图】→【基本】命令，或单击【主页】选项卡，选择【视图】组中的【基本视图】图标，弹出如图 14-69 所示的“基本视图”对话框。

❷在要使用的模型视图下拉列表中选择“俯视图”选项。

❸单击“定向视图工具”按钮，弹出“定向视图工具”对话框，如图 14-70 所示。

❹在“X 向指定矢量”下拉列表中单击“YC 轴”按钮，再单击“反向”按钮，单击“确定”按钮，完成俯视图的旋转，如图 14-71 所示。

❺在绘图区单击鼠标中键，然后选择合适的位置放置视图，如图 14-72 所示。

03 添加剖视图。

❶选择【菜单】→【插入】→【视图】→【剖视图】命令，或单击【主页】选项卡，选择【视图】组→【剖视图】图标，弹出如图 14-73 所示的“剖视图”对话框。

❷选择要剖切的视图，指定折叶线方向和位置，然后放置剖切视图，如图 14-74 所示。

04 设置简单剖视图。

❶在部件导航器中选择上步创建的剖视图，单击鼠标右键，在快捷菜单中选择“编辑”选项，弹出“剖视图”对话框，选择“设置”选项卡中的“非剖切”单选钮，如图 14-75 所示。在视图中选择“齿轮轴零件”为不剖切零件，如图 14-76 所示。

图 14-69　“基本视图”对话框

图 14-70　“定向视图工具”对话框

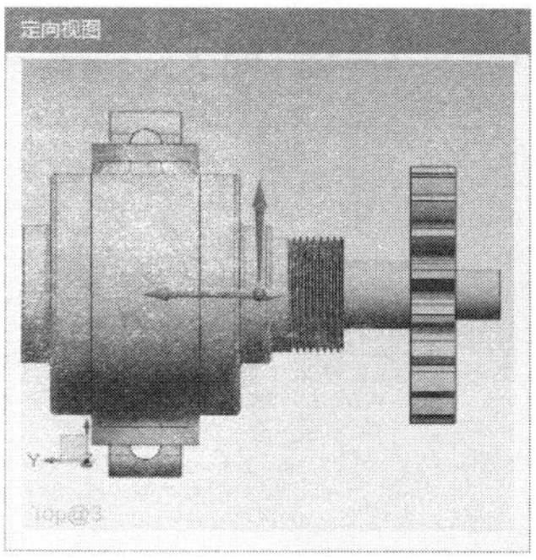

图 14-71　旋转俯视图

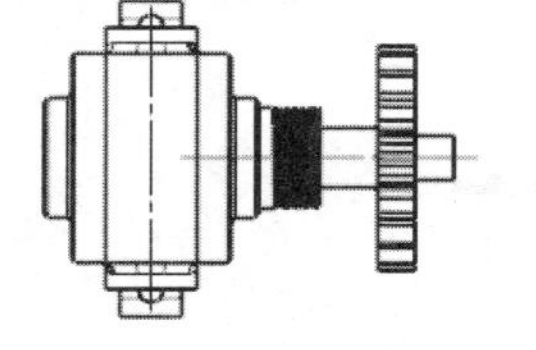

图 14-72　创建基本视图

图 14-73　“剖视图”对话框

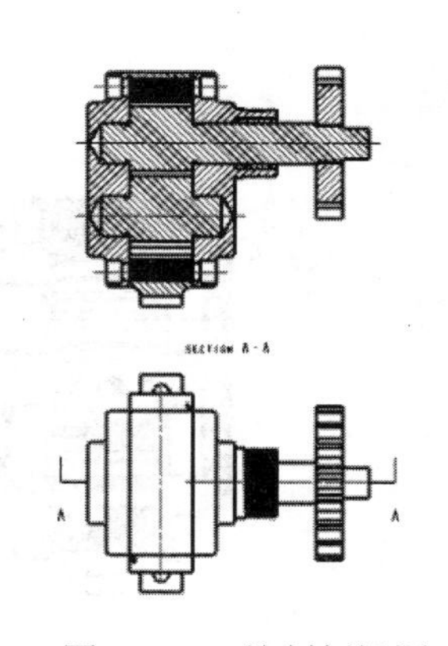

图 14-74　绘制剖视图

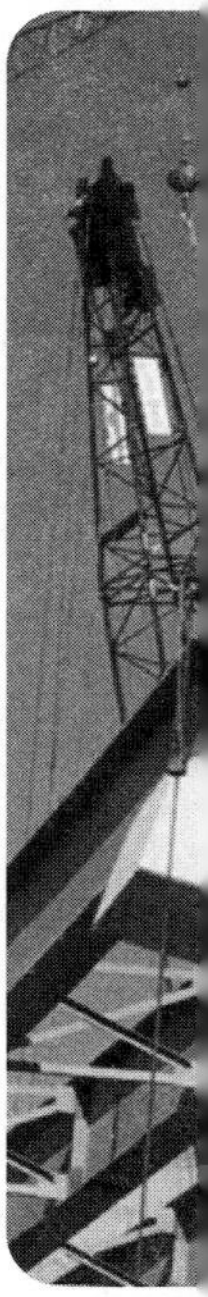

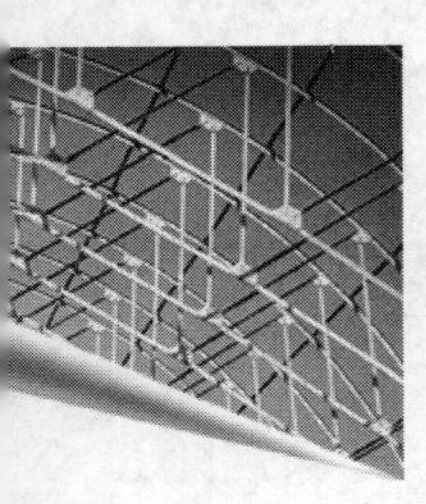

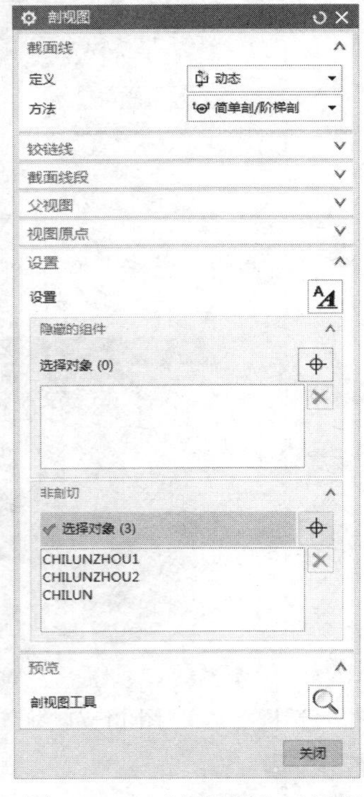

图 14-75　“剖视图”对话框

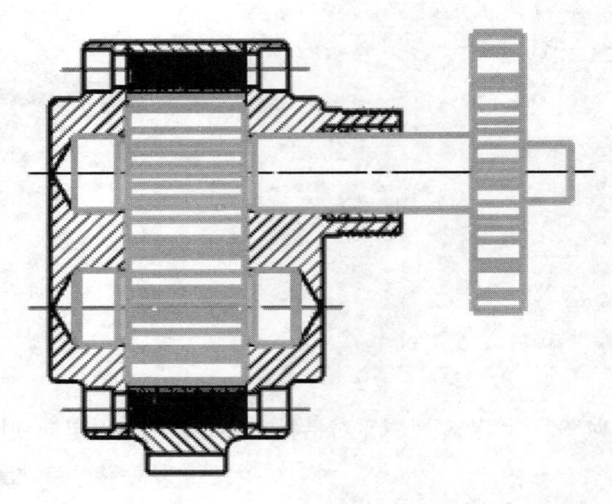

图 14-76　选择不剖切零件

❷单击“确定”按钮，剖视图中的齿轮轴零件将不被剖切。可以看到轴零件处于不剖切状态，如图 14-77 所示。

05 标注尺寸。

❶选择【菜单】→【插入】→【尺寸】→【快速】命令或单击【主页】选项卡，选择【尺寸】组中的【尺寸】图标，弹出如图 14-78 所示“快速尺寸”对话框。

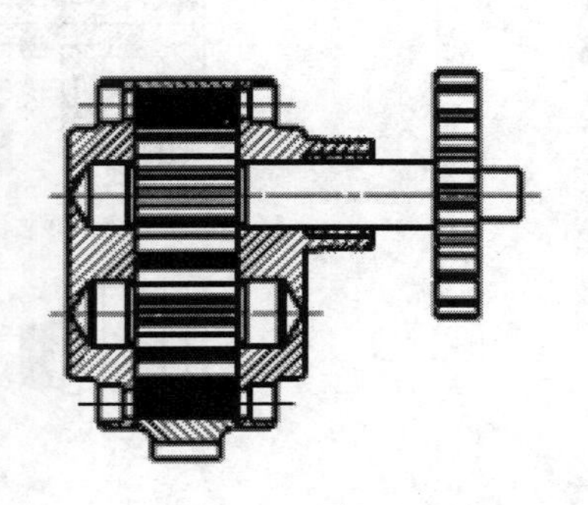

图 14-77　不剖处理效果

图 14-78　“快速尺寸”对话框

❷在对话框中选择测量方法为“水平”，在绘图区标注水平尺寸，再选择测量方法为“竖直”，标注相应的竖直尺寸。

❸标注尺寸后的工程图如图 14-79 所示。

06 插入明细表。

❶单击【菜单】→【插入】 →【表】→【零件明细表】命令，在绘图区插入明细表。

❷选中一个单元格，右击，弹出如图 14-80 所示快捷菜单，利用快捷菜单中的命令可以对插入的明细表进行编辑。

❸拖动零件明细表到合适的位置。插入明细表后的工程图如图 14-68 所示。

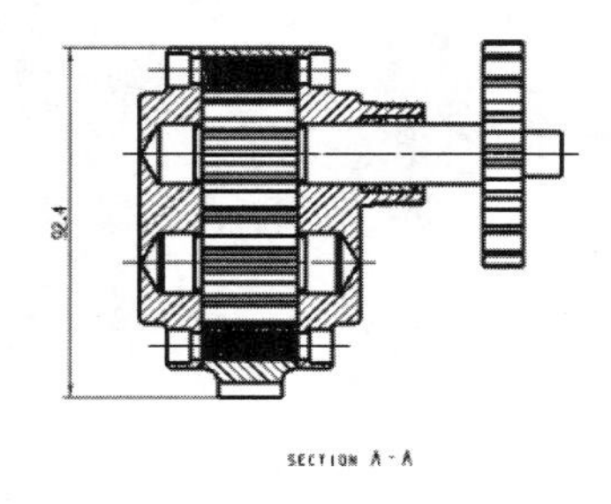

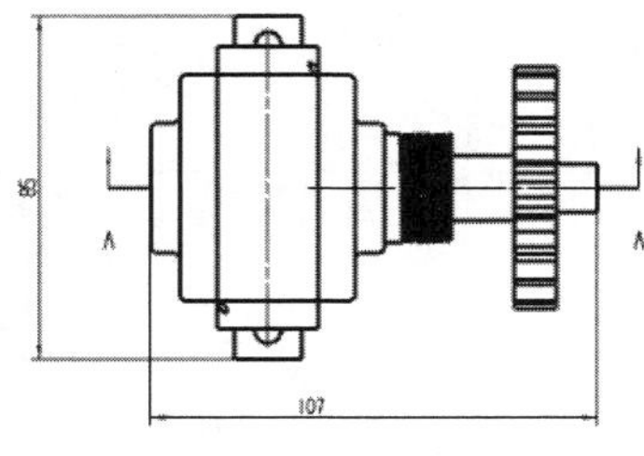

图 14-79　标注尺寸后的工程图

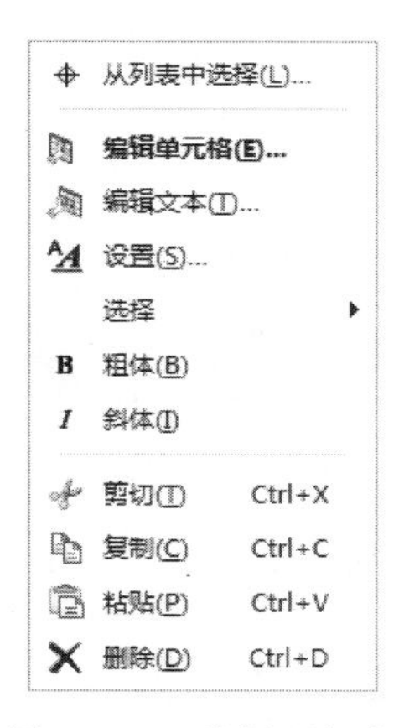

图 14-80　编辑明细表菜单

第15章

有限元分析

本章主要介绍建立有限元分析时模块的选择，分析模型的建立，分析环境的设置，如何为模型指定材料属性，添加载荷、约束和划分网格等操作。

用户建立完成有限元模型后，若对模型的某一部分感到不满意，可以重新对有限元模型不满意的部分进行编辑，有限元模型编辑功能主要包括分析模型的编辑，主模型尺寸的编辑，二维网格的编辑和属性编辑器。最后介绍有限元模型的分析和对求解结果的后处理。

重点与难点

- 有限元模型和仿真模型的建立
- 添加载荷
- 边界条件的加载
- 划分网络
- 创建解法
- 单元操作
- 分析
- 后处理控制

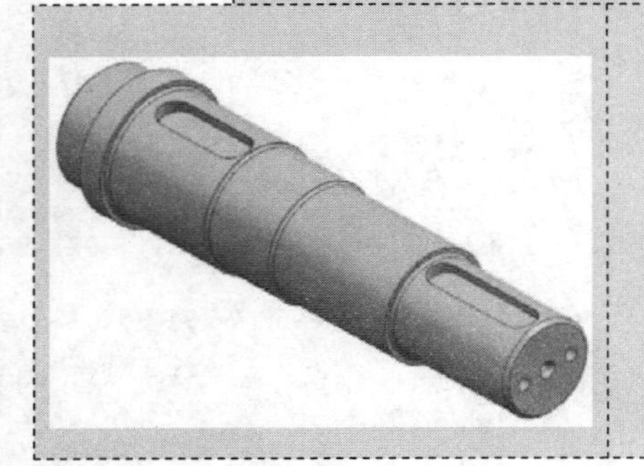

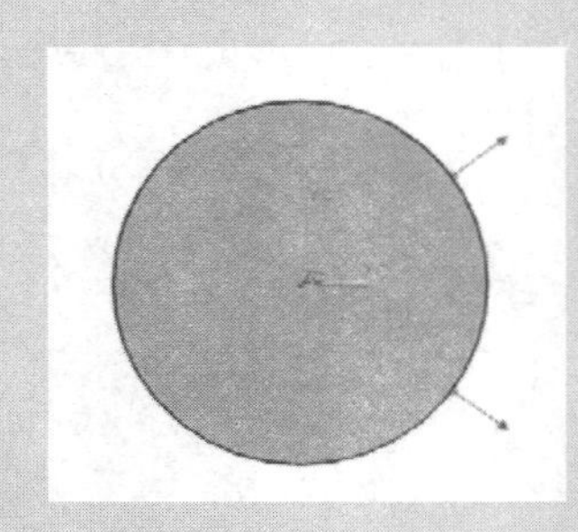

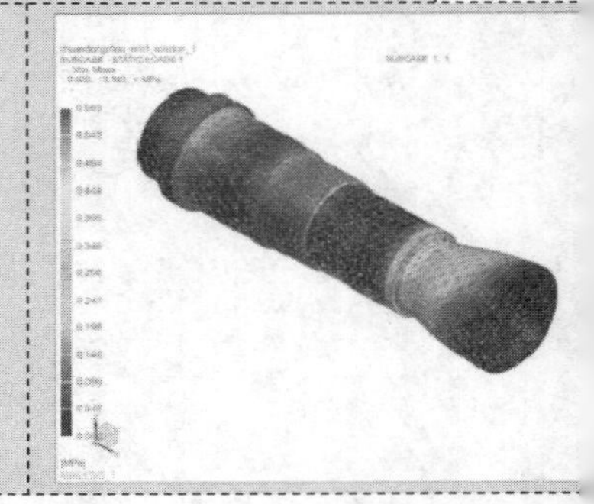

15.1 分析模块的介绍

在 UG NX 系统的高级分析模块中，首先将几何模型转换为有限元模型，然后进行前置处理包括赋予质量属性，施加约束和载荷等，接着提交解算器进行分析求解，最后进入后置处理，采用直接显示资料或采用图形显示等方法来表达求解结果。

该模块是专门针对设计工程师和对几何模型进行专业分析的人员开发的，功能强大，采用图形应用接口，使用方便，具有以下 4 个特点：

1）图形接口，交互操作简便。

2）前置处理功能强大。在 UG NX 系统中建立模型，在高级分析模块中可直接将其转化成有限元模型并可以对模型进行简化，忽略一些不重要的特征。可以添加多种类型载荷，指定多种边界条件，采用网格生成器自动生成网格。

3）支持多种分析求解器，包括 NX.NASTRAN，NX 热流，NX 空间系统热，MSC.NASTRAN，ANSYS 和 ABAQUS 等，且具有多种分析解算类型包括结构分析、稳态分析、模态分析、热和热-结构分析等。

4）后置处理功能强大。后置处理器在一个独立窗口中运行，可以让分析人员同时检查有限元模型和后置处理结果，结果可以以图形的方式直观地显示出来方便分析人员的判断，分析人员也可以采用动画形式反映分析过程中对象的变化过程。

UG NX 的分析模块主要包括以下 5 种分析类型：

1）结构（线性静态分析）：在进行结构线性静态分析时，可以计算结构的应力、应变、位移等参数。施加的载荷包括力、力矩、温度等，其中温度主要计算热应力。可以进行线性静态轴对称分析（在环境选中轴对称选项）。结构线性静态分析是使用最为广泛的分析之一，UG NX 根据模型的不同和用户的需求提供极为丰富的单元类型。

2）稳态（线性稳态分析）：线性稳态分析主要分析结构失稳时的极限载荷和结构变形，施加的载荷主要是力，不能进行轴对称分析。

3）模态（标准模态分析）：模态分析主要是对结构进行标准模态分析，分析结构的固有频率、特征参数和各阶模态变形等，对模态施加的激励可以是脉冲、阶跃等。不能进行轴对称分析。

4）热（稳态热传递分析）：稳态热传递分析主要是分析稳定热载荷对系统的影响，可以计算温度、温度梯度和热流量等参数，可以进行轴对称分析。

5）热-结构（线性热结构分析）：线性热结构分析可以看成结构和热分析的综合，先对模型进行稳态热传递分析，然后对模型进行结构线性静态分析，应用该分析可以计算模型在一定温度条件下施加载荷后的应力和应变等参数。可以进行轴对称分析。

"轴对称分析"表示如果分析模型是一个旋转体，且施加的载荷和边界约束条件仅作用在旋转半径或轴线方向，则在分析时，可采用一半或四分之一的模型进行有限元分析，这样可以大大减少单元数量，提高求解速度，而且对计算精度没有影响。

15.2 有限元模型和仿真模型的建立

在 UG NX 建模模块中建立的模型称为主模型，它可以被系统中的装配、加工、工程图和高级分析等模块引用。有限元模型是在引用零件主模型的基础上建立起来的，用户可以根据需要由同一个主模型建立多个包含不同属性的有限元模型。有限元模型主要包括几何模型的信息（如对主模型进行简化后），在前后置处理后还包括材料属性信息、网格信息和分析结果等信息。

有限元模型虽然是从主模型引用而来，但在资料存储上是完全独立的，对该模型进行修改不会对主模型产生影响。

在建模模块中完成需要分析的模型建模，选择【应用模块】→【前/后处理】图标，进入高级仿真模块。单击屏幕左侧的“仿真导航器”按钮，在屏幕左侧打开“仿真导航器”界面，如图 15-1 所示。

在仿真导航器中，右键单击模型名称，在打开的菜单中选择【新建 FEM 和仿真】，或者单击【主页】选项卡，选择【关联】组中的【新建 FEM 和仿真】图标，打开如图 15-2 所示“新建 FEM 和仿真”对话框。系统根据模型名称，默认给出有限元和仿真模型名称（模型名称：model1.prt;FEM 名称：model1_fem1.fem;仿真名称：model1_sim1.sim)，用户根据需要在解算器下拉菜单和分析类型下拉菜单中选择合适的解算器和分析类型，单击“确定”按钮，进入“解算方案”对话框，如图 15-3 所示。

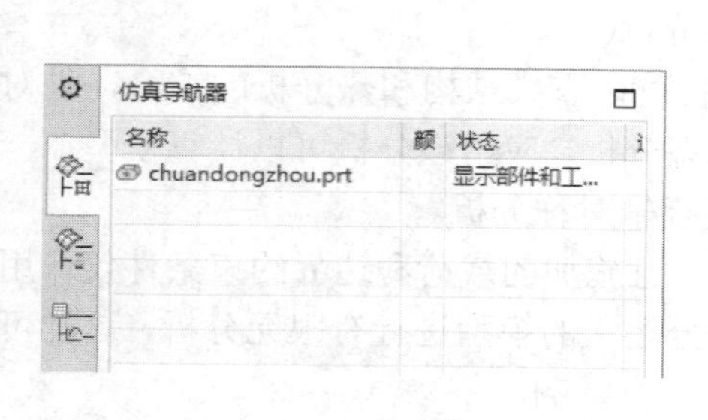

图 15-1 仿真导航器

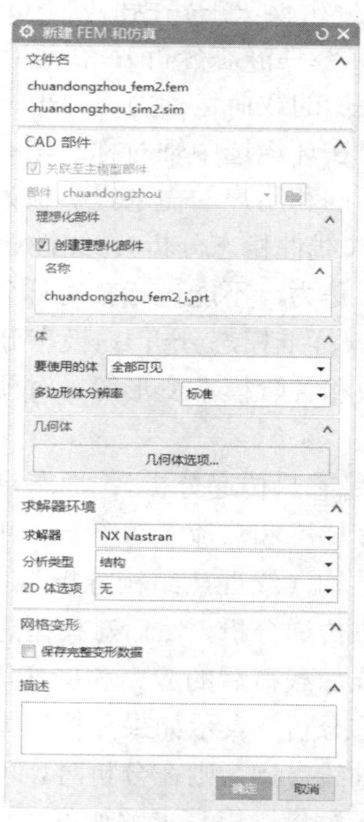

图 15-2 “新建 FEM 和仿真”对话框

图 15-3　“解算方案”对话框

接受系统设置的各选项值（包括最大作业时间，默认温度等），单击“确定”按钮，完成创建解法的设置。这时，单击仿真导航器按钮，进入该界面，用户可以清楚地看到各模型间的层级关系，如图 15-4 所示。

15.3　模型准备

在 UG NX 高级仿真模块中进行有限元分析，可以直接引用建立的有限元模型，也可以通过高级仿真操作简化模型，经过高级仿真处理过的仿真模型有助于网格划分，提高分析精度，缩短求解时间。常用命令在“主页”选项卡中，如图 15-5 所示。

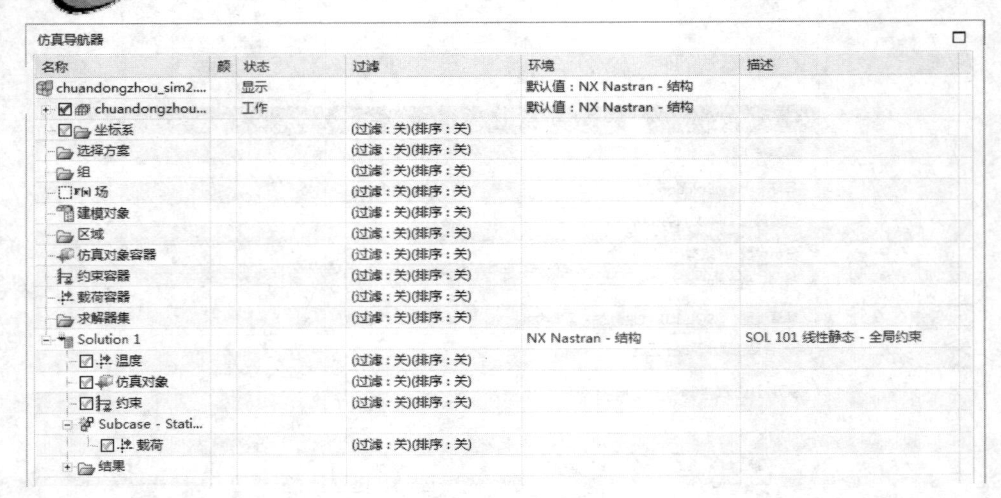

图 15-4　仿真导航器

图 15-5　“主页”选项卡

15.3.1　理想化几何体

在建立仿真模型过程中，为模型划分网格是这一过程重要的一步。模型中有些诸如小孔、圆角对分析结果影响并不重要，如果对包含这些不重要特征的整个模型进行自动划分网格，会产生数量巨大的单元，虽然得到的精度可能会高些，但在实际工作中意义不大，而且会对计算机产生很高的要求并影响求解速度。简化几何体可将一些不重要的细小特征从模型中去掉，而保留原模型的关键特征和用户认为需要分析的特征，缩短划分网格时间和求解时间。

图 15-6　“理想化几何体”对话框

1）选择【菜单】→【插入】→【模型准备】→【理想化】命令，或单击【主页】选项卡选择【几何体准备】组中的【理想化几何体】图标，打开图 15-6 所示的“理想化几何体”对话框。

2）选择要简化的模型。

3）在自动删除特征中选择选项。

4）单击“确定”按钮。

15.3.2　移除几何特征

用户可以通过移除几何特征直接对模型进行操作，在有限元分析中对模型不重要的特征进行移除。

1）选择【菜单】→【插入】→【模型准备】→【移除特征】命令，或单击【主页】选项卡【几何体准备】组→【更多】库中的【移除几何特征】图标，打开图 15-7 所示的“移除几何特征”对话框。

2）可以直接在模型中选择单个面，同时也可以选择与之相关的面和区域，如添加与选择面相切的边界，相切的面以及区域。

3）单击“确定”按钮，完成移除特征操作，如图 15-8 所示。

图 15-7　“移除几何特征”对话框

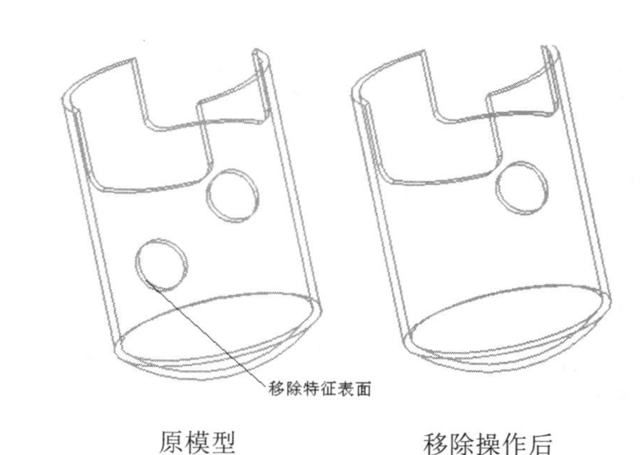

图 15-8　“移除几何特征”示意图

15.4　材料属性

在有限元分析中，实体模型必须赋予一定的材料，指定材料属性即是将材料的各项性能包括物理性能或化学性能赋予模型，然后系统才能对模型进行有限元分析求解。

1）选择【菜单】→【工具】→【材料】→【指派材料】命令，或单击【主页】选项卡，选择【属性】组→【更多】库中的【指派材料】图标，打开图 15-9 所示的“指派材料”对话框。

2）在【材料列表】和【类型】选项分别选择用户材料所需选项，若出现用户所需材料，用户即可选中材料。

3）若用户对材料进行删除、更名、取消材料赋予的对象或更新材料库等操作可以单击位于图 15-9 对话框中下部命令按钮。

材料的物理性能分为四种：

- 各向同性：在材料的各个方向具有相同的物理特性，大多数金属材料都是各向同性的，在 UG NX 中列出了各向同性材料常用物理参数表格，如图 15-10 所示。

- 正交各向异性：该材料是用于壳单元的特殊各向异性材料，在模型中包含三个正交的材料对称平面，在 UG NX 中列出正交各向异性材料常用物理参数表格，如图 15-11 所示。

图 15-9 “指派材料”对话框

图 15-10 各向同性材料常用物理参数表格

正交各向异性材料主要常用的物理参数和各向同性材料相同，但是由于正交各向异性材料在各正交方向的物理参数值不同，为方便计算列出了材料在三个正交方向（x，y，z）的物理参数值，同时也可根据温度不同给出各参数的温度表值，建立方式同上。

- 各向异性：在材料各个方向的物理特性都不同，在 UG NX 中列出各向异性材料物理参数表格，如图 15-12 所示。

各向异性材料由于在材料的各个方向具有不同的物理特性，不可能把每个方向的物理参数都详细列出来，用户可以根据分析需要列出材料重要的 6 个方向的物理参数值，同时也可根据温度不同给出各物理参数的温度表值。

- 流体：在做热或流体分析中，会用到材料的流体特性，系统给出了液态水和气态空气的常用物体特性参数，如图 15-13 所示。

在 UG NX 中带有常用材料物理参数的数据库，用户根据自己需要可以直接从材料库中调出相应的材料，对于材料库中材料缺少某些物理参数时，用户也可以直接给出作为补充。

图 15-11　正交各向异性材料常用物理参数表格

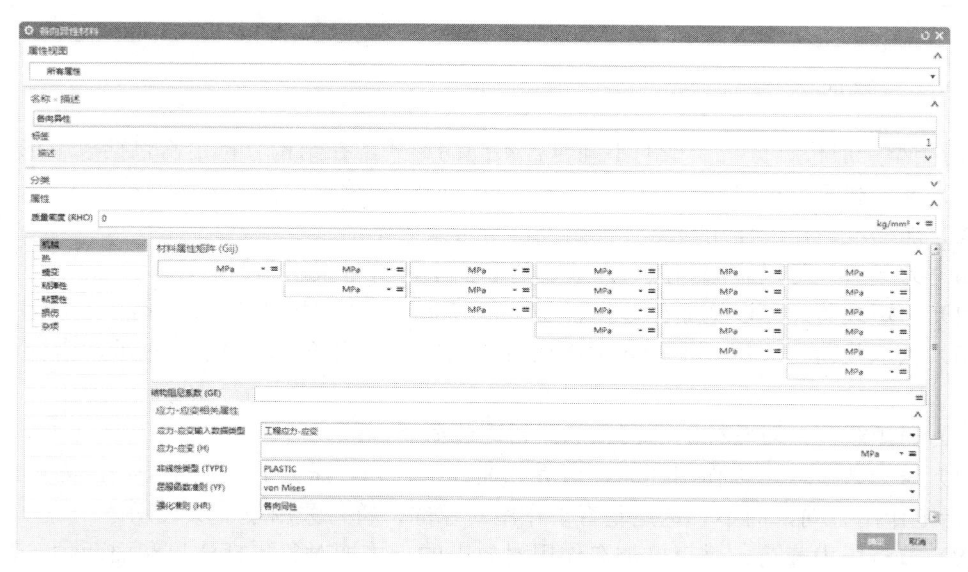

图 15-12　各向异性材料物理参数表格

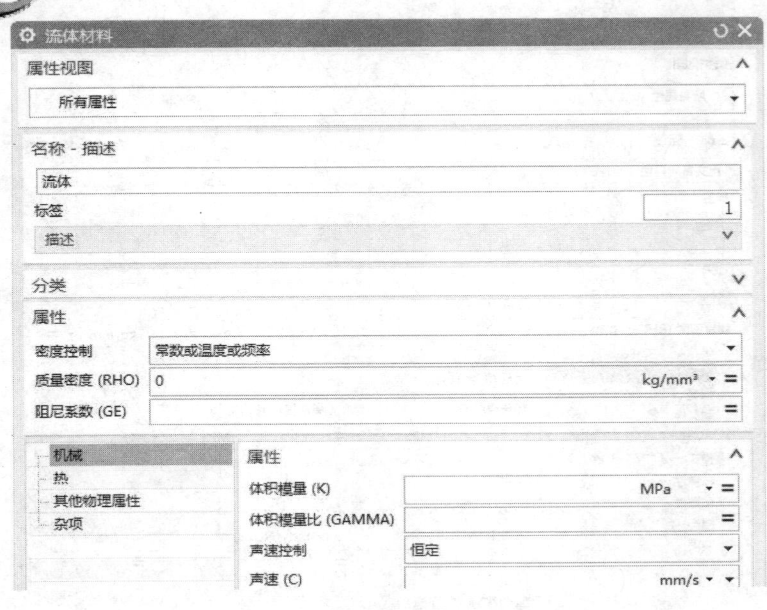

图 15-13　流体材料物理参数表格

15.5　添加载荷

在 UG NX 高级分析模块中载荷包括力、力矩、重力、压力、扭矩、轴承载荷、离心力等，用户可以将载荷直接添加到几何模型上，载荷与作用的实体模型关联，当修改模型参数时，载荷可自动更新，而不必重新添加，在生成有限元模型时，系统通过映射关系作用到有限元模型的节点上。

15.5.1　载荷类型

载荷类型一般根据分析类型的不同包含不同的形式，在结构分析中常包括以下形式：

（1）温度载荷：可以施加在面、边界、点、曲线和体上，符号采用单箭头表示。

（2）加速度载荷：作用在整个模型上，符号采用单箭头表示。

（3）力载荷：可以施加到点、曲线、边和面上，符号采用单箭头表示。

（4）力矩载荷：可以施加在边界、曲线和点上，符号采用双箭头表示。

（5）轴承载荷：应用一个径向轴承载荷，以仿真加载条件，如滚子轴承、齿轮、凸轮和滚轮。

（6）扭矩载荷：对圆柱的法向轴加载扭矩载荷。

（7）压力载荷：可以作用在面、边界和曲线上，和正压力的区别在于，压力可以在作用对象上指定作用方向，而不一定是垂直于作用对象的，符号采用单箭头表示。

（8）节点压力载荷：垂直施加在作用对象上的，施加对象包括边界和面两种，符号采用单箭头表示。

（9）流体静压力载荷：应用流体静压力载荷以仿真每个深度静态液体处的压力。

（10）离心压力载荷：作用在绕回转中心转动的模型上，系统默认坐标系的 Z 轴为回转中心，在添加离心力载荷时用户需指定回转中心与坐标系的 Z 轴重合。符号采用双箭头表示。

（11）重力载荷：作用在整个模型上，不需用户指定，符号采用单箭头在坐标原点处表示。

（12）旋转：作用在整个模型上，通过指定角加速度和角速度，提供旋转载荷。

（13）螺栓预紧力：在螺栓或紧固件中定义拧紧力或长度调整。

（14）轴向 1D 单元变形：定义静力学问题中使用的 1D 单元的强制轴向变形。

（15）强制运动载荷：在任何单独的六个自由度上施加集位移值载荷。

（16）Darea 节点力和力矩：作用在整个模型上，为模型提供节点力和力矩。

15.5.2　载荷添加方案

在建立一个加载方案过程中，所有添加的载荷都包含在这个加载方案中。当需在不同加载状况下对模型进行求解分析时，系统允许提供建立多个加载方案，并为每个加载方案提供一个名称，也可以自定义加载方案名称。也可以对加载方案进行复制、删除操作。

1）单击【主页】选项卡，选择【载荷和条件】组→【载荷类型】中的【轴承】图标，打开图 15-14 所示的“轴承”对话框。

2）选择模型的外圆柱面为载荷施加面。

3）指定载荷矢量方向。

4）设置力的大小，力的分布角度范围及分布方法。

5）单击“确定”按钮，完成轴承载荷的加载，如图 15-15 所示。

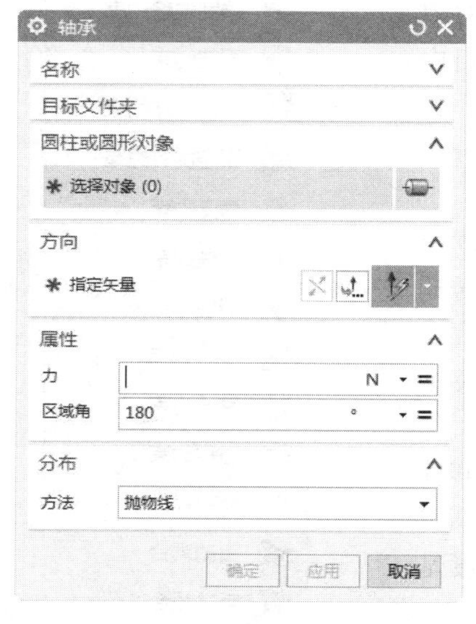

图 15-14　“轴承”对话框

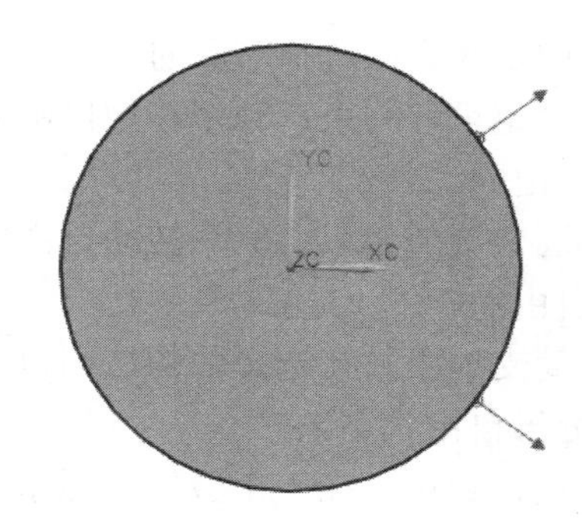

图 15-15　显示轴承载荷

注意

在仿真模型中才能添加载荷，仿真模型系统默认名称：model1_sim1.sim。

15.6 边界条件的加载

一个独立的分析模型，在不受约束的状况下，存在三个移动自由度和三个转动自由度，边界条件即是为了限制模型的某些自由度，约束模型的运动。边界条件是Unigraphics系统的参数化对象，与作用的几何对象关联。当模型进行参数化修改时，边界条件自动更新，而不必重新添加。边界条件施加在模型上，由系统映射到有限元单元的节点上，不能直接指定到单独的有限元单元上。

15.6.1 边界条件类型

不同的分析类型有不同的边界类型，系统根据选择类型提供相应的类型，常用边界类型有五种：移动/旋转、移动、旋转、固定温度边界、自由传导。后两者主要用于温度场的分析。

15.6.2 约束类型

在为约束对象选择了边界条件类型后，系统为用户提供了标准的约束类型，如图15-16所示。

1）用户定义约束：根据用户自身要求设置所选对象的移动和转动自由度，各自由度可以设置成为固定、自由或限定幅值的运动。

2）强制位移约束：可以为6个自由度分别设置一个运动幅值。

3）固定约束：选择对象的六个自由度都被约束。

4）固定平移约束：3个移动自由度被约束，而转动副都是自由的。

5）固定旋转约束：3个转动自由度被约束，而移动副都是自由的。

6）简支约束：在选择面的法向自由度被约束，其他自由度处于自由状态。

7）销住约束：在一个圆柱坐标系中，旋转自由度是自由的，其他自由度被约束。

8）圆柱形约束：在一个圆柱坐标系中，根据需要设置径向长度，旋转角度和轴向高度3个值，各值可以分别设置为固定、自由和限定幅值的运动。

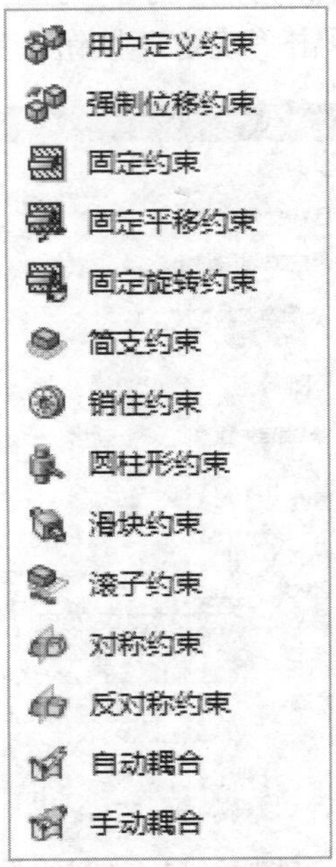

用户定义约束
强制位移约束
固定约束
固定平移约束
固定旋转约束
简支约束
销住约束
圆柱形约束
滑块约束
滚子约束
对称约束
反对称约束
自动耦合
手动耦合

图15-16 约束类型下拉菜单

9）滑块约束：在选择平面的一个方向上的自由度是自由的，其他各自由度被约束。

10）滚子约束：对于滚子轴的移动和旋转方向是自由的，其他自由度被约束。

11）对称约束和反对称约束：在关于轴或平面对称的实体中，用户可以提取实体模型的一半，或 1/4 部分进行分析，在实体模型的分割处施加对称约束或反对称约束。

15.7 划分网格

划分网格是有限元分析的关键一步，网格划分的优劣直接影响最后的结果，甚至会影响求解是否能完成。高级分析模块为用户提供一种直接在模型上划分网格的工具——网格生成器。使用网格生成器为模型（包括点、曲线、面和实体）建立网格单元，可以快速建立网格模型，大大减少划分网格的时间。

注意

在有限元模型中才能为模型划分网格，有限元模型系统默认名称：model1_fem1.fem。

15.7.1 网格类型

在 UG NX 高级分析模块包括零维网格、一维网格、二维网格、三维网格和接触网格 5 种类型，每种类型都适用于一定的对象。

1）一维网格：由两个节点组成，用于对曲线、边的网格划分（如杆、梁等）。

2）二维网格：包括三角形单元（3 节点或 6 节点组成）、四边形单元（4 节点或 8 节点组成），适用于对片体、壳体实体进行划分网格，如图 15-17 所示。注意在使用二维网格划分网格时尽量采用正方形单元，这样分析结果比较精确。如果无法使用正方形网格，则要保证四边形的长宽比小于 10。如果是不规则四边形，则应保证四边形的各角度在 45° 和 135° 之间。在关键区域应避免使用有尖角的单元，且避免产生扭曲单元，因为对于严重的扭曲单元， UG NX 的各解算器可能无法完成求解。在使用三角形单元划分网格时，应尽量使用等边三角形单元。还应尽量避免混合使用三角形和四边形单元对模型划分网格。

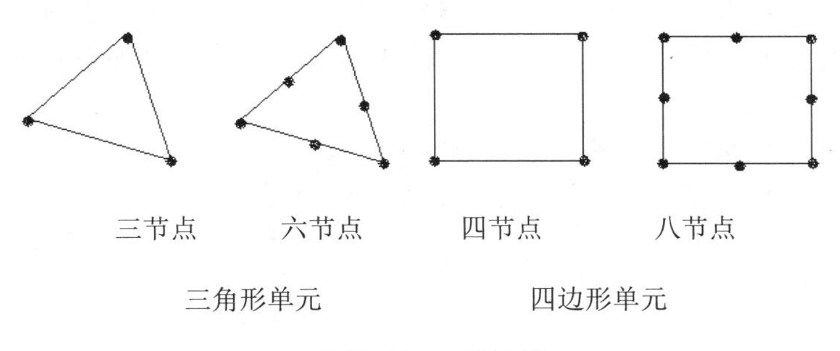

图 15-17　二维网格

3）三维网格：包括四面体单元（4 节点或 10 节点组成）、六面体单元（8 节点或 20 节点

组成）如图 15-18 所示。10 节点四面体单元是应力单元，4 节点四面体单元是应变单元，后者刚性较高，在对模型进行三维网格划分时，使用四面体单元应优先采用 10 节点四面体单元。

4）接触网格：接触单元在两条接触边或接触面上产生点到点的接触单元，适用于有装配关系的模型的有限元分析。系统提供焊接、边接触、曲面接触和边面接触四类接触单元。

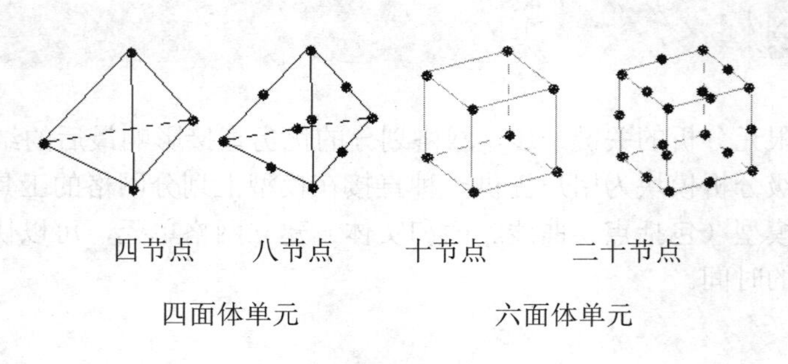

图 15-18　三维网格

15.7.2　零维网格

零维网格用于产生集中质量点，适用于为点、线、面、实体或网格的节点处产生质量单元。

1）选择【菜单】→【插入】→【网格】→【0D 网格】命令，或单击【主页】选项卡，选择【网格】组【更多】库中的【0D 网格】图标，打开图 15-19 所示的“0D 网格”对话框。

2）选择现有的单元或几何体。

3）在“单元属性”栏下选择单元的属性。

4）通过设置单元大小或数量，将质量集中到用户指定的位置。

15.7.3　一维网格

一维网格定义两个节点的单元，是沿直线或曲线定义的网格。

选择【菜单】→【插入】→【网格】→【1D 网格】命令，或单击【主页】选项卡，选择【网格】组中的【1D 网格】图标，打开“1D 网格”对话框，如图 15-20 所示。

（1）类型：一维网格包括梁、杆、棒、带阻尼弹簧、两自由度弹簧和刚性件等多种类型。

（2）网格密度选项：

1）数目：表示在所选定的对象上产生的单元个数。

2）大小：表示在所选定的对象按指定的大小产生单元。

15.7.4　二维网格

对于片体或壳体常采用二维网格划分单元。

选择【菜单】→【插入】→【网格】→【2D 网格】命令，或单击【主页】选项卡，选择【网格】组中的【2D 网格】图标，打开图 15-21 所示的“2D 网格”对话框。

图 15-19　“0D 网格“对话框　　图 15-20　“1D 网格”对话框

1）类型：二维网格可以对面、片体以及对二维网格进行再编辑的操作，生成网格的类型包括三节点三角形板元、六节点三角形板元、四节点四边形板元和八节点四边形板元。

2）网格参数：控制二维网格生成单元的方法和大小，用户根据需要设置大小。单元设置的越小，分析精度可以在一定范围内提高，但解算时间也会增加。

3）网格质量选项：当在“类型”选项中选择六节点三角形板元或八节点四边形板元时，“中节点”选项被激活。该选项用来定义三角形板元或四边形板元中间节点位置类型，定义中节点的类型可以是线性、弯曲或混合三种。“线性”中节点（见图 15-22）和“弯曲”中节点（见图 15-23）中片体均采用四节点四边形板元划分网格。图 15-22 中节点为线性，网格单元边为直线，网格单元中节点可能不在曲面片体上。图 15-23 中节点为弯曲，网格单元边为分段直线，网格单元中节点在曲面片体上，对于单元尺寸大小相同的板元，采用中节点为弯曲的可以更好为片体划分网格，解算的精度也较高。

4）网格设置：控制滑块，对过渡网格大小进行设置。

5）模型清理选项：可设置“匹配边”，通过输入匹配边的距离公差来判定两条边是否匹配。当两条边的中点间距离小于用户设置的距离公差时，系统判定两条边匹配。

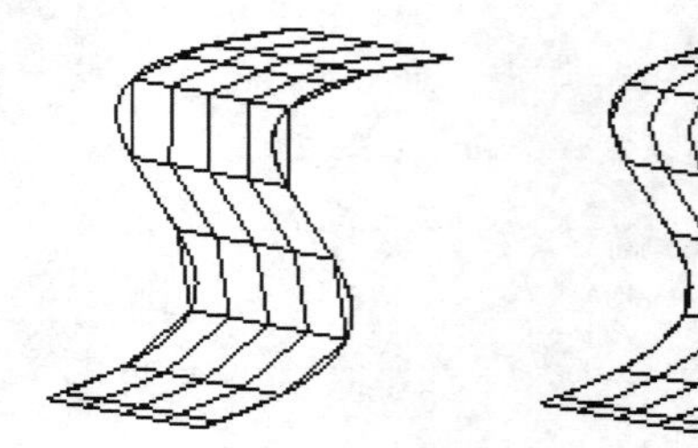

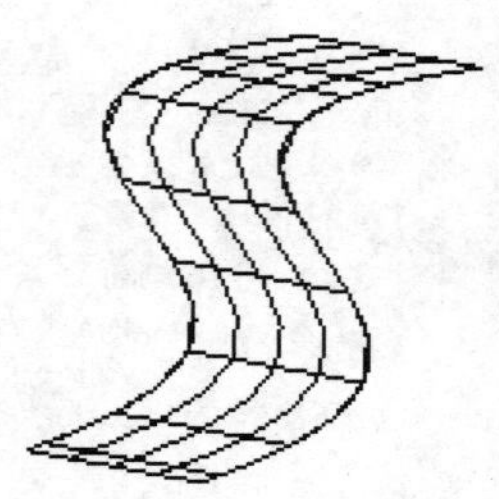

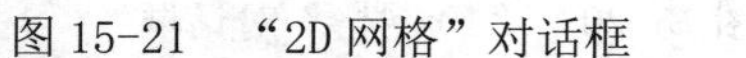
图 15-21 “2D 网格”对话框

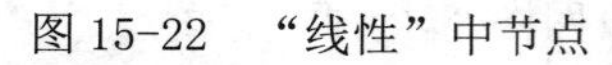
图 15-22 “线性”中节点

图 15-23 “弯曲”中节点

15.7.5 三维四面体网格

3D 四面体网格常用来划分三维实体模型。不同的解算器能划分不同类型的单元，在 NX.NASTRAN、MSC.NASTRAN 和 ANSYS 解算器中都包含四节点四面体和十节点四面单元，在 ABAQUS 解算器中三维四面体网格包含 tet4 和 tet10 两单元。

选择【菜单】→【插入】→【网格】→【3D 四面体网格】命令，或单击【主页】选项卡，选择【网格】组中的【3D 四面体】图标，打开如图 15-24 所示“3D 四面体网格”对话框。

1）单元大小：可以自定义全局单元尺寸大小，当系统判定用户定义单元大小不理想时，系统会根据模型判定单元大小自动划分网格。

2）中节点方法：包含混合、弯曲和线性三种选择。

示意图如图 15-25 所示。

15.7.6 接触网格

接触网格是在两条边上或两条边的一部分上产生点到点的接触。

选择【菜单】→【插入】→【网格】→【接触网格】命令，或单击【主页】选项卡，选择【连接】组【更多】库中的【接触网格】图标，打开图 15-26 所示“接触网格”对话框。

图 15-24　“3D 四面体网格”对话框

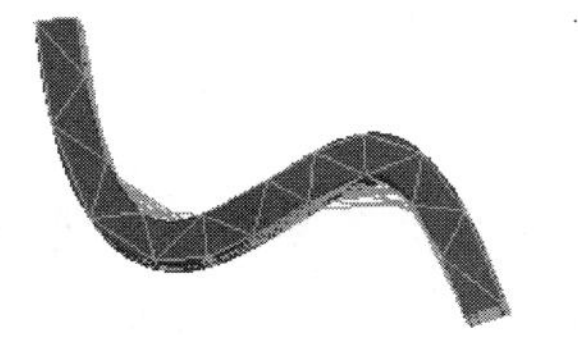
四节点划分网格

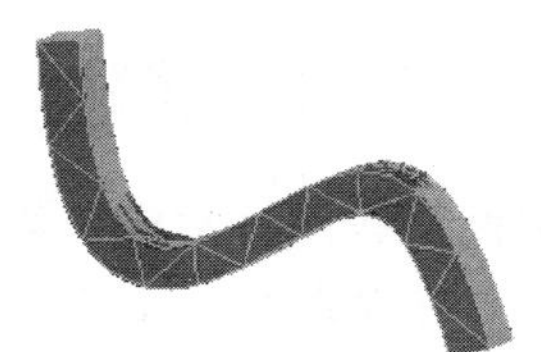
十节点划分网格

图 15-25　划分网格

1）类型：在不同解算器里有不同的类型单元。在 NX. NASTRANH 和 MSC. NASTRAN 解算器中，只有“接触”一种类型。在 ANSYS 解算器中包含“接触弹簧”和“接触”两种类型，在 ABAQUS 解算器中包含一种“GAPUNI”单元。

2）单元数：用户自定义在接触两边中间产生接触单元的个数。

3）对齐目标边节点：确定目标边上的节点位置，当选中该选项时，目标边上的节点位置与接触边上的节点对齐，对齐方式有两种，分别是按“最小距离”和“垂直于接触边”方式对齐。

4）间隙公差：通过间隙公差来判断是否生成接触网格，当两条接触边的距离大于间隙公差时，系统不会产生接触单元，只有小于或等于接触公差，才能产生接触单元，如图 15-27 所示。

图 15-26 “接触网格”对话框

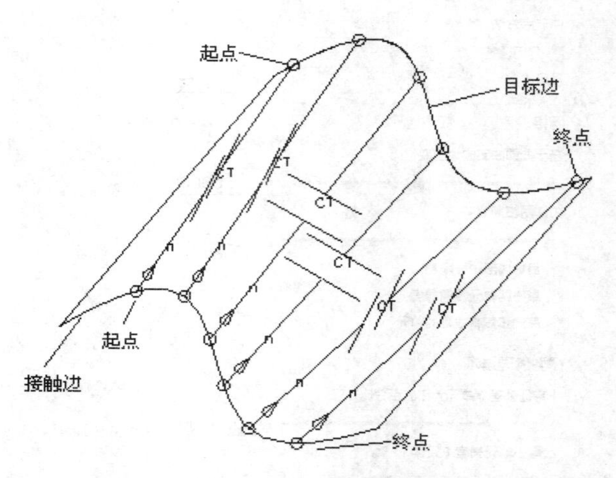

图 15-27 生成接触单元

15.7.7 表面接触

表面接触网格常用于装配模型间各零件装配面的网格划分。

选择【菜单】→【插入】→【网格】→【面接触网格】命令，或单击【主页】选项卡，选择【连接】组→【更多】库→【面接触】图标，打开图 15-28 所示的“面接触网格”对话框。

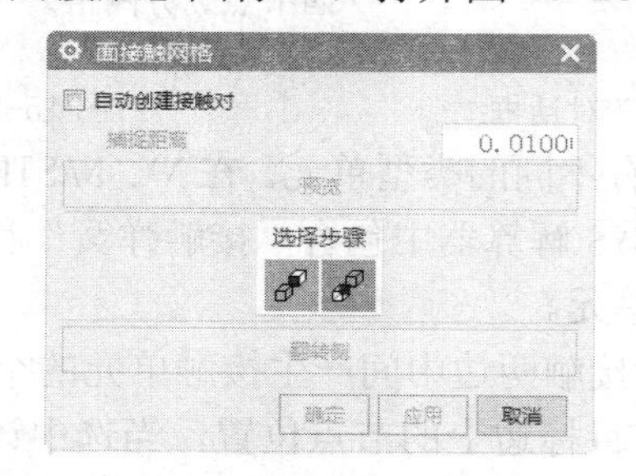

图 15-28 “面接触网格”对话框

1）选择步骤：在生成曲面接触网格时，用户可以通过“选择步骤”选择操作对象。

2）自动创建接触对：选中该复选框时，由系统根据用户设置的捕捉距离，自动判断各接触面是否进行曲面接触操作。不选中该复选框时，选择步骤选项被激活，“侧面反向”选项表示转化源面和目标面的关系。

15.8 创建解法

15.8.1 解算方案

进入仿真模型界面后（文件名为*.sim），选择【菜单】→【插入】→【解算方案】命令，或单击【主页】选项卡，选择【解算方案】组中的【解算方案】图标，打开图 15-29 所示的“解算方案”对话框。

根据需要选择解法的名称、求解器、分析类型和解算类型等。一般根据不同的解算器和分析类型，“创建解法”对话框有不同的选择选项。“解算方案类型”下拉列表框有 4 类，一般采用自动由系统选择最优算法。在“SESTATIC - 单约束”下拉框中可以设置最大作业时间、默认温度等参数。

用户可以选定解算完成后的结果输出选项。

图 15-29　“解算方案”对话框

15.8.2 步骤-子工况

可以通过该步骤为模型加载多种约束和载荷情况，系统最后解算时按各子工况分别进行求解，最后对结果进行叠加。

选择【菜单】→【插入】→【步骤-子工况】命令，或单击【主页】选项卡，选择【解算方案】组中的【步骤-子工况】图标，打开图 15-30 所示的“解算步骤”对话框。

不同的解算类型包括不同的选项，若在仿真导航器中出现子工况名称，可以激活该项，便可以在其中装入新的约束和载荷。

15.9 单元操作

对于已产生网格单元的模型，如果生成网格不合适，可以采用单元操作工具栏对不合适的单元和节点进行编辑，以及对二维网格进行拉伸、旋转等操作。单元操作包括拆分壳，合并三

角形单元、移动节点、删除单元、生成单元、单元复制和平移等。该功能是在有限元模型界面中操作完成的（文件名称为*_fem1.fem）。

图 15-30 “解算步骤”对话框

15.9.1 拆分壳

拆分壳操作是将选择的四边形单元分割成多个单元（包括两个三角形、3 个三角形、两个四边形、3 个四边形、4 个四边形和按线划分多种形式）。

1）选择【菜单】→【编辑】→【单元】→【拆分壳】命令，或单击【节点和单元】选项卡，选择【单元】组【更多】库中的【拆分壳】图标，打开图 15-31 所示的“拆分壳”对话框。

2）在类型下拉菜单中选择“四边形分为两个三角形”，然后选择系统中任意四边形单元，系统自动生成两个三角形单元，单击对话框中翻转分割线按钮，系统变换对角分割线，生成不同形式两个三角形单元。

3）单击“确定”按钮，生成如图 15-32 所示的三角形单元。

图 15-31　“拆分壳”对话框

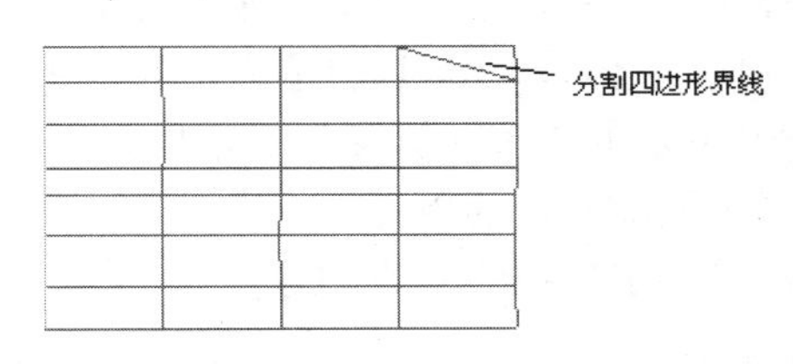

图 15-32　生成三角形单元

15.9.2　合并三角形单元

合并三角形单元操作将模型两个临近的三角形单元合并。

1）选择【菜单】→【编辑】→【单元】→【合并三角形】命令，或单击【节点和单元】选项卡，选择【单元】组【更多】库中的【合并三角形】图标，打开图 15-33 所示的“合并三角形”对话框。

2）按选择步骤依次选择两相邻三角形单元。

3）单击“确定”按钮，完成操作。

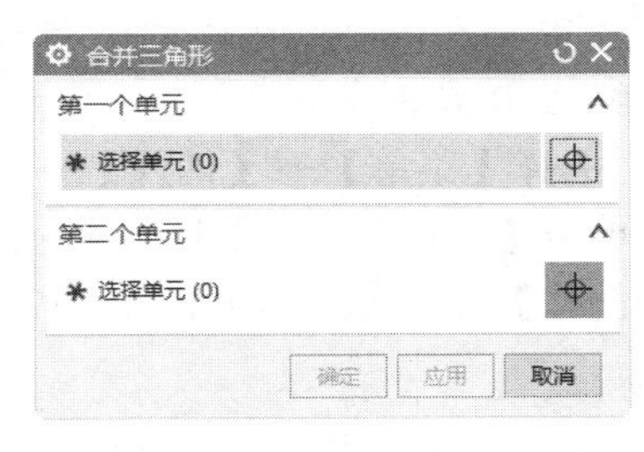

图 15-33　“合并三角形”对话框

15.9.3　移动节点

移动节点操作将单元中一个节点移动到面上或网格的另一节点上。

1）选择【菜单】→【编辑】→【节点】→【移动】命令，或单击【节点和单元】选项卡，选择【节点】组【更多】库中的【移动】图标，打开如图 15-34 示“移动节点”对话框。

2）依次在屏幕上选择“源节点”和“目标节点”。

3）单击“确定”按钮完成移动节点操作，如图 15-35 所示。

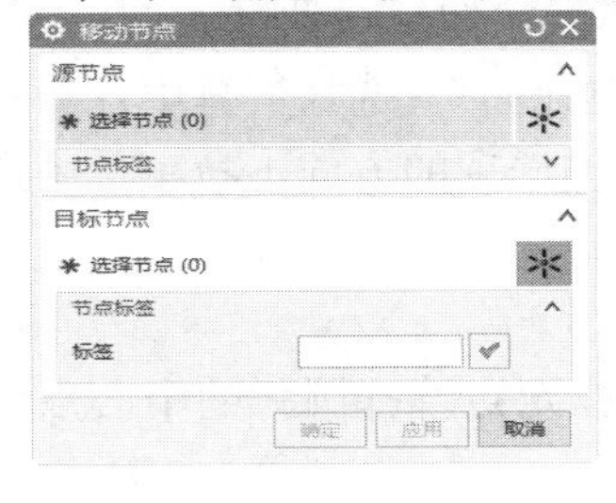

图 15-34　“移动节点”对话框

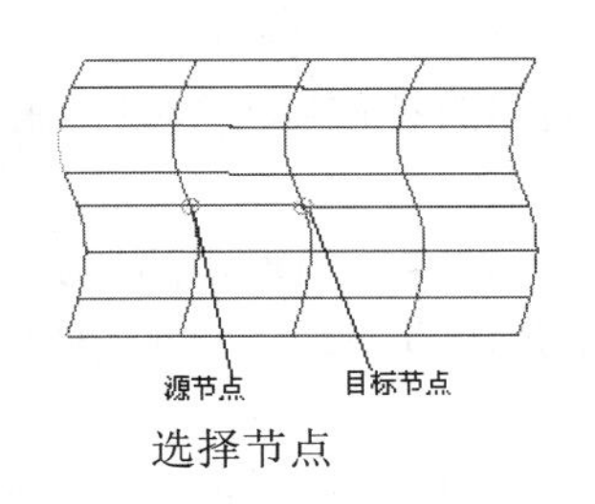

选择节点

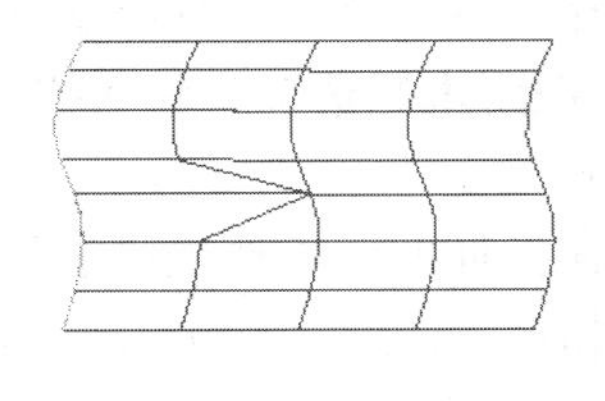

生成图形

图 15-35　“移动节点”示意图

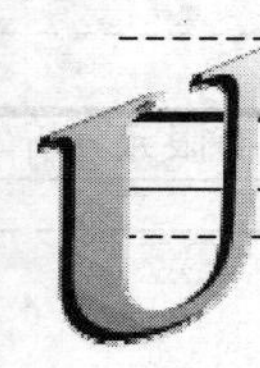

15.9.4 删除单元

系统对模型划分网格后，用户检查网格单元，对某些单元感到不满意，可以直接进行删除单元操作将不满意的单元删除。

1）选择【菜单】→【编辑】→【单元】→【删除】命令，或单击【节点和单元】选项卡，选择【单元】组中的【删除】图标，打开图 15-36 所示的“单元删除”对话框。

2）选择需删除操作的单元。

3）单击“确定”按钮完成删除操作。

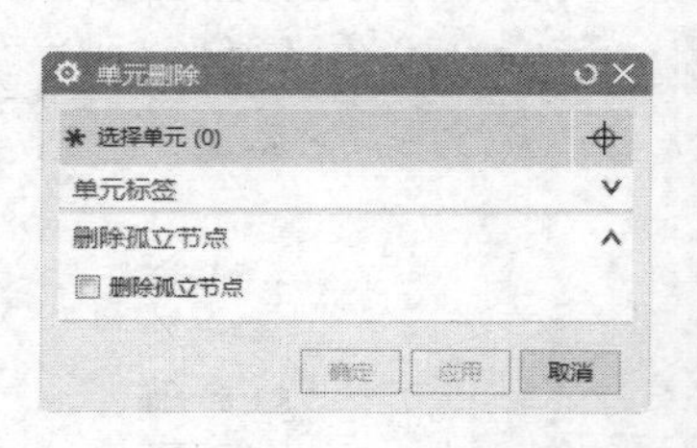

图 15-36 “单元删除”对话框

对于网格中的孤立节点，用户也可以选中对话框中的删除孤立节点选项，一起完成删除操作。

15.9.5 创建单元

创建单元操作可以在模型已有节点的情况下，生成 0D、1 D、2 D 或 3 D 单元。

1）选择【菜单】→【插入】→【单元】→【创建】命令，单击【节点和单元】选项卡，选择【单元】组中的【单元创建】图标，打开图 15-37 所示的“单元创建”对话框。

2）在对话框中单元族下拉菜单中选择要生成的单元族和单元属性类型，依次选择各节点，系统自动生成规定单元。

3）单击“关闭”按钮，完成创建单元操作。

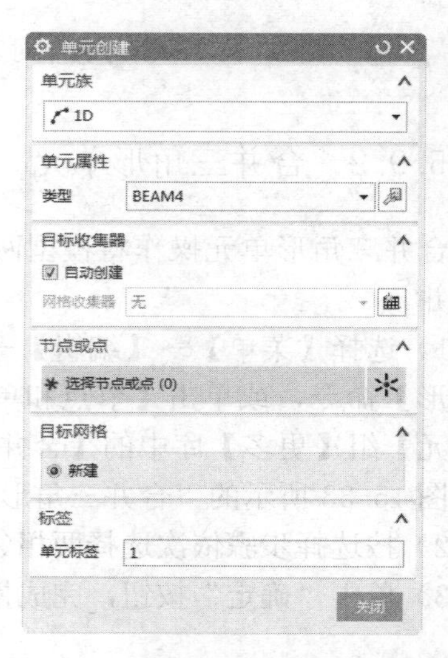

图 15-37 “单元创建”对话框

15.9.6 单元拉伸

单元拉伸操作对面单元或线单元进行拉伸，创建新的三维单元或二维单元。

1）选择【菜单】→【插入】→【单元】→【拉伸】命令，单击【节点和单元】选项卡，选择【单元】组中的【拉伸】图标，打开图 15-38 所示“单元拉伸”对话框。

2）在“单元拉伸”对话框里选择类型下拉菜单中选择“单元面”，选择屏幕中任意一个二维单元，在副本数选项中输入需要创建的拉伸单元数量，在拉伸选项的方向下拉菜单中选择拉伸的方向。

3）在拉伸的距离选项中选择每个副本，输入距离值。

4）扭曲角表示拉伸的单元按指定的点扭转一定的角度，指定点选择圆弧的中心点，角度值输入值。

5）单击“确定”按钮，完成单元拉伸操作，如图 15-39 所示。

图 15-38　“单元拉伸”对话框

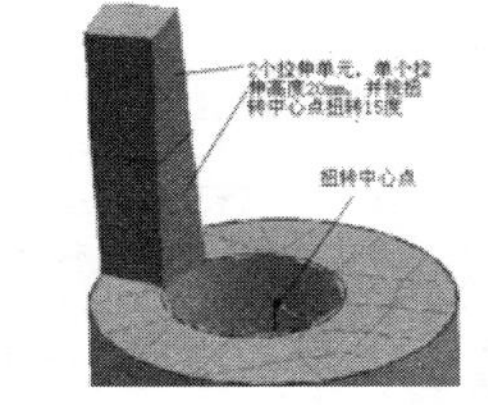

图 15-39　拉伸单元

“单元拉伸”对话框中的选项说明如下：

- 每个副本：表示单个副本的拉伸长度。
- 总计：表示所有副本的总拉伸距离。

15.9.7　单元旋转

单元旋转操作对面或线单元绕某一矢量旋转一定角度，在原面或线单元和旋转到达新的位置的面或线单元之间形成新的三维或二维单元。

1）选择【菜单】→【插入】→【单元】→【旋转】命令，单击【节点和单元】选项卡，选择【单元】组中的【旋转】图标，打开图 15-40 所示的“单元旋转”对话框。

2）选择“单元面”类型，选择屏幕中任意一个二维单元，在副本数选项中输入需要创建的拉伸单元数量。指定矢量，选择圆弧中心点为回转轴位置点。

3）在角度选项中选择每个副本，输入角度值。

4）单击“确定”按钮，完成单元拉伸操作，如图 15-41 所示。

📖15.9.8　单元复制和平移

单元复制和平移操作完成对 0 维、1 维、2 维和 3 维单元的复制平移。

1）选择【菜单】→【插入】→【单元】→【复制和平移】命令，或单击【节点和单元】选项卡，选择【单元】组【更多库】中的【平移】图标田，打开图 15-42 所示的“单元复制和平移”对话框。

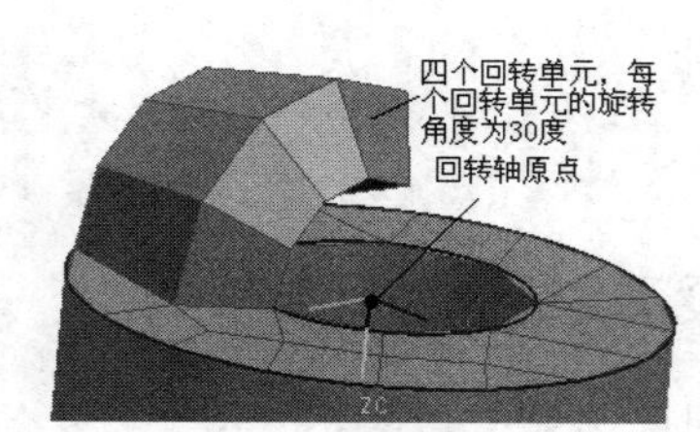

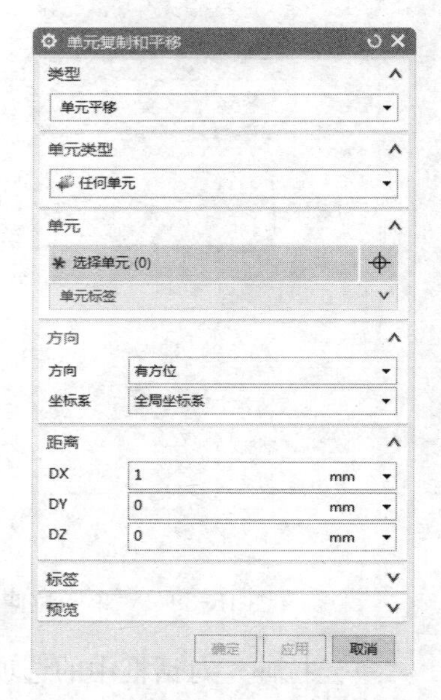

图 15-40　“单元旋转”对话框　　　图 15-41　回转单元　　　图 15-42　“单元复制和平移”对话框

2）选择“单元面”类型，选择屏幕中任意一个二维单元，在副本数选项中输入需要创建的复制单元数量。在方向选项中选择“有方位”，坐标系类型选择“全局坐标系”，在距离选项卡中设置参数。

3）单击“确定”按钮，完成单元复制操作。

📖15.9.9　单元复制和投影

单元复制和投影操作完成对一维或二维单元在指定曲面投影操作，并在投影面生成新的单元。

目标投影面选项中的曲面偏置百分比表示将指定的单元复制投影到新的位置距离与原单元和目标面之间距离的比值。

1）选择菜单栏中的【插入】→【单元】→【单元复制和投影】命令，或单击【节点和单元】选项卡，选择【单元】组【更多库】中的【投影】图标，打开图 15-43 所示的“单元复制和投影”对话框。

2）在对话框里选择模式下拉菜单中选择“单元面”，根据选择步骤选择下底面为投影目标面，在方向选项中选择“单元法向”，并单击矢量反向按钮，使投影方向矢量指向投影目标面。

3）单击“确定”按钮，完成单元复制和投影操作，如图 15-44 所示。

图 15-43　“单元复制和投影”对话框

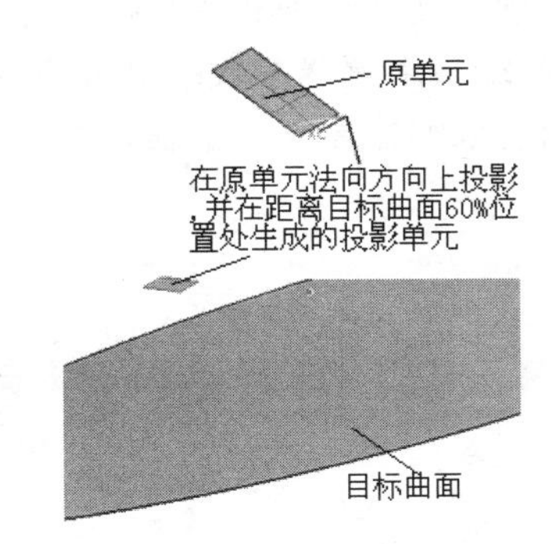

图 15-44　复制投影单元

15.9.10　单元复制和反射

单元复制和反射操作完成对 0D、1D、2D 和 3D 单元的复制反射，操作过程和上述复制，投影相似，用户自行完成操作。

15.10　分析

在完成有限元模型和仿真模型的建立后，在仿真模型中（*_sim1.sim）用户就可以进入分析求解阶段。

15.10.1　求解

选择【菜单】→【分析】→【求解】命令，或单击【主页】选项卡，选择【解算方案】组中的【求解】图标，打开图 15-45 所示的“求解”对话框。

图 15-45 “求解”对话框

1）提交：包括“求解”“写入求解器输入文件”“求解输入文件”“写、编辑并求解输入文件”四选项。在有限元模型前置处理完成后一般直接选择“求解”选项。

2）编辑解算方案属性：单击该按钮，打开图 15-46 所示的“解算方案”对话框，该对话框包含常规、文件管理和执行控制等 5 个选项。

3）编辑求解器参数：单击该按钮，打开图 15-47 所示的“求解器参数”对话框。该对话框为当前求解器建立一个临时目录。完成各选项后，直接单击“确定”按钮，程序开始求解。

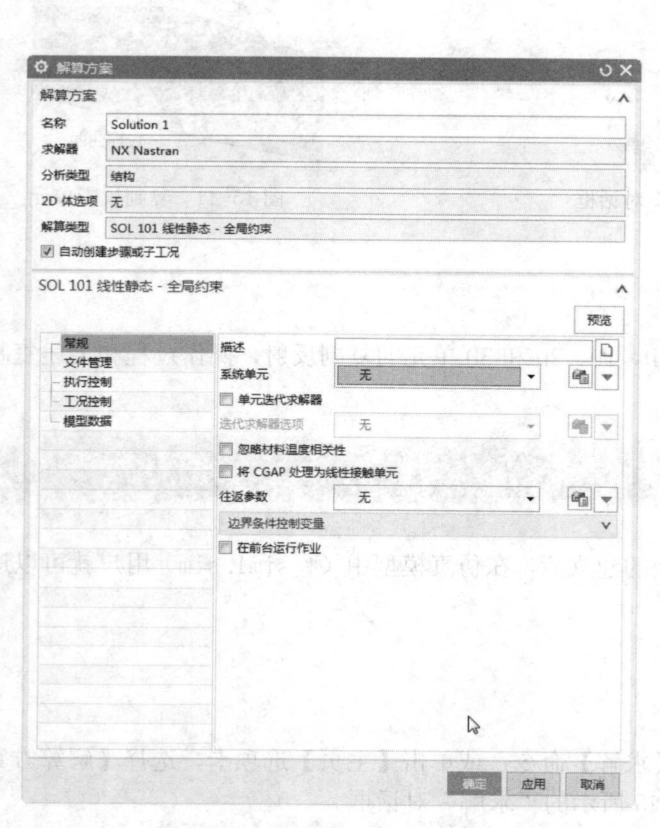

图 15-46 “解算方案”对话框

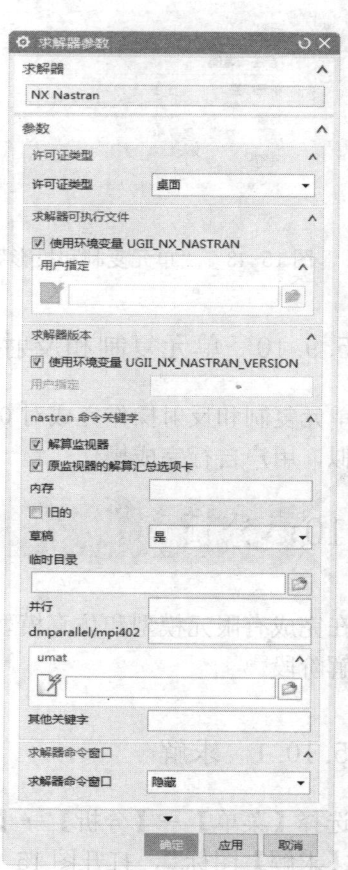

图 15-47 “求解器参数”对话框

15.10.2　分析作业监视器

分析作业监视器可以在分析完成后查看分析任务信息和检查分析质量。

选择【菜单】→【分析】→【分析作业监视】命令，或单击【主页】选项卡，选择【解算方案】组中的【分析作业监视】图标，打开图15-48所示的“分析作业监视”对话框。

1）分析作业信息。在图15-48对话框中选中列表中的完成的项，单击“分析作业信息”按钮，打开图15-49所示的“信息”对话框。

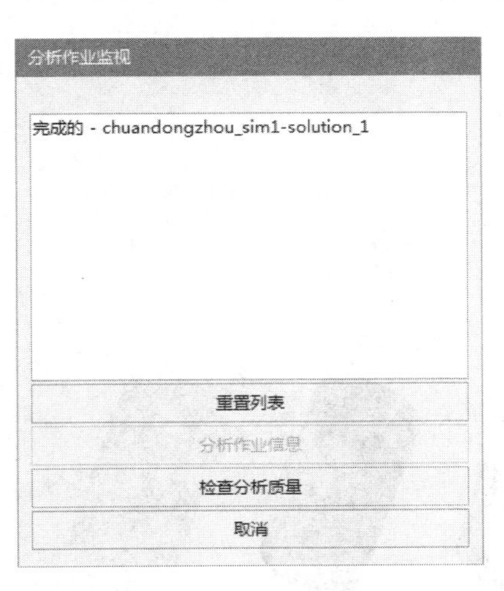

图15-48　“分析作业监视”对话框

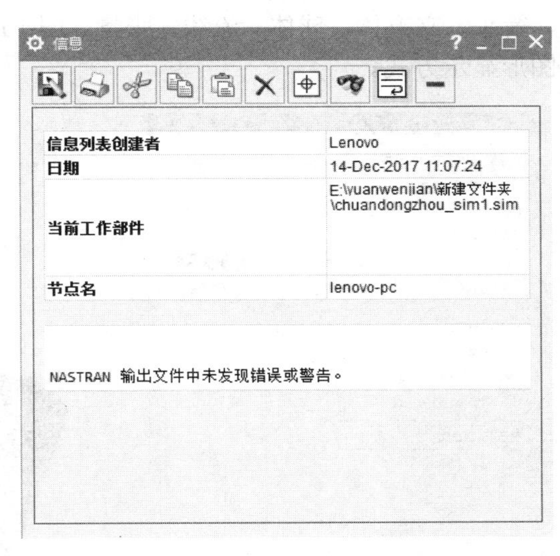

图15-49　“信息”对话框

在信息对话框中列出有关分析模型的各种信息包括日期、信息列表创建者、节点名，若采用适应性求解会给出自适应有关参数等信息。

2）检查分析质量。对分析结果进综合评定，给出整个模型求解置信水平，是否推荐用户对模型进行更加精细的网格划分。

15.11　后处理控制

后处理控制对有限元分析来说是重要的一步，当求解完成后，得到的数据非常多，如何从中选出对用户有用的数据，数据以何种形式表达出来，都需要对数据进行合理的后处理。

UG NX高级分析模块提供较完整的后处理方式。

在求解完成后，进入后处理选项，就可以激活后处理控制各操作。在后处理导航器中可以看见在Results下激活了各种求解结果如图15-50所示。选择不同的选项，在屏幕中出现不同的结果。

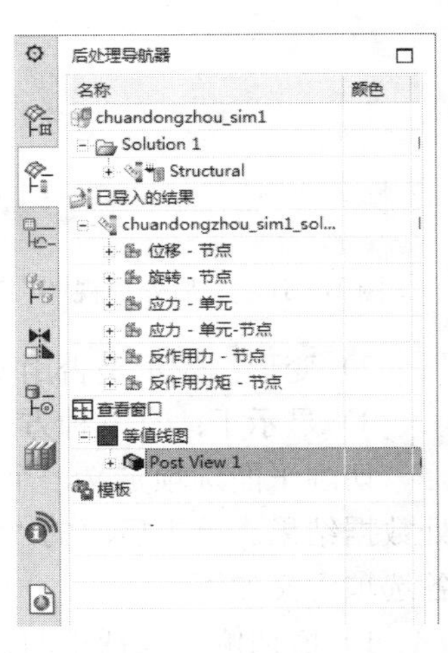

图15-50　求解结果

15.11.1　后处理视图

视图是最直观的数据表达形式，在 UG NX 高级分析模块中一般通过不同形式的视图表达结果。通过视图，用户能很容易识别最大变形量、最大应变、应力等在图形的具体位置。

单击【结果】选项卡，选择【后处理视图】组中的【编辑后处理视图】图标，打开图 15-51 所示的“后处理视图”对话框。

1）颜色显示：系统为分析模型提供九种类型的显示方式：光顺、分段、等值线、等值曲面、箭头、立方体、球体、流线、张量。图 15-52 所示为用例图形式分别表示 7 种模型分析结果图形显示方式。

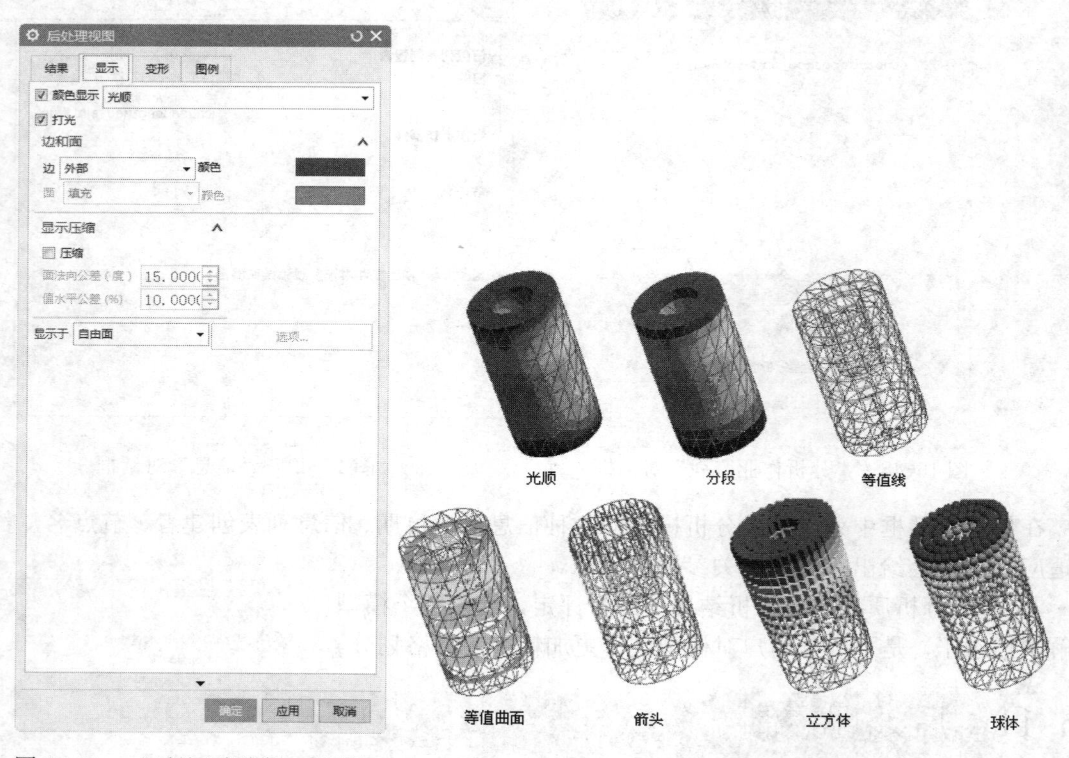

图 15-51　“后处理视图”对话框

图 15-52　7 种显示方式

2）变形：表示是否用变形的模型视图来表达结果，如图 15-53 所示。

3）显示于：有三种方式，分别为切割平面、自由面和空间体。

切削平面选项定义一个平面对模型进行切削，用户通过该选项可以参看模型内部切削平面处数据结果。单击后面的“选项”按钮，打开“切割平面”对话框，如图 15-54 所示。对话框各选项含义如下：

1）剪切侧：包括正的、负的和两者皆是选项。

- 正的：表示显示切削平面上部分模型。
- 负的：表示显示切削平面下部分模型。

● 两者：表示显示切削平面与模型接触平面的模型。

图 15-53　变形选项卡

2）切割平面：选择在不同坐标系下的各基准面定义为切削平面或偏移各基准平面来定义切削平面。

如图 15-55 所示，按照轮廓-光顺下，并定义切削平面为 xc-yc 面偏移 60mm，且以“两者”的方式显示视图。

图 15-54　“切割平面”对话框

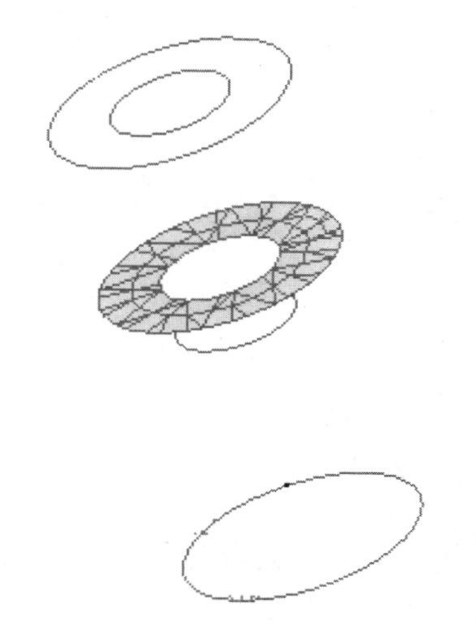

图 15-55　定义 xc-yc 为切削平面

15.11.2　标识（确定结果）

通过标识操作，可以直接在模型视图中选择感兴趣的节点，得到相应的结果信息。

系统提供 5 种方式选取目标节点或单元的方式：

1）直接在模型中选择。

2）输入节点或单元号。

3）通过用户输入结果值范围，系统自动给出范围内各节点。

4）列出 N 个最大结果值节点。

5）列出 N 个最小结果值节点。

示例如下：

1）选择【菜单】→【工具】→【结果】→【标识】命令，打开图 15-56 所示的“标识”对话框。

2）在“节点结果”下拉菜单中选择“从模型中选取”，在模型中选择感兴趣的区域节点，当选中多个节点时，系统就自动判定选择的多个节点结果最大值和最小值，并做总和与平均计算，并显示最大值和最小值的 ID 号。

3）单击“在信息窗口中列出选择内容”按钮，打开“信息”对话框，该信息框详细显示各被选中节点信息，如图 15-57 所示。

图 15-56 “标识”对话框

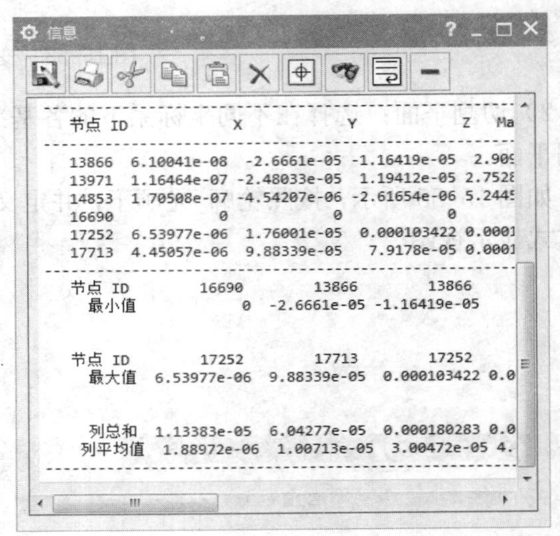

图 15-57 “信息”对话框

15.11.3 动画

动画操作模拟模型受力变形的情况，通过放大变形量使用户清楚地了解模型发生的变化。

单击【结果】选项卡，选择【动画】组中的【动画】图标，打开图 15-58 所示“动画”对话框。

动画依据不同的分析类型，可以模拟不同的变化过程，在结构分析中可以模拟变形过程。用户可以通过设置较多的帧数来描述变化过程。设置完成后，可以单击动画设置中的播放按钮▸，此时屏幕中的模型动画显示变形过程。用户还可以通过单步播放、后退、暂停和停止对动画进行控制。

图 15-58 “动画”对话框

15.12 综合实例——传动轴有限元分析

制作思路

本实例为传动轴的有限元分析，可以直接打开已经建立好的模型（见图 15-59），然后为模型指定材料进行网格的划分，之后为传动轴添加约束和扭矩就可以进行求解的操作了。求解之后进行后处理操作，导出分析的报告。

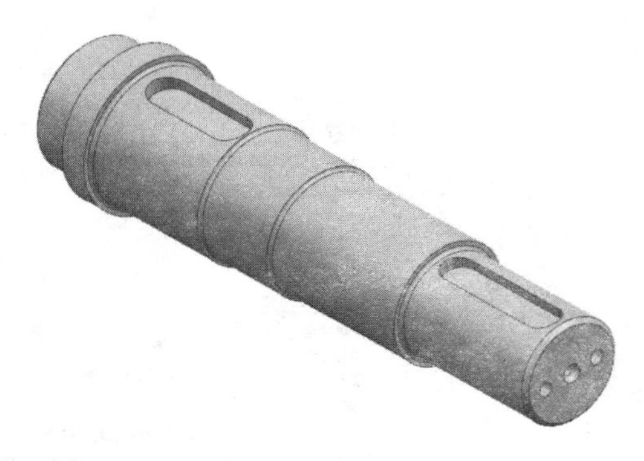

图 15-59　传动轴

01 打开模型。

❶单击【主页】选项卡，选择【标准】组中的【打开】图标或选择【菜单】→【文件】→【打开】命令，打开“打开”对话框。

❷在“打开”对话框中选择目标实体目录路径和模型名称：yuanwenjian/15/chuandongzhou.prt。单击“OK”按钮，在 UG NX 系统中打开目标模型。

02 进入高级仿真界面。

❶单击【应用模块】选项卡，选择【仿真】组中的【前/后处理】图标，进入高级仿真界面。

❷单击屏幕左侧“仿真导航器”，进入仿真导航器界面并选中模型名称，单击右键，在打开的快捷菜单中选择“新建 FEM 和仿真”选项，如图 15-60 所示，打开“新建 FEM 和仿真”对话框，如图 15-61 所示，接受系统各选项，单击“确定”按钮，打开图 15-62 所示的“解算方案”对话框。采用默认设置，单击“确定”按钮。

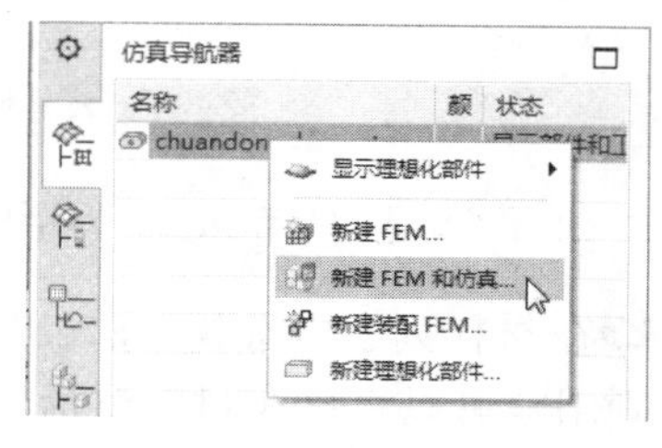

图 15-60　快捷菜单

❸单击屏幕左侧“仿真导航器”，进入仿真导航器中的仿真文件视图下选中 chuandongzhou_fem1 结点，单击右键，在打开的快捷菜单中选择“设为显示部件”选项，如图 15-63 所示，进入编辑有限元模型界面。

03 指派材料。

❶选择【菜单】→【工具】→【材料】→【指派材料】命令或单击【主页】选项卡，选择【属性】组→【更多】库中的【指派材料】图标，打开图 15-64 所示的“指派材料”对话框。

图 15-61　“新建 FEM 和仿真”对话框

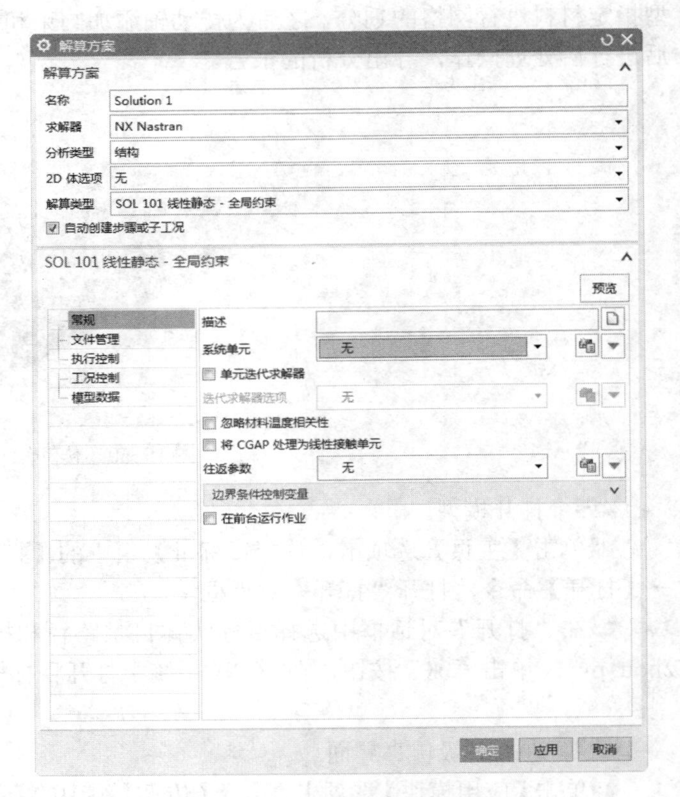

图 15-62　“解算方案”对话框

❷在材料列表中选择“Steel”材料，单击“确定”按钮。若材料列表中无用户需求的材料，则用户可以直接在材料对话框中设置材料各参数。

❸在屏幕上选择模型，将在图 15-64 中选择的材料赋予该模型，单击“确定”按钮，完成材料设置。

04 创建 3D 四面体网格。

❶选择【菜单】→【插入】→【网格】→【3D 四面体网格】命令或单击【主页】选项卡，选择【网格】组中的【3D 四面体】图标，打开图 15-65 所示的“3D 四面体网格”对话框。

❷在视图区中选择传动轴模型，选择单元属性类型为“CTETRA（10）”，输入单元大小为 10，雅可比为 20，其他采用默认设置。

❸单击“确定”按钮，开始划分网格。生成如图 15-66 所示有限元模型。

图 15-63　快捷菜单

图 15-64　“指派材料”对话框

图 15-65　“3D 四面体网格”对话框

05 施加约束。

❶在“仿真文件视图”中选择“chuandongzhou_sim1”的结点，单击右键，并选择“设为显示部件”，如图 15-67 所示，进入仿真模型界面。

❷单击【主页】选项卡，选择【载荷和条件】组→【约束类型下拉菜单】中的【固定约束】图标，打开图 15-68 所示的“固定约束”对话框。

❸在视图中选择需要施加约束的模型面，如图 15-69 所示，单击“确定”按钮，完成约束的设置。

06 添加扭矩 1。

❶单击【主页】选项卡，选择【载荷和条件】组→【载荷类型下拉菜单】中的【扭矩】图标，打开图 15-70 所示的“扭矩”对话框。

❷在视图中选择第一个键槽的圆柱面为添加扭矩的对象，如图 15-71 所示。

❸在“幅值”选项输入扭矩为 3900。

❹单击“确定”按钮，完成扭矩的设置，如图 15-72 所示。

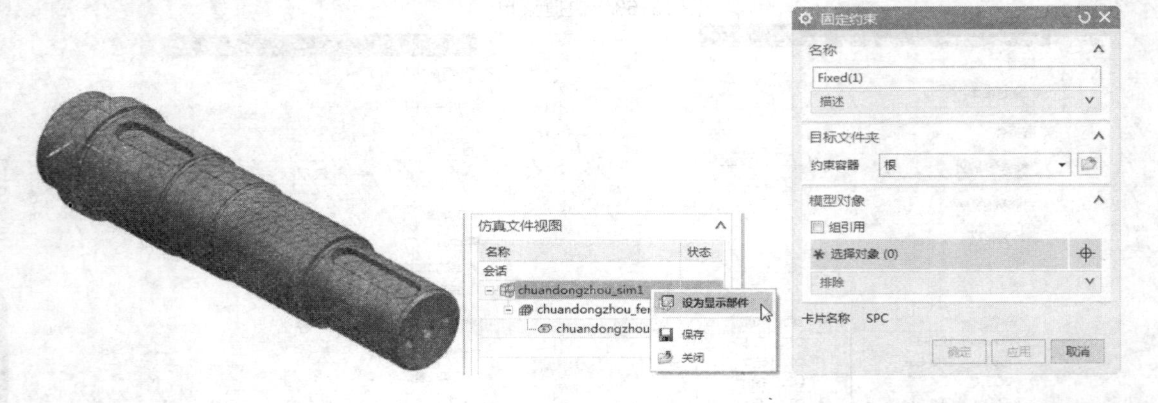

图 15-66 有限元模型　　图 15-67 快捷菜单　　图 15-68 “固定约束”对话框

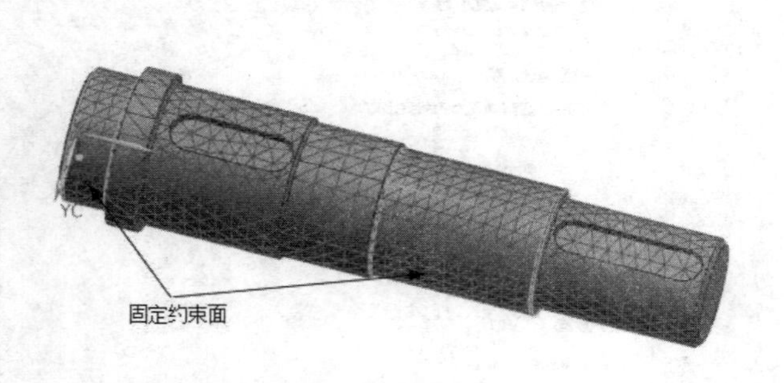

图 15-69 施加约束

图 15-70 “扭矩”对话框

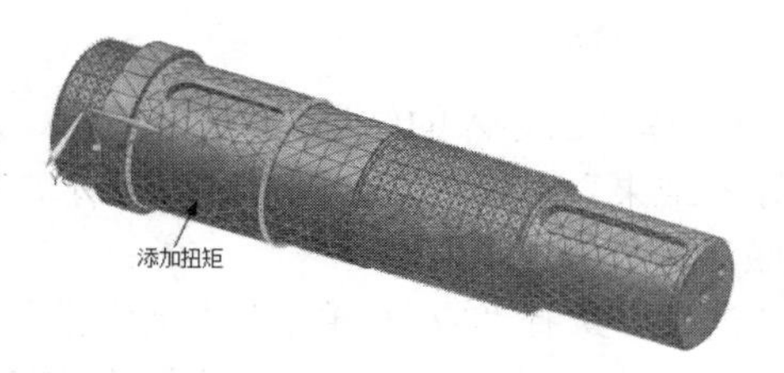

图 15-71　添加扭矩

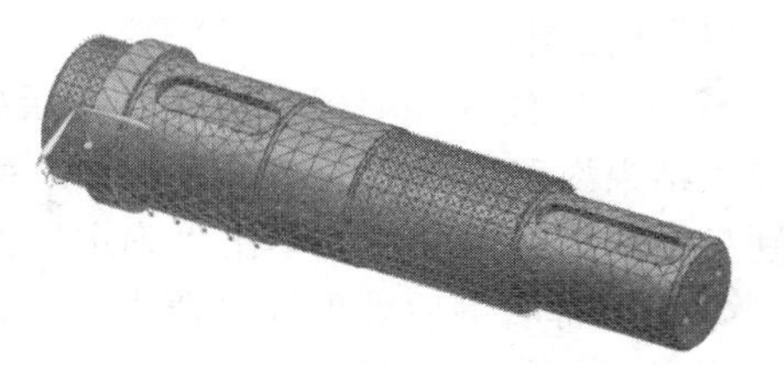

图 15-72　完成第一个扭矩的添加

07 添加扭矩 2。

❶单击【主页】选项卡【载荷和条件】组→【载荷类型下拉菜单】中的【扭矩】图标，打开“扭矩”对话框。

❷在视图中选择第二个键槽的圆柱面为添加扭矩的对象，如图 15-73 所示。

❸在“幅值”选项输入扭矩为-3900。

❹单击“确定”按钮，完成扭矩的设置，如图 15-74 所示。

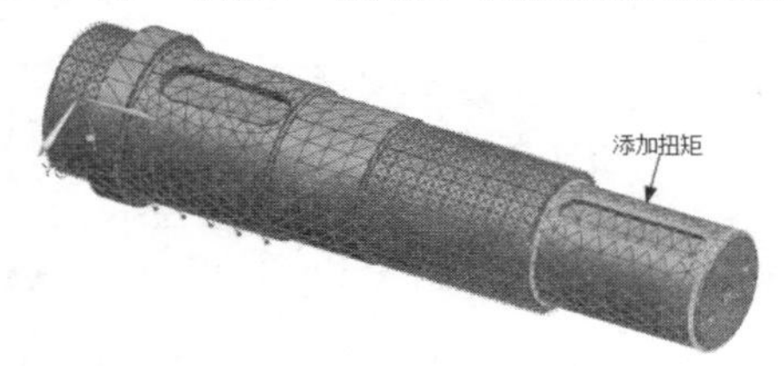

图 15-73　添加扭矩

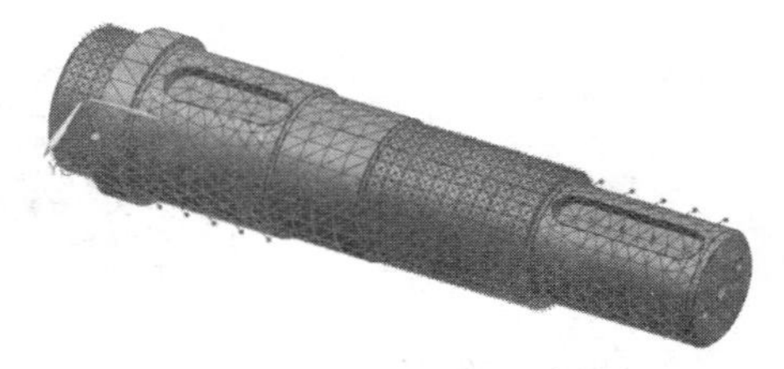

图 15-74　完成扭矩的添加

08 求解。

❶单击【主页】选项卡，选择【解算方案】组中的【求解】图标或选择【菜单】→【分析】→【求解】命令，打开图 15-75 所示的“求解”对话框。

❷单击“确定”按钮，打开如图 15-76 所示的“Solution Monitor（解算监视器）”对话框和如图 15-77 所示的“分析作业监视”对话框。

❸单击“关闭”和“取消”按钮，完成求解过程。

图 15-75　“求解”对话框

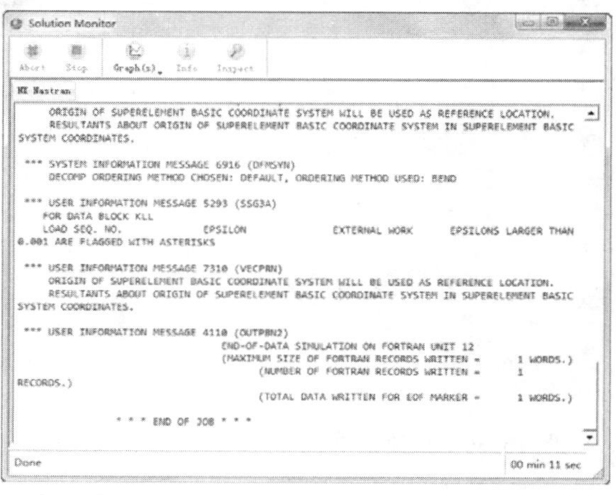

图 15-76　“解算监视器”对话框

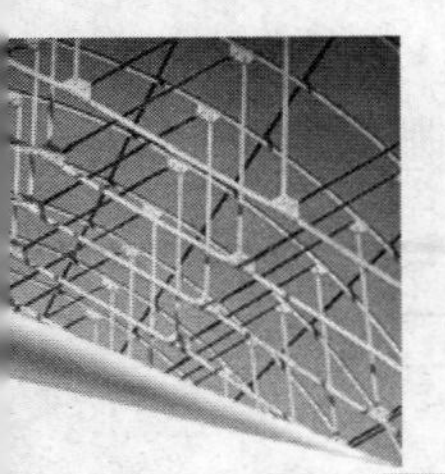

09 云图。

❶单击后处理导航器，在打开的后处理导航器中选择“已导入的结果”，右键单击，选择“导入结果”选项，如图 15-78 所示，系统打开“导入结果”对话框，如图 15-79 所示，在用户硬盘中选择结果文件，单击“确定”按钮，系统激活后处理工具。

❷在屏幕右侧后处理导航器中“已导入的结果”选项，选择“应力-单元”节点，选择 Von Miss 并单击右键，在打开的快捷菜单中选择“绘图”选项，如图 15-80 所示，云图显示有限元模型的应力情况，如图 15-81 所示。

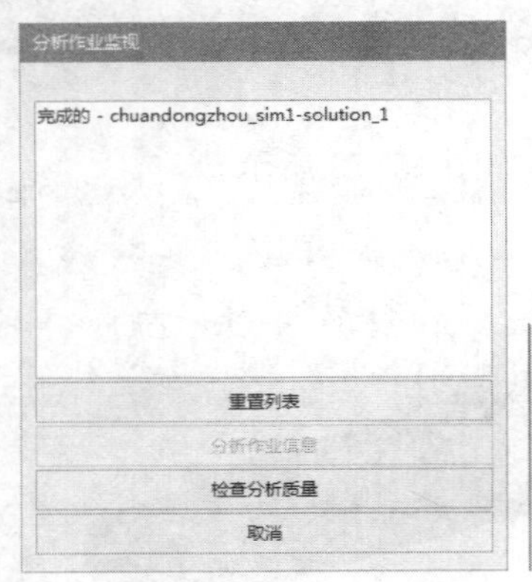

图 15-77 “分析作业监视”对话框

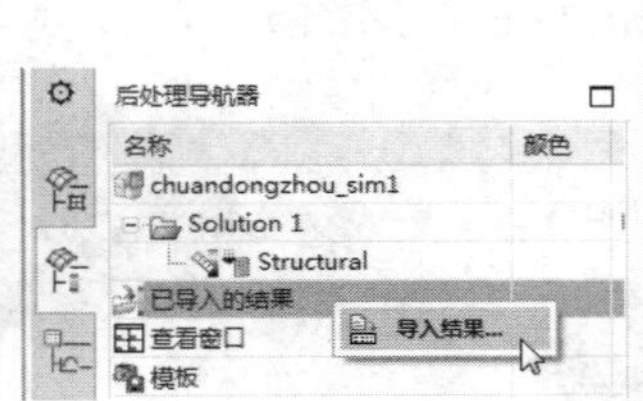

图 15-78 快捷菜单

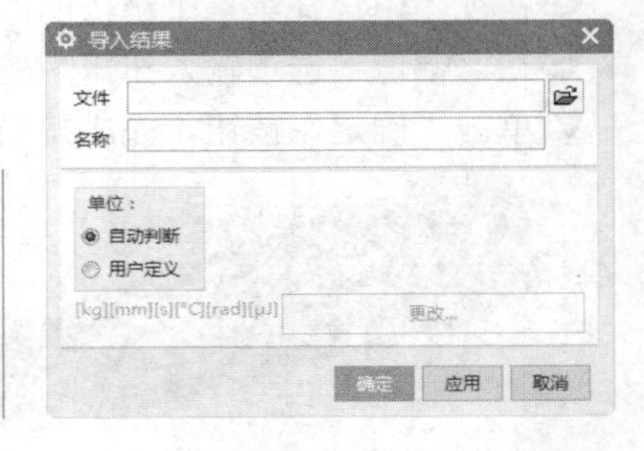

图 15-79 “导入结果”对话框

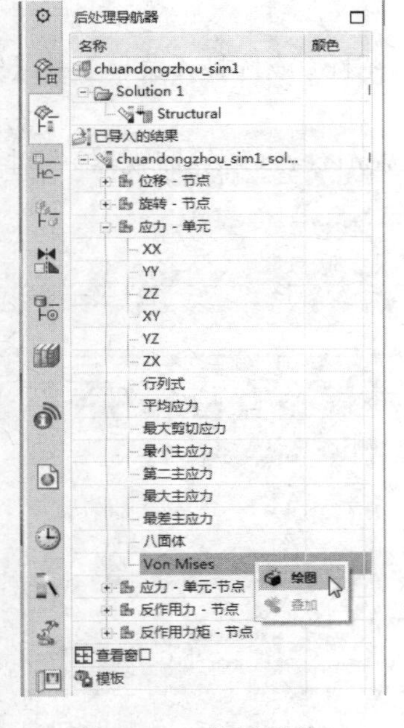

图 15-80 快捷菜单

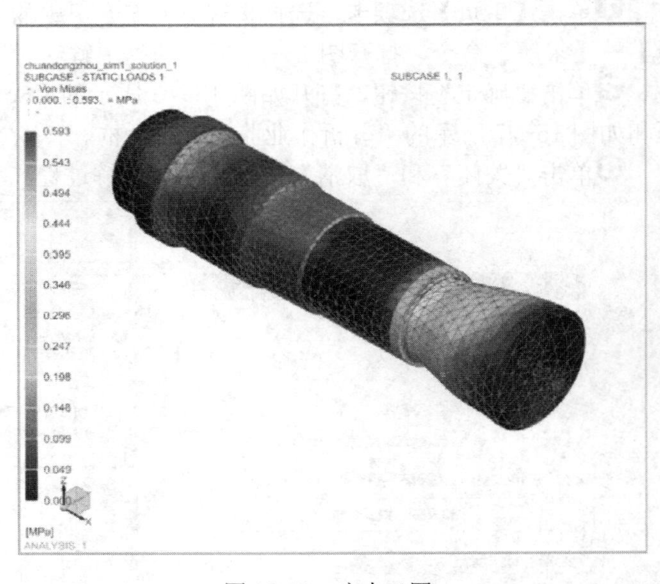

图 15-81 应力云图

❸在屏幕右侧后处理导航器中“已导入的结果”选项，双击“位移-节点”选项，云图显示有限元模型的位移情况，如图 15-82 所示。

10 报告。

❶单击【主页】选项卡，选择【解算方案】组中的【创建报告】图标，或选择【菜单】→【工具】→【创建报告】命令，打开“在站点中显示模板文件”对话框，选择其中的一个模板，单击“OK”按钮，系统根据整个分析过程，创建一份完整的分析报告。

❷在“仿真导航器”中选中报告，单击鼠标右键，在打开的快捷菜单中选择“发布报告”选项，如图 15-83 所示，打开“指定新的报告文档名称”对话框，输入文件名称，单击“OK”按钮，进行报告文档的保存，系统显示上述创建的报告，如图 15-84 所示。至此整个分析过程结束。

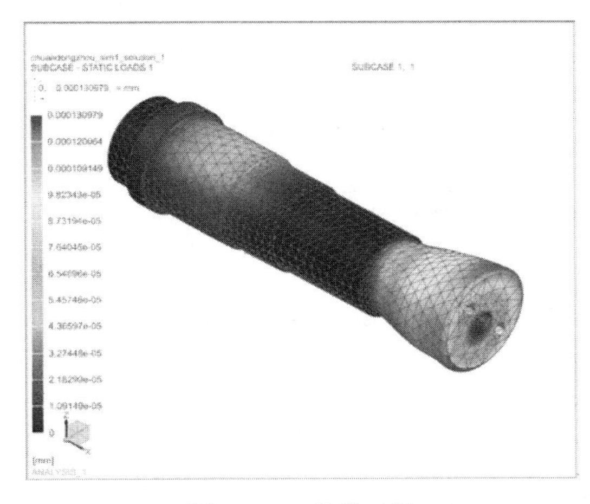

图 15-82　位移云图

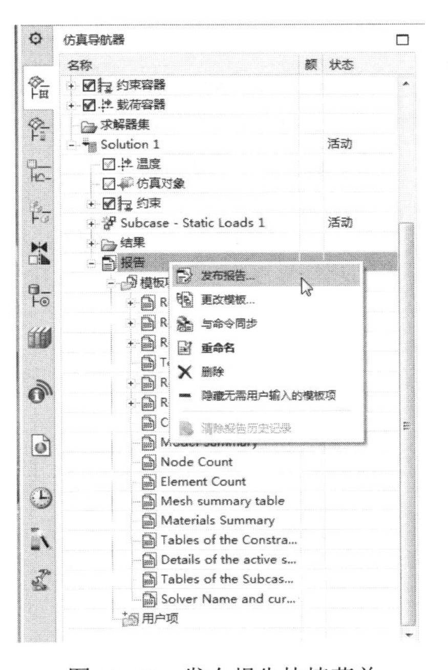

图 15-83　发布报告快捷菜单

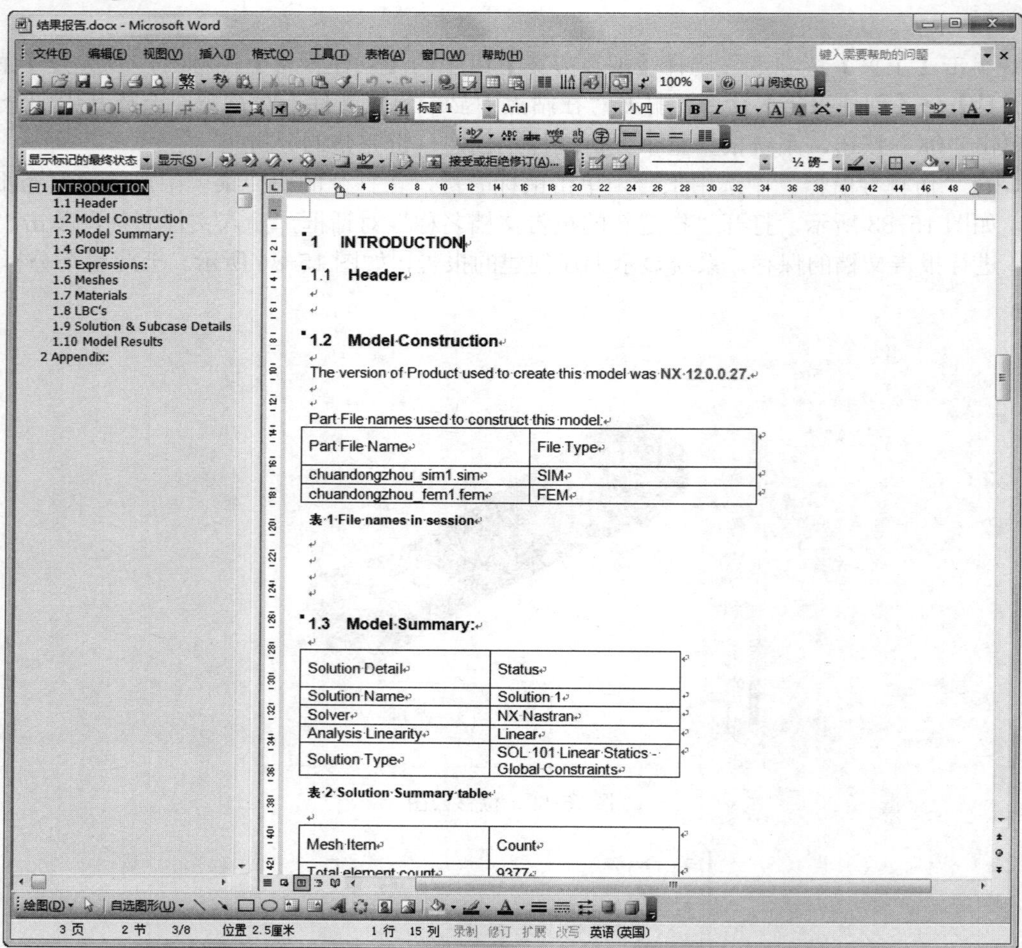

结果报告.docx - Microsoft Word
文件(F) 编辑(E) 视图(V) 插入(I) 格式(O) 工具(T) 表格(A) 窗口(W) 帮助(H)
1 INTRODUCTION
1.1 Header
1.2 Model Construction
1.3 Model Summary:
1.4 Group:
1.5 Expressions:
1.6 Meshes
1.7 Materials
1.8 LBC's
1.9 Solution & Subcase Details
1.10 Model Results
2 Appendix:
1 INTRODUCTION
1.1 Header
1.2 Model Construction
The version of Product used to create this model was NX 12.0.0.27.
Part File names used to construct this model:
Part File Name
File Type
chuandongzhou_sim1.sim
SIM
chuandongzhou_fem1.fem
FEM
表 1 File names in session
1.3 Model Summary:
Solution Detail
Status
Solution Name
Solution 1
Solver
NX Nastran
Analysis Linearity
Linear
Solution Type
SOL 101 Linear Statics - Global Constraints
表 2 Solution Summary table
Mesh Item
Count
Total element count
9377
3 页 2 节 3/8 位置 2.5厘米 1 行 15 列 录制 修订 扩展 改写 英语(英国)

图 15-84 结果报告

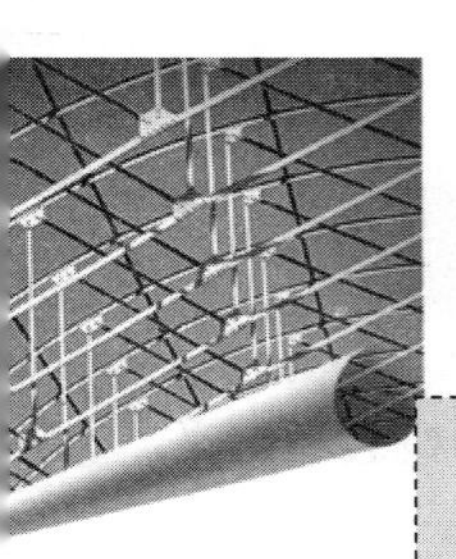

第16章 运动仿真

首先创建运动分析对象，若对创建对象感到不满意，可以在模型准备中对模型进行重新编辑和其他操作。模型准备阶段主要包括对模型尺寸的编辑、运动对象的编辑、标记点和智能点的创建、封装和函数管理器的建立几部分。

完成模型准备后，可以利用运动分析模块对模型进行全面的运动分析。

重点与难点

- 连杆及运动副
- 连接器和载荷
- 标记和智能点
- 解算方案的创建和求解
- 运动分析

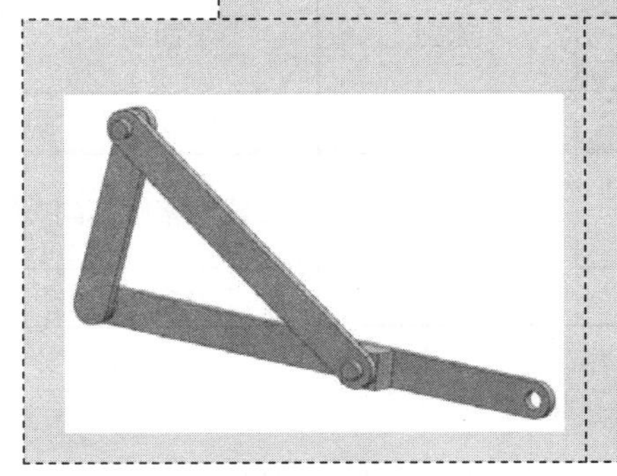

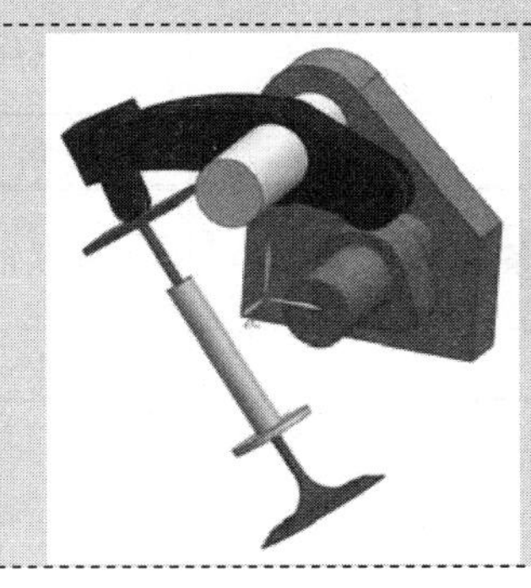

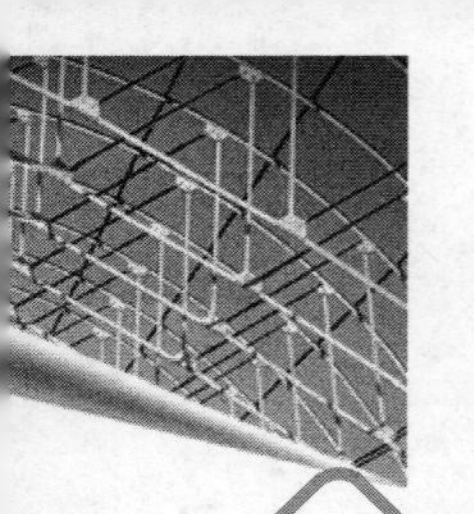

16.1 机构分析基本概念

机构分析是 UG NX 里的一个特殊分析功能模块，对应该功能涉及很多特殊的概念和定义，本节将简要介绍。

16.1.1 机构的组成

1）构件。任何机器都是由许多零件组合而成的。这些零件中，有的是作为一个独立的运动单元体而运动的，有的由于结构和工艺上的需要，而与其他零件刚性地连接在一起，作为一个整体而运动，这些刚性连接在一起的各个零件共同组成了一个独立的运动单元体。机器中每一个独立的运动单元体成为一个构件。

2）运动副。由构件组成机构时，需要以一定的方式把各个构件彼此连接起来，这种连接不是刚性连接，而是能产生某些相对运动。这种由两个构件组成的可动连接称为运动副，把两个构件上能够参加接触而构成运动副的表面称为运动副元素。

3）自由度和约束。任意两构件，它们在没有构成运动副之前，两者之间有 6 个相对自由度（在正坐标系中 3 个运动和 3 个转动自由度）。若将两者以某种方式连接而构成运动副，则两者间的相对运动便受到一定的约束。

运动副常根据两构件的接触情况进行分类，两构件通过点或线接触而构成运动副统称高副，通过面接触而构成运动副的称为低副，另外也有按移动方式分类的如移动副、回转副、螺旋副、球面副等，其移动方式分别为移动、转动、螺旋运动和球面运动。

16.1.2 机构自由度的计算

在机构创建过程中，每个自由构件将引入 6 个自由度，同时运动副又给机构运动带来约束，常用运动副引入的约束数目见表 16-1。

表 16-1　常用运动副的约束数

运动副类型	转动副	移动副	圆柱副	螺旋副	球副	平面副
约束数	5	5	4	1	3	3
运动副类型	齿轮副	齿轮齿条幅	缆绳副	万向联轴器	点线接触高副	曲线间接触高副
约束数	1	1	1	4	2	2

机构总自由度数可用下式计算：

机构自由度总数=活动构件数×6 − 约束总数− 原动件独立输入运动数

16.2 仿真模型

同结构分析相似，仿真模型是在主模型的基础上创建的，两者间存在密切联系。

1）单击【应用模块】选项卡，选择【仿真】组中的【运动】图标，进入运动分析模块。

2）单击绘图窗口左侧“运动导航器”按钮，弹出“运动导航器”对话框，如图 16-1 所示。

运动导航器

名称	状态	环境
valve_cam_sldasm		

图 16-1　“运动导航器”对话框

3）右键单击运动导航器中的主模型名称，在弹出快捷菜单中选择“新建仿真”，弹出“新建仿真”对话框，如图 16-2 所示，单击“确定”按钮，弹出如图 16-3 所示的“环境”对话框，单击“确定”按钮。

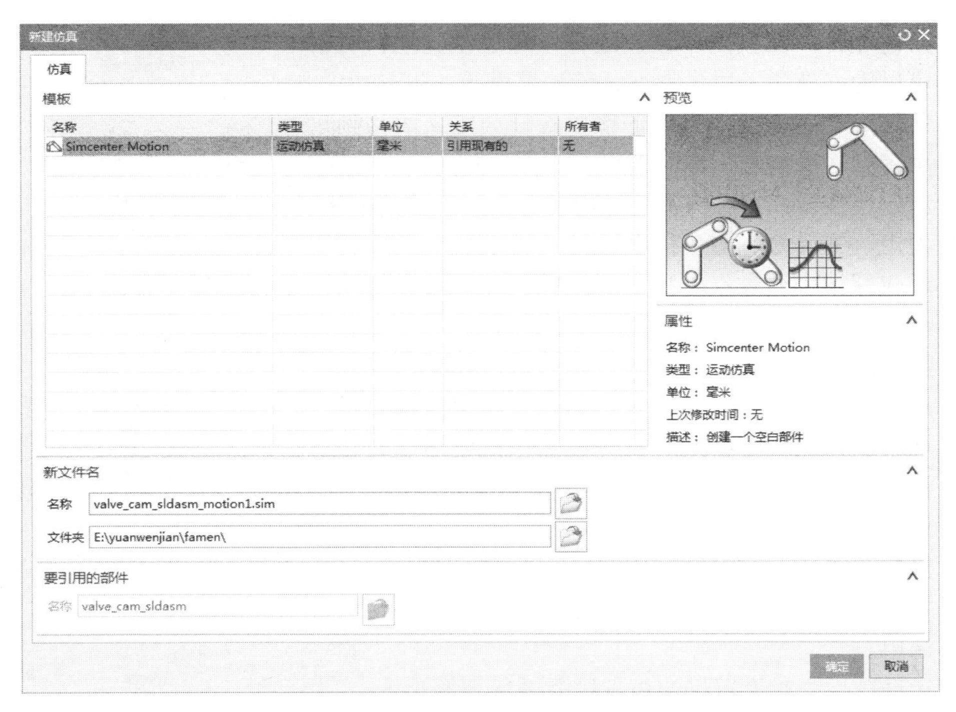

图 16-2　“新建仿真”对话框

4）弹出如图 16-4 所示的“机构运动副向导”对话框，单击“取消”按钮，创建默认名为“motion_1”的运动仿真文件。

图 16-3 “环境”对话框

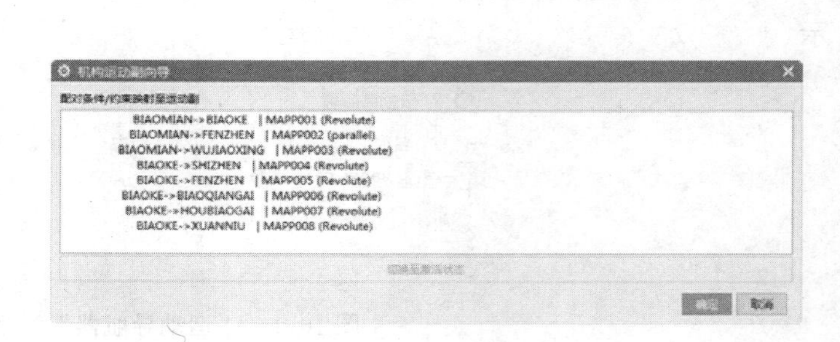

图 16-4 “机构运动副向导”对话框

5）右键单击该文件名，弹出图 16-5 所示的快捷菜单，用户可以对仿真模型进行多项操作，各选项含义如下：

- 新建连杆：在模型中创建连杆，通过创建连杆对话框可以为连杆赋予质量特性、转动惯量等。
- 新建运动副：在模型中的接触连杆间定义运动副包括旋转副、滑动副、球面副等。
- 新建连接器：为机构各连杆定义力学对象包括标量力、力矩、矢量力、力矩和弹簧副、阻尼等。
- 新建标记：通过在连杆上产生标记点，可方便地为分析结果产生该点接触力、位移、速度。
- 新建约束：为模型定义高低副包括点线副、线线副和点面副。
- 环境：为运动分析定义解算器，包括运动学和动态两种解算器。
- 信息：供用户查看仿真模型中的信息，包括运动连接信息和在 Scenario 模型修改表达式的信息。
- 导出：该选项用于输出机构分析结果，以供其他系统调用。
- 运动分析：对设置好的仿真模型进行求解分析。
- 求解器：选择分析求解的运算器，包括：Recurdyn 和 Adams。

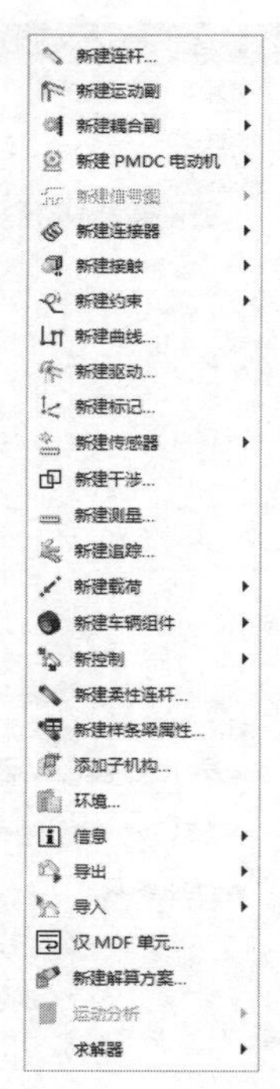

图 16-5 快捷菜单

16.3 运动分析首选项

运动分析首选项控制运动分析中的各种显示参数，分析文件和后处理参数，它是进行机构分析前的重要准备工作。

选择【菜单】→【首选项】→【运动】命令，弹出图 16-6 所示的“运动首选项”对话框，其选项含义如下：

（1）运动对象参数：控制显示何种运动分析对象，以及显示形式。

1）名称显示：该选项控制在仿真模型中连杆及运动副的名称是否显示。

2）图标比例：该选项控制运动对象图标的显示比例，修改此参数会改变当前和以后创建的图标显示比例。

3）角度单位：确定角度单位是弧度还是度，默认选项为“度”。

4）列出单位：单击该选项弹出“信息”对话框，如图 16-7 所示，显示当前运动分析中的单位制。

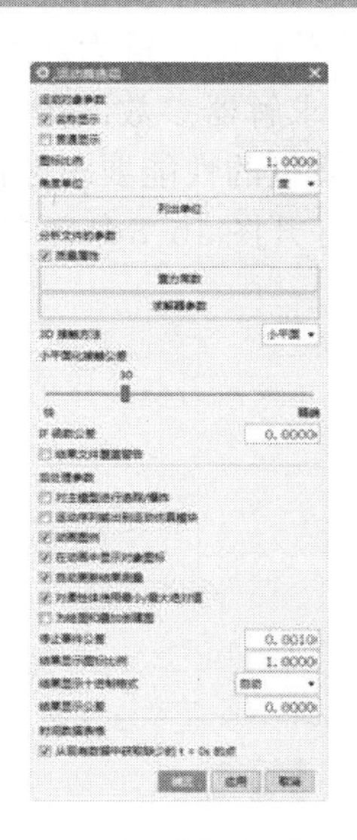

图 16-6　“运动首选项”对话框

图 16-7　“信息”对话框

（2）分析文件的参数：控制对象的质量属性和重力常数两个参数：

UG NX 12.0

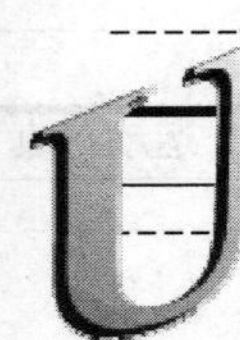

1）质量属性：该选项控制解算器在求解时是否采用构件的质量特性。

2）重力常数：该选项控制重力常数 G 的大小，单击该选项弹出“全局重力系数”对话框。在采用 mm 单位中，重力加速度为-9806.65mm/s^2(负号表示垂直向下方向)。

（3）求解器参数：控制运动分析中的积分和微分方程的求解精度，但是求解精度越高意味着对计算机的性能要求越高，耗费的时间也越长。这时就需要用户合理选择求解精度。单击此按钮，打开图 16-8 所示的“求解器参数”对话框，其选项含义如下：

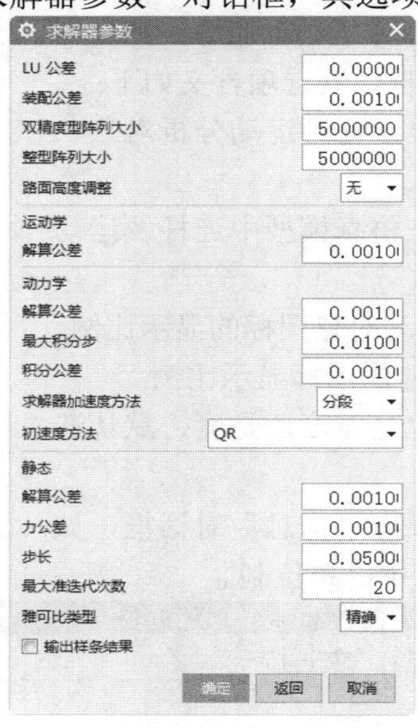

图 16-8 “求解器参数”对话框

1）步长：控制积分和微分方程的 dx 因子大小，dx 越小求解的精度越高。

2）解算公差：控制求解结果和求解方程间的误差，误差越小，解算精度越高。

3）最大准迭代次数：控制解算器的最大迭代次数，当解算器达到最大迭代次数，即使迭代结果不收敛，解算器也停止迭代。

动力学分析和静态分析的最大解算器迭代选项意义同上。

（4）3D 接触方法：有两种方式定义构件间的接触方式。

1）小平面：构件间以平面接触形式表现，同时可以通过下方的滑杆控制接触精度。

2）精确：精确模拟构件间的接触情况。

（5）后处理参数：对主模型进行追踪/爆炸。选中此复选框，表示将在运动分析方案中创建的追踪或爆炸的对象输出到主模型中。

16.4 连杆及运动副

在运动分析中连杆和运动副是组成构件最基本要素，没有这两部分机构就不可能运动。

16.4.1 连杆

在通常机构学中，固定的部分称为机架。而在运动仿真分析模块中固定的零件和发生运动的零件都统称为连杆。在创建连杆中，用户应注意一个几何对象只能创建一个连杆，而不能创建多个连杆。

选择【菜单】→【插入】→【连杆】命令，或单击【主页】选项卡，选择【机构】组中的【连杆】图标，打开图 16-9 所示的“连杆”对话框，其选项含义如下：

（1）连杆对象：选择几何体为连杆。

（2）质量与力矩：当在质量属性选项中选择“用户定义”选项时，此选项组可以为定义的杆件赋予质量并可使用点构造器定义杆件质心。

在定义惯性矩和惯性积前，必须先编辑坐标方向，也可以采用系统默认的坐标方向。惯性矩表达式 $I_{XX}=\int_A x^2\mathrm{d}A$ 、$I_{YY}=\int_A y^2\mathrm{d}A$ 、$I_{ZZ}=\int_A z^2\mathrm{d}A$ ；惯性积表达式 $I_{XY}=\int_A xy\mathrm{d}A$ 、$I_{XZ}=\int_A xy\mathrm{d}A$ 、$I_{YZ}=\int_A yz\mathrm{d}A$ 。

（3）初始平移速度：为连杆定义一个初始平移速度。

1）指定方向：为初始速度定义速度方向。

2）平移速度：用于重新设定构件的初始平移速度。

（4）初始旋转速度：为连杆定义一个初始转动速度。

1）幅值，它通过设定一个矢量作为角速度的旋转轴，然后在“旋转速度”选项中输入角速度大小。

2）分量：它是通过输入初始角速度的各坐标分量大小来设定连杆的初始角速度大小。

（5）无运动副固定连杆：勾选此复选框，选择目标零件后为固定连杆。

图 16-9 “连杆”对话框

注意

若仅对机构进行运动分析，可不必为连杆赋予质量和惯性矩，惯性积参数。

16.4.2 运动副

运动副为连杆间定义相对运动方式。不同运动副的创建对话框大致相同。

选择【菜单】→【插入】→【接头】命令，或单击【主页】选项卡，选择【机构】组中的【接头】图标，打开图 16-10 所示的“运动副”对话框。

1．旋转副

（1）啮合连杆：控制由不连接杆件组成的运动副在调用机构分析解算器时产生关联关系。

（2）极限：控制转动副的相对转动范围，该选项只在基于位移的动态仿真中有效。同时注意在“上限”和“下限”值的输入应分别输入旋转副的旋转范围数值。

（3）摩擦：为运动副提供摩擦选项，如图 16-11 所示。

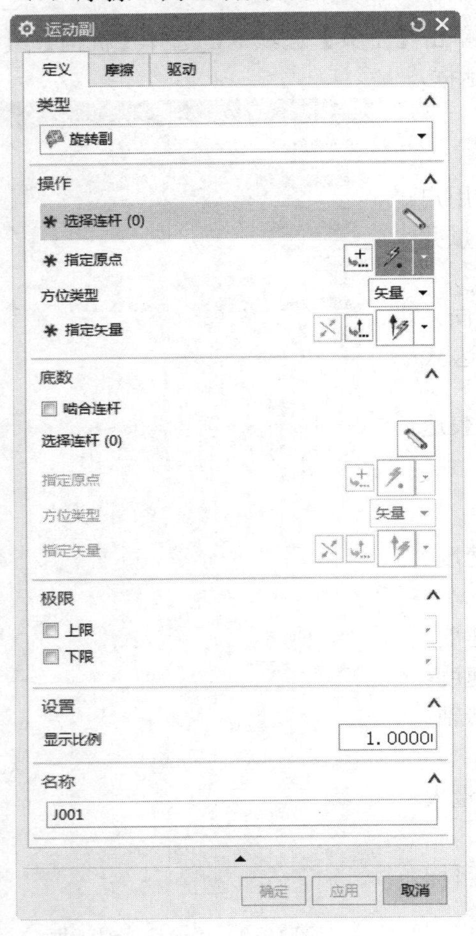

图 16-10　“运动副”对话框

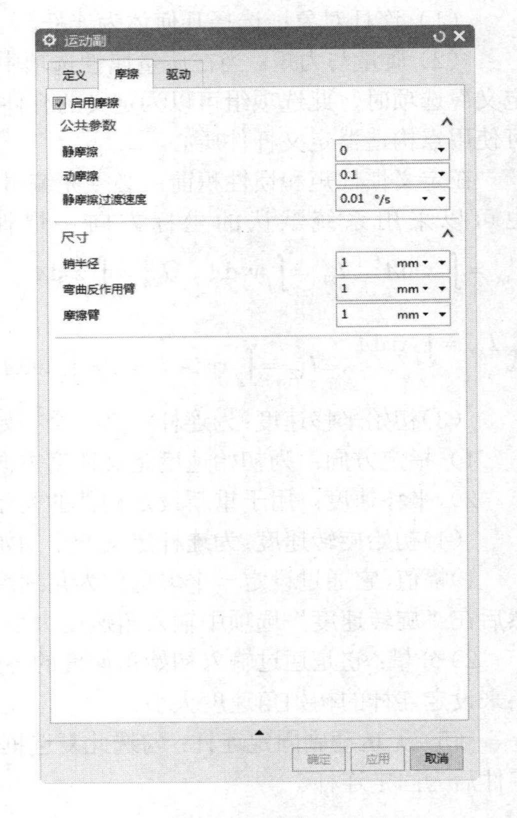

图 16-11　“摩擦”选项卡

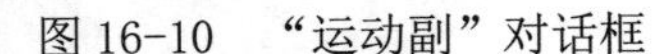

（4）驱动：控制转动副是否为原动运动副，系统为原动运动副提供“多项式”“谐波”“函数”“铰接运动”“控制”和“曲线 2D”6 种驱动运动规律。

1）“多项式”运动规律表达式为 $x+v*t+1/2*a*t^2$，x,v,a,t 分别表示位移、速度、加速度和时间。在“驱动类型”选项中选择“多项式”，弹出操作对话框。

2）“谐波”运动规律表达式为 $A*\sin(\omega*t+\phi)+B$，A,ω,ϕ,B,t 分别表示幅值、角频率、相位角、角位移和时间。在图 16-12 所示对话框“驱动”选项中选择“谐波”，弹出图 16-13 所示的对话框。

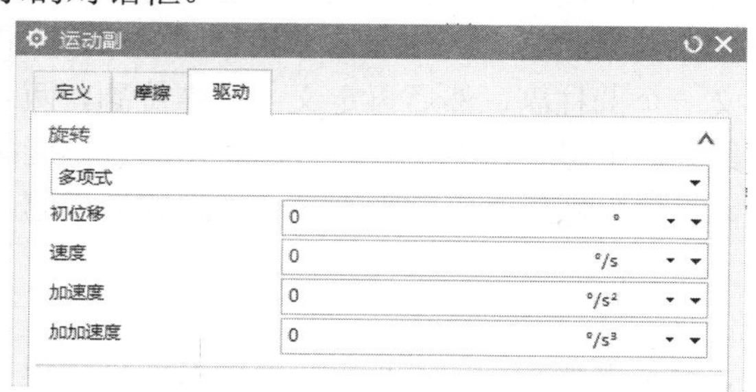

图 16-12 “多项式”对话框

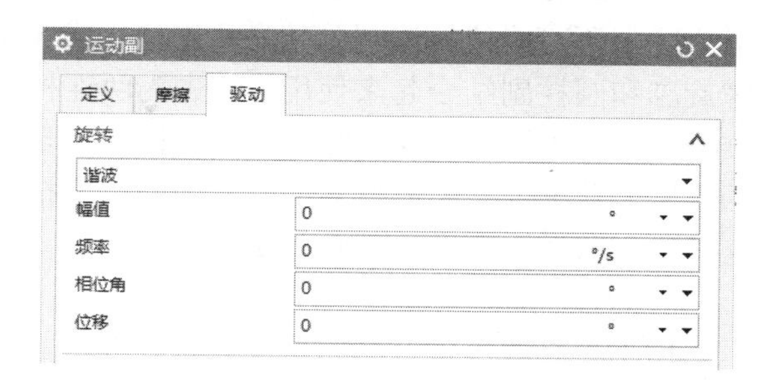

图 16-13 “谐波”对话框

3)“函数”由用户通过函数编辑器自定义一个表达式，在图 16-12 所示的对话框“驱动”选项中选择“函数”，弹出图 16-14 所示的对话框。

单击图 16-14 所示对话框中“函数管理器”图标 $f(x)$，弹出“XY 函数管理器”对话框，如图 16-15 所示。

4)“铰接运动”选项用于设置基于位移的动态仿真，该运动规律选项设定转动副具有独立时间的运动。

图 16-14 “函数”对话框

图 16-15 函数管理器

2. 滑块

操作对话框和旋转副操作对话框相同，各选项的意义也相似。这里不再详述。

3. 柱面副

圆柱副包括沿某一轴的移动副和旋转副两种传动形式，其操作对话框与上述介绍的相比没有了“极限”和“运动驱动”选项，其他选项相同。

4. 螺旋副

组成螺旋副的两杆件沿某轴做相对移动和相对转动运动，两者间只有一个独立运动参数，但实际上不可能依靠该副单独为两连杆生成 5 个约束，因此要达到施加 5 个约束的效果，应将螺旋副和圆柱副结合起来使用。首先为两连杆定义一个圆柱副，然后再定义一个螺旋副，两者结合起来，才能为组成螺旋副的两连杆定义 5 个约束。在螺旋副中螺旋模数比表示输入螺旋副的螺距，其单位与主模型文件所采用的单位相同，若定义螺距为正，则第一个连杆相对于第二连杆正向移动，若定义螺距为负，则反之。

5．万向节

用于将轴线不重合的两个回转构件连接起来，对话框如图 16-16 所示。万向节的创建模型图标如图 16-17 所示。

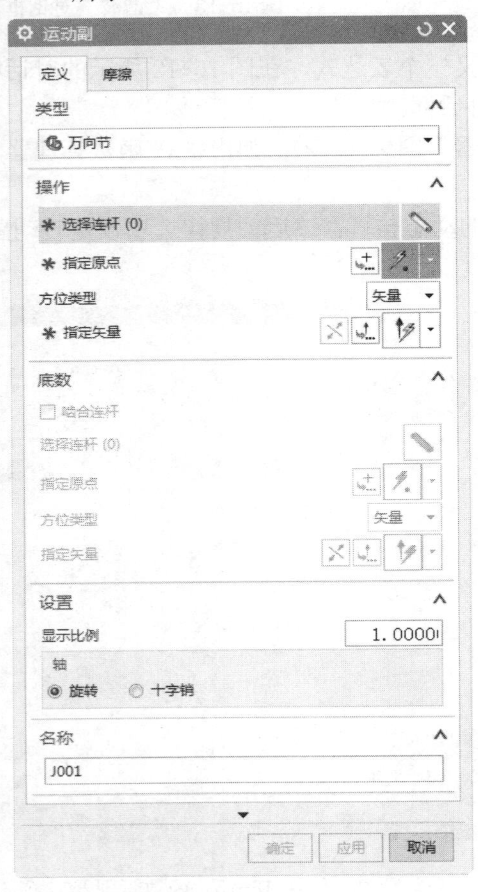

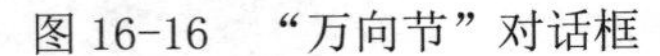
图 16-16　“万向节”对话框

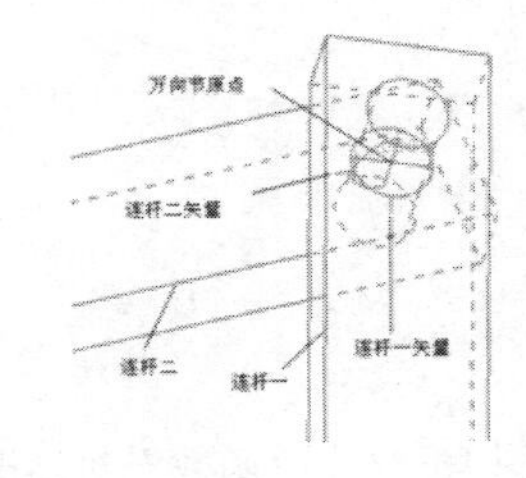

图 16-17　万向节

6．球面副

组成球形副的两连杆具有三个分别绕 x、y、z 轴相对旋转的自由度。组成球面副的两连杆的坐标系原点必重合。球面副的创建模型图标如图 16-18 所示。

7．平面副

用于创建两连杆的平面相对运动，包括在平面内的沿两轴向的相对移动和相对平面法向的相对转动。平面副创建模型图标如图16-19所示，平面矢量z轴垂直于相对移动和旋转平面。

8. 固定副

在连杆间创建一个固定连接副，相当于以刚性连接两连杆，两连杆间无相对运动。

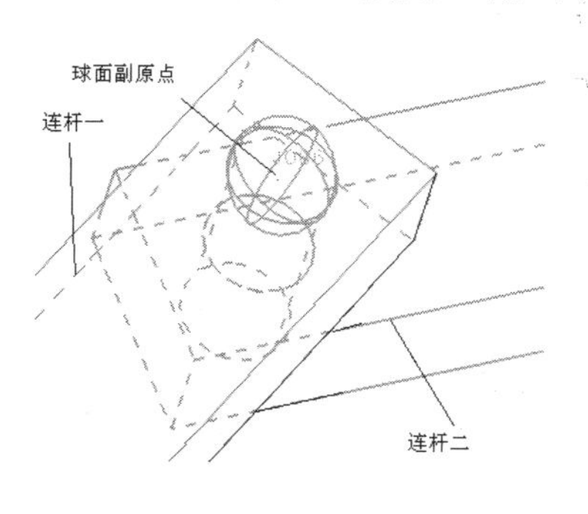

图16-18　球面副

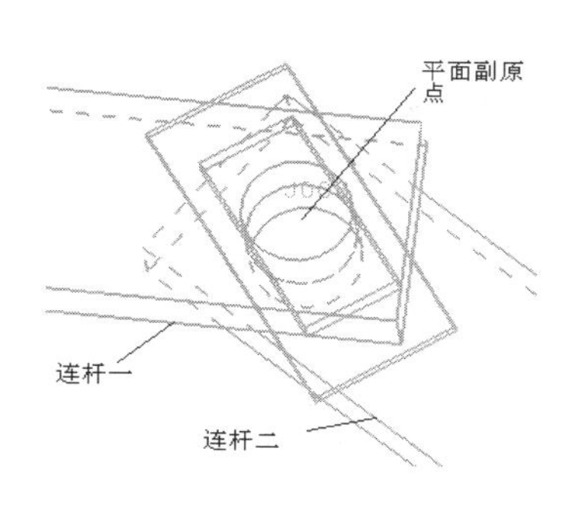

图16-19　平面副

16.4.3　齿轮齿条副

齿轮齿条副模拟齿轮与齿条间的啮合运动，在该副中齿轮相对于齿条作相对移动和相对转动运动。创建齿轮齿条副之前，应先定义一个滑动副和一个旋转副，然后创建齿轮副。

1）选择【菜单】→【插入】→【耦合副】→【齿轮齿条副】命令，或单击【主页】选项卡，选择【耦合副】组中的【齿轮齿条副】图标，弹出图16-20所示的“齿轮齿条副”对话框。

2）选择已创建的滑动副、转动副和接触点。

3）系统能自动给定比率参数，用户也可以直接设定比率值，然后由系统给出接触点位置。

4）单击“确定”按钮，如图16-21所示为齿轮齿条副示意图，由一个与机架连接的滑动副和一个与机架连接的具有驱动能力的转动副组成。

16.4.4　齿轮副

齿轮副用来模拟一对齿轮的啮合传动，在创建齿轮副之前，应先定义两个转动副。齿轮副可以通过为旋转副定义驱动或极限来设定驱动或运动极限范围。

1）选择【菜单】→【插入】→【耦合副】→【齿轮耦合副】命令，或单击【主页】选项卡，选择【耦合副】组中的【齿轮耦合副】图标，弹出图16-22所示的“齿轮耦合副”对话框。

“比率（销半径）”参数等效于齿轮的节圆半径，即齿轮中心到接触点间距离。

2）依次选择两转动副和接触点。

3）系统由接触点自动给出比率值，用户也可以先设定比率值，然后由系统给出接触点位置。

4）单击“确定”按钮，如图16-23所示为一带驱动旋转副和一普通旋转副组成的齿轮副。

图 16-20 “齿轮齿条副”对话框

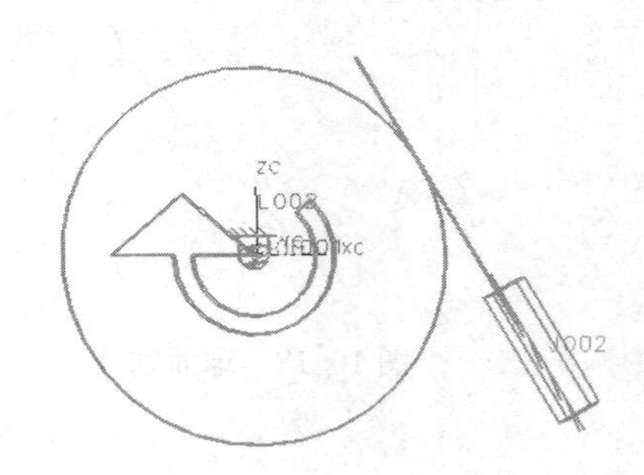

图 16-21 齿轮齿条副

图 16-22 “齿轮耦合副”对话框

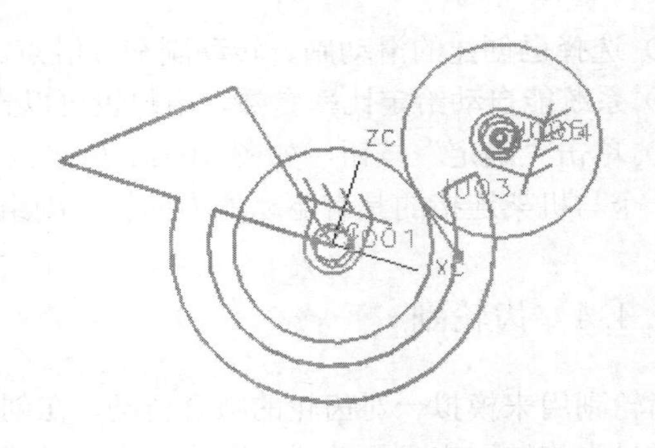

图 16-23 齿轮副

“显示比例”为两齿轮节圆半径比值。

16.4.5 线缆副

线缆副使两个滑动副产生关联关系。在创建线缆副之前，应先定义两个移动副。线缆副可以通过定义其中一个滑动副的驱动或极限来设定线缆副的驱动或运动极限范围。

1）选择【菜单】→【插入】→【耦合副】→【线缆副】命令，或单击【主页】选项卡【耦合副】组上的【线缆副】按钮，弹出图 16-24 所示的“线缆副”对话框。

2）首先选择连杆，然后选择接触副。

3）选择线，接受系统默认的显示比例和名称。

4）单击“确定”按钮，生成图 16-25 所示的线缆副。

图 16-24　“线缆副”对话框

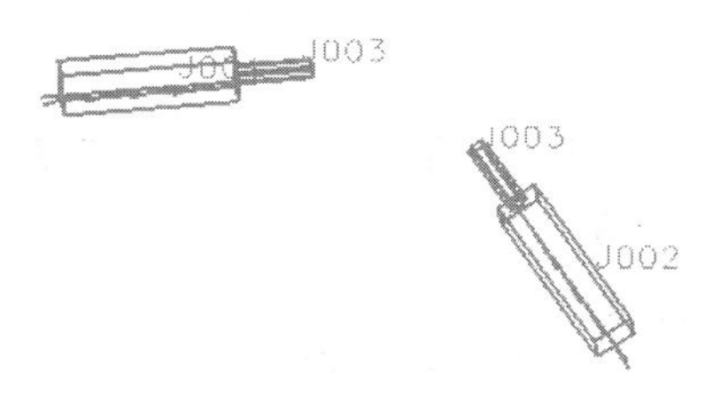

图 16-25　线缆副

“比率”表示第一个滑动副相对于第二个滑动副的传动比，正值表示两滑动副滑动方向相同，负值表示两滑动副滑动方向相反。

如图 16-25 所示为两滑动副组成的线缆副。

16.4.6　点在线上副

点在线上副允许在两连杆间具有 4 个运动自由度。

1）选择【菜单】→【插入】→【约束】→【点在线上副】命令，或单击【主页】选项卡【约束】组上的【点在线上副】按钮，打开图 16-26 所示的“点在线上副”对话框。

2）首先选择连杆，然后选择接触点。

3）选择线，接受系统默认的显示比例和名称。

4）单击“确定”按钮，生成图 16-27 所示的在线上副。

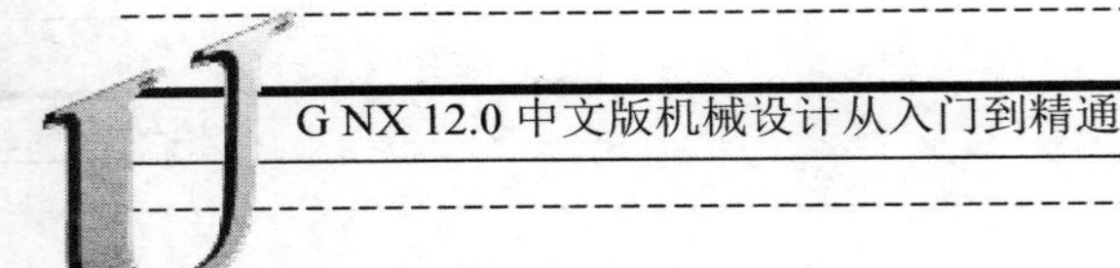

图 16-26 “点在线上副”对话框

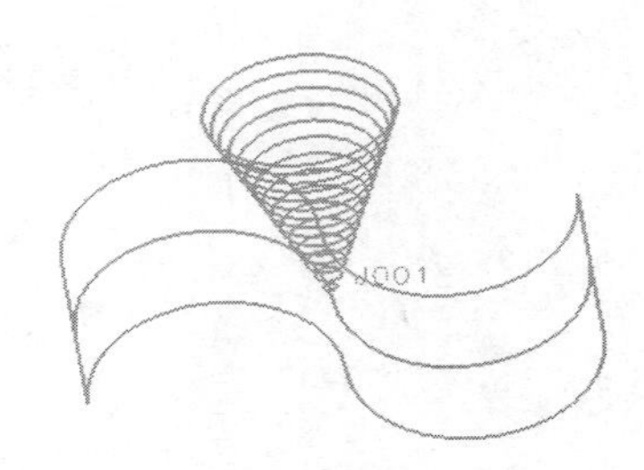

图 16-27 点线接触副

16.4.7 线在线上副

线在线上副常用来模拟凸轮运动关系。在线线接触副中，两构件共有 4 个自由度。接触副中两曲线不但要保持接触还要保持相切。

1）选择【菜单】→【插入】→【约束】→【线在线上副】命令，或单击【主页】选项卡，选择【约束】组中的【线在线上副】图标，打开图 16-28 所示的“线在线上副”对话框。

2）首先选择连杆，然后选择接触副。

3）选择线，接受系统默认的显示比例和名称。

4）单击“确定”按钮，生成图 16-29 所示的线在线上副。

图 16-28 “线在线上副”对话框

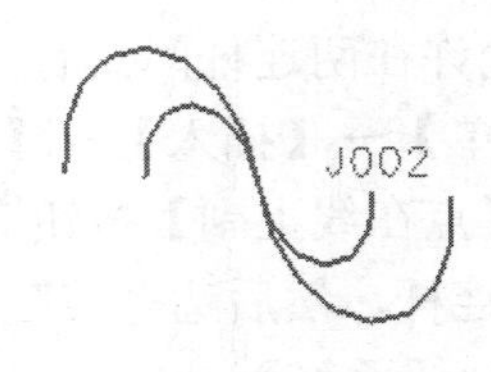

图 16-29 线在线上副

16.4.8 点在面上副

点在面上副允许两构件间有5个自由度（点在面上的两个移动自由度和绕自身轴的三个旋转自由度）。

1）选择【菜单】→【插入】→【约束】→【点在面上副】命令，或单击【主页】选项卡，选择【约束】组中的【点在面上副】图标，打开图16-30所示的“曲面上的点”对话框。

2）选择连杆，然后选择点和面。

3）接受系统默认的显示比例和名称。

4）单击“确定”按钮，生成图16-31所示的点在面上副。

图16-30 “曲面上的点”对话框

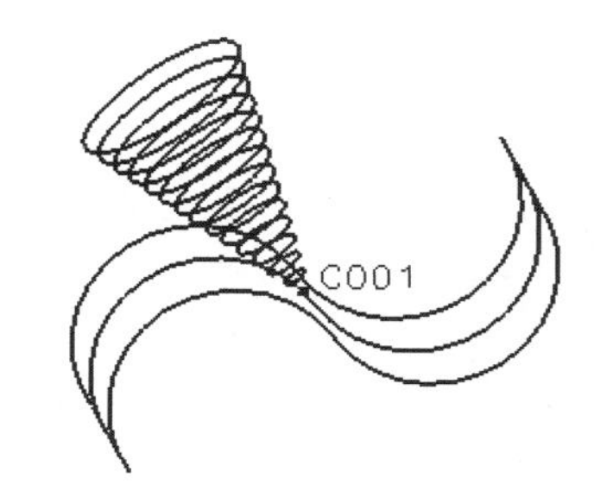

图16-31 点在面上副

16.5 连接器和载荷

在机构分析中可以为两个连杆间添加载荷，用于模拟构件间的弹簧、阻尼、力或力矩等。在连杆间添加的载荷不会影响机构的运动分析，仅用于动力学分析中的求解作用力和反作用力。在系统中常用载荷包括弹簧、阻尼、力、力矩、弹性衬套、接触副等。

16.5.1 弹簧

弹簧力是位移和刚度的函数。弹簧在自由长度时，处于完全松弛状态，弹簧力为零，当弹簧伸长或缩短后，产生一个正比于位移的力。

1）选择【菜单】→【插入】→【连接器】→【弹簧】命令，或单击【主页】选项卡，选择【连接器】组中的【弹簧】图标，打开图16-32所示的“弹簧”对话框。

2）依次在屏幕中选择连杆一、原点一、连杆二和原点二，如果弹簧与机架连接，则可不

选杆二。

3）根据需要设置好“弹簧参数”面板中的参数及弹簧名称，系统默认弹簧名称为S001。

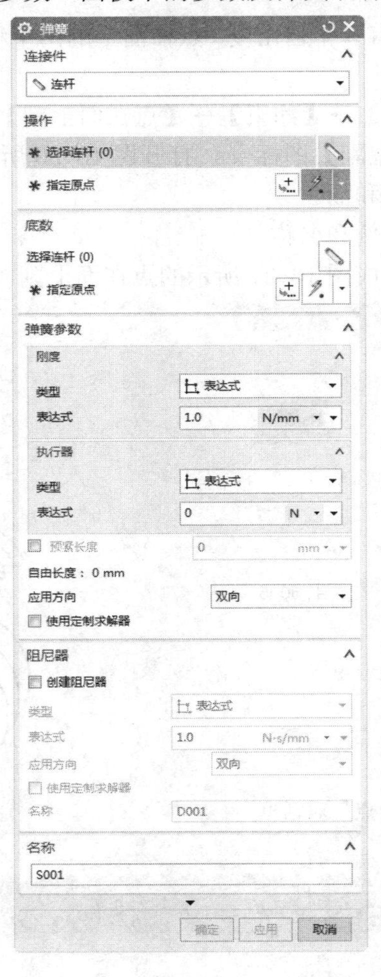

图 16-32 “弹簧”对话框

16.5.2 阻尼

阻尼是一个耗能组件，阻尼力是运动物体速度的函数，作用方向与物体的运动方向相反，对物体的运动起反作用。阻尼一般将连杆的机械能转化为热能或其他形式能量，同弹簧相似阻尼也提供拉伸阻尼和扭转阻尼两种形式元件。阻尼元件可添加在两连杆间或运动副中。

选择【菜单】→【插入】→【连接器】→【阻尼器】命令，单击【主页】选项卡，选择【连接器】组中的【阻尼器】图标，执行上述方式后，打开图 16-33 所示的“阻尼”对话框。

添加阻尼的操作步骤和弹簧相似。用户根据需要设置阻尼系数及阻尼名称。

图 16-33　“阻尼”对话框

16. 5. 3　标量力

标量力是一种施加在两连杆间的已知力，标量力的作用方向是从连杆一的一指定点指向连杆二的一点。由此可知标量力的方向与相应的连杆相关联，当连杆运动时，标量力的方向也不断变化。标量力的大小可以根据用户需要设定为常数也可以给出一函数表达式，系统默认名称为 F001。

1）选择【菜单】→【插入】→【载荷】→【标量力】命令，单击【主页】选项卡【加载】组上的【标量力】图标，弹出图 16-34 所示的“标量力”对话框。

2）依据选择步骤在屏幕中选择第一连杆。

3）选择标量力原点，选择第二连杆，选择标量力终点（标量力方向由起点指向终点）。

4）设置“幅值”参数。

5）单击“确定”按钮，完成标量力创建操作。

图 16-34　“标量力”对话框

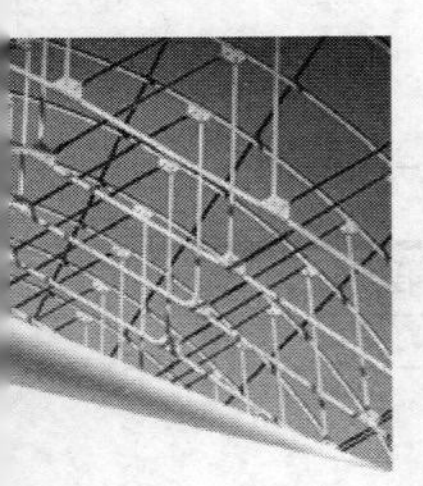

16.5.4 矢量力

矢量力与标量力不同，它不光具有一定大小，其方向在用户选定的一个坐标系中保持不变。

1）选择【菜单】→【插入】→【载荷】→【矢量力】命令，或单击【主页】选项卡，选择【加载】组中的【矢量力】图标，打开图 16-35 所示的“矢量力”对话框。

2）用户根据需要可以为矢量力定义不同的力坐标系。在绝对坐标系中用户应分别给定三个力分量，可以是给定常值也可以给定函数值。

3）在用户定义坐标系中用户需给定力方向。系统给定默认力名称为 G001。

16.5.5 标量扭矩

标量扭矩只能添加在已存在的旋转副上，大小可以是常数或一函数值，正扭矩表示绕旋转轴正 Z 轴旋转，负扭矩与之相反。

1）选择【菜单】→【插入】→【载荷】→【标量扭矩】命令，或单击【主页】选项卡，选择【加载】组中的【标量扭矩】图标，打开图 16-36 所示的“标量扭矩”对话框。

2）用户为扭矩输入设定值，系统默认的标量扭矩名称为 T001。

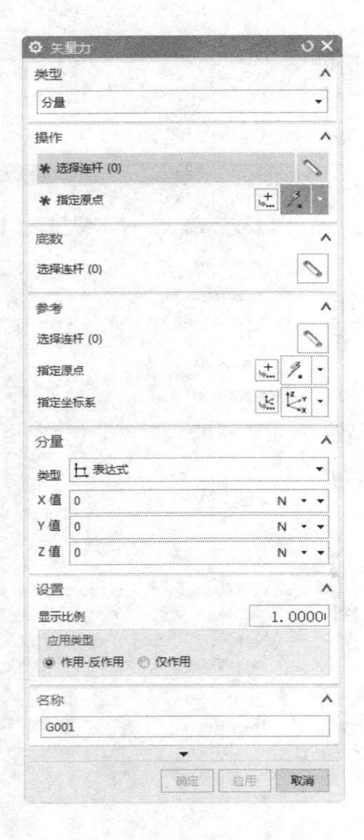

图 16-35 “矢量力”对话框

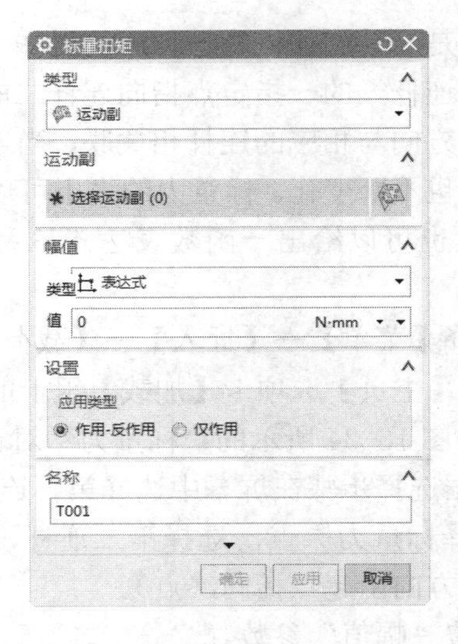

图 16-36 “标量扭矩”对话框

16.5.6　矢量扭矩

矢量扭矩与标量扭矩主要区别是旋转轴的定义，标量扭矩必须施加在旋转副上，而矢量扭矩则是施加在连杆上的，其旋转轴可以是用户自定义坐标系的Z轴或绝对坐标系的一个或多个轴线。

1）选择【菜单】→【插入】→【载荷】→【矢量扭矩】命令，或单击【主页】选项卡，选择【加载】组中的【矢量扭矩】图标，弹出图16-37所示的“矢量扭矩”对话框。

2）选择连杆，选择原点。

3）单击【点对话框】按钮，选择合适的方位。

4）设置“分量”参数。

5）系统默认的矢量扭矩为G001。

16.5.7　弹性衬套

弹性衬套用来定义两个连杆之间弹性关系的对象。有两种类型的弹性衬套供用户选择，圆柱形弹性连接和一般弹性连接。圆柱形弹性连接需对径向、纵向、锥形和扭转4种不同运动类型分别定义刚度和阻尼两个参数，常用于由对称和均质材料构成的弹性衬套。

常规弹性连接衬套需对6个不同的自由度（3个平动自由度和3个旋转自由度）分别定义刚度、阻尼和预装入3个参数。

“预装入”参数表示在系统进行运动仿真前，载入的作用力或作用力矩。

1）选择【菜单】→【插入】→【连接器】→【衬套】命令，单击【主页】选项卡，选择【连接器】组中的【衬套】图标，弹出图16-38所示的“衬套”对话框。

2）根据“选择步骤”在屏幕中依次选择第一连杆、第一原点、第一方位、第二连杆、第二原点、第二方位。

3）完成以上设置后，单击“刚度”“阻尼”和“执行器”标签，设置参数选项，用户可以直接输入参数。

4）单击“确定”按钮，如图16-39所示为弹性衬套。系统默认衬套名称为G001。

16.5.8　2D接触

2D接触定义组成曲线接触副间两杆件接触力，通常用来表达两杆件间弹性或非弹性冲击。

选择【菜单】→【插入】→【接触】→【2D接触】命令，弹出图16-40所示的“2D接触”对话框。

在选择平面曲线过程中，若选择曲线为封闭曲线，则激活反向材料侧选项，该选项用来确定实体在曲线外侧或内侧。

在“2D接触”对话框中大部分参数同3D接触中的参数相同，最多接触点数表示两接触曲线最大点数目，取值范围在1～32之间，当取值为1时，系统定义曲线接触区域中点为接触点。

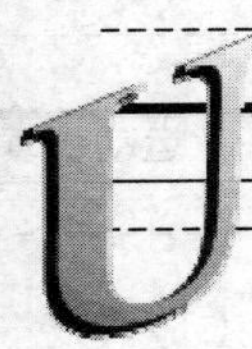

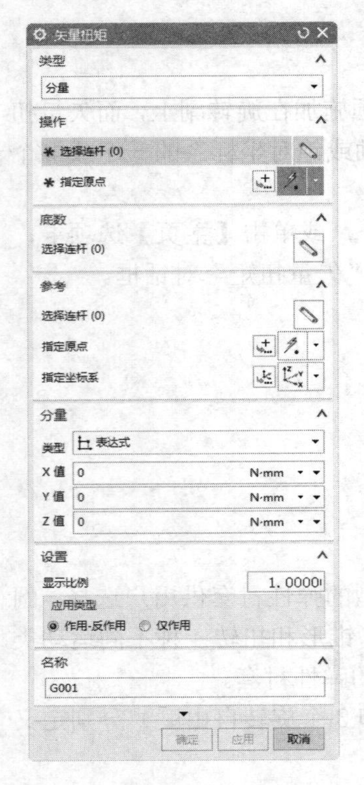

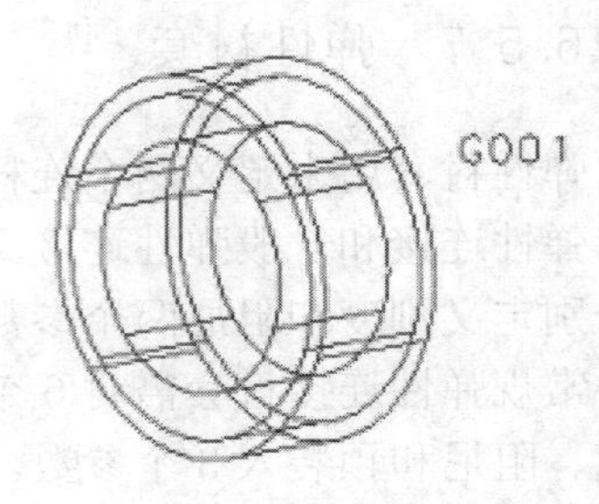

图 16-37 “矢量扭矩”对话框　　图 16-38 “衬套”对话框　　图 16-39 弹性衬套

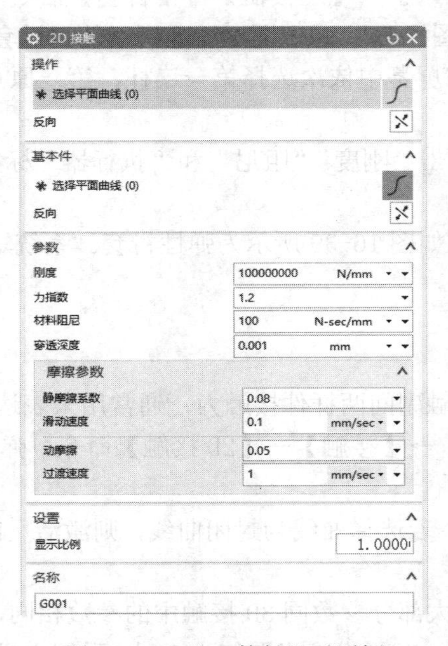

图 16-40 “2D 接触”对话框

16.5.9　3D接触副

3D接触副通常用来建立连杆之间的接触类型，可描述连杆间的碰撞或连杆间的支撑状况。

选择【菜单】→【插入】→【接触】→【3D接触】命令，单击【主页】选项卡，选择【接触】组中的【3D接触】图标，弹出图16-41所示的“3D接触”对话框，其选项含义如下：

1）刚度：用来描述材料抵抗变形的能力，不同材料具有不同的刚度。

2）力指数：定义输入变形特征指数，当接触变硬时选择大于1，变软时选择小于1。对于钢通常选择1～8.3。

3）材料阻尼：定义材料最大的粘性阻尼，根据材料的不同定义不同的取值，通常取值范围在1～1000，一般可取刚度的0.1%，对于钢通常选择100。

4）最大穿透深度：输入碰撞表面的陷入深度，该取值一般较小，在国际单位值中常取0.001m。一般为保持求解的连续性，必须设置该选项。

对于有相对摩擦的杆件，根据两者间是否有相对运动，分别设置以下参数：

1）静摩擦系数：取值范围在0～1之间，对于材料钢与钢之间取0.08左右。

2）静摩擦速度：与静摩擦速度相关的滑动速度，该值一般取0.1左右。

3）动摩擦：取值范围在0～1之间，对于材料钢与钢之间取0.05左右。

4）动摩擦速度：与动摩擦系数相关的滑动速度。

图16-41　“3D接触”对话框

对于不考虑摩擦的运动分析情况，可在“库仑摩擦”选项中设置关。3D接触副的默认名称为G001。

16.6　模型编辑

16.6.1　主模型尺寸编辑

主模型和运动仿真模型之间具有关联性，当用户对主模型进行修改会直接影响运动仿真模型。但用户对运动仿真模型进行修改不能直接影响到主模型，需进行输出表达式操作才能达到编辑主模型目的。

1）选择【菜单】→【编辑】→【主模型尺寸】命令，或单击【主页】选项卡，选择【主模型尺寸】图标，打开图16-42所示的“编辑尺寸”对话框。

2）在编辑尺寸中选择需编辑的特征，在“特征表达式”中选择“描述”选项。

3）选择要编辑的特征，在图16-42所示对话框下部的输入框中输入新值。

4）单击“用于何处”选项，弹出图 16-43 所示的“信息”对话框。

5）按 Enter 键，单击“确定”按钮，完成对模型尺寸的编辑操作。

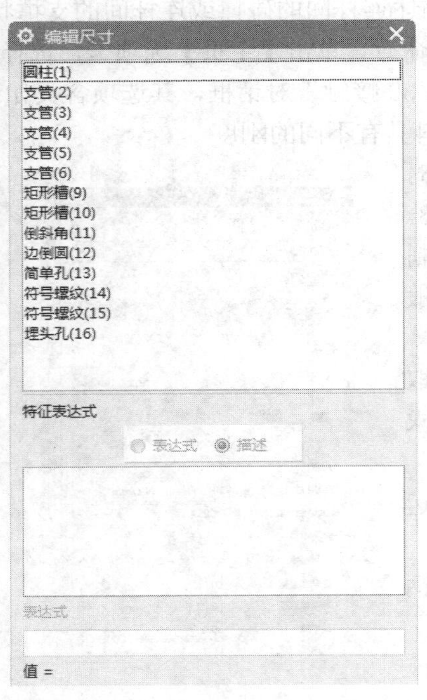

图 16-42 “编辑尺寸”对话框

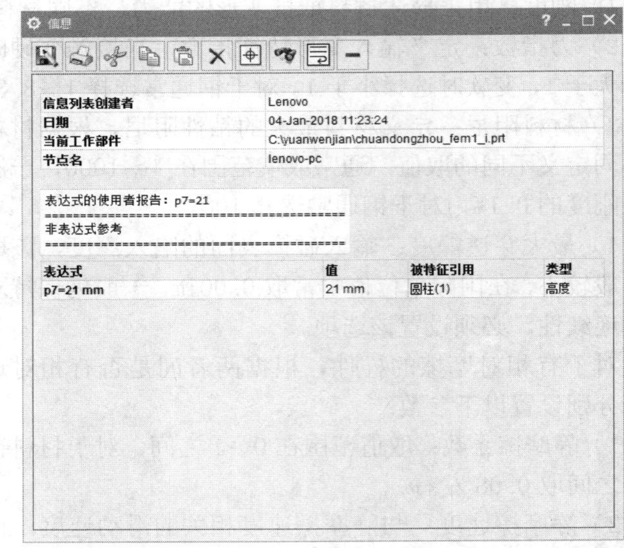

图 16-43 “信息”对话框

图 16-42 所示“编辑尺寸”对话框上半部分列出了模型包含的各项特征。中间部分通过尺寸描述特征，有两种表达方式：一是通过表达式，分别给出特征名称、尺寸代号和尺寸大小；二是通过描述，直接给出尺寸形式和大小。后者更直观而前者给出内容比较详细。

16.6.2 编辑运动对象

编辑运动对象可以对已创建的机构对象进行编辑，如连杆、运动副、力类对象。

1）选择【菜单】→【编辑】→【运动对象】命令，打开图 16-44 所示的“类选择”对话框。

2）用户可以直接在屏幕中选择需要编辑的对象。

3）在屏幕中直接选择需编辑对象，打开原来生成该对象的操作对话框。

4）用户根据需要重新对其进行编辑操作，单击“确定”按钮完成编辑运动对象操作。

16.7 标记和智能点

标记和智能点一般和运动机构分析结果相联系，例如，在机构模型中希望得到一点的运动位移，速度等分析结果，则在进行分析解算前通过标记或智能点确定用户关心的点，分析解算后可获取标记或智能点所在位置的机构分析结果。

16.7.1　标记

与智能点相比，标记点功能更加强大。在创建标记点时应当注意标记点始终是与连杆相关的，且必须为其定义方向。标记的方向特性在复杂的动力学分析中特别有用，例如，分析一些与杆件相关的矢量结果问题——角速度、角加速度等。标记系统默认名称是 A001。

1）选择【菜单】→【插入】→【标记】命令，或单击【主页】选项卡，选择【机构】组中的【标记】图标，打开图 16-45 所示的“标记”对话框。

图 16-44　“类选择”对话框

图 16-45　“标记”对话框

2）用户可以通过直接在屏幕中选择连杆对象，或在弹出的“点”坐标对话框中输入坐标生成标记点。

3）在后续的指定方位步骤中用户根据需要调整标记点的坐标方位，完成标记点方向的定义。

4）单击“确定”按钮，完成标记创建操作。

16.7.2　智能点

智能点是没有方向的点，只作为空间的一个点创建且不与连杆相关联，这是与标记最大的区别。智能点系统默认名称是 Me001。

1）选择【菜单】→【插入】→【智能点】命令，或单击【主页】选项卡，选择【机构】组中的【智能点】图标+，打开“点”对话框，如图 16-46 所示。

2）根据“点”对话框在屏幕中选择用户需要的点（可以连续选择多个点）

3）单击“确定”按钮，完成智能点的创建。

图 16-46 “点”对话框

16.8 封装

封装是用来收集用户感兴趣的一组工具。封装有三项功能：测量、追踪和干涉检查。分别可以用来测量机构中目标对象间的距离关系、追踪机构中目标对象的运动、确定机构中目标对象是否发生干涉。

16.8.1 测量

测量功能用来测量机构中目标对象的距离或角度，并可以建立安全区域，若测量结果与定义的安全区域有冲突，则系统会发出警告。

选择【菜单】→【工具】→【封装】→【测量】命令，或单击【分析】选项卡，选择【运动】组中的【测量】图标，弹出图 16-47 所示的“测量”对话框，其选项含义如下：

图 16-47 “测量”对话框

1）阈值：设定两连杆间的距离。系统每作一步运动都会比较测量距离和设定的距离，若与测量条件相矛盾，则系统会给出提示信息。

2）测量条件：包括小于、大于或等于距离和角度两选项。

16.8.2　追踪

追踪功能用来生成每一分析步骤处目标对象的一个复制对象。

选择【菜单】→【工具】→【封装】→【追踪】命令，或单击【分析】选项卡，选择【运动】组中的【追踪】图标，弹出图16-48所示的"追踪"对话框。

1）目标层：用来指定放置复制对象的层。

2）参考框：用来指定追踪对象的参考框架，当在绝对参考框架中，表示被追踪对象作为机构正常运动范围的一部分进行定位和复制；当在相对参考框架中，系统会生成相对于参考对象的追踪对象。

16.8.3　干涉

干涉主要比较在机构运动过程中是否发生重叠现象。

选择【菜单】→【工具】→【封装】→【干涉】命令，或单击【分析】选项卡，选择【运动】组中的【干涉】图标，打开图16-49所示的"干涉"对话框。

图16-48　"追踪"对话框

图16-49　"干涉"对话框

1）类型：当机构发生干涉时，系统根据用户选择可以产生高亮显示和创建实体两种动作。当选择高亮显示，若发生干涉，则会高亮显示干涉连杆，同时在状态行也会给出提示信息。当选择创建实体，若发生干涉，系统会生成一个相交实体，描述干涉发生的体积。

2）参考框：参考框包括绝对、相对于组1、相对于组2、相对于两个组和相对于选定的。当选择绝对参考帧时，重叠体定位于干涉发生处，当选择相对参考帧时，重叠体定位于干涉连

杆上。用户可以通过相对参考帧将重叠体和连杆作布尔减操作，达到消除干涉现象的目的。

16.9 解算方案的创建和求解

当用户完成连杆，运动副和驱动等条件的设立后，即可以进入解算方案的创建和求解，进行运动的仿真分析步骤。

16.9.1 解算方案的创建

解算方案包括定义分析类型、解算方案类型以及特定的传动副驱动类型等。用户可以根据需求对同一组连杆、运动副定义不同的解算方案。

选择【菜单】→【插入】→【解算方案】命令，或单击【主页】选项卡，选择【解算方案】组中的【解算方案】图标，弹出图 16-50 所示的“解算方案”对话框。

1）常规驱动：这种解算方案包括动力学分析和静力平衡分析，通过用户设定时间和步数，在此范围内进行仿真分析解算。

2）铰链运动驱动：在求解的后续阶段通过用户设定的传动副及定义步长进行仿真分析。

3）电子表格驱动：用户通过 Excel 电子表格列出传动副的运动关系，系统根据输入电子表格进行运动仿真分析。

与求解器相关的参数基本保持默认设置，解算方案默认名称：Solution_1。

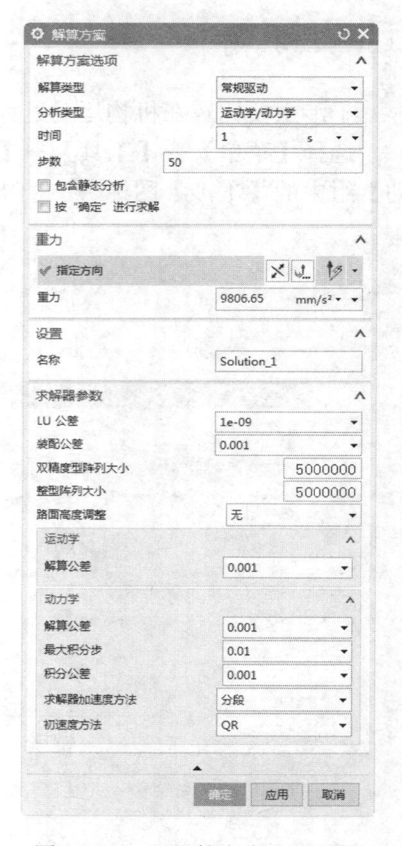

图 16-50 “解算方案”对话框

16.9.2 求解

完成解算方案的设置后，进入系统求解阶段。对于不同的解算方案求解方式不同。常规解算方案系统直接完成求解，用户在运动分析的工具条中完成运动仿真分析的后置处理。

铰链运动驱动和电子表格驱动方案需要用户设置传动副，定义步长和输入电子表格完成仿真分析。

16.10 运动分析

运动分析模块可用多种方式输出机构分析结果，如基于时间的动态仿真、基于位移的动态仿真、输出动态仿真的图像文件、输出机构分析结果的数据文件、用线图表示机构分析结果以及用电子表格输出机构分析结果等。在每种输出方式中可以输出各类数据。例如，用线图输出位移图、速度或加速度图等，输出构件上标记的运动规律图、运动副上的作用力图。利用机构模块还可以计算构件的支承反力、动态仿真构件的受力情况。

本节主要对运动分析模块各功能做比较详细的介绍。

16.10.1　动画

动画是基于时间的机构动态仿真，包括静力平衡分析和静力/动力分析两类仿真分析。静力平衡分析将模型移动到平衡位置，并输出运动副上的反作用力。

选择【菜单】→【分析】→【运动】→【动画】命令，或单击【分析】选项卡，选择【运动】组中的【动画】图标，打开图 16-51 所示的“动画”对话框，其选项含义如下：

图 16-51　“动画”对话框

（1）滑动模式：包括“时间”和“步数”两选项，时间表示动画以时间为单位进行播放，步数表示动画以步数为单位一步一步进行连续播放。

（2）动画延时：当动画播放速度过快时，可以设置动画每帧之间间隔时间，每帧间最长延迟时间是 1 秒。

（3）播放模式：系统提供三种播放模式包括播放一次、循环播放和返回播放。

（4）设计位置：表示机构各连杆在进入仿真分析前所处在的位置。

（5）装配位置：表示机构各连杆按运动副设置的连接关系所处在的位置。

（6）封装选项：如果用户在封装操作中设置了测量、追踪或干涉时，则激活封装选项。

1）测量：勾选此复选框，则在动态仿真时，根据封装对话框中所作的最小距离或角度设置，计算所选对象在各帧位置的最小距离。

2）追踪：勾选此复选框，在动态仿真时，根据封装对话框所作的追踪，对所选构件或整个机构进行运动追踪。

3）干涉：勾选此复选框，根据封装对话框所作的干涉设置，对所选的连杆进行干涉检查。

4）事件发生时停止：勾选此复选框，表示在进行分析和仿真时，如果发生测量的最小距离小于安全距离或发生干涉现象，则系统停止进行分析和仿真，并会弹出提示信息。

（7）追踪整个机构和爆炸机构：该选项根据封装对话框中的设置，对整个机构或其中某连杆进行追踪等。包括追踪当前位置，追踪整个机构和机构爆炸图。追踪当前位置将封装设置中选择的对象复制到当前位置。追踪整个机构将追踪整个机构所有连杆的运动到当前位置。爆炸视图用来创建，保存作铰链运动时的各个任意位置的爆炸视图。

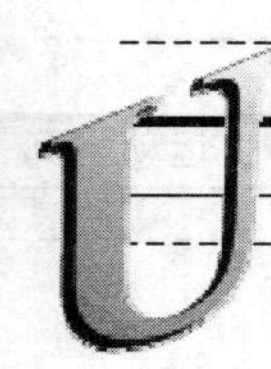

16.10.2 生成图表

当用户通过前面的动画或铰链运动对模型进行仿真分析后，用户还可以采用生成图表方式输出机构的分析结果。

在运动导航器中选中要分析的对象，在“XY 结果视图”中显示，选中需要创建图的对象单击鼠标右键，在打开的快捷菜单中选择“创建图对象”，如图 16-52 所示，结果显示在运动导航器中，如图 16-53 所示，选中结果单击鼠标右键打开快捷菜单，如图 16-54 所示，可以绘图，可以生成电子表格也可以直接存储，用户可以根据自身要求选取。选择信息选项，则打开所选分析对象的相关信息，如图 16-55 所示。

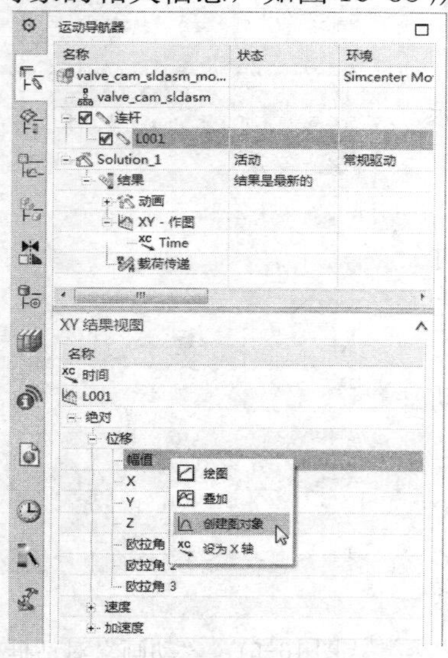

图 16-52 选择创建图对象

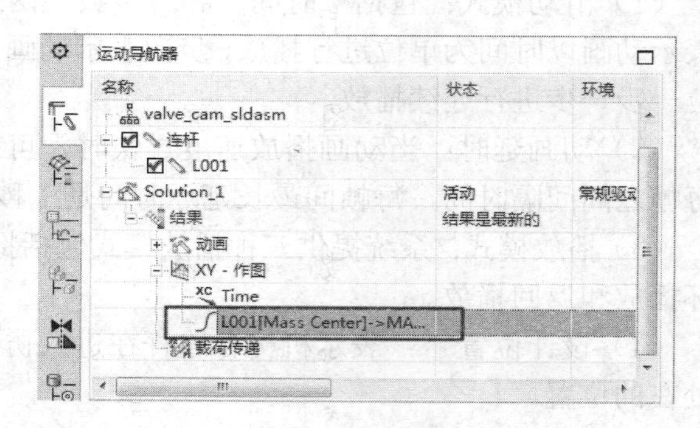

图 16-53 作图结果

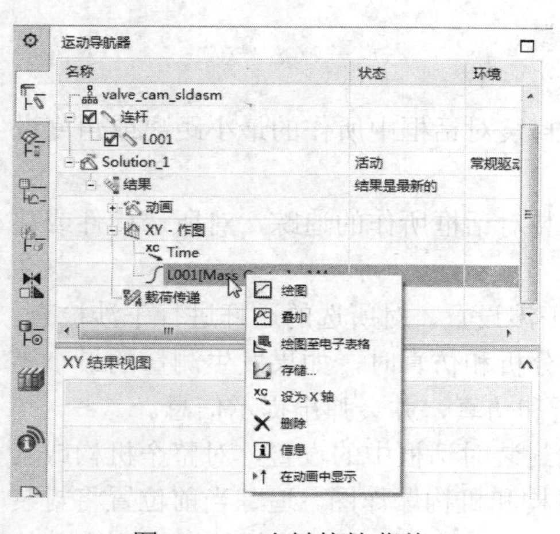

图 16-54 右键快捷菜单

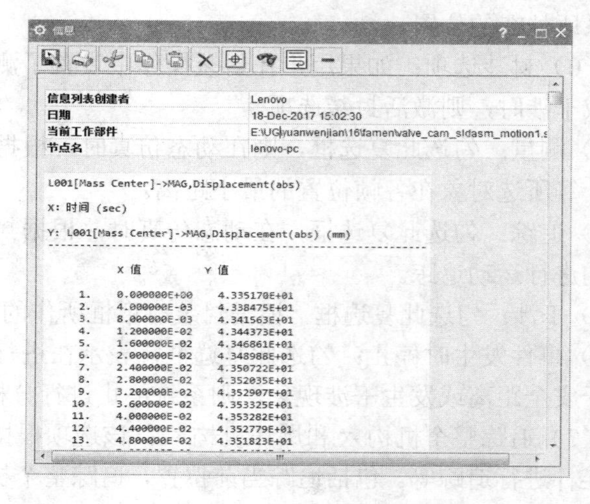

图 16-55 “信息”对话框

16.10.3　运行电子表格

当机构进行动画或铰链传动时，若用户选择电子表格输出数据，则可通过运行电子表格中的数据来驱动机构，进行仿真分析。具体操作过程将从后面的实例介绍。

16.10.4　载荷传递

载荷传递是系统根据基于对某特定连杆的反作用力来定义加载方案功能，该反作用力是通过对特定构件进行动态平衡计算得来的。用户可以根据需要将该加载方案由机构分析模块输出到有限元分析模块，或对构件的受力情况进行动态仿真。

图 16-56　“载荷传递”对话框

1）选择【菜单】→【分析】→【运动】→【载荷传递】命令，或单击【分析】选项卡，选择【运动】组中的【载荷传递】图标，打开图 16-56 所示的“载荷传递”对话框。

2）单击“选择连杆”图标，在屏幕中选择受载连杆。

3）单击“播放”按钮，系统生成如图 16-57 所示反映仿真中每步对应的载荷数据电子表格。

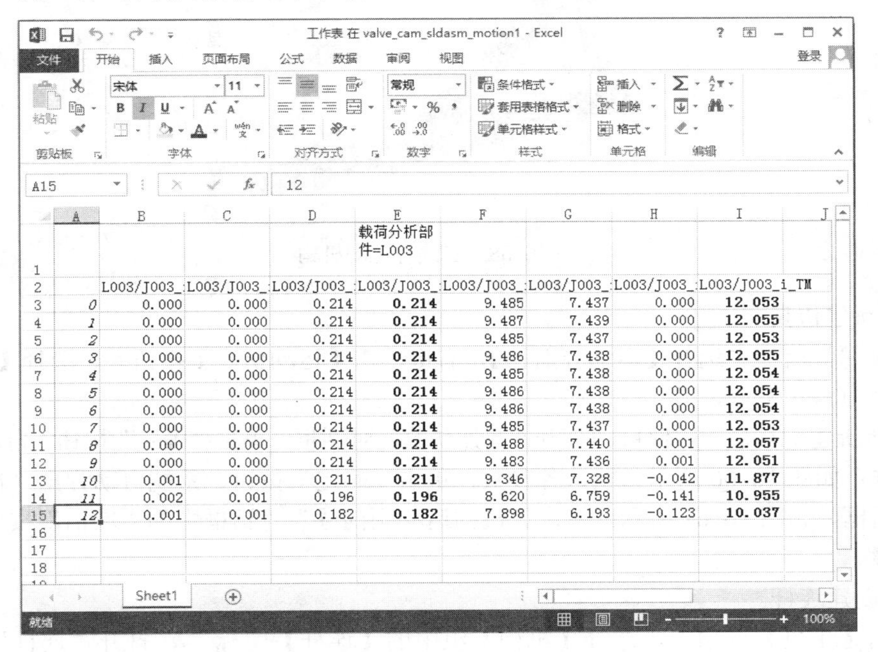

	A	B	C	D	E	F	G	H	I
1					载荷分析部件=L003				
2		L003/J003_	L003/J003_	L003/J003_	L003/J003_	L003/J003_	L003/J003_	L003/J003_	L003/J003_i_TM
3	0	0.000	0.000	0.214	0.214	9.485	7.437	0.000	12.053
4	1	0.000	0.000	0.214	0.214	9.487	7.439	0.000	12.055
5	2	0.000	0.000	0.214	0.214	9.485	7.437	0.000	12.053
6	3	0.000	0.000	0.214	0.214	9.486	7.438	0.000	12.055
7	4	0.000	0.000	0.214	0.214	9.485	7.438	0.000	12.054
8	5	0.000	0.000	0.214	0.214	9.486	7.438	0.000	12.054
9	6	0.000	0.000	0.214	0.214	9.486	7.438	0.000	12.054
10	7	0.000	0.000	0.214	0.214	9.485	7.437	0.000	12.053
11	8	0.000	0.000	0.214	0.214	9.488	7.440	0.001	12.057
12	9	0.000	0.000	0.214	0.214	9.483	7.436	0.001	12.051
13	10	0.001	0.000	0.211	0.211	9.346	7.328	-0.042	11.877
14	11	0.002	0.001	0.196	0.196	8.620	6.759	-0.141	10.955
15	12	0.001	0.001	0.182	0.182	7.898	6.193	-0.123	10.037

图 16-57　电子表格

通过电子表格，用户可以查看连杆在每一步的受力情况，也可以使用电子表格中图表功能编辑连杆在整个仿真过程中的受力曲线。

4）在“载荷传递”对话框中，用户可以根据自身需要创建连杆加载方案。

16.11 综合实例

16.11.1 连杆滑块运动机构

制作思路

连杆滑块运动机构由两个旋转副和1个滑块副组成。主运动设置在最短连杆的旋转副内，创建机构时重点在连杆的啮合和滑块副功能，以及完成后连杆滑块运动的情况。

连杆运动机构一共由4个部件组成，其中底部连杆是固定不动的。因此底部连杆可以不定义为连杆，也可以定义为固定连杆。

01 进入运动仿真环境。

❶打开 yuanwenjian/16/huakuai/LINK_LINK_BLOCK.prt，如图 16-58 所示三连杆运动机构模型。

❷单击【应用模块】选项卡，选择【仿真】组中的【运动】图标，进入运动仿真界面。

图 16-58　三连杆运动机构

02 新建仿真。

❶在资源导航器中选择【运动导航器】，右键单击【运动仿真】按钮，选择【新建仿真】选项，如图 16-59 所示。

❷选择新建仿真后，软件自动打开“新建仿真”对话框，单击“确定”按钮，自动打开“环境”对话框，如图 16-60 所示。默认各参数，单击“确定”按钮，系统自动弹出“机构运动副向导”对话框，如图 16-61 所示。单击“机构运动副向导”对话框中的“取消”按钮，进入运动仿真环境。

03 创建连杆。

❶单击【主页】选项卡，选择【机构】组中的【连杆】图标，打开“连杆”对话框，如图 16-62 所示。

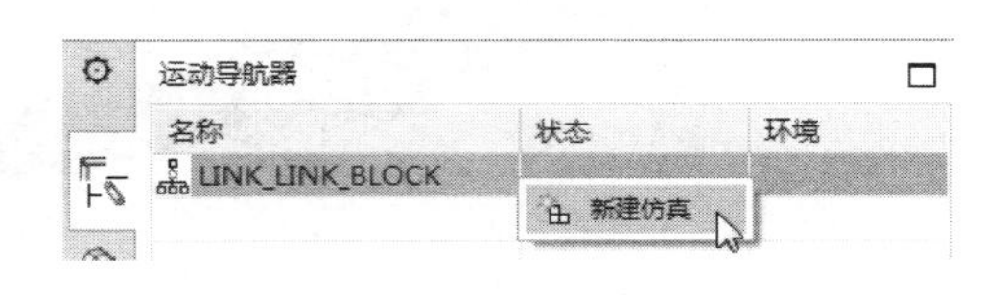

图 16-59　运动导航器

图 16-60　“环境”对话框

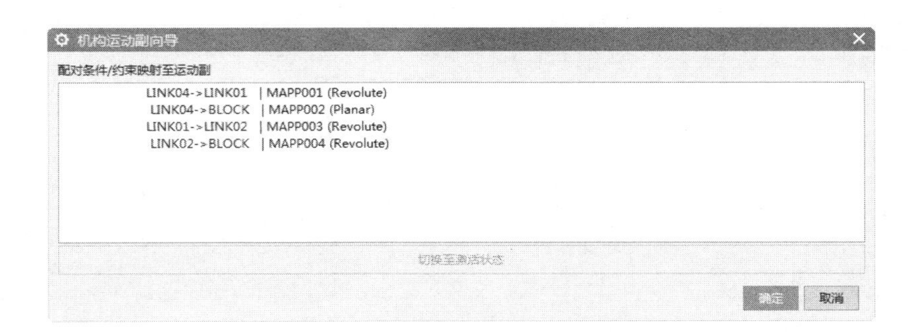

图 16-61　“机构运动副向导”对话框

❷在视图区选择连杆 L001，如图 16-63 所示。单击“应用”按钮，完成连杆 L001 的创建。

❸在视图区选择连杆 L002。单击“确定”按钮，完成连杆 L002 的创建。

❹在视图区选择连杆 L003。单击“应用”按钮，完成连杆 L003 的创建。

❺在视图区选择连杆 L004。在“设置”选项组中勾选“无运动副固定连杆”复选框，使连杆 L004 固定。单击“确定”按钮，完成 L004 的创建，如图 16-64 所示。

04 创建旋转副 1。

❶单击【主页】选项卡，选择【机构】组中的【接头】图标，打开“运动副”对话框，在“类型”下拉列表中选择“旋转副”，如图 16-65 所示。

❷在视图区选择连杆 L001。

❸单击“指定原点”按钮，在视图区选择连杆 L001 下端圆心点为原点，如图 16-66 所示。

图 16-62 “连杆”对话框

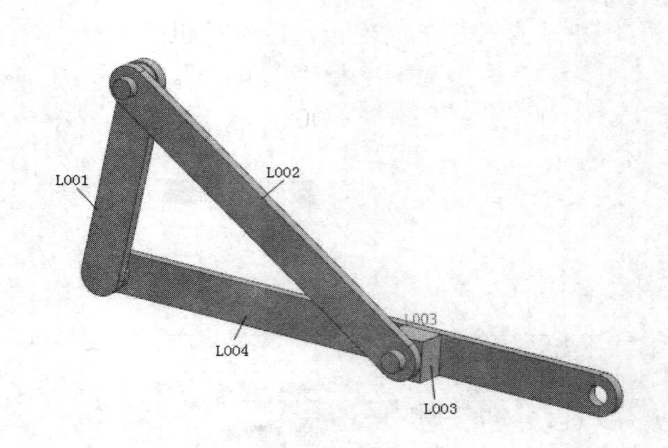

图 16-63 选择连杆

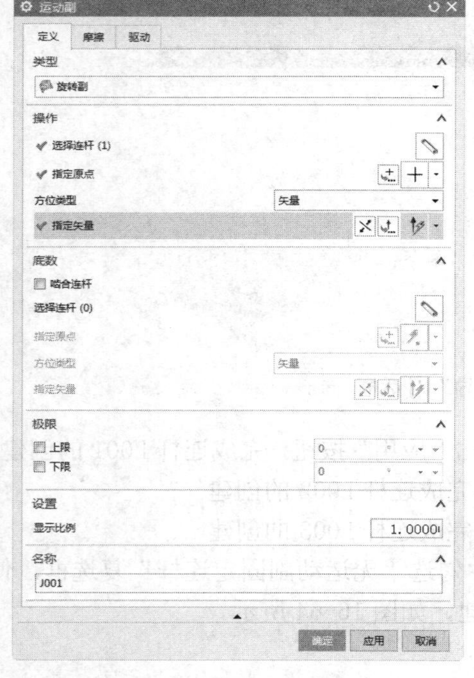

图 16-64 “运动副”对话框

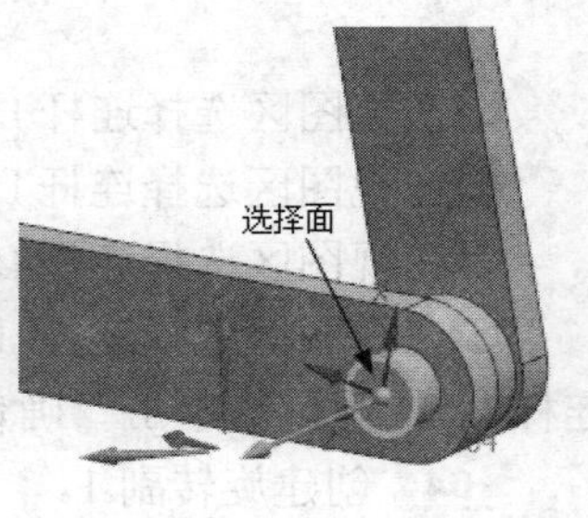

图 16-65 指定原点　　图 16-66 指定矢量

❹单击“指定矢量”按钮，选择如图 16-66 所示的面。

❺单击“驱动”标签，打开“驱动设置”选项卡，在“旋转”下拉列表框中选择“多项式”类型，在“速度”文本框输入 55，如图 16-67 所示。

❻单击“运动副”对话框的“确定”按钮，完成第一个旋转副创建，如图 16-68 所示。

说明：本小节当中连杆 L001、连杆 L002 之间的运动副可以在它们任意一个连杆中创建，连杆 L002、连杆 L003 之间的运动副也是一样。

05 创建旋转副 2。

❶单击【主页】选项卡，选择【机构】组中的【接头】图标，打开“运动副”对话框，在“类型”下拉列表中选择“旋转副”。

❷在视图区选择连杆 L002。

运动副
定义　摩擦　驱动
旋转
多项式
初位移　0　°
速度　55　°/s
加速度　0　°/s²
加加速度　0　°/s³

图 16-67　“驱动设置”选项卡

图 16-68　创建第一个旋转副

❸单击“指定原点”按钮，在视图区选择连杆 L002 左端圆心点为原点，如图 16-69 所示。

❹单击“指定矢量”按钮，选择如图 16-70 所示的面。

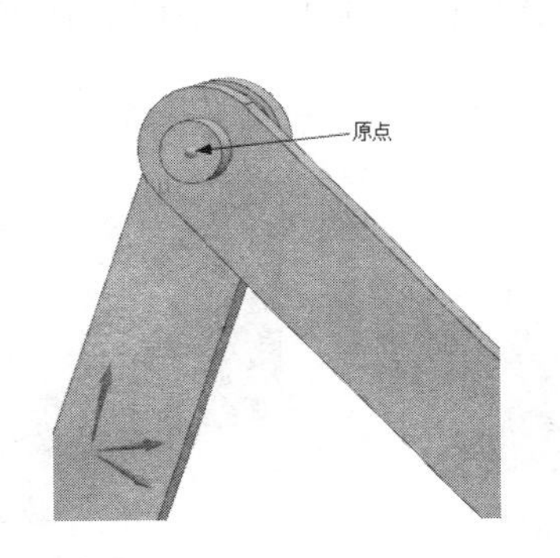

图 16-69　指定原点

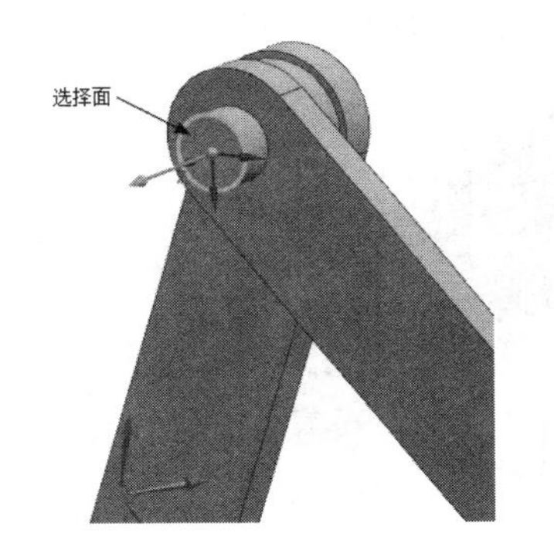

图 16-70　指定矢量

❺在“底数”选项组中勾选“啮合连杆”复选框，单击“选择连杆”按钮，在视图区选择连杆 L001。

❻单击“指定原点”按钮。在视图区选连杆 L001 的上端圆心点，使它和连杆 L002 的原点重合，如图 16-71 所示。

❼单击“指定矢量”按钮，选择如图 16-72 所示的面，使它和连杆 L002 矢量相同。

❽单击“运动副”对话框的“确定”按钮，完成啮合连杆的创建，如图 16-73 所示。

06 创建旋转副 3。

❶单击【主页】选项卡，选择【机构】组中的【接头】图标，打开“运动副”对话框，在“类型”下拉列表中选择“旋转副”。

❷在视图区选择连杆 L002。

❸单击“指定原点”按钮，在视图区选择连杆 L002 右端圆心点为原点，如图 16-74 所示。

❹单击“指定矢量”按钮，选择如图 16-74 所示的面。

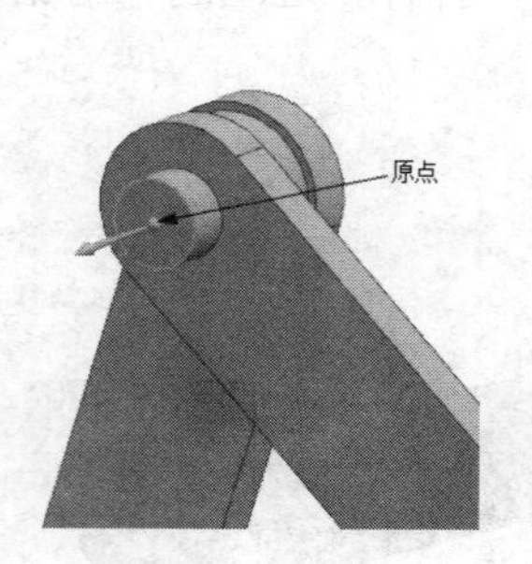

图 16-71　指定原点

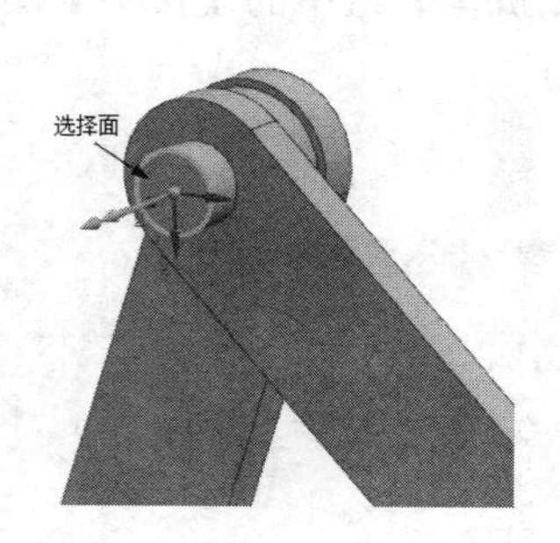

图 16-72　指定矢量

图 16-73　创建旋转副 2

❺在“底数”选项组中勾选“啮合连杆”复选框，单击“选择连杆”按钮，在视图区选择连杆 L003。

❻单击“指定原点”按钮，在视图区选连杆 L002 的左端圆心点。

❼单击“指定矢量”按钮，选择如图 16-75 所示的面，使它和连杆 L002 矢量相同。

❽单击“运动副”对话框的“确定”按钮，完成啮合连杆的创建，如图 16-76 所示。

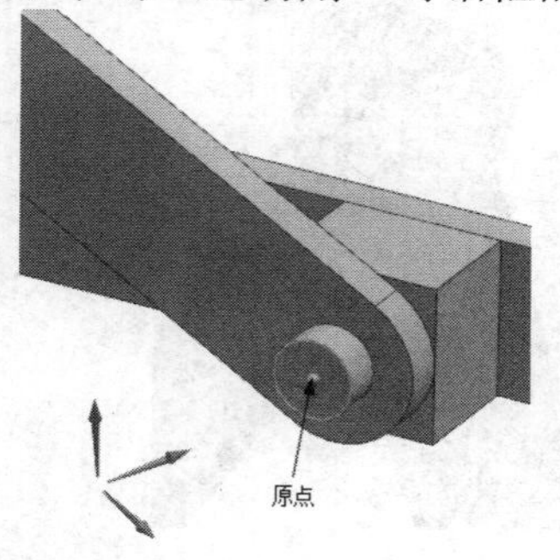

图 16-74　指定原点

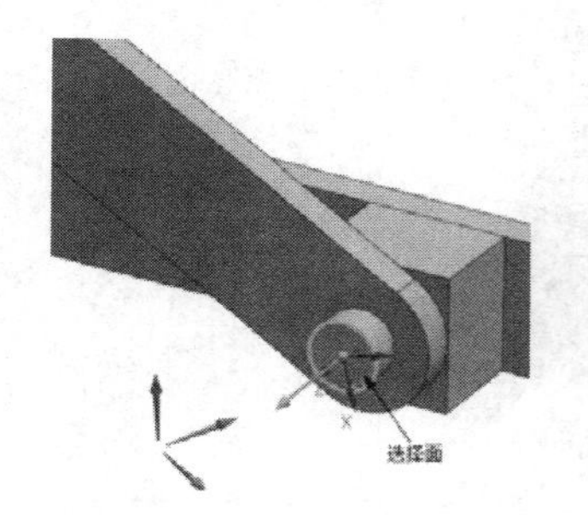

图 16-75　指定矢量

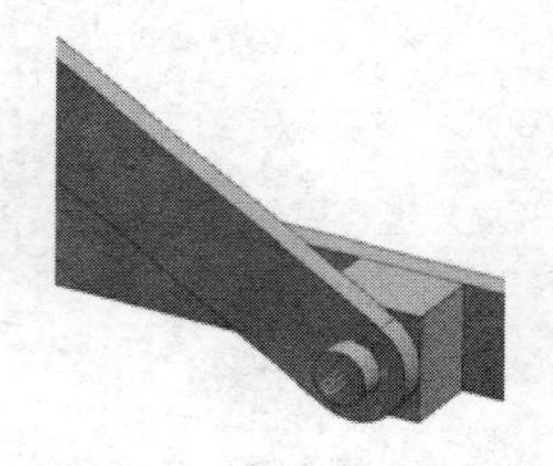

图 16-76　创建旋转副 3

07 创建滑块副。

❶单击【主页】选项卡，选择【机构】组中的【接头】图标，打开“运动副”对话框，在“类型”下拉列表中选择“滑块”。

❷在视图区选择连杆 L003。

❸单击“指定原点”按钮，在视图区选择连杆 L003 右侧面上任意一点。

❹单击“指定矢量”按钮，在视图区选择连杆 L003 上的侧面，使 Z 轴平行于连杆 L004，如图 16-77 所示。

❺单击“运动副”对话框的“确定”按钮，完成滑动副的创建，如图 16-78 所示。

完成连杆和运动副的创建后，对三连杆运动机构运动进行动画分析。

08 创建解算方案。

❶单击【主页】选项卡，选择【解决方案】组中的【解算方案】图标，打开“解算方

案”对话框。

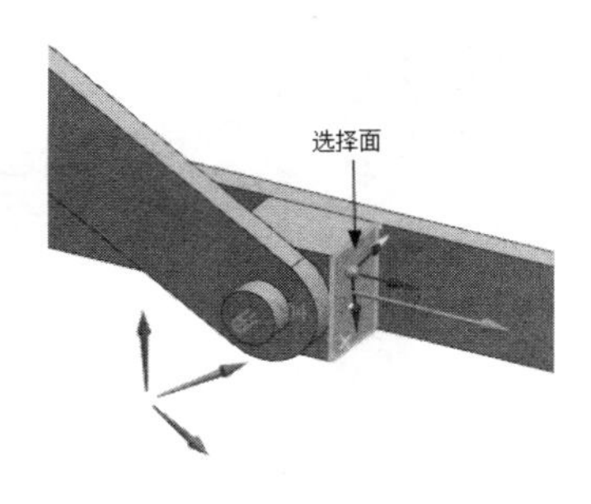

图 16-77　指定矢量

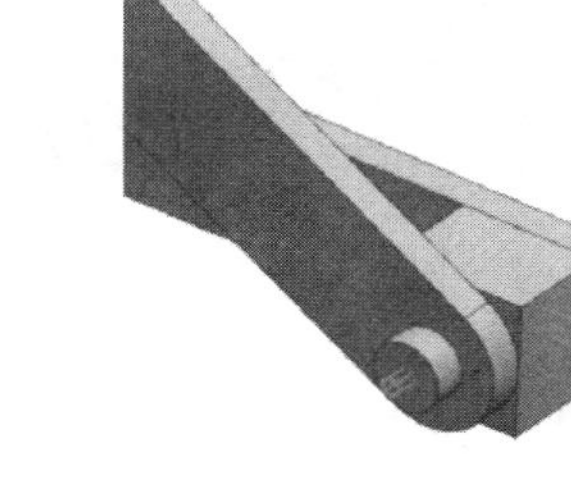

图 16-78　滑动副

❷在“解算方案”对话框文本框中输入时间为 8，步数为 800，如图 16-79 所示。

❸单击“解算方案”对话框的“确定”按钮，完成解算方案。

09 求解。单击【主页】选项卡，选择【解算方案】组中的【求解】图标，求解出当前解算方案的结果，如图 16-80 所示。

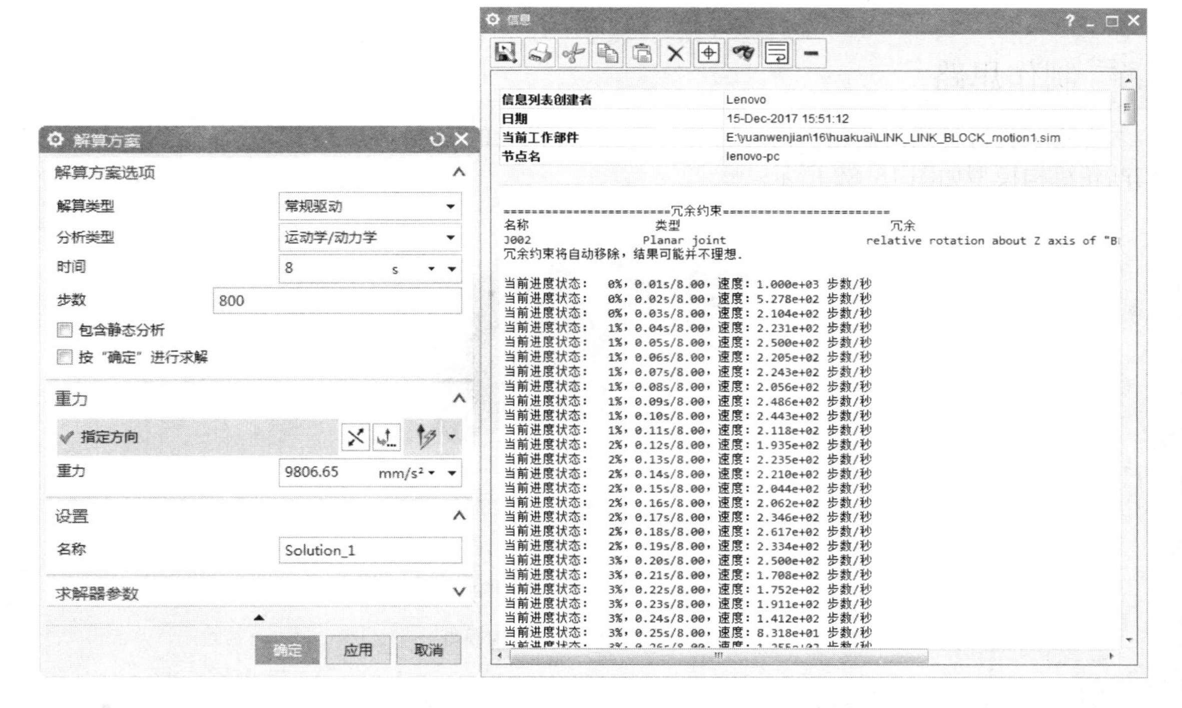

图 16-79　“解算方案”对话框　　　图 16-80　求解结果信息

10 动画。

❶单击【结果】选项卡，选择【动画】组中的【播放】图标，如图 16-81 所示，运动开始。

❷单击【结果】选项卡，选择【动画】组中的【完成】图标，完成当前连杆滑块运动机构的动画分析。

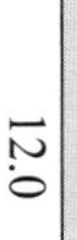

图 16-81　动画结果（1s、2s、3s、6s）

16. 11. 2　阀门凸轮机构

制作思路

在本节将讲解阀门凸轮机构的运动仿真。通过凸轮的旋转运动得到阀门的周期性滑动，阀门凸轮机构模型如图 16-82 所示。

图 16-82　阀门凸轮机构模型

01 进入运动仿真环境。

❶打开源文件/16/famen/valve_cam_sldasm.prt，阀门凸轮机构模型。

❷单击【应用模块】选项卡，选择【仿真】组中的【运动】图标，进入运动仿真界面。

02 新建仿真。

❶单击资源导航器选择“运动导航器”，右键单击【运动仿真】按钮，打开如图 16-83 所示的快捷菜单，选择“新建仿真”选项，打开“新建仿真”对话框，单击“确定”按钮。

❷软件自动打开如图 16-84 所示的“环境”对话框。默认各参数，单击“确定”按钮，进

入运动仿真环境。

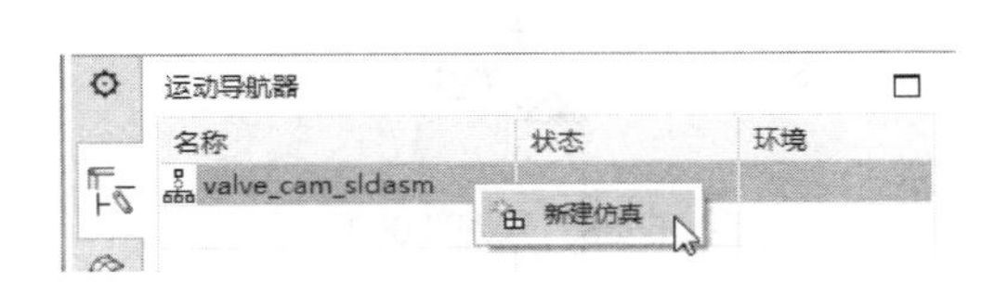

图 16-83　快捷菜单

图 16-84　“环境”对话框

03 创建连杆。

❶单击【主页】选项卡，选择【机构】组中的【连杆】图标，打开“连杆”对话框，如图 16-85 所示。

❷在视图区选择凸轮及凸轮上的 4 条线为连杆 L001，如图 16-86 所示。单击“应用”按钮，完成连杆 L001 的创建。

图 16-85　“连杆”对话框

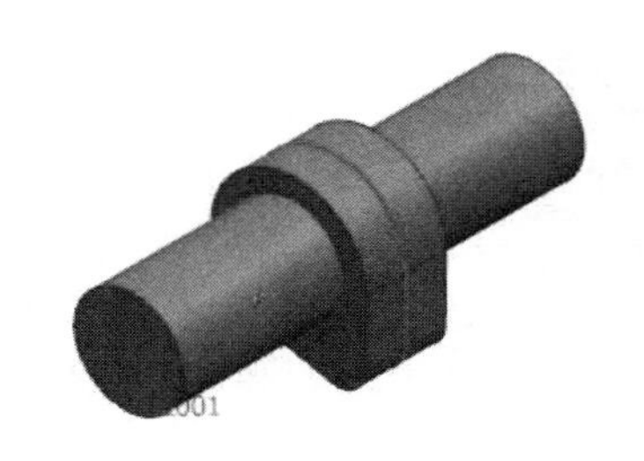

图 16-86　连杆 L001

❸在视图区选择摇杆轴、摇杆及摇杆上的两条线为连杆 L002，如图 16-87 所示。单击“应用”按钮，完成连杆 L002 的创建。

❹在视图区选择阀及其上的曲线为连杆 L003，如图 16-88 所示。单击“确定”按钮，完

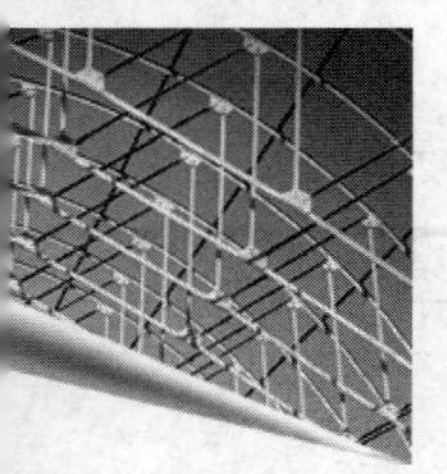

成连杆 L003 的创建。

04 创建旋转运动副 1。

❶单击【主页】选项卡，选择【机构】组中的【接头】图标，打开“运动副”对话框，选择“旋转副”类型，如图 16-89 所示。

❷在视图区或运动导航器中选择连杆 L001。

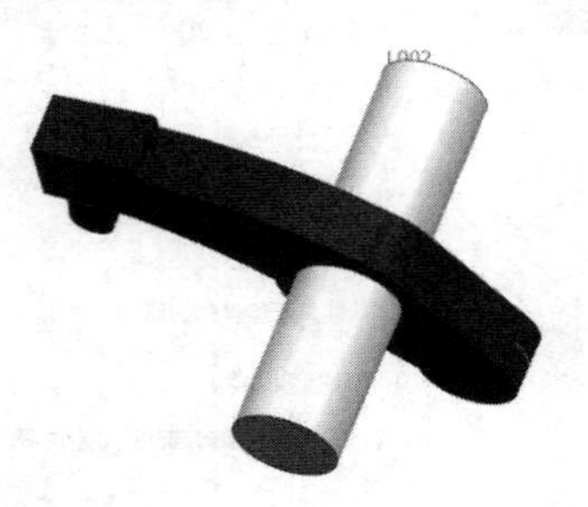

图 16-87　连杆 L002

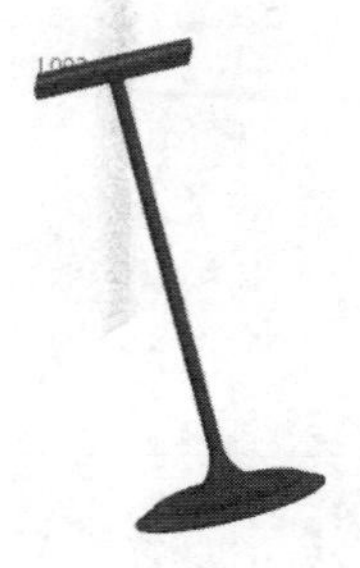

图 16-88　连杆 L003

❸单击“指定原点”按钮，在视图区选择连杆 L001 圆心点为原点，如图 16-90 所示。

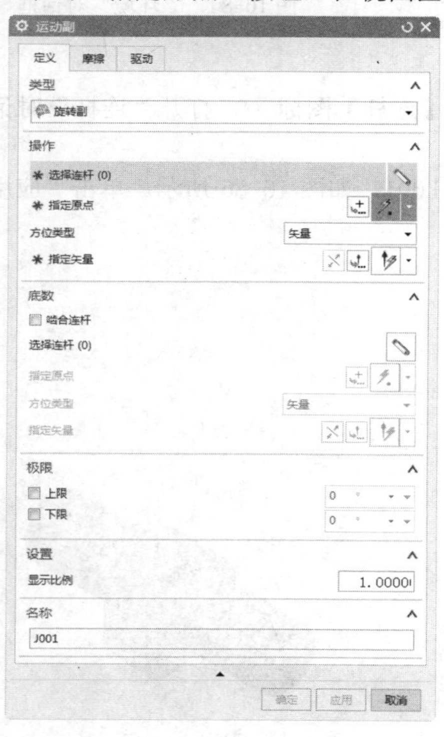

图 16-89　“运动副”对话框

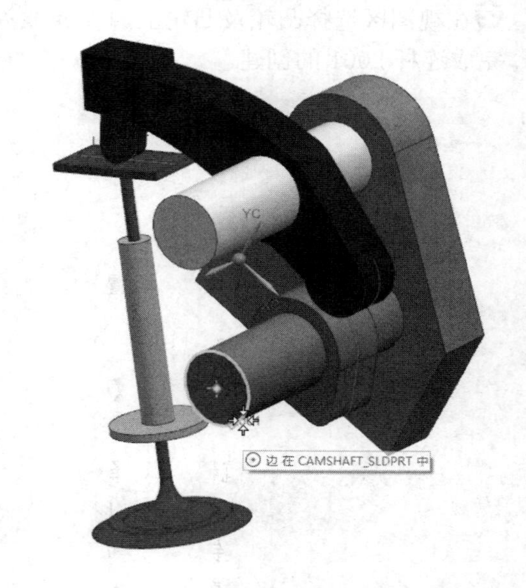

图 16-90　指定原点

❹单击“指定矢量”按钮，选择如图 16-91 所示面，使临时坐标系的 z 轴指向面。

❺单击“驱动”标签，打开“驱动设置”选项卡，如图 16-92 所示。

❻单击“旋转”下拉列表框，选择“多项式”类型。在“速度”文本框输入 1800，如图

16-93 所示。单击“确定”按钮，完成第一个旋转副创建，如图 16-94 所示。

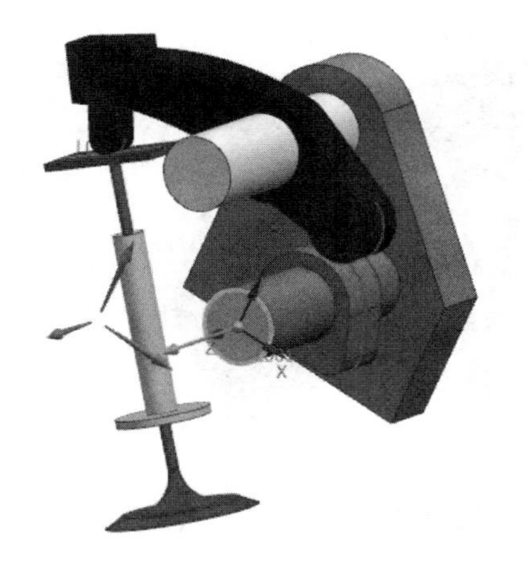

图 16-91 指定矢量

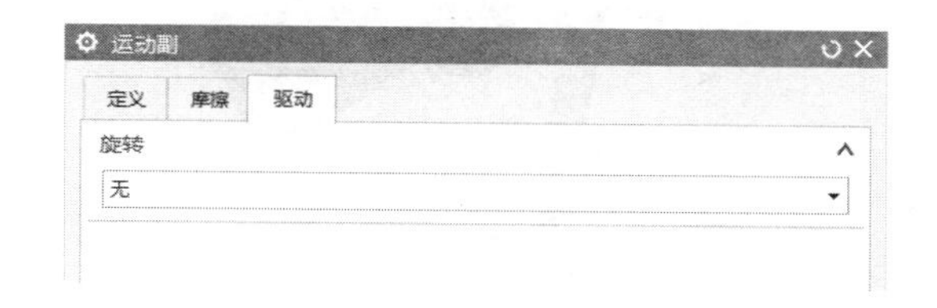

图 16-92 “运动副”对话框

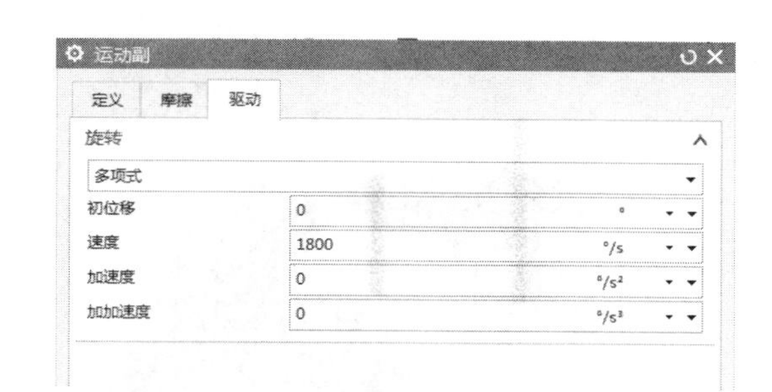

图 16-93 “驱动”设置选项卡

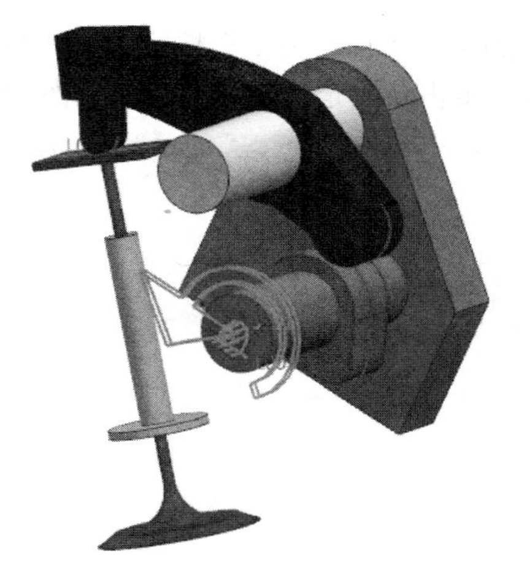

图 16-94 旋转副 1

05 创建旋转运动副 2。

❶单击【主页】选项卡，选择【机构】组中的【接头】图标，打开“运动副”对话框，选择“旋转副”类型。

❷在视图区或运动导航器中选择连杆 L002。

❸单击“指定原点”按钮，在视图区选择连杆 L002 左端圆心点为原点，如图 16-95 所示。

❹单击“指定矢量”按钮，选择如图 16-96 所示的面，使临时坐标系的 z 轴垂直于面。单击“确定”按钮，完成旋转副的创建。

06 创建柱面副。

❶单击【主页】选项卡，选择【机构】组中的【接头】图标，打开“运动副”对话框。选择“柱面副”类型，如图 16-97 所示。

❷在视图区或运动导航器中选择左侧气门杆 L003。

❸单击“指定原点”按钮。在视图区选择连杆 L003 中任一点为原点。

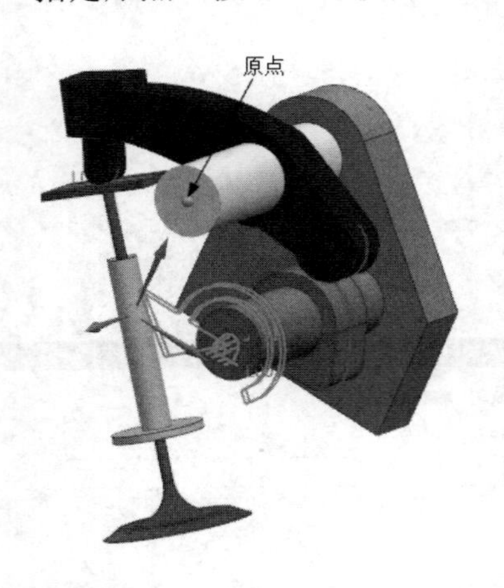

图 16-95　指定原点

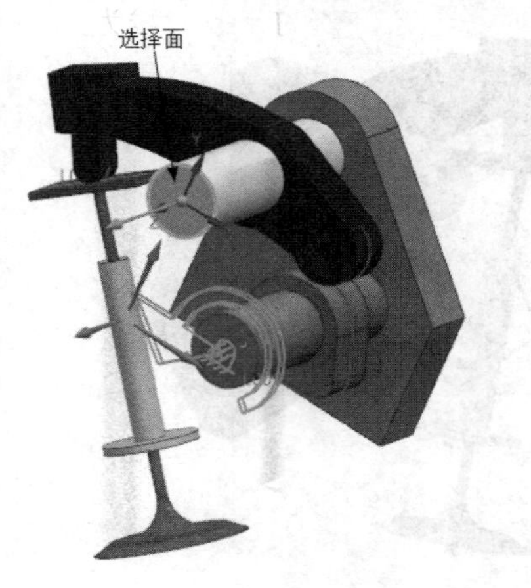

图 16-96　指定矢量

❹单击“指定矢量”按钮，选择阀杆的柱面，使临时坐标系的 z 轴指向轴心，如图 16-98 所示。单击“确定”按钮，完成柱面副的创建，如图 16-99 所示。

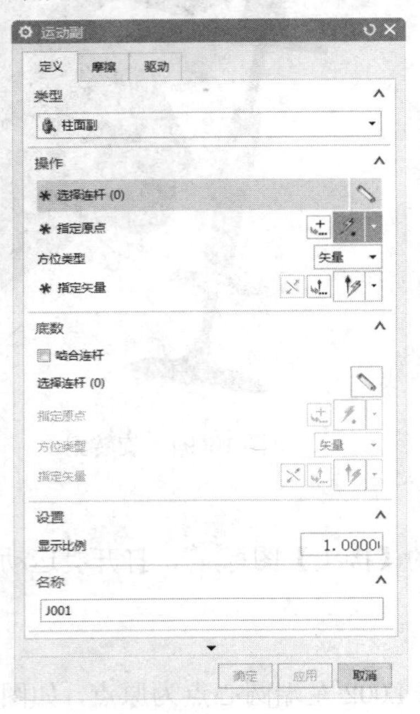

图 16-97　“运动副”对话框

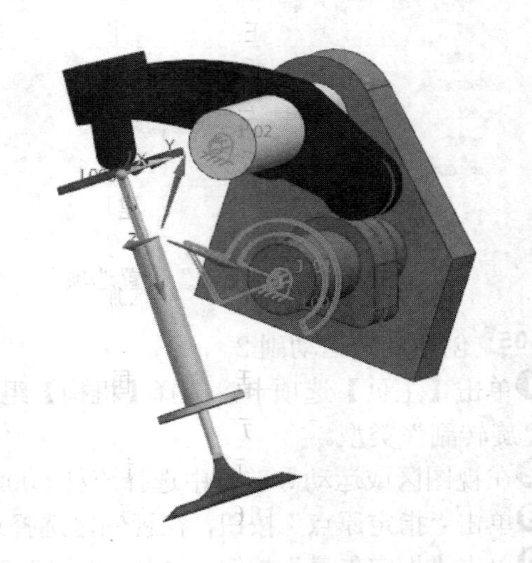

图 16-98　指定矢量

仿形运动机构模型需要创建两个约束，一个为点在线上副，另一个为线在线上副。

07 创建线在线上副。

❶选择【菜单】→【插入】→【约束】→【线在线上副】命令，或单击【主页】选项卡，选择【约束】组中的【线在线上副】图标，打开“线在线上副”对话框，如图 16-100 所示。

❷选择摇杆右侧的曲线为第一曲线集，如图 16-101 所示。

❸选择连杆 L001 上的 4 条曲线为第二曲线集，如图 16-101 所示。单击“确定”按钮，完成线在线上副的创建。

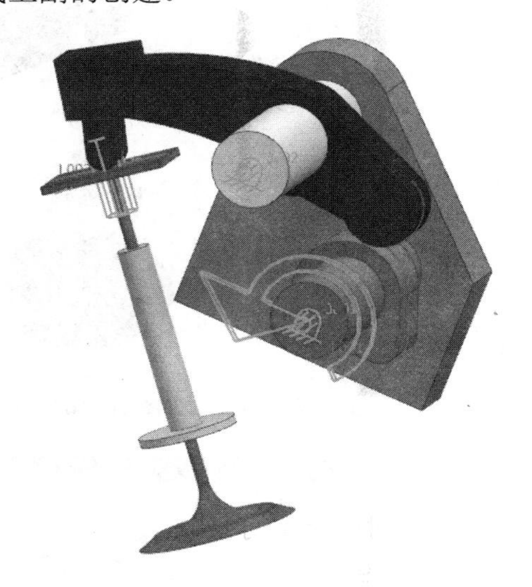

图 16-99　柱面副

图 16-100　“线在线上副”对话框

08 创建点在线上副。

❶选择【菜单】→【插入】→【约束】→【点在线上副】命令，或单击【主页】选项卡，选择【约束】组中的【点在线上副】图标，打开“点在线上副”对话框，如图 16-102 所示。

❷选择连杆 L003，然后选择阀杆上线段的中点，如图 16-103 所示。

❸在视图区选择滑块左侧的曲线，如图 16-104 所示。单击“确定”按钮，完成点在曲线上的创建。创建完成后的运动导航器如图 16-105 所示。

完成连杆、运动副和约束的创建后，对模型进行动画分析。

09 创建解算方案。

❶单击【主页】选项卡，选择【解算方案】组中的【解算方案】图标，打开“解算方案”对话框。

❷在“解算方案”对话框文本框中输入时间为 4，步数为 1000，如图 16-106 所示。单击“确定”按钮，完成解算方案。

10 求解。单击【主页】选项卡，选择【解算方案】组中的【求解】图标，求解出当前解算方案的结果，如图 16-107 所示。

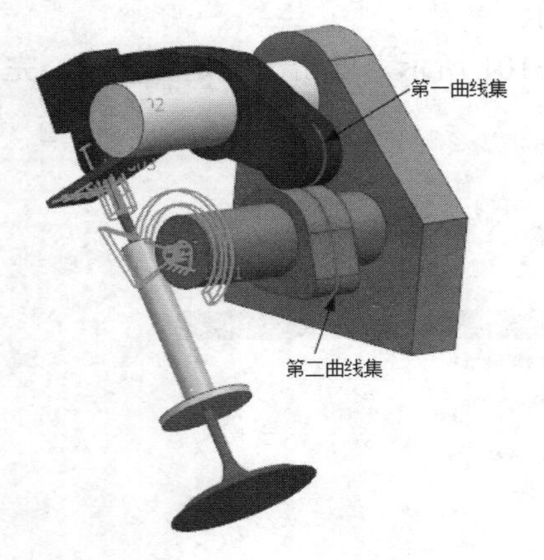

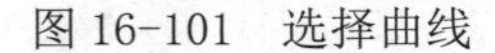

图 16-101　选择曲线

图 16-102　“点在线上副”对话框

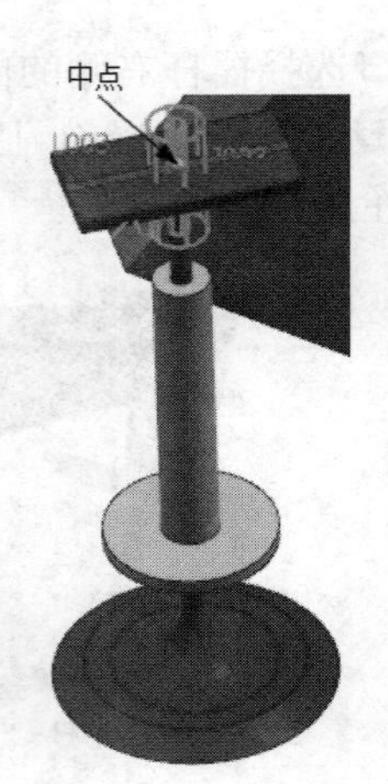

图 16-103　指定点

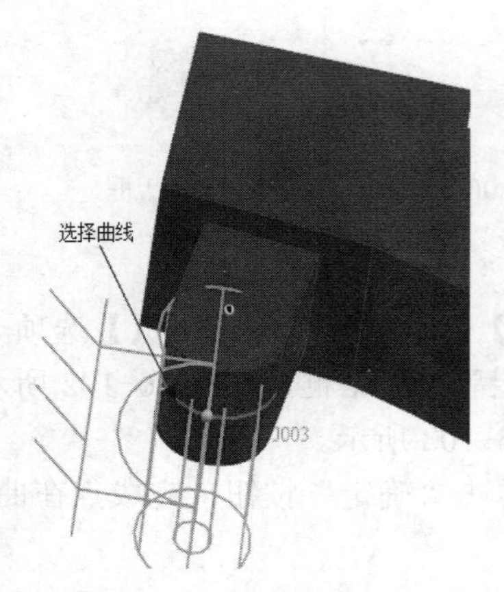

图 16-104　选择曲线

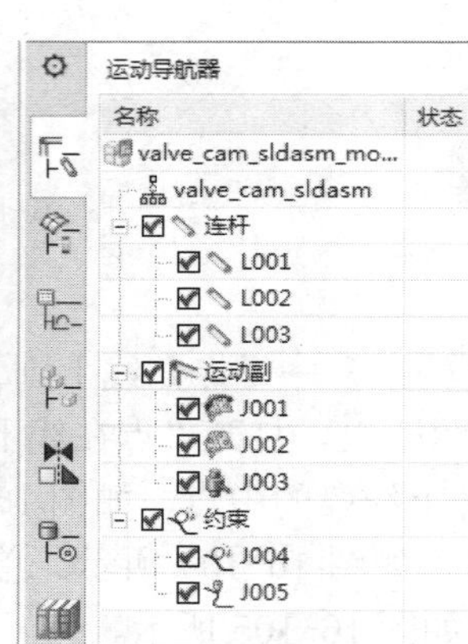

图 16-105　运动导航器

图 16-106　“解算方案”对话框

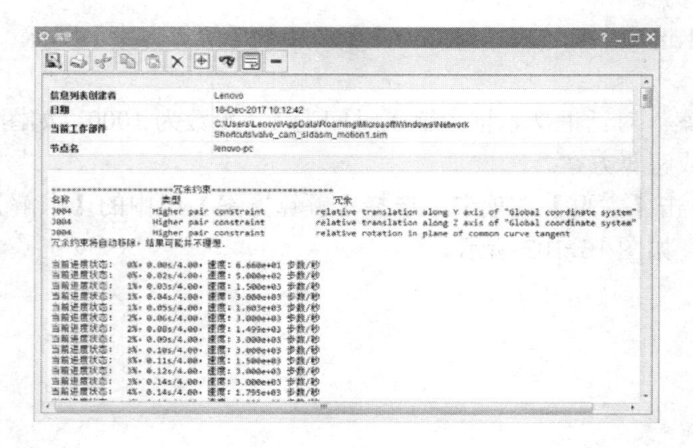

图 16-107　求解“信息”

11 动画。

❶单击【结果】选项卡，选择【动画】组中的【播放】图标▶，如图 16-108 所示，阀门凸轮的动画开始。

❷单击【结果】选项卡，选择【动画】组中的【完成】图标🏁，完成阀门凸轮机构的动画分析。

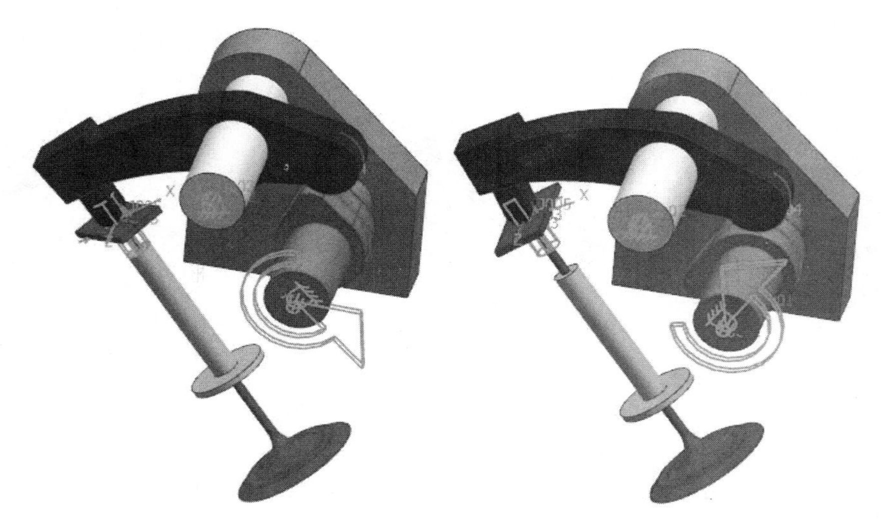

图 16-108　动画结果（1.8s、2.7s）